高效办公不求人

Word/Excel 2016 办公应用从入门到精通

Office培训工作室 编著

Office 2016 是目前为止微软公司发布的新版本办公应用软件。相比以前的版本，Office 2016 包含了不少改进的功能和新功能。本书主要讲解其中最常用的 Word 和 Excel 在办公中的相关应用。

本书在内容安排上，遵循“学以致用”的原则，系统全面地讲解了 Word 2016 和 Excel 2016 两大组件在日常办公中的综合应用。内容包括：Word 2016 文档的输入与编辑、文档的格式排版、表格的创建与编辑、文档的审校与修订、长文档的编排方法、邮件合并与打印等内容；Excel 2016 电子表格的创建与编辑、表格数据的计算方法、数据的管理与统计分析、图表的应用等内容。

本书既适合零基础又想快速掌握 Word 2016 和 Excel 2016 商务办公应用的读者学习，也可作为大、中专职业院校和电脑培训班的教学参考书。

图书在版编目（CIP）数据

Word/Excel 2016 办公应用从入门到精通 / Office 培训工作室编著. —北京：机械工业出版社，2016.8

（高效办公不求人）

ISBN 978-7-111-54748-8

Ⅰ. ①W… Ⅱ. ①O… Ⅲ. ①文字处理系统 ②表处理软件 Ⅳ. ①TP391.1

中国版本图书馆 CIP 数据核字（2016）第 210213 号

机械工业出版社（北京市百万庄大街 22 号 邮政编码 100037）

策划编辑：王海霞 责任编辑：王海霞

责任校对：张艳霞 责任印制：李 洋

三河市宏达印刷有限公司印刷

2016 年 9 月第 1 版 • 第 1 次印刷

184mm×260mm • 24 印张 • 1 插页 • 593 千字

0001－4000 册

标准书号：ISBN 978-7-111-54748-8

定价：65.00 元

前　言

微软公司推出的 Office 套装软件，是目前市面上应用最广、最受用户欢迎的办公软件。2015年9月，微软正式发布了Office 2016版本，相比以前的Office版本，新版的Office 2016套装包含了不少改进的功能和新功能，大大地提高了办公效率。而其中的Word和Excel又是日常办公中最常用的两个办公组件，因此，本书主要讲解了Word 2016和Excel 2016在办公中的相关应用。

为了让用户快速掌握Word 2016和Excel 2016办公软件的办公应用和操作技巧，提高办公技能和工作效率，我们精心策划并编写了本书。本书主要具有以下特点。

● 讲解版本最新，内容常用实用

本书以Office 2016为写作蓝本，以Office中最常用的Word和Excel两个组件为例，详细讲解了Word 2016和Excel 2016在商务办公中的相关技能与应用。全书在内容安排上，遵循“常用、实用”的原则，力求让读者“看得懂、学得会、用得上”。

● 图解步骤写作，一看即懂，一学就会

为了方便初学者学习，本书采用“图解操作+步骤引导”的写作方式进行讲解，省去了烦琐而冗长的文字叙述。读者只要按照步骤讲述的方法去操作，就可以一步一步地做出与书中相同的效果来，真正做到简单明了、直观易学。

● 商务办公技巧与实战，全书一网打尽

本书精心地安排了近70个Word、Excel办公应用技巧、39个“新手注意”提示内容、50个“专家点拨”栏目，以及22个实战应用案例，快速帮助读者从书中学到技巧与经验、应用与实战的相关知识，真正让读者实现“从入门到精通”的学习目标。

● 丰富教学资源，学习更加轻松

为了方便读者学习，本书还配有丰富的教学资源。内容包括：❶本书同步的素材文件与结果文件；❷528分钟的同步教学视频文件；❸1 500个Word、Excel办公应用模板，供读者在商务办公中参考使用；❹10集共92分钟的《电脑系统安装・重装・备份与还原》教学视频；❺12讲共505分钟《Office 2010商务办公实战应用》教学视频。

本书主要面向Word、Excel办公应用的初、中级用户，也适合从事行政文秘、人力资源、市场销售、财务会计、管理统计等岗位的办公人员使用，还可作为大、中专职业院校和电脑培训班相关专业的教学参考书。

参与本书编写的人员具有非常丰富的实战经验和一线教学经验，并已出版过多本计算机相关的书籍，他们是马东琼、胡芳、奚弟秋、刘倩、温静、汪继琼、赵娜、曹佳、文源、马杰、李林、王天成、康艳等。在此向所有参与本书编写的人员表示感谢！

最后，真诚感谢本书的读者。您的支持是我们最大的动力，我们将不断努力，为读者奉献更多、更优秀的图书！由于计算机技术发展迅速，加上编者水平有限、时间仓促，错误之处在所难免，敬请广大读者和同行批评指正。

编　者

2016年2月

目　录

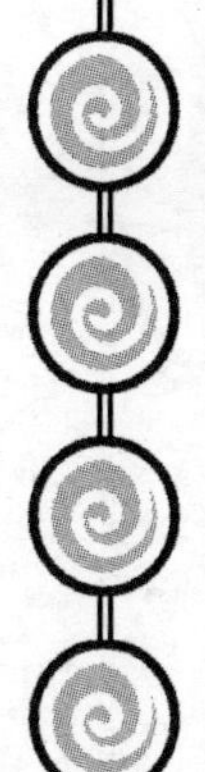

第 1 章　Word/Excel 2016 操作快速入门

本章导读

Word 2016 和 Excel 2016 均属于 Office 2016 办公软件套装中的组件。Office 2016 在以前的版本之上进行了多方面升级，包括文档共同创作、新的“告诉我你想要做什么”导航支持的集成，以及更强大的权限管理功能等。本章主要介绍 Word/Excel 2016 的一些新功能，以及这两个组件的界面和共性操作方面的知识。

知识要点

- Word/Excel 2016 简介
- 认识 Word/Excel 2016 界面
- 自定义 Word/Excel 2016 工作环境
- 掌握文件的新建、保存与打开操作
- 获取联机帮助
- 更改文档的显示比例

效果展示

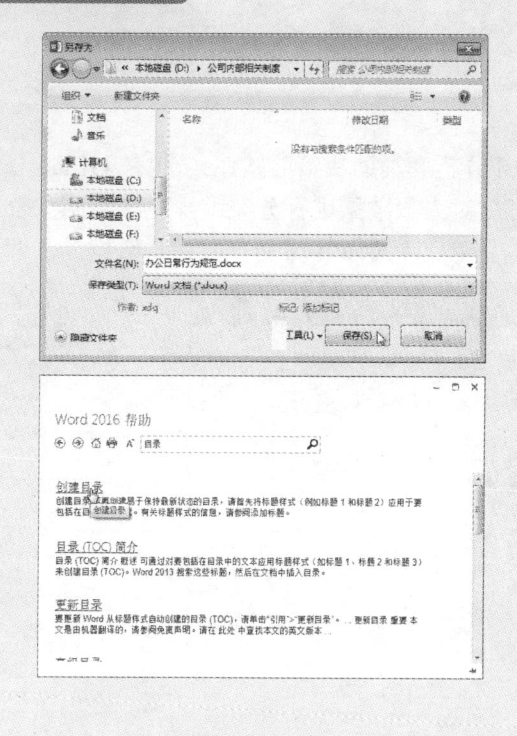

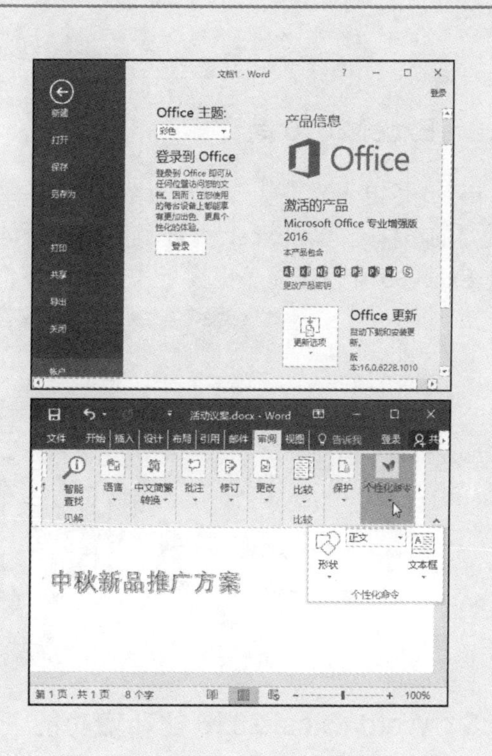

▷▷ 1.1　课堂讲解——Word/Excel 2016 简介

Word/Excel 2016 并不是 2016 年发布的版本，它是针对 Windows 10 操作系统环境全新开发的通用应用软件，这意味着它在 PC、平板电脑、手机等设备上有着一致的体验，尤其针对手机、平板电脑的触摸操作进行了全方位的优化，并保留了 Ribbon 界面元素，是第一个可以真正用于手机的 Word/Excel 程序。

1.1.1　Word 2016 简介

在现今这个办公自动化的时代，Word 是使用最广泛的文字处理与编辑软件。使用 Word 2016 可以轻松地编排各种文档，但在学习具体操作之前，首先需要了解 Word 2016 的新功能与特点，这样才能更好地学习与应用 Word 2016。下图是在 Word 2016 中编辑“劳动合同.docx”文档的界面。

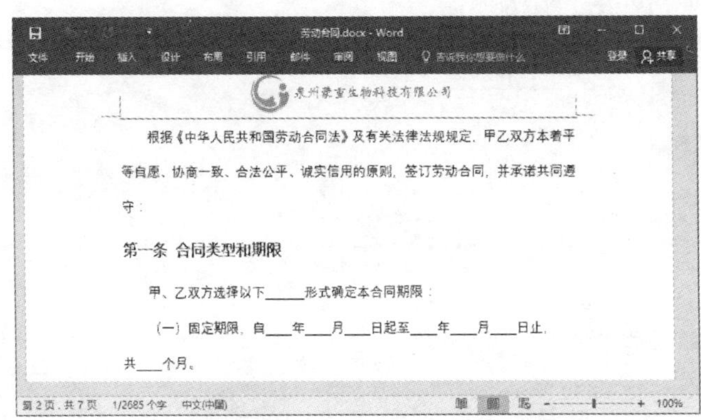

1.1.2　Excel 2016 简介

Excel 是电子表格软件（进行数据处理、统计分析和辅助决策的软件），也是 Office 套装中最重要的组件之一。Excel 内置了多种函数，可以对大量数据进行分类、排序、绘制图表等，掌握 Excel 2016 可以显著提高工作效率。下图是在 Excel 2016 中分析产品销量数据的界面。

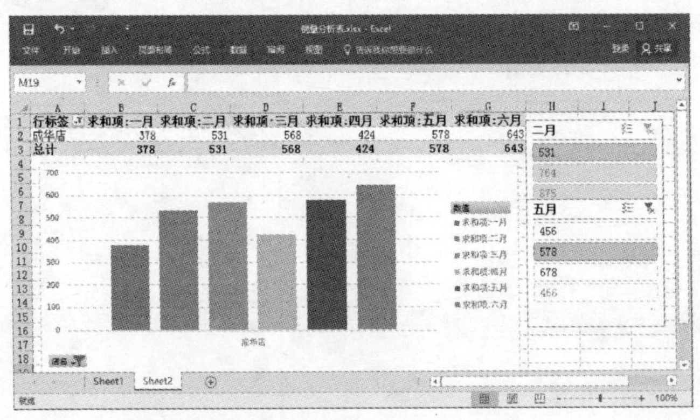

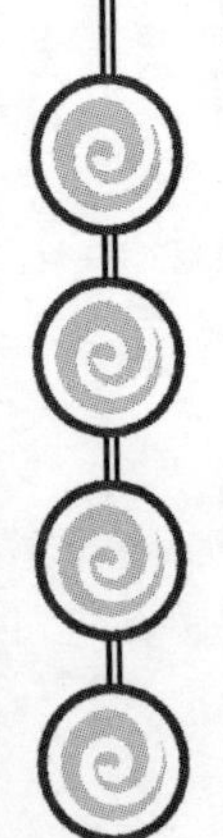

1.1.3　Word/Excel 2016 的新增功能

Office 2016 是目前的最新版本，其中的 Word 和 Excel 组件也相应地增加了一些新的功能。

下面就来看一下这些新增功能。

1．Word 新增功能

（1）为文本内容设置视觉效果

在 Word 2016 的“字体”组中提供了文本效果和版式功能，通过该功能可以设置文字的艺术字效果，还可以设置轮廓、阴影、映像、发光效果，这些功能都适用于针对选择了字体样式后再加以修改的情况。如果使用编号样式、连字和样式集功能可以制作出一些特殊的文本效果，如左下图所示为应用编号样式的效果，右下图所示为应用连字的效果。

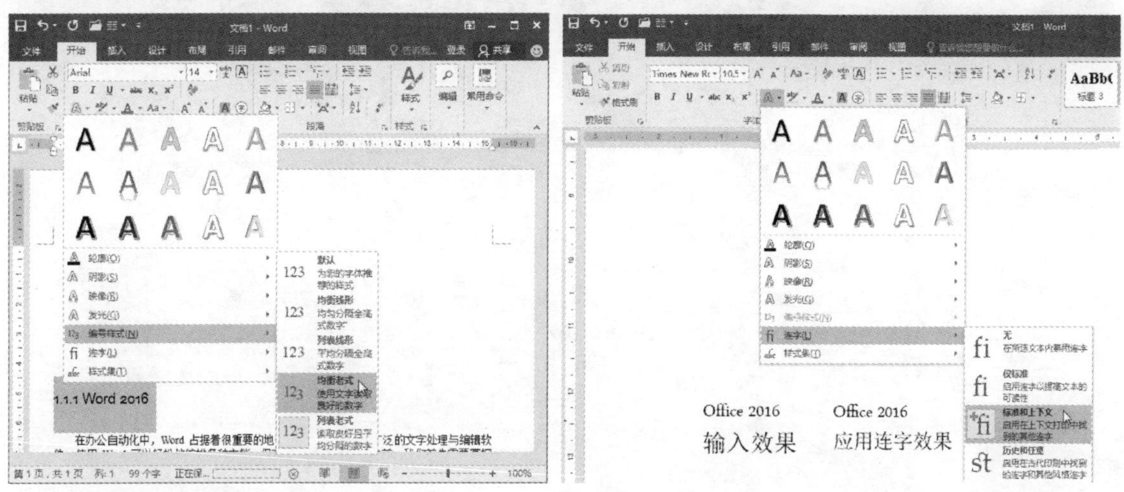

（2）手动书写公式

虽然 Word 软件可以插入公式或者手动输入一组自定义的公式，但是自定义的公式需要经过很多步的操作，给工作带来诸多不便，从而影响了工作效率。在 Word 2016 版本中提供了墨迹公式功能，可以快速地在编辑区域手动将公式写出来，如果在书写的过程中没有识别出来，可以对公式进行选择和更正，如下图所示，选择“墨迹公式”命令，然后手动书写公式。

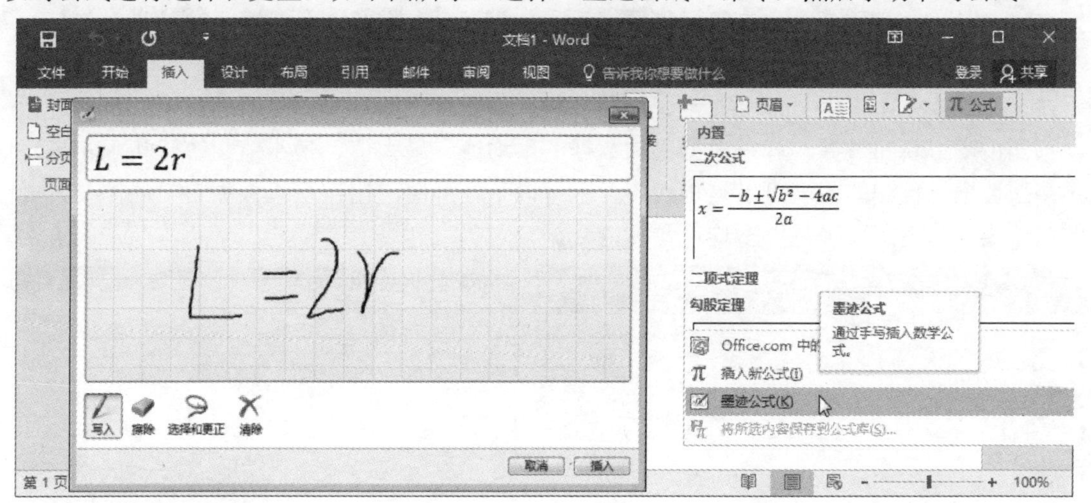

2．Excel 新增功能

（1）插入三维地图

在 Excel 2016 版本中提供了三维地图的功能，用户只需要根据软件的提示下载一个 Microsoft.NET Framework 4.5 插件，安装后即可使用三维地图功能。三维地图会自动打开一个新的窗口，在窗口中滚动鼠标滚轮即可将地图放大。

（2）管理数据模型

数据模型是 Excel 2016 中与数据透视表、数据透视图和 Power View 报表结合使用的嵌入式相关表格数据。数据模型是从关系数据源导入多个相关表格或创建工作簿中单个表格之间的关系时在后台创建的。Office RT 不支持数据模型。在 Excel 中通过管理数据模型导入 Access 数据之后，在 Power Pivot for Excel 新的窗口打开的效果如下图所示。在这个窗口中，用户可以根据自己的需要对表格进行编辑与分析操作。

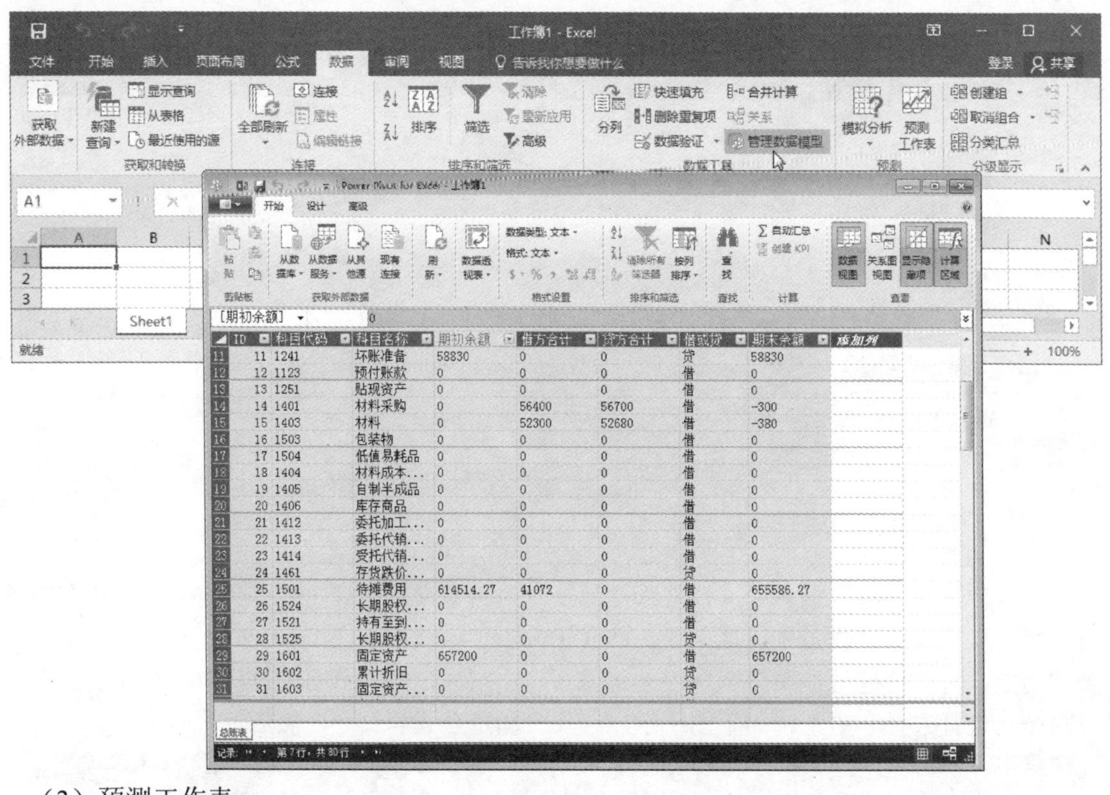

（3）预测工作表

在 Excel 2016 中提供了一个非常好用的功能，用户可以通过对一个时间段中的数据进行分析，预测出一组新的数据。可以根据已知数据的平均值、最大值、最小值、统计和求和等数值来预测新数据。预测的图表可以是折线图，也可以是柱形图，用户可以根据自己的需要设置图表的显示类型。下图所示是以平均值预测的数据。

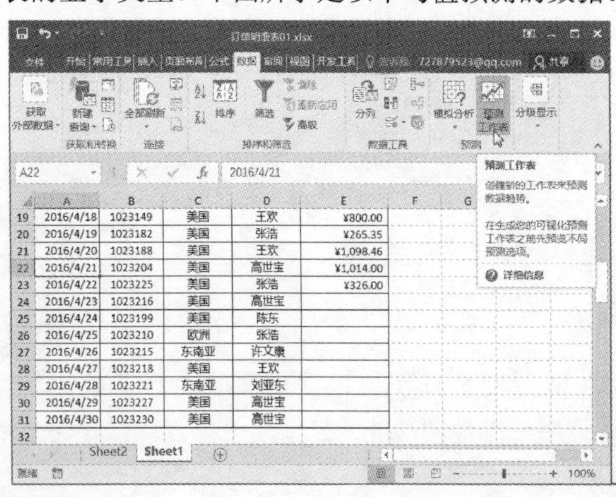

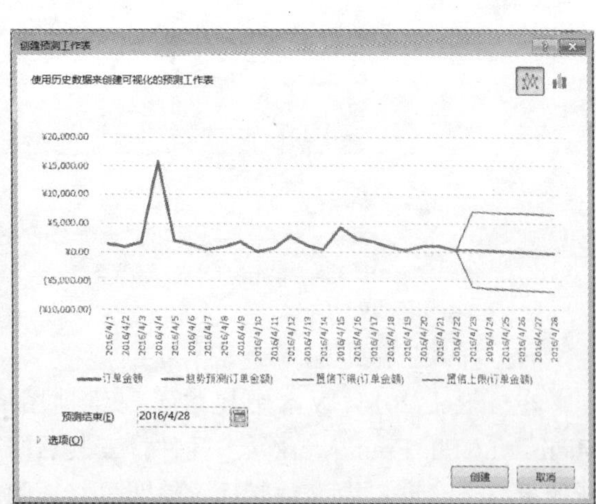

（4）将 PowerQuery 内置到 Excel 程序中

在 Excel 2010 和 Excel 2013 版中，需要单独安装 PowerQuery 插件，Excel 2016 版已经内置了这一功能，安装 Excel 2016 时已经默认安装，可以直接加载启用。

在 Excel 2016 的“数据”选项卡中新增的“获取和转换”组，就是 Power Query 功能的体现，通过该组可快速导入、转置和合并来自多种不同数据源的数据。

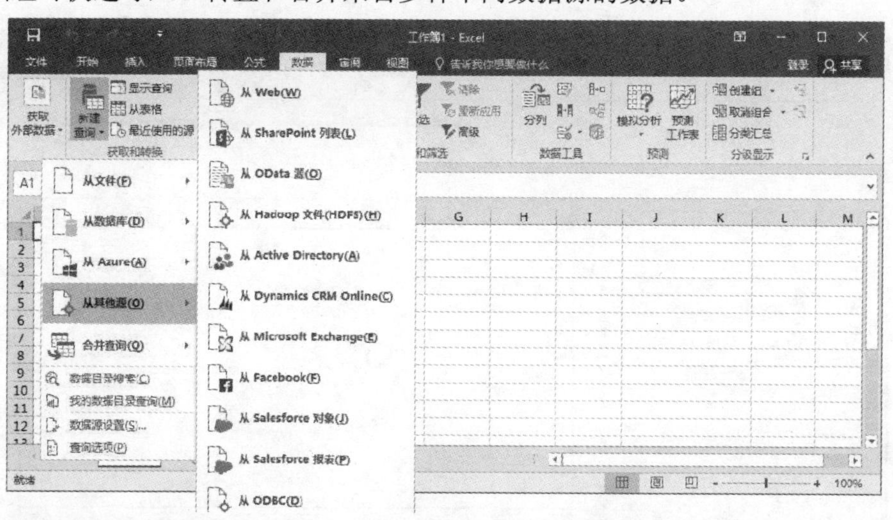

（5）改进的透视表功能

在 Excel 2016 中，数据透视表增加了分组的功能，基于数据模型创建的数据透视表，可以自定义透视表的行、列标题名，即使与数据源字段名重复也无妨；还可以对日期和时间型的字段创建组。创建好数据透视表后，自动会以组的形式显示出来，如果需要取消组合，可以在分组中进行操作，但是在操作之前要选中数据透视表中的某行，否则不能执行命令。

（6）便捷的搜索工具

通过 TellMe（“告诉我你想做什么”）功能，可以快速检索 Excel 功能按钮，用户无须再到选项卡中寻找命令了。

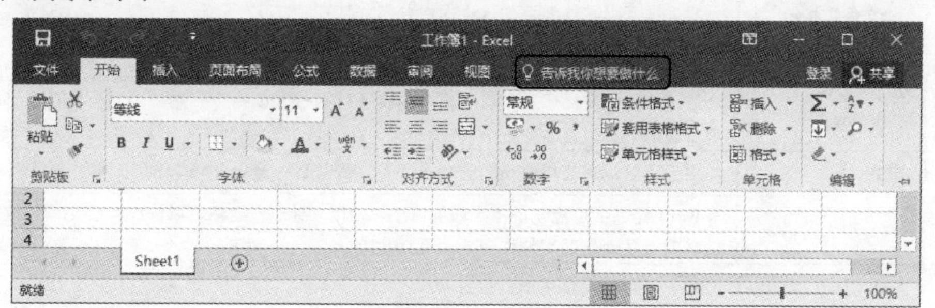

▷▷ 1.2　课堂讲解——熟悉 Word/Excel 2016

Word 和 Excel 是 Office 2016 中最常用的两个办公组件，为了让用户在以后的操作中更加得心应手，先介绍这两个组件的界面，以及通用的新建、保存、打开等共同的操作。

1.2.1 认识 Word/Excel 2016 界面

在使用 Word/Excel 2016 之前，首先需要熟悉其界面，然后再操作就简单多了。

1. Word 2016 界面介绍

Word 2016 的界面主要由功能组、编辑区等部分构成，如下图所示。

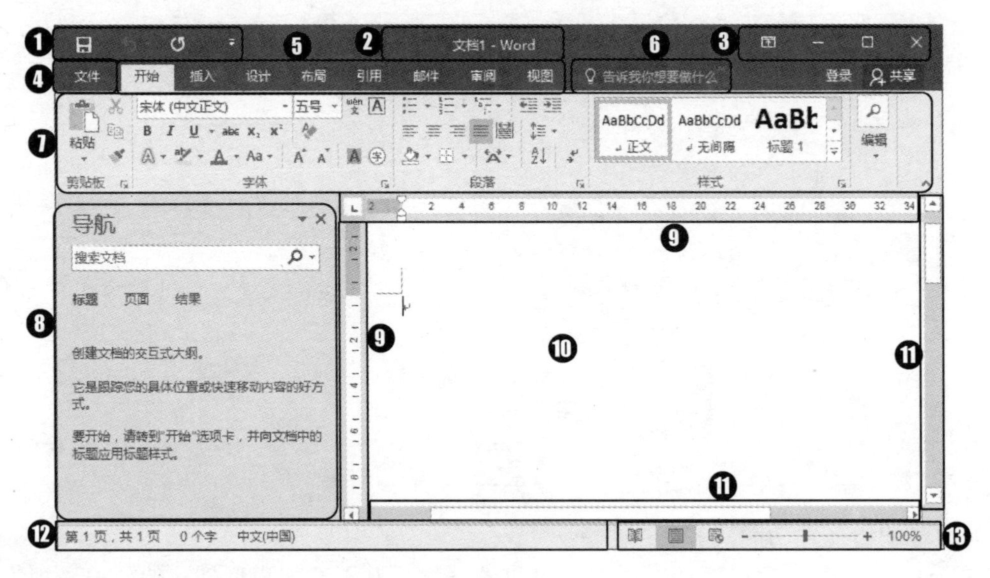

Word 2016 界面中各部分名称及作用如下表所示。

序 号	名 称	作 用
❶	快速访问工具栏	用于置放一些常用工具，在默认情况下包括“保存”“撤销”和“恢复”3 个按钮，用户可以根据需要添加其他按钮
❷	标题栏	用于显示当前文档的名称
❸	窗口控制按钮	包括“最小化”“最大化”和“关闭”3 个按钮，用于对文档窗口的大小和关闭进行控制
❹	“文件”按钮	用于打开“文件”页面，页面中包括“打开”“保存”等命令
❺	选项卡	用于切换选项卡，单击相应标签，即可完成切换
❻	TellMe 功能	通过“告诉我你想做什么”文本框快速检索 Word 命令，用户不用再到选项卡中寻找某个命令的具体位置
❼	功能区	用于放置编辑文档时所需的功能，各功能又划分为一个一个的组，称为功能组
❽	“导航”窗格	Word 提供了可视化的“导航”窗格，使用“导航”窗格可以快速查看文档结构图和页面缩略图，从而帮助用户快速定位文档位置
❾	标尺	用于显示或定位文本的位置
❿	编辑区	用于编辑文档内容的区域
⓫	滚动条	可上下或左右拖动，以查看文档中未显示的内容
⓬	状态栏	用于显示当前文档的页数、字数、使用语言、输入状态等信息
⓭	视图按钮与缩放标尺	视图按钮用于切换文档的视图方式，单击相应按钮，即可完成切换；缩放标尺用于对编辑区的显示比例进行调整，在缩放标尺右侧会显示出显示比例的具体数值

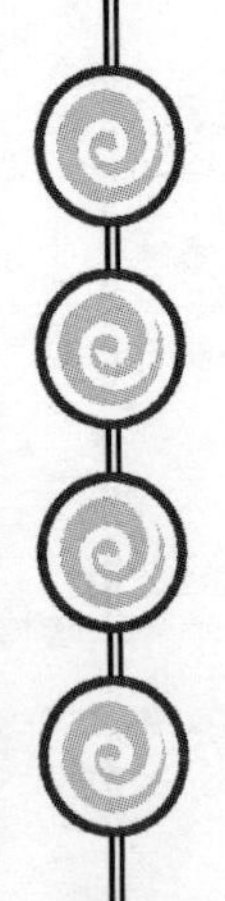

2. Excel 2016 界面介绍

Excel 2016 与 Word 2016 的界面既有相似之处，也有不同之处。Excel 2016 也有快速访问工具栏、标题栏等部分，不同之处在于编辑区等内容，如下图所示。

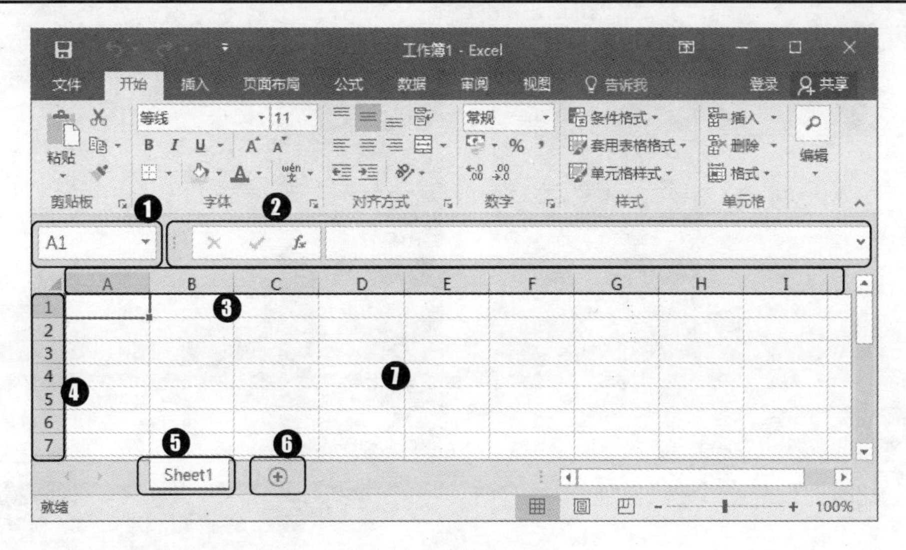

Excel 2016 界面中特有部分名称及作用如下表所示。

序 号	名 称	作　用
❶	名称框	用于显示或定义所选择单元格或者单元格区域的名称
❷	编辑栏	用于显示或编辑所选择单元格中的内容
❸	列标	用于定位工作表中的列，以 A、B、C、D……的形式进行编号
❹	行号	用于定位工作表中的行，以 1、2、3、4……的形式进行编号
❺	工作表标签	用于显示当前工作簿中的工作表名称，默认情况下，工作表标签标题显示为 Sheet1、Sheet2、Sheet3，可以进行更改
❻	“插入工作表”按钮	用于插入新的工作表，单击该按钮即可完成插入工作表的操作
❼	工作区	用于对表格内容进行编辑，每个单元格都以虚拟的网格线进行分隔

1.2.2　新建、保存和打开 Word/Excel 2016 文档

在 Word 和 Excel 中进行新建、保存和打开等基本操作时，方法都是类似的。下面以 Word 为例，介绍 Word/Excel 2016 的常用操作。

同步文件

视频文件：视频文件\第 1 章\1-2-2.mp4

1. 启动程序并新建文档

启动 Word 2016 时，不会直接打开一个空白文档，用户可以根据自己的需要选择启动类型，如新建空白文档或使用内置的模板文件。新建空白文档的具体操作方法如下。

Step01: ❶在 Windows 窗口中单击“开始”按钮；❷选择“所有程序”→“Word 2016”命令，如下图所示。

Step02: 打开新建 Word 文档界面，选择“空白文档”选项，如下图所示。

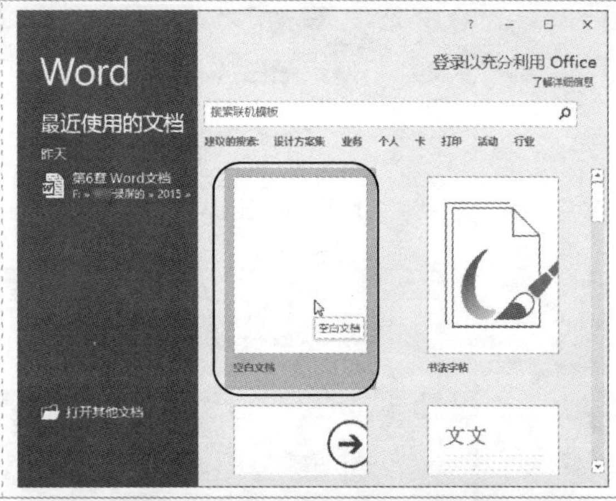

Step03: 此时即创建一个空白文档，如右图所示。

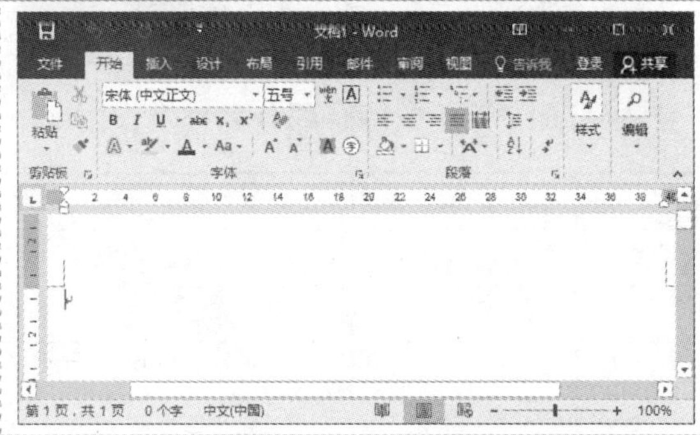

2. 保存文档

编辑 Word 文档内容后，一般都需要对创建的文档进行保存。保存 Word 文档的具体操作方法如下。

Step01: 单击快速访问工具栏中的“保存”按钮，如下图所示。

Step02: 打开“文件”页面，❶选择“另存为”命令；❷双击“这台电脑”选项，如下图所示。

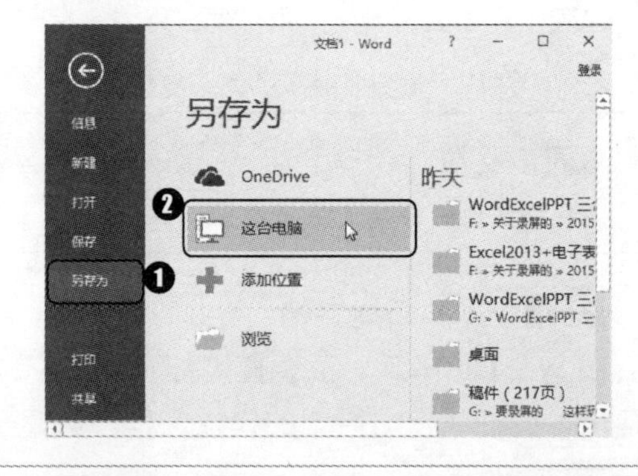

 新手注意

在保存文档时，在“另存为”面板右侧也可以直接选择最近打开的文件进行保存。

Step03: 打开“另存为”对话框，❶选择保存位置；❷输入文档名称；❸单击“保存”按钮，如下图所示。

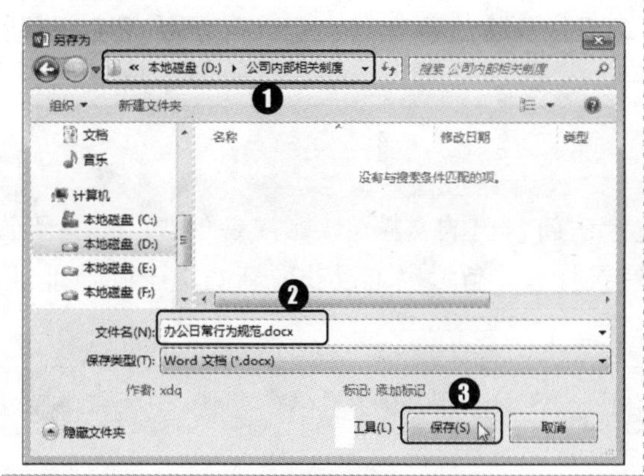

Step04: 此时，文档名称由新建时默认的“文档 1”变成了前面设置的文档名称，如下图所示。如果接下来对文档的内容继续进行更改，则在需要保存时再次单击“保存”按钮即可。

专家点拨——加密保存文件

在“另存为”对话框中单击“工具”下拉按钮，在弹出的下拉列表中选择“常规选项”命令，然后在弹出的对话框的“打开权限密码”文本框和“修改权限密码”文本框中输入密码，单击“确定”按钮，在弹出的“确认密码”对话框中再次输入密码，单击“确定”按钮，即可完成加密保存文档的操作。

3．打开文档

如果要对已有的 Word 文档进行编辑或查看，可以在 Word 窗口中执行打开文件的操作。下面以在 Word 窗口中使用“打开”命令打开已有的文档为例进行介绍，具体操作方法如下。

Step01: ❶在 Word 窗口中，单击“文件”按钮；❷在“文件”页面中选择“打开”命令；❸单击“浏览”选项，如下图所示。

Step02: ❶选择文档的保存位置；❷选择需要打开的文档；❸单击“打开”按钮，如下图所示，即可在 Word 2016 中打开已有文档。

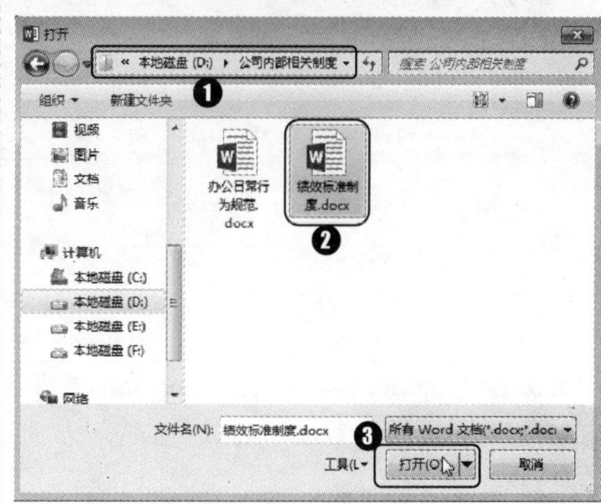

▷▷ 1.3 课堂讲解——自定义 Word/Excel 2016 工作环境

在使用 Word/Excel 2016 之前，用户有必要对工作环境进行一些设置，以便更直接、方便地使用 Word/Excel 2016 进行工作。

1.3.1 注册并登录 Microsoft 账户

登录到 Microsoft Office 账户后即可从任何位置访问自己的文档。该账户是免费的且易于设置，用户可以使用任何电子邮件地址完成注册并登录操作，当然也可以获取新的电子邮件地址。注册和登录 Microsoft 账户的具体操作方法如下。

同步文件

视频文件：视频文件\第 1 章\1-3-1.mp4

Step01: 登录 Microsoft 账户注册网址 https://login.live.com/，单击下方的“立即注册”超链接，如下图所示。

Step02: 进入“创建账户”界面，❶填写注册信息；❷单击“创建账户”按钮，如下图所示。

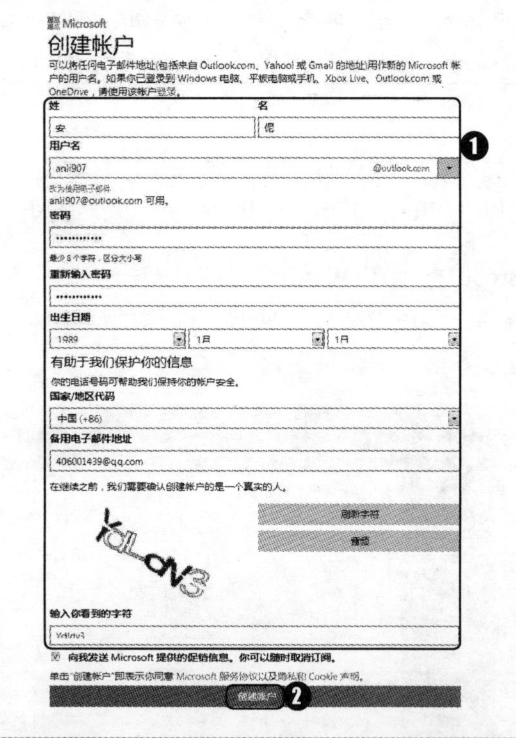

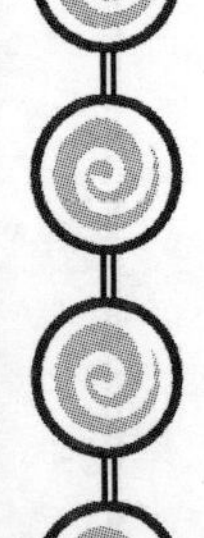

Step03: 注册成功后，进入“Microsoft 账户”界面，此时即可查看注册的账户信息，如下图所示。

Step04: 打开 Office 套装中的任一组件，进入“文件”页面，❶选择“账户”命令；❷在右侧单击“登录”按钮，如下图所示。

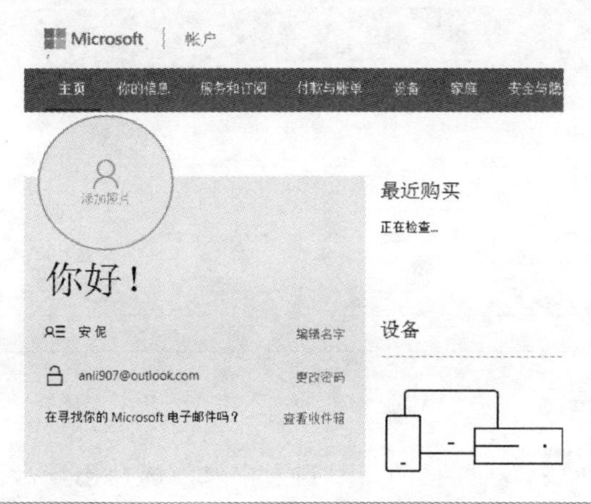

Step05: 进入“登录”界面，❶输入用户名；❷单击“下一步”按钮，如下图所示。

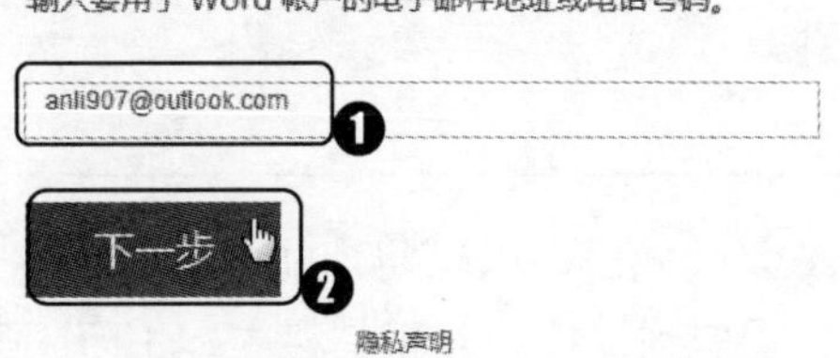

Step06: ❶输入密码；❷单击“登录”按钮，如下图所示，即可登录 Microsoft 账户。

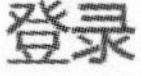

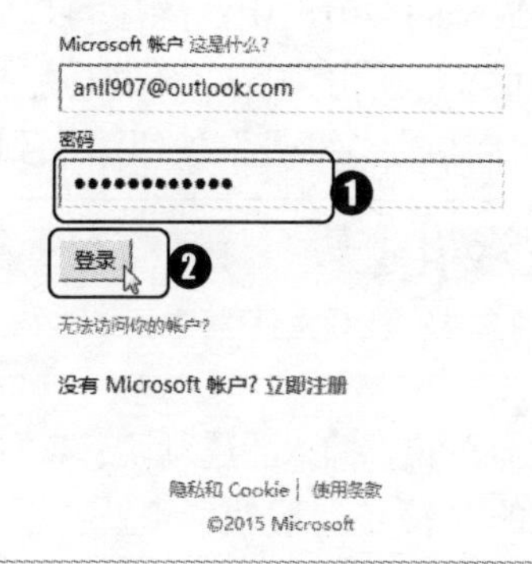

专家提示

用户可以将任何电子邮件地址作为新的 Microsoft 账户的用户名。如果已登录到个人计算机、平板电脑或手机、Xbox Live、Outlook.com 或 OneDrive，使用注册的账户就可进行登录。

1.3.2　在快速访问工具栏中添加或删除按钮

在默认的情况下，快速访问工具栏中包含“保存”“撤销”和“恢复”3 个按钮，用户可以根据需要将其他按钮添加到快速访问工具栏中。例如，在 Word 2016 的快速访问工具栏中添加“快速打印”按钮，具体操作方法如下。

同步文件

视频文件：视频文件\第 1 章\1-3-1.mp4

Step01: ❶单击快速访问工具栏右侧的“快翻”按钮；❷在弹出的下拉列表中选择需要添加的“快速打印”按钮，如下图所示。

Step02: 此时，在快速访问工具栏上即会显示“快速打印”按钮，如下图所示。

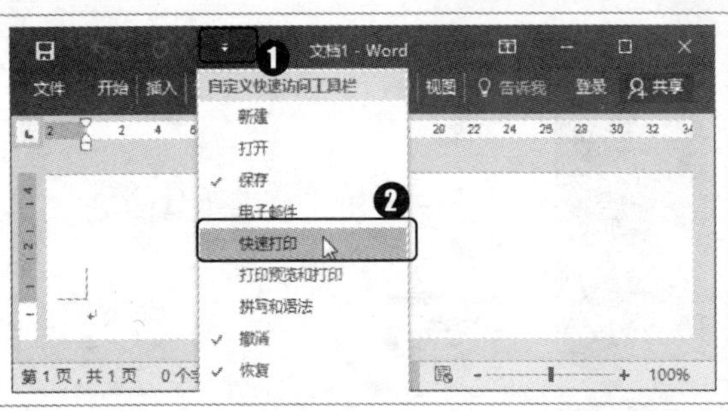

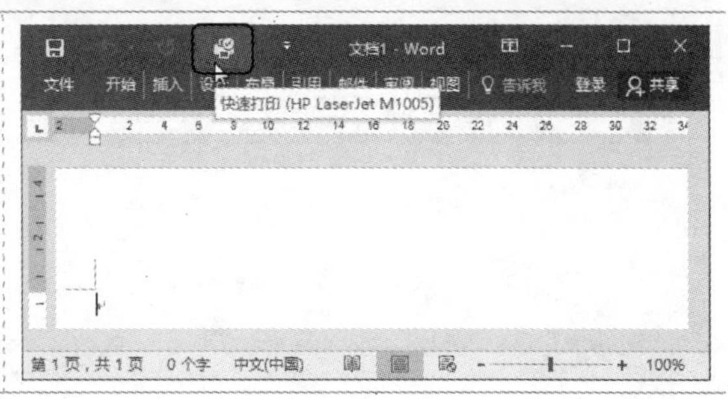

专家点拨——删除快速访问工具栏中的按钮

单击快速访问工具栏右侧的“快翻”按钮；在弹出的下拉列表中取消选择已显示的按钮，即可从快速访问工具栏中删除该按钮。

1.3.3 将功能区中的按钮添加到快速访问工具栏中

在 Word/Excel 2016 中，除了可以将快速访问工具栏下拉列表中的按钮添加至快速访问工具栏中，还可以将使用频率较高的功能按钮添加到快速访问工具栏。例如，在 Word 2016 中将“插入”选项卡中的“符号”按钮添加到快速访问工具栏，具体操作方法如下。

同步文件

视频文件：视频文件\第 1 章\1-3-2.mp4

Step01: ❶单击“插入”选项卡；❷右击“符号”组中的“符号”按钮；❸选择“添加到快速访问工具栏”命令，如下图所示。

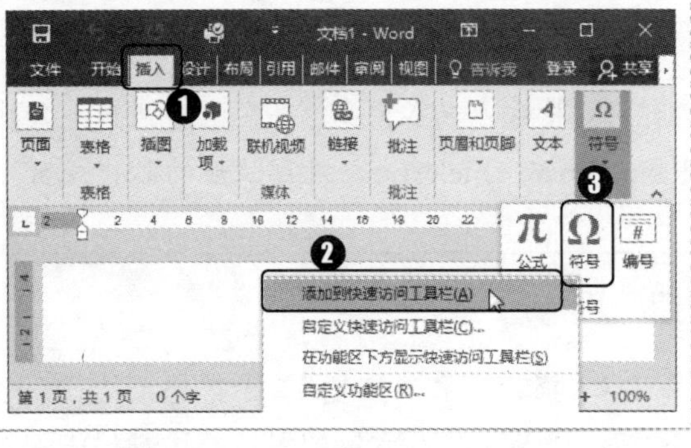

Step02: 此时，即可将功能区中的“符号”按钮添加到快速访问工具栏中，如下图所示。

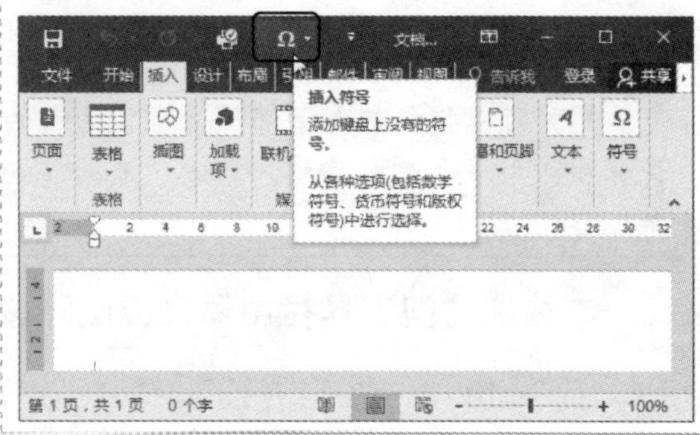

1.3.4 显示或隐藏功能区

为了使操作界面显示得更有条理，可以让功能区只在需要时才显示。功能区无法删除，也无法更换为 Microsoft Office 早期版本的工具栏和菜单，但是，用户可以用最小化功能区的方式扩大屏幕上可用的空间。用户也可以根据需要将最小化的功能区再次显示出来。

同步文件

视频文件：视频文件\第 1 章\1-3-3.mp4

Step01: 在功能区右侧单击“折叠功能区”按钮，如下图所示。

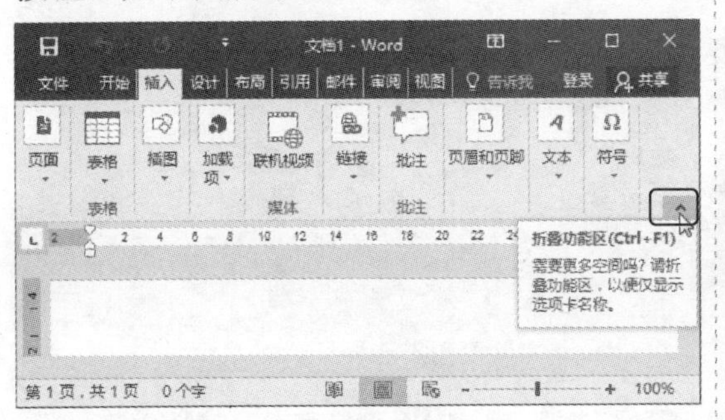

Step02: 此时即可隐藏功能区，如下图所示。

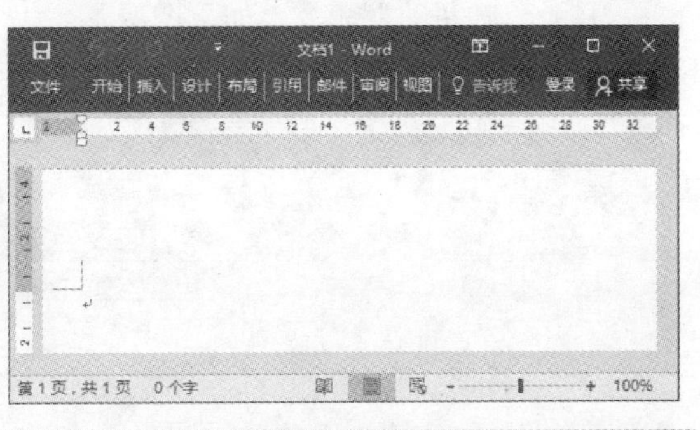

Step03: ❶如果需要再次显示功能区，可以单击任一选项卡；❷在悬浮显示的功能区右侧单击“固定功能区”按钮，即可将功能区重新固定显示出来，如右图所示。

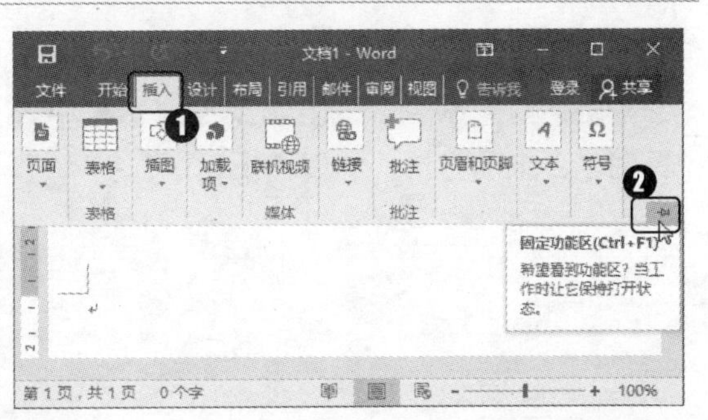

专家点拨——显示与隐藏功能区的其他方法

在功能区右击，在弹出的快捷菜单中选择“折叠功能区”命令，即可隐藏功能区。右击任一选项卡，在弹出的快捷菜单中再次选择“折叠功能区”命令，取消勾选该命令，即可显示功能区。

1.4　课堂讲解——获取联机帮助

用户在使用 Office 的过程中，如果遇到了一些不常用或者不会的问题，可以使用 Office 的联机帮助功能进行解决。本节主要介绍常用的获取联机帮助的方法。

1.4.1　Word/Excel 2016 联机帮助

在使用搜索功能查看帮助时，直接输入简洁的词语即可。在 Office 2016 版本中，在选项卡右侧提供了一个“告诉我你想要做什么”框，直接输入关键字即可进行搜索。例如，在 Word 软件中搜索目录的制作方法，具体操作方法如下。

同步文件

视频文件：视频文件\第 1 章\1-4-1.mp4

Step01: ❶在“告诉我你想要做什么”框中输入“目录”；❷在下拉列表中选择“获取有关‘目录’的帮助”命令，如下图所示。

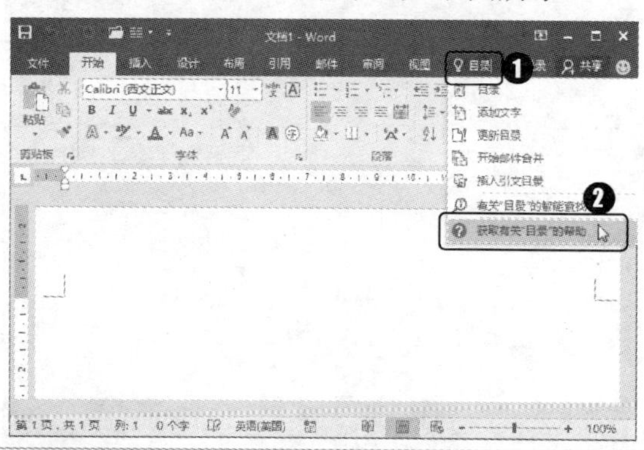

Step02: 打开“Word 2016 帮助”对话框，单击“创建目录”超链接，如下图所示。

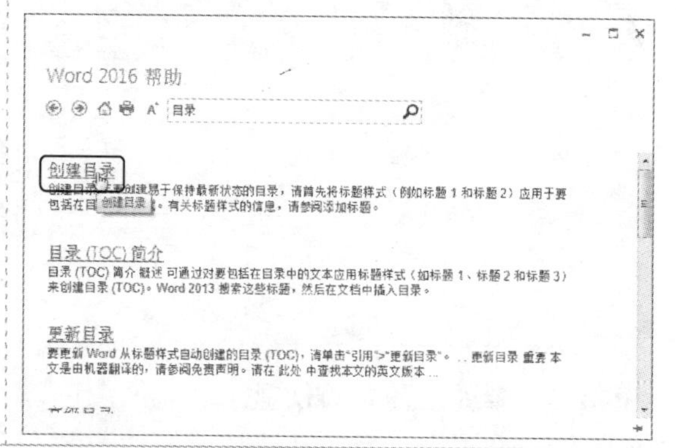

Step03: 在“Word 2016 帮助”对话框中查看创建目录的方法，如下图所示。

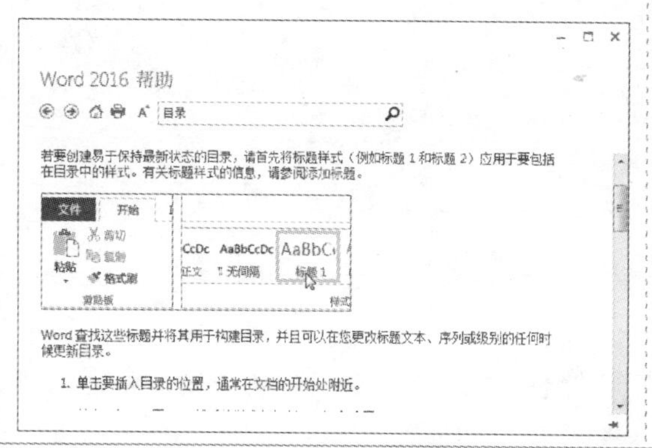

Step04: 在“Word 2016 帮助”对话框中查看完创建目录的方法后，单击右上角的“关闭”按钮退出，如下图所示。

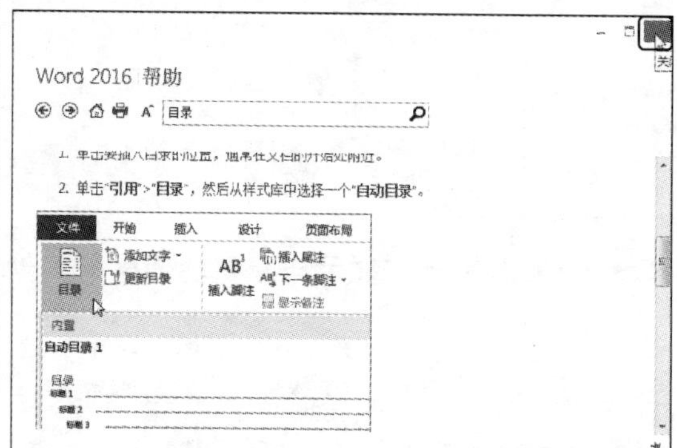

专家点拨——使用 TellMe 功能快速执行命令

在 Office 2016 的“告诉我你想要做什么”框中输入软件任一选项卡中功能按钮名称的关键字，按〈Enter〉键就会马上执行该功能。

1.4.2 在对话框中及时获取帮助信息

在使用 Word 时，当打开一个对话框却不知道其中选项的具体含义时，则可在对话框中单击“帮助”按钮 ? ，以便及时有效地获取帮助信息。下面以“字体”对话框为例，介绍在对话框中获取帮助信息的操作方法。

同步文件

视频文件：视频文件\第 1 章\1-4-2.mp4

Step01: 在任一打开的文档中，❶单击“开始”选项卡；❷单击“字体”组中的对话框启动按钮，如下图所示。

Step02: 打开“字体”对话框，单击“帮助”按钮 ? ，如下图所示。

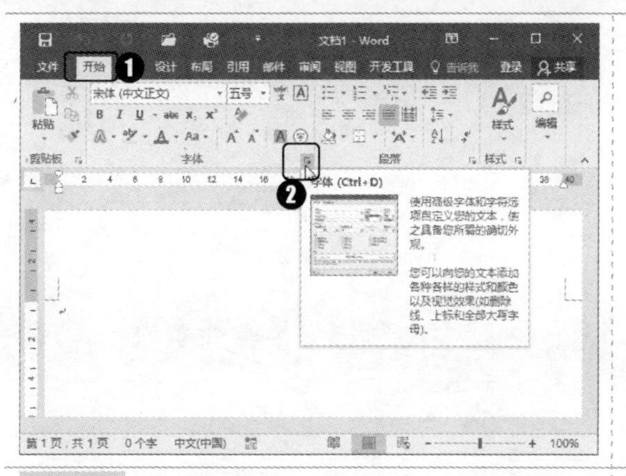

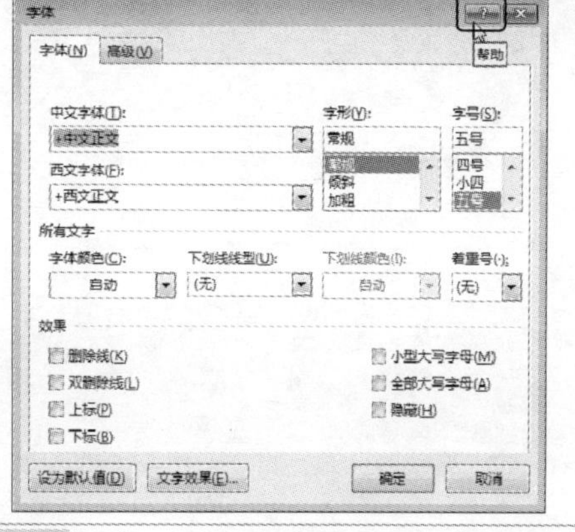

Step03: 在“Word 2016 帮助”对话框中，❶输入要搜索的关键字；❷单击“搜索”按钮；❸单击需要查看的超链接，如下图所示。

Step04: 用户可以根据提供的信息了解该知识点的操作方法，如下图所示。

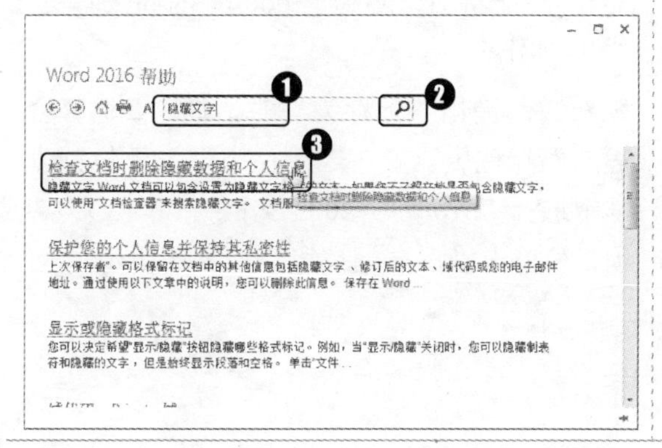

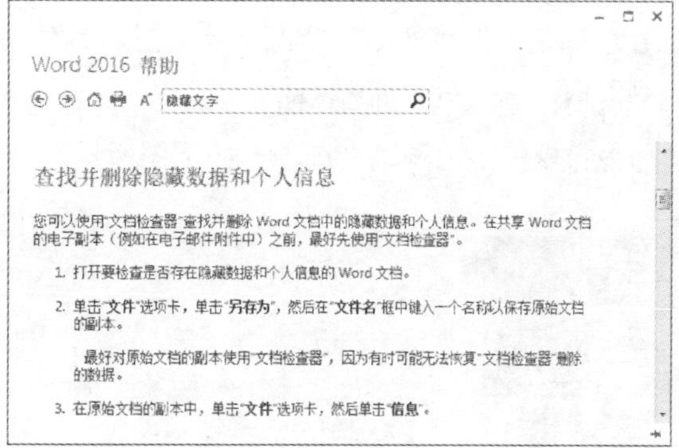

▷▷ 高手秘籍——实用操作技巧

通过对前面知识的学习，相信读者朋友已经掌握了 Word/Excel 2016 软件的基本操作方法。下面结合本章内容以 Word 为例介绍一些实用和操作技巧。

同步文件

视频文件：视频文件\第 1 章\高手秘籍.mp4

技巧 01　显示和隐藏窗口元素

在启动的 Word 窗口中，默认情况下不会显示“导航”窗格、标尺等元素，为了更方便、快捷地编辑文档，可以将这些元素显示出来，如果不再需要，再次隐藏即可。在 Word 文档中显示标尺元素的具体操作方法如下。

Step01: 打开素材文件，❶单击“视图”选项卡；❷勾选“显示”组中的“标尺”复选框，如下图所示。

Step02: 经过上一步的操作，显示标尺元素的效果如下图所示。如果需要将导航、标尺等元素隐藏起来，取消勾选相应的复选框即可。

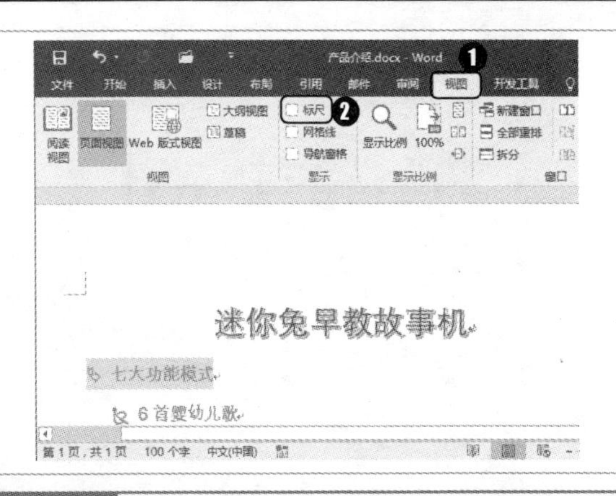

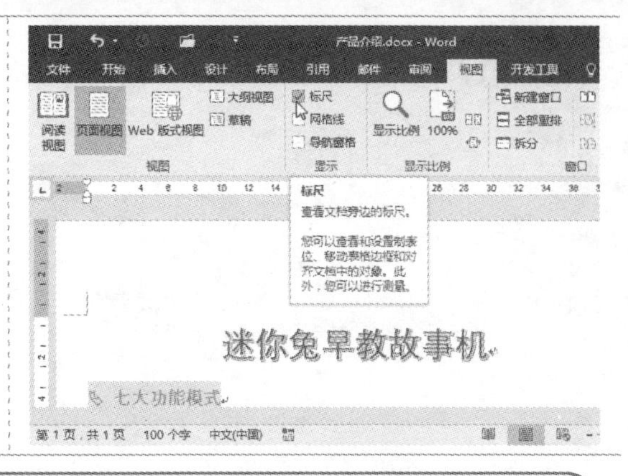

技巧 02 将高版本文档转化为低版本文档

在实际工作中，还有一些用户仍然在使用 Word 2003 版本的软件进行办公。为了方便这些用户阅读和编辑文档，可以使用 Word 2016 的向下兼容功能将后缀名为“.docx”的高版本文档转化为后缀名为“.doc”的低版本文档，具体操作方法如下。

Step01: 进入“文件”页面，❶选择“另存为”命令；❷单击“浏览”选项，如下图所示。

Step02: 弹出“另存为”对话框，❶选择合适的保存位置；❷在“保存类型”下拉列表框中选择“Word 97-2003 文档（*.docx）”选项；❸单击“保存”按钮，如下图所示。

Step03: 弹出“Microsoft Word 兼容性检查器”对话框，单击“继续”按钮，如下图所示。

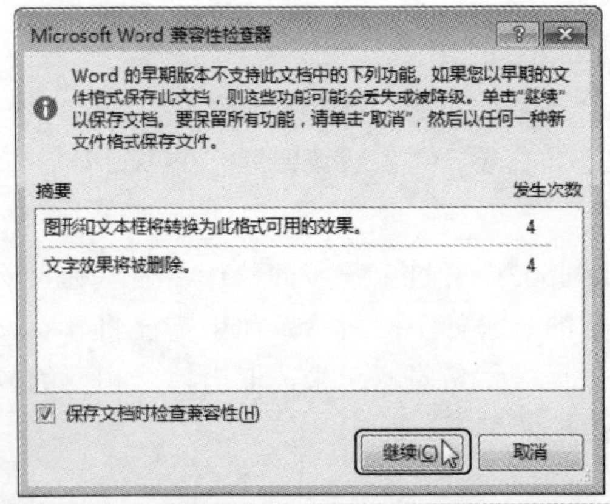

Step04: 此时，原来的高版本 Word 文档就转化成了兼容模式，如下图所示。

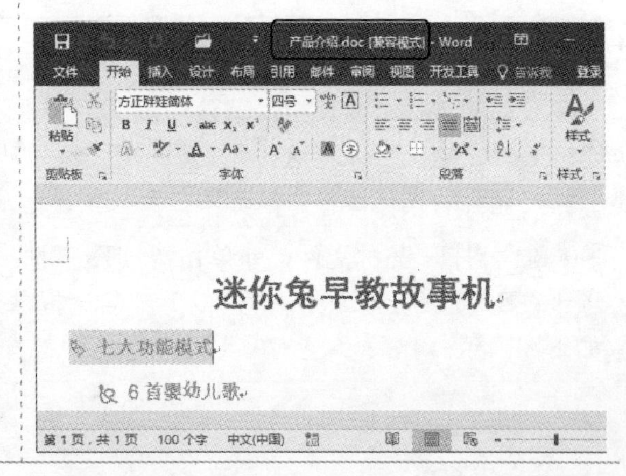

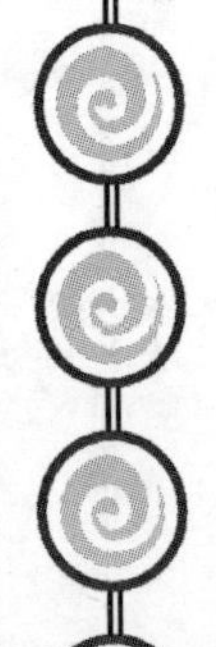

技巧 03 设置文件定时自动保存

在使用 Office 的过程中，难免会遇到由于断电或死机等原因突然退出程序的情况。为了减少数据的丢失，Office 提供了自动保存功能。使用该功能可以让 Word/Excel 2016 在设置的间隔时间后自动保存。设置 Word 文档定时自动保存的具体操作方法如下。

Step: 打开“文件”页面。选择“选项”命令，弹出“Word 选项”对话框，❶在左侧选择“保存”选项；❷在右侧勾选“保存自动恢复信息时间间隔”复选框，并在数值框中输入自动保存的时间间隔；❸单击“确定”按钮，如右图所示。

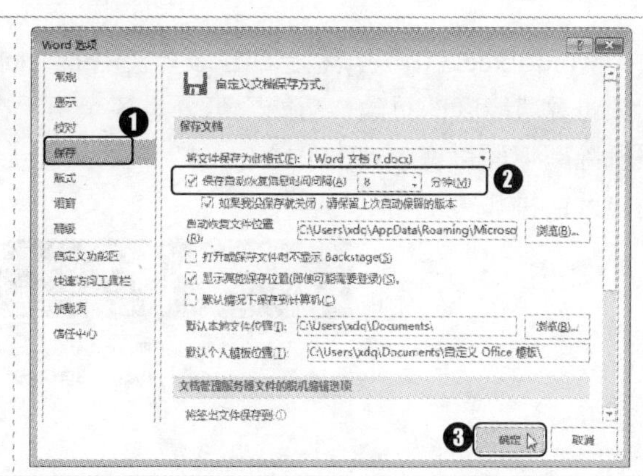

技巧 04 使用〈Ctrl+鼠标滚轮〉快速缩放页面

在浏览 Word 文档时，可以将〈Ctrl〉键与鼠标滚轮配合使用来放大与缩小页面。具体操作方法如下。

Step01: 打开 Word 文档，按住〈Ctrl〉键不放，向前滚动鼠标滚轮即可放大页面，如下图所示。

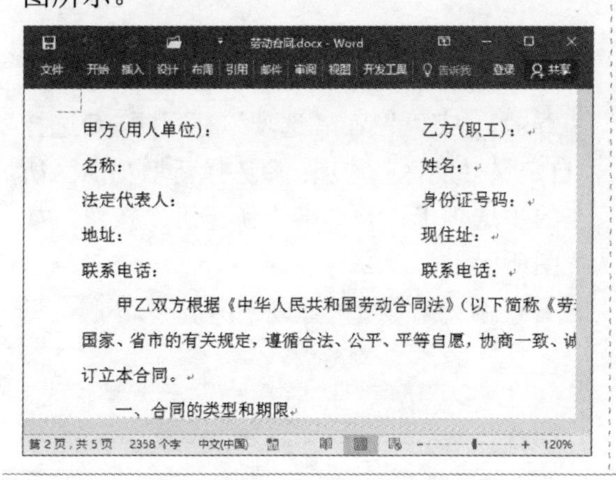

Step02: 按住〈Ctrl〉键不放，向后滚动滚轮即可缩小页面，如下图所示。

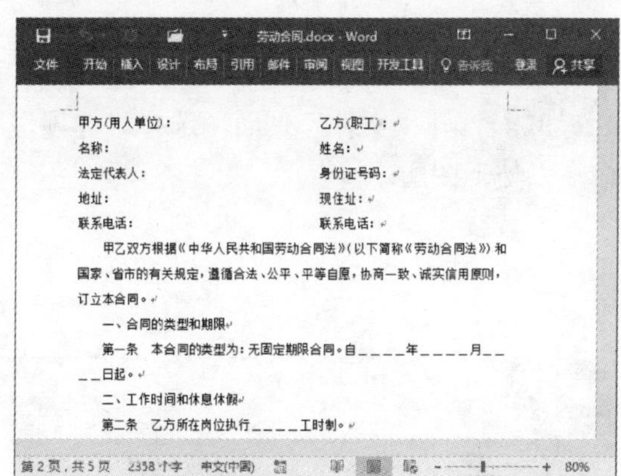

专家点拨——缩页浏览文档

在页面视图模式下编辑文档时，页与页之间都会有一小段间隔，如果想把此间隔部分去掉，可以将鼠标指针移动到两页的间隔处，当指针呈![]形状时双击即可。此时，文档的上边距和下边距会变小。

▷▷ 上机实战——在选项卡中自定义功能组

上机介绍

Word/Excel 2016 虽然是 Office 套装中的不同组件，但是它们有很多基本操作都是一致的。例如，对功能区的更改，功能区可分为各个组，在 Office 2016 中可以对功能区中的组进行添加或删除。下面以在 Word 2016 中的“审阅”选项卡中添加“个性化命令”组为例，介绍自定义功能区的操作方法。

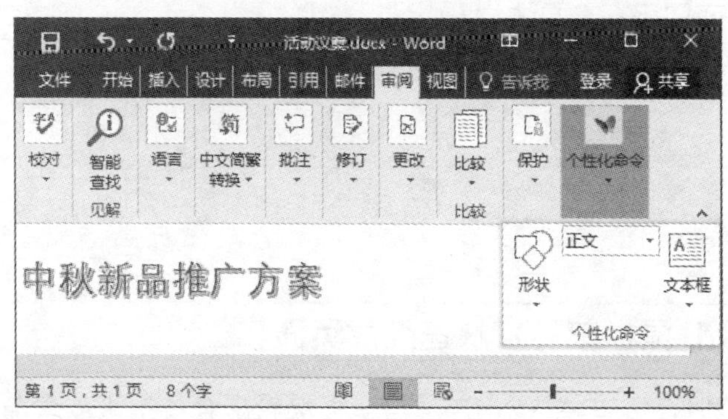

同步文件

视频文件：视频文件\第 1 章\上机实战.mp4

步骤详解

本实例的具体操作步骤如下。

Step01: 打开“文件”页面，选择“选项”命令，如下图所示。

Step02: 打开“Word 选项”对话框，❶选择“自定义功能区”选项；❷选择新增功能区所在的主选项卡；❸单击“新建组”按钮，如下图所示。

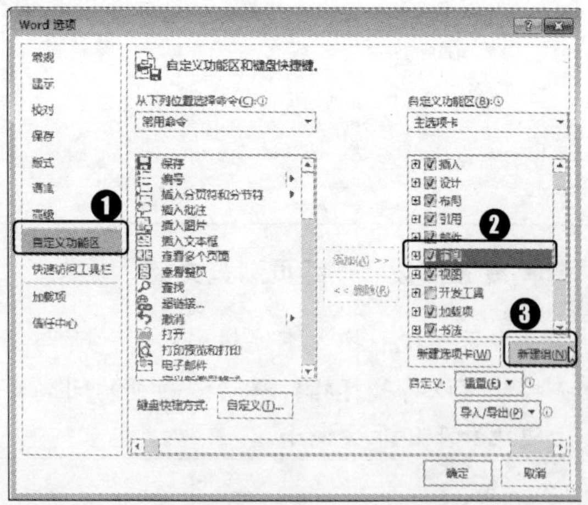

Step03: ❶默认选择“新建组（自定义）”选项；❷单击“重命名”按钮，如下图所示。

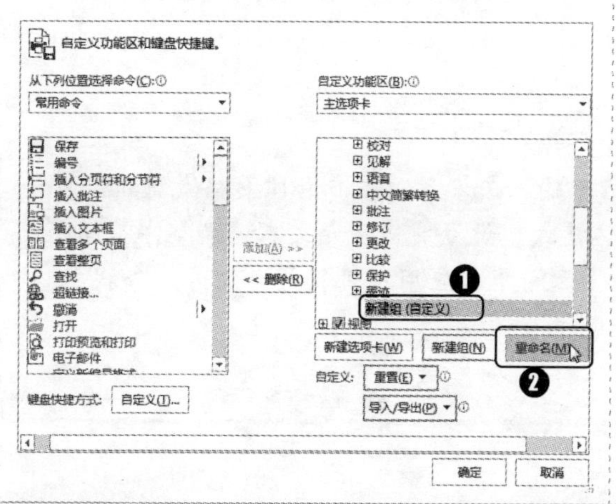

Step04: 打开“重命名”对话框，❶在“符号”列表框中选择需要的符号；❷输入新建组的名称；❸单击“确定”按钮，如下图所示。

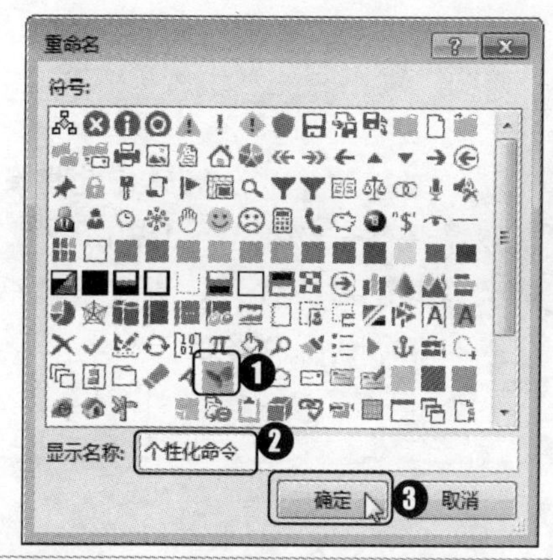

Step05: ❶在“常用命令”列表框中选择需要添加的命令；❷单击“添加”按钮；❸为新建的组添加命令后，单击“确定”按钮，如下图所示。

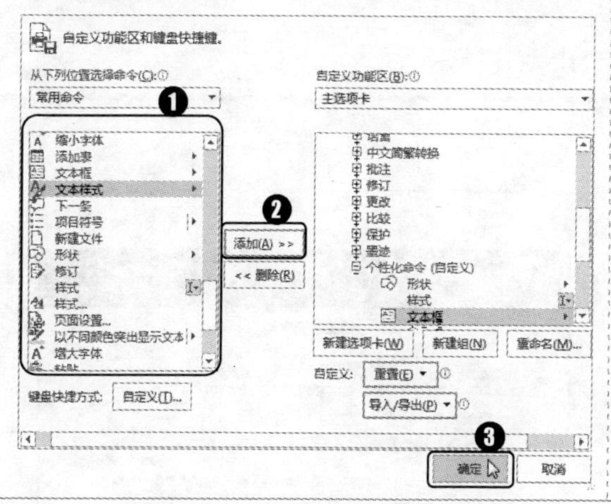

Step06: 此时，单击“审阅”选项卡，即可看到新建的“个性化命令”组，如下图所示。

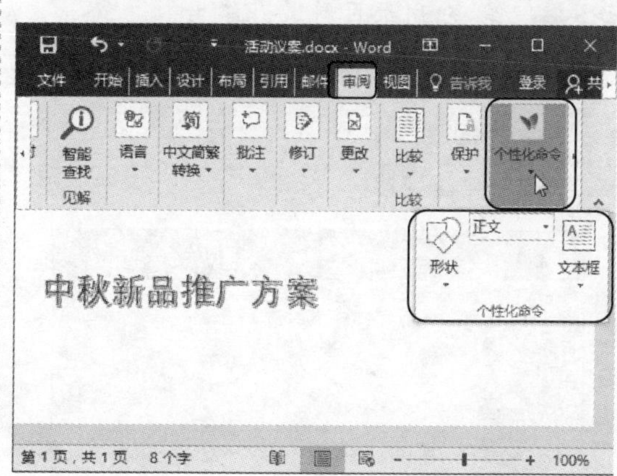

专家点拨——删除功能区中的组

需要删除功能区中的组时，可在“Word 选项”对话框中选择“自定义功能区”选项，在“自定义功能区”列表框中选择需要删除的组，单击“删除”按钮，然后单击“确定”按钮即可完成删除操作。

本章小结

本章的重点在于掌握 Word /Excel 2016 的基本操作，包括创建、保存、打开文档，自定义工作环境等。通过本章的学习，希望读者能够熟练掌握 Word/Excel 2016 的基本操作，并能根据自己的需要自定义工作环境、获取 Word/Excel 帮助信息。

第2章　在Word 2016中输入与编辑文档

本章导读

文档的输入与编辑，是指在Word中输入文本后对文本和段落格式进行设置。本章详细介绍在Word 2016中设置字体格式、设置突出显示文本、调整字符间距、更改文本对齐方式、调整段落缩进和段落间距、应用项目符号和编号、查找或替换文本等的操作方法。

知识要点

➢ 输入文本
➢ 编辑文本
➢ 设置文本格式
➢ 查找与替换文本
➢ 设置段落格式
➢ 应用项目符号和编号

效果展示

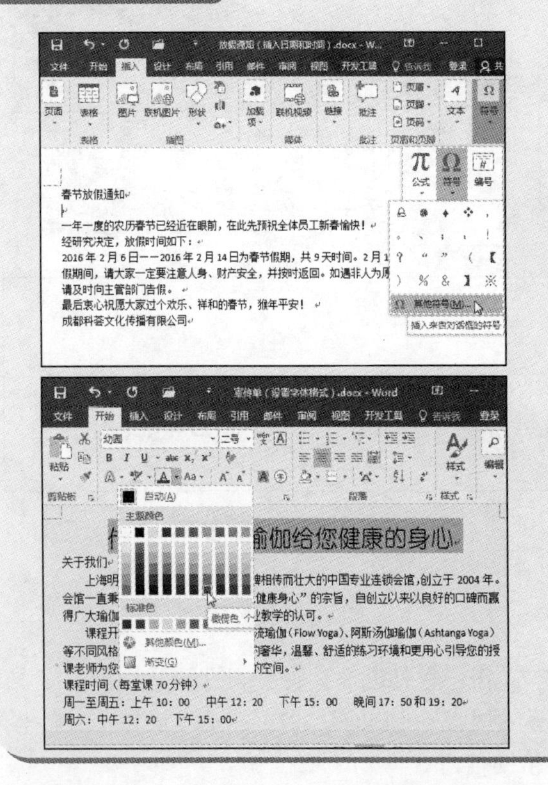

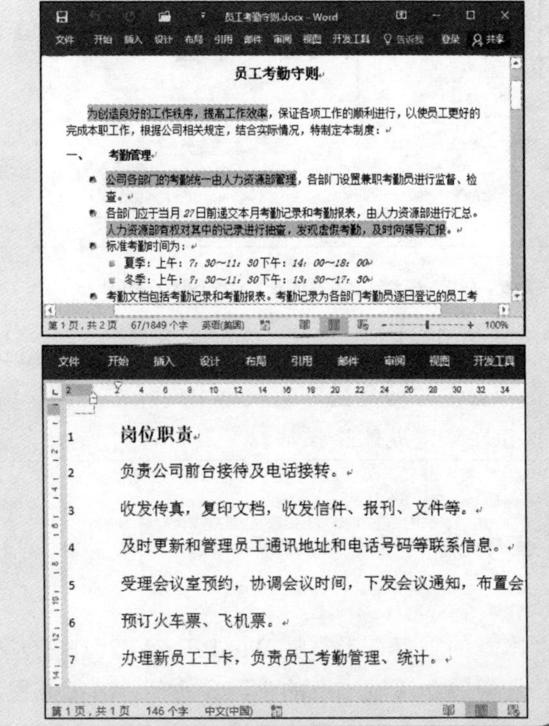

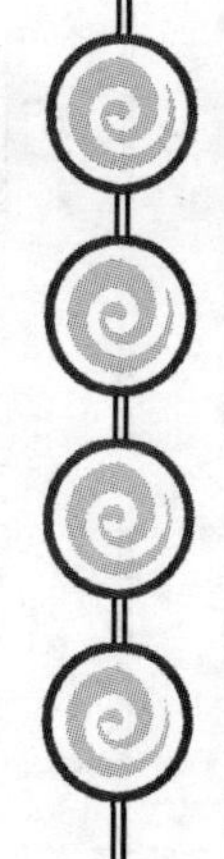

▷▷ 2.1 课堂讲解——输入 Word 文档内容

Word 主要用于编辑文本，利用它能够制作出结构清晰、版式精美的文档。在 Word 中编辑文档，首先要输入文档内容。掌握 Word 文档内容的输入方法，是编辑各种格式文档的前提。

2.1.1 输入普通文本

在 Word 文档的编辑状态下会在屏幕上看到一个不停闪烁的光标|，这就是文本插入点。当在文档中输入内容时，文本插入点会自动后移，输入的内容随即显示在屏幕上。在输入时，使用键盘上的〈↑〉〈↓〉〈←〉〈→〉方向键可以移动文本插入点的位置。例如，要输入“放假通知”文档的内容，具体操作方法如下。

同步文件

素材文件：素材文件\第 2 章\放假通知（录入文本）.docx
结果文件：结果文件\第 2 章\放假通知（录入文本）.docx
视频文件：视频文件\第 2 章\2-1-1.mp4

Step01: 新建一个空白文档，并保存为“放假通知.docx”，切换到合适的汉字输入法，输入需要的文字“春节”，如下图所示。

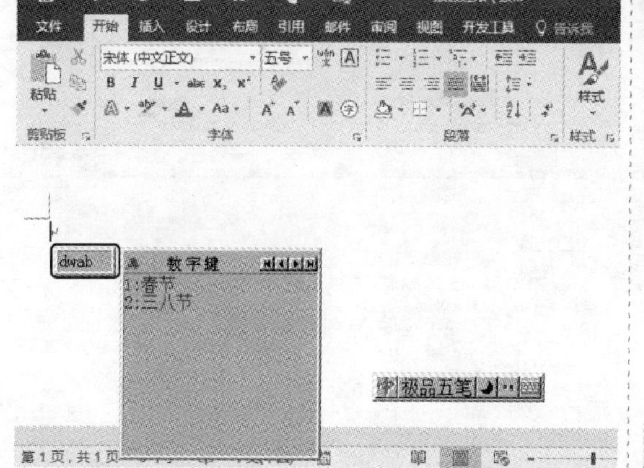

Step02: 继续输入“放假通知”文本，按〈Enter〉键换行，即可将文本插入点定位至下一行，如下图所示。

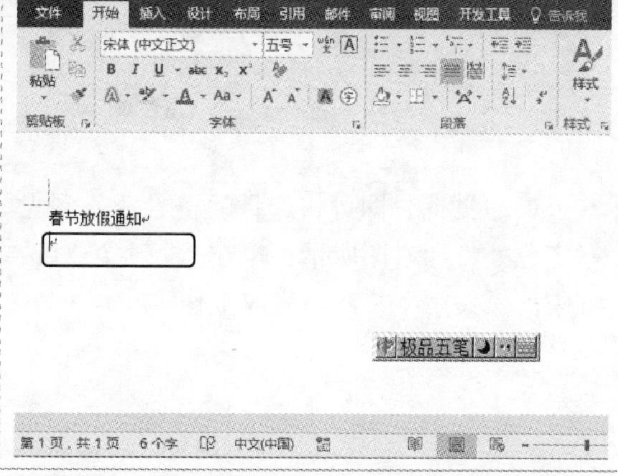

Step03: 继续输入其他内容，完成后的效果如下图所示。

春节放假通知
一年一度的农历春节已经近在眼前，在此先预祝全体员工新春愉快！
经研究决定，放假时间如下：
2016 年 2 月 6 日——2016 年 2 月 14 日为春节假期，共 9 天时间。2 月 15 日正式上班，放假期间，请大家一定要注意人身、财产安全，并按时返回。如遇非人为原因无法按时返回，请及时向主管部门告假。
最后衷心祝愿大家过个欢乐、祥和的春节，猴年平安！
成都科荟文化传播有限公司

专家点拨——即点即输

在 Word 2016 中，还可以使用“即点即输”功能在文档的任意空白位置输入文本，将鼠标指针移动到编辑区中需要输入文本的任意空白位置并双击，即可将文本插入点定位在该位置。

2.1.2 插入特殊符号

在输入文档内容的过程中，经常需要输入一些符号。普通的标点符号可以通过键盘直接输入，对于一些特殊的符号，如🕘、☒、☑、⌛等，则可以利用 Word 提供的插入特殊符号功能来输入。例如，在“放假通知”文档中插入一个铃铛符号，具体操作方法如下。

同步文件

素材文件：素材文件\第 2 章\放假通知（插入特殊符号）.docx
结果文件：结果文件\第 2 章\放假通知（插入特殊符号）.docx
视频文件：视频文件\第 2 章\2-1-2.mp4

Step01: ❶将文本插入点定位在需要插入特殊字符的位置；❷单击“插入”选项卡“符号”组中的“符号”下拉按钮；❸在弹出的下拉列表中选择“其他符号”命令，如下图所示。

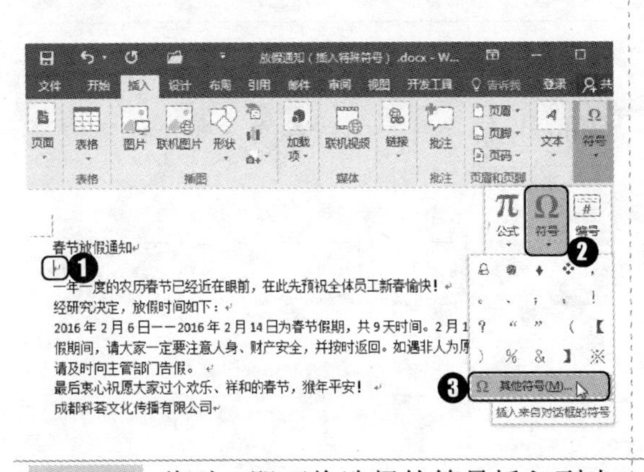

Step02: 打开“符号”对话框，❶在“字体”下拉列表框中选择需要应用字符所在的字体集，如“Wingdings”；❷在下方的列表框中选择需要插入的符号；❸单击“插入”按钮，如下图所示。

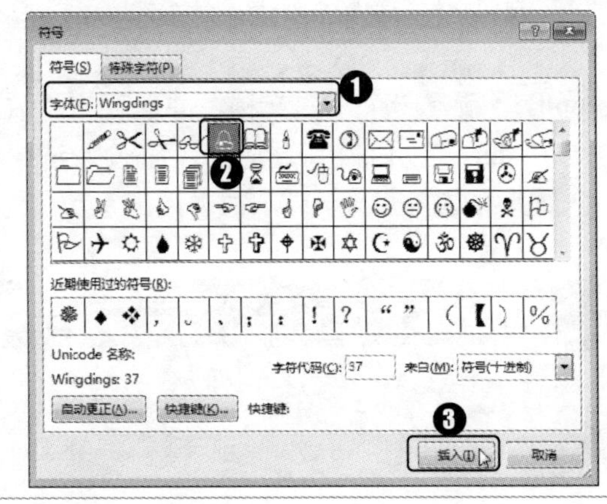

Step03: 此时，即可将选择的符号插入到光标定位处，如右图所示。单击“符号”对话框中的“关闭”按钮，完成操作。

春节放假通知
🔔
一年一度的农历春节已经近在眼前，在此先预祝全体员工新春愉快！
经研究决定，放假时间如下：
2016 年 2 月 6 日——2016 年 2 月 14 日为春节假期，共 9 天时间。2 月 15 日正式上班，放假期间，请大家一定要注意人身、财产安全，并按时返回。如遇非人为原因无法按时返回，请及时向主管部门告假。
最后衷心祝愿大家过个欢乐、祥和的春节，猴年平安！
成都科荟文化传播有限公司
二〇一六年一月二十二日

新手注意

“符号”对话框中的“符号”选项卡用于插入各种字体所带的特殊符号；而“特殊字符”选项卡则用于插入文档中常用的特殊符号，其中的符号与字体无关。

2.1.3 插入日期和时间

在制作报告、论文、通知等文档时，一般需要输入制作的日期和时间。这时可以使用 Word 2016 的插入日期和时间功能来快速插入所需格式的日期和时间。例如，在“放假通知”文档中插入日期，具体操作方法如下。

同步文件

素材文件：素材文件\第 2 章\放假通知（插入日期和时间）.docx
结果文件：结果文件\第 2 章\放假通知（插入日期和时间）.docx
视频文件：视频文件\第 2 章\2-1-3.mp4

Step01: ❶将文本插入点定位在文档末尾；❷单击“插入”选项卡“文本”组中的“日期和时间”按钮，如下图所示。

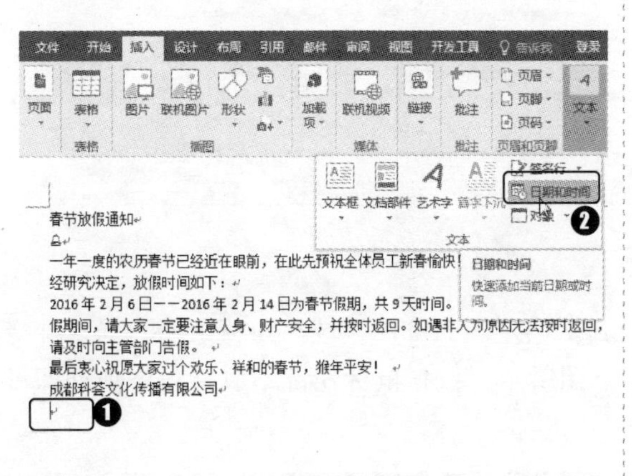

Step02: 打开“日期和时间”对话框，❶在“语言（国家/地区）”下拉列表框中选择“中文（中国）”；❷在“可用格式”列表框中选择所需的日期或时间格式；❸单击“确定”按钮，如下图所示。

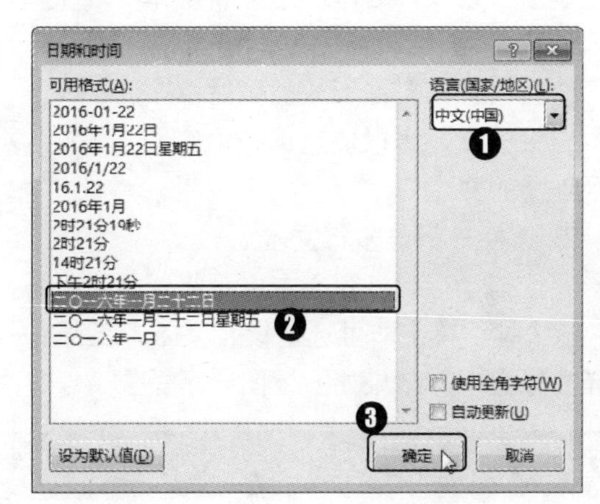

Step03: 经过前面的操作，即可在文档中插入日期和时间，如右图所示。

春节放假通知
一年一度的农历春节已经近在眼前，在此先预祝全体员工新春愉快！
经研究决定，放假时间如下：
2016 年 2 月 6 日——2016 年 2 月 14 日为春节假期，共 9 天时间。2 月 15 日正式上班，放假期间，请大家一定要注意人身、财产安全，并按时返回。如遇非人为原因无法按时返回，请及时向主管部门告假。
最后衷心祝愿大家过个欢乐、祥和的春节，猴年平安！
成都科荟文化传播有限公司
二〇一六年一月二十二日

专家点拨——插入自动更新的日期和时间

如果在“日期和时间”对话框中勾选“自动更新”复选框，则在每次打开该文档时插入的日期和时间都会按当前的系统时间进行更新。

2.2　课堂讲解——编辑文档内容

通常情况下，输入文档内容时，难免会输入错误或需要添加内容，此时就要对文本进行修改、移动或删除了。如果需要在文档中的多处输入重复的内容，或需要查找存在相同错误

的地方，可以通过复制、查找和替换等操作来简化编辑过程，提高工作效率。

2.2.1　选择文本

要想对文档内容进行编辑和格式设置，首先应确定要修改或调整的目标对象，也就是先选择内容。利用鼠标或键盘即可进行文本选择，根据所选文本的多少和是否连续，可分为 5 种选择方式。

1. 选择任意数量的文本

要选择任意数量的文本，只需在文本的开始位置按住鼠标左键不放并拖动，直到文本结束位置再释放鼠标，即可选择从开始位置到结束位置之间的文本，被选择的文本区域一般都呈灰底显示，效果如右图所示。将文本插入点定位到要选择文本的开始位置，按住〈Shift〉键不放的同时单击文本结束位置，可以快速选择内容较多且连续的文本。

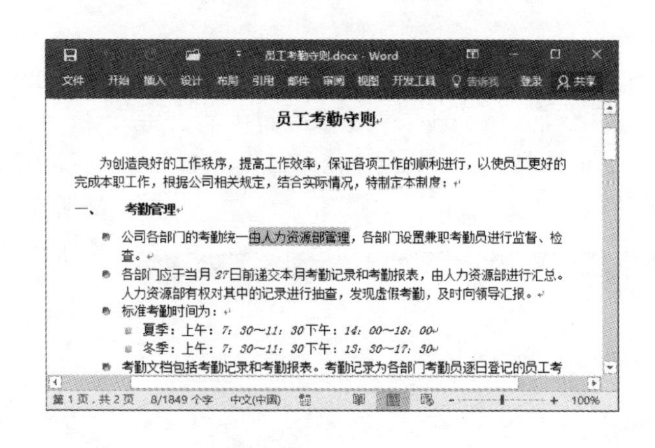

2. 选择一行或多行文本

要选择一行或多行文本，可将鼠标指针移动到文档左侧的空白区域，即选定栏，当指针变为↗形状时，单击即可选定该行文本，效果如左下图所示；按住鼠标左键不放并向下拖动即可选择多行文本，效果如右下图所示。

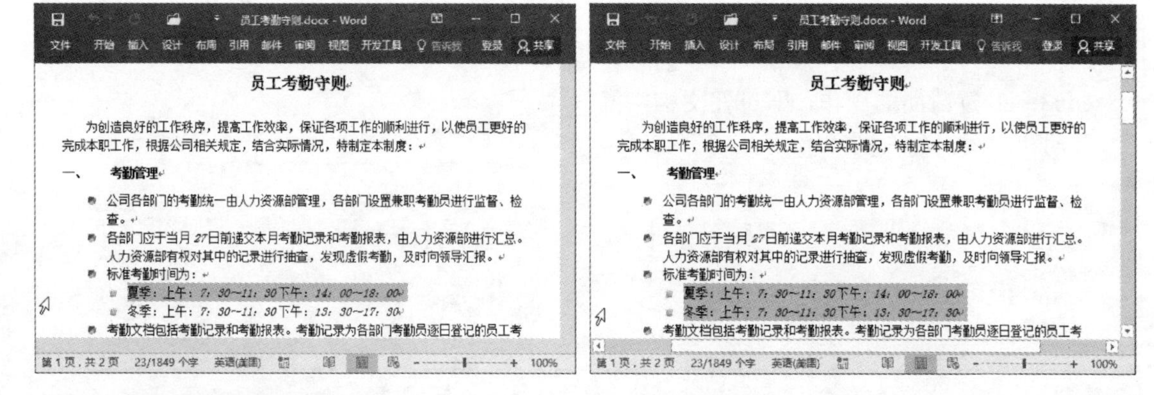

3. 选择不连续的文本

选择不连续的文本主要又分为选择不相邻文本和矩形区域文本两种方式。

- 选择不相邻文本：先选择一个文本区域后，按住〈Ctrl〉键不放并拖动鼠标选择其他所需的文本，即可选择不相邻的多个文本区域，效果如左下图所示。
- 选择矩形区域文本：按住〈Alt〉键不放，可在文本区内选择从定位处到其他位置的任意大小的矩形选区，效果如右下图所示。

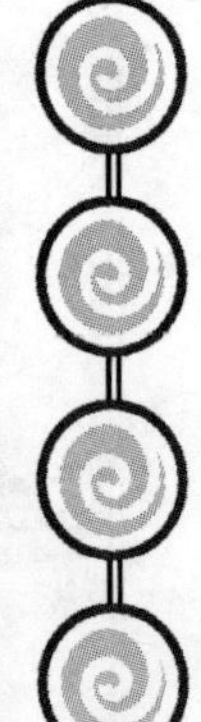

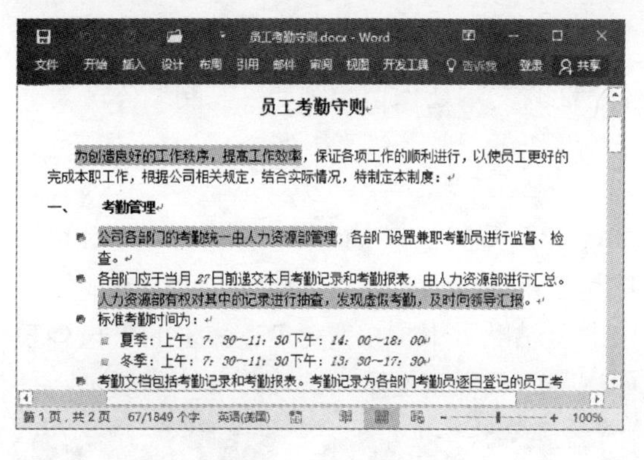

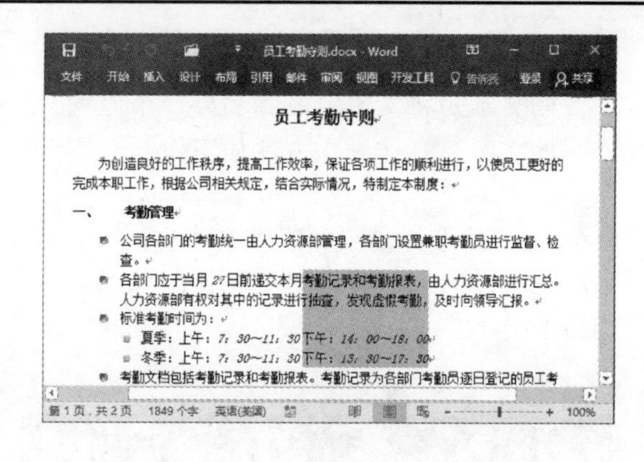

4. 选择一段文本

如果要选择一段文本，可以通过拖动鼠标的方式进行选择；也可以将鼠标指针移动到选定栏，当指针变为↗形状时双击选择；还可以在段落中的任意位置连续单击鼠标左键3次进行选择。

5. 选择整篇文档

按〈Ctrl+A〉组合键可以快速选择整篇文档；将鼠标指针移动到选定栏，当其变为↗形状时，连续单击鼠标左键3次也可以选择整篇文档。

2.2.2　复制、移动和删除文本

编辑文档的时候，有时需要将文本从一个位置转移到另外一个位置，这就是移动。另外，当需要在不同的位置放置相同的文本时，则需要通过复制文本来实现。

> **同步文件**
> **素材文件：素材文件\第2章\公司简介（移动、复制文本）.docx**
> **结果文件：结果文件\第2章\公司简介（移动、复制文本）.docx**
> **视频文件：视频文件\第2章\2-2-2.mp4**

1. 移动文本

移动文本是将文本转移到另外一个位置，原来位置的文本消失。例如，移动“公司简介”文档中的文本，具体操作方法如下。

Step01: 选择需要移动的文本，将鼠标指针移动到选区中按下鼠标左键，指针变为↖形状，且在左下角的状态栏中会显示“移至何处？”字样，如下图所示。

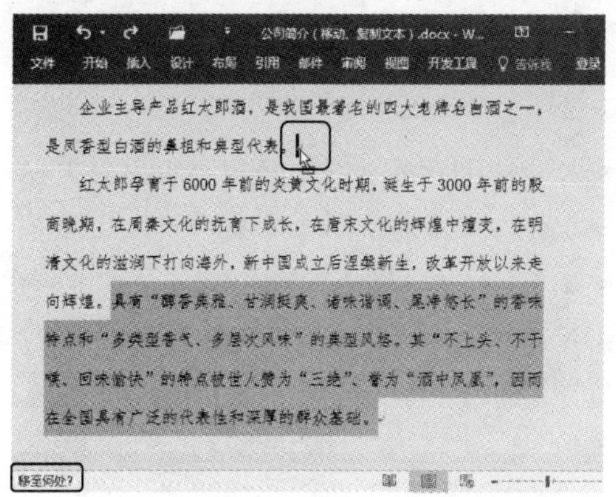

Step02: 拖动到目标位置后释放鼠标，即可将选择的文本移动到目标位置，如下图所示。

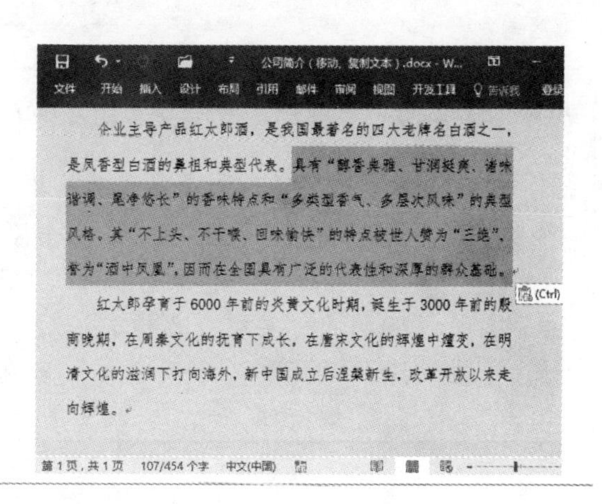

2. 复制文本

复制文本是将文本复制到另外一个位置，原来位置的文本还保留。例如，复制“公司简介”文档中的文本，具体操作方法如下。

Step01: ❶选择需要复制的文本；❷单击“开始”选项卡“剪贴板”组中的“复制”按钮，如下图所示。

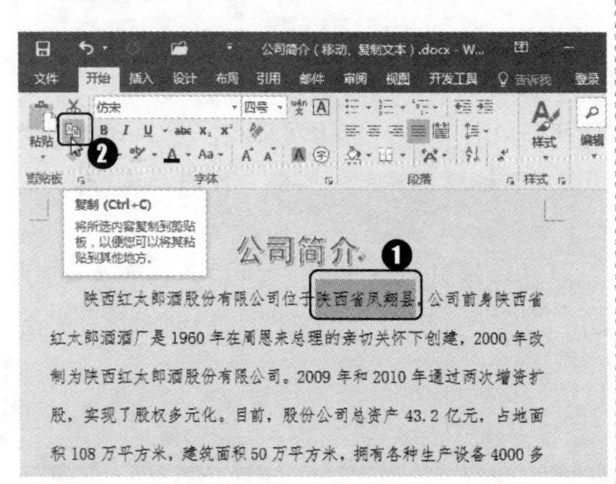

Step02: ❶将文本插入点标定位到复制的目标位置；❷单击“开始”选项卡“剪贴板”组中的“粘贴”下拉按钮；❸在弹出的下拉列表中选择“只保留文本”选项，如下图所示。

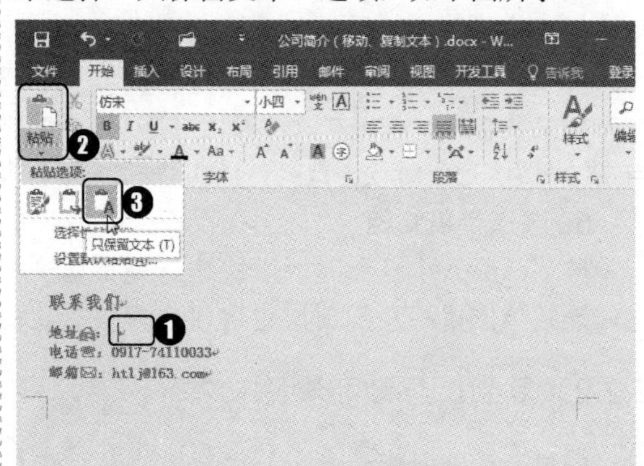

Step03: 此时，即可将选择的文本复制到目标位置，如下图所示。

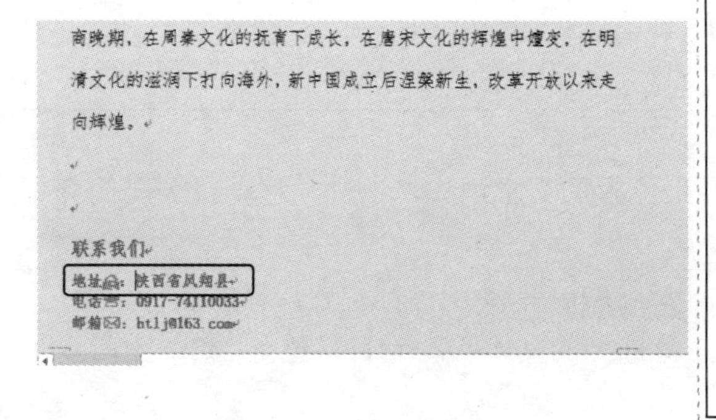

专家点拨——删除文本

在编辑 Word 文档的过程中，若发现由于疏忽输入了错误或多余的文本，可以将其删除。删除文本的方法有下面几种。

- 删除文本插入点前的文本：直接按〈Backspace〉键。
- 删除文本插入点后的文本：直接按〈Delete〉键。
- 快速删除较多内容：选择要删除的文本，然后按〈Backspace〉键或〈Delete〉键。

专家点拨——移动或复制文本的多种方法

- 通过功能区实现：选择要移动或复制的文本，单击“开始”选项卡“剪贴板”组中的“剪切”按钮或“复制”按钮，将文本插入点定位到文本要移动或复制的目标位置，单击“开始”选项卡“剪贴板”组中的“粘贴”按钮。
- 通过拖动鼠标实现：选择文本后，在选区中按住鼠标左键不放拖动到需要的位置后释放鼠标即可移动文本；若在拖动的同时按住〈Ctrl〉键不放，则可实现文本的复制操作。

- 通过鼠标右键实现：选择要移动或复制的文本，在选区中单击鼠标右键，在弹出的快捷菜单中选择“剪切”或“复制”命令。将文本插入点定位到文本要移动或复制的目标位置，在该位置单击鼠标右键，在弹出的快捷菜单中选择“粘贴”命令即可。
- 通过快捷键实现：选择要移动或复制的文字，按〈Ctrl+X〉组合键（剪切）或〈Ctrl+C〉组合键（复制）。将文本插入点定位到文本要移动或复制的目标位置，按〈Ctrl+V〉组合键（粘贴）即可。

2.2.3　撤销与恢复操作

在编辑文档的过程中，Word会自动记录执行过的操作，当执行了错误操作时，可通过撤销功能来撤销前面的操作，回到误操作之前的状态。当错误地撤销了某些操作时，还可以通过恢复功能取消之前撤销的操作，使文档恢复到撤销操作前的状态。

1. 撤销操作

执行撤销操作的方法有以下几种。

- 单击快速访问工具栏中的“撤销”按钮，可以撤销上一步操作，继续单击该按钮，可撤销多步操作，直到“无路可退”。
- 按〈Ctrl+Z〉组合键，可以撤销上一步操作，继续按该组合键可撤销多步操作。
- 单击快速访问工具栏中的“撤销”下拉按钮，在弹出的下拉列表中可选择撤销到某一指定的操作。

2. 恢复操作

当撤销某一操作后，可以通过以下几种方法取消之前的撤销操作。

- 单击快速访问工具栏中的“恢复”按钮，可以恢复被撤销的上一步操作，继续单击该按钮，可恢复被撤销的多步操作。
- 按〈Ctrl+Y〉组合键，可以恢复被撤销的上一步操作，继续按该组合键可恢复被撤销的多步操作。

新手注意

恢复操作与撤销操作是相辅相成的，只有在执行了撤销操作，才能激活“恢复”按钮。在没有进行任何撤销操作的情况下，“恢复”按钮会显示为“重复”按钮，单击该按钮将重复上一步操作。

2.2.4　查找与替换文本

如果想在一个文档中查找某个文本是否存在或定位其位置，可利用Word的查找功能进行快速查找。当发现文档中的某个文本全部输错了，可通过Word的替换功能进行替换，以达到事半功倍的效果。

同步文件

素材文件：素材文件\第2章\公司简介（查找与替换文本）.docx
结果文件：结果文件\第2章\公司简介（查找与替换文本）.docx
视频文件：视频文件\第2章\2-2-4.mp4

1．查找文本

使用查找功能可以在文档中查找任意文本，包括中文、英文、数字和标点符号等，并定位该文本在文档中的具体位置。例如，在“公司简介”文档中查找“红太郎”文本，具体操作方法如下。

Step01: 单击“开始”选项卡“编辑”组中的“查找”按钮，如下图所示。

Step02: 打开“导航”窗格，在搜索文本框中输入要查找的文本“红太郎”，Word 会自动以黄色底纹显示查找到的文本内容，如下图所示。

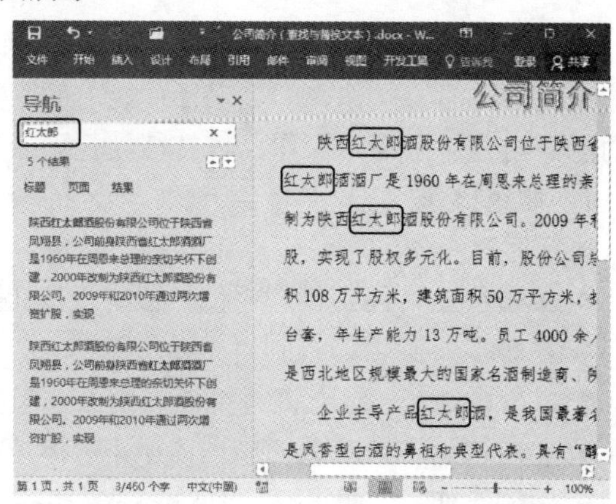

专家点拨——设置查找条件

在“编辑”组中单击“查找”下拉按钮，在弹出的下拉列表中选择“查找”命令，在弹出的“查找和替换”对话框中单击“更多”按钮，可展开该对话框，此时可为查找对象设置查找条件。

- 若只查找设置了某种字体、字体颜色或下画线等格式的文本，可单击左下角的“格式”按钮，在弹出的菜单中选择“字体”命令，在接下来弹出的对话框中进行设置。
- 在查找英文文本时，在“查找内容”文本框中输入查找内容后，在“搜索选项”选项组中可设置查找条件。例如，勾选“区分大小写”复选框，Word 将严格按照大小写查找文本。
- 若要使用通配符进行查找，则在“查找内容”文本框中输入含有通配符的查找内容后，在“搜索选项”选项组中勾选“使用通配符”复选框，再进行查找。

2．替换文本

在完成文档的输入后，如果发现文档中某个字或词输入错误，若逐个修改，会耗费大量的时间和精力。此时可使用 Word 2016 提供的替换功能将错误的文本全部替换为正确的文本，例如，将“红太郎”文本修改为“江中”文本，具体操作方法如下。

Step01: 单击“开始”选项卡“编辑”组中的“替换”按钮，如下图所示。

Step02: 打开“查找和替换”对话框，❶在“查找内容”文本框中输入“红太郎”；❷在“替换为”文本框中输入“江中”；❸单击“全部替换”按钮，如下图所示。

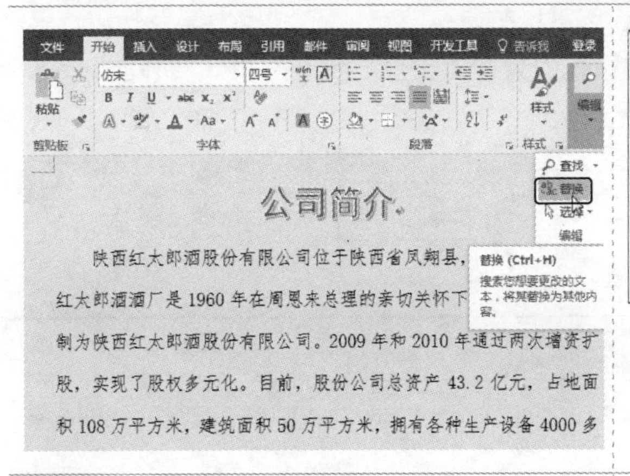

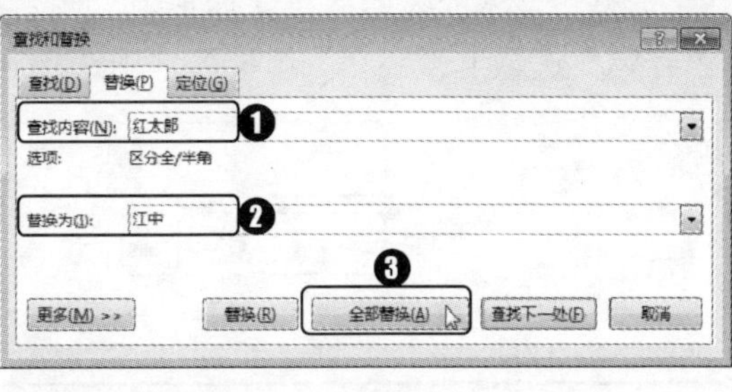

Step03: Word将对文档中所有的“红太郎”一词进行替换操作。替换完成后，在弹出的提示对话框中单击“确定”按钮，如右图所示。

专家点拨——逐个替换文档中的内容

如果只是需要将部分内容进行替换，则不能单击“全部替换”按钮，而需要逐一替换，以避免替换掉不该替换的内容。按〈Ctrl+H〉组合键，弹出“查找和替换”对话框，在“替换”选项卡中设置好相应的内容后，单击“查找下一处”按钮，Word会先定位到查找内容出现的第一个位置，若需要替换，则单击“替换”按钮，即替换掉当前内容，且自动跳转到指定内容的下一个位置；若不需要替换，则单击“查找下一处”按钮，Word会忽略当前位置，并继续查找指定内容的下一个位置。

2.3　课堂讲解——设置字体格式

文本是文档的基本构成要素，一篇编排合理的文档中，不同的内容使用不同的字体和字号，可以使文档层次分明，使人阅读起来一目了然。在Word 2016中，为了使文本更加美观、规范，可以对文本设置格式，具体包括设置字体、字形、字号、颜色、间距、边框、底纹及特殊效果等。

2.3.1　文档基本字符格式简介

字体是指某种语言字符的样式。在一般的文章中，字体有常规的格式，如黑体主要用于文章标题及需要突出显示的内容；宋体或仿宋体用于常规正文段落；楷体或行楷用于修饰性文字。

字号是指字符的大小。在Word中有两种方式表示字符的大小，一种以“号”为单位，号数越小，显示的字符越大；另外一种是以“磅”（点）为单位。磅数越大，字符越大。常用的五号字为10.5磅。一般一级标题用二号（18磅），二级标题用四号（14磅）；正文用四号（14磅）或五号（10.5磅）。

字形是指文本的显示效果，如加粗、倾斜、上下标等。

“开始”选项卡“字体”组中各常用选项和按钮的具体功能介绍如下图和下表所示。

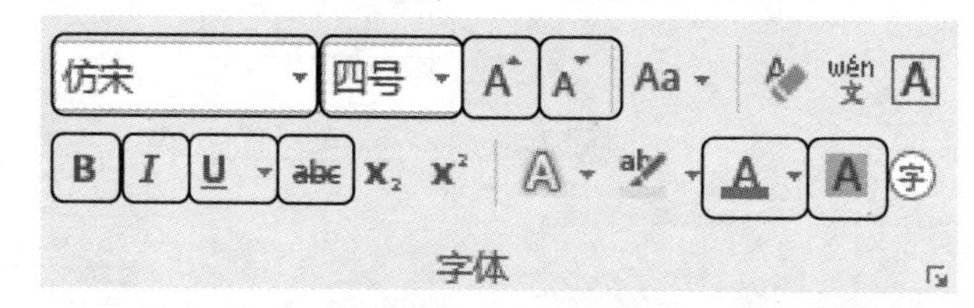

选项或按钮	功能介绍
仿宋	“字体”下拉列表框：单击该下拉列表框右侧的下拉按钮，在弹出的下拉列表中可选择所需的字体。例如，黑体、楷体、隶书、幼圆等
四号	“字号”下拉列表框：单击该下拉列表框右侧的下拉按钮，在弹出的下拉列表中可选择所需的字号。例如，五号、三号等
A	“增大字号”按钮：单击该按钮将根据字符列表中排列的字号大小依次增大所选字符的字号
A	“减小字号”按钮：单击该按钮将根据字符列表中排列的字号大小依次减小所选字符的字号
B	“加粗”按钮：单击该按钮，可将所选字符加粗显示，再次单击该按钮可取消字符的加粗显示。例如，**加粗**
I	“倾斜”按钮：单击该按钮，可将所选字符倾斜显示，再次单击该按钮可取消字符的倾斜显示。例如，*倾斜*
U	“下画线”按钮：单击该按钮，可为选择的字符添加下画线效果。单击该按钮右侧的下拉按钮，在弹出的下拉列表中还可选择“双下画线”选项，为所选字符添加双下画线效果。例如，下画线
abc	“删除线”按钮：单击该按钮，可在选择的字符中间画一条线，例如，~~删除线效果~~
A	“字体颜色”按钮：单击该按钮，可自动为所选字符应用当前颜色。单击该按钮右侧的下拉按钮，在弹出的下拉列表中可设置自动填充的颜色；在“主题颜色”栏中可选择主题颜色；在“标准色”栏中可以选择标准色；选择“其他颜色”命令后，在弹出的“颜色”对话框中提供了“标准”和“自定义”两个选项卡，可在选项卡中进一步设置需要的颜色
A	“字体底纹”按钮：单击该按钮，可以为选择的字符添加底纹效果。例如，底纹效果

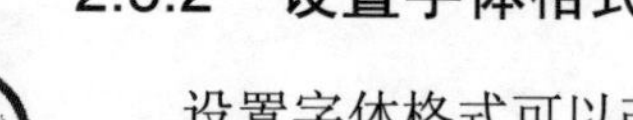

2.3.2 设置字体格式

设置字体格式可以改变字符的外观效果，主要包括对字体、字号、字体颜色等的设置。例如，对“宣传单”文档中的标题进行字体格式设置，具体操作方法如下。

同步文件

素材文件：素材文件\第 2 章\宣传单（设置字体格式）.docx
结果文件：结果文件\第 2 章\宣传单（设置字体格式）.docx
视频文件：视频文件\第 2 章\2-3-2.mp4

Step01: ❶选择标题文本；❷单击“开始”选项卡“字体”组中的“字体”下拉按钮；❸在弹出的下拉列表中选择“幼圆”字体，如下图所示。

Step02: ❶在“字体”组中单击“字号”下拉按钮；❷在弹出的下拉列表中选择“二号”，如下图所示。

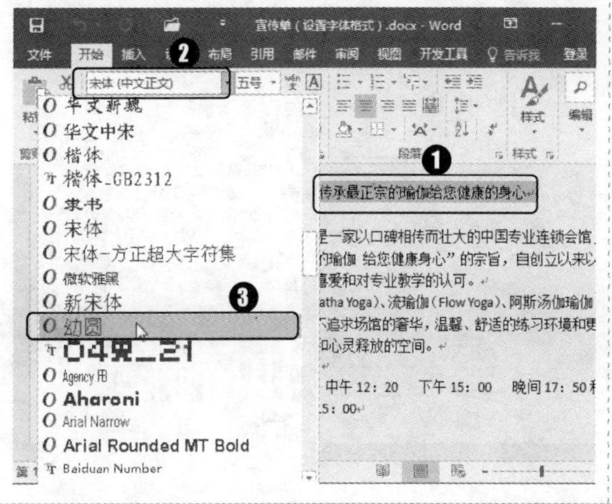

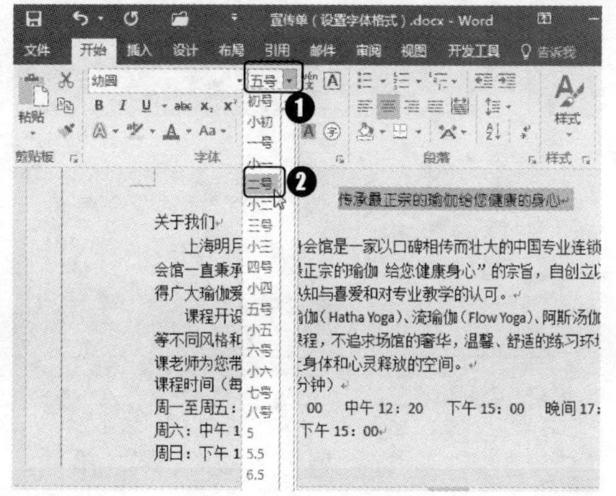

Step03: ❶在“字体”组中单击“字体颜色”下拉按钮；❷在弹出的下拉列表中选择“绿色”，如下图所示。

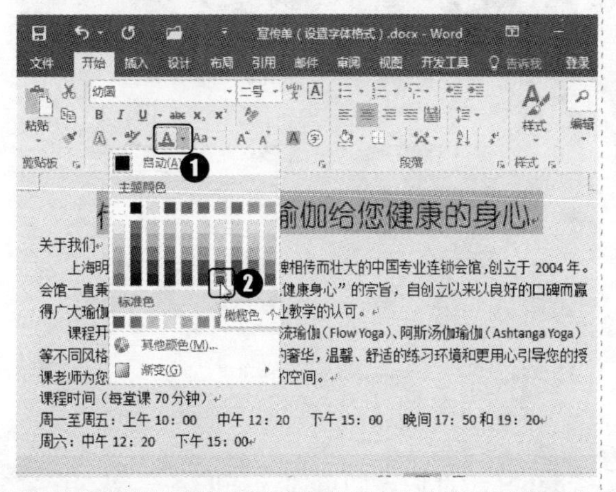

Step04: 此时，即为所选择的标题文本设置好字体、字号及字体颜色，效果如下图所示。

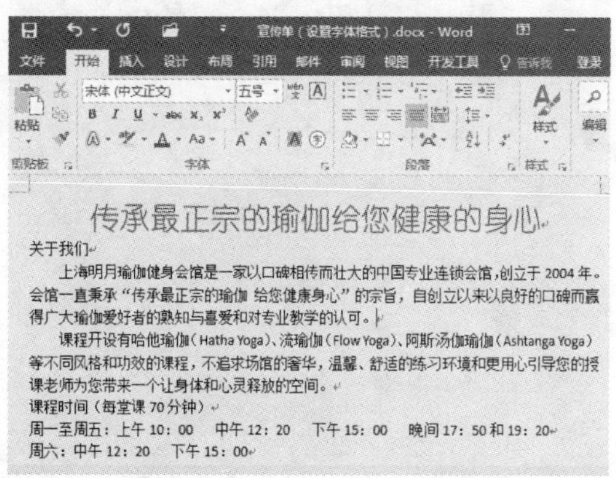

2.3.3　设置突出显示文本

在编辑文档内容时，对于需要着重强调的内容，可以将其突出显示。通常使用突出显示文本、边框、底纹、下画线及着重号等来标识出重要的关键字或句子，以引起读者的注意。例如，对“宣传单”文档中的部分内容进行突出显示，具体操作方法如下。

同步文件

素材文件：素材文件\第 2 章\宣传单（设置突出显示文本）.docx
结果文件：结果文件\第 2 章\宣传单（设置突出显示文本）.docx
视频文件：视频文件\第 2 章\2-3-3.mp4

Step01: ❶选择需要突出显示的文本；❷单击“以不同颜色突出显示文本”下拉按钮；❸在弹出的下拉列表中选择需要的突出颜色，如下图所示。

Step02: 选择需要添加下画线的时间文本，❶单击“下画线”按钮；❷在弹出的下拉列表中指向“下画线颜色”选项；❸在子菜单中选择“红色”，如下图所示。

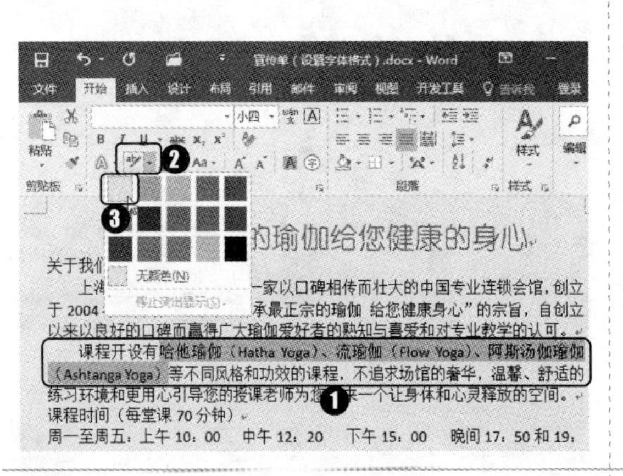

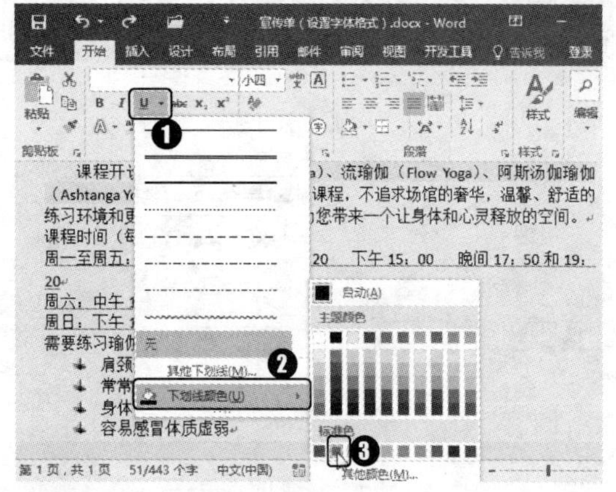

Step03: ❶再次单击“下画线”下拉按钮；❷在弹出的下拉列表中选择需要的下画线样式，如下图所示。

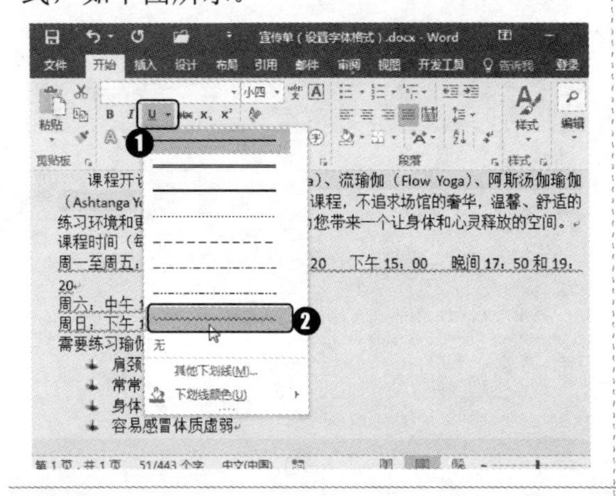

Step04: ❶选择需要添加着重号的文本；❷单击“字体”组右下角的对话框启动按钮，如下图所示。

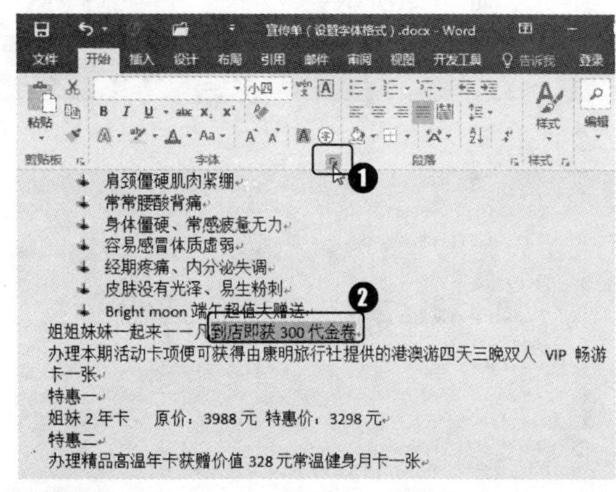

Step05: 打开“字体”对话框，❶在“所有文字”选项组中的“着重号”下拉列表框中选择需要添加的重点符号；❷单击“确定”按钮，如下图所示。

Step06: 此时，即可为选择的各个文本设置突出显示、下画线及着重号，效果如下图所示。

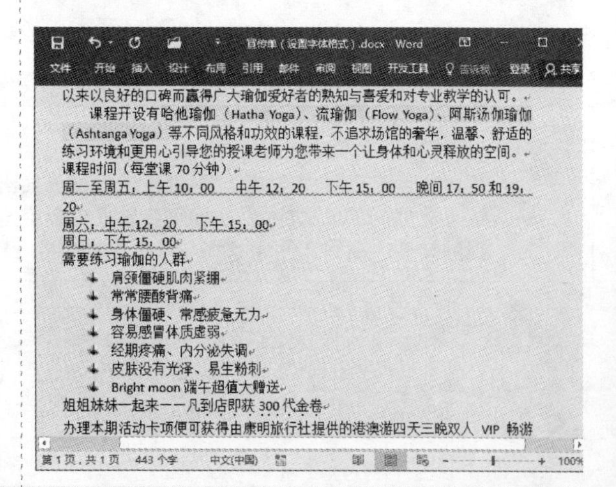

专家点拨——设置文字效果

在 Word 2016 的“字体”组中还提供了“文本效果和版式”功能，通过该功能可以为普通文本添加上艺术效果，还可以单独设置轮廓、阴影、映像、发光效果。选择要添加效果的文本，单击“字体”组中的“文本效果和版式”下拉按钮，在弹出的下拉列表中选择需要的效果样式。

2.3.4　设置字符间距

在编辑文档时，为了加大字符之间的距离，或者使字符排列得更加紧凑，可以对字符的间距进行设置；还可以按一定百分比调整字符的形状，对字符进行缩放。例如，为“宣传单”文档中的部分字符设置间距，具体操作方法如下。

同步文件

素材文件：素材文件\第 2 章\宣传单（设置字符间距）.docx
结果文件：结果文件\第 2 章\宣传单（设置字符间距）.docx
视频文件：视频文件\第 2 章\2-3-4.mp4

1．设置字符间距

字符间距是指文本中两个相邻字符之间的距离，包括 3 种类型：标准、加宽和紧缩。在 Word 2016 中，默认的字符间距是标准类型。设置字符间距的具体操作方法如下。

Step01: ❶选中需要设置间距的字符；❷在“字体”组中单击对话框启动按钮，如下图所示。

Step02: 打开“字体”对话框，❶单击“高级”选项卡；❷在“间距”下拉列表框中选择“加宽”，在右侧设置磅值；❸单击“确定”按钮，如下图所示。

2．设置字符缩放

在 Word 2016 中，利用字符缩放功能，可以按一定的百分比更改字符的形状，将字符拉伸或压缩。

Step01: ❶拖动鼠标选择设置的字符；❷单击“段落”组中的“中文版式”下拉按钮；❸在弹出的下拉列表中选择“字符缩放”命令；❹选择“150%”，如下图所示。

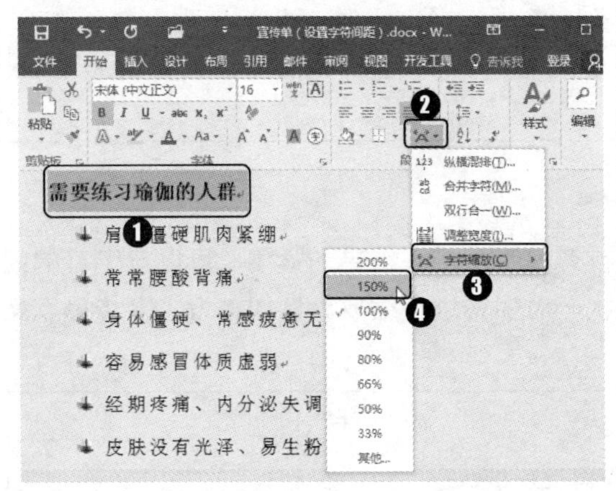

Step02: 此时，即将选择的字符缩放比例调整为 150%，如下图所示。

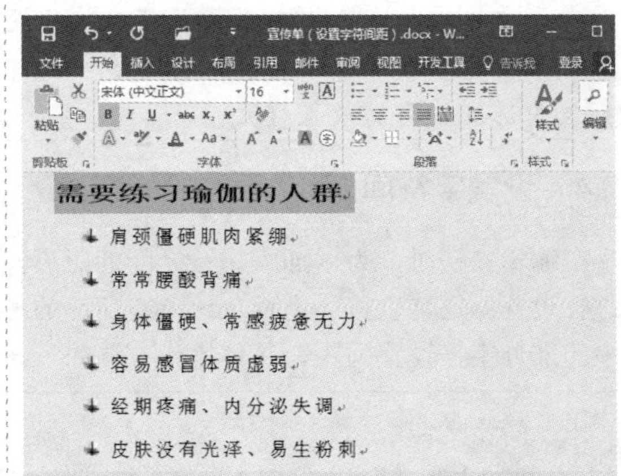

2.4 课堂讲解——设置段落格式

段落格式设置是对整个段落的外观设置，包括更改对齐方式、设置段落缩进、设置段落间距、设置字符边框和底纹等内容。

2.4.1 设置段落对齐方式

段落对齐方式主要包括 5 种：左对齐、居中、右对齐、两端对齐和分散对齐，其中左对齐为默认的段落对齐方式。用户可以根据需要设置段落的对齐方式。5 种段落对齐方式对应的按钮和具体功能介绍如下表所示。

按钮	功能介绍
	左对齐：将文字段落的左侧边缘对齐
	居中对齐：将文章两侧文字整齐地向中间集中，并在页面中间显示
	左对齐：将文字段落的右侧边缘对齐
	两端对齐：将文字段落的左右两端的边缘都对齐
	分散对齐：将段落按每行两端对齐

例如，为“办公室行为规范”文档标题设置对齐方式，具体操作方法如下。

同步文件

素材文件：素材文件\第 2 章\办公室行为规范（设置对齐方式）.docx
结果文件：结果文件\第 2 章\办公室行为规范（设置对齐方式）.docx
视频文件：视频文件\第 2 章\2-4-1.mp4

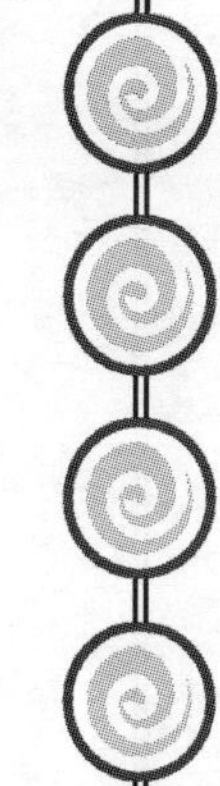

Step01: ❶将光标定位至标题所在段落或选择文档标题内容；❷单击“开始”选项卡；❸单击“段落”组中的“居中”按钮，如下图所示。

Step02: 此时，文档标题就会居中显示，如下图所示。

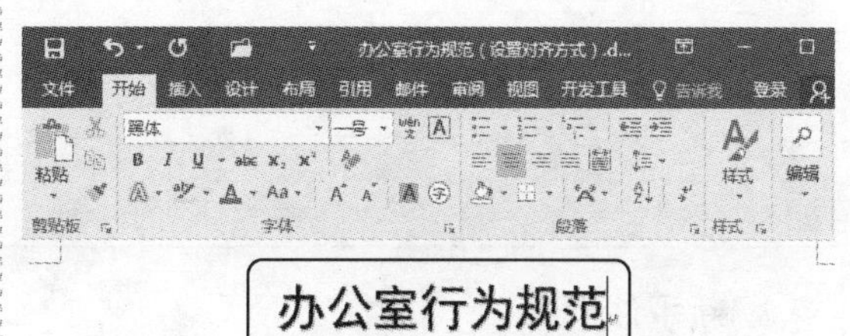

2.4.2　设置段落缩进方式

段落缩进方式主要包括 4 种：左缩进、右缩进、首行缩进和悬挂缩进。用户可以根据需要调整段落缩进方式。例如，为“办公室行为规范”文档正文设置首行缩进，具体操作方法如下。

同步文件

素材文件：素材文件\第 2 章\办公室行为规范（设置段落缩进）.docx
结果文件：结果文件\第 2 章\办公室行为规范（设置段落缩进）.docx
视频文件：视频文件\第 2 章\2-4-2.mp4

Step01: ❶选中文档标题下的所有正文段落；❷单击“段落”组中的对话框启动按钮，如下图所示。

Step02: 打开“段落”对话框，❶在“特殊格式”下拉列表框中选择“首行缩进”选项，缩进值为“2 字符”；❷单击“确定”按钮，如下图所示。

Step03: 此时，文档中的所有正文段落都会首行缩进 2 个汉字，如右图所示。

新手注意

在 Word 文档中，用户可以使用“增加缩进量”或“减少缩进量”按钮快速设置段落缩进方式。使用“增加缩进量”或“减少缩进量”按钮只能在页边距以内设置段落缩进，不能超出页边距之外。

2.4.3 设置段间距和行间距

在编排文档时，调整段落间距和行距可以使文档的版面更加美观。例如，为“办公室行为规范”文档设置段间距和行间距，具体操作方法如下。

同步文件

素材文件：素材文件\第 2 章\办公室行为规范（设置段间距和行间距）.docx
结果文件：结果文件\第 2 章\办公室行为规范（设置段间距和行间距）.docx
视频文件：视频文件\第 2 章\2-4-3.mp4

Step01: ❶选中文档标题；❷单击“段落”组中的对话框启动按钮，如下图所示。

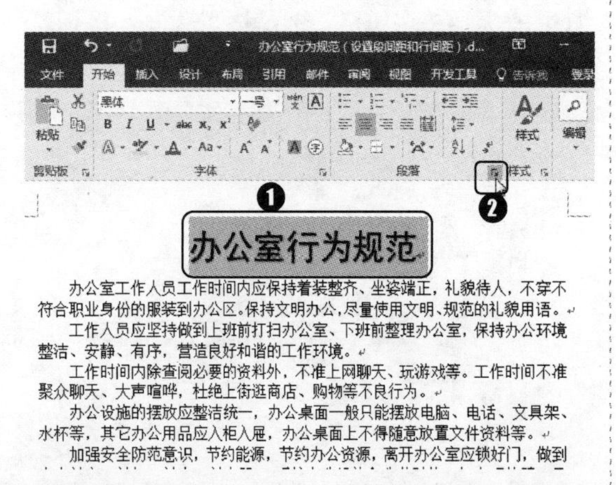

Step02: 打开“段落”对话框，❶在“间距”选项组中的“段前”和“段后”微调框中设置段间距值；❷单击“确定”按钮，如下图所示。

Step03: ❶选中要设置行距的正文段落；❷在“段落”组中单击“行和段落间距”下拉按钮；❸在弹出的下拉列表中选择“1.5”倍行距，如下图所示。

Step04: 此时，选择的正文段落的行间距就变成了原先的（单倍行距）1.5 倍，如下图所示。

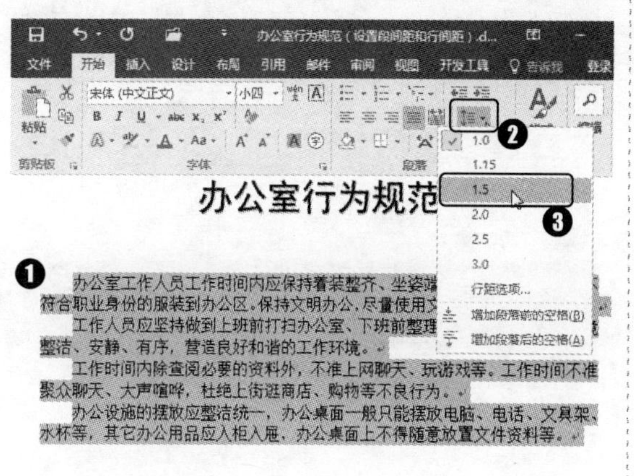

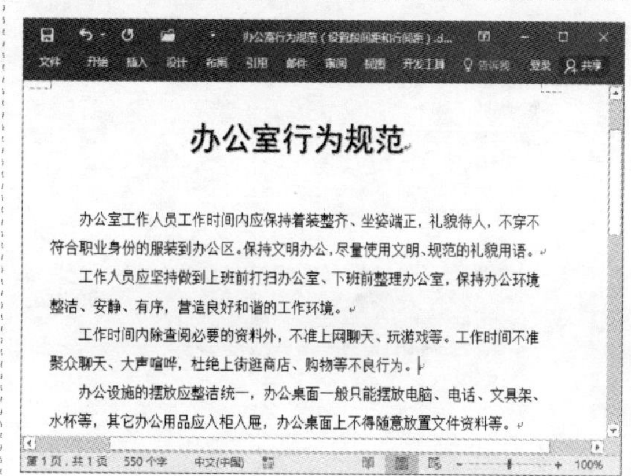

2.5 课堂讲解——设置项目符号和编号

合理使用项目符号和编号可以使文档的层次结构更清晰、更有条理。Word 2016 提供了多种添加项目符号和编号的样式，供用户选用。

2.5.1 添加编号

在编辑文档时，为了使文档内容具有要点明确、层次清楚的特点，还可以为处于相同层次或并列关系的段落添加编号。在制作一些规章制度、管理条例时特别实用。设置编号即是在段落开始处添加阿拉伯数字、罗马序列字符、大写中文数字、英文字母等样式的序号。设置段落编号既可以自动添加也可以手动进行设置。例如，为“绩效考核制度”文档部分内容添加编号。

同步文件

素材文件：素材文件\第 2 章\绩效考核制度（添加编号）.docx
结果文件：结果文件\第 2 章\绩效考核制度（添加编号）.docx
视频文件：视频文件\第 2 章\2-5-1.mp4

1. 自动添加

Word 2016 具有自动添加编号的功能，避免了手动输入编号的烦琐。例如，为选择的文本添加编号，具体操作方法如下。

Step01: ❶选中需要添加编号的多个段落；❷在“开始”选项卡的“段落”组中单击“编号”下拉按钮；❸在弹出的下拉列表中选择一种编号样式，如下图所示。

Step02: 此时，即可看到为选择的段落添加了编号的效果，如下图所示。

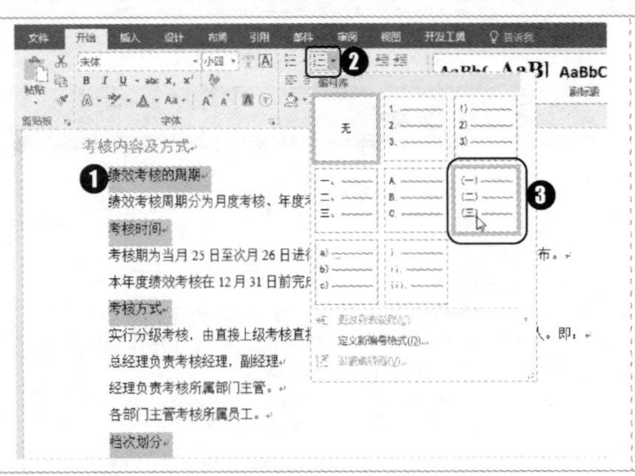

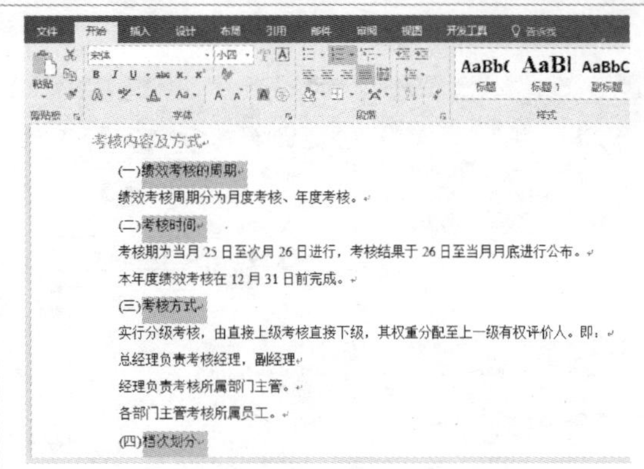

2. 手动设置

如果想为段落内容添加自定义的编号，可以进行手动设置。具体操作方法如下。

Step01: ❶选择要设置编号的段落；❷单击“段落”组中的“编号”下拉按钮；❸在弹出的下拉列表中选择“定义新编号格式”命令，如下图所示。

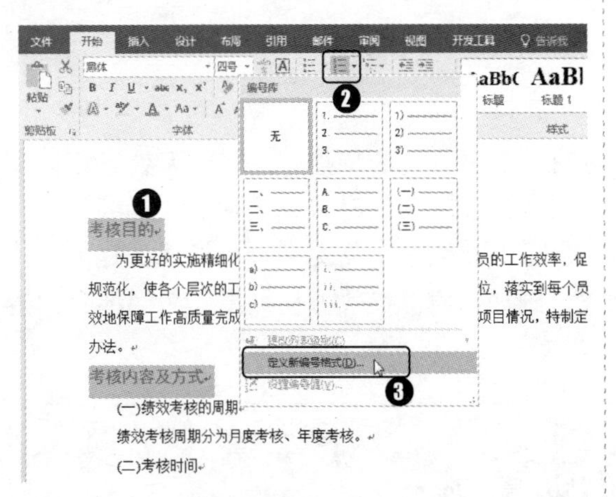

Step02: 打开“定义新编号格式”对话框，❶在“编号样式”下拉列表框中选择“一，二，三（简）”选项；❷在“编号格式”文本框中的“一”字前输入“第”，在“一”字后输入“条”；❸单击“确定”按钮，如下图所示。

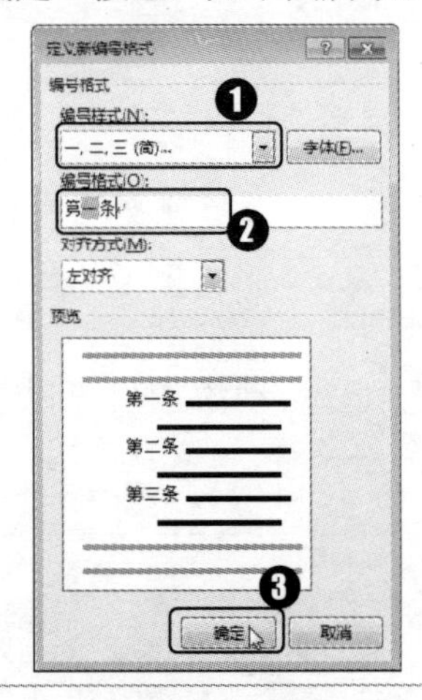

Step03: 返回文档中可看到为所选段落添加了自定义编号的效果，如右图所示。

绩效考核制度

第一条　考核目的

为更好的实施精细化管理，提升物业服务质量，提高服务人员的工作效率，促进管理标准规范化，使各个层次的工作任务具体量化，使管理延伸到各个岗位，落实到每个员工身上，有效地保障工作高质量完成，现依据公司绩效管理规定并结合上地项目情况，特制定本绩效考核办法。

第二条　考核内容及方式

(一)绩效考核的周期

绩效考核周期分为月度考核、年度考核。

(二)考核时间

考核期为当月 25 日至次月 26 日进行，考核结果于 26 日至当月月底进行公布。

本年度绩效考核在 12 月 31 日前完成。

2.5.2　添加项目符号

项目符号是指放在文档的段落前用以强调效果的符号，如在各段落前所标注的🕮、●、★、■等符号。一般在文档中属于并列关系的段落内容使用相同的项目符号。项目符号可以是字符、符号，也可以是图片。例如，为“绩效考核制度”文档中的内容添加项目符号。

同步文件

素材文件：素材文件\第 2 章\绩效考核制度（添加项目符号）.docx
结果文件：结果文件\第 2 章\绩效考核制度（添加项目符号）.docx
视频文件：视频文件\第 2 章\2-5-2.mp4

1．插入自带项目符号

Step01: ❶选择需要插入项目符号的段落；❷在“段落”组中单击“项目符号”下拉按钮 ☰▾；❸在弹出的下拉列表中选择需要的项目符号，如下图所示。

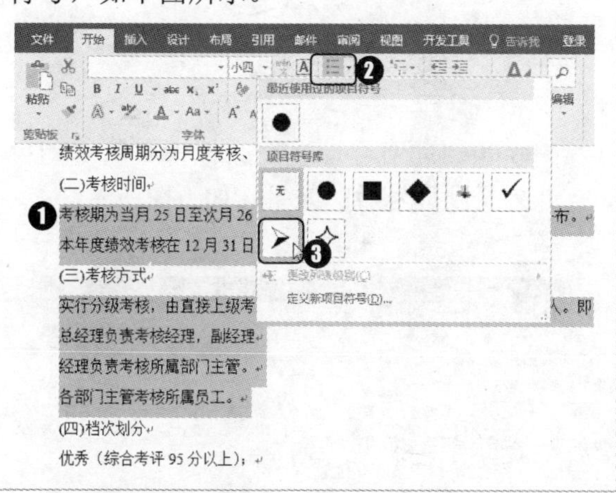

Step02: 此时，即可为所选的段落添加上项目符号，效果如下图所示。

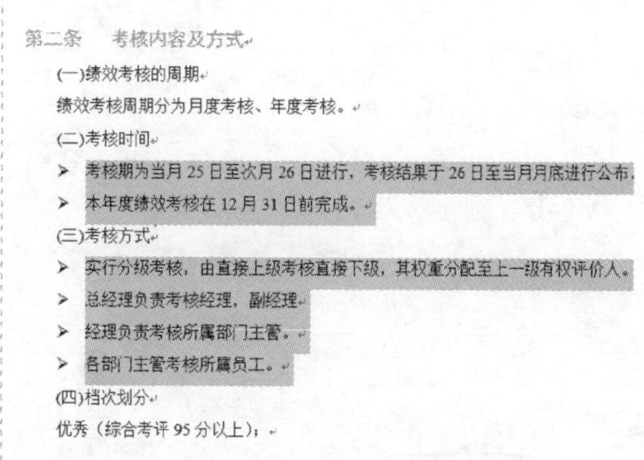

2．自定义项目符号

如果对项目符号库中的符号不满意，还可以自定义项目符号，可使用符号、特殊符号、图片等。项目符号的大小、字体、颜色等格式也可以自定义。

Step01: ❶选择需要插入项目符号的段落；❷在“段落”组中单击“项目符号”下拉按钮 ☰▾；❸在弹出的下拉列表中选择“定义新项目符号”命令，如下图所示。

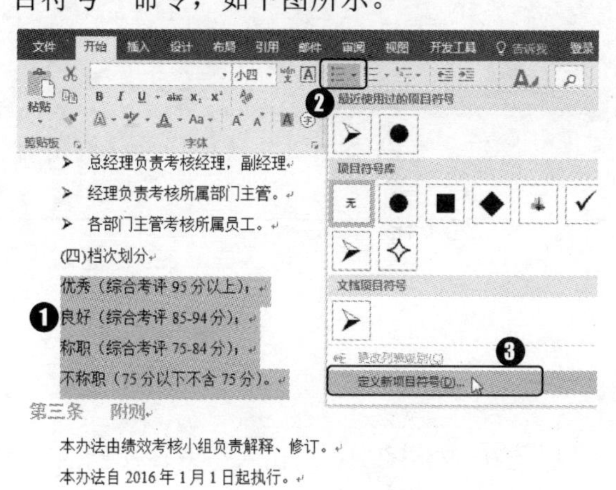

Step02: 打开“定义新项目符号”对话框，单击“符号”按钮，如下图所示。

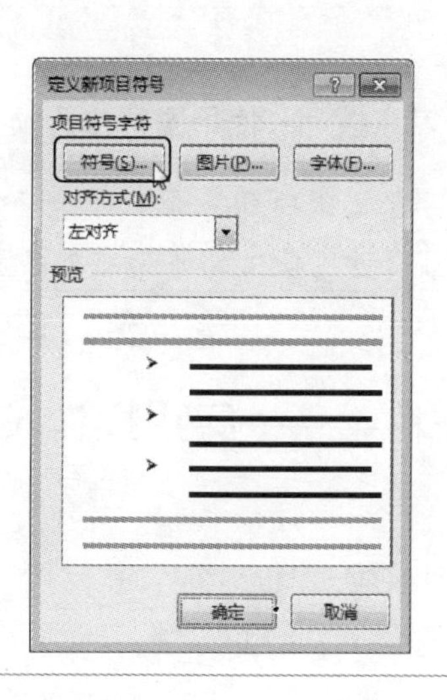

Step03: ❶在弹出的“符号”对话框中选择需要的符号；❷单击“确定”按钮，如下图所示。

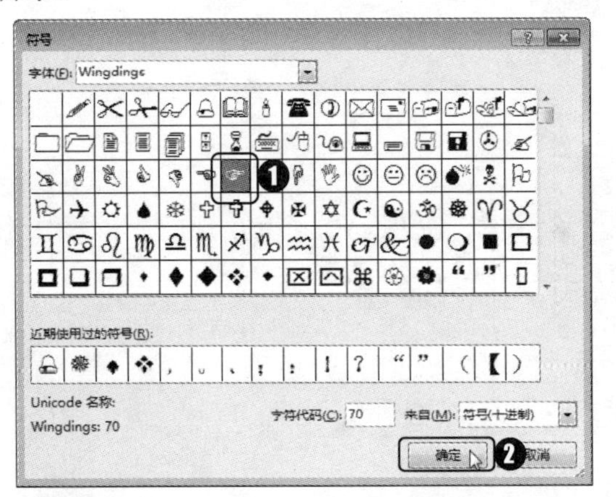

Step04: 返回“定义新项目符号”对话框，单击“字体”按钮，如下图所示。

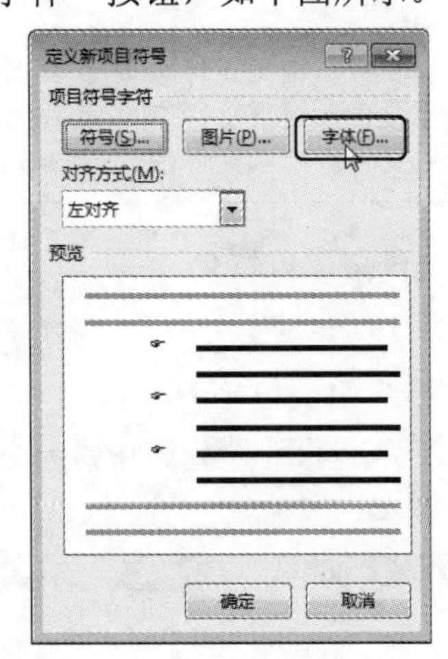

Step05: 打开“字体”对话框，❶设置符号的字号为“三号”；❷设置字体颜色为“蓝色”；❸单击“确定”按钮，如下图所示。

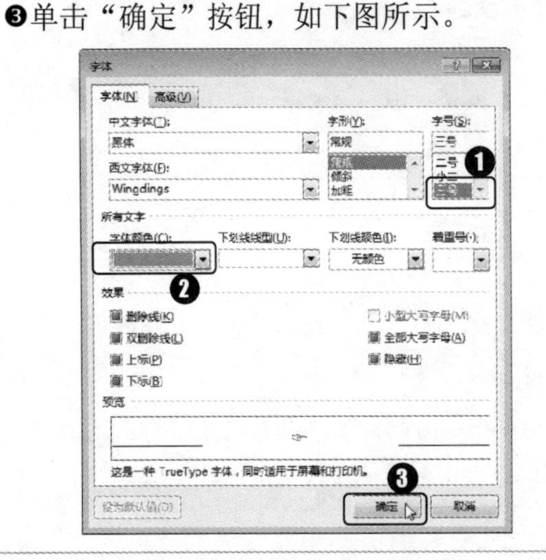

Step06: 此时，即可在文档中看到添加自定义项目符号后的效果，如下图所示。

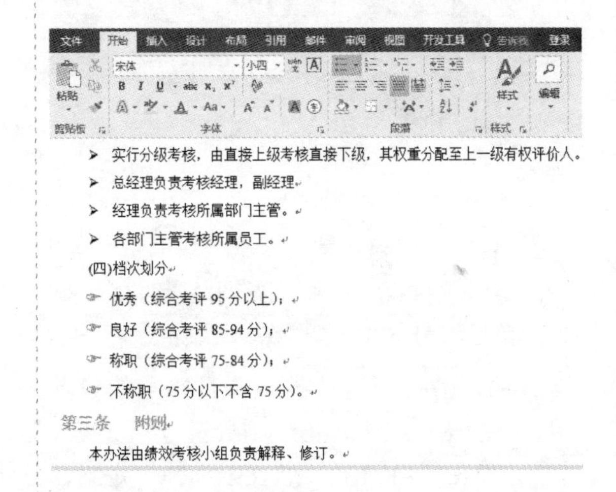

专家点拨——使用图片作为项目符号

在“定义新项目符号”对话框中单击“图片”按钮，可以添加图片项目符号。利用自定义项目符号可使文档布局更加丰富。

▷▷ 高手秘籍——实用操作技巧

通过对前面知识的学习，相信读者朋友已经掌握了在 Word 2016 中输入与编辑文档的基本操作。下面结合本章内容介绍一些实用的操作技巧。

同步文件

视频文件：视频文件\第2章\高手秘籍.mp4

技巧01　制作超大字

在“字号”下拉列表框中查看到的最大的字号为“初号”和“72 磅”。当这两种字号都不能满足制作超大字的需要时，可以手动设置。具体操作方法如下。

Step01: ❶输入并选中文字；❷在“开始”选项卡“字体”组中的“字号”框中直接输入字号值，如下图所示。

Step02: 按〈Enter〉键，即可显示所设置的大字号效果，如下图所示。

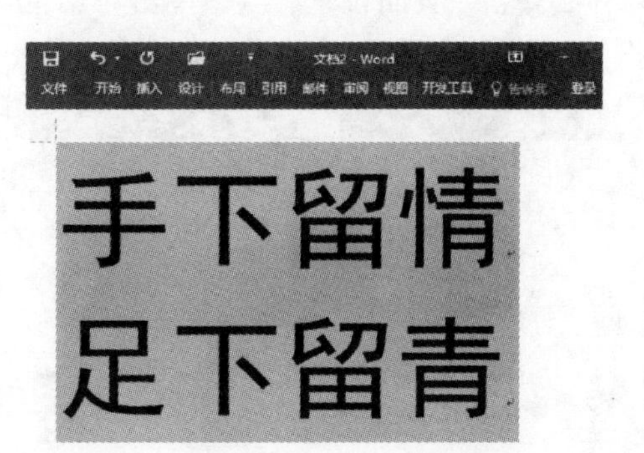

专家点拨——设置字号的其他方法

设置字号时，也可以在选择文字后，通过单击“增大字体”按钮A或“减小字体”按钮A（或按〈Ctrl+]〉或〈Ctrl+[〉组合键）快速增大或减小字号。

技巧02　巧用〈Alt〉键让段落精确缩进

要精确设置段落缩进，可以在“段落”对话框中输入缩进的具体数值，也可以结合〈Alt〉键快捷、精确地调整。具体操作方法如下。

Step01: ❶选中文本；❷按住〈Alt〉键的同时将标尺栏中的“首行缩进”按钮向右拖动，这时在标尺栏中会显示段落当前的缩进量，单位是“字符”，如下图所示。

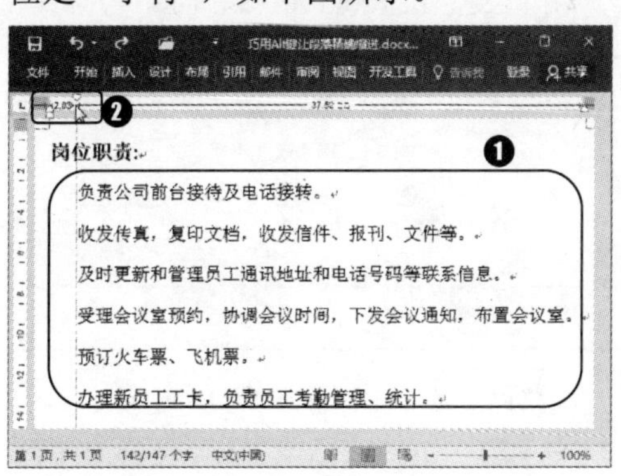

Step02: 拖动到合适的缩进位置时，释放鼠标左键和〈Alt〉键，即可实现段落的精确缩进，如下图所示。

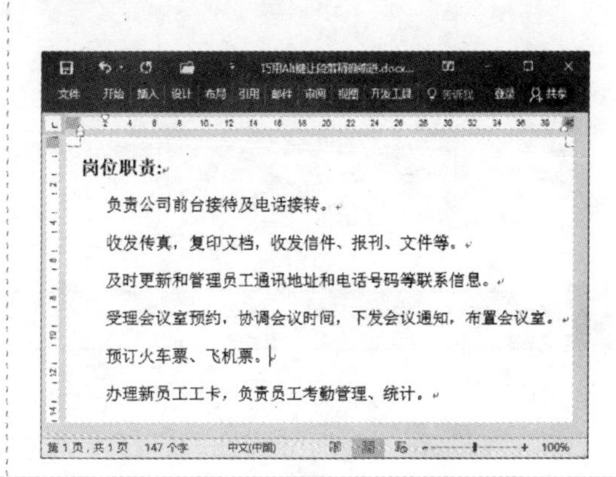

新手注意

如果在文档中没有看见标尺，可在“视图”选项卡的“显示”组中勾选“标尺”复选框，即可将标尺显示出来。

技巧 03 显示文档中的行号

在日常工作中，如果要统计页面行数，可以为页面中的文本添加行号。默认情况下，Word文档不显示行号。显示行号的具体操作方法如下。

Step01: 打开素材文件，❶单击“布局”选项卡；❷在“页面设置”组中单击对话框启动按钮，如下图所示。

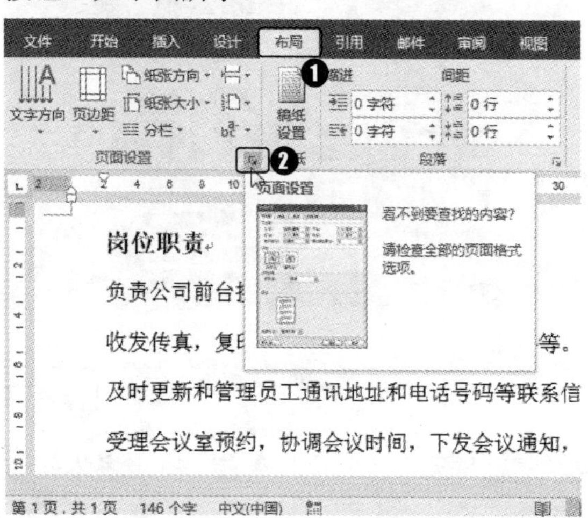

Step02: 打开“页面设置”对话框，❶单击“版式”选项卡；❷单击“行号”按钮，如下图所示。

Step03: 打开“行号”对话框，❶勾选“添加行号”复选框，其他选项保持默认设置；❷单击“确定”按钮，如下图所示。

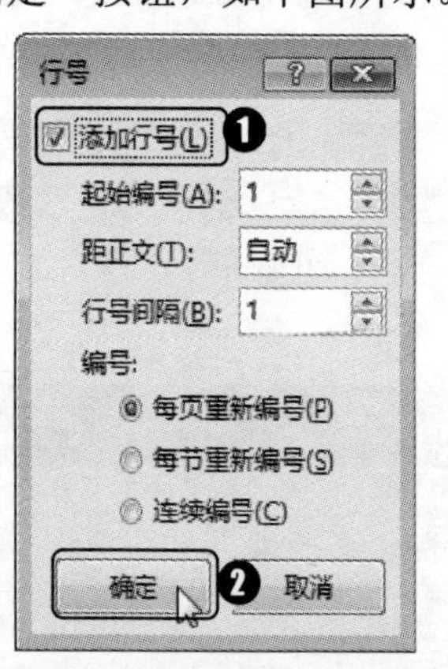

Step04: 返回“页面设置”对话框，单击“确定”按钮。此时即可看到为文档中的行添加行号后的效果，如下图所示。

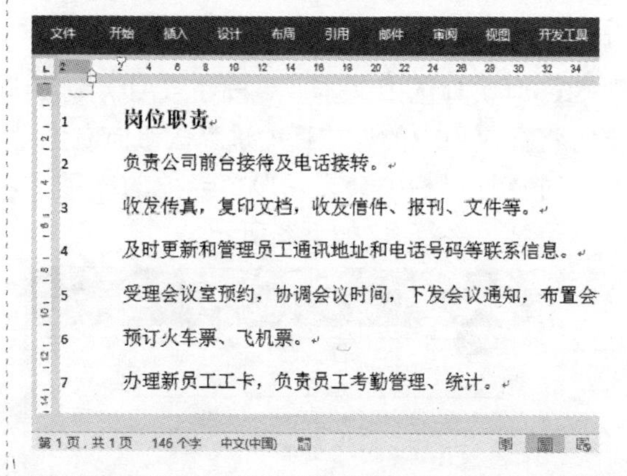

技巧 04 设置双行合一

使用双行合一功能可以将选择的文字分为上、下两行。双行合一后，可以把文本插入点定位在合并后的字符间从而继续插入字符。具体操作方法如下。

Step01: ❶选中需要设置双行合一的内容；❷在“段落”组中单击“中文版式”下拉按钮 ；❸在弹出的下拉列表中选择“双行合一”命令，如下图所示。

Step02: 打开“双行合一”对话框，❶勾选“带括号”复选框，并选择括号样式；❷单击“确定”按钮，如下图所示。

Step03: 返回文档中，即可看到双行合一的效果，如下图所示。

(天宇集团 上海分部) 2016 年新品发布会

> **新手注意**
>
> 使用双行合一功能时，如果字符数为奇数，在设置后会出现上下两行参差不齐的现象，此时可以使用空格来使两行的文本一样长。

技巧 05 关闭自动编号与项目符号列表功能

在 Word 文档中手动输入一个编号后，按〈Enter〉键转到下一段落时会自动出现编号。同样，在使用项目符号的段落后插入下一段落，也会自动出现项目符号列表。如果在编号与项目符号列表的下一段落不需要使用自动编号与项目符号列表功能，则可以取消自动编号设置。

Step01: 打开“Word 选项”对话框，❶选择“校对”选项；❷单击“自动更正选项”按钮，如下图所示。

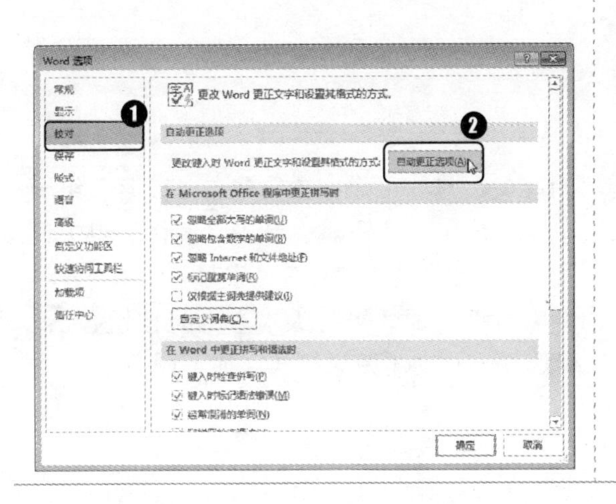

Step02: 打开“自动更正”对话框，❶单击“键入时自动套用格式”选项卡；❷取消勾选“自动项目符号列表”和“自动编号列表”复选框；❸单击“确定”按钮，如下图所示。

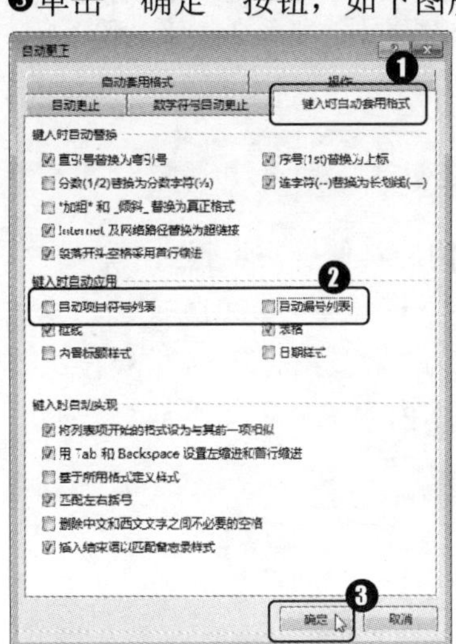

▷▷ 上机实战——制作人员招聘文档

>> 上机介绍

招聘文案是用人单位面向社会公开招聘人员时使用的一种应用文书。招聘文案起草好之后，还要对其进行编排。本实例即起草一份人员招聘文档并进行编辑。首先对文本格式进行设置，并突出显示重要内容，然后为相关文字设置文字效果，最后对段落格式进行设置。最终效果如下图所示。

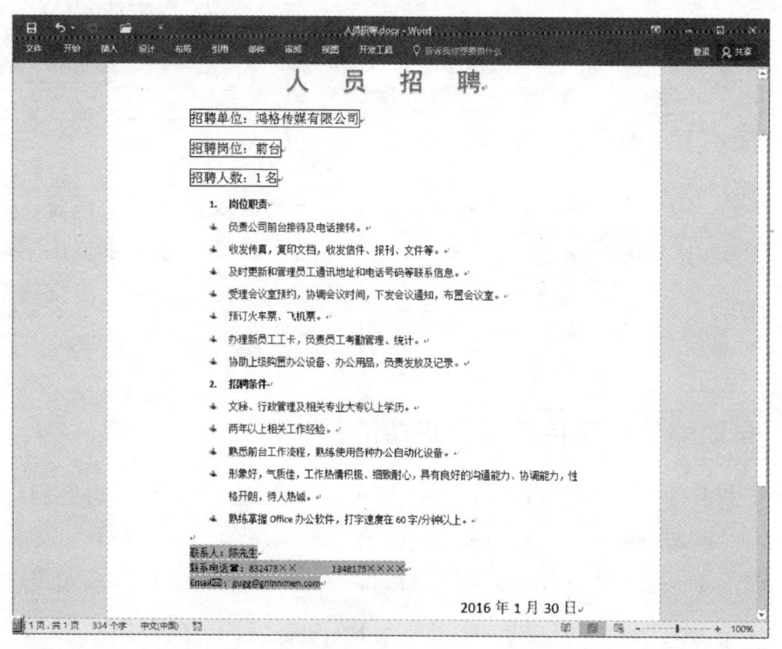
人员招聘

招聘单位：鸿格传媒有限公司

招聘岗位：前台

招聘人数：1名

1. 岗位职责
- 负责公司前台接待及电话接转。
- 收发传真，复印文档，收发信件、报刊、文件等。
- 及时更新和管理员工通讯地址和电话号码等联系信息。
- 受理会议室预约，协调会议时间，下发会议通知，布置会议室。
- 预订火车票、飞机票。
- 办理新员工工卡，负责员工考勤管理、统计。
- 协助上级购置办公设备、办公用品，负责发放及记录。

2. 招聘条件
- 文秘、行政管理及相关专业大专以上学历。
- 两年以上相关工作经验。
- 熟悉前台工作流程，熟练使用各种办公自动化设备。
- 形象好，气质佳，工作热情积极、细致耐心，具有良好的沟通能力、协调能力，性格开朗，待人热诚。
- 熟练掌握 Office 办公软件，打字速度在 60 字/分钟以上。

联系人：陈先生

联系电话：832478×× 1348175××××

Email：gugg@gntnnimen.com

2016 年 1 月 30 日

同步文件

结果文件：结果文件\第 2 章\人员招聘.docx

视频文件：视频文件\第 2 章\上机实战.mp4

本实例的具体操作步骤如下。

Step01: 打开 Word 2016 文档，❶将空白文档另存为“人员招聘.docx”；❷在文档中输入相关文本内容，如下图所示。

Step02: 选中标题文本，❶在“段落”组中单击“居中”按钮≡；❷在“字体”组中设置为“字体”为“黑体”，“字号”为“一号”；❸单击“文字效果与版式”下拉按钮A▾；❹选择一种文本效果样式，如下图所示。

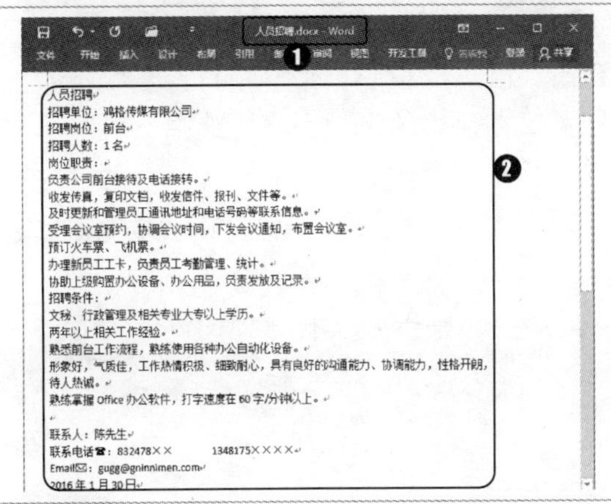

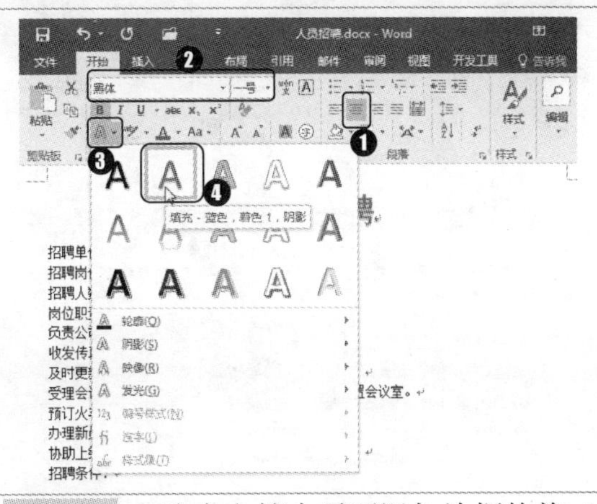

Step03: 继续选中标题文本，❶在“段落”组中单击“中文版式”下拉按钮；❷选择“调整宽度”命令；❸在弹出的对话框中设置“新文字宽度”为“8 字符”；❹单击“确定”按钮，如下图所示。

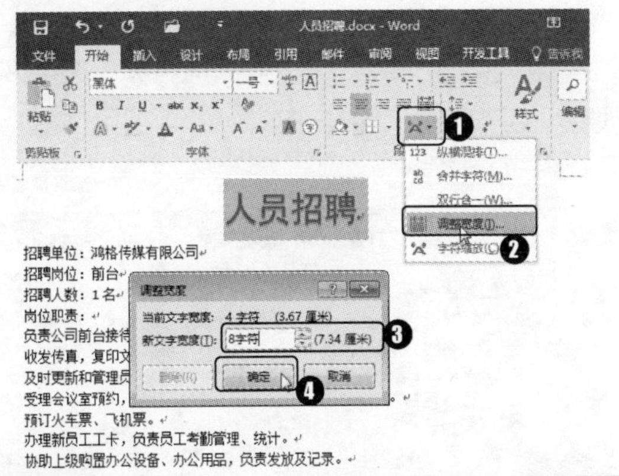

Step04: ❶选中文档中需要添加边框的前 3 段文本内容；❷在“字体”组中单击“字符边框”按钮，如下图所示。

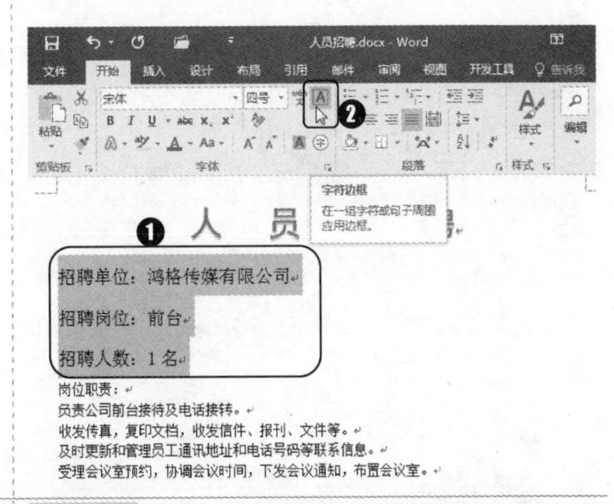

Step05: ❶选中“岗位职责”和“招聘条件”下的所有内容；❷在“段落”组中单击对话框启动按钮，如下图所示。

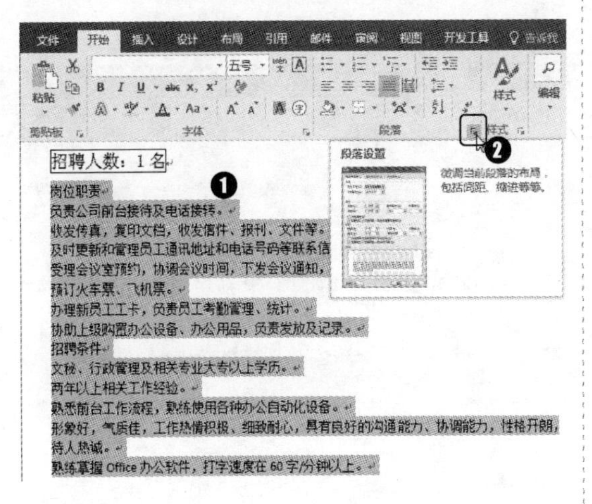

Step06: 打开“段落”对话框，❶设置“特殊格式”为“首行缩进”、“缩进量”为“2 字符”；❷设置“行距”为“单倍行距”；❸单击“确定”按钮，如下图所示。

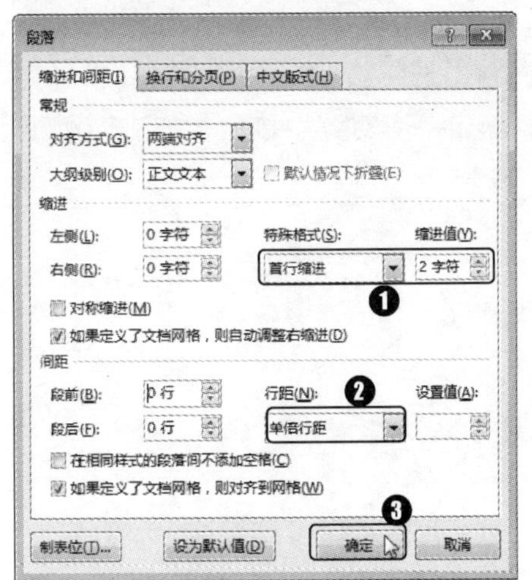

Step07: 选中两个小标题，❶在“段落”组中单击“编号”下拉按钮；❷在弹出的下拉列表中选择一种编号样式，如下图所示。

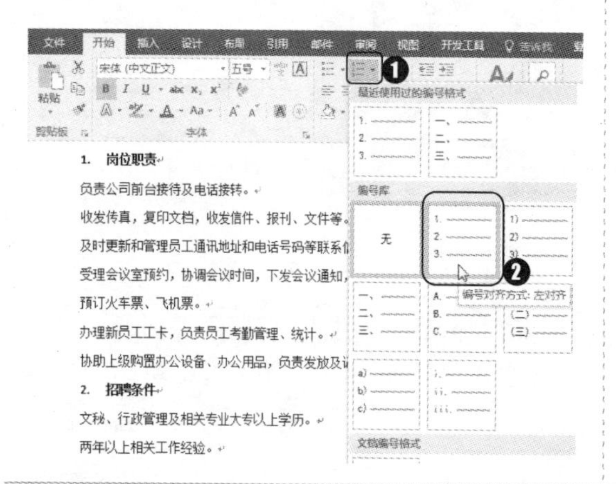

Step08: 选中“岗位职责”下方的内容，❶在“段落”组中单击“项目符号”下拉按钮；❷在弹出的下拉列表中选择一种符号样式，如下图所示。

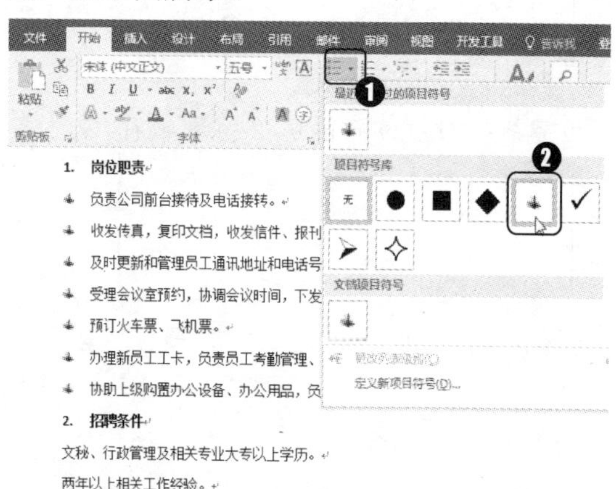

Step09: 将光标定位至任一应用了项目符号的段落，❶在“剪贴板”组中单击“格式刷”按钮；❷在“招聘条件”下方的内容中拖动选择，即可应用该项目符号样式，如下图所示。

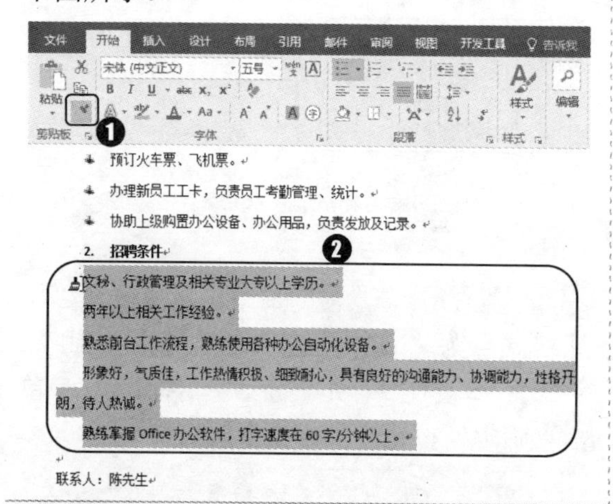

Step010: 选择需要设置底色的文本，❶单击“字体”组中的“以不同颜色突出显示文本”下拉按钮；❷在弹出的下拉列表中选择需要的底色，如下图所示。

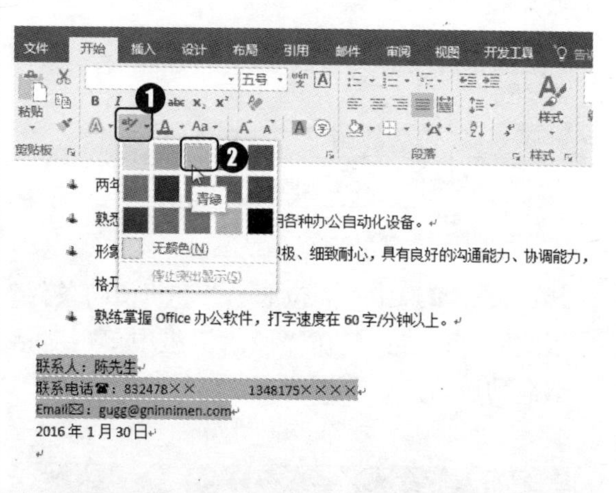

Step11: 选中日期文本，设置其字号为“三号；单击“右对齐”按钮，如右图所示。

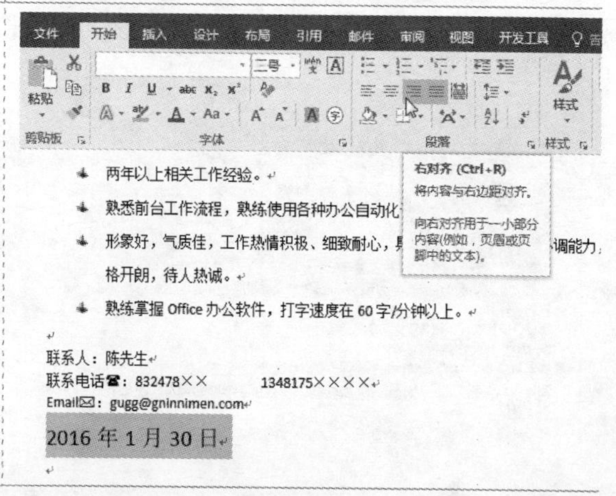

▷▷ 本章小结

本章的重点在于掌握 Word 2016 文档内容的输入、文本和段落的基本操作，主要包括输入文本、设置文本格式、设置段落格式、应用项目符号和编号、查找并替换文本等知识点。通过本章的学习，希望读者能够熟练掌握在 Word 2016 中设置文本和段落格式的方法，并能灵活应用项目符号与编号，让文档能更加美观的呈现。

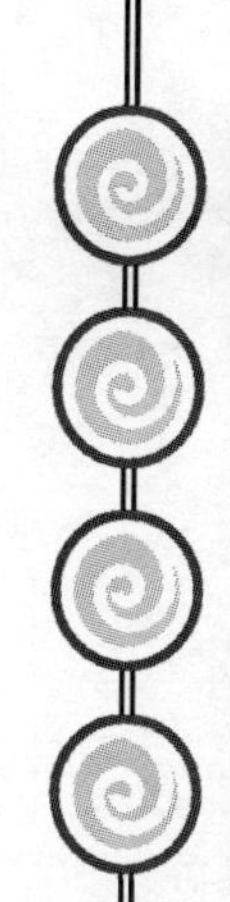

第3章 在Word 2016中排版图文并茂的文档

本章导读

制作文档时，在文档中插入图片、艺术字或SmartArt图形等对象，可以让文档更具吸引力，更加赏心悦目。本章主要讲解在文档中使用图片、艺术字和SmartArt图形等对象的相关知识。

知识要点

- 插入与编辑图片
- 绘制与编辑形状
- 插入与编辑文本框
- 插入与设置艺术字
- 插入与编辑SmartArt图形

效果展示

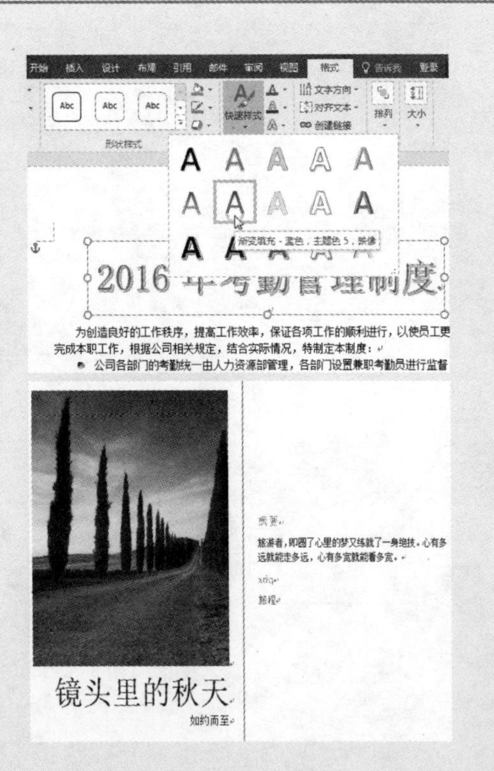

▷▷ 3.1　课堂讲解——插入与编辑图片

在制作图文混排的文档时，为了使插入的图形更加符合实际需要，可以设置图片的样式效果。

3.1.1　插入图片

在 Word 2016 中插入的图片，既可以是自己拍摄或收集并保存在本地计算机中的图片，也可以是从网络下载的图片，还可以是从计算机屏幕上截取的图片。例如，在“知识摘要”文档中插入本地计算机中的图片，具体操作方法如下。

同步文件

素材文件：素材文件\第 3 章\知识摘要（插入图片）.docx
结果文件：结果文件\第 3 章\知识摘要（插入图片）.docx
视频文件：视频文件\第 3 章\3-1-1.mp4

Step01: 打开“知识摘要（插入图片）.docx”文档，❶将光标定位至图片插入处；❷单击“插入”选项卡；❸单击“插图”组中的“图片”按钮，如下图所示。

Step02: 打开“插入图片”对话框，❶在地址栏中设置要插入图片所在的位置；❷选择图片；❸单击“插入”按钮，如下图所示。

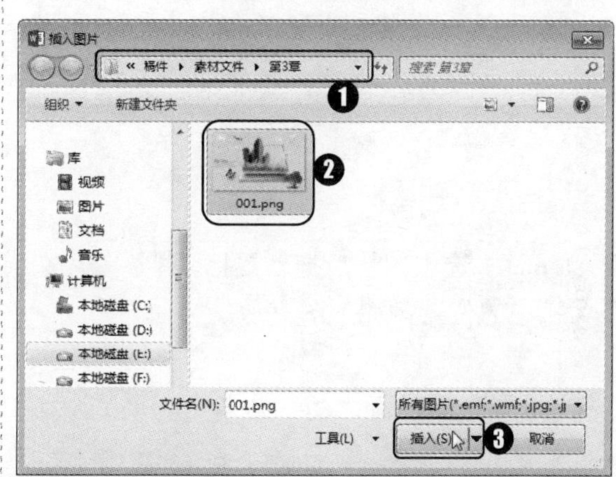

Step03: 此时，即可将选择的图片插入到文档的指定位置处，如右图所示。

新手注意：

在 Word 2016 中可以插入 WMF、JPG、GIF、BMP、PNG 等格式的图片。

3.1.2 编辑图片

Word 2016 加强了对图片的处理能力，应用图像色彩调整功能，可以轻松将文档中的图片制作出专业图像处理软件处理过的图片效果。例如，对“知识摘要”文档中插入的图片进行编辑，具体操作方法如下。

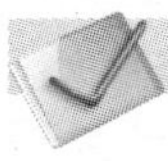

同步文件

素材文件：素材文件\第 3 章\知识摘要（编辑图片）.docx
结果文件：结果文件\第 3 章\知识摘要（编辑图片）.docx
视频文件：视频文件\第 3 章\3-1-2.mp4

Step01: 打开“知识摘要（编辑图片）.docx”文档；❶选中图片，将鼠标指针移至外边框处，光标呈↘形状；❷拖动鼠标调整图片大小，此时，光标呈十形状，如下图所示。

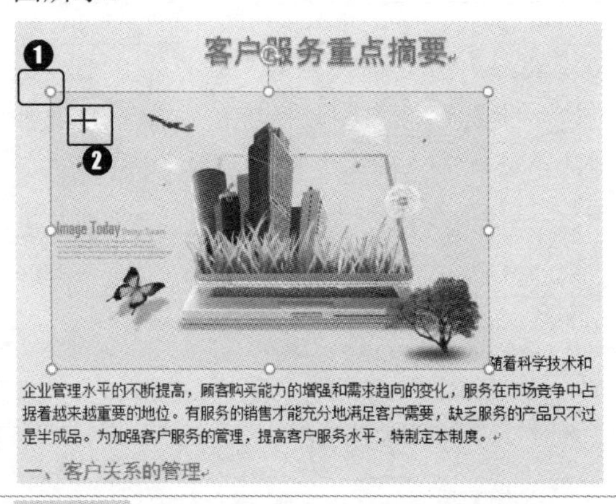

Step02: ❶单击“图片工具-格式”选项卡；❷在“排列”组中单击“环绕文字”下拉按钮；❸在弹出的下拉列表中选择“四周型”环绕方式，如下图所示。

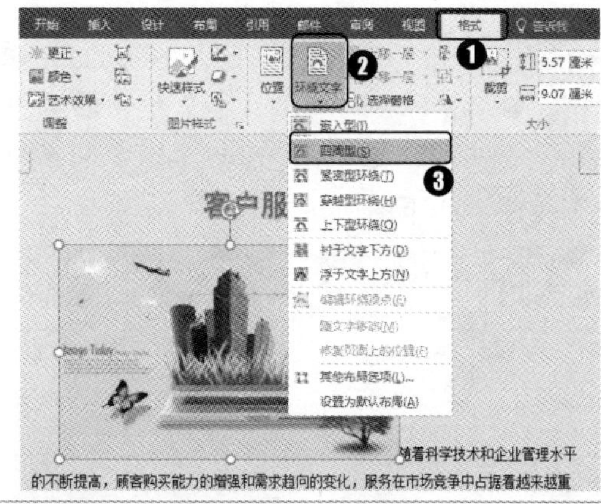

Step03: 选中图片后拖动鼠标，调整图片在文档中的位置，如下图所示。

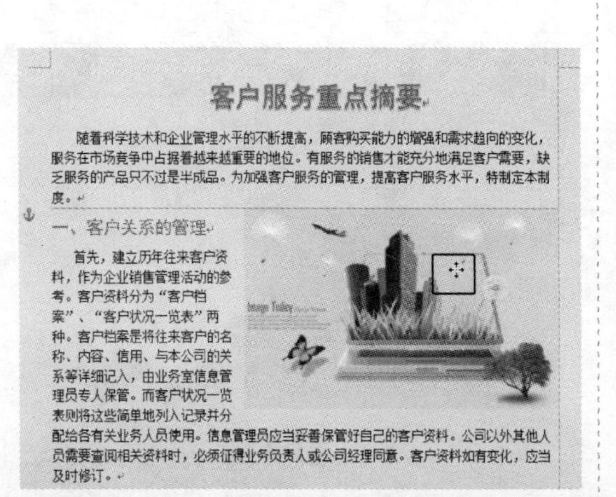

Step04: ❶单击“图片工具-格式”选项卡；❷在“图片样式”组中单击“其他”按钮；❸在弹出的下拉列表中选择图片样式“旋转，白色”，如下图所示。

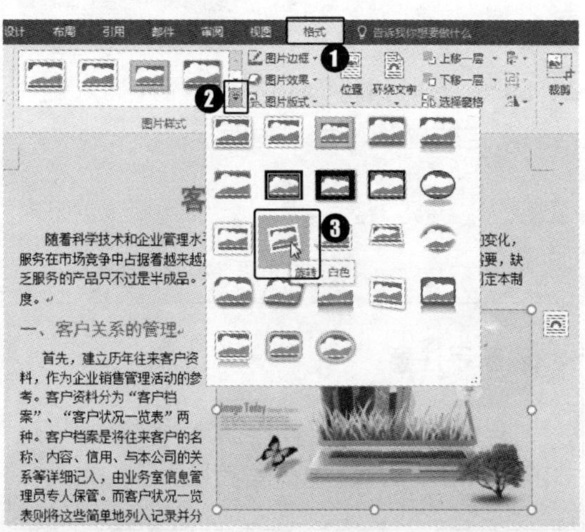

Step05: ❶单击“调整”组中的“颜色”下拉按钮；❷在弹出的下拉列表中选择一种图片颜色模式，如下图所示。

Step06: 此时，调整后的图片效果如下图所示。

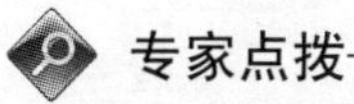

专家点拨——旋转图片

同一张图片，从不同角度观看会有不同的效果，所以可以根据需要旋转图片。选择需要旋转的图片，单击“图片工具-格式”选项卡，在“大小”组中单击对话框启动按钮，弹出“布局”对话框，在“旋转”数值框中设置需要旋转的角度值，单击“确定”按钮即可；或者直接选中图片，将鼠标指针移至图片上的旋转图标，当光标呈形状时，按下鼠标左键，指针会变成形状，拖动即可自定义旋转图片。

3.2 课堂讲解——插入与编辑图形

通常情况下，在设置文档效果时常常也需要绘制一些形状，然后对其进行编辑来美化文档。本节主要介绍使用绘图工具进行图形制作的相关知识。

3.2.1 绘制自选图形

在Word 2016中，用户可以根据需要插入现成的形状，如矩形、圆形、箭头、线条、流程图符号和标注等。例如，为“人员管理规定”红头文件绘制一条分隔线，具体操作方法如下。

同步文件

素材文件：素材文件\第3章\人员管理规定（插入图形）.docx
结果文件：结果文件\第3章\人员管理规定（插入图形）.docx
视频文件：视频文件\第3章\3-2-1.mp4

Step01: 打开“人员管理规定.docx”文档，❶单击“插入”选项卡；❷单击“插图”组中的“形状”下拉按钮；❸在弹出的下拉列表中选择“直线”工具，如下图所示。

Step02: 此时光标呈+形状，在需要插入自选图形的位置处按住鼠标左键不放，拖动鼠标进行绘制，如下图所示。

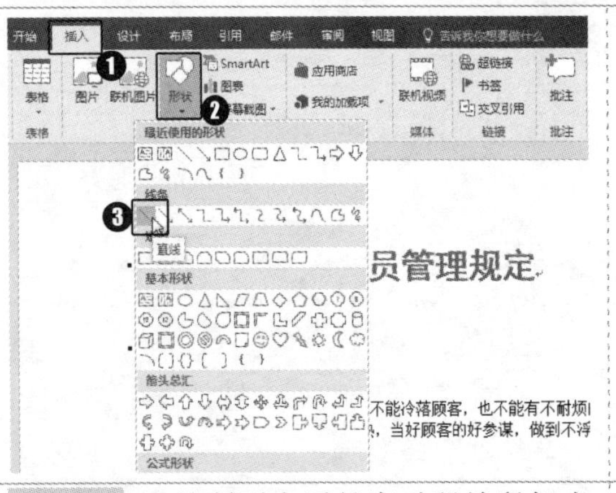

销售人员管理规定

第1条　服务规范

1. 举止、言行、穿着得体。
2. 热情、自行、耐心待客，决不能冷落顾客，也不能有不耐烦的态度。
3. 对产品及相关专业知识谙熟，当好顾客的好参谋，做到不浮夸产品的功能或者功效。
4. 不中伤竞争对手的商品。

第2条　行政纪律规定

1. 准时上班，不准迟到，不准早退，上班时间不准空岗。
2. 请假和就餐应遵守企业的相关规定。

Step03: 当绘制到合适长度时释放鼠标左键即可，如右图所示。

销售人员管理规定

第1条　服务规范

1. 举止、言行、穿着得体。
2. 热情、自行、耐心待客，决不能冷落顾客，也不能有不耐烦的态度。
3. 对产品及相关专业知识谙熟，当好顾客的好参谋，做到不浮夸产品的功能或者功效。
4. 不中伤竞争对手的商品。

3.2.2　编辑形状

在文档中绘制了形状后，常常还需要对形状进行编辑，例如调整形状的大小、方向、样式等，以更加符合文档的需求。例如，设置“人员管理规定”红头文件下的线条样式，具体操作方法如下。

同步文件

素材文件：素材文件\第 3 章\人员管理规定（编辑形状）.docx
结果文件：结果文件\第 3 章\人员管理规定（编辑形状）.docx
视频文件：视频文件\第 3 章\3-2-2.mp4

Step01: ❶选中线条图形，❷单击“绘图工具-格式”选项卡；❸在“形状样式”组中单击“形状轮廓”下拉按钮；❹在弹出的下拉列表中选择颜色，如下图所示。

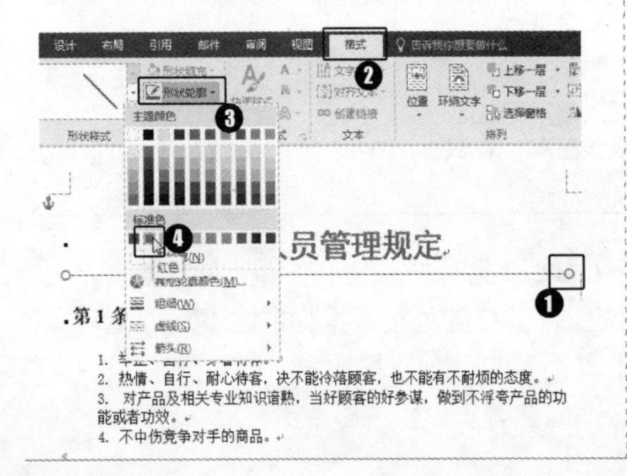

Step02: ❶再次单击“形状轮廓”下拉按钮；❷在弹出的下拉列表中选择“粗细”命令；❸在弹出的子菜单中选择线条宽度值“2.25磅”，如下图所示。

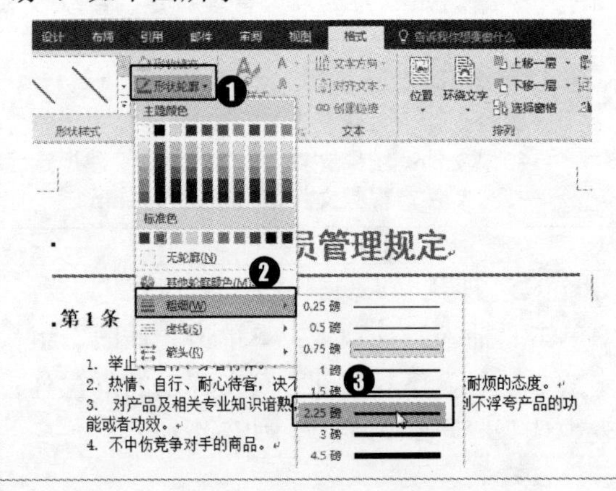

专家点拨——自定义编辑形状外观

选中图形后，在“绘图工具-格式”选项卡的“插入形状”组中单击“编辑形状”下拉按钮，选择“编辑顶点”命令，然后拖动鼠标调整形状中的各个顶点，可以将形状随意修改为其他外观。

▷▷ 3.3　课堂讲解——插入与编辑文本框

在排版 Word 文档时，为了使文档版式更加丰富，可以使用文本框。文本框是一种特殊的文本对象，既可以作为图形对象进行处理，也可以作为文本对象进行处理，它可以将文本内容放置于页面中的任意位置。

3.3.1　使用内置文本框

在 Word 2016 中提供了多种内置的文本框样式模板，使用这些内置的文本框模板可以快速创建出带样式的文本框，用户只需在文本框中输入所需的文本内容即可。具体操作方法如下。

同步文件

素材文件：素材文件\第 3 章\招生章程（使用内置文本框）.docx
结果文件：结果文件\第 3 章\招生章程（使用内置文本框）.docx
视频文件：视频文件\第 3 章\3-3-1.mp4

Step01: ❶单击“插入”选项卡；❷在“文本”组中单击“文本框”下拉按钮；❸在弹出的下拉列表中选择需要的文本框样式，在此选择“边线型提要栏”，如下图所示。

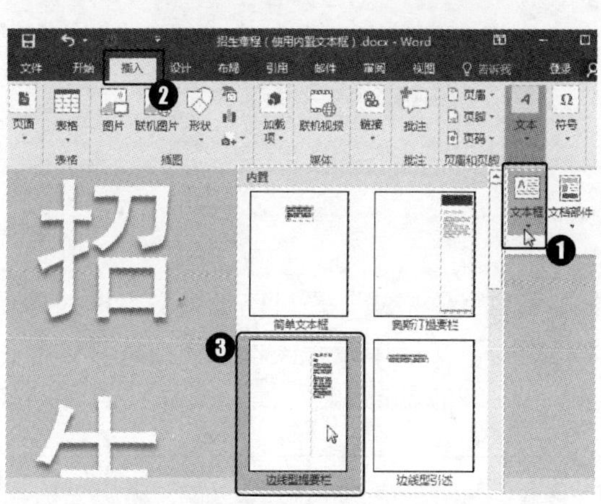

Step02: 经过前面的操作，返回文档中即可查看到插入的文本框，如下图所示。

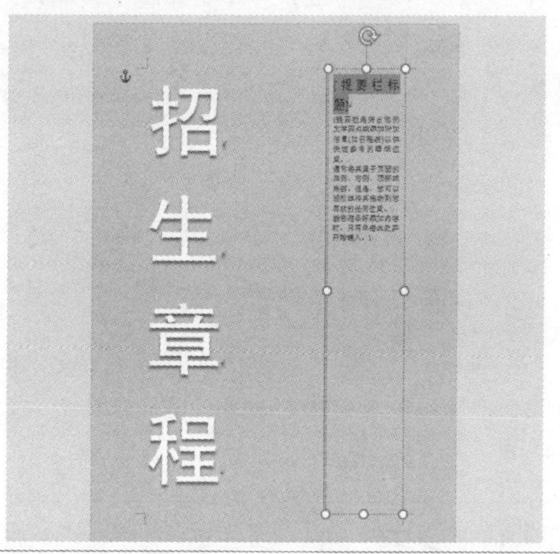

3.3.2　手动绘制文本框

在文档中插入的文本框可分为横排文本框和竖排文本框，用户根据文字显示方向的要求来

插入不同排列方式的文本框。例如，在“考勤管理制度”文档中手动绘制文本框，具体操作方法如下。

同步文件

素材文件：素材文件\第 3 章\考勤管理制度（手动绘制文本框）.docx
结果文件：结果文件\第 3 章\考勤管理制度（手动绘制文本框）.docx
视频文件：视频文件\第 3 章\3-3-2.mp4

Step01: ❶单击“插入”选项卡；❷在“文本”组中单击“文本框”下拉按钮；❸在弹出的下拉列表中选择“绘制文本框”命令，如下图所示。

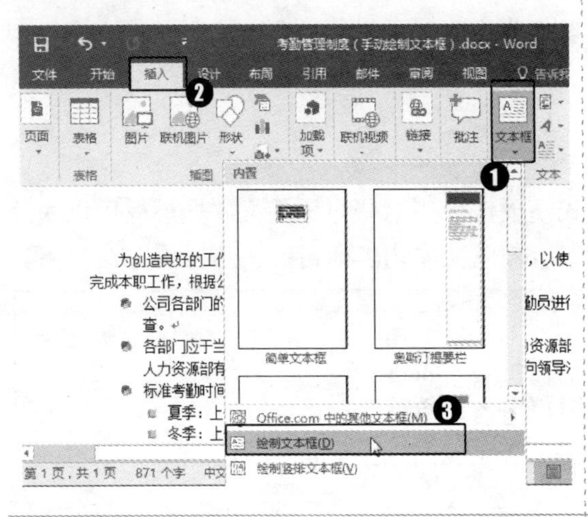

Step02: 此时，鼠标指针呈黑色十字形，在文档的目标位置处拖动鼠标绘制文本框，如下图所示。

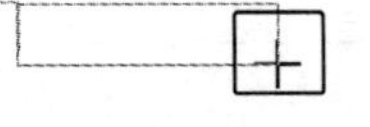

Step03: 拖动文本框至合适大小后，释放鼠标左键，插入点自动定位至文本框中，输入文字，如右图所示。

3.3.3 设置文本框样式

在 Word 文档中，可以根据需要设置文本框中文字的字体格式，还可以设置文本框的外观样式、特殊效果及形状大小等。例如，在“考勤管理制度”文档中设置文本框样式，具体操作方法如下。

同步文件

素材文件：素材文件\第 3 章\考勤管理制度（设置文本框样式）.docx
结果文件：结果文件\第 3 章\考勤管理制度（设置文本框样式）.docx
视频文件：视频文件\第 3 章\3-3-3.mp4

Step01: 选中文本框，❶单击“绘图工具-格式”选项卡；❷在“形状样式”组中单击“其他”按钮；❸在弹出的下拉列表中选择样式“细微效果-灰色-50%，强调颜色 3”，如下图所示。

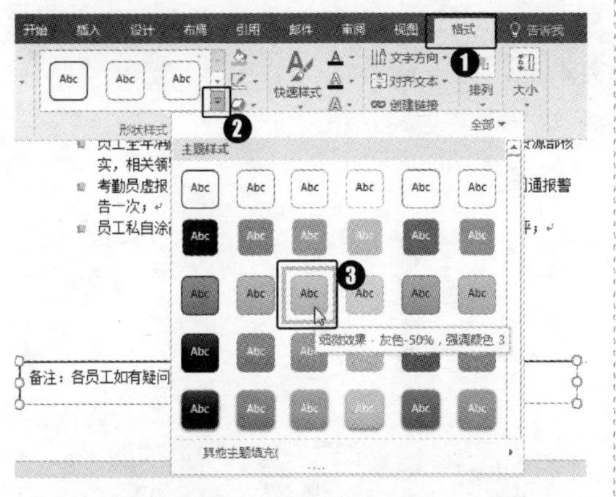

Step02: ❶在“艺术字样式”组中单击“文本填充”下拉按钮；❷在弹出的下拉列表中选择文本颜色“橙色，个性色 2”，如下图所示。

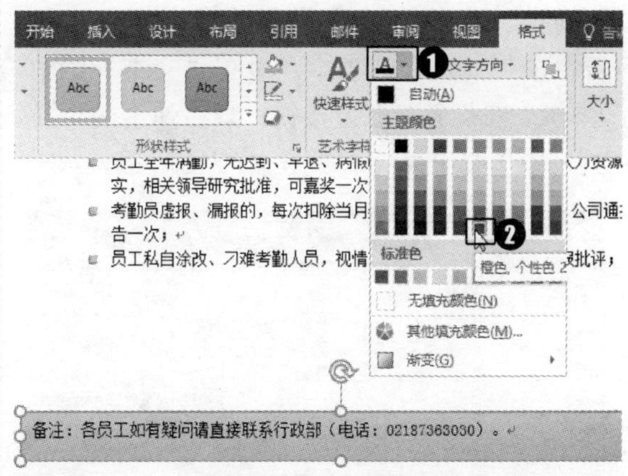

Step03: ❶单击“开始”选项卡；❷在“字体”组中设置文本框中文字的样式为“宋体，小四，倾斜”，如右图所示。

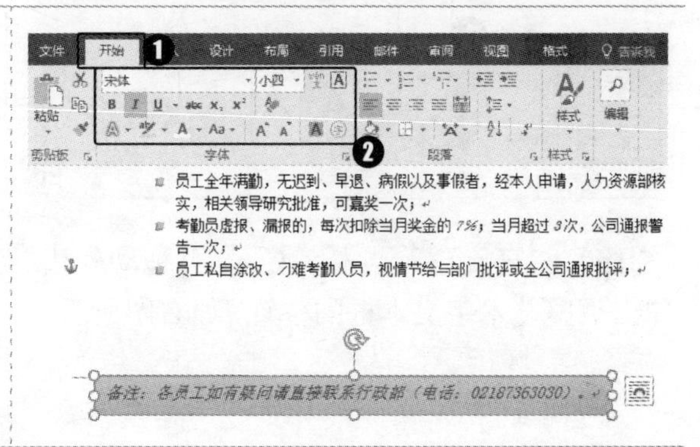

▷▷ 3.4　课堂讲解——插入与编辑艺术字

为了提升文档的整体效果，在文档中常常会应用一些具有艺术效果的文字。在 Word 2016 中提供了插入艺术字的功能，并预设了多种艺术字效果以供选择，用户还可以根据需要自定义艺术字效果。

3.4.1　插入艺术字

Word 2016 中提供了简单易用的艺术字样式，用户只需进行简单的输入、选择等操作，即可轻松地在文档中插入艺术字。例如，在“考勤管理制度”文档中插入艺术字标题，具体操作方法如下。

同步文件

素材文件：素材文件\第 3 章\考勤管理制度（插入艺术字）.docx
结果文件：结果文件\第 3 章\考勤管理制度（插入艺术字）.docx
视频文件：视频文件\第 3 章\3-4-1.mp4

Step01: ❶将光标定位至艺术字插入点；❷单击“插入”选项卡；❸在“文本”组中单击“艺术字”下拉按钮；❹在弹出的下拉列表中选择艺术字样式，如下图所示。

Step02: 此时，在插入点处生成一个艺术字文本框，如下图所示。

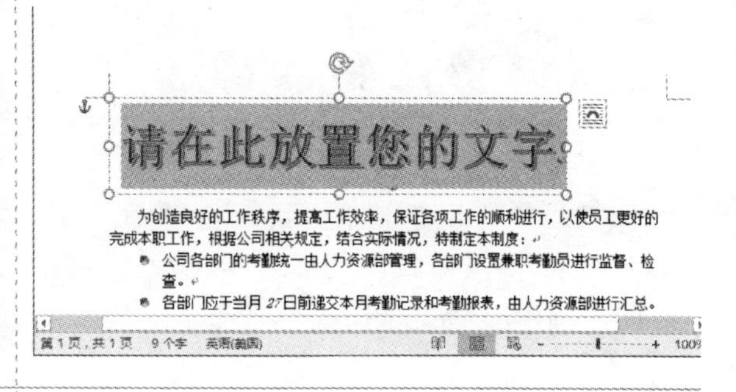

Step03: 直接输入艺术字文本，并拖动外边框，调整艺术字文本框的位置，如右图所示。

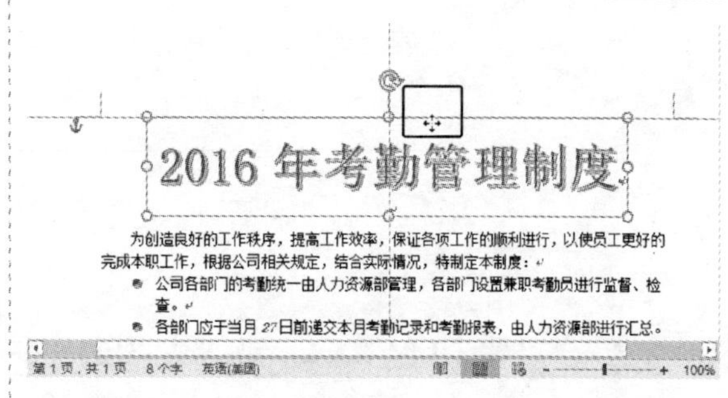

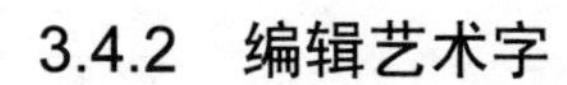

3.4.2 编辑艺术字

艺术字与普通文本的区别在于艺术字的形态是可以修改和调整的。将艺术字插入到文档中后将激活“绘图工具-格式”选项卡，其中的“艺术字样式”组主要用于对艺术字进行相应编辑。例如，对“考勤管理制度”文档的标题艺术字进行设置，具体操作方法如下。

同步文件

素材文件：素材文件\第 3 章\考勤管理制度（编辑艺术字）.docx
结果文件：结果文件\第 3 章\考勤管理制度（编辑艺术字）.docx
视频文件：视频文件\第 3 章\3-4-2.mp4

Step01: ❶选择插入的艺术字；❷单击“绘图工具-格式”选项卡；❸在“艺术字样式”组中单击“快速样式”下拉按钮；❹在弹出的下拉列表中选择艺术字样式，如右图所示。

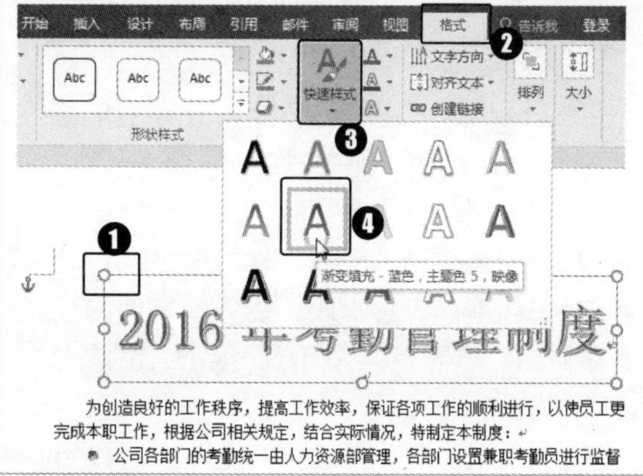

Step02: 此时，即可更改艺术字样式。❶单击“艺术字样式”组中的“文本填充”下拉按钮；❷在弹出的下拉列表中选择填充色，更改艺术字的填充颜色，如下图所示。

Step03: ❶单击“文本轮廓”下拉按钮；❷在弹出的下拉列表中选择一种颜色，为艺术字添加轮廓色，如下图所示。

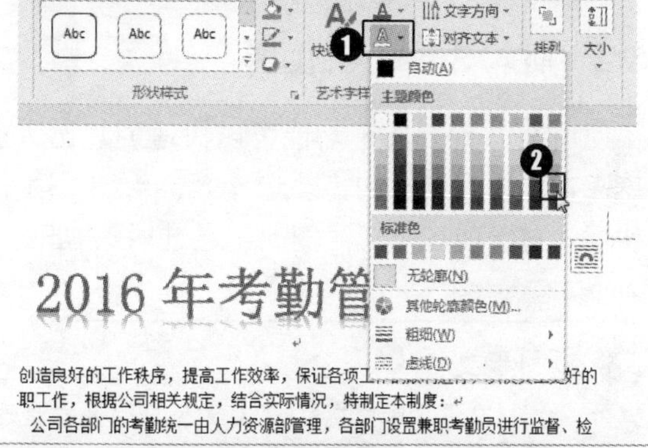

Step04: ❶单击“开始”选项卡；❷在“字体”组中设置艺术字的字体格式为“黑体，一号”，如右图所示。

> **专家点拨——修改艺术字文本内容**
>
> 在编辑艺术字时，也可以对文本进行修改，选中艺术字文本内容，然后输入新的文本内容，依然会保持原有的艺术字样式。

3.5　课堂讲解——插入与编辑 SmartArt 图形

为了将具有关联的上下文之间的关系表达得更加清晰，经常使用配有文字的图形进行说明。对于普通内容，只需绘制形状后在其中输入文字即可，如果要表达的内容具有某种关系，则可以借助 SmartArt 图形功能来制作具有专业设计师水准的插图。

3.5.1 SmartArt 图形简介

SmartArt 是一项图形功能，具有功能强大、类型丰富、效果生动的优点。在 Word 2016 中，SmartArt 包括 8 种类型。

- 列表型：显示非有序信息或分组信息，主要用于强调信息的重要性。
- 流程型：表示任务流程的顺序或步骤。
- 循环型：表示阶段、任务或事件的连续序列，主要用于强调重复过程。
- 层次结构型：用于显示组织中的分层信息或上下级关系，最广泛地应用于组织结构图。
- 关系型：用于表示两个或多个项目之间的关系，或者两个或多个信息集合之间的关系。
- 矩阵型：用于以象限的方式显示部分与整体的关系。
- 棱锥图型：用于显示比例关系、互连关系或层次关系，最大的部分置于底部，向上渐窄。
- 图片型：主要应用于包含图片的信息列表。

除了系统自带的这些图形外，Microsoft Office 网站还在线提供了一些 SmartArt 图形。

3.5.2 插入 SmartArt 图形

使用 SmartArt 图形功能可以快速创建出专业而美观的图示化效果。插入 SmartArt 图形时，用户应首先根据自己的需要选择 SmartArt 图形的类型和布局，然后输入相应的文本信息，便能自动插入对应的图形了。例如，通过插入 SmartArt 图形来制作新产品开发流程图，具体操作方法如下。

同步文件

素材文件：素材文件\第 3 章\新产品开发流程图（插入 SmartArt 图形）.docx
结果文件：结果文件\第 3 章\新产品开发流程图（插入 SmartArt 图形）.docx
视频文件：视频文件\第 3 章\3-5-2.mp4

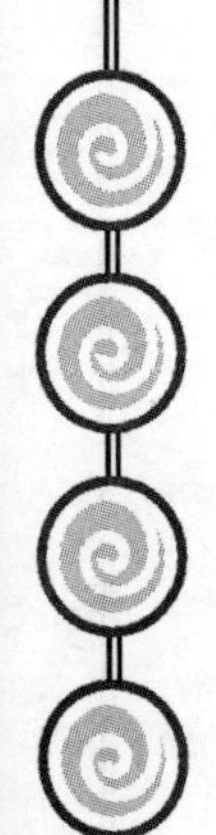

Step01: ❶将光标定位至 SmartArt 图形插入点；❷单击“插入”选项卡；❸在“插图”组中单击“SmartArt”按钮，如下图所示。

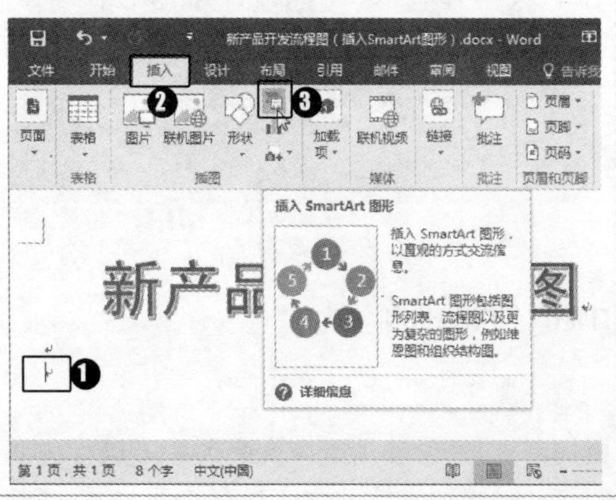

Step02: 弹出“选择 SmartArt 图形”对话框，❶在左侧选择“列表”选项；❷在右侧选择“垂直曲形列表”选项；❸单击“确定”按钮，如下图所示。

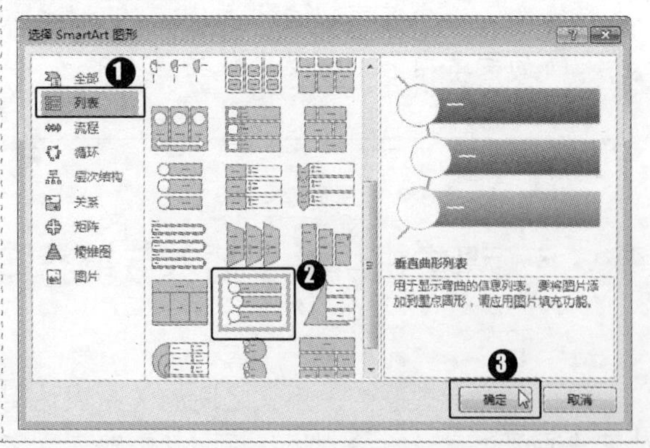

Step03: 此时，即可在文档中插入一个组织结构图模板，如下图所示。

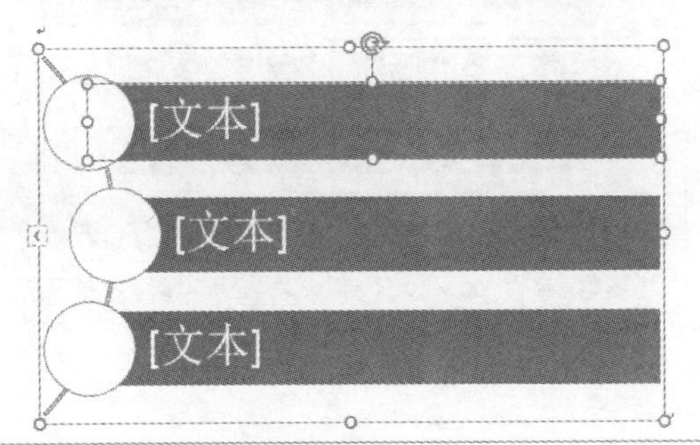

Step04: 在各文本框中输入所需的文本内容，如下图所示。

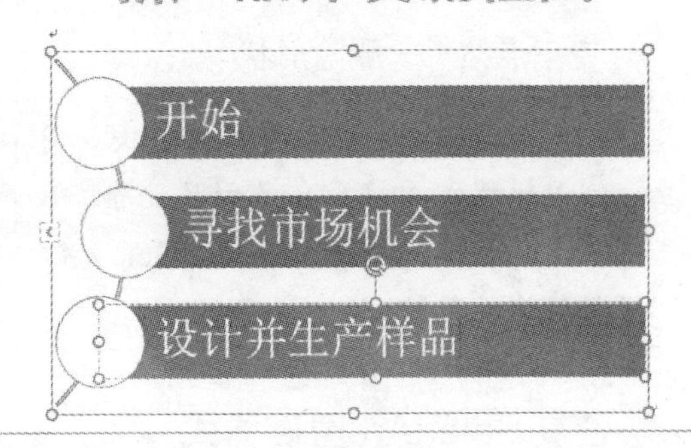

3.5.3 添加与删除形状

默认情况下，每一种 SmartArt 图形布局都有固定数量的形状，可以根据实际需要删除或添加形状。当插入的 SmartArt 图形默认的形状不够时，可以按照以下方法进行添加。

同步文件

素材文件：素材文件\第 3 章\新产品开发流程图（添加与删除形状）.docx
结果文件：结果文件\第 3 章\新产品开发流程图（添加与删除形状）.docx
视频文件：视频文件\第 3 章\3-5-3.mp4

Step01: ❶选择需要在其下方添加 SmartArt 图形的形状；❷单击“SmartArt 工具-设计”选项卡；❸在“创建图形”组中单击 4 次“添加形状”按钮，如下图所示。

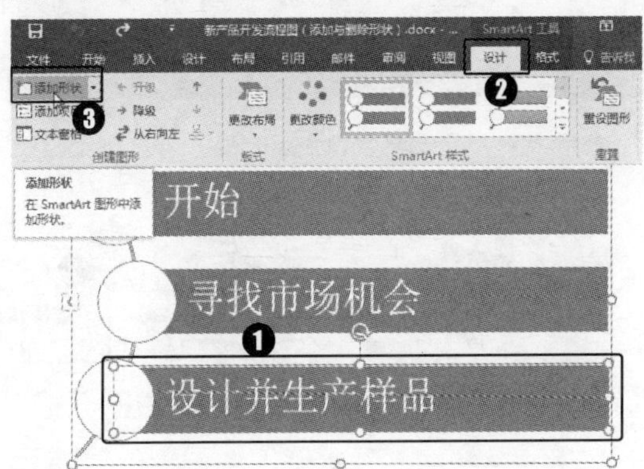

Step02: ❶选中新添加的第 1 个子形状，右击；❷在弹出的快捷菜单中选择“编辑文字”命令，如下图所示。

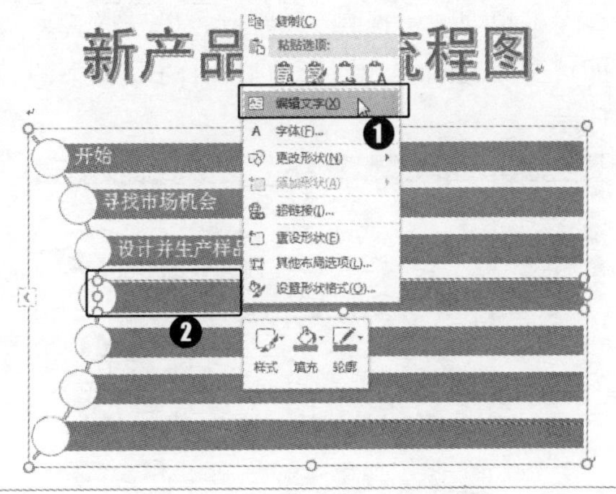

新手注意

在“添加形状”下拉列表中选择“在前面添加形状”选项，可在所选形状的左边或上方添加级别相同的形状；选择“在上方添加形状”选项，可在所选形状的左边或上方添加更高级别的形状。

Step03: ❶在该形状中输入文本内容，使用相同的方法继续在其他新添加的形状中输入文本；❷拖动整个 SmartArt 图形的外边框，调整其高度，如右图所示。

> **专家点拨——删除形状**
>
> 对于 SmartArt 图形固有的形状，用户也可以根据需要将多余的形状删除。单击选中需要删除的图形，按〈Delete〉键即可将其快速删除。

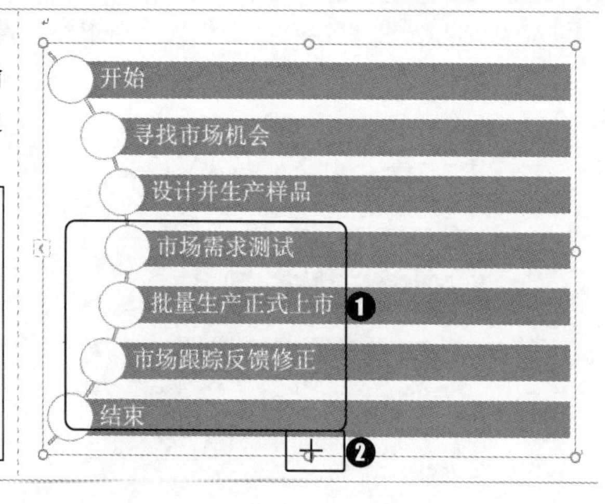

3.5.4 设置 SmartArt 图形样式

要使插入的 SmartArt 图形更具个性化、更美观，可以设置 SmartArt 图形样式，包括设置 SmartArt 图形的布局、主题颜色、形状的填充、边距、阴影、线条样式、渐变和三维透视等。例如，对“新产品开发流程图”进行样式设置，具体操作方法如下。

> **同步文件**
>
> **素材文件：素材文件\第 3 章\新产品开发流程图（设置 SmartArt 图形样式）.docx**
> **结果文件：结果文件\第 3 章\新产品开发流程图（设置 SmartArt 图形样式）.docx**
> **视频文件：视频文件\第 3 章\3-5-4.mp4**

Step01: ❶选中整个 SmartArt 图形；❷单击“SmartArt 工具-设计”选项卡；❸在“SmartArt 样式”组中单击“其他”按钮；❹在下拉列表中选择 “强烈效果”样式，即可更改 SmartArt 图形的整体样式，如下图所示。

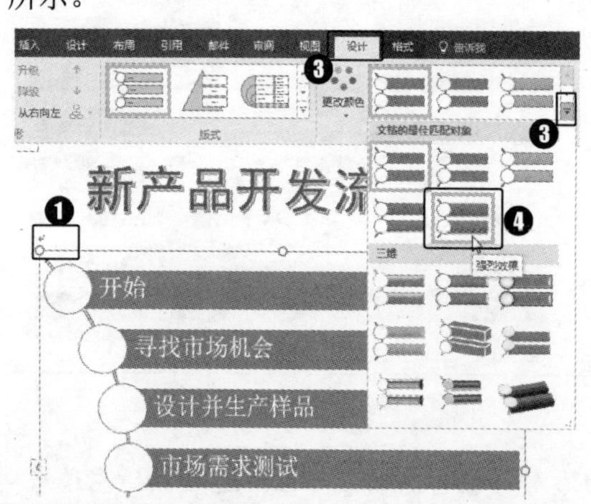

Step02: ❶单击“SmartArt 样式”组中的“更改颜色”下拉按钮；❷在弹出的下拉列表中选择“彩色范围-个性色 5 至 6”，即可更改 SmartArt 图形的整体颜色，如下图所示。

Step03: ❶按住〈Ctrl〉键的同时选中 SmartArt 图形中的所有圆形；❷单击“SmartArt 工具-格式”选项卡；❸在“形状

Step04: 打开“插入图片”窗格，在“来自文件”右侧单击“浏览”链接，如下图所示。

样式”组中单击“形状填充”下拉按钮；❹在弹出的下拉列表中选择“图片”命令，如下图所示。

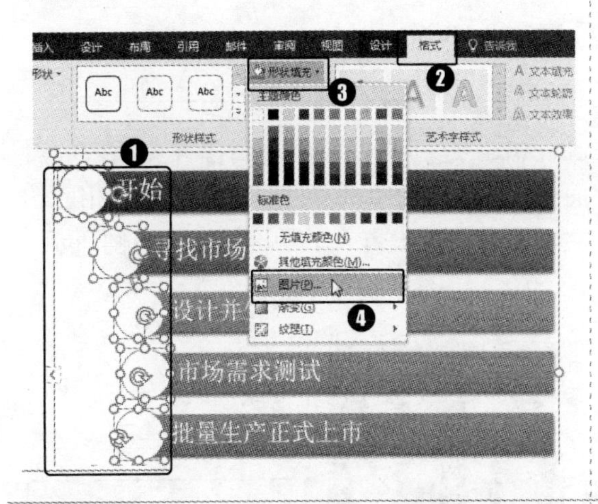

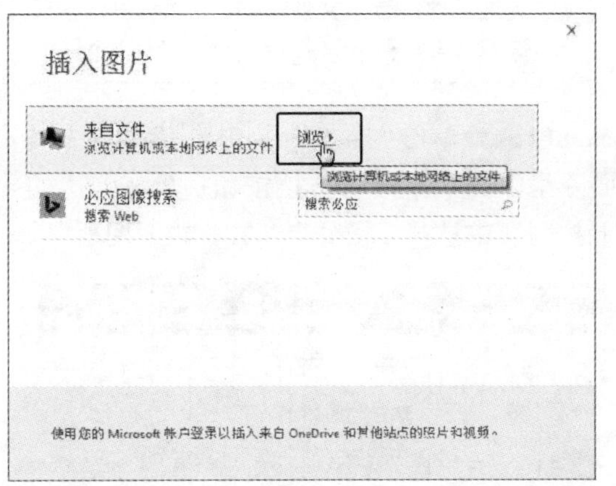

Step05: 打开“插入图片”对话框，❶选择需要插入的图片；❷单击“插入”按钮，如下图所示。

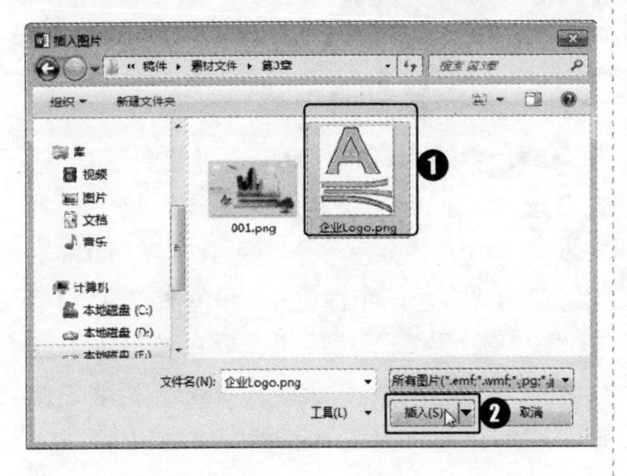

Step06: 单击“开始”选项卡，将 SmartArt 图形的文本和段落格式均设置为居中显示，如下图所示。

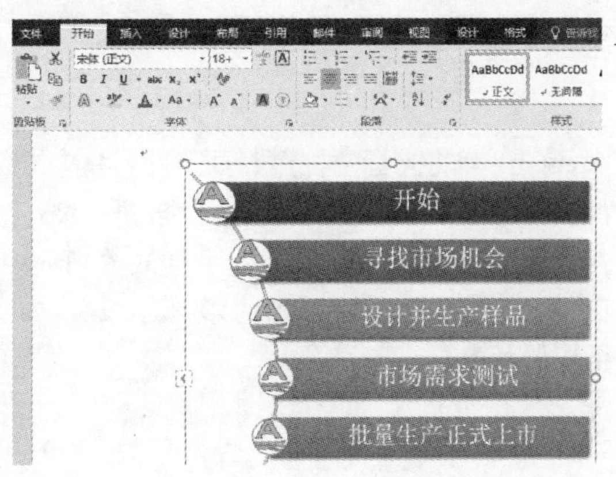

▷▷ 3.6　课堂讲解——制作封面

在制作论文、报告、企划书或杂志等特殊文档时，一般都需要为文档设置一个封面，这样能使文档更规范、完整。封面相当于一个文档的门面，决定着该文档给人的第一印象。一个精心设计的封面还能体现出制作者认真踏实的工作态度。

3.6.1　在文档中快速插入封面

Word 2016 提供了一个内置的封面样式库，其中提供了一些封面模板，可以帮助用户在文

档中插入精美的封面，既实用也节省了设计的时间。例如，使用 Word 2016 封面库中的“积分”封面样式快速创建封面，具体操作方法如下。

同步文件

结果文件：结果文件\第 3 章\镜头里的秋天（插入封面）.docx
视频文件：视频文件\第 3 章\3-6-1.mp4

Step01: ❶单击“插入”选项卡；❷单击“页面”组中的“封面”下拉按钮；❸在弹出的下拉列表中选择“积分”样式，如下图所示。

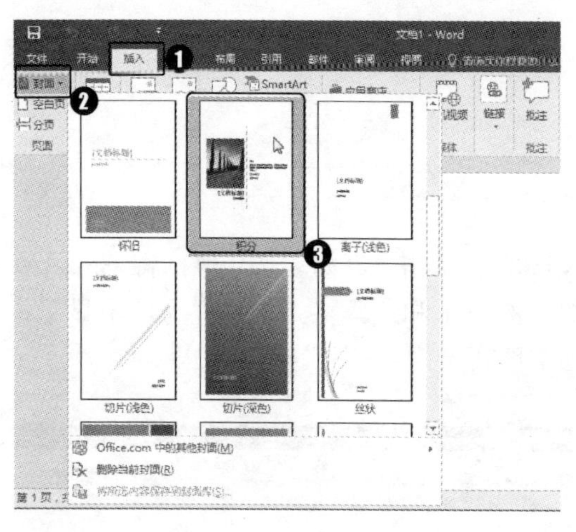

Step02: 返回文档即可看到在首页插入的封面效果，在封面中预置的文本框中输入相应的文字信息，并设置合适的格式，如下图所示。

Step03: ❶将光标定位至封面上方；❷单击“文本”组中的“艺术字”下拉按钮；❸在弹出的下拉列表中选择艺术字样式“填充-白色，轮廓-着色 2，清晰阴影-着色 2”，如下图所示。

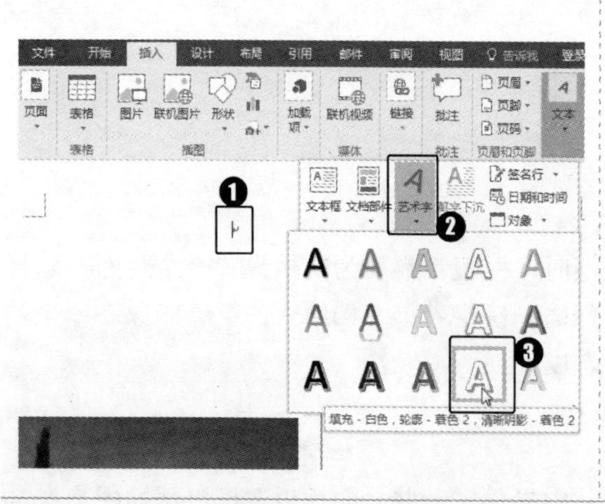

Step04: ❶输入标题；❷单击“绘图工具-格式”选项卡；❸在“艺术字样式”组中设置文本填充色为“金色，个性色 4，淡色 80%”，轮廓色为“金色，个性色 4，深色 25%”；❹单击“文字效果”下拉按钮；❺在弹出的下拉列表中选择“转换”命令；❻在子菜单中选择“左牛角形”，如下图所示。

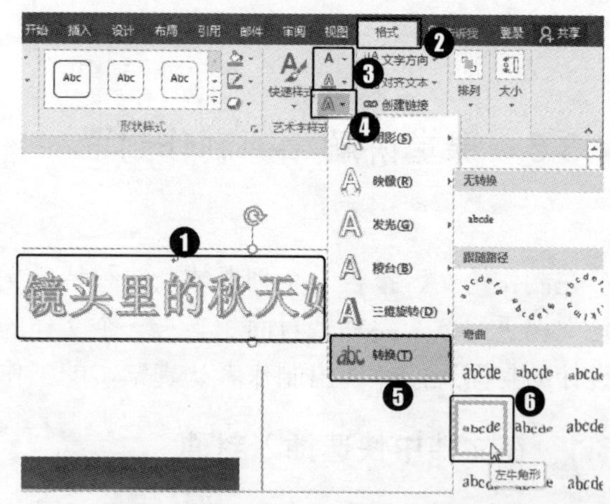

Step05: 此时，设置好的艺术字标题效果如右图所示。

专家点拨——修改封面

在插入封面库中的封面后，还可以根据需要自行调整与修改封面中的图片、形状、预置文本框内容。

3.6.2　将自制的封面添加到封面库

在 Word 2016 中使用各种图形工具制作出封面效果后，为了保留劳动成果，方便下次再利用，可以将制作好的封面添加到封面库中。具体操作方法如下。

同步文件

素材文件：素材文件\第 3 章\灯塔（自制封面）.docx
结果文件：结果文件\第 3 章\灯塔（自制封面）.docx
视频文件：视频文件\第 3 章\3-6-2.mp4

Step01: 打开自制的"灯塔.docx"封面文档，选择文档中的封面，❶单击"插入"选项卡；❷在"页面"组中单击"封面"下拉按钮；❸在弹出的下拉列表中选择"将所选内容保存到封面库"命令，如下图所示。

Step02: 打开"新建构建基块"对话框，❶在"名称"文本框中输入封面名称；❷单击"确定"按钮，如下图所示。

Step03: 此时，已将自制的封面添加到封面库中。再次单击“封面”下拉按钮，即可在“封面库”中查找到新建的封面，如右图所示。

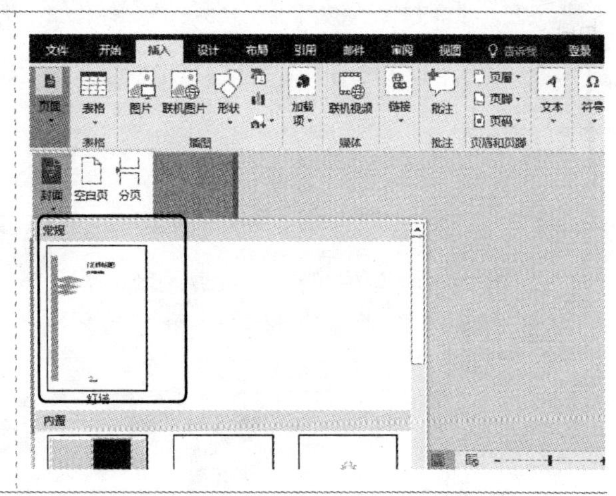

▷▷ 高手秘籍——实用操作技巧

通过对前面知识的学习，相信读者已经掌握了 Word 2016 图文混排的一些基本操作。下面结合本章内容介绍一些实用的操作技巧。

同步文件

视频文件：视频文件\第 3 章\高手秘籍.mp4

技巧 01 截取全屏图像

在 Word 排版过程中，有时候一篇文档的内容需要使用屏幕上显示的一些资料，这时候就需要运用截取全屏图像操作。具体操作方法如下。

Step01: 打开素材图片“格桑花 3.jpg”，按〈PrintScreen〉键，如右图所示。

Step02: 此时已经全屏截取图像，打开“截取全屏图像.docx”文档，将光标定位至图片插入点，按〈Ctrl+V〉组合键，即可将图像粘贴到文档中的插入点位置，如下图所示。

Step03: 对插入的全屏图像进行裁剪和更改环绕方式，设置后的效果如下图所示。

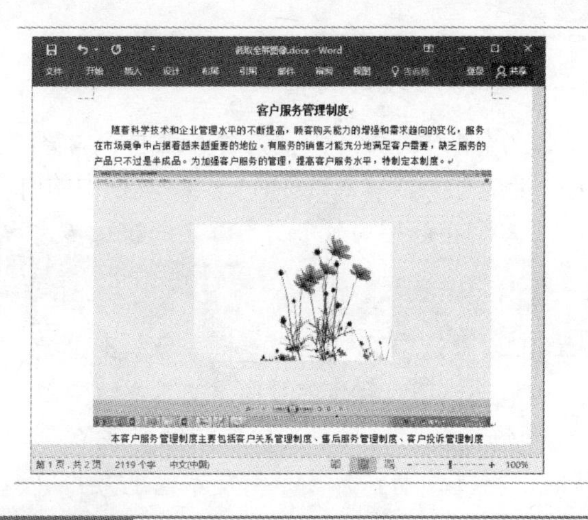

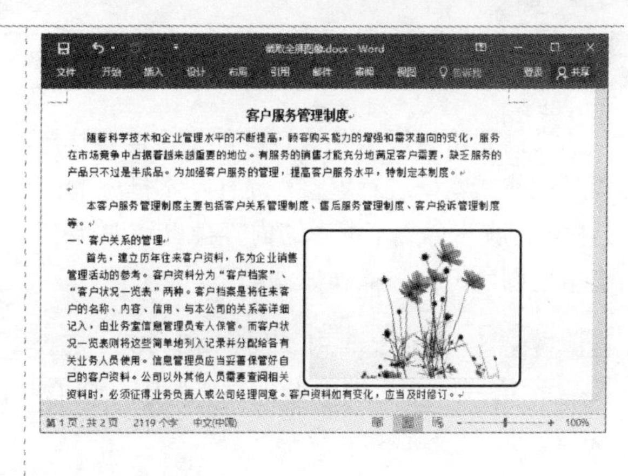

技巧 02　将文本转换为图片

用户在编辑文档的过程中，为了固定文档中部分内容的布局，可以将 Word 中的文字内容转变成图片格式。具体操作方法如下。

Step01: ❶选择需要转换成图形的文字；❷在“剪贴板”组中单击“剪切”按钮，如下图所示。

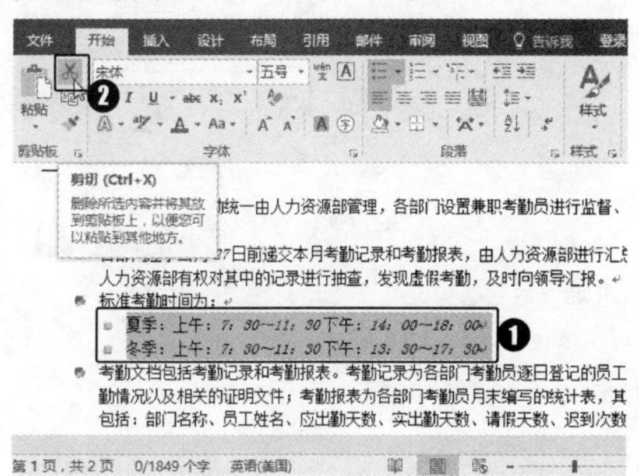

Step02: ❶在“剪贴板”组中单击“粘贴”下拉按钮；❷在弹出的下拉列表中选择“选择性粘贴”命令，如下图所示。

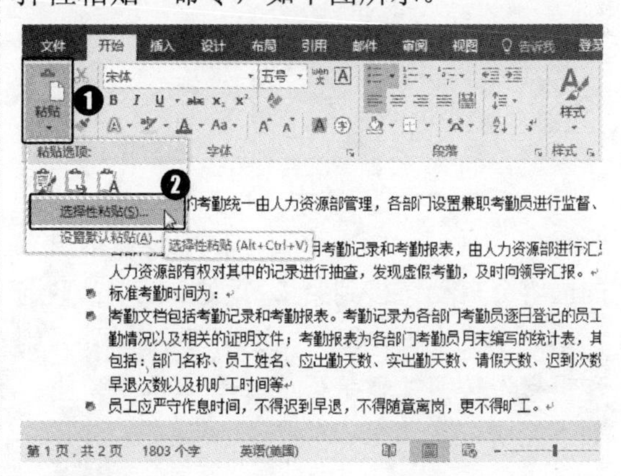

Step03: 打开“选择性粘贴”对话框，❶在“形式”列表框中选择“图片（增强型图元文件）”选项；❷单击“确定”按钮，如下图所示。

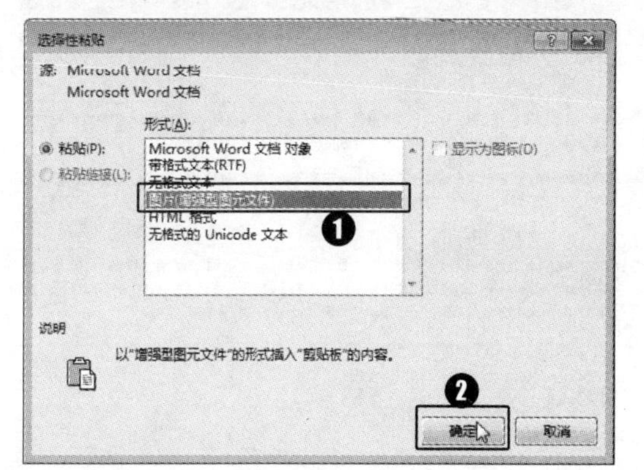

Step04: 此时，即可在文档光标所在位置处粘贴图片格式的文本，如下图所示。

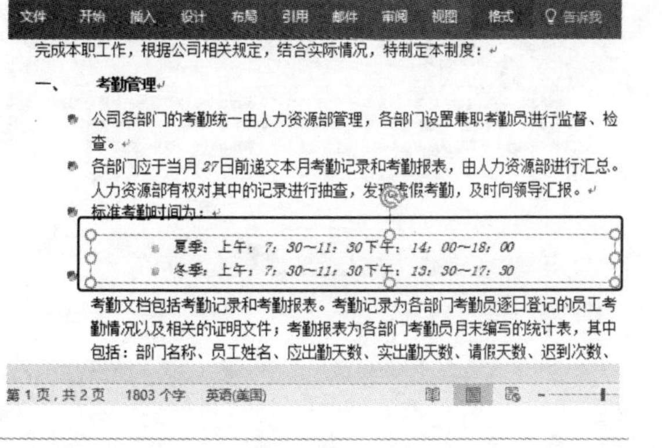

技巧 03 链接文本框中的内容

如果需要将一段或几段连续的文本内容排版在多个文本框中，为了方便内容的录入和调整，可以对这些文本框进行链接，这样文本框中的内容就会形成一个整体，当对前一个文本框中的内容排版时，后一个文本框中的内容会自动进行排列，即文本会在链接的多个文本框之间进行传递。为文本框创建链接的操作方法如下。

Step01: 选择文本框，再向下复制两个文本框，在第一个文本框中输入需要排版的所有内容，如下图所示。

Step02: ❶选中第 1 个文本框；❷单击“绘图工具-格式”选项卡；❸在“文本”组中单击“创建链接”按钮；❹当鼠标指针变成形状时，将其移动到第 2 个空文本框上方并单击，如下图所示。

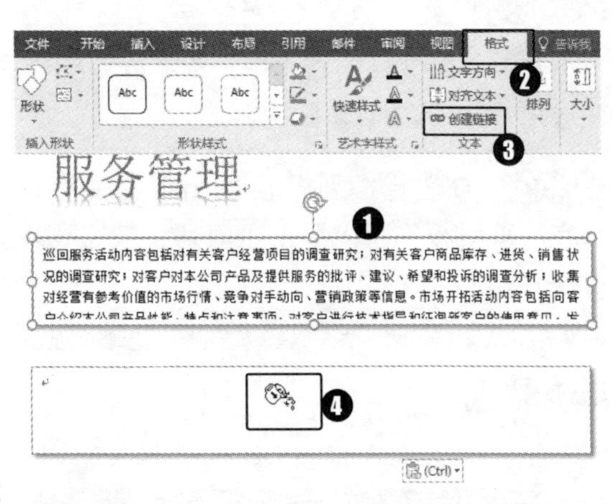

Step03: 此时，第 1 个文本框中没显示出来的内容会自动链接到第 2 个文本框中；❶选择第 2 个文本框；❷在“文本”组中单击“创建链接”按钮；❸在第 3 个文本框中单击，如下图所示。

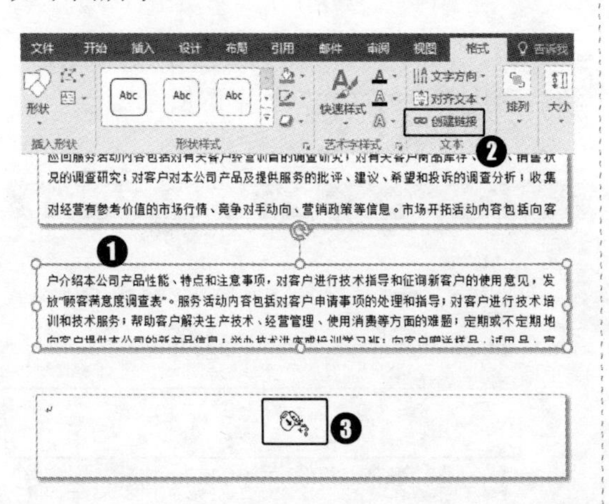

Step04: 此时将第 2 个文本框中的内容链接到第 3 个文本框中，如下图所示。

新手注意

在建立文本框链接时要注意以下几点。

- 要链接的文本框是空的，一个文本框只能有一个链接，且不能建立循环链接。
- 链接之后，后面的文本框不能直接输入文字，只能在前面的文本框输入满了之后，文字自动延伸到后面的文本框中。
- 如果文档篇幅较长，在建立文本框链接后，还可以利用右键快捷菜单中的“下一个文本框”和“前一个文本框”命令来快速切换。

技巧 04 调整对象层次顺序

在 Word 中插入的形状、图片等元素，在文档中可以层叠放置。因此，这些层叠的元素也就具有了层次关系，而在编辑和调整这些内容时，常常需要调整它们的层次顺序。具体操作方法如下。

Step01: 打开“调整对象层次顺序.docx”文件。❶在“开始”选项卡的“编辑”组中单击“选择”下拉按钮；❷在弹出的下拉列表中选择“选择对象”命令，如下图所示。

Step02: 此时，可拖动框选需要选择的对象，如下图所示。

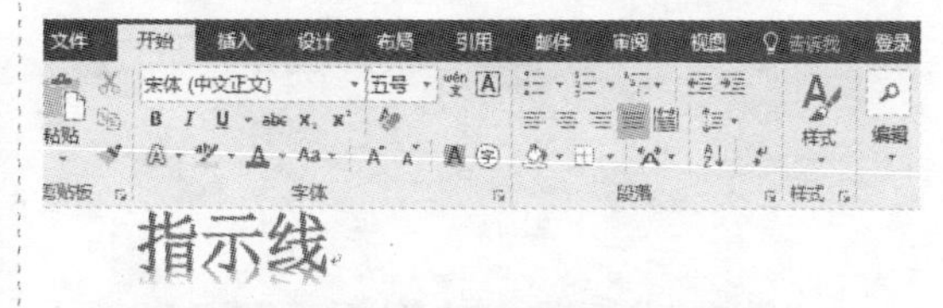

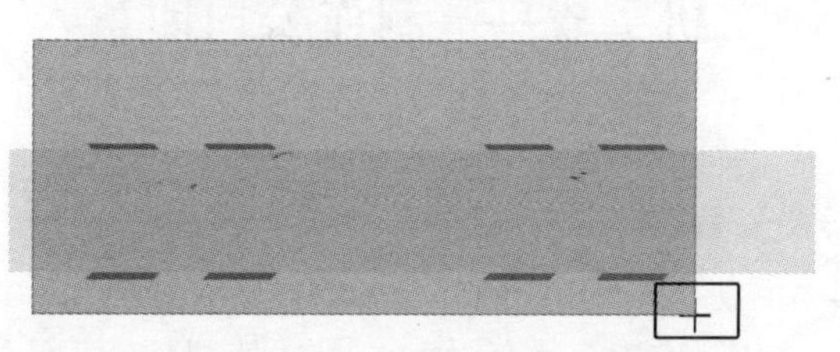

Step03: ❶单击“绘图工具-格式”选项卡；❷在“排列”组中单击“上移一层”下拉按钮；❸在弹出的下拉列表中选择“置于顶层”命令，如下图所示。

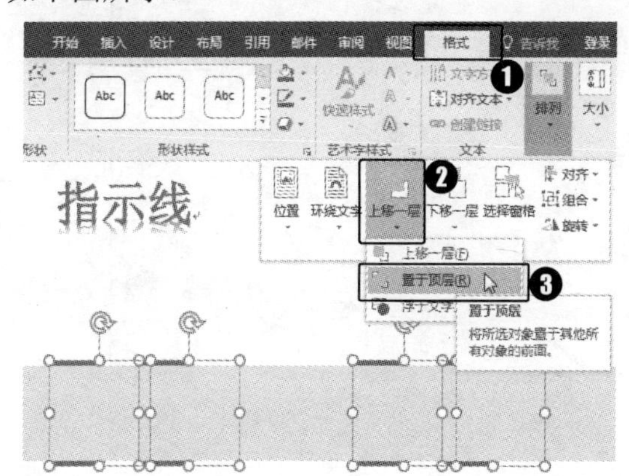

Step04: 此时，选中的所有图形将在最上方显示，如下图所示。

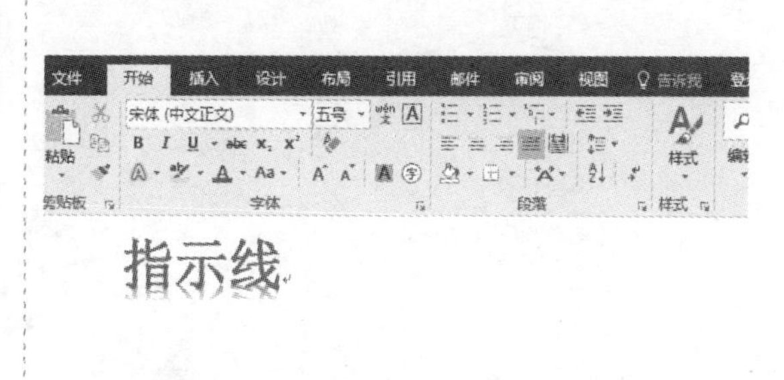

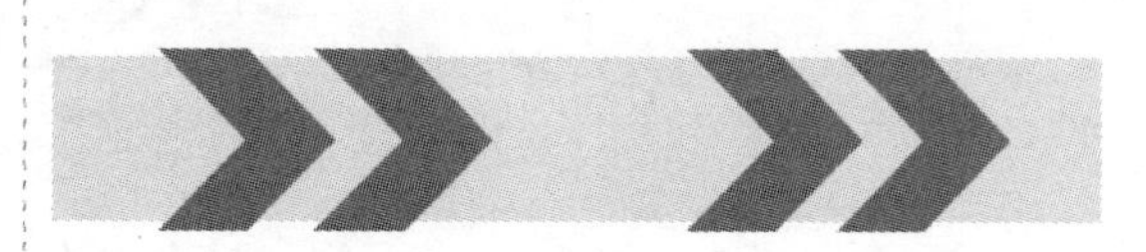

技巧 05 更改 SmartArt 图形的左右布局

SmartArt 图形制作完成后，可以通过单击“从右向左”或“从左向右”按钮，一键改变 SmartArt 图形的左右布局。具体操作方法如下。

Step01: ❶选中 SmartArt 图形；❷单击“SmartArt 工具-设计”选项卡；❸在“创建图形”组中单击“从右向左”按钮，如下图所示。

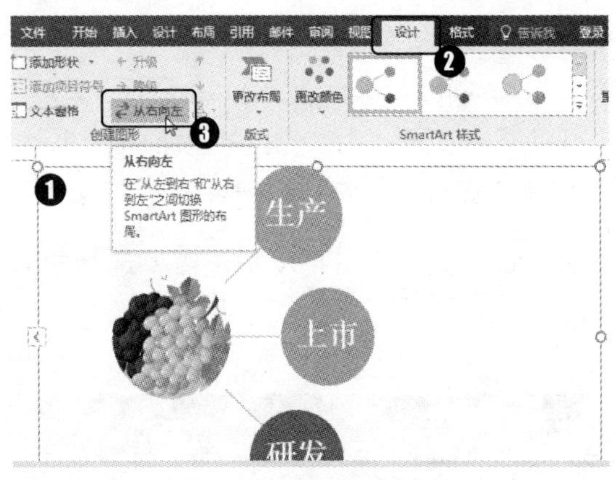

Step02: 此时，即可将原 SmartArt 图形的布局左右切换，如下图所示。

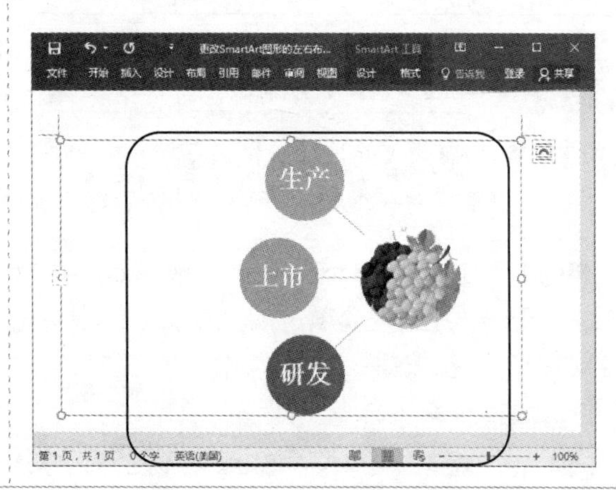

▷▷ 上机实战——制作公司印章

>> 上机介绍

Word 2016 具有强大的图文处理功能，下面讲解通过 Word 中提供的图形与艺术字功能制作公司印章图案的方法。最终效果如下图所示。

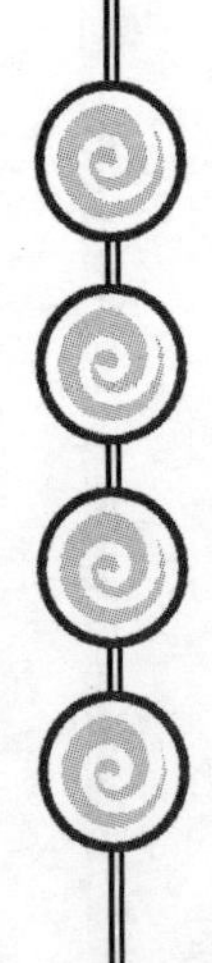

同步文件

结果文件：结果文件\第 3 章\公司印章.docx
视频文件：视频文件\第 3 章\上机实战.mp4

步骤详解

本实例的具体操作步骤如下。

Step01: 新建空白文档，❶单击“插入”选项卡；❷在“插图”组中单击“形状”下拉按钮；❸在弹出的下拉列表中选择“椭圆”，如下图所示。

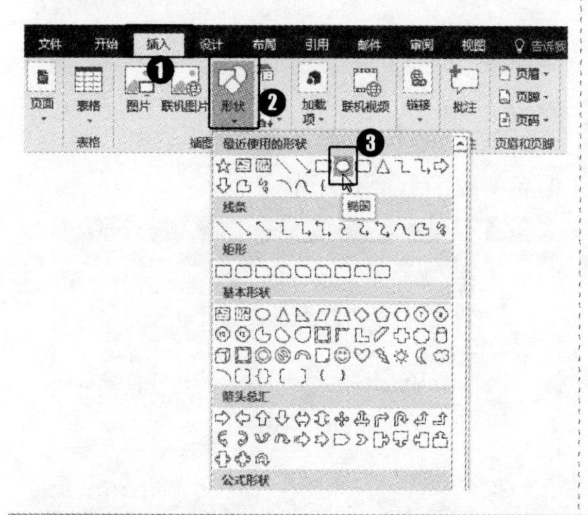

Step02: 按住〈Shift〉键，拖动绘制一个正圆，❶单击“绘图工具-格式”选项卡；❷在“形状样式”组中设置“形状填充”为“无填充颜色”；❸设置“形状轮廓”为“红色”；❹设置“粗细”为“1.5 磅”，如下图所示。

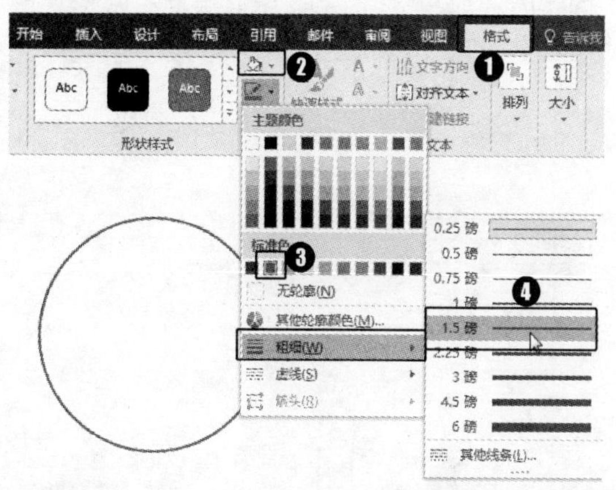

Step03: 使用相同的方法再绘制一个五角星，并设置形状填充为“红色”，形状轮廓为“无轮廓”，❶按住〈Ctrl〉键，选中绘制的圆形和五角星；❷在“格式”选项卡的“排列”组中单击“对齐”下拉按钮；❸在弹出的下拉列表中选择“水平居中”命令，如下图所示。

Step04: 此时，选中的两个图形即水平居中对齐，再次单击“对齐”下拉按钮，选择“垂直居中”命令，让两个图形垂直居中对齐。❶单击“插入”选项卡；❷在“文本”组中单击“艺术字”下拉按钮；❸选择艺术字样式“填充-蓝色，着色 1，阴影”，如下图所示。

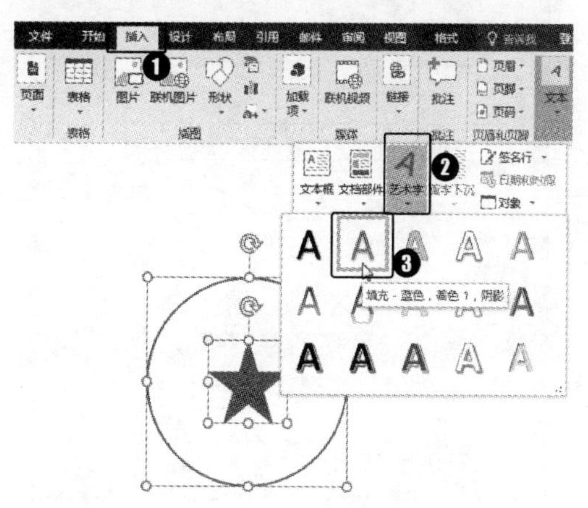

Step05: ❶输入并选择艺术字内容；❷在“字体”组中设置字体格式为“黑体，小初，红色”，如下图所示。

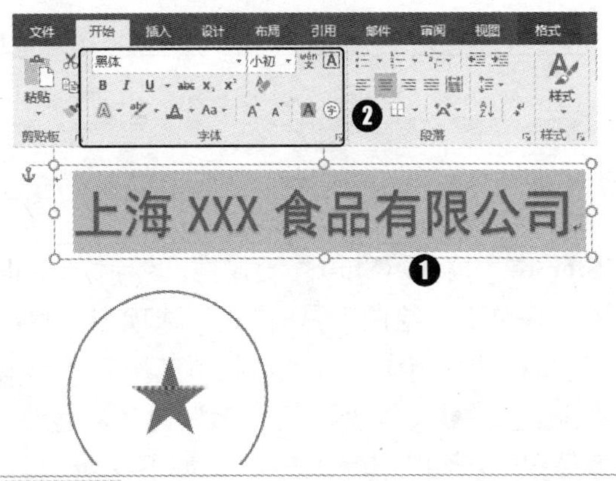

Step06: 选中艺术字所在文本框，❶单击“格式”选项卡；❷在“艺术字样式”组中单击“文字效果”下拉按钮；❸指向“转换”命令；❹在子菜单中选择“上弯弧”命令，如下图所示。

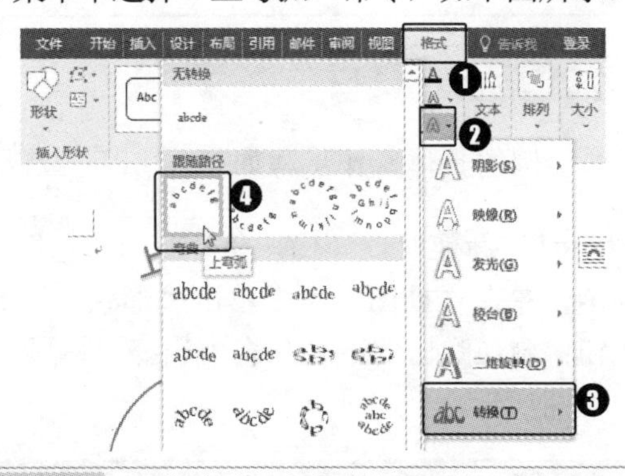

Step07: 拖动艺术字的8个端点，调整弧度和艺术字大小，如下图所示。

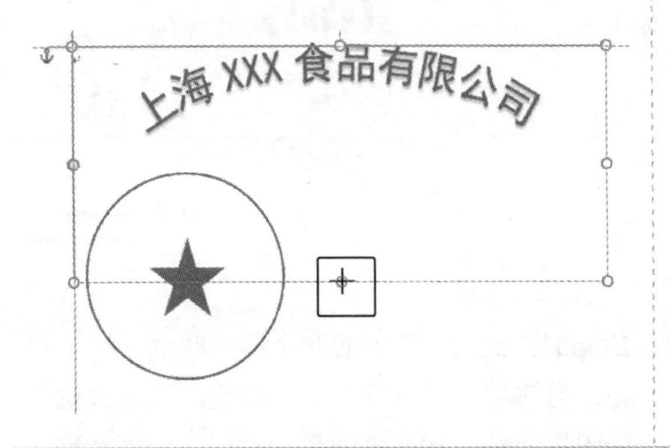

Step08: 将艺术字和图形进行匹配调整。❶再次插入公章编号艺术字；❷设置字体格式为“黑体，小三，红色”；❸在“字体”组中单击对话框启动按钮，如下图所示。

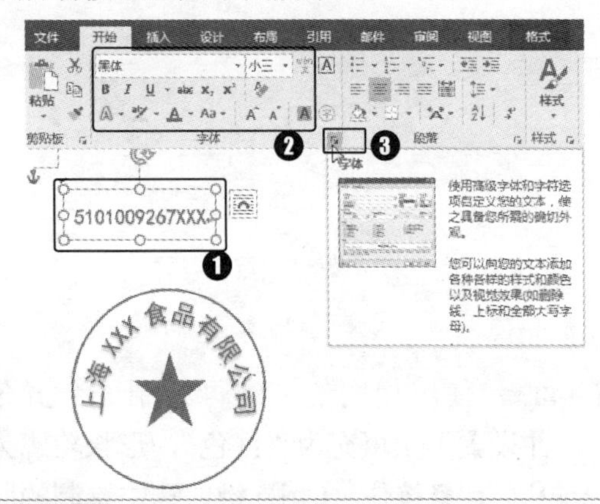

Step09: 打开“字体”对话框，❶单击“高级”选项卡；❷设置“间距”为“加宽，1.8磅”；❸单击“确定”按钮，如下图所示。

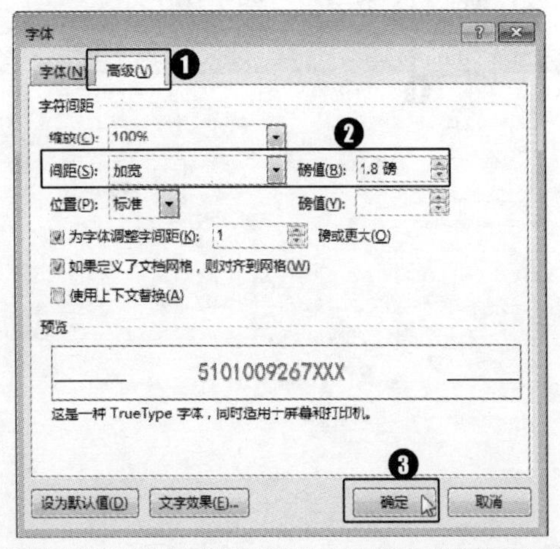

Step10: ❶单击“绘图工具-格式”选项卡；❷在“艺术字样式”组中单击“文字效果”下拉按钮；❸指向“转换”命令；❹在子菜单中选择“下弯弧”命令，如下图所示。

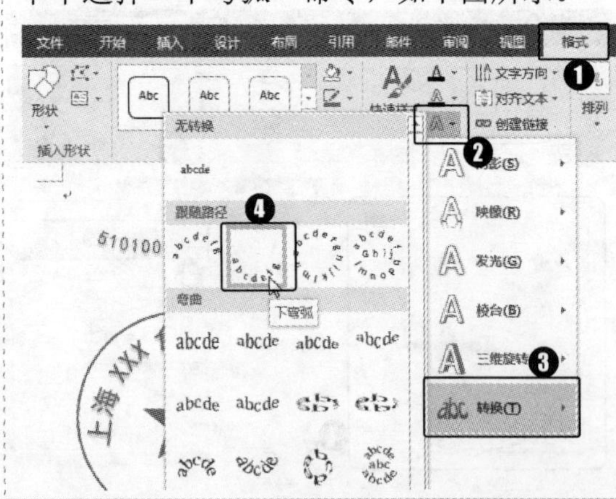

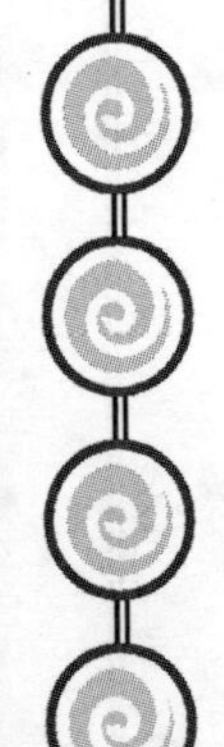

Step11: 拖动艺术字的8个端点，调整弧度和艺术字大小，然后将其和图形进行组合，如右图所示。

Step12: ❶按住〈Shift〉键，选择组成公章的所有图形；❷单击“格式”选项卡；❸在“排列”组中单击“组合”下拉按钮；❹在弹出的下拉列表中选择“组合”命令，即可将选中的所有图形组合为一个图形，如右图所示。

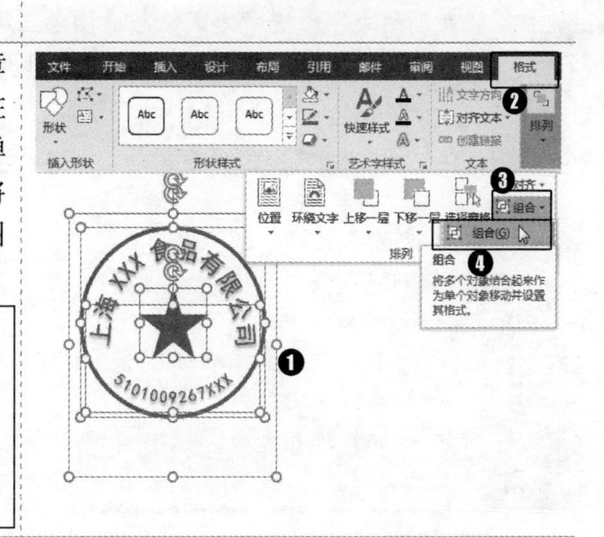

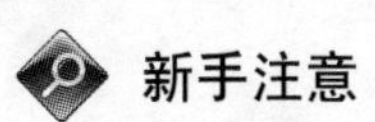

新手注意

要将组合的图形分解为独立的图形，可以再次单击“组合”下拉按钮，在弹出的下拉列表中选择“取消组合”命令。

▷▷ 本章小结

本章重点讲解了Word 2016中形状、图片、艺术字、文本框等元素的应用，包括这些元素的调整及样式设置方法。在文档中运用图片、形状、艺术字可以使文档内容更丰富、美观，更具有可读性，读者应当熟练掌握。

第 4 章　在 Word 2016 中创建与编辑表格

本章导读

表格用于将文字信息进行归纳和整理，通过条理化的方式呈现给读者，相比大篇的文字，这种方式更易被读者理解。本章将讲解如何在文档中创建并美化表格，以及对表格中的数据进行简单计算和排序。

知识要点

- 创建表格
- 编辑表格
- 美化表格
- 对表格中的数据进行排序
- 对表格中的数据进行计算
- 绘制斜线表头

效果展示

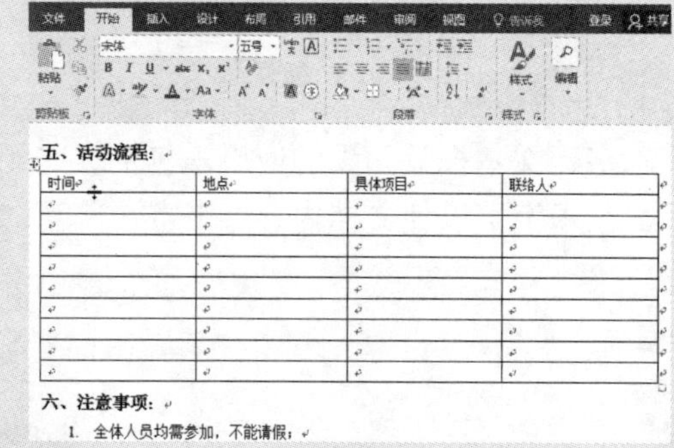

设备检查表

单位：　　　　填写日期：

设备编号		设备名称		型号规格	
制造厂名		出厂日期		出厂编号	
所属车间		班组		操作者	
批次		检查内容		存在问题	
第一批	1	机床精度，性能是否满足生产工艺要求			
	2	各传动系统是否运转正常，变速是否齐全			
	3	各操作系统动作是否灵敏可靠			
第二批	1	润滑系统装备是否齐全、管道是否完整			
	2	电器系统装备是否齐全、管道是否完整			
	3	各滑动部位运转正常、有无严重拉、磁伤			
	4	机床是否内外清洁、有无油垢、锈蚀			
检查组意见				签名	

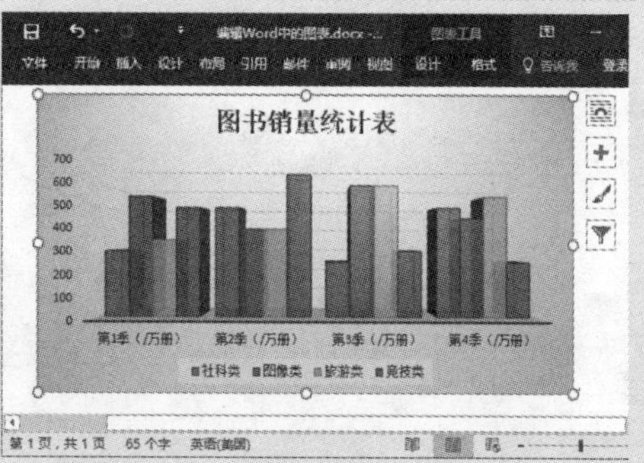

▷▷4.1　课堂讲解——创建表格

Word 2016 为用户提供了较为强大的表格处理功能，可以方便地在文档中创建表格。创建表格常用的方法有 3 种，分别是使用虚拟表格快速插入最多 10 列 8 行的表格；使用“插入表格”对话框插入指定行列数的表格；手动绘制表格。每种方法都有各自的优点，用户可以根据需要使用适当的方法。

4.1.1　在虚拟表格中拖动创建表格

如果要创建的表格行与列很规则，而且在 10 列 8 行以内，就可以使用虚拟表格来创建。例如，要插入一个 6 列 4 行的表格，具体操作方法如下。

同步文件

视频文件：视频文件\第 4 章\4-1-1.mp4

Step01: ❶将文本插入点定位至文档中要插入表格的位置；❷单击“插入”选项卡；❸在“表格”组中单击“表格”下拉按钮；❹在虚拟表格内拖动选择所需的行数和列数，如下图所示。

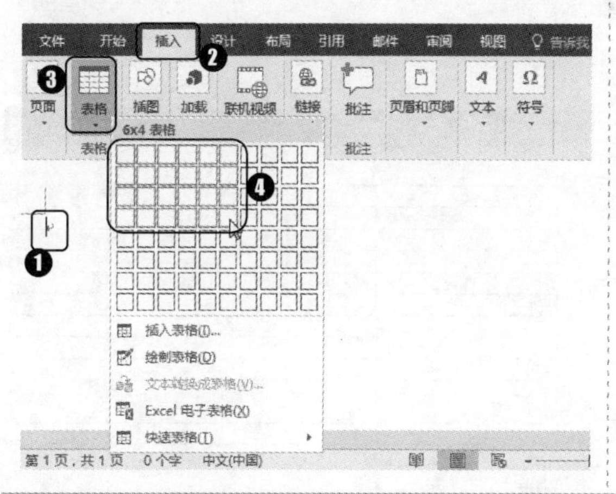

Step02: 释放鼠标左键后即可在文档中插入与在虚拟表格中拖动选择的行列数相同的表格，效果如下图所示。

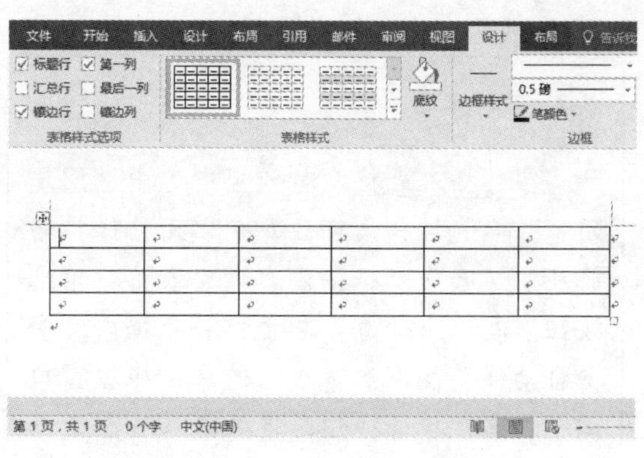

新手注意

表格是由多个矩形小方框按行和列的方式组合而成的，这些小方框即是单元格，主要用于将数据以一组或多组的方式直观地表现出来，方便用户对数据进行比较和管理。在单元格中不但可以输入文本、数字，还可以插入图片。

4.1.2　指定行列数创建表格

通过在虚拟表格中拖动的方法创建表格虽然很方便，但所创建表格的列数和行数都受到限

制。当需要插入更多行数或列数的表格时，就需要通过“插入表格”对话框来完成了。例如，创建一个 12 行 6 列的表格，具体操作方法如下。

同步文件

视频文件：视频文件\第 4 章\4-1-2.mp4

Step01: ❶将文本插入点定位至文档中要插入表格的位置；❷单击“插入”选项卡；❸在“表格”组中单击“表格”下拉按钮；❹在弹出的下拉列表中选择“插入表格”命令，如下图所示。

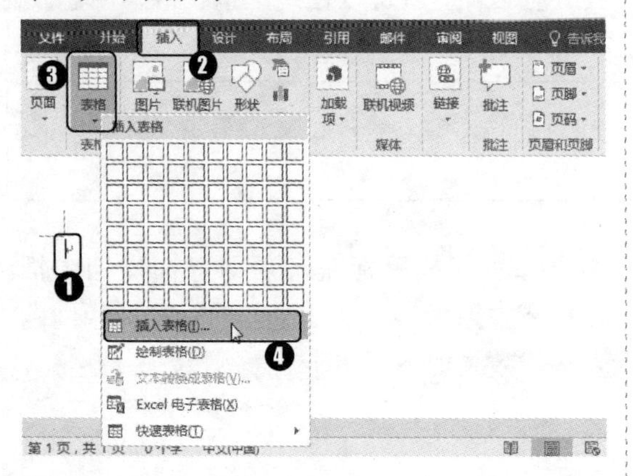

Step02: 打开“插入表格”对话框，❶在“列数”数值框中输入“6”；❷在“行数”数值框中输入“12”；❸单击“确定”按钮，如下图所示。

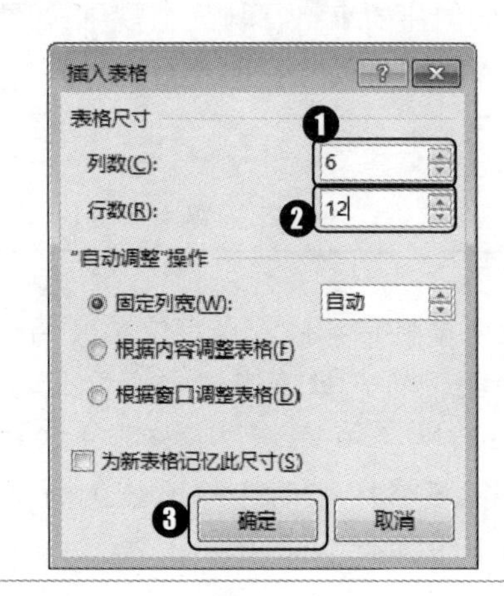

Step03: 此时，就会在 Word 文档中插入对应行列数的表格，如右图所示。

新手注意

在“插入表格”对话框中选中“固定列宽”单选按钮，可让每个单元格保持当前尺寸；选中“根据内容调整表格”单选按钮，表格中的每个单元格将根据内容多少自动调整高度和宽度；选中“根据窗口调整表格”单选按钮，将根据 Word 页面的大小而自动调整表格大小。

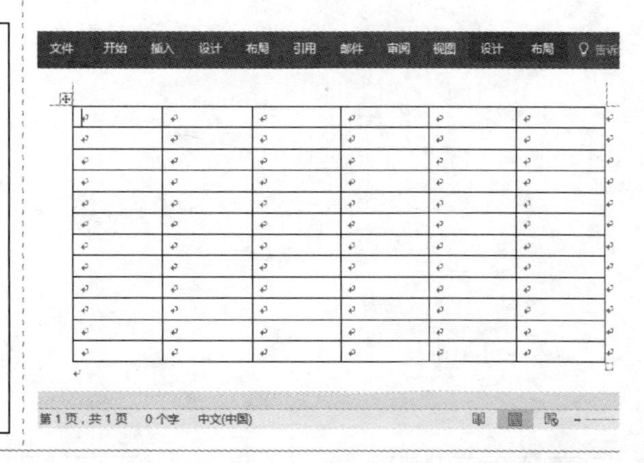

4.1.3 手动绘制表格

手动绘制表格是指用画笔工具绘制表格边线的方式创建表格，可以很方便地绘制出一些不规则表格，也可绘制一些带有斜线的表格。具体操作方法如下。

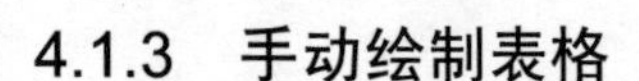

同步文件

视频文件：视频文件\第 4 章\4-1-3.mp4

Step01: ❶将文本插入点定位至文档中要插入表格的位置；❷单击“插入”选项卡中“表格”组中的“表格”下拉按钮；❸在弹出的下拉列表中选择“绘制表格”命令，如下图所示。

Step02: 此时，鼠标指针会变成✎形状，按住鼠标左键不放并拖动，即可出现一个虚线框，该虚线框就是表格的外边框，如下图所示。直到绘制出需要大小的表格释放鼠标左键即可。

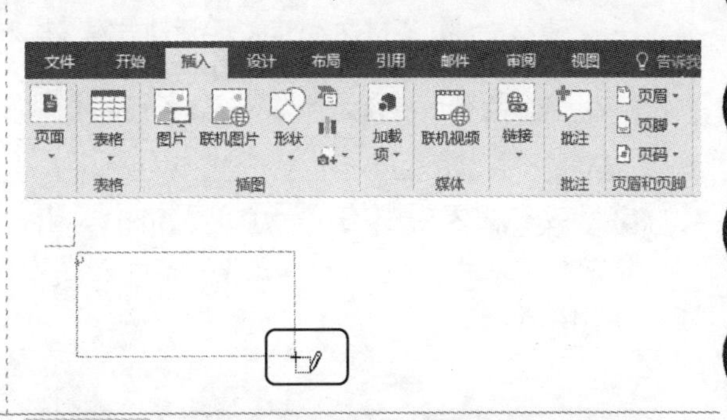

Step03: 在绘制好的表格外边框内横向拖动绘制出表格的行分隔线，如下图所示。

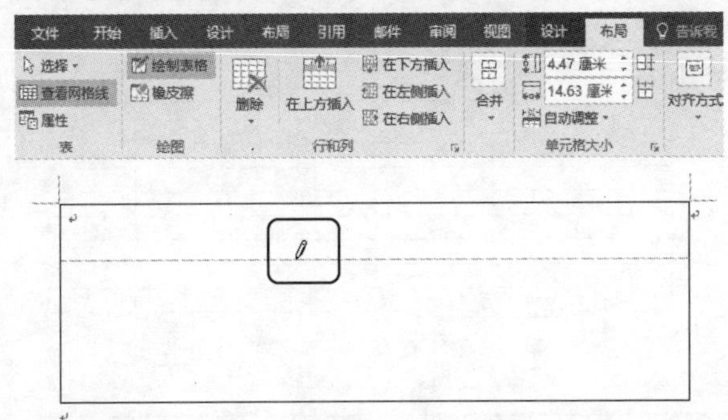

Step04: 在表格外边框内竖向拖动绘制出表格的列分隔线，如下图所示。

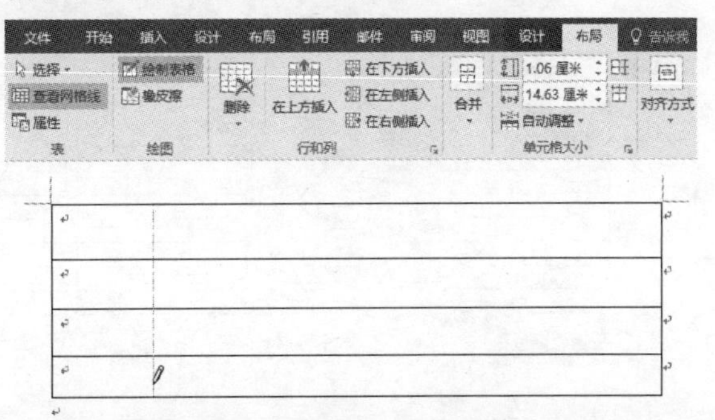

Step05: ❶将鼠标指针移动到第一个单元格内，并向右下侧拖动绘制出一条斜线；❷将表格中的所有线条绘制完成后，在“布局”选项卡的“绘图”组中单击“绘制表格”按钮，取消该按钮的选中状态，即可退出绘制表格状态，或按〈Esc〉键退出，如右图所示。

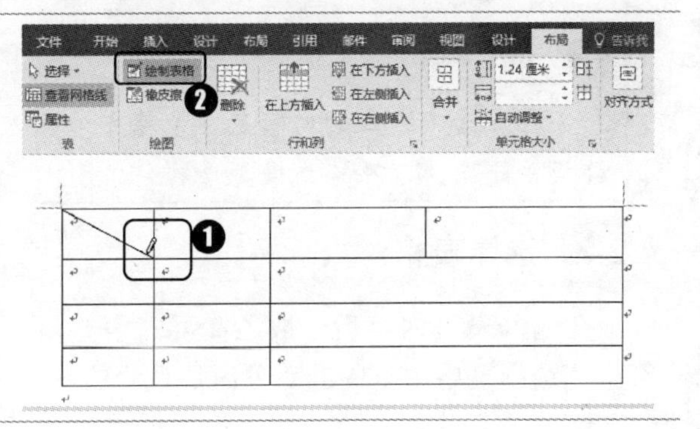

▷▷ 4.2 课堂讲解——编辑表格

创建表格框架后，就可以在其中输入内容了。在为表格添加内容时，很可能会由于内容的编排需要对表格中的单元格进行组合和拆分，也就是对表格进行编辑操作。常用的编辑操作包括调整行高与列宽、添加/删除表格对象、拆分/合并单元格等。

4.2.1 输入表格内容

输入表格内容的方法与直接在文档中输入内容的方法相似，只需将文本插入点定位至不同的单元格内，再进行输入即可。例如，在“活动方案”文档的表格中输入内容，具体操作方法如下。

同步文件

素材文件：素材文件\第 4 章\活动方案（输入内容）.docx
结果文件：结果文件\第 4 章\活动方案（输入内容）.docx
视频文件：视频文件\第 4 章\4-2-1.mp4

Step01: 在表格中的第一个单元格中单击，将文本插入点定位至该单元格中，输入文本，如下图所示。

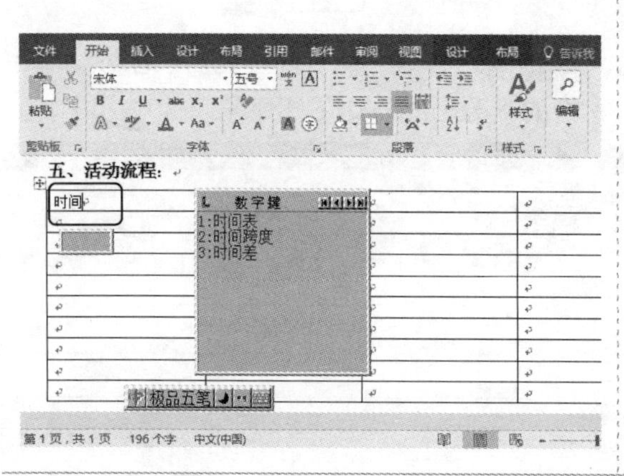

Step02: 将文本插入点定位至第 2 个单元格中，输入文本。使用相同的方法依次输入第一行其他单元格的内容，如下图所示。

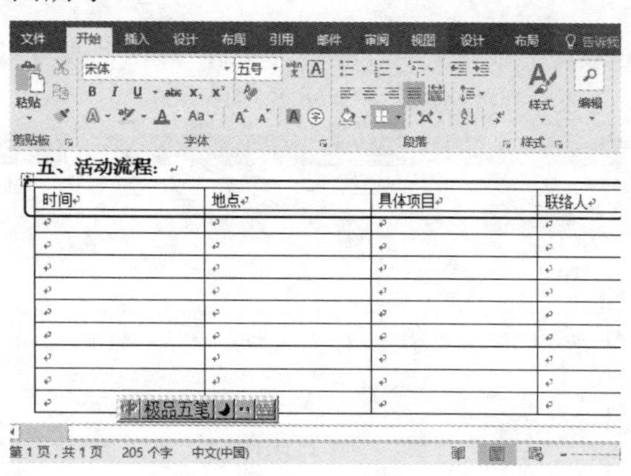

新手注意

在表格中输入的内容与在表格之外输入的内容属性一样，可以进行复制、移动、查找、替换、删除，以及格式设置等操作。

4.2.2 选择表格对象

在输入表格内容后一般还需要对表格进行编辑，而编辑表格时常常需要先选择编辑的对象。在选择表格中不同的对象时，选择方法也不相同，一般有如下几种情况。

- 选择单个单元格：将鼠标指针移动至表格中单元格的左侧表格线上，待指针变为↗形状时单击，即可选择该单元格，效果如左下图所示。
- 选择连续的单元格：将文本插入点定位至要选择的连续单元格区域的第一个单元格中，按住鼠标左键不放并拖动至要选择连续单元格的最后一个单元格；或将文本插入点定位至要选择的连续单元格区域的第一个单元格中，按住〈Shift〉键的同时单击连续单元格的最后一个单元格，即可选择连续的单元格，效果如中下图所示。
- 选择不连续的单元格：按住〈Ctrl〉键的同时，依次选择需要的单元格，即可选择不连续的单元格，效果如右下图所示。

时间	地点	人物	事件

时间	地点	人物	事件

时间	地点	人物	事件

- 选择行：将鼠标指针移动至表格边框左侧表格线的附近，待指针变为↗形状时单击，即可选择该行，效果如左下图所示。
- 选择列：将鼠标指针移至表格边框的上端表格线上，待指针变为⬇形状时单击，即可选择该列，效果如中下图所示。
- 选择整个表格：将鼠标指针移动至表格内，表格的左上角将出现⊞图标，右下角将出现□图标，单击这两个图标中的任意一个，即可快速选择整个表格，效果如右下图所示。

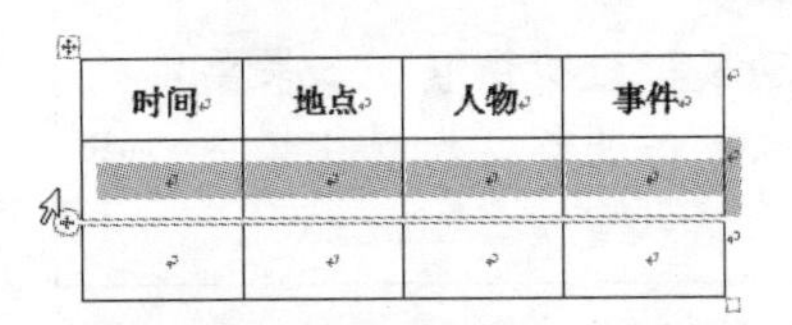

时间	地点	人物	事件

时间	地点	人物	事件

时间	地点	人物	事件

新手注意

按键盘上的方向键可以快速选择当前单元格上、下、左、右方的一个单元格。单击“表格工具-布局”选项卡中“表”组中的“选择”按钮，在弹出的下拉列表中选择相应的命令也可完成对行、列、单元格及表格的选择。

4.2.3　调整行高与列宽

默认情况下，在表格中输入的内容超过了单元格的宽度，此时表格宽度不变，会自动调整单元格的高度，将内容换行显示。所以，当表格的行高或列宽不能满足用户的需要时，只能自行进行调整。

同步文件

素材文件：素材文件\第 4 章\活动方案（调整行高与列宽）.docx
结果文件：结果文件\第 4 章\活动方案（调整行高与列宽）.docx
视频文件：视频文件\第 4 章\4-2-3.mp4

1．手动调整单元格大小

要单独调整表格中某行的高度或某列的宽度时，最简单的方法就是拖动调整。当鼠标指针移动至表格中的横向表格线时，指针会变为÷形状；当将鼠标指针移动至表格中的纵向表格线时，指针会变为+||+形状。此时按住鼠标左键并拖动即可改变表格的行高和列宽。例如，调整“活动方案”文档中表格标题行的行高，具体操作方法如下。

Step01: 将鼠标指针移动至需要调整的行表格线上，当指针变为÷形状时，按住鼠标左键不放向下拖动，如下图所示。

Step02: 拖动至合适高度后释放鼠标左键，即可增大标题行的行高，如下图所示。

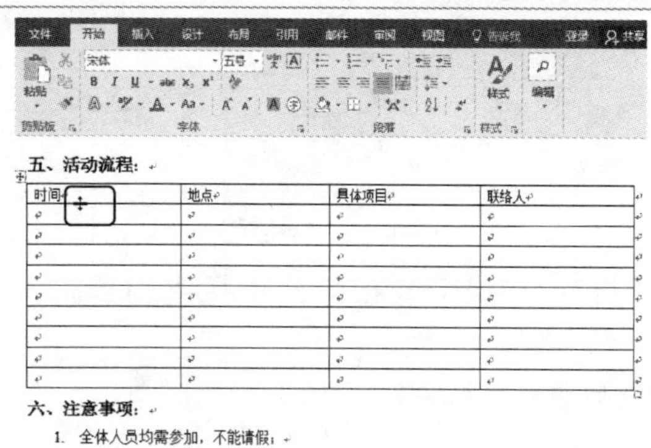

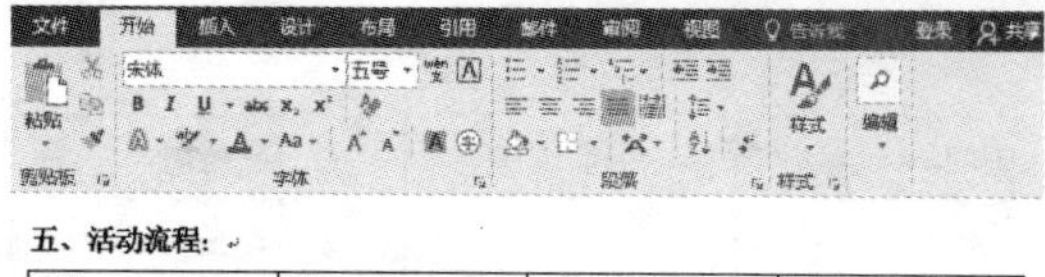

新手注意

若要微调表格行高与列宽，可在按住〈Alt〉键的同时拖动鼠标进行调整。如果要单独调整某一个单元格的大小，可以先选择该单元格，再拖动鼠标进行调整，这样就不会影响其他单元格的大小。

2. 指定单元格大小

通过拖动鼠标来调整单元格大小并不精确。如果需要精确设置单元格的大小，可以通过指定具体值的方法进行调整。例如，为“活动方案”文档中填写数据的单元格指定行高值，具体操作如下。

Step01: ❶选中需要调整的所有行；❷单击“布局”选项卡；❸在“单元格大小”组中单击“行高”数值框右侧的微调按钮，如下图所示。

Step02: 用户可以根据需要一次或多次单击“行高”数值框右侧的微调按钮，如下图所示。

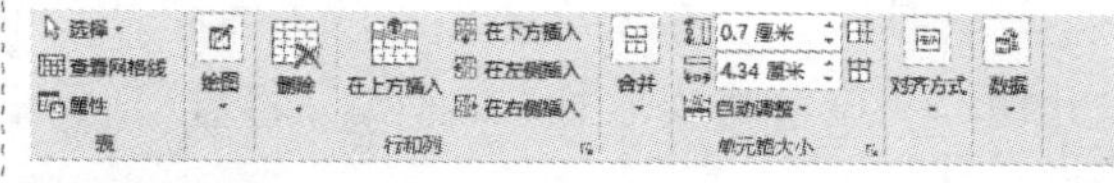

专家点拨——调整表格大小

在调整表格大小时，可以根据内容或窗口大小来自动调整表格大小。选择整个表格，单击“布局”选项卡，在“单元格大小”组中单击“自动调整”下拉按钮，在弹出的下拉列表中选择“根据窗口自动调整表格”命令，即可将表格宽度调整为与文档页面宽度一致，并适当调整各列的宽度。

将鼠标指针移动至表格右下角的缩放标记□上，当其变为↘形状时按住鼠标左键并拖动即可调整整个表格的大小。

4.2.4　添加与删除表格对象

很多时候在制作表格时，并不能一次性将表格的行、列及单元格数量创建到位，用户可能还需要根据实际情况对表格对象进行调整。例如，添加行、列或单独某个单元格，或者是删除行、列或某个单元格。

同步文件

素材文件：素材文件\第 4 章\活动方案（添加与删除表格对象）.docx
结果文件：结果文件\第 4 章\活动方案（添加与删除表格对象）.docx
视频文件：视频文件\第 4 章\4-2-4.mp4

1．插入表格对象

在编辑表格的过程中，有时可能因为表格制作前期考虑不周，或因为各种原因输漏了数据，需要重新调整表格的行/列数。此时，可根据情况使用插入行/列的方法使表格内容满足需求。例如，对“活动方案”文档中的表格进行行列调整，具体操作方法如下。

Step01: ❶选中表格中的第一列；❷单击“布局”选项卡；❸在“行和列”组中单击“在右侧插入”按钮，如下图所示。

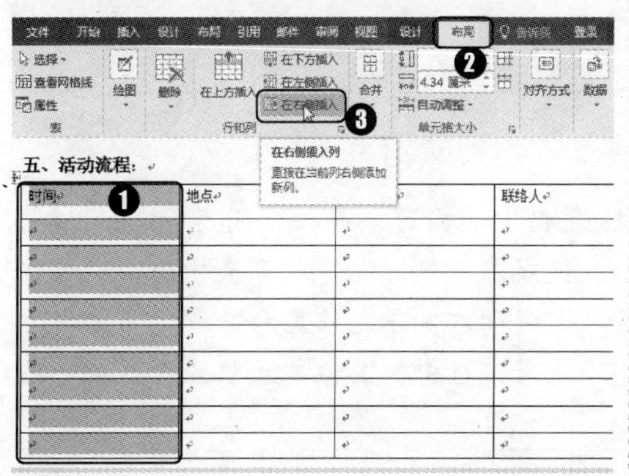

Step02: 此时，即可在所选列的右侧插入一个空白列，❶继续选中最后一列；❷单击“在右侧插入”按钮，如下图所示。

Step03: 在插入的空白列中输入相应的文本，效果如右图所示。

专家点拨——插入行/列的其他方法

插入行：将鼠标指针移动至要添加行上方的行边框线的左侧，单击显示出的⊕按钮，即可在所选边框线的下方插入一行空白行。

插入列：将鼠标指针移动至要插入列的左侧边框线上，单击显示出的⊕按钮，即可在所选边框线的右侧插入一列空白列。

2. 删除表格对象

在编辑表格时，如果需要在删除单元格内容的同时删除相应的单元格，可以使用删除表格对象的功能直接删除相应对象。例如，删除“活动方案”文档中表格的第二行，具体操作方法如下。

Step01: ❶选中需要删除的第二行或将光标定位至第二行任一单元格中；❷单击“布局”选项卡；❸在“行和列”组中单击“删除”下拉按钮；❹在弹出的下拉列表中选择“删除行”命令，如下图所示。

Step02: 此时，即可将选择的行删除，下方行自动上移，效果如下图所示。

新手注意

在编辑表格内容时，按〈Delete〉键将只删除表格中的内容；而按〈Backspace〉键将删除单元格本身。选择单元格后，按〈Backspace〉键或在“删除”下拉列表中选择“删除单元格”命令，都将弹出“删除单元格”对话框，选中“右侧单元格左移”或“下方单元格上移”单选按钮，将在删除所选单元格的同时，使同一行中的其他单元格左移或同一列中的其他单元格上移。

4.2.5 合并与拆分单元格

在表现某些数据时，为了让表格更符合需求以及效果更美观，有时需要对单元格进行合并或拆分操作。例如，将“活动方案”文档中表格的多个单元格合并，具体操作方法如下。

同步文件

素材文件：素材文件\第 4 章\活动方案（合并与拆分单元格）.docx
结果文件：结果文件\第 4 章\活动方案（合并与拆分单元格）.docx
视频文件：视频文件\第 4 章\4-2-5.mp4

Step01: ❶选择需要合并的单元格；❷单击“布局”选项卡中“合并”组中的“合并单元格”按钮，如下图所示。

Step02: 此时即将选择的两个单元格合并为一个单元格；❶继续选择需要合并的多个连续单元格；❷单击“合并单元格”按钮，如下图所示。

Step03: 使用相同的方法继续合并相关单元格，并适当调整列宽，如右图所示。

五、活动流程：

时间		地点	具体项目	联络人	备注

六、注意事项：

专家点拨——拆分单元格

选择需要拆分的单元格，在“合并”组中单击“拆分单元格”按钮，弹出“拆分单元格”对话框，先取消勾选“拆分前合并单元格”复选框，在“列数”数值框中设置要拆分的列数，单击“确定”按钮即可。

▷▷ 4.3 课堂讲解——美化表格

为了创建出更专业的表格，需要对创建的表格进行一些格式上的设置，包括表格中的文本对齐方式、文字方向、表格的边框和底纹效果，以及表格样式的设置等内容。

4.3.1 设置文字方向

默认情况下，单元格中的文字内容都是横向排列的。有时为了配合单元格的排列方向，使表格看起来更美观，需要设置文字在表格中的排列方向为纵向。例如，将“设备检查表”文档中的部分单元格文字设置为纵向，具体操作方法如下。

同步文件

素材文件：素材文件\第 4 章\设备检查表（设置文字方向）.docx
结果文件：结果文件\第 4 章\设备检查表（设置文字方向）.docx
视频文件：视频文件\第 4 章\4-3-1.mp4

Step01: ❶选择要设置文字方向的一个或多个单元格；❷单击“表格工具-布局”选项卡；❸在“对齐方式”组中单击“文字方向”按钮，如下图所示。

Step02: 此时即将所选单元格中的文字方向调整为纵向排列，如下图所示。

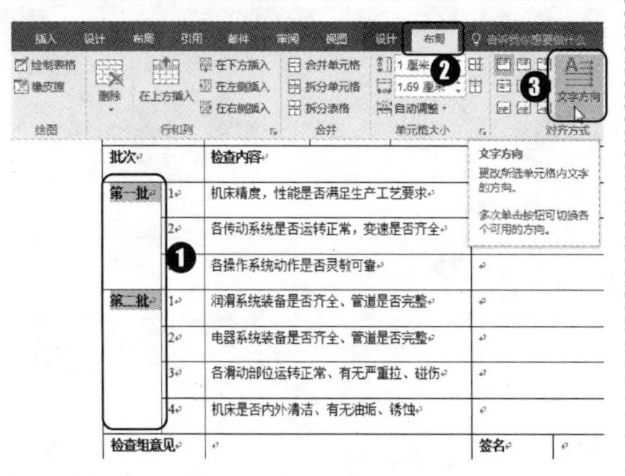

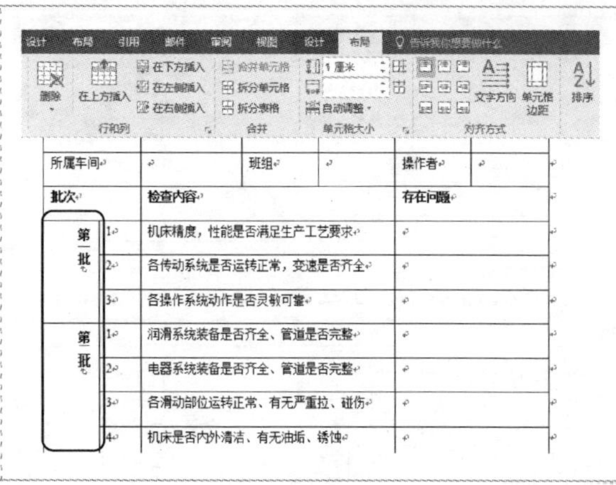

4.3.2 设置表格中文本对齐方式

表格中文本的对齐方式是指文本在单元格中的垂直与水平对齐方式，用户可以根据自己的需要进行设置。例如，要为“设备检查表”文档中的单元格设置合适的文本对齐方式，具体操作方法如下。

同步文件

素材文件：素材文件\第 4 章\设备检查表（设置文本对齐方式）.docx
结果文件：结果文件\第 4 章\设备检查表（设置文本对齐方式）.docx
视频文件：视频文件\第 4 章\4-3-2.mp4

Step01: ❶选择表格的前 3 行单元格；❷单击“表格工具-布局”选项卡；❸在“对齐方式”组中单击“中部两端对齐”按钮，即可将所选单元格的对齐方式设置为垂直居中，靠单元格左侧对齐，如下图所示。

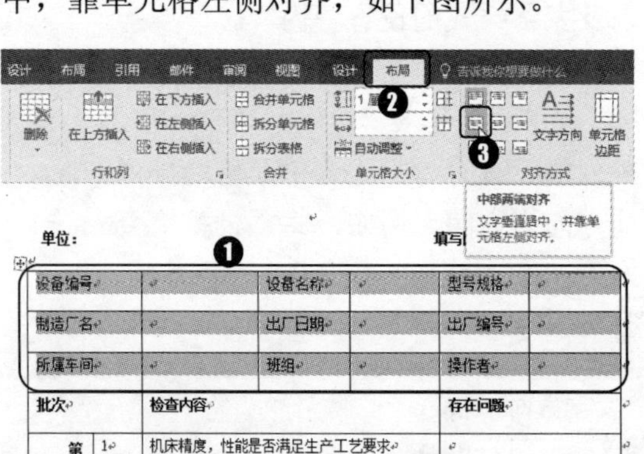

Step02: ❶继续选择第 4 行及以下单元格；❷单击“水平居中”按钮，即可将所选单元格的对齐方式设置为水平和垂直都居中，如下图所示。

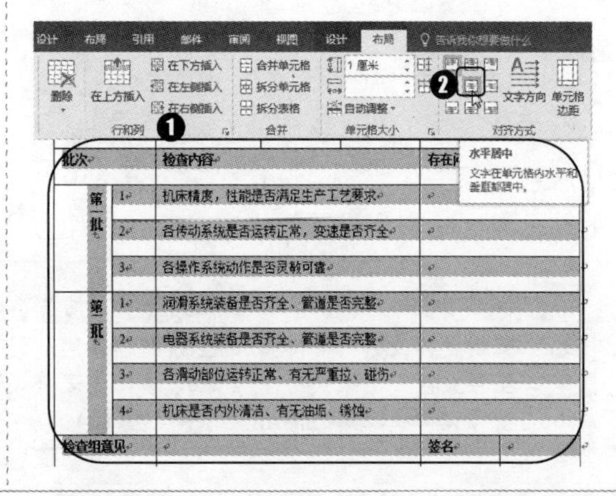

由于表格是一种框架式的结构，因此文本在单元格中所处的位置要比在普通文档中的更复杂多变，表格中文本的对齐方式有 9 种，如下图所示。

对齐方式	靠上两端对齐	靠上居中对齐	靠上右对齐	中部两端对齐	水平居中
效果	活动方案	活动方案	活动方案	活动方案	活动方案
对齐方式	中部右对齐	靠下两端对齐	靠下居中对齐	靠下右对齐	
效果	活动方案	活动方案	活动方案	活动方案	

4.3.3 设置表格的边框和底纹

Word 2016 默认的表格为无色填充，边框为黑色的实心线。为使表格更加美观，可以对表格进行修饰，如设置表格边框样式、添加底纹等。例如，为“设备检查表”文档中的表格设置边框和底纹样式，具体操作方法如下。

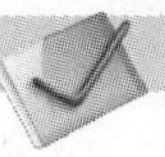

同步文件

素材文件：素材文件\第 4 章\设备检查表（设置表格的边框和底纹）.docx
结果文件：结果文件\第 4 章\设备检查表（设置表格的边框和底纹）.docx
视频文件：视频文件\第 4 章\4-3-3.mp4

Step01: 选中表格，❶单击“表格工具-设计”选项卡；❷在“边框”组中单击“边框”下拉按钮；❸在弹出的下拉列表中选择“边框和底纹”命令，如右图所示。

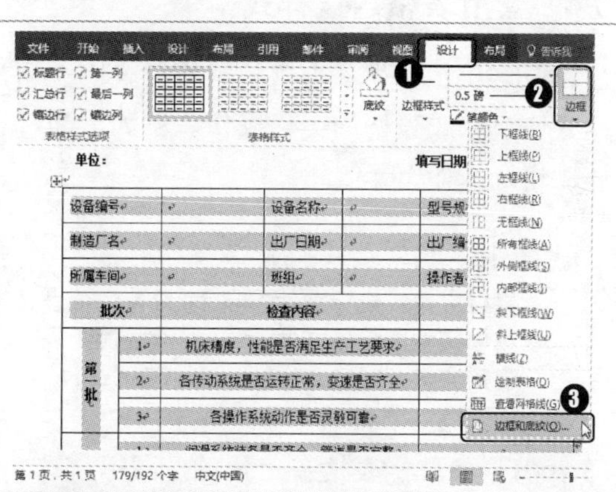

Step02: 弹出“边框和底纹”对话框。❶选择“设置”选项组中的边框方案“全部”；❷设置样式、颜色和宽度；❸在“预览”选项组中取消内部框线，如下图所示。

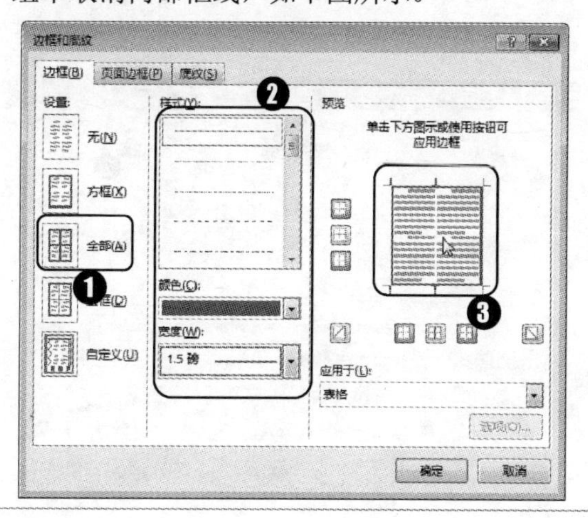

Step03: ❶再次设置宽度值；❷在“预览”选项组中添加表格内部框线，如下图所示。

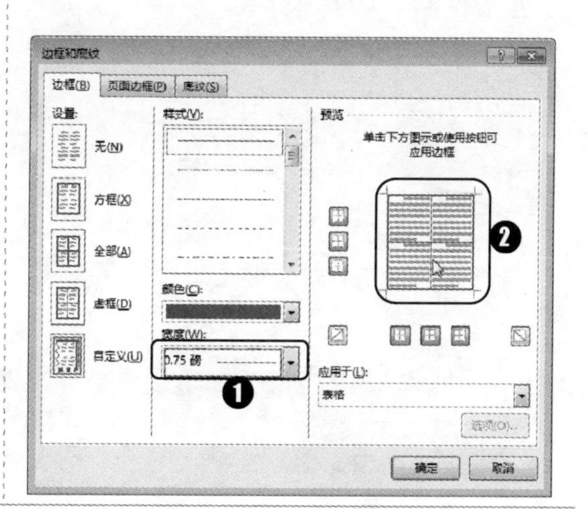

Step04: ❶单击“底纹”选项卡；❷选择一种填充颜色；❸单击“确定”按钮，如下图所示。

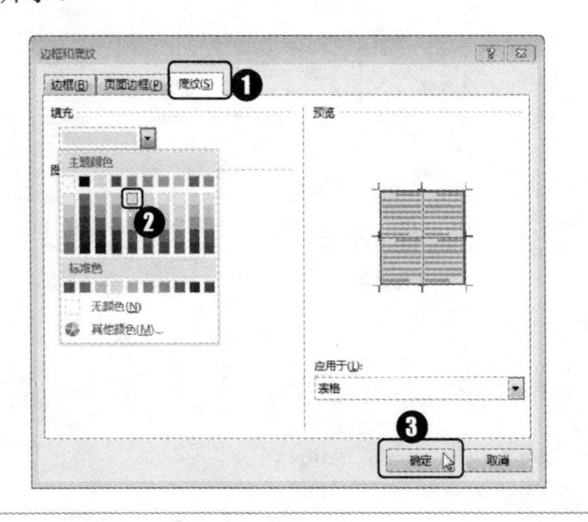

Step05: 返回表格中，即可看到设置的边框与底纹效果，如下图所示。

设备检查表

单位：　　　　填写日期：

设备编号		设备名称		型号规格	
制造厂名		出厂日期		出厂编号	
所属车间		班组		操作者	
批次		检查内容		存在问题	
第一批	1	机床精度，性能是否满足生产工艺要求			
	2	各传动系统是否运转正常，变速是否齐全			
	3	各操作系统动作是否灵敏可靠			
第二批	1	润滑系统装备是否齐全、管道是否完整			
	2	电器系统装备是否齐全、管道是否完整			
	3	各滑动部位运转正常、有无严重拉、研伤			
	4	机床是否内外清洁、有无油垢、锈蚀			
检查组意见				签名	

4.3.4　套用表格内置样式

Word 2016 提供了丰富的表格样式库，用户在美化表格的过程中，可以直接应用内置的表格样式快速完成表格的美化操作。例如，为“设备检查表”文档中的表格应用内置表格样式，具体操作方法如下。

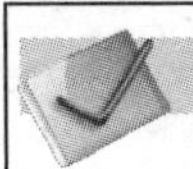

同步文件

素材文件：素材文件\第 4 章\设备检查表（套用表格内置样式）.docx
结果文件：结果文件\第 4 章\设备检查表（套用表格内置样式）.docx
视频文件：视频文件\第 4 章\4-3-4.mp4

Step01: ❶单击表格左上角的⊞图标，选中整个表格；❷单击“表格工具-设计”选项卡；❸单击“表格样式”组的“其他”按钮；❹在弹出的下拉列表中选择样式“网格表 6 彩色-着色 1”，如下图所示。

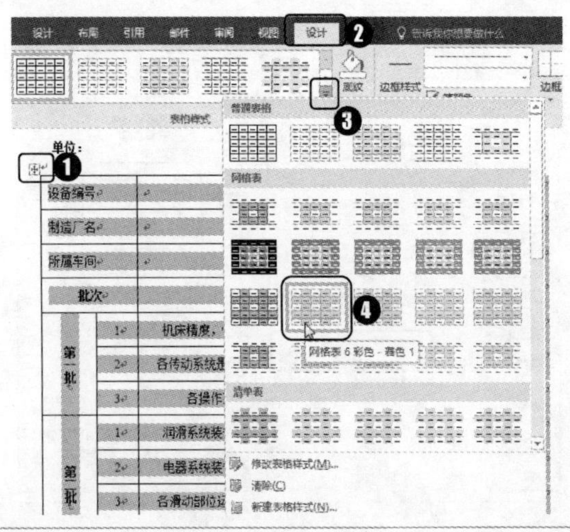

Step02: 当前表格即快速应用选中的表格样式，此时表格呈选中状态，文本“靠上两端对齐”，❶单击“表格工具-布局”选项卡；❷在“对齐方式”组中单击“水平居中”按钮，重新设置文本对齐方式，如下图所示。

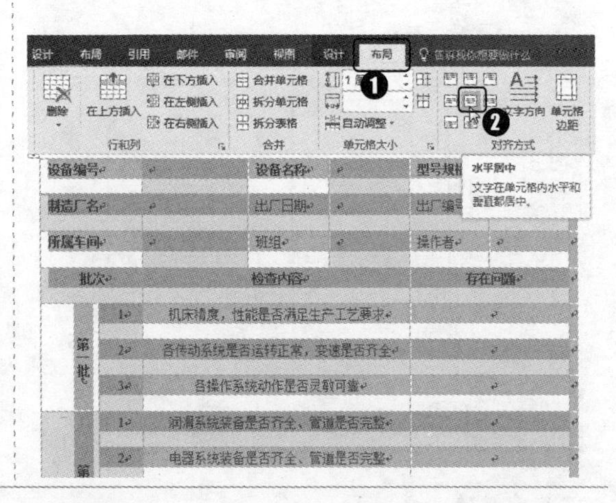

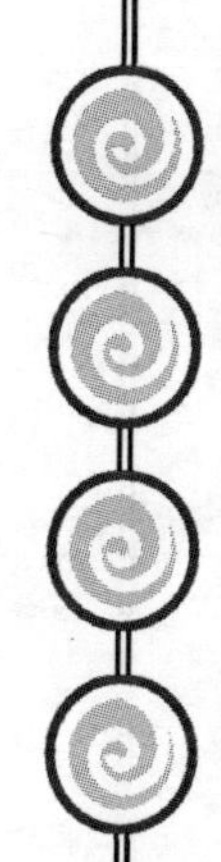

Step03: 此时即完成对表格样式的设置，效果如右图所示。

单位：　　　　　　　　　填写日期：

设备编号		设备名称		型号规格	
制造厂名		出厂日期		出厂编号	
所属车间		班组		操作者	
批次		检查内容		存在问题	
第一批	1	机床精度，性能是否满足生产工艺要求			
	2	各传动系统是否运转正常，变速是否齐全			
	3	各操作系统动作是否灵敏可靠			
第二批	1	润滑系统装备是否齐全、管道是否完整			
	2	电器系统装备是否齐全、管道是否完整			
	3	各滑动部位运转正常、有无严重拉、磁伤			
	4	机床是否内外清洁、有无油垢、锈蚀			
检查组意见				签名	

▷▷ 4.4　课堂讲解——表格排序与计算

虽然 Word 没有 Excel 那么强大的对数据进行分析和处理的能力，但也可以完成普通的数据管理操作，包括对表格中的数据进行排序、计算等。

4.4.1　表格中的数据排序

为了对表格中的数据进行进一步的了解或查看，经常会对表格数据进行排序。在 Word 中只能对列数据进行排序，而不能对行数据排序。对表格数据的排序方式分为升序和降序两种。例如，对“考试成绩单”中的外语分数进行降序排列。具体操作方法如下。

同步文件

素材文件：素材文件\第 4 章\考试成绩单（数据排序）.docx
结果文件：结果文件\第 4 章\考试成绩单（数据排序）.docx
视频文件：视频文件\第 4 章\4-4-1.mp4

Step01: ❶将光标定位至“外语”列中的任意一个单元格中；❷单击“表格工具-布局”选项卡；❸单击“数据”组中的“排序”按钮，如下图所示。

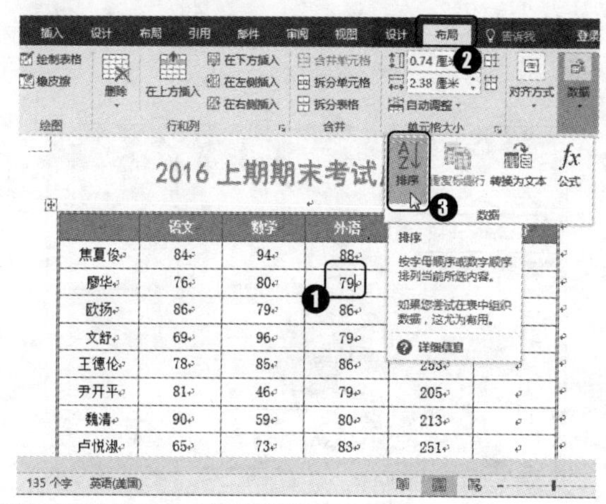

Step02: 弹出“排序”对话框，❶在“主要关键字”下拉列表框中选择“外语”；❷在“类型”下拉列表框中选择排序规则，在此是对分数排序，因此选择“数字”；❸选择“降序”单选按钮；❹单击“确定”按钮，如下图所示。

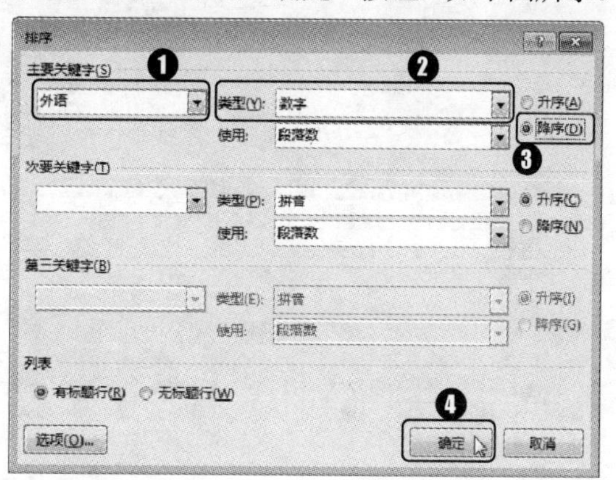

Step03: 此时，即可将成绩单按学生的外语分数从高到低进行排列，如右图所示。

专家点拨——使用多个关键字排序

在实际运用中，有时还需要设置多个条件对表格数据进行排序，即选中表格后打开“排序”对话框，在“主要关键字”选项组中设置排序依据及排序方式，接着在“次要关键字”选项组中设置排序依据及排序方式，设置完成后单击“确定”按钮即可。另外，需要注意的是，在 Word 文档中对表格数据进行排序时，最多能设置 3 个关键字。

2016 上期期末考试成绩单

	语文	数学	外语	理综	总分
李依然	89	84	94	190	
曾云	62	89	90	195	
杨苗	67	80	89	219	
焦夏俊	84	94	88	254	
苏静宜	90.5	78	88	247	
甸文贯	67	84	87	236	
欧扬	86	79	86	260	
王德伦	78	85	86	253	
郝思嘉	81	76	86	210	
卢悦淑	65	73	83	251	
魏清	90	59	80	213	

4.4.2 计算表格中的数据

在 Word 中制作的表格包含数据时，用户还能对这些数据进行简单的计算。虽然 Word 的数据处理功能不像 Excel 中那样专业，但是也能满足基本的计算需要。例如，对“考试成绩单”中每位学生的总分进行统计，然后计算每科的平均成绩，具体操作方法如下。

同步文件

素材文件：素材文件\第 4 章\考试成绩单（计算表格中的数据）.docx
结果文件：结果文件\第 4 章\考试成绩单（计算表格中的数据）.docx
视频文件：视频文件\第 4 章\4-4-2.mp4

Step01: ❶在“总分”列下的任意一个单元格中单击；❷单击“表格工具-布局”选项卡；❸单击“数据”组中的“公式”按钮 *fx*，如下图所示。

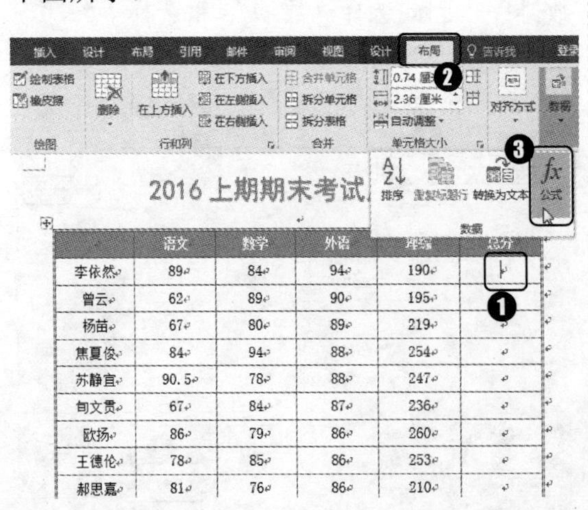

Step02: 弹出“公式”对话框，❶在“公式”文本框中自动输入“=SUM(LEFT)”，由于在该单元格中就是要计算一位学生的总分数，因此不作改变；❷单击“确定”按钮，如下图所示。

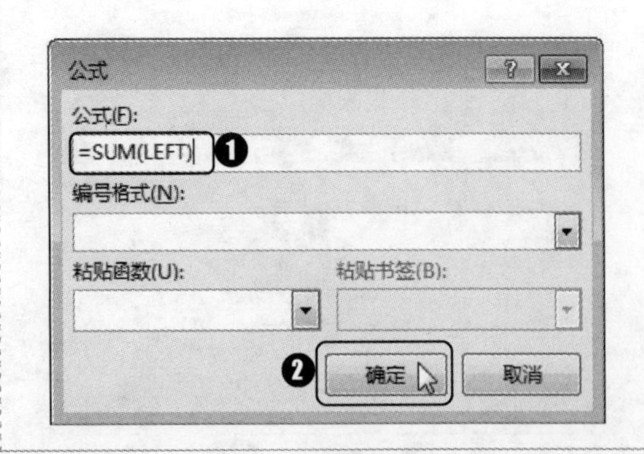

Step03: 此时计算出该学生的总分数，如下图所示。

2016 上期期末考试成绩单

	语文	数学	外语	理综	总分
李依然	89	84	94	190	457
曾云	62	89	90	195	
杨苗	67	80	89	219	
焦夏俊	84	94	88	254	
苏静宜	90.5	78	88	247	
甸文贯	67	84	87	236	
欧扬	86	79	86	260	
王德伦	78	85	86	253	

Step04: 依次将光标定位至下一位学生对应的“总分”单元格，按〈Ctrl+Y〉组合键，重复上一步操作，得出其他学生的总分数，如下图所示。

	语文	数学	外语	理综	总分
李依然	89	84	94	190	457
曾云	62	89	90	195	436
杨苗	67	80	89	219	455
焦夏俊	84	94	88	254	520
苏静宜	90.5	78	88	247	503.5
甸文贯	67	84	87	236	474
欧扬	86	79	86	260	511
王德伦	78	85	86	253	502
郝思嘉	81	76	86	210	453
卢悦淑	65	73	83	251	472
魏清	90	59	80	213	442
廖华	76	80	79	221	456
文舒	69	96	79	198	442
尹开平	81	46	79	205	411
曹心	88	79	60	208	435
邱赫清	86	45	60	226	417
梁微敏	82	65.5	59	260	466.5
平均分					

Step05: ❶将光标定位至语文平均分所在单元格；❷单击“公式”按钮；❸弹出“公式”对话框；将“公式”文本框中等号右侧的内容删除，然后从“粘贴函数”下拉列表中选择“AVERAGE”，并在括号内输入“ABVOE”；❹单击“确定”按钮，如下图所示。

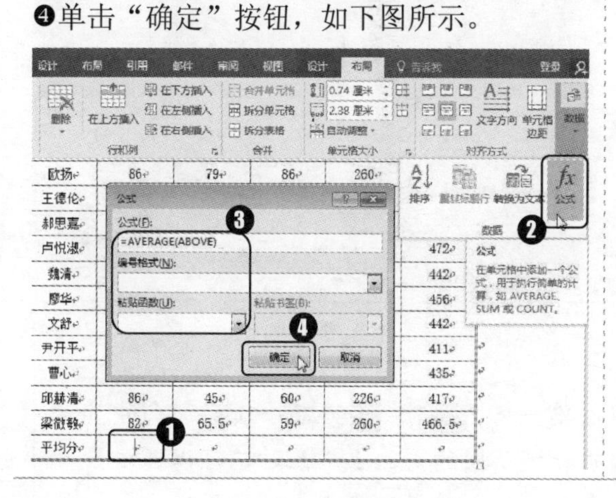

Step06: 此时，即可得到该科目的平均分数，按〈Ctrl+Y〉组合键，得出其他科目的平均分数，如下图所示。

欧扬	86	79	86	260	511
王德伦	78	85	86	253	502
郝思嘉	81	76	86	210	453
卢悦淑	65	73	83	251	472
魏清	90	59	80	213	442
廖华	76	80	79	221	456
文舒	69	96	79	198	442
尹开平	81	46	79	205	411
曹心	88	79	60	208	435
邱赫清	86	45	60	226	417
梁微敏	82	65.5	59	260	466.5
平均分	78.91	76.03	80.76	226.24	461.94

▷▷ 高手秘籍——实用操作技巧

通过对前面知识的学习，相信读者朋友已经掌握了 Word 2016 中表格的基本操作了。下面结合本章内容介绍一些实用的操作技巧。

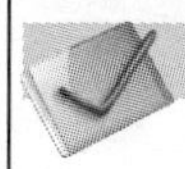

同步文件

视频文件：视频文件\第 4 章\高手秘籍.mp4

技巧 01 设置表头跨页

默认情况下，同一表格占用多个页面时，表头只在首页显示，而其他页面均不显示，从而影响表格数据的查看。此时，可通过设置实现表头跨页。具体操作方法如下。

Step01: 打开素材文件“设置表头跨页.docx”，❶选中表头行；❷单击“表格工具-布局”选项卡；❸在“表”组中单击“属性”按钮，如下图所示。

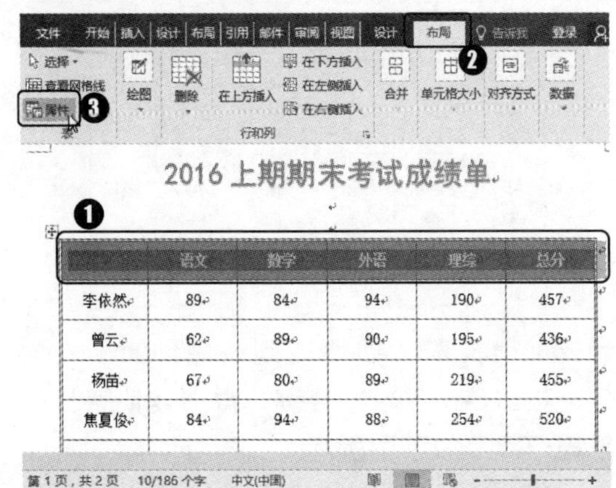

Step02: 打开“表格属性”对话框，❶单击“行”选项卡；❷在“选项”选项组中勾选“在各页顶端以标题行形式重复出现”复选框；❸单击“确定”按钮，如下图所示。

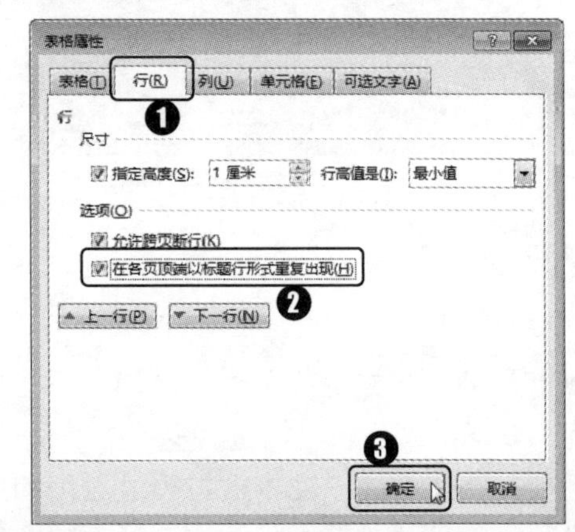

Step03: 此时，即可查看到选择的标题行已在后面的页面中重复显示，如右图所示。

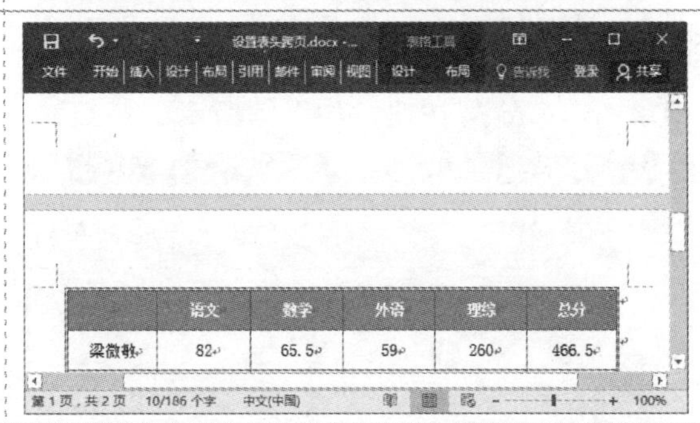

 **专家点拨——禁止表格跨页断行**

默认情况下，当表格最后一行的内容超过单元格高度时，会在下一页的新行中显示多出的内容，从而导致同一单元格的内容被拆分到不同的页面上。此时，可以通过设置防止表格跨页断行现象。选择表格，打开“表格属性”对话框，单击“行”选项卡，然后取消勾选“允许跨页断行”复选框，单击“确定”按钮即可。

技巧 02 表格与文本的互换

在 Word 2016 中可以将具有一定格式的文本转换为表格，也可以将表格转换为文本，实现数据的灵活变换。

1. 表格转换为文本

在 Word 中，可以将表格转换为文本形式，转换后的文本将按特定的方式自动对齐。具体操作方法如下。

Step01: 打开素材文件“表格与文本的互换.docx”，❶选中表格；❷单击“表格工具-布局”选项卡；❸在“数据”组中单击“转换为文本”按钮，如下图所示。

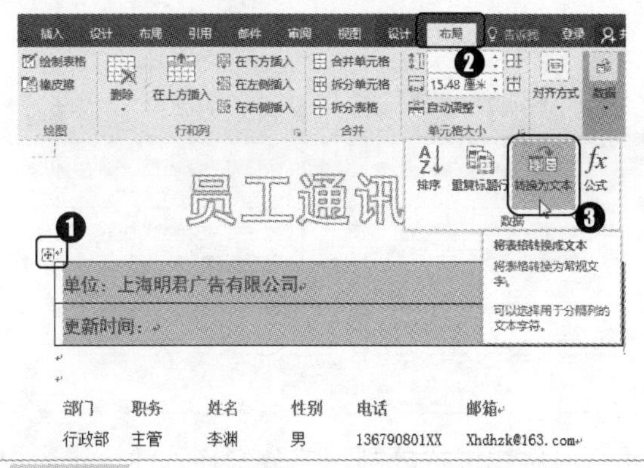

Step02: 弹出“表格转换为文本”对话框，❶选中“逗号”单选按钮；❷单击“确定”按钮，如下图所示。

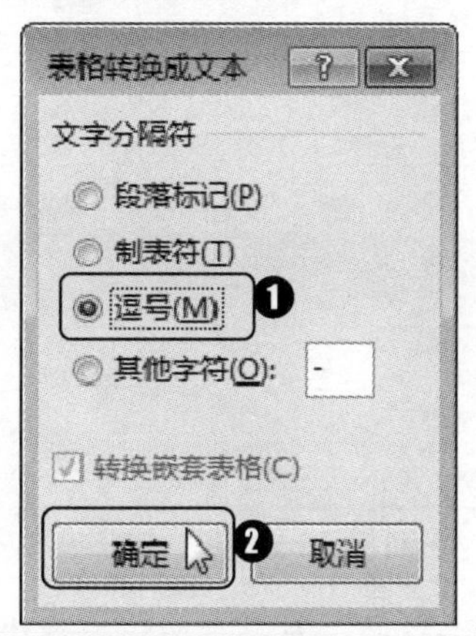

Step03: 此时，即将当前表格转换为文本，如右图所示。

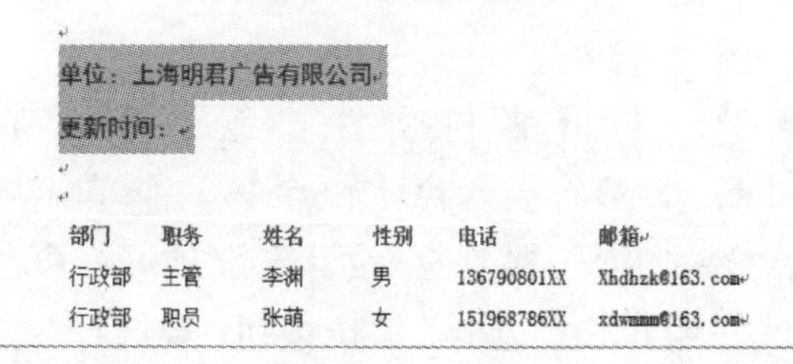

2．文本转换为表格

在 Word 中，也可以将文本转换为表格。将文本转换为表格时，需要将文本规范化，也就是在每项内容之间输入特定的字符，且符号一致（如制表符、换行符、段落标记、逗号等）。具体操作方法如下。

Step01: ❶选中需要转换为表格的文本；❷单击“插入”选项卡；❸单击“表格”下拉按钮；❹在弹出的下拉列表中选择“文本转换成表格”命令，如下图所示。

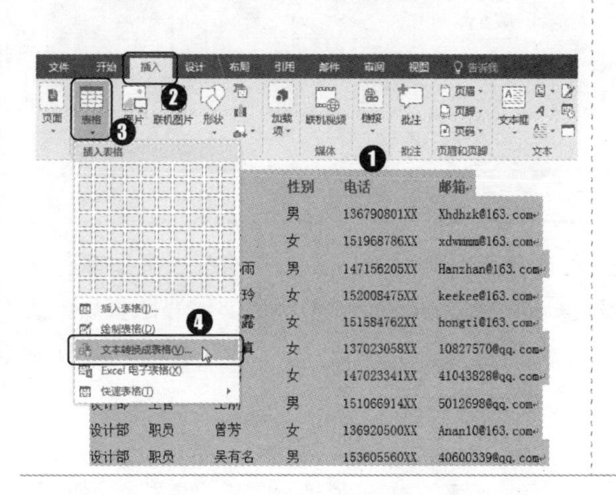

Step02: 打开“将文字转换成表格”对话框，❶在“表格尺寸”选项组中的“列数”数值框中输入列数值；❷单击“确定”按钮，如下图所示。

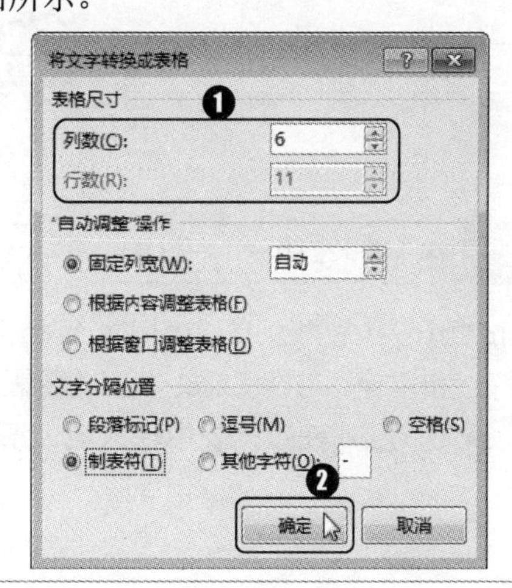

Step03: 此时，即可将选中的文本转换为表格，如右图所示。

单位：上海明君广告有限公司

更新时间：

部门	职务	姓名	性别	电话	邮箱
行政部	主管	李渊	男	136790801XX	Xhdhzk@163.com
行政部	职员	张萌	女	151968786XX	xdwmmm@163.com
行政部	职员	段小雨	男	147156205XX	Hanzhan@163.com
策划部	主管	舒玲玲	女	152008475XX	keekee@163.com
策划部	职员	王宇露	女	151584762XX	hongti@163.com
策划部	职员	张真真	女	137023058XX	10827570@qq.com
策划部	职员	马瑞	女	147023341XX	41043828@qq.com
设计部	主管	王刚	男	151066914XX	5012698@qq.com
设计部	职员	曾芳	女	136920500XX	Anan10@163.com
设计部	职员	吴有名	男	153605560XX	40600339@qq.com

技巧 03 绘制斜线表头

在制作表格时，有时需要将表格中左上角单元格用斜线进行分割，并分别输入两个内容用于标识第 1 行和第 1 列的内容，这种表头可称为斜线表头。在 Word 中制作斜线表头的具体操作方法如下。

Step01: 打开素材文件“绘制斜线表头.docx”，❶将插入点定位至第一个单元格中；❷单击“表格工具-设计”选项卡；❸在“边框”组单击“边框”下拉按钮；❹选择“斜下框线”命令，如下图所示。

Step02: 此时，即可为所选单元格绘制斜线，❶在单元格中输入需要的文本，在行标签和列标签文本之间换行；❷第一行文字设置为右对齐；第二行文字设置为左对齐，效果如下图所示。

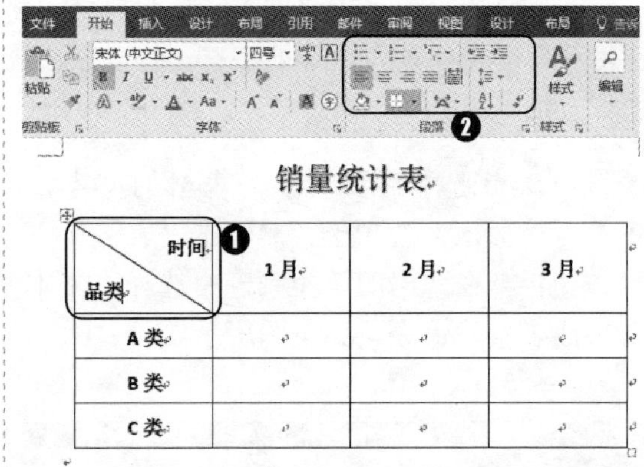

技巧 04 在 Word 中创建图表

Word 2016 中提供了 15 类图表，每类图表又可以分为好几种形式，不同的图表类型都有其各自的特点和用途。与在 Excel 中创建图表的方式不同的是，在 Word 中，当创建好图表后，默认需要在关联的 Excel 数据表中输入图表所需的数据。

Step01: 打开素材文件“在 Word 中创建图表.docx”，❶将光标定位至表格下方的第 2 行的位置；❷单击“插入”选项卡；❸单击“插图”组中的“图表”按钮，如下图所示。

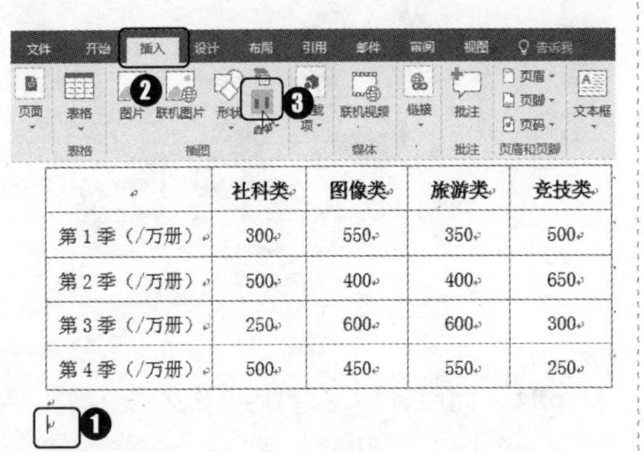

	社科类	图像类	旅游类	竞技类
第 1 季（/万册）	300	550	350	500
第 2 季（/万册）	500	400	400	650
第 3 季（/万册）	250	600	600	300
第 4 季（/万册）	500	450	550	250

Step02: 弹出“插入图表”对话框，❶在左侧的列表框中选择图表类型，如“柱形图”；❷在右侧选择该类型图表的子类型，如“三维簇状柱形图”；❸单击“确定”按钮，效果如下图所示。

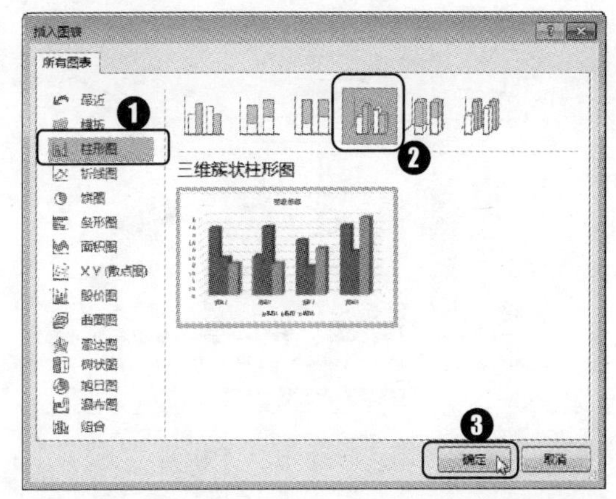

Step03: 此时在光标处插入三维簇状柱形图类型的图表，并自动打开 Excel 2016 应用程序并显示预置数据，如下图所示。

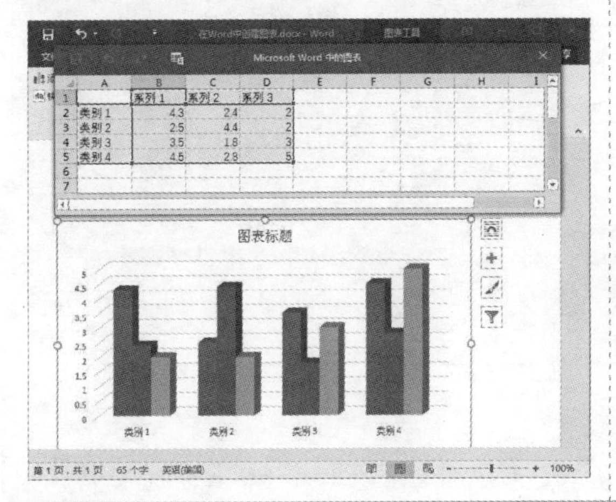

	A	B	C	D
1		系列 1	系列 2	系列 3
2	类别 1	4.3	2.4	2
3	类别 2	2.5	4.4	2
4	类别 3	3.5	1.8	3
5	类别 4	4.5	2.8	5

Step04: ❶根据 Word 文件中的表格数据，在 Excel 中输入工作表中的数据；❷完成后单击右上角的“关闭”按钮，关闭 Excel 程序，如下图所示。

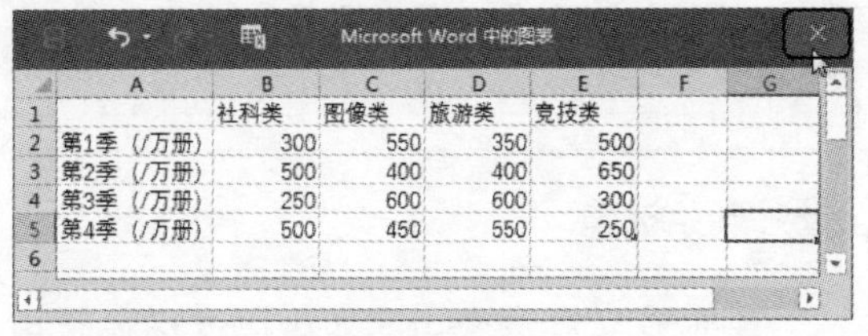

	A	B	C	D	E
1		社科类	图像类	旅游类	竞技类
2	第1季（/万册）	300	550	350	500
3	第2季（/万册）	500	400	400	650
4	第3季（/万册）	250	600	600	300
5	第4季（/万册）	500	450	550	250

Step05: 返回 Word 文档中，即可自动更新创建的图表内容，如右图所示。

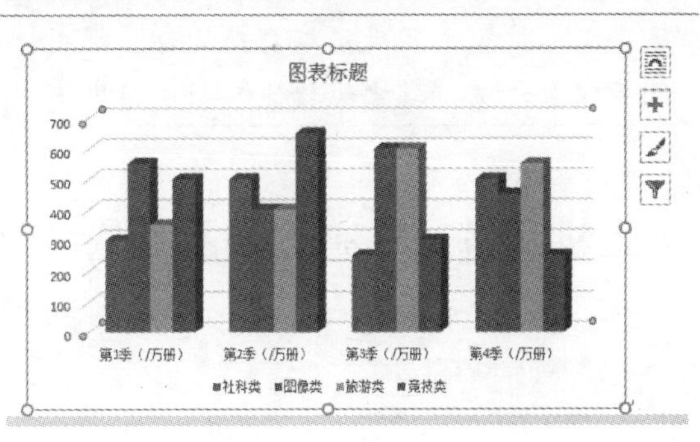

技巧 05 编辑 Word 中的图表

在 Word 文档中创建好图表后，还可以根据自己的需要对图表进行编辑，如调整其大小与位置、更改图表类型与样式等。具体操作方法如下。

Step01: 打开素材文件“编辑 Word 中的图表.docx”，在图表标题框中选择预置文本，如下图所示。

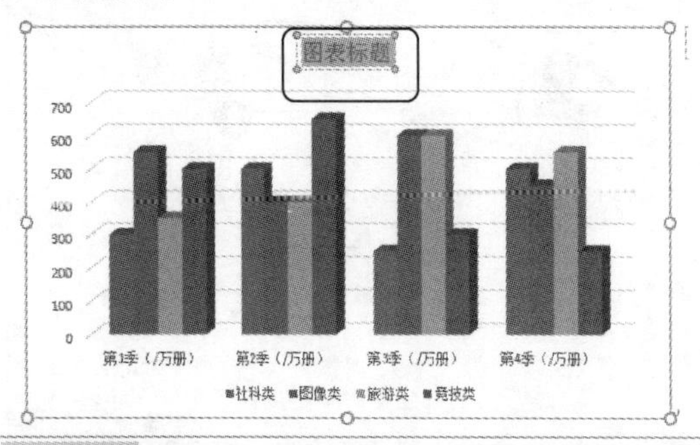

Step02: ❶输入图表标题文本；❷拖动图表外边框调整大小，效果如下图所示。

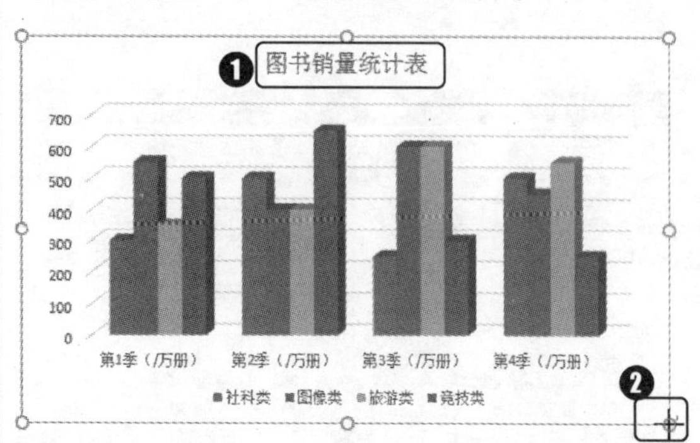

Step03: ❶单击“图表工具-设计”选项卡；❷在“图表样式”组中选择“样式 3”，如下图所示。

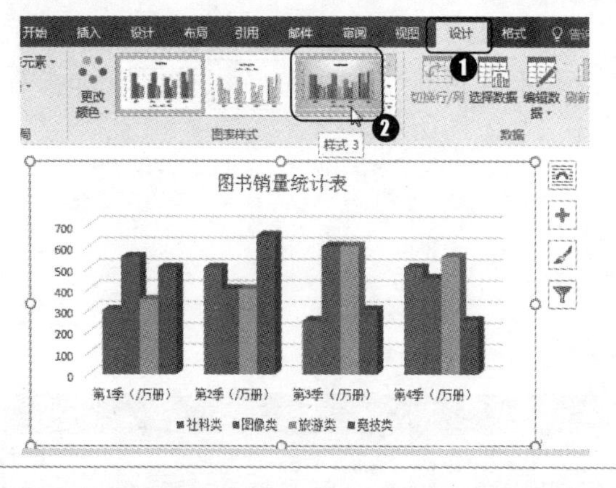

Step04: 此时，即可查看到图表已应用了样式 3，效果如下图所示。

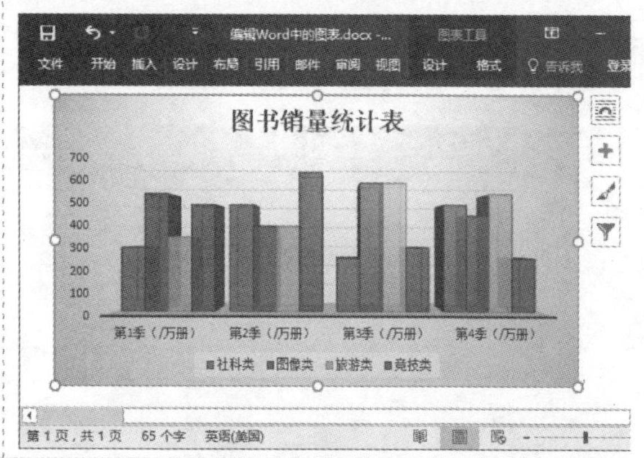

> **新手注意**
>
> 如果希望在调整图表大小时可以保持图表不变形，那么可以单击“格式”选项卡，单击“大小”组中的对话框启动按钮，弹出“布局”对话框，在其“大小”选项卡的“缩放”选项组中勾选“锁定纵横比”复选框即可。

▷▷ 上机实战——制作产品销量统计表

上机介绍

本实例通过创建表格，在表格中输入产品销量统计的相关数据，接着设置表格样式，然后对数据进行汇总计算，最后对所需分析的数据创建一个折线图，并设置图表样式，从而制作出便于数据查看、统计与分析的产品销量统计表。最终效果如下图所示。

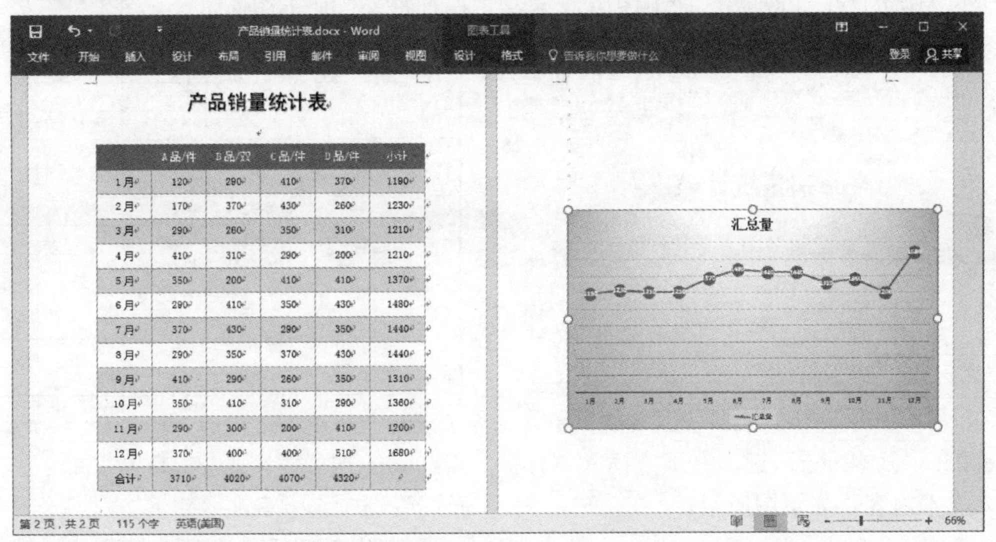

产品销量统计表

	A品/件	B品/双	C品/件	D品/件	小计
1月	120	290	410	370	1190
2月	170	370	430	260	1230
3月	290	260	350	310	1210
4月	410	310	290	200	1210
5月	350	200	410	410	1370
6月	290	410	350	430	1480
7月	370	430	290	350	1440
8月	290	350	370	430	1440
9月	410	290	260	350	1310
10月	350	410	310	290	1360
11月	290	300	200	410	1200
12月	370	400	400	510	1680
合计	3710	4020	4070	4320	

同步文件

素材文件：素材文件\第 4 章\产品销量统计表.docx
结果文件：结果文件\第 4 章\产品销量统计表.docx
视频文件：视频文件\第 4 章\上机实战.mp4

步骤详解

本实例的具体操作步骤如下。

Step01: ❶单击定位插入点；❷单击“插入”选项卡；❸单击“表格”组中的“表格”下拉按钮；❹选择“插入表格”命令，如下图所示。

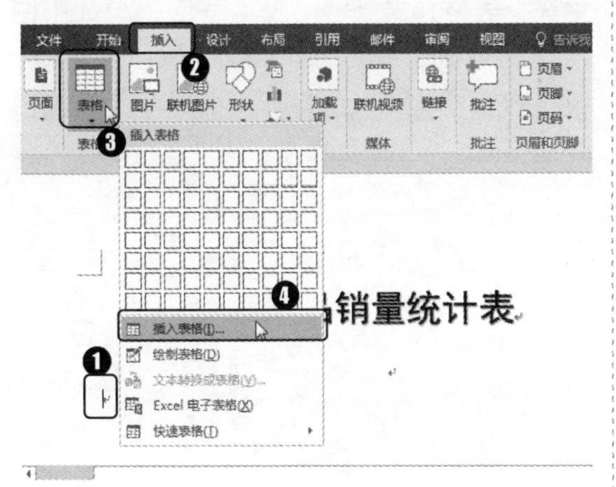

Step02: 弹出“插入表格”对话框，❶在“列数”“行数”数值框中分别输入表格的列、行数；❷单击“确定”按钮，如下图所示。

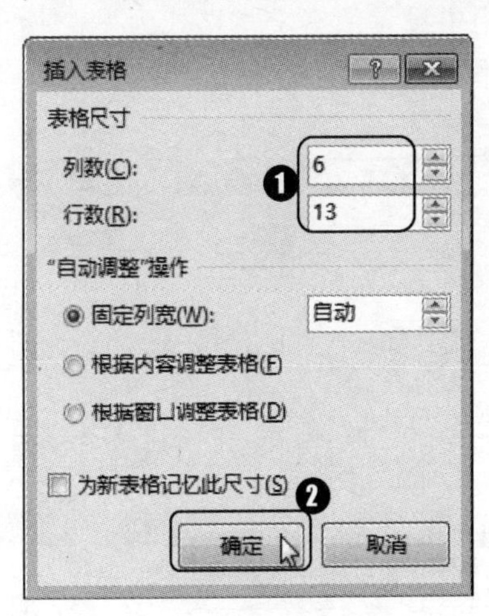

Step03: ❶选中整个表格；❷单击“表格工具-布局”选项卡；❸在“单元格大小”组中设置单元格的行高和列宽，如下图所示。

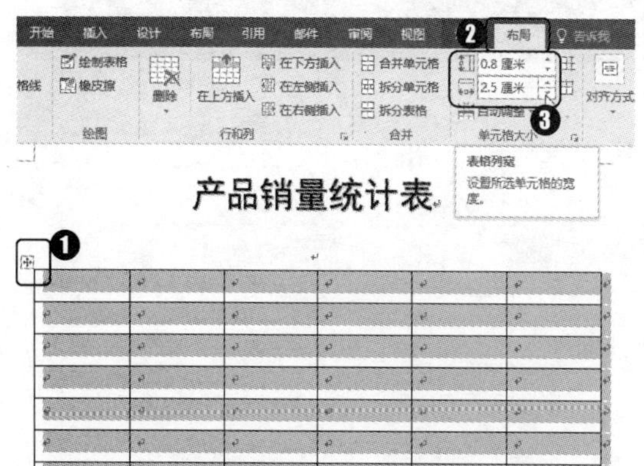

Step04: ❶调整好单元格大小后即可在表格中输入文本内容；❷将光标定位至最末行的换行符处，如下图所示。

	A品/件	B品/双	C品/件	D品/件	小计
1月	120	290	410	370	
2月	170	370	430	260	
3月	290	260	350	310	
4月	410	310	290	200	
5月	350	200	410	410	
6月	290	410	350	430	
7月	370	430	290	350	
8月	290	350	370	430	
9月	410	290	260	350	
10月	350	410	310	290	
11月	290	300	200	410	
12月	370	400	400	510	

Step05: 按〈Enter〉键，在下方插入一行，输入文本内容，如下图所示。

	A品/件	B品/双	C品/件	D品/件	小计
1月	120	290	410	370	
2月	170	370	430	260	
3月	290	260	350	310	
4月	410	310	290	200	
5月	350	200	410	410	
6月	290	410	350	430	
7月	370	430	290	350	
8月	290	350	370	430	
9月	410	290	260	350	
10月	350	410	310	290	
11月	290	300	200	410	
12月	370	400	400	510	
合计					

Step06: 选中整个表格，❶单击“表格工具-布局”选项卡；❷在“对齐方式”组中单击“水平居中”按钮，如下图所示。

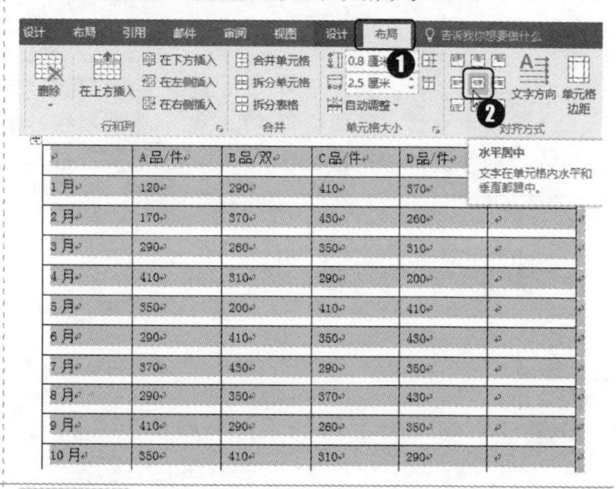

Step07: ❶单击“开始”选项卡；❷在“字体”组中设置所有文本格式为“宋体，四号”，如下图所示。

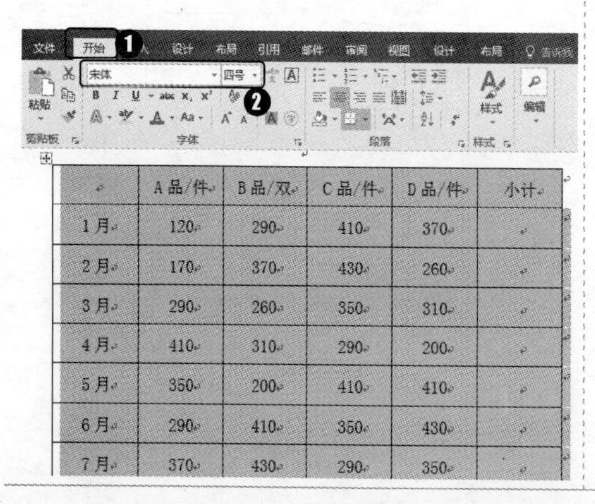

Step08: ❶单击“表格工具-设计”选项卡；❷单击“表格样式”组中的“其他”按钮；❸选择表格样式“网格表 4-着色 2”，如下图所示。

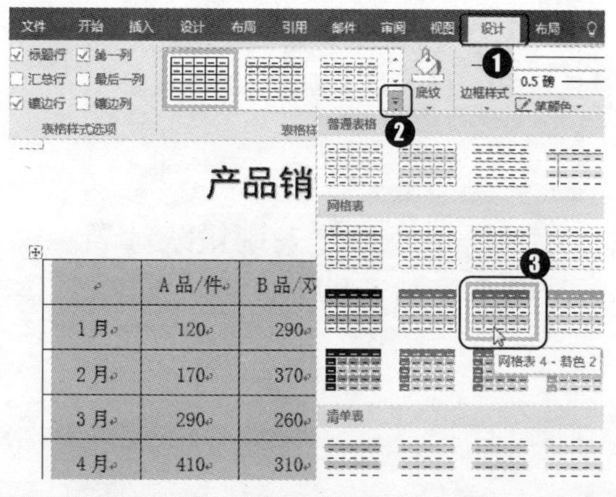

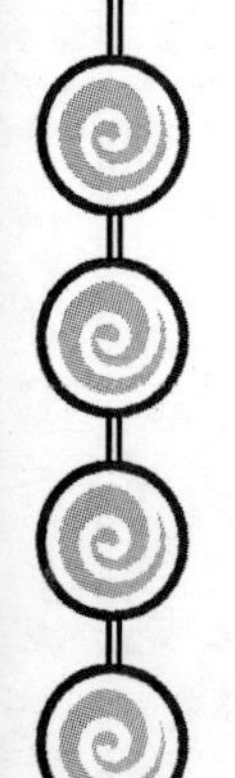

Step09: 此时，即可应用选择的表格样式，❶将光标定位至需计算 1 月总量的单元格中；❷单击“表格工具-布局”选项卡；❸在“数据”组中单击“公式”按钮，如下图所示。

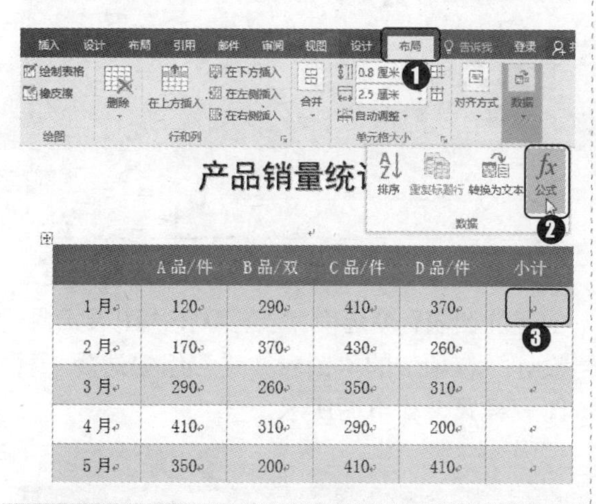

Step10: 弹出“公式”对话框，❶在“公式”文本框中自动输入“=SUM(LEFT)”，由于在该单元格中就是要计算当月的总销量，因此不作改变；❷单击“确定”按钮，如下图所示。

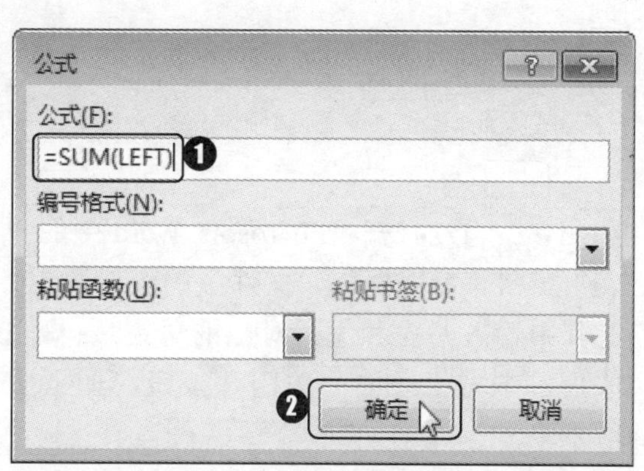

Step11: 此时计算出该月的总量，效果如下图所示。

	A 品/件	B 品/双	C 品/件	D 品/件	小计
1 月	120	290	410	370	1190
2 月	170	370	430	260	
3 月	290	260	350	310	
4 月	410	310	290	200	
5 月	350	200	410	410	
6 月	290	410	350	430	
7 月	370	430	290	350	
8 月	290	350	370	430	

Step12: 将光标定位至其他月总销量所在的单元格，按〈Ctrl+Y〉组合键，重复上一步操作，得出其他月总销量。使用同样的方法计算各类产品 1 年的总销量，如下图所示。

	A 品/件	B 品/双	C 品/件	D 品/件	小计
1 月	120	290	410	370	1190
2 月	170	370	430	260	1230
3 月	290	260	350	310	1210
4 月	410	310	290	200	1210
5 月	350	200	410	410	1370
6 月	290	410	350	430	1480
7 月	370	430	290	350	1440
8 月	290	350	370	430	1440
9 月	410	290	260	350	1310
10 月	350	410	310	290	1360
11 月	290	300	200	410	1200
12 月	370	400	400	510	1680
合计	3710	4020	4070	4320	

Step13: ❶将光标定位至表格下方第 2 行的位置；❷单击“插入”选项卡；❸单击“插图”组中的“图表”按钮，如下图所示。

Step14: 弹出“插入图表”对话框，❶在左侧的列表框中选择图表类型“折线图”；❷在右侧选择该类型图表的子类型；❸单击“确定”按钮，如下图所示。

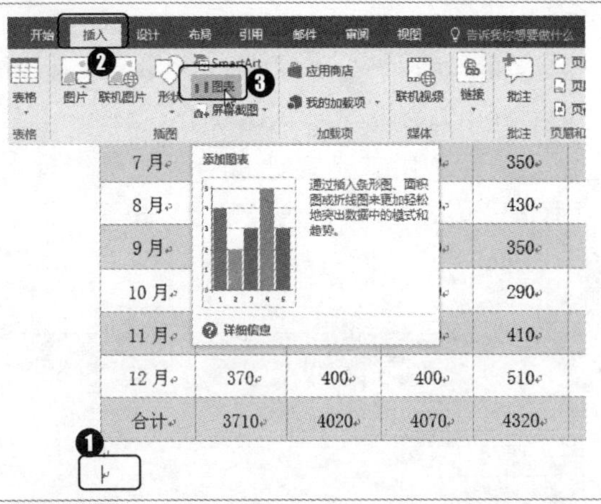

Step15: 自动打开“Microsoft Word 中的图表”窗口，❶根据原始文件中的表格数据，在其中输入月份和每月对应的总销量；❷完成后单击右上角的“关闭”按钮，如下图所示。

Step16: 返回 Word 文档中，即可自动更新创建的图表，❶选中图表；❷在“图表工具-设计”选项卡的“图表样式”组中选择一种图表样式，如下图所示。

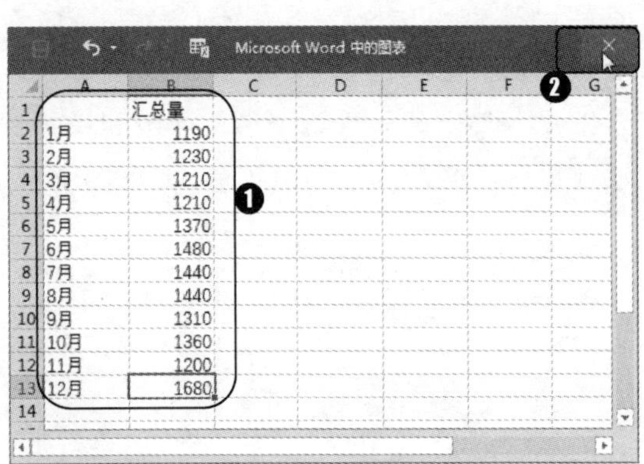

	A	B
1		汇总量
2	1月	1190
3	2月	1230
4	3月	1210
5	4月	1210
6	5月	1370
7	6月	1480
8	7月	1440
9	8月	1440
10	9月	1310
11	10月	1360
12	11月	1200
13	12月	1680

Step17: 此时，即可更改图表的外观样式，如右图所示。

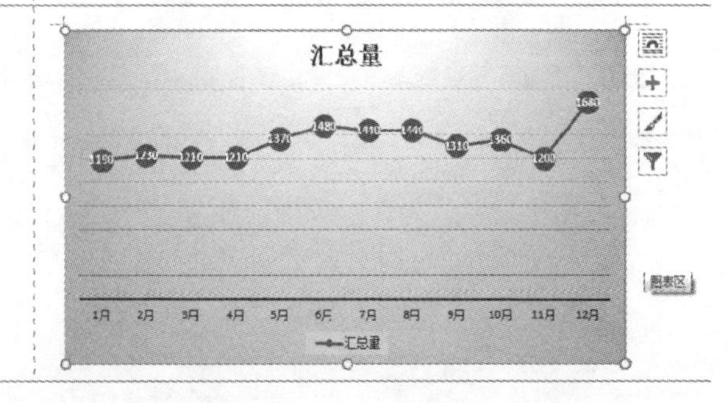

▷▷ 本章小结

本章的重点在于在 Word 文档中插入与编辑表格，主要包括创建表格、美化表格、对表格中的数据进行排序与计算、创建图表等知识点。希望读者通过本章的学习能够灵活自如地在 Word 中使用表格。

第 5 章　在 Word 2016 中排版长篇文档

本章导读

在日常工作中，用户不仅需要制作一些篇幅较短的文档，有时也需要制作长文档，为了方便阅读者翻阅，需要对长文档进行编排，如应用样式、添加目录。为了让阅读者更加容易理解一些专业的名词等内容，可以使用脚注的方式对部分内容进行标注。本章主要讲解 Word 2016 中有关样式、模板、分栏、首字下沉、目录等的相关知识。

知识要点

- 掌握如何应用及自定义样式的操作
- 掌握模板的使用方法
- 掌握文档的高级排版设计
- 掌握添加目录的方法
- 掌握添加脚注的方法
- 掌握添加尾注和题注的方法

效果展示

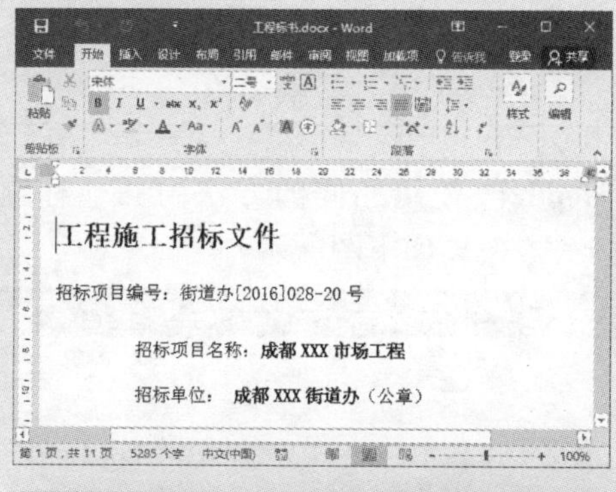

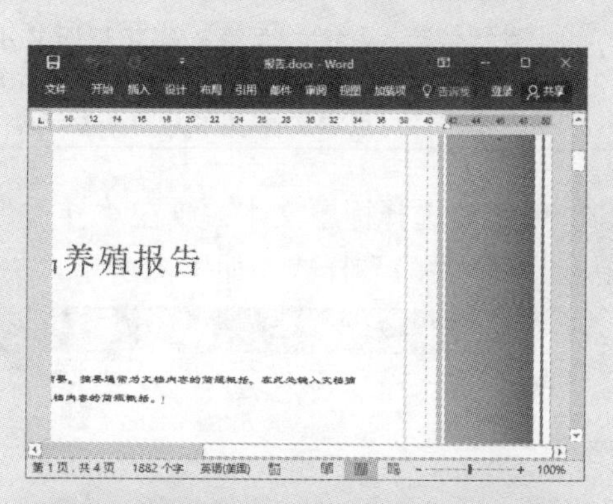

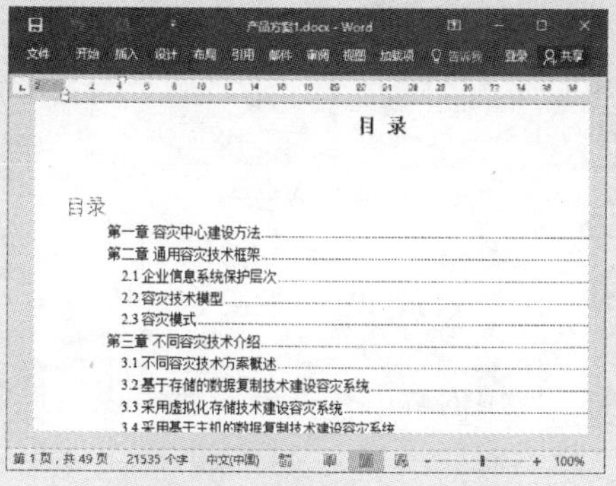

▷▷ 5.1 课堂讲解——样式在排版中的应用

Word 2016 为提高文档格式设置的效率而专门预设了一些默认的样式，使用这些样式可以快速格式化文档中的相关内容。

5.1.1 什么是样式

样式是经过特殊打包的格式的集合，包括字体类型、字体大小、字体颜色、对齐方式、制表位和边距等。在 Word 2016 中，可以一次应用多种格式，也可以反复使用同一种样式。利用样式功能可以快速创建为特定用途而设计的样式一致、整齐美观的文档。

合理地使用 Word 2016 中的样式功能有如下优点。

- 可以节省设置各类文档格式所需的时间，以达到快速制作出各种类型文档的目的。
- 可以确保文档中的格式一致，避免因忘记格式而导致文档格式混乱。
- 使用方法简单，只需要从样式库中进行选择，即可完成文档的格式设置。
- 创建样式和修改样式都很轻松。

5.1.2 套用系统内置的样式

在 Word 2016 中，系统预设了一些默认的格式，如正文、标题 1、标题 2、标题 3 等，可以快速利用这些样式来格式化文档。具体操作方法如下。

同步文件

素材文件：素材文件\第 5 章\工程标书.docx
结果文件：结果文件\第 5 章\工程标书.docx
视频文件：教学文件\第 5 章\5-1-2.mp4

Step01: ❶选择标题文本；❷在“样式”组中选择“标题 1”样式，如下图所示。

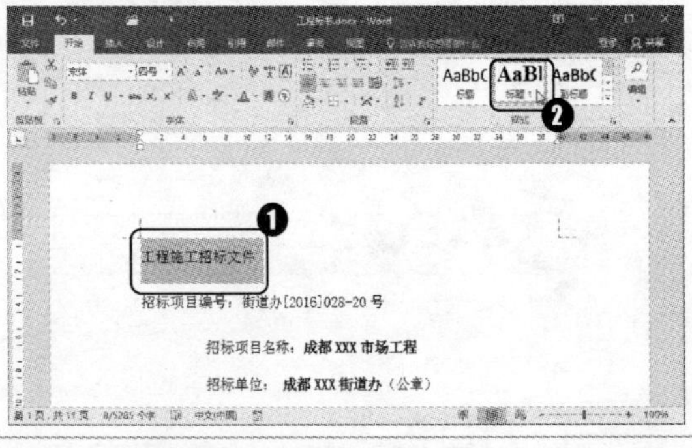

Step02: 使用相同的方法为其他标题添加样式，效果如下图所示。

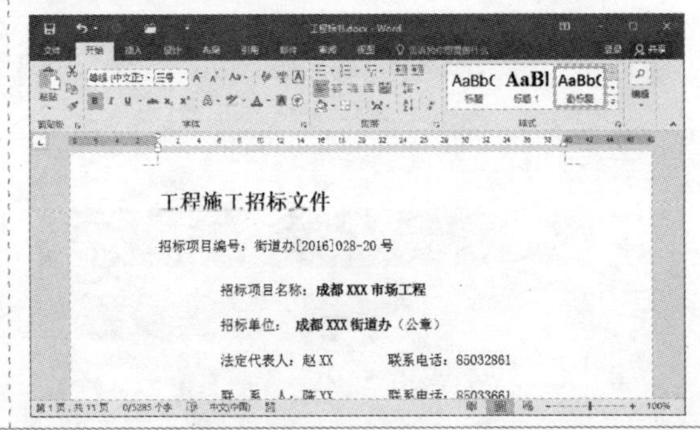

5.1.3 自定义样式

除了应用内置的样式外，还可以根据内容的需要自定义样式，让文档的结构层次更加符合当前文档的需要。自定义样式时既可以直接修改当前内置的样式，也可以新建样式。

1. 修改样式

当创建了样式后，如果需要，还可以对样式进行修改。修改的样式可以是自定义的样式，也可以是系统预设的样式，并且能为样式设置快捷键。具体操作方法如下。

Step01: ❶在“样式”组中右击“要点”样式；❷在弹出的快捷菜单中选择“修改”命令，如下图所示。

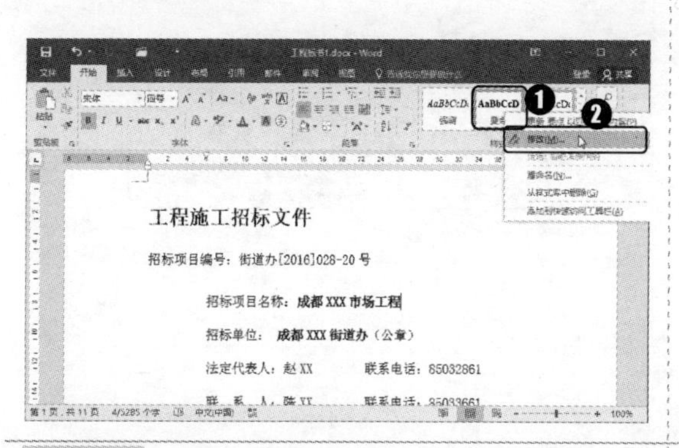

Step02: 打开“修改样式”对话框，❶输入样式名称，设置样式格式；❷单击“确定”按钮，如下图所示。

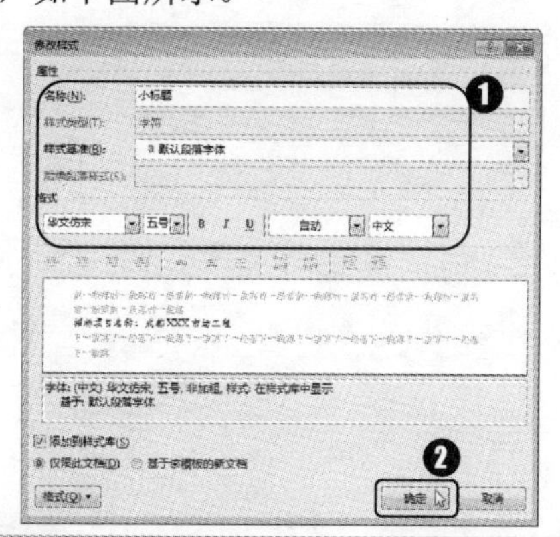

Step03: ❶选择需要设置样式的文本；❷在“样式”组中选择“小标题”样式，如下图所示。

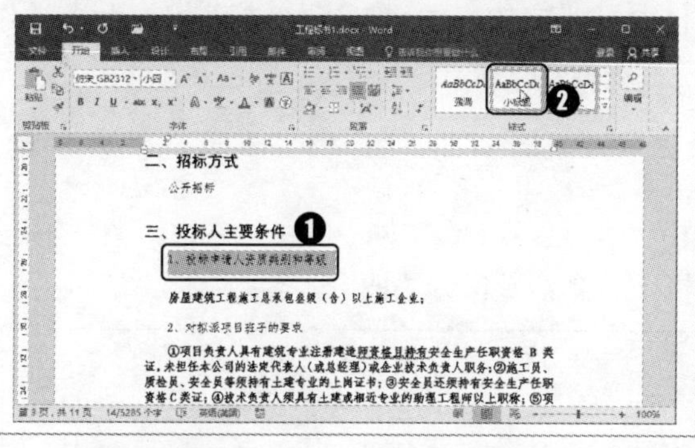

Step04: 经过前面的操作，修改并应用样式，效果如下图所示。

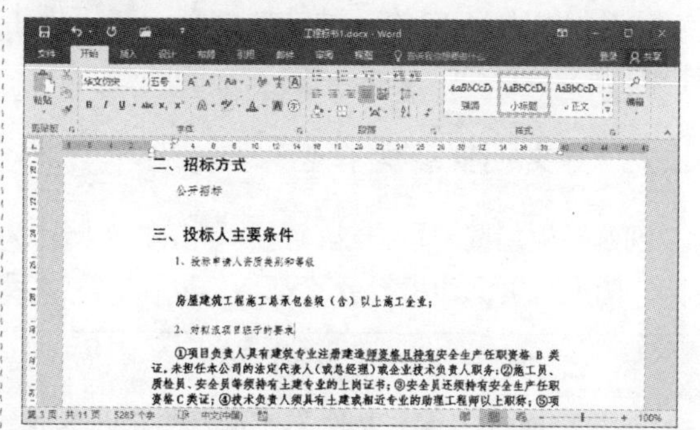

2. 新建样式

在 Word 2016 中虽然预设了一些样式，但是数量有限。当用户需要为文本应用更多样式时，可以自己创建新的样式。创建好的样式将会保存在“样式”组中。具体操作方法如下。

Step01: ❶单击“样式”组中的“其他”按钮；❷选择“创建样式”命令，如下图所示。

Step02: 打开“根据格式设置创建新样式”对话框，❶输入样式名称；❷单击“修改”按钮，如下图所示。

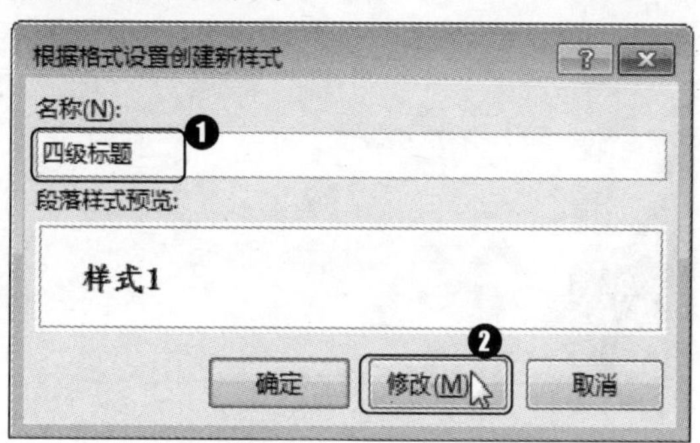

Step03: 打开“根据格式设置创建新样式”对话框，❶设置自定义样式的格式；❷单击“确定”命令，如下图所示。

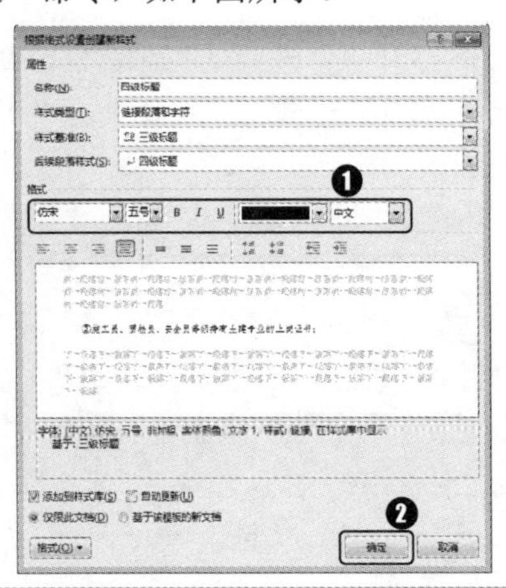

Step04: ❶选择需要设置自定义样式的文本；❷在“样式”组中选择“四级标题”样式，如下图所示。

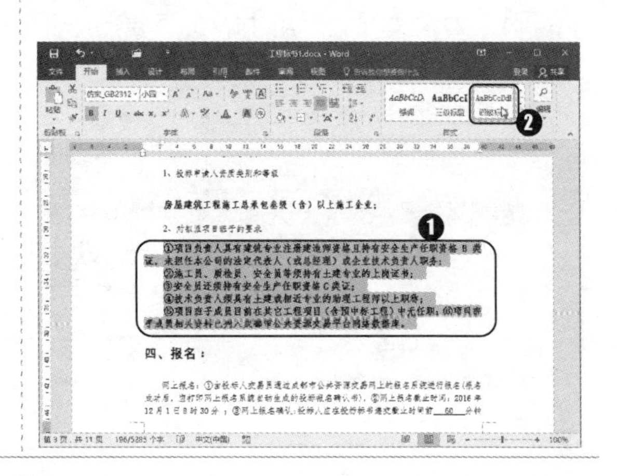

▷▷ 5.2　课堂讲解——使用模板快速排版

模板是 Word 中的一种文档类型，在模板中包含了特定的页面设置、样式等内容，以供用户以模板为基准创建具有相同规格的文档。

5.2.1　将文档保存为模板

创建模板最简单的方法就是将现在的文档作为模板进行保存，该文档中的字体格式、段落样式、表格、图形、页面边框等元素都会一同保存在该模板中。具体操作方法如下。

同步文件

素材文件：素材文件\第 5 章\产品介绍.docx
结果文件：结果文件\第 5 章\产品介绍.docx
视频文件：教学文件\第 5 章\5-2-1.mp4

Step01: ❶选择“文件”页面中的“另存为”命令；❷在右侧单击“浏览”选项，如下图所示。

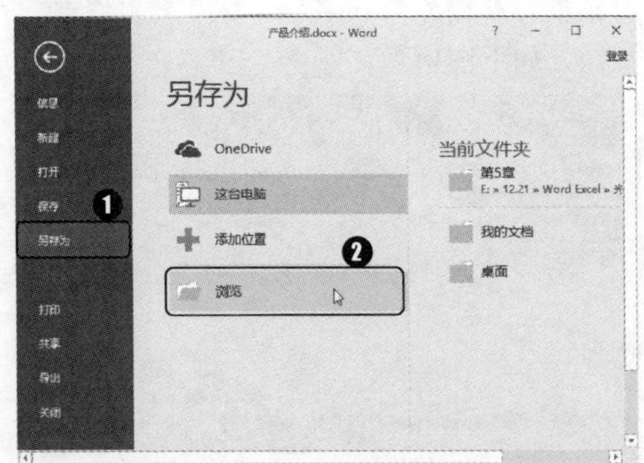

Step02: 打开“另存为”对话框，❶选择模板保存位置；❷选择保存类型；❸单击“保存”按钮，如下图所示。

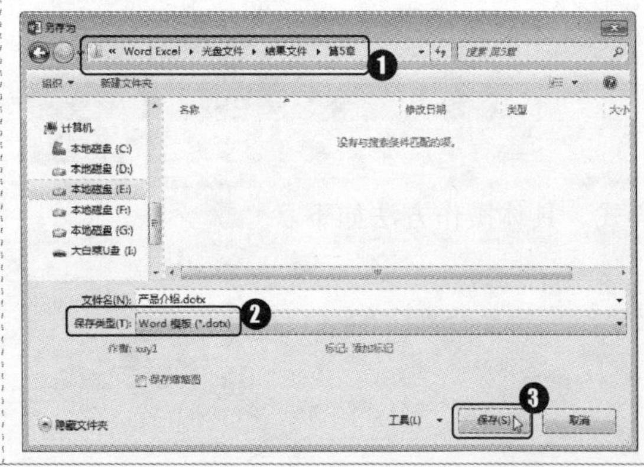

5.2.2　应用模板

在 Word 2016 中，模板分为 3 种：一是安装 Office 2016 时系统自带的模板；二是用户自己创建并保存的自定义模板；三是 Office 网站上的模板，使用时需要下载才能使用。

Word 2016 本身自带了多个预设的模板，如传真、简历、报告等。这些模板都具有特定的格式，只需在创建后对文字稍做修改就可以作为自己的文档来使用。具体操作方法如下。

同步文件

结果文件：结果文件\第 5 章\礼物单.docx
视频文件：教学文件\第 5 章\5-2-2.mp4

Step01: ❶选择“文件”页面中的“新建”命令；❷在右侧单击“礼品证书”选项，如下图所示。

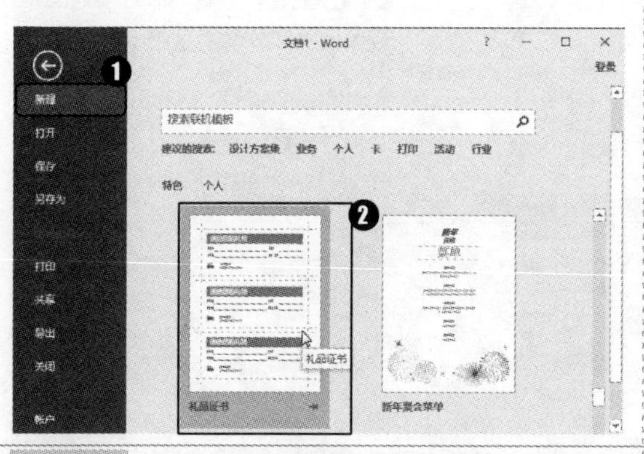

Step02: 打开新的页面，单击“创建”按钮，如下图所示。

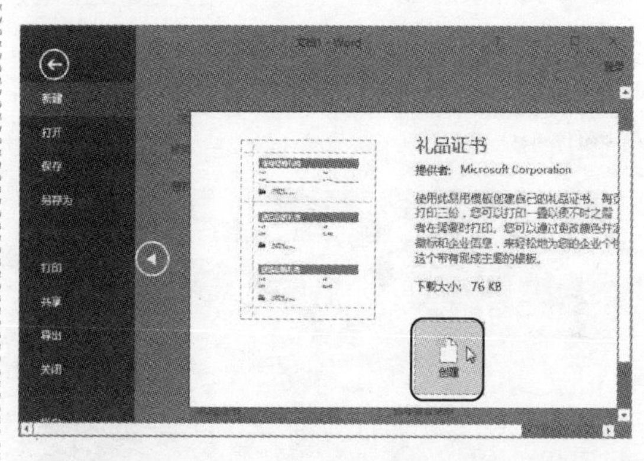

Step03: 创建好模板后，打印并填写相关信息，即可制作出一份精美的礼物单，如右图所示。

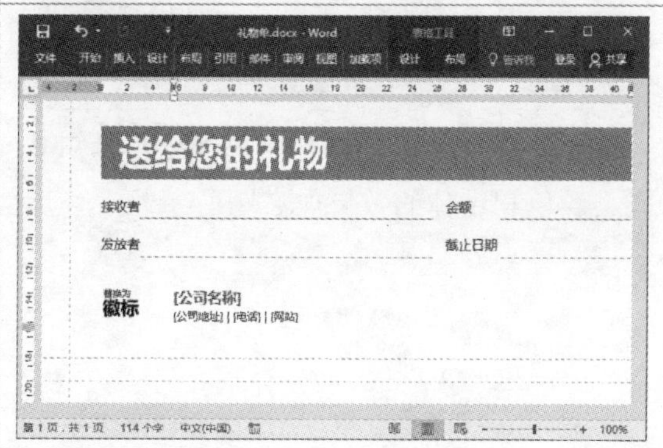

5.2.3　修改文档主题

当文档中的内容样式应用了主题字体和主题颜色后，通过修改主题可以快速修改整个文档的样式。具体操作方法如下。

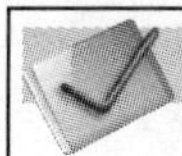

同步文件

素材文件：素材文件\第 5 章\报告.docx
结果文件：结果文件\第 5 章\报告.docx
视频文件：教学文件\第 5 章\5-2-3.mp4

Step01: ❶单击“设计”选项卡；❷单击“文档格式”组中的“主题”下拉按钮；❸选择“基础”选项，如下图所示。

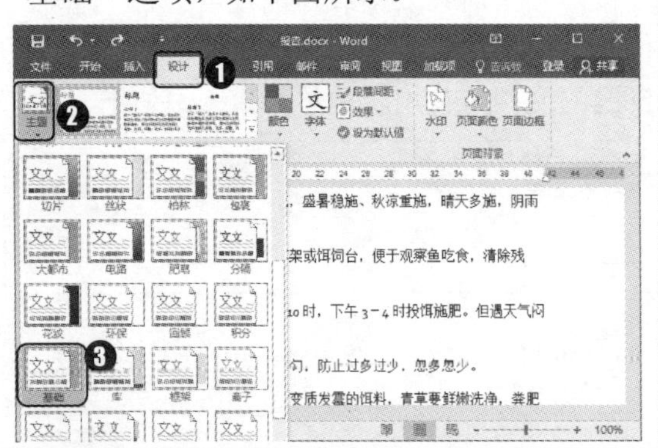

Step02: ❶单击“文档格式”组中的“颜色”下拉按钮；❷选择“绿色”选项，如下图所示。

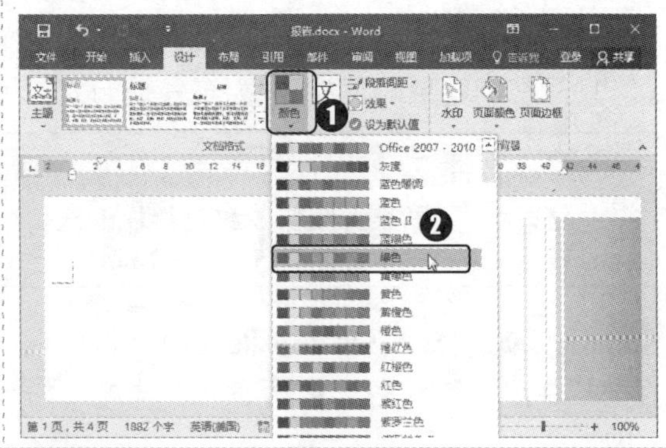

Step03: ❶单击“文档格式”组中的“字体”下拉按钮；❷选择“自定义字体”命令，如下图所示。

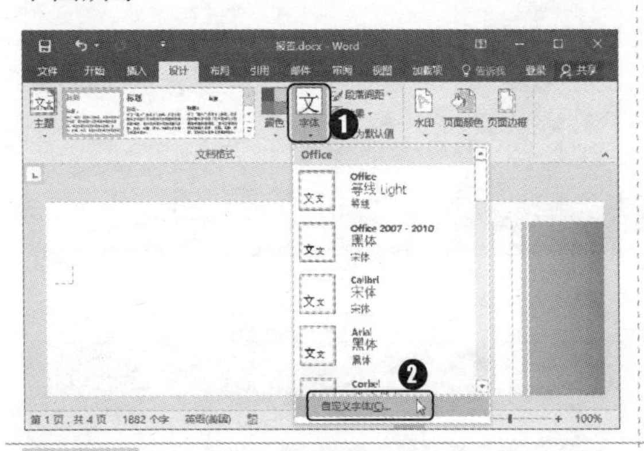

Step04: 打开“新建主题字体”对话框，❶设置字体格式；❷单击 “保存”按钮，如下图所示。

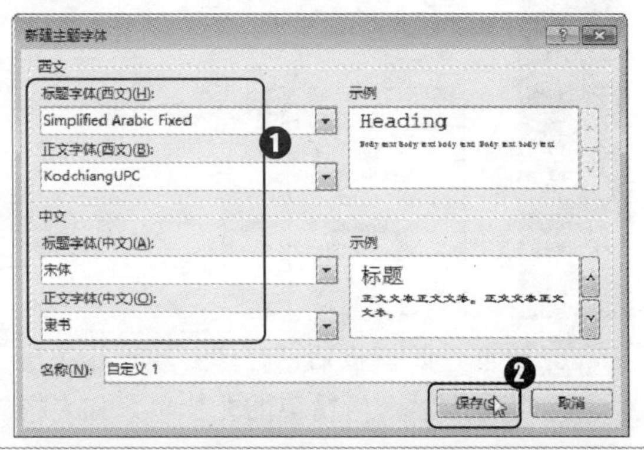

Step05: 经过前面的操作，修改文档主题样式、颜色和字体的效果如右图所示。

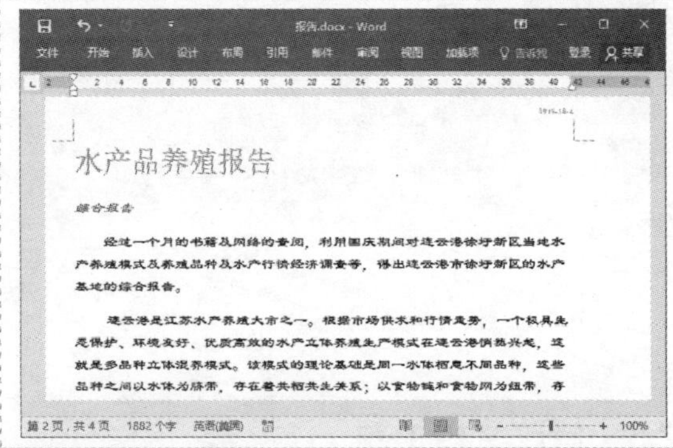

▷▷ 5.3　课堂讲解——文档的高级排版设计

在编排杂志、报纸等一些带有特殊效果的文档时，通常需要使用一些特殊的排版方式，如分栏排版、首字下沉和竖直排版等。这些排版方式可以使文档更美观。

5.3.1 实现分栏排版

分栏排版是一种新闻排版方式，它被广泛应用于报刊、杂志、图书和广告单等印刷品中。使用分栏排版功能可制作出别具特色的文档版面，同时能够减少版面空白。

设置分栏后，Word 的正文将逐栏排列。栏中文本的排列顺序是从最左边的一栏开始，自上而下填满一栏后，再自动从一栏的底部接续到右边相邻一栏的顶端，并开始新的一栏。这样的规划避免了纸张较宽时每一行的内容太长不利于阅读的问题，更加适应阅读者的阅读习惯。具体操作方法如下。

同步文件

素材文件：素材文件\第 5 章\卷七　项羽本纪.docx
结果文件：结果文件\第 5 章\卷七　项羽本纪.docx
视频文件：视频文件\第 5 章\5-3-1.mp4

Step01: ❶选中第 1 段文本；❷单击“布局”选项卡；❸单击“页面设置”组中的“分栏”下拉按钮；❹选择“两栏”命令，如下图所示。

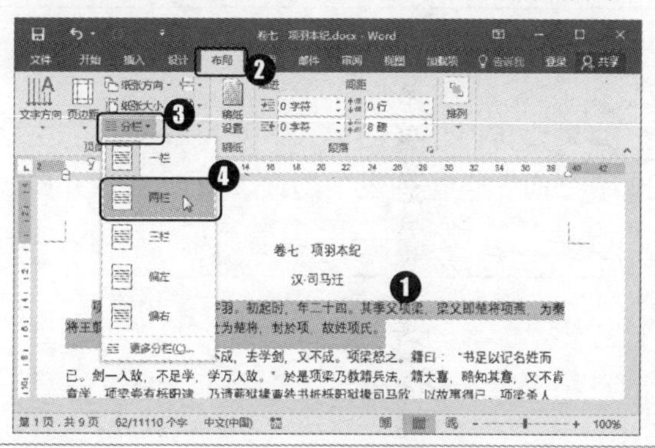

Step02: 经过前面的操作，将段落文本分成两栏，效果如下图所示。

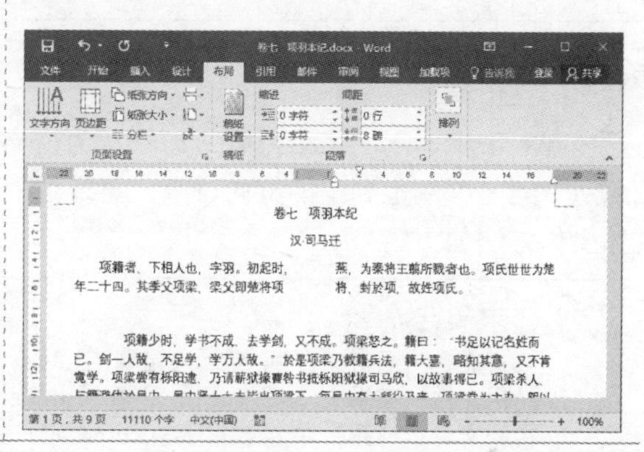

专家点拨——添加分栏线

默认情况下，对文本进行分栏是没有分隔线的，如果需要使用分隔线将栏分开，直接选择“分栏”下拉列表中的“更多分栏”命令，弹出“分栏”对话框，勾选“分隔线”复选框，再单击“确定”按钮，即可添加分栏线。

5.3.2 首字下沉

首字下沉是一种段落装饰效果，即将段落中的第一个文字放大，并占据多行文本的位置。为段落设置首字下沉可增强文档内容的视觉效果，达到吸引人目光的目的。通常在图书、报纸或杂志等一些特殊文档中能够看到首字下沉的排版效果。具体操作方法如下。

同步文件

素材文件：素材文件\第 5 章\卷七　项羽本纪 1.docx
结果文件：结果文件\第 5 章\卷七　项羽本纪 1.docx
视频文件：视频文件\第 5 章\5-3-2.mp4

Step01: ❶选中第 2 段文本；❷单击“插入”选项卡；❸单击“文本”组中的“首字下沉”按钮；❹选择“下沉”命令，如下图所示。

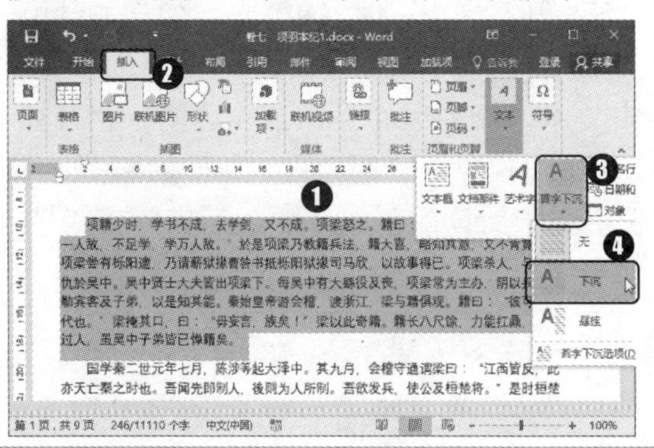

Step02: 经过前面的操作，设置段落文字首字下沉的效果如下图所示。

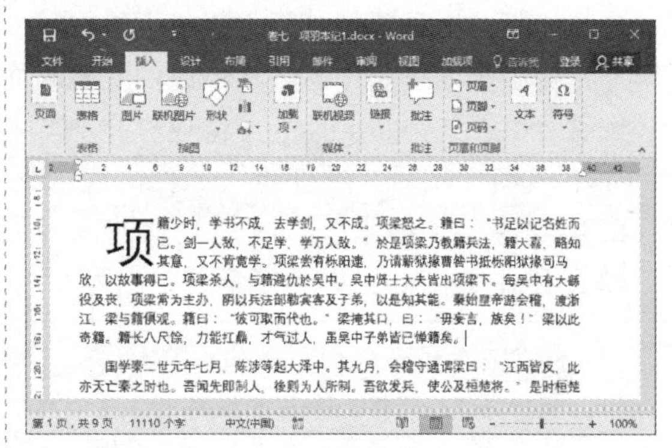

 专家点拨——设置首字下沉效果

在“首字下沉”下拉列表中选择“首字下沉选项”命令，可以在弹出的对话框中进一步设置首字下沉的位置、字体、行数和距离正文的位置。

5.3.3 竖直排版

在 Word 中输入的文字排版方向默认为横向，如果要仿照古文的形式，对整篇文档的文字按照从右到左、从上到下的方向排版，可通过“文字方向”下拉列表中的命令更改文字方向。具体操作方法如下。

 同步文件

素材文件：素材文件\第 5 章\沁园春 雪.docx
结果文件：结果文件\第 5 章\沁园春 雪.docx
视频文件：视频文件\第 5 章\5-3-3.mp4

Step01: ❶选中文档中的文本；❷单击“布局”选项卡；❸单击“页面设置”组中的“文字方向”按钮；❹选择“垂直”命令，如下图所示。

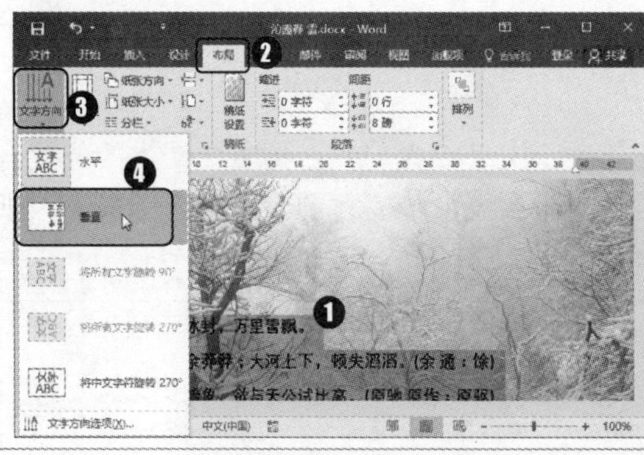

Step02: ❶设置了文字方向后，如果觉得文字大小不合适，可以选中文字；❷单击“字体”组中的“增大字号”按钮，如下图所示。

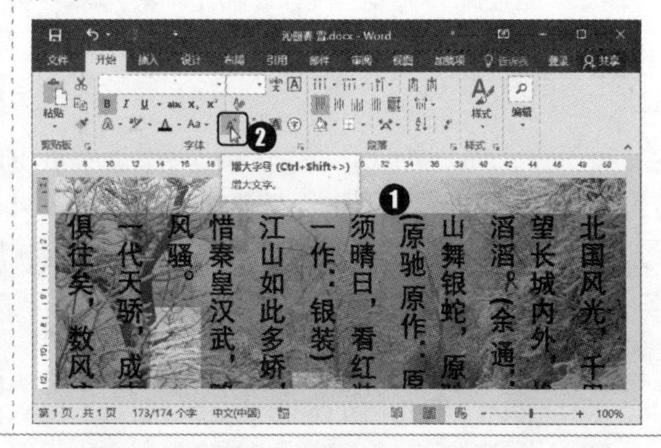

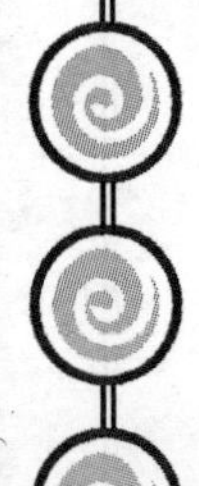

5.3.4 纵横混排

纵横混排可以在同一个文档中同时设置横向文字和纵向文字的特殊效果。例如，当将文档中的文本方向设置为纵向时，文档中的数字会跟着旋转，这样不符合阅读习惯，使用纵横混排功能就可以让数字正常显示。具体操作方法如下。

同步文件

素材文件：素材文件\第 5 章\沁园春 雪 1.docx
结果文件：结果文件\第 5 章\沁园春 雪 1.docx
视频文件：视频文件\第 5 章\5-3-4.mp4

Step01: ❶选中文档中的数字文本；❷单击“段落”组中的“中文版式”按钮；❸选择“纵横混排”命令，如下图所示。

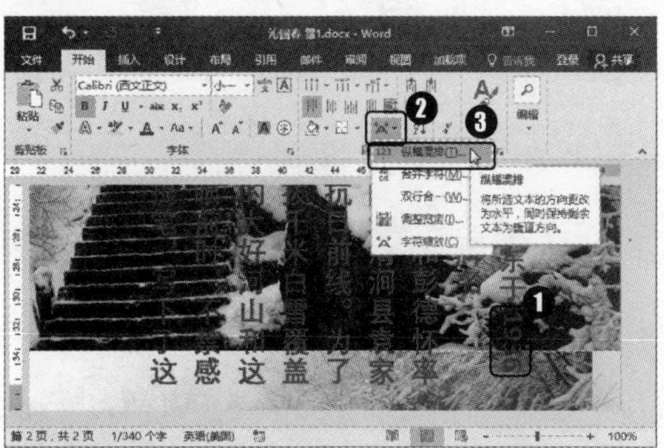

Step02: 打开“纵横混排”对话框，❶取消勾选“适应行宽”复选框；❷单击“确定”按钮，如下图所示。

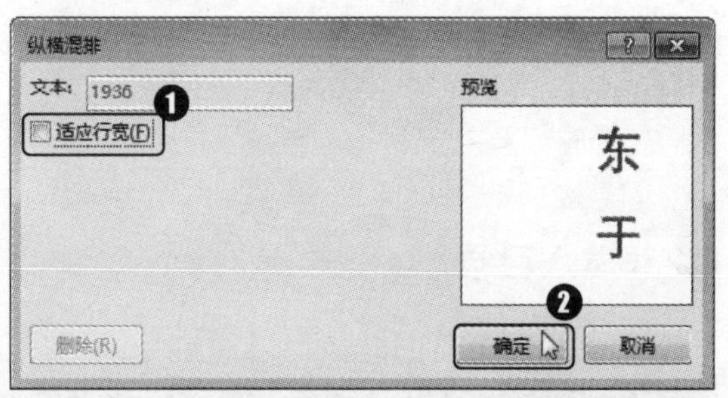

Step03: 经过前面的操作，设置文档中的数字为纵横混排，效果如右图所示。

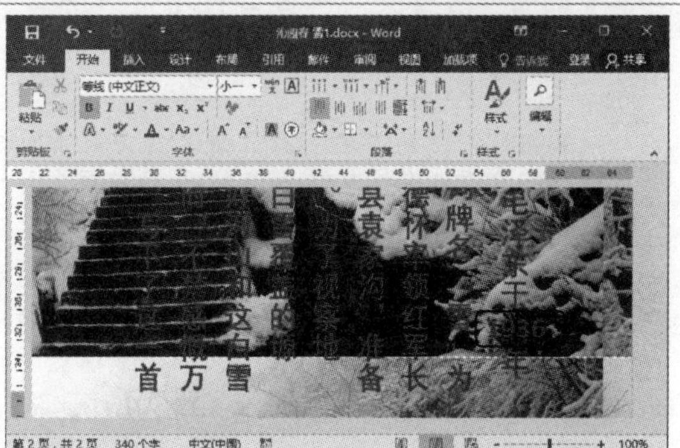

▷▷ 5.4 课堂讲解——编排长篇文档目录

用户使用 Word 2016 编排长篇文档时，需要对文档进行设置级别、添加目录等操作，方便阅读者阅读。

5.4.1 设置文档级别

设置文档级别可以使文档看起来更具有层次感，不管是 Word 2016 以前的版本还是现在的

版本，都可以先设置文档级别再插入目录。具体操作方法如下。

同步文件

素材文件：素材文件\第 5 章\产品方案.docx
结果文件：结果文件\第 5 章\产品方案.docx
视频文件：视频文件\第 5 章\5-4-1.mp4

Step01: ❶单击“视图”选项卡；❷单击“视图”组中的“大纲视图”按钮，如下图所示。

Step02: ❶选择需要设置级别的文本；❷单击“大纲工具”组中“1 级”右侧的下拉按钮；❸选择“2 级”选项，如下图所示。

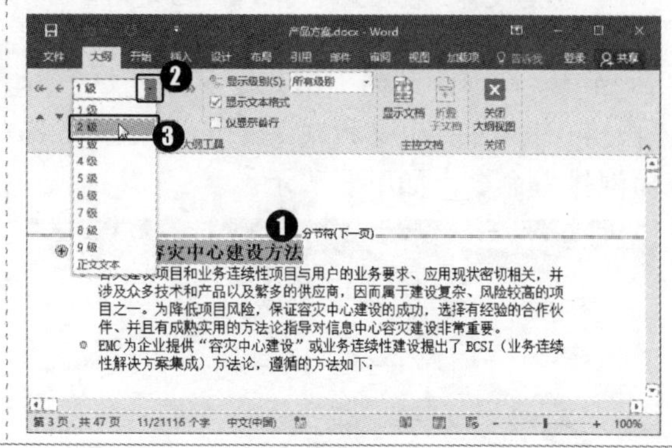

5.4.2 插入目录

读者在阅读纸质书时，可以通过目录提供的页码快速有效地找到想看的内容；同样，在阅读电子文档时，也可以通过目录直接定位到需要的知识点位置。插入目录的具体操作方法如下。

同步文件

素材文件：素材文件\第 5 章\产品方案 1.docx
结果文件：结果文件\第 5 章\产品方案 1.docx
视频文件：视频文件\第 5 章\5-4-2.mp4

Step01: ❶将光标定位至“目录”文字的下方，单击“引用”选项卡；❷单击“目录”组中的“目录”按钮；❸选择“自动目录 1”选项，如下图所示。

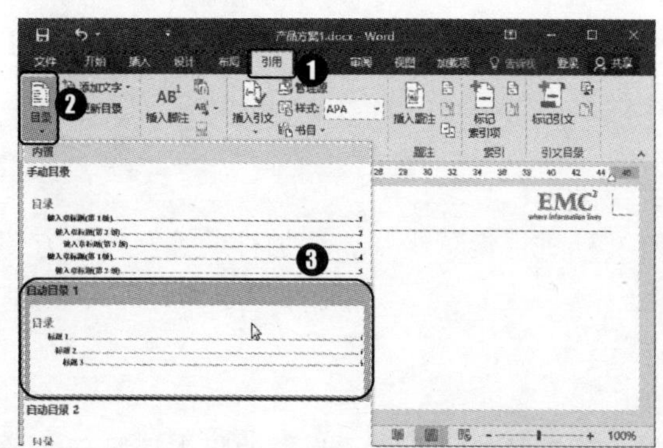

Step02: 经过前面的操作，即可自动生成目录，效果如下图所示。

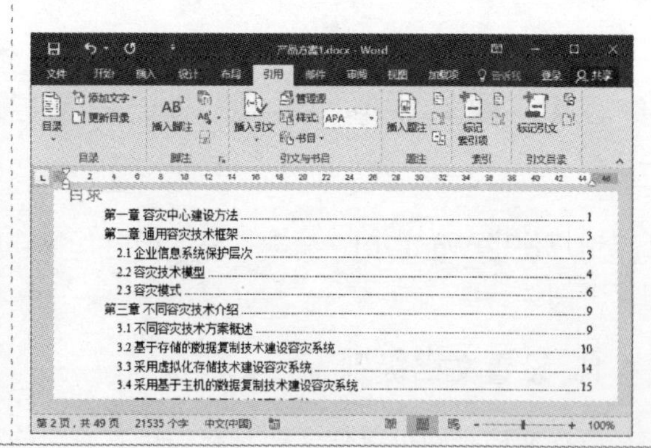

5.4.3 更新目录

用户在编辑文档时，经常会插入、删除内容或者更改级别样式，此时页码或级别就会发生改变，因此要及时更新目录。具体操作方法如下。

同步文件

素材文件：素材文件\第 5 章\产品方案 2.docx
结果文件：结果文件\第 5 章\产品方案 2.docx
视频文件：视频文件\第 5 章\5-4-3.mp4

Step01: ❶将光标定位至目录中或者选中目录；❷单击“目录”组中的“更新目录”按钮，如下图所示。

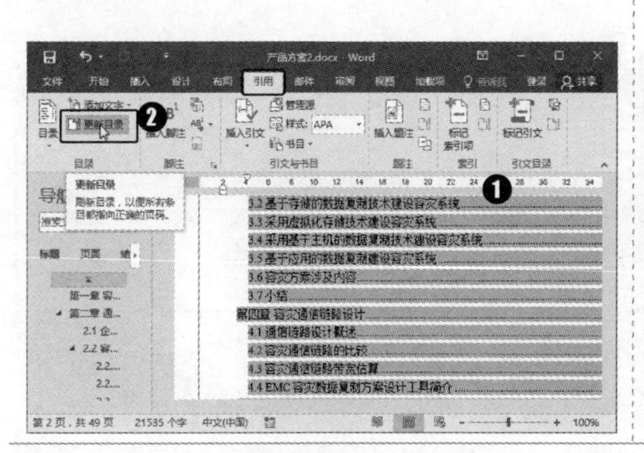

Step02: 打开“更新目录”对话框，❶选择“更新整个目录”单选按钮；❷单击“确定”按钮，如下图所示。

▷▷ 5.5 课堂讲解——添加脚注、尾注和题注

如果需要对某些文字进行注释，会应用到脚注；如果在文档中引用了一些名言之类的文字，则需要使用尾注的方式进行标记；如果制作的文档中插入的图片较多，则需要使用题注的方式进行标记。本节主要介绍脚注、尾注和题注的相关知识。

5.5.1 插入脚注

适当为文档中的某些内容添加注释，可以使文档显得更加专业。如果将这些注释内容放置于页脚处，即称之为脚注。如果手动在文档中添加脚注内容，不仅操作麻烦，而且不便于后期修改。在 Word 2016 中可以快速为文档添加脚注，具体操作方法如下。

同步文件

素材文件：素材文件\第 5 章\沁园春 雪（添加脚注）.docx
结果文件：结果文件\第 5 章\沁园春 雪（添加脚注）.docx
视频文件：视频文件\第 5 章\5-5-1.mp4

Step01: ❶选择需要添加脚注的文本；❷单击“引用”选项卡；❸单击“脚注”组中的“插入脚注”按钮，如下图所示。

Step02: 光标自动定位至脚注的位置，然后输入脚注内容，如下图所示。

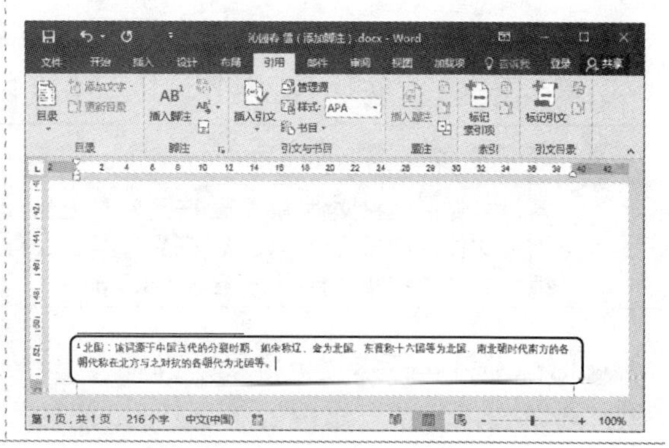

5.5.2 插入尾注

尾注和脚注一样，都是文档的注释部分。尾注主要用于对文档进行补充说明，起到注释的作用。一般来说，脚注放在页面底部，用于解释本页中的内容，而尾注一般显示在文档的结尾部分。

同步文件

素材文件：素材文件\第 5 章\沁园春 雪（添加尾注）.docx
结果文件：结果文件\第 5 章\沁园春 雪（添加尾注）.docx
视频文件：视频文件\第 5 章\5-5-2.mp4

Step01: ❶将光标定位至文档结尾处；❷单击“引用”选项卡中“脚注”组中的“插入尾注”按钮，如下图所示。

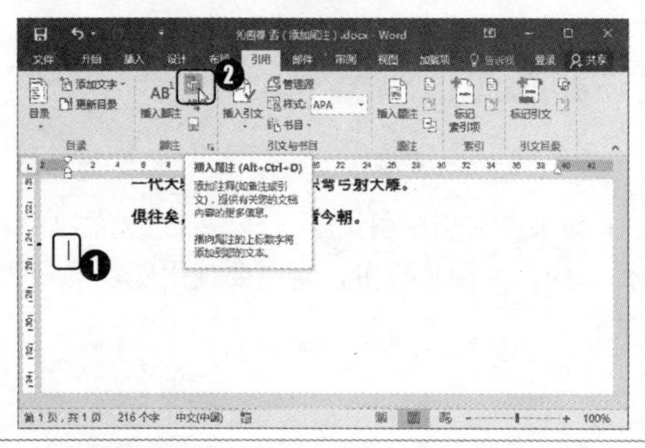

Step02: 在文档结尾处出现一个空白标记和尾注编号，在插入点处输入尾注内容，如下图所示。

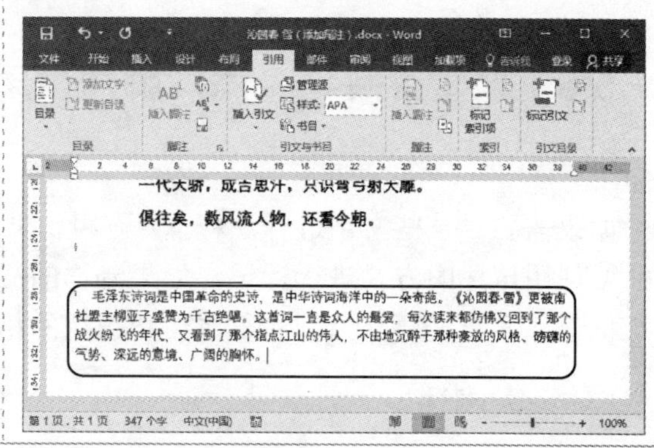

5.5.3 插入题注

在编辑一些图文并茂的文档时，需要为图片进行编号，如“图 1”“图 2”等。在 Word 文档中可以通过“插入题注”功能自动为图片添加编号。当然，Word 中还可以为表格、公式、图表等对象建立带有编号的说明段落，这些内容都称为“题注”。

同步文件

素材文件：素材文件\第 5 章\产品方案（插入题注）.docx
结果文件：结果文件\第 5 章\产品方案（插入题注）.docx
视频文件：视频文件\第 5 章\5-5-3.mp4

Step01: ❶选中要插入题注的图片；❷单击“引用”选项卡中“题注”组中的“插入题注”按钮，如下图所示。

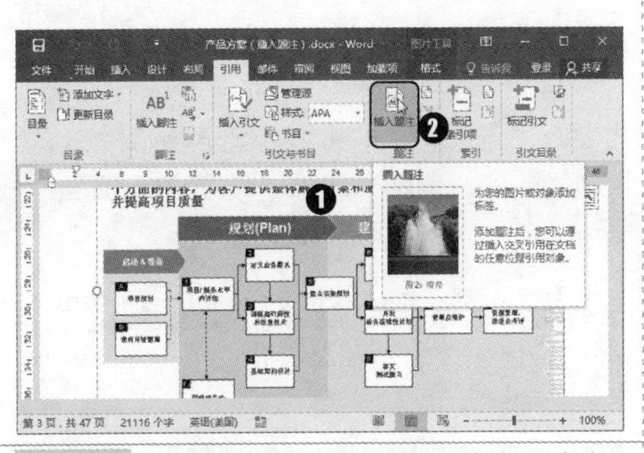

Step02: 打开“题注”对话框，❶单击“新建标签”按钮，打开“新建标签”对话框；❷输入标签名称；❸单击“确定”按钮，如下图所示。

Step03: 返回“题注”对话框，单击“确定”按钮，如下图所示。

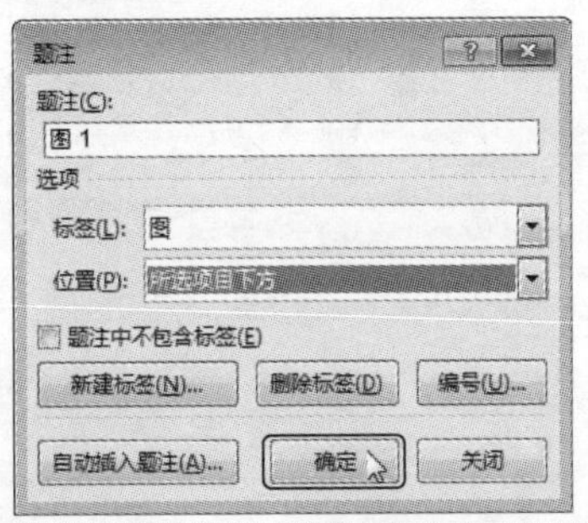

Step04: 经过前面的操作，为图片添加题注后的效果如下图所示。

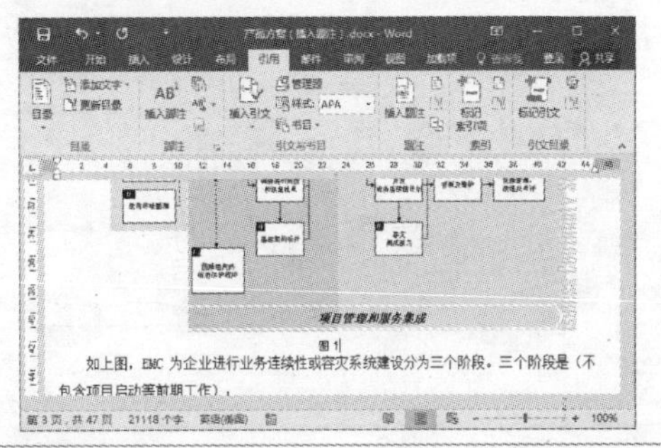

Step05: ❶选中下一个要插入题注的图片；❷再次单击“引用”选项卡中“题注”组中的“插入题注”按钮，如下图所示。

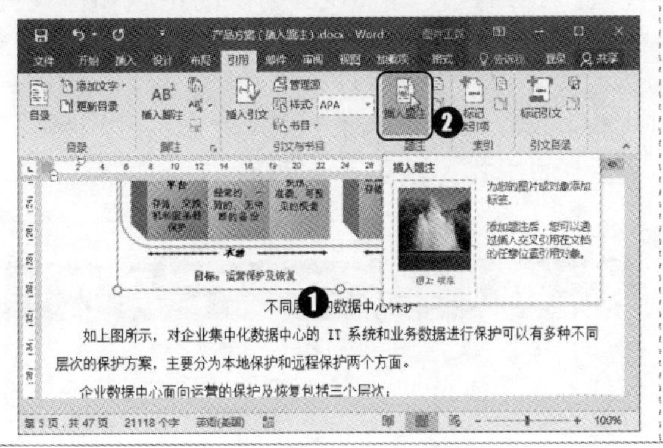

Step06: 弹出“题注”对话框，此时题注的编号将会自动顺延，单击“确定”按钮即可，如下图所示。

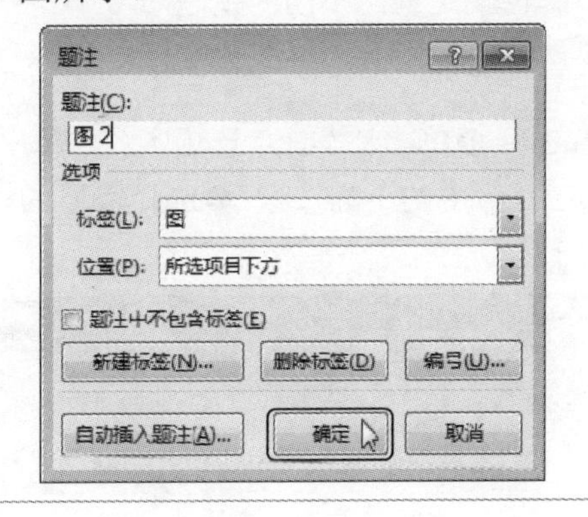

▷▷ 高手秘籍——实用操作技巧

通过对前面知识的学习，相信读者朋友已经掌握了如何在 Word 文档中应用模板，插入目录，添加脚注、尾注和题注等。下面结合本章内容介绍一些实用的操作技巧。

同步文件

视频文件：视频文件\第 5 章\高手秘籍.mp4

技巧 01 快速删除文本的所有样式

在为文档中的内容设置了各种样式后，如果需要重新设置格式，或者不再需要某个样式，可以利用 Word 2016 中的“清除格式”命令快速将格式清除。例如，删除“技巧 01”文档中应用的所有样式，具体操作方法如下。

Step01: ❶选中文本中应用了样式的文本；❷单击“样式”按钮；❸在下拉列表中选择“清除格式”命令，如下图所示。

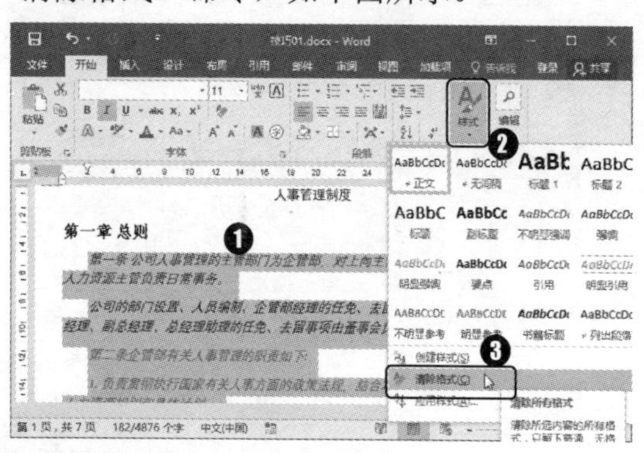

Step02: 经过前面的操作，即快速删除文本的所有样式，效果如下图所示。

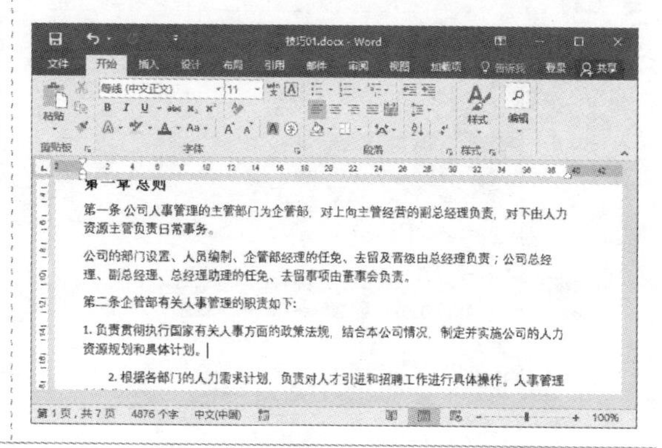

技巧 02 设置文档的样式集

在“文档格式”组中还提供了多种样式集，当设置了主题后，“文档格式”组中的样式集就会更新。也就是说，不同的主题对应一组不同的样式集。结合使用 Word 提供的主题和样式集功能，能够快速高效地格式化文本。具体操作方法如下。

Step01: ❶单击“设计”选项卡；❷单击“文档格式”组中的下翻按钮；❸选择需要的样式，如下图所示。

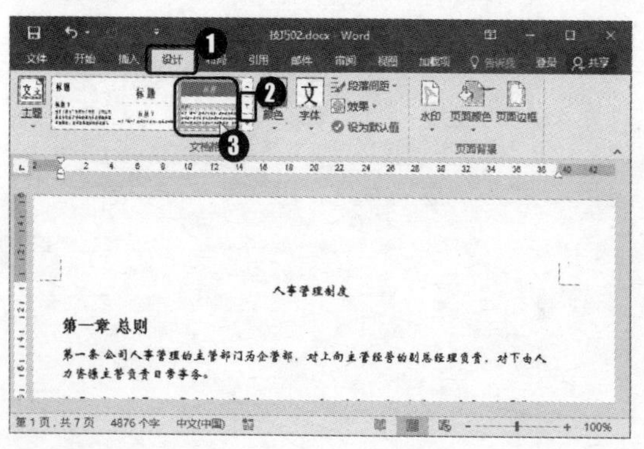

Step02: 经过前面的操作，为文档应用样式集中的样式，效果如下图所示。

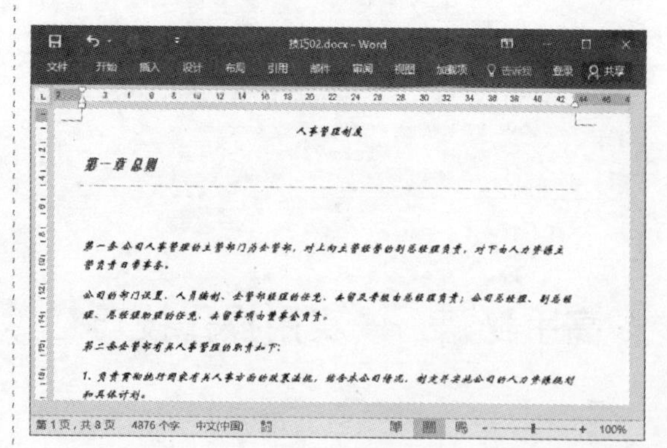

技巧 03 快速删除尾注中的横线

在文档中插入尾注后，会自动显示出一条分隔线，如果不想要那条分隔线，可以将其删除。具体操作方法如下。

Step01: ❶单击“视图”选项卡；❷单击“视图”组中的“草稿”按钮，如下图所示。

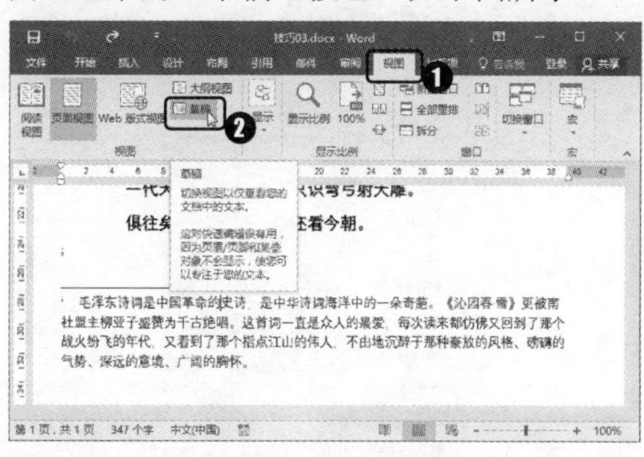

Step02: ❶单击“引用”选项卡；❷单击“脚注”组中的“显示备注”按钮，如下图所示。

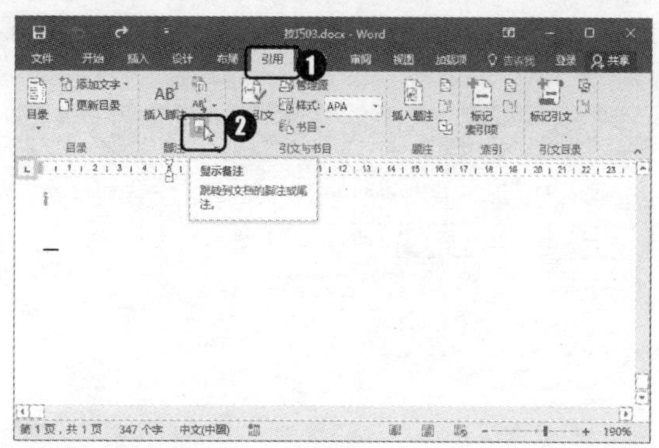

Step03: 打开“显示备注”对话框，❶选择“查看尾注区”单选按钮；❷单击“确定”按钮，如下图所示。

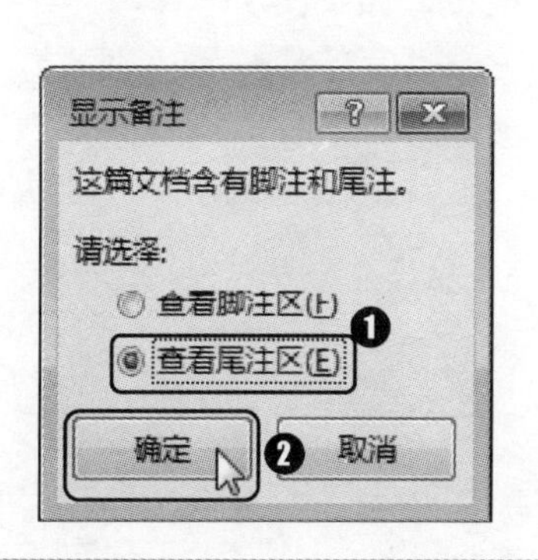

Step04: ❶单击“所有尾注”右侧的下拉按钮；❷选择“尾注分隔符”选项，如下图所示。

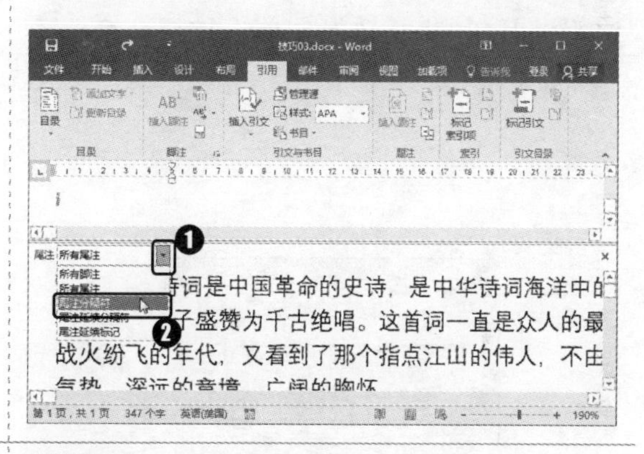

Step05: 选中分隔线，按〈Delete〉按钮删除，如下图所示。

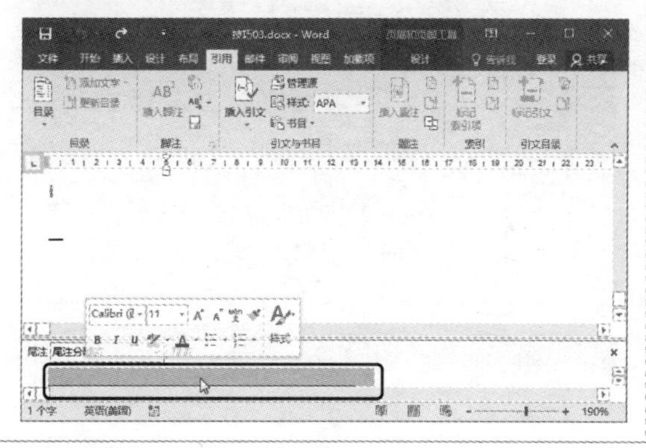

Step06: 经过前面的操作，即可删除尾注中的分隔线，效果如下图所示。

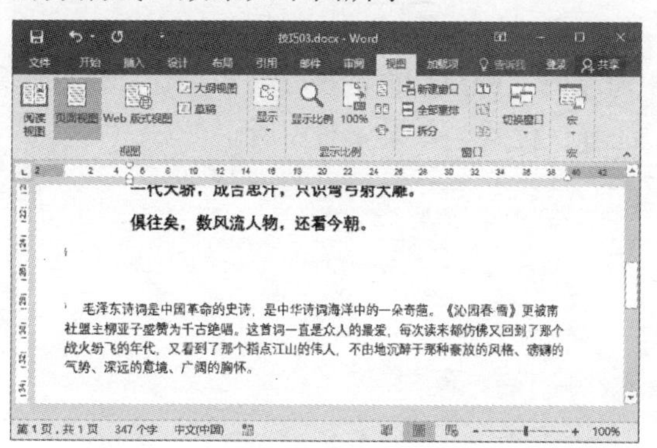

技巧 04 让脚注和尾注互换

如果在插入脚注和尾注时出现脚注和尾注的位置错误，可以通过转换的方式让脚注和尾注进行互换。具体操作方法如下。

Step01: ❶单击“引用”选项卡；❷单击“脚注”组中的对话框启动按钮，如下图所示。

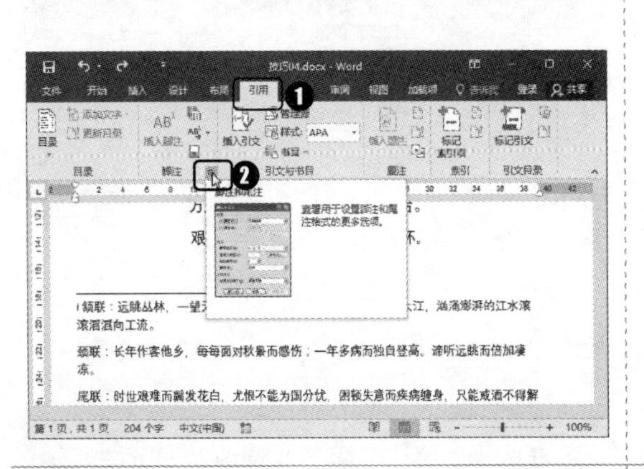

Step02: 打开“脚注和尾注”对话框，单击“转换”按钮，如下图所示。

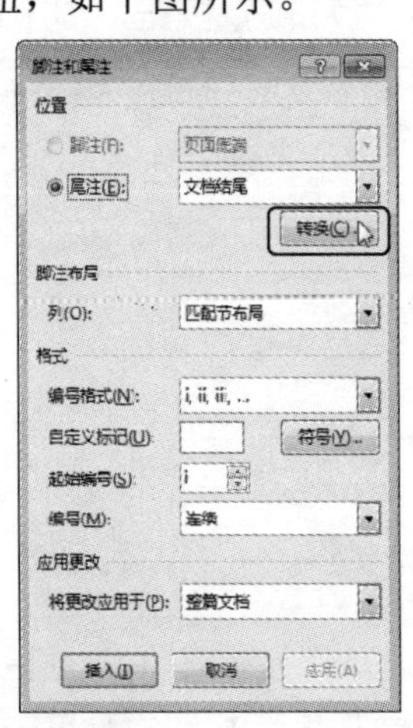

Step03: 打开“转换注释”对话框，❶选择“脚注和尾注相互转换”单选按钮；❷单击“确定”按钮，如下图所示。

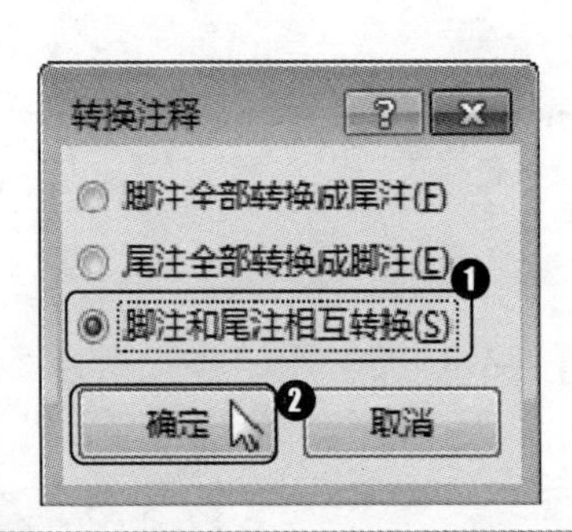

Step04: 返回“脚注和尾注”对话框，单击“关闭”按钮，如下图所示。

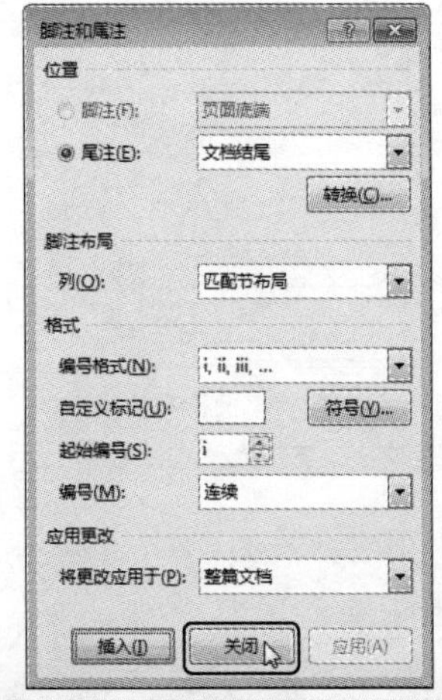

Step05: 经过前面的操作，即可让脚注和尾注互换位置，效果如右图所示。

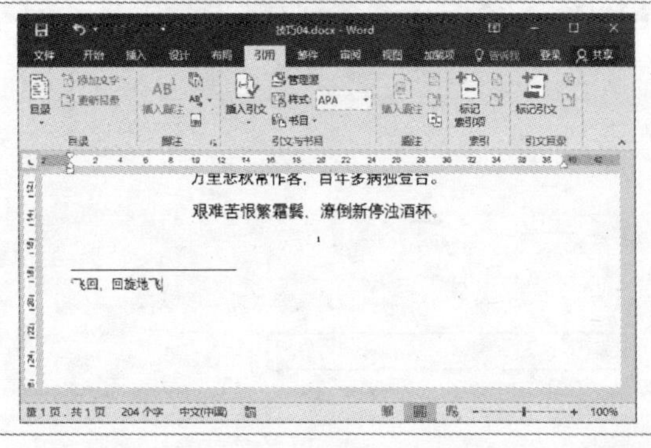

▷▷ 上机实战——制作公司行政类文档模板

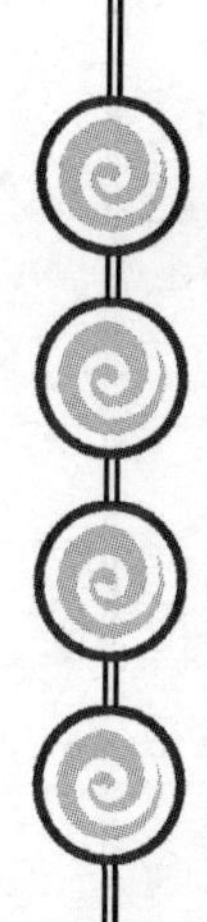

>> 上机介绍

公司行政类型的文档根据不同公司的要求，模板都大不相同。但是，一些常用的通知、会议纪要等类型的模板都是大同小异的。下面以会议纪要为例，介绍制作文档模板的方法。最终效果如下图所示。

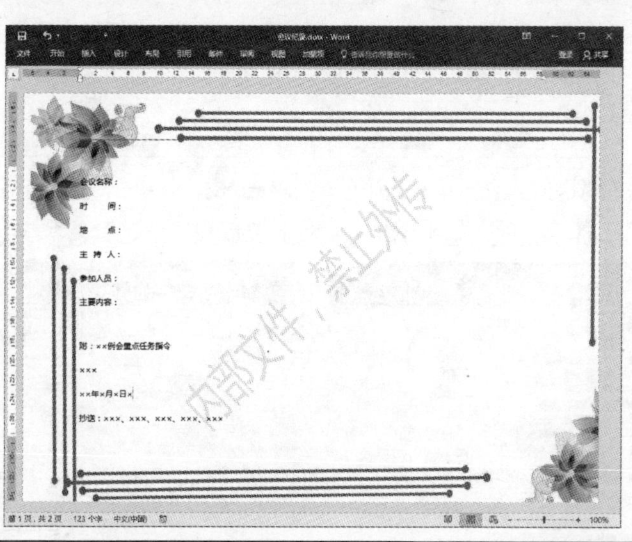

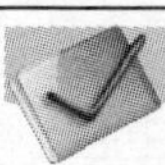

同步文件

素材文件：素材文件\第 5 章\背景图.jpg
结果文件：结果文件\第 5 章\会议纪要.dotx
视频文件：视频文件\第 5 章\上机实战.mp4

>> 步骤详解

本实例的具体操作方法如下。

Step01: 在 Word 2016 中新建文档，并保存为“会议纪要”文档，然后在文档中输入如下图所示的内容。

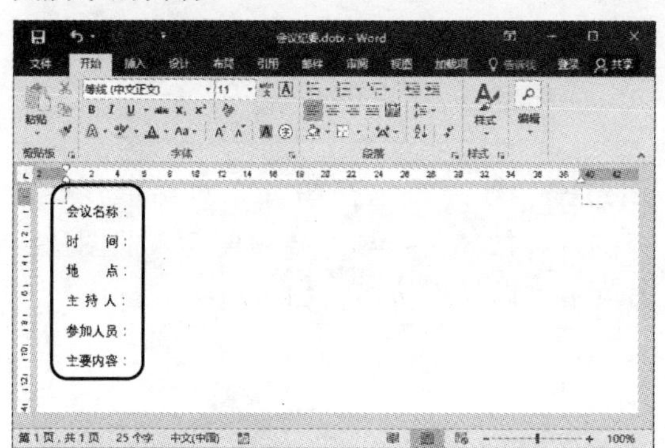

Step02: 输入会议纪要的其他内容，需要实际填写的内容以“X”代替，如下图所示。

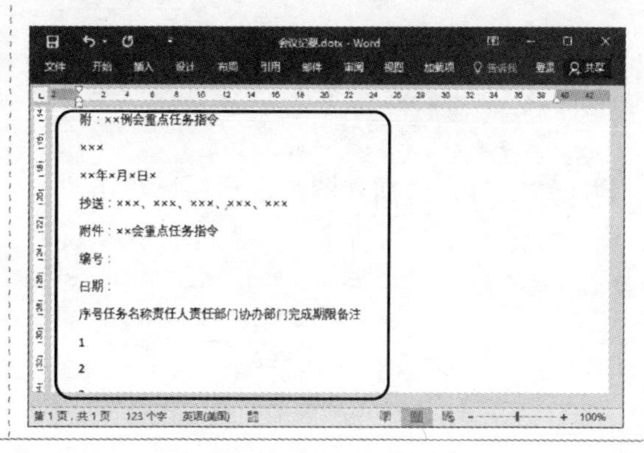

Step03: ❶单击“设计”选项卡；❷单击“文档格式”组中的“主题”下拉按钮；❸选择“离子会议室”选项，如下图所示。

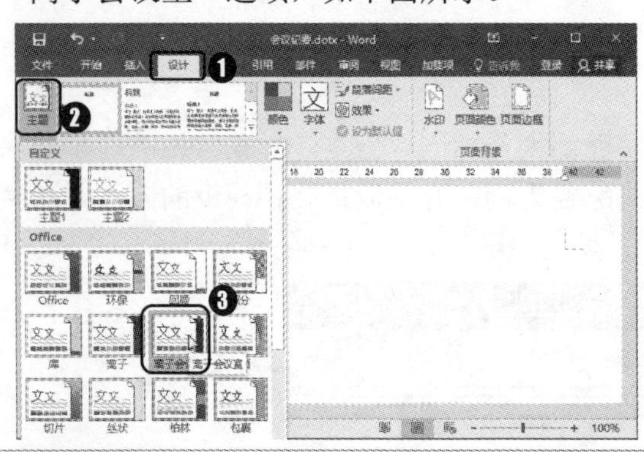

Step04: ❶单击“文档格式”组中的下翻按钮；❷选择“现代”选项，如下图所示。

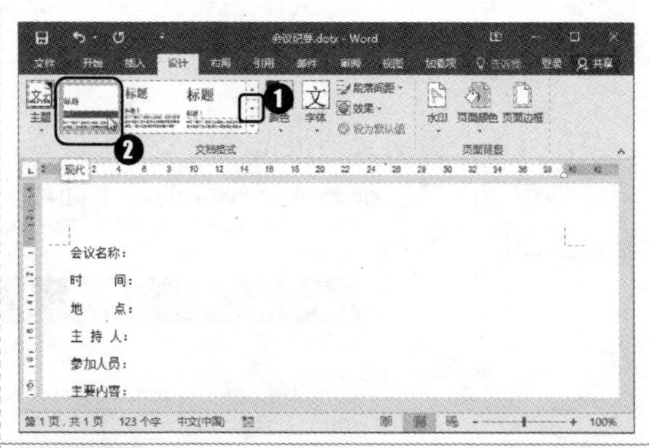

Step05: ❶单击“文档格式”组中的“颜色”下拉按钮；❷选择“字幕”选项，如下图所示。

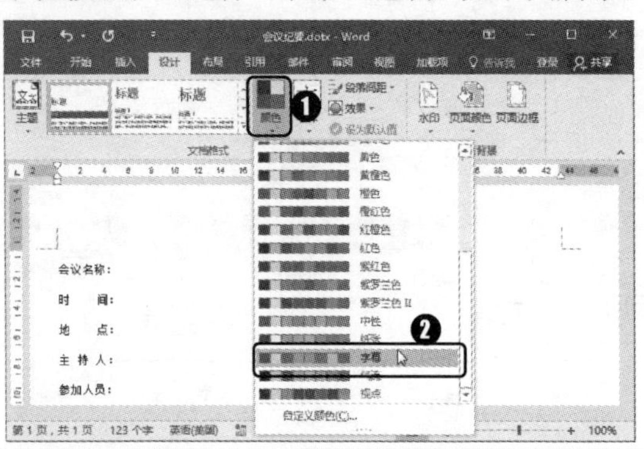

Step06: ❶单击“文档格式”组中的“字体”下拉按钮；❷选择“华文楷体”，如下图所示。

Step07: ❶单击“页面背景”组中的“页面颜色”下拉按钮；❷选择“填充效果”命令，如下图所示。

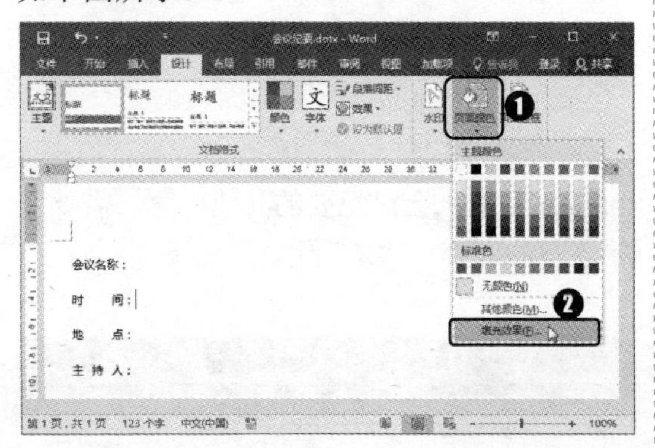

Step08: 打开“填充效果”对话框，❶单击“图片”选项卡；❷单击“选择图片”按钮，如下图所示。

Step09: 打开“插入图片”窗格，单击“浏览”按钮，如下图所示。

Step10: 打开“选择图片”对话框，❶选择图片存放路径；❷选择需要插入的图片；❸单击“插入”按钮，如下图所示。

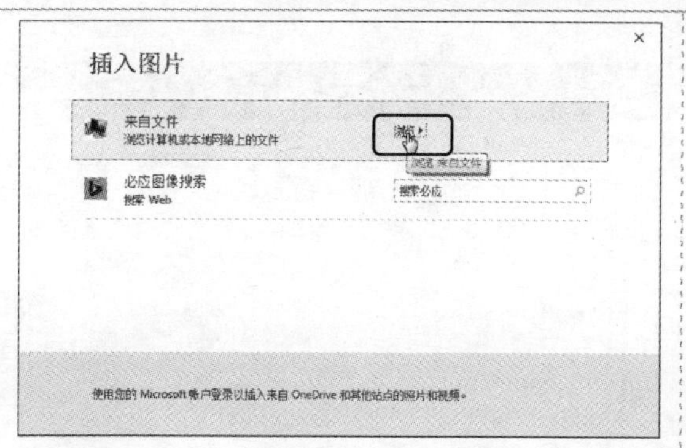

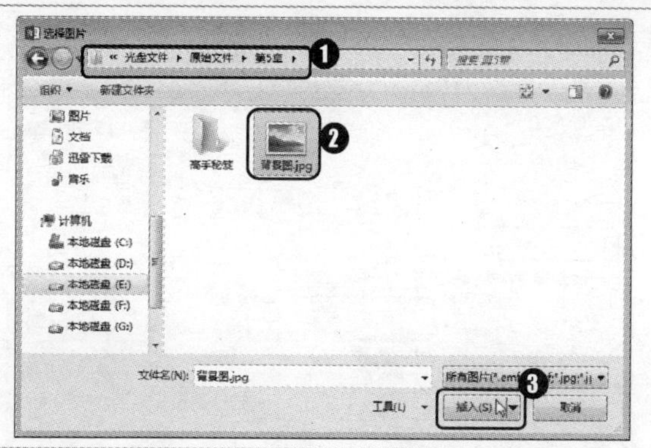

Step11: 返回“填充效果”对话框，单击“确定”按钮，如下图所示。

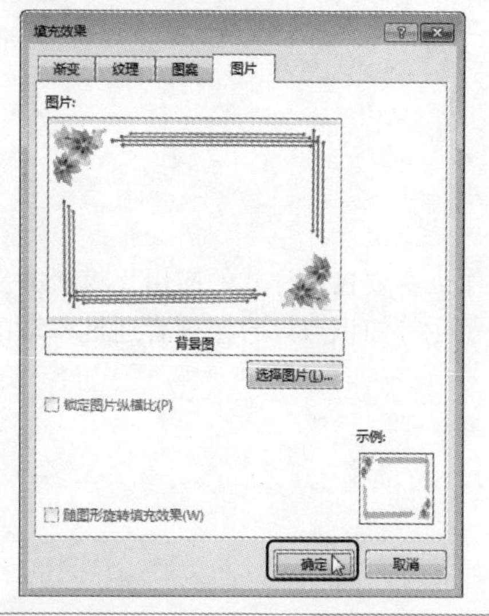

Step12: ❶单击“布局”选项卡；❷单击“页面设置”组中的“纸张方向”下拉按钮；❸选择“横向”命令，如下图所示。

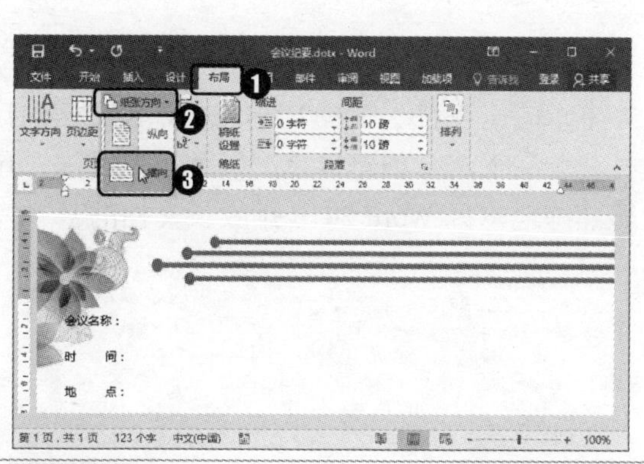

Step13: ❶单击“页面设置”组中的“纸张大小”下拉按钮；❷选择“B5”选项，如下图所示。

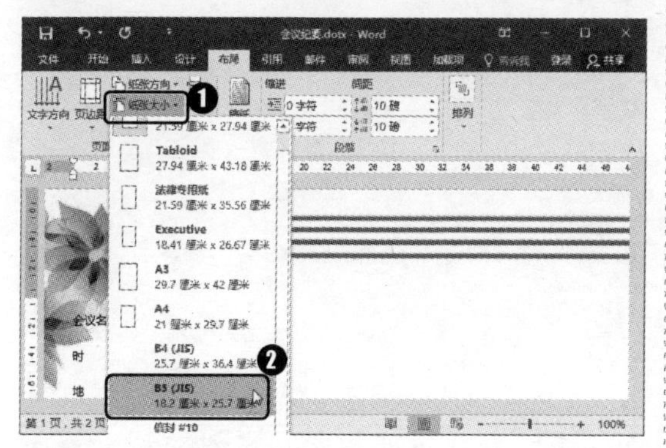

Step14: ❶单击“设计”选项卡；❷单击“页面背景”组中的“水印”下拉按钮；❸选择“自定义水印”命令，如下图所示。

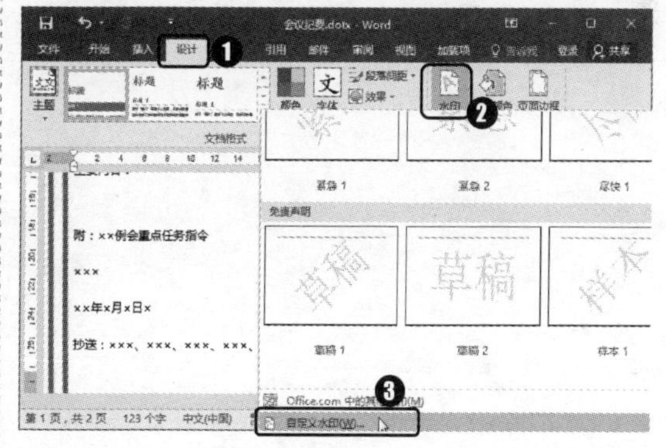

Step15: 打开“水印”对话框，❶选择“文字水印”单选按钮；❷在“文字”文本框中输入水印文字；❸单击“确定”按钮，如下图所示。

Step16: 经过前面的操作，制作的会议纪要模板效果如下图所示。

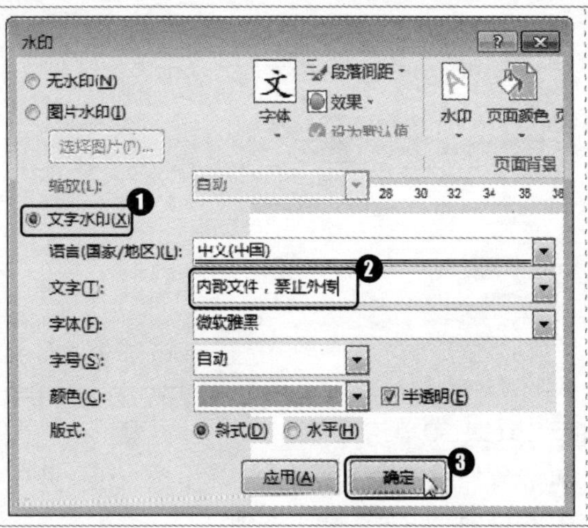

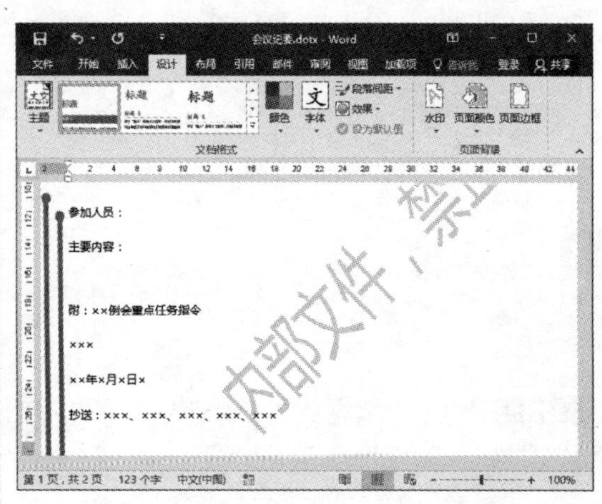

▷▷ 本章小结

本章的重点在于掌握 Word 2016 长文档的排版操作，主要包括样式的应用、模板的应用、分栏、首字下沉、创建目录，以及添加脚注、尾注和题注等知识点。希望读者通过本章的学习能够熟练地掌握 Word 2016 排版长文档的基本操作。

第 6 章　在 Word 2016 中批量生成子文档

本章导读

在日常工作中，用户可能需要向多人发送内容大致相同，只是某些关键字需要进行更改的文档，使用 Word 2016 中的邮件合并功能就可以非常轻松地完成这类工作。还可以运用 Word 2016 中的 ActiveX 控件制作调查表之类的文档。

知识要点

- 创建信封与标签
- 编辑主文档与数据源文档
- 向主文档中插入合并域
- 生成多个文档
- 应用 ActiveX 控件
- 使用宏代码

效果展示

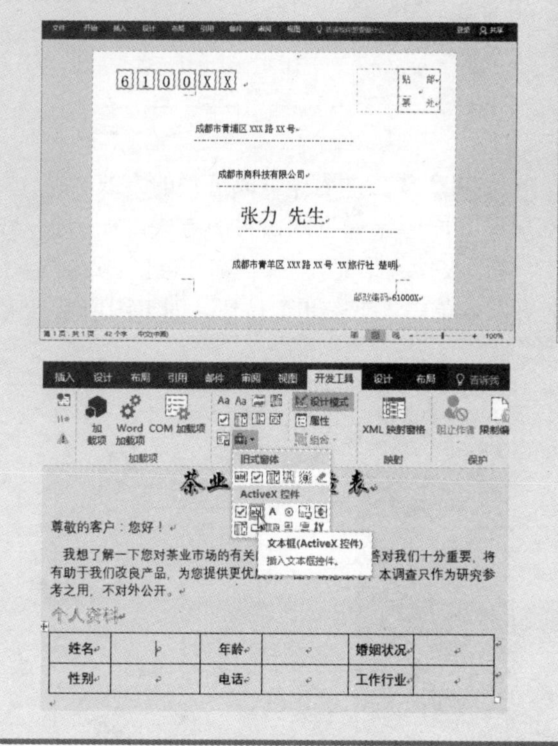

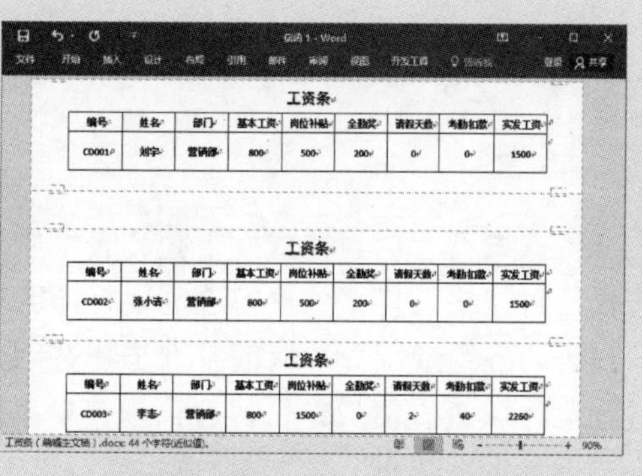

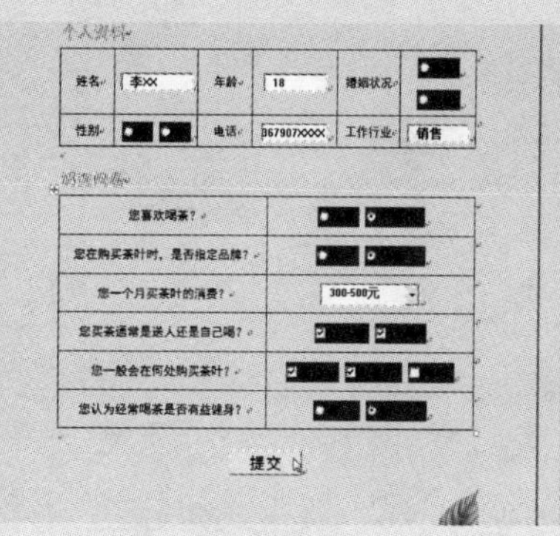

▷▷ 6.1　课堂讲解——创建信封与标签

在 Word 2016 中提供了制作单个或批量生成信封的功能，用户可以根据向导创建传统的中文版式信封，也可以自定义设计信封，还可以在邮件中创建标签。

6.1.1　使用向导创建信封

在日常办公中，如果需要为大量客户邮寄信件，使用 Word 中的信封功能创建信封，则相当方便、快捷。使用向导创建信封，可以制作标准的信封格式与样式，用户只需要填写相关的信息即可。具体操作方法如下。

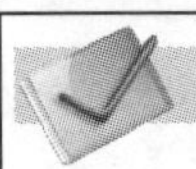

同步文件

视频文件：视频文件\第 6 章\6-1-1.mp4

Step01: ❶单击“邮件”选项卡；❷在“创建”组中单击“中文信封”按钮，启动信封制作向导，如下图所示。

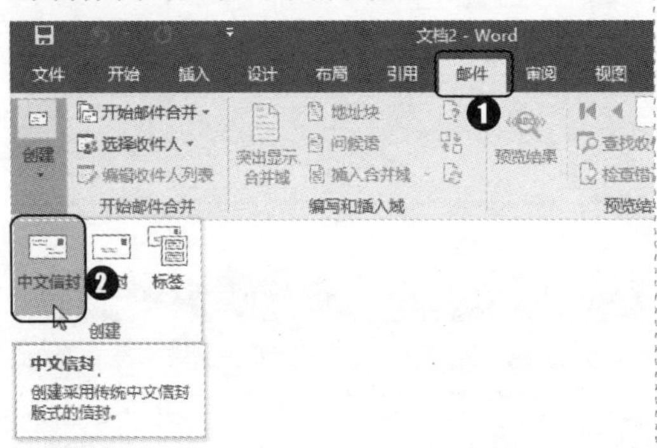

Step02: 打开“信封制作向导”对话框，单击“下一步”按钮，如下图所示。

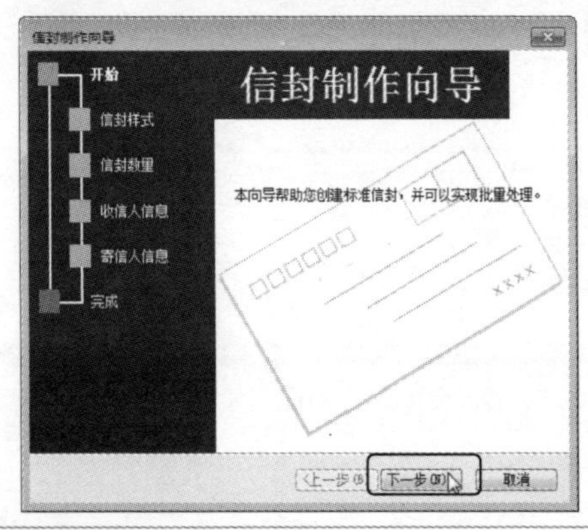

Step03: ❶在“信封样式”下拉列表框中选择信封规格及样式；❷勾选需要打印到信封上的各组成部分对应的复选框，并通过预览区域查看信封是否符合需求；❸单击“下一步”按钮，如下图所示。

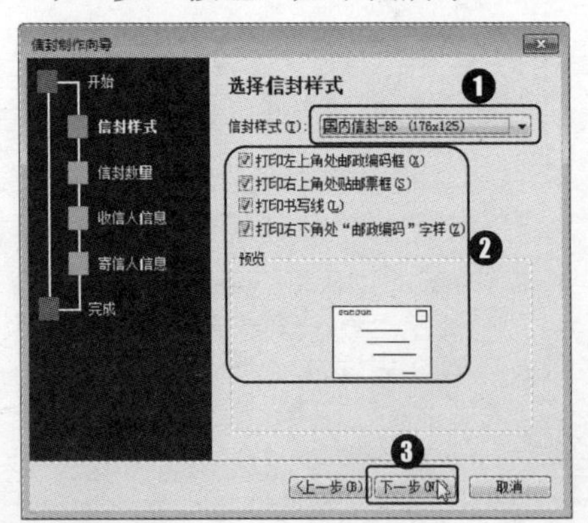

Step04: ❶在“选择生成信封的方式和数量”界面中选择生成信封的方式，如选择“键入收件人信息，生成单个信封”单选按钮；❷单击“下一步”按钮，如下图所示。

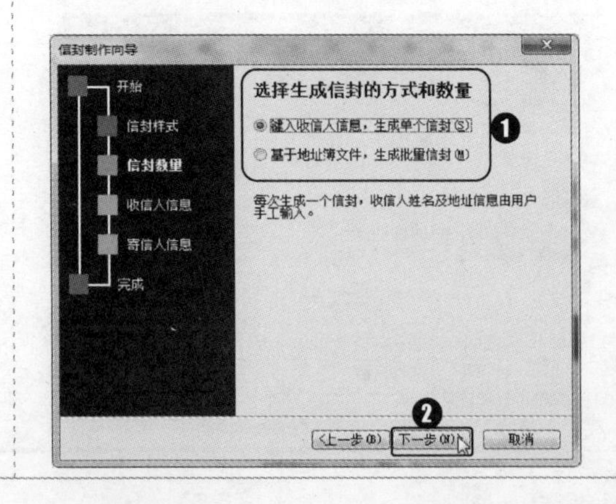

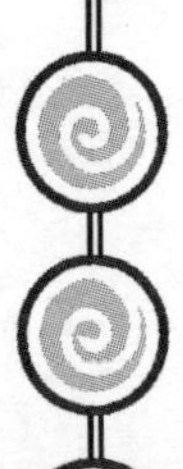

新手注意

中文信封与外文信封在版式和文本输入次序上有很多不同。Word 2016 为了满足中文用户的需要提供了多种中文信封样式方便用户创建信封。

Step05: ❶在对应的文本框中输入收信人的姓名、单位、地址以及邮编信息；❷单击“下一步”按钮，如下图所示。

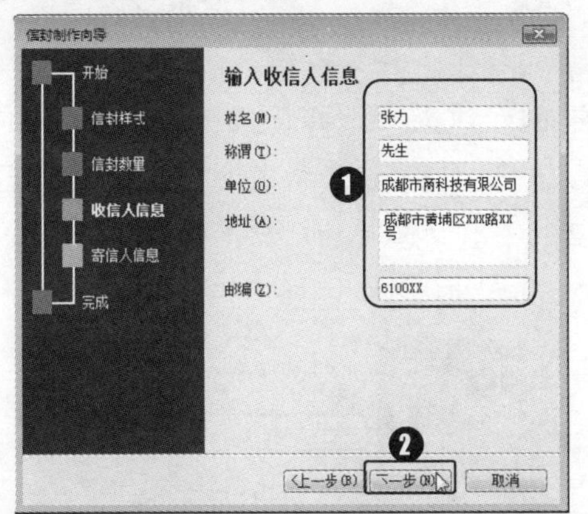

Step06: ❶在对应的文本框中输入寄信人的姓名、单位、地址以及邮编信息；❷单击“下一步”按钮，如下图所示。

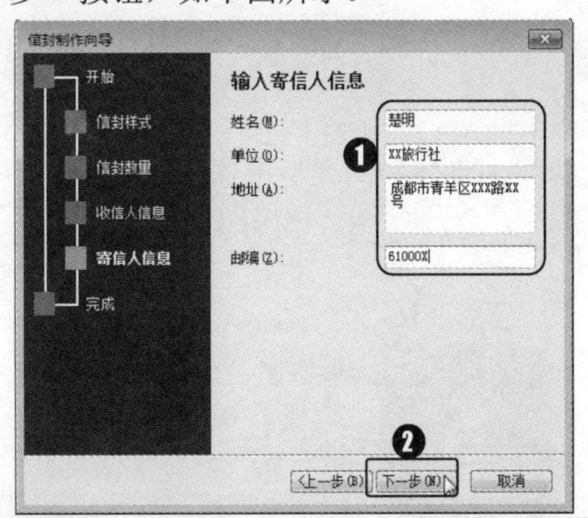

Step07: 单击“完成”按钮，如下图所示。

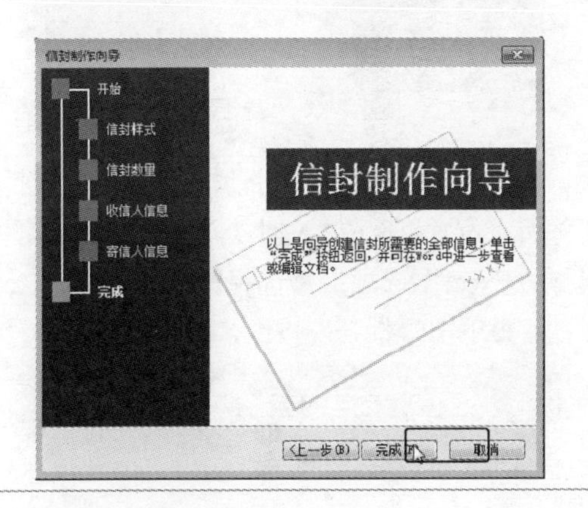

Step08: 此时，Word 将自动新建一个信封文档，其中的内容自动按照前面输入的信息正确填写，如下图所示。

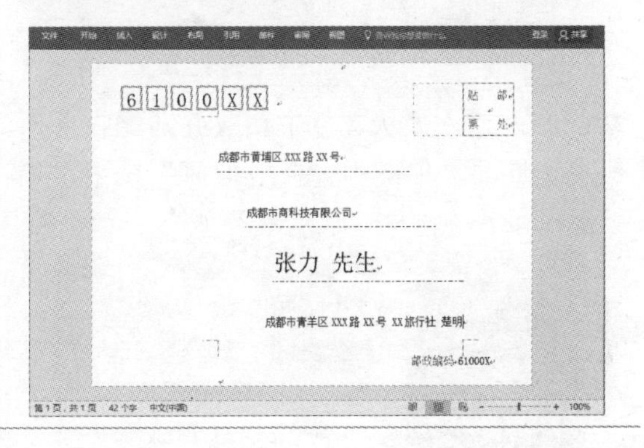

6.1.2 手动创建信封

使用向导创建的信封，是根据信封的特定格式进行创建的。如果需要创建多个邮件信封或简易的信封，可以手动批量制作信封。具体操作方法如下。

同步文件

素材文件：素材文件\第 6 章\收件人信息.xlsx
结果文件：结果文件\第 6 章\手动创建信封.docx
视频文件：视频文件\第 6 章\6-1-2.mp4

Step01: 启动 Excel 2016 程序，在 Excel 工作簿中创建并编辑收信人表格，完成后将其存储到计算机中，如下图所示。

Step02: ❶在 Word 文档中单击“邮件”选项卡；❷在“创建”组中单击“中文信封”按钮；❸弹出“信封制作向导”对话框，单击“下一步”按钮，如下图所示。

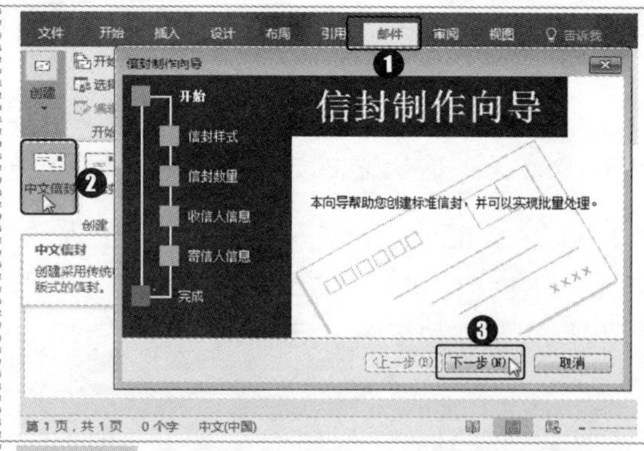

Step03: 进入“选择信封样式”界面，❶在“信封样式”下拉列表框中选择样式；❷单击“下一步”按钮，如下图所示。

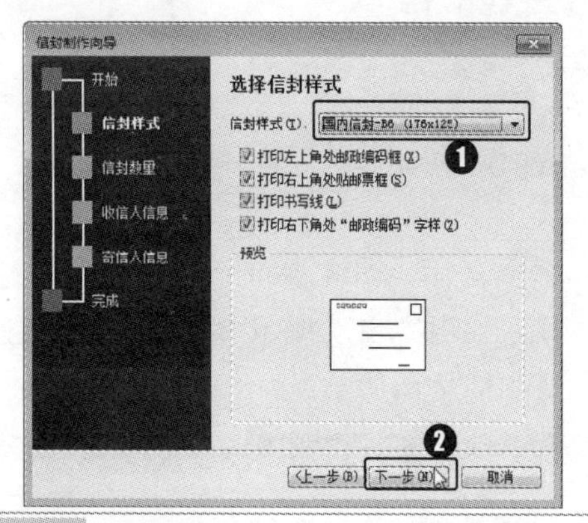

Step04: 进入“选择生成信封的方式和数量”界面，❶选择“基于地址簿文件，生成批量信封”单选按钮；❷单击“下一步”按钮，如下图所示。

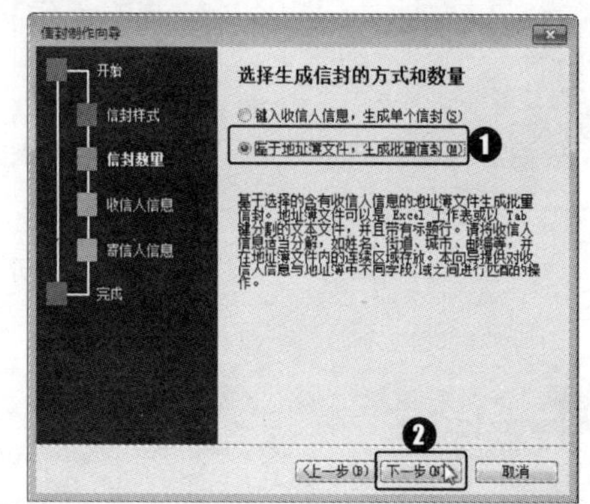

Step05: 进入“从文件中获取并匹配收件人信息”界面，单击“选择地址簿”按钮，如下图所示。

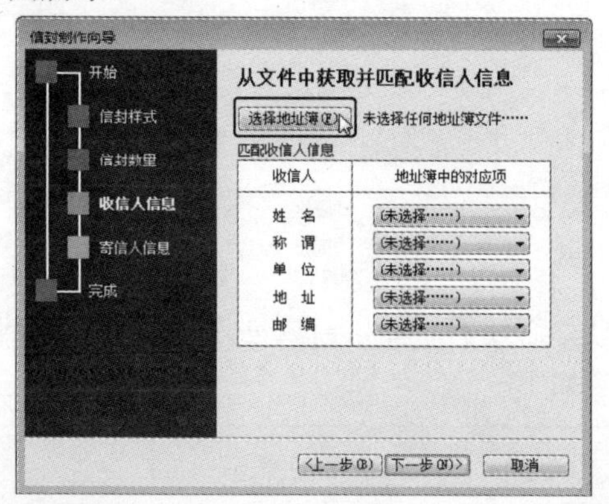

Step06: 弹出“打开”对话框，❶选择地址簿文件所在位置；❷在“文件类型”下拉列表框中选择“Excel”选项；❸选择需要打开的Excel文件；❹单击“打开”按钮，如下图所示。

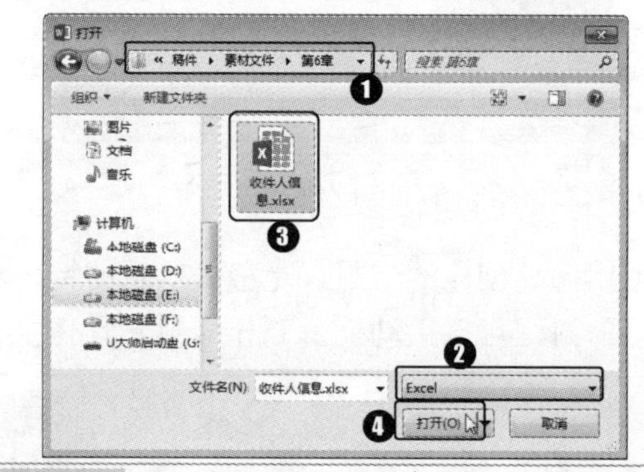

Step07: 返回“从文件中获取并匹配收件人信息”界面，在“选择地址簿”按钮右侧将显示选择的地址簿数据源路径及文件名称。❶在“匹配收件人信息”列表框中，分别选择与地址簿数据源中相对应的项目；❷单击“下一步”按钮，如下图所示。

Step08: 进入“输入寄件人信息”界面，❶依次输入姓名、单位、地址、邮编等信息；❷单击“下一步”按钮，如下图所示。

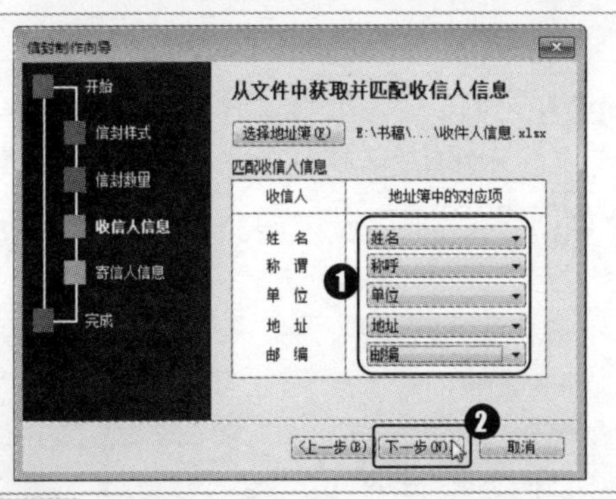

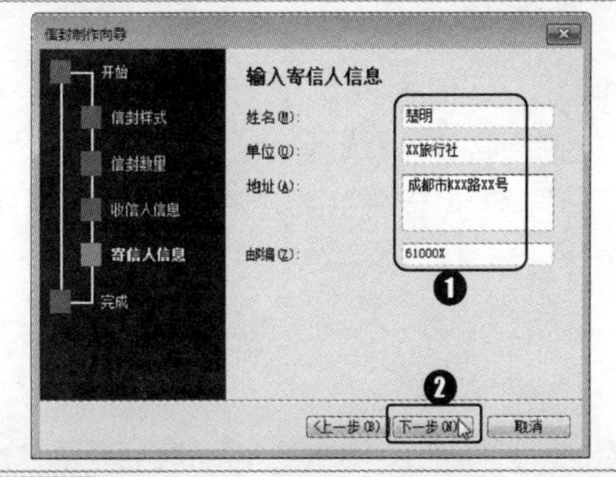

Step09: 进入“信封制作向导”界面，单击“完成”按钮，如下图所示。

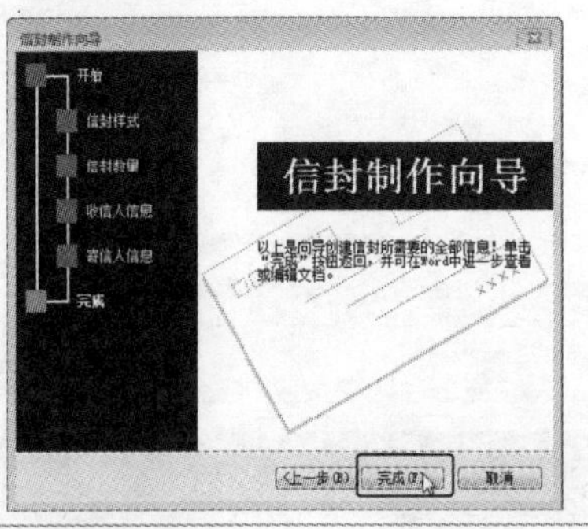

Step10: 此时，即在新文档中创建出多个信封，如下图所示。

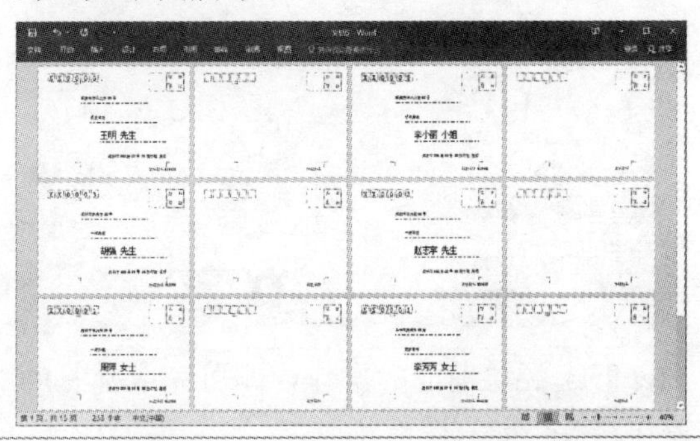

6.1.3　创建标签

标签是日常工作中使用较多的元素，如为名片、邮件、光盘或卡片打印单个标签；也可以在整理资料时，创建一组贴在文件夹封面上的标签。其中，邮件标签是指将收信人的地址和姓名等信息打印到标签页，然后再粘贴到信封上。例如，创建礼品券标签，具体操作方法如下。

同步文件

视频文件：视频文件\第 6 章\6-1-3.mp4

Step01: ❶在 Word 文档中单击“邮件”选项卡；❷在“创建”组中单击“标签”按钮，如下图所示。

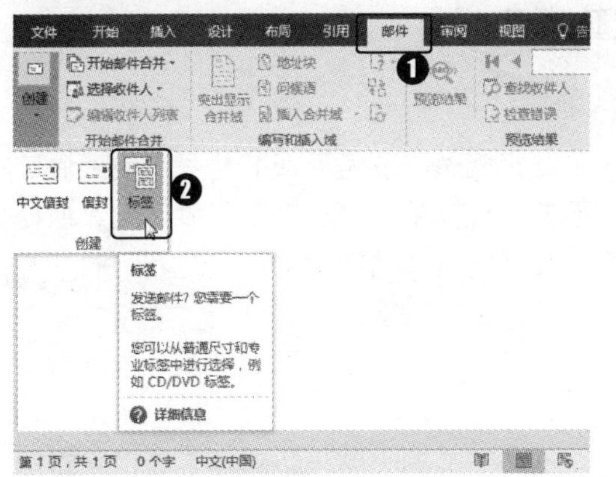

Step02: 打开“信封和标签”对话框，在“标签”选项卡中单击“选项”按钮，如下图所示。

Step03: 打开“标签选项”对话框，❶在“产品编号”列表框中选择合适的标签，如“礼品证书”；❷单击“确定”按钮，如下图所示。

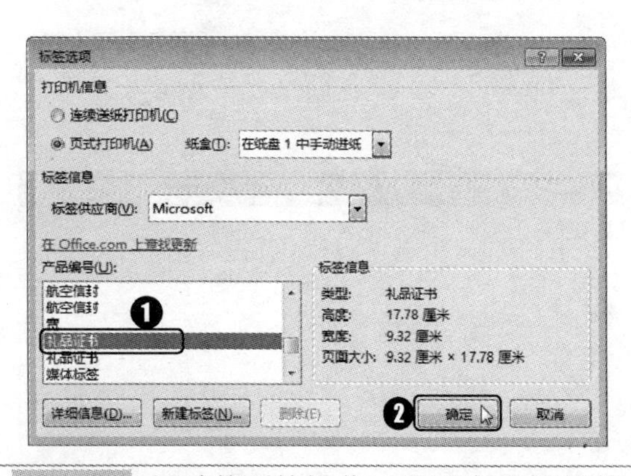

Step04: ❶在“地址”文本框中输入需要在标签中显示的信息；❷单击“新建文档”按钮，如下图所示。

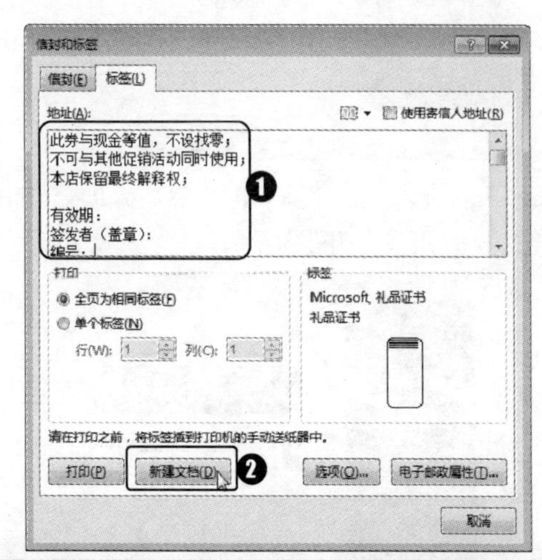

Step05: 经过前面的操作，即可完成标签的制作，效果如右图所示。

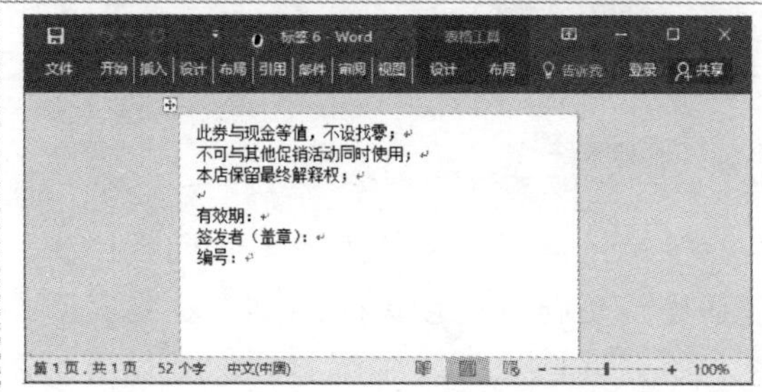

新手注意

在“标签”选项卡的“打印”选项组中选择“单个标签”单选按钮，并输入所需标签在标签页中的行、列编号即可打印单个标签。

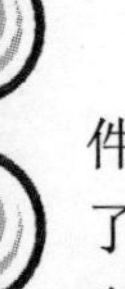

6.2 课堂讲解——批量制作员工工资条

如果要根据一些数据信息批量制作文档，如奖状、工资条、准考证或名片等，便可通过邮件合并功能来完成这些重复性工作。邮件合并功能不但操作简单，而且功能强大，大大地提高了工作效率。邮件合并功能可以批量创建文档，每个文档的整体结构相同，只是其中的某些信息有所不同。

6.2.1 制作主文档

要通过邮件合并制作工资条，分5个小环节，即创建主文档、整理数据源、连接数据源、插入合并域、生成合并文档。首先需要编辑进行合并的主文档，即除了不同部分之外的共同部分。例如，要制作工资条，先制作其主文档，具体操作方法如下。

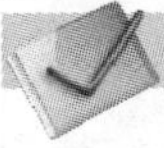

同步文件

结果文件：结果文件\第 6 章\工资条（编辑主文档）.docx
视频文件：视频文件\第 6 章\6-2-1.mp4

Step01: 新建一个空白文档，将其重命名为“工资条”，并输入标题文本、插入表格，如下图所示。

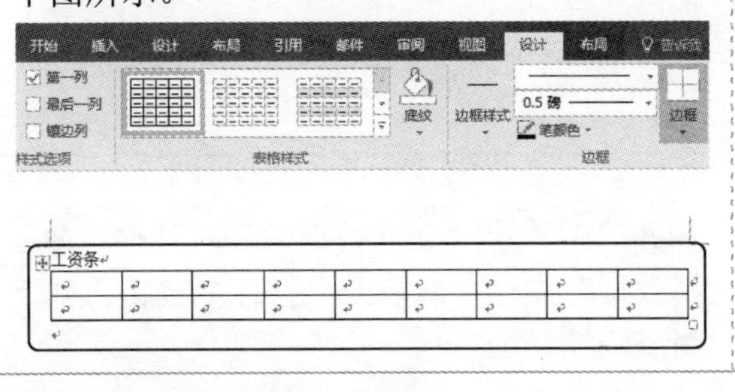

Step02: 在表格中输入文本，并设置文本的字体格式，如下图所示。

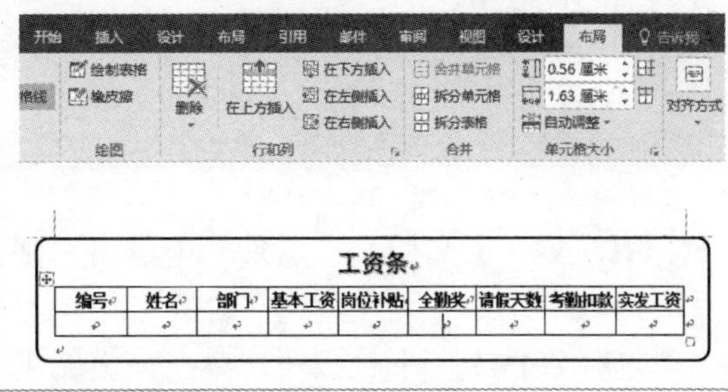

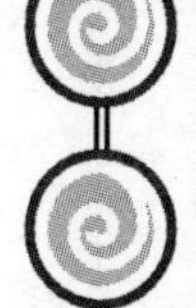

6.2.2　制作数据源文档

制作完主文档后，还需要制作数据源文档，该文档就是工资条中内容不同的部分。具体操作方法如下。

同步文件

结果文件：结果文件\第 6 章\员工工资表.xlsx
视频文件：视频文件\第 6 章\6-2-2.mp4

Step01: 制作一个 Excel 表格作为数据源，单击快速访问工具栏中的“保存”按钮，如下图所示。

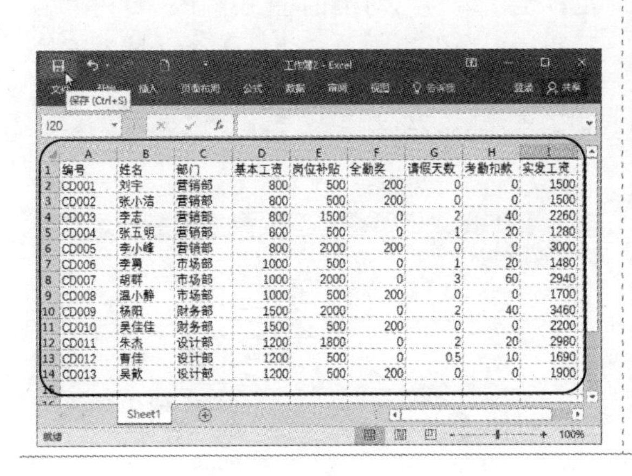

编号	姓名	部门	基本工资	岗位补贴	全勤奖	请假天数	考勤扣款	实发工资
CD001	刘宇	营销部	800	500	200	0	0	1500
CD002	张小洁	营销部	800	500	200	0	0	1500
CD003	李志	营销部	800	1500	0	2	40	2260
CD004	张五明	营销部	800	500	0	1	20	1280
CD005	李小峰	营销部	800	2000	200	0	0	3000
CD006	李勇	市场部	1000	500	0	1	20	1480
CD007	胡群	市场部	1000	2000	0	3	60	2940
CD008	温小静	市场部	1000	500	200	0	0	1700
CD009	杨阳	财务部	1500	2000	0	2	40	3460
CD010	吴佳佳	财务部	1500	500	200	0	0	2200
CD011	朱杰	设计部	1200	1800	0	2	20	2980
CD012	曹佳	设计部	1200	500	0	0.5	10	1690
CD013	吴歆	设计部	1200	500	200	0	0	1900

Step02: 弹出“另存为”对话框，❶选择保存位置；❷输入文件保存名称；❸单击“保存”按钮，如下图所示。

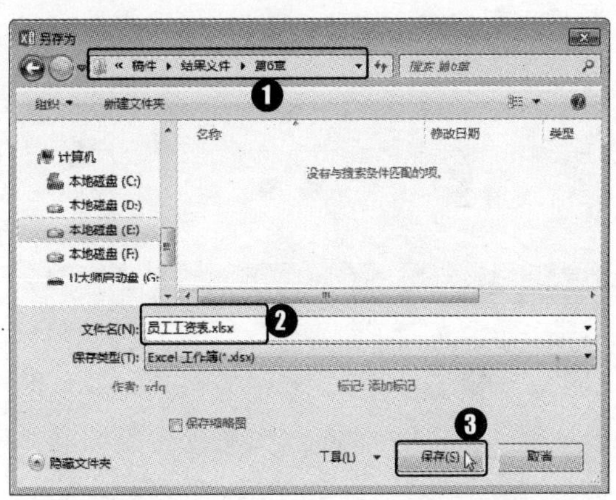

专家点拨——创建数据源文档的其他方法

除了可以用上面的方法制作数据源文档外，还可以在“邮件”选项卡的“开始邮件合并”组中单击“选择收件人”按钮，然后选择“键入新列表”命令，在弹出的对话框中输入数据源的内容。

6.2.3 连接数据源并插入合并域

接下来将主文档连接数据源，并插入合并域。具体操作方法如下。

同步文件

素材文件：素材文件\第 6 章\工资条（主文档）.docx、员工工资表.xlsx
结果文件：结果文件\第 6 章\工资条.docx
视频文件：视频文件\第 6 章\6-2-3.mp4

Step01: ❶在主文档“工资条”中单击“邮件”选项卡；❷在“开始邮件合并”组中单击“选择收件人”下拉按钮；❸在弹出的下拉列表中选择“使用现有列表”命令，如下图所示。

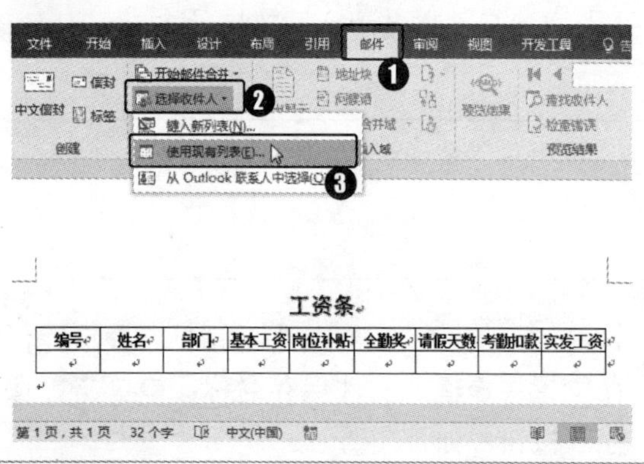

Step02: 弹出“选取数据源”对话框，❶选择数据源文件；❷单击“打开”按钮，如下图所示。

Step03: 弹出“选择表格”对话框，❶选中数据源所在的工作表；❷单击“确定”按钮，如下图所示。

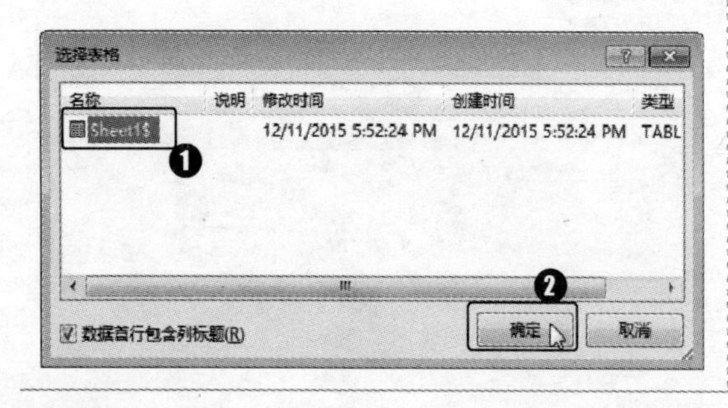

Step04: 在主文档中连接数据源，❶将光标定位至“编号”对应的单元格中；❷在“编写和插入域”组中单击“插入合并域”下拉按钮；❸在弹出的下拉列表中选择“编号”命令，如下图所示。

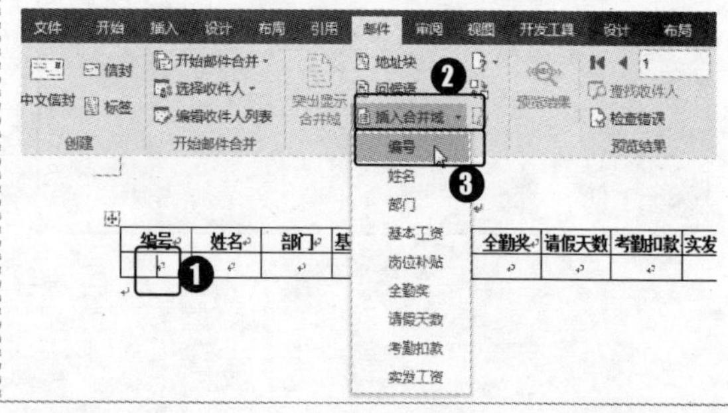

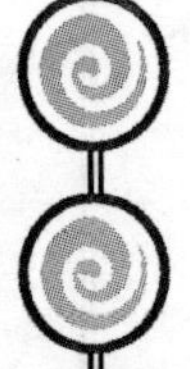

Step05: 此时，即将所选合并域插入到当前单元格。❶继续将光标定位至“姓名”对应的单元格中；❷单击“插入合并域”下拉按钮；❸选择“姓名”命令，如下图所示。

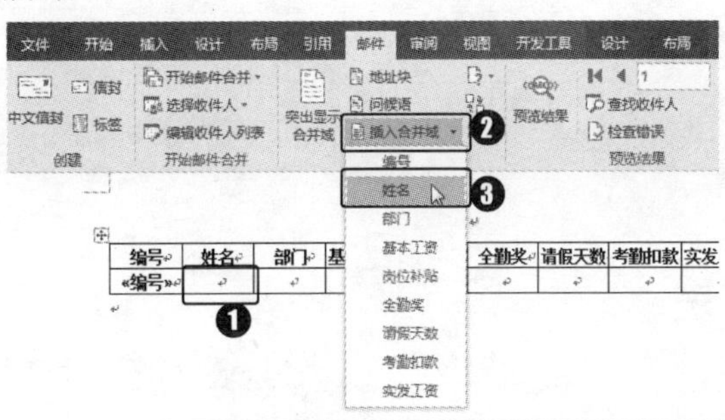

Step06: 按照同样的方法，在其他单元格中插入对应的合并域，效果如下图所示。

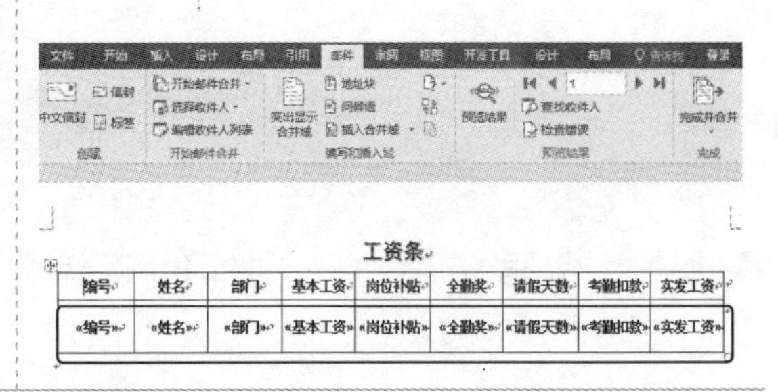

6.2.4　生成合并文档

接下来执行预览结果，满意后生成合并文档。具体操作方法如下。

同步文件

素材文件：素材文件\第 6 章\工资条.docx
结果文件：结果文件\第 6 章\工资条.docx
视频文件：视频文件\第 6 章\6-2-4.mp4

Step01: 插入合并域后，在“邮件”选项卡的“预览结果”组中单击“预览结果”按钮，如下图所示。

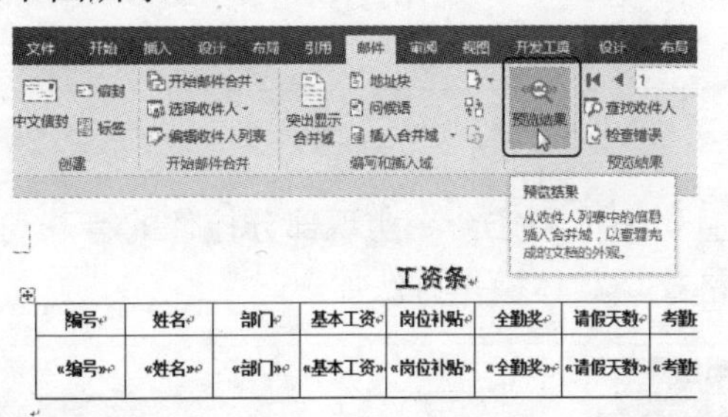

Step02: 在“预览结果”组中，通过单击“上一记录”◂或“下一记录”▸按钮，可切换显示其他数据信息，如下图所示。

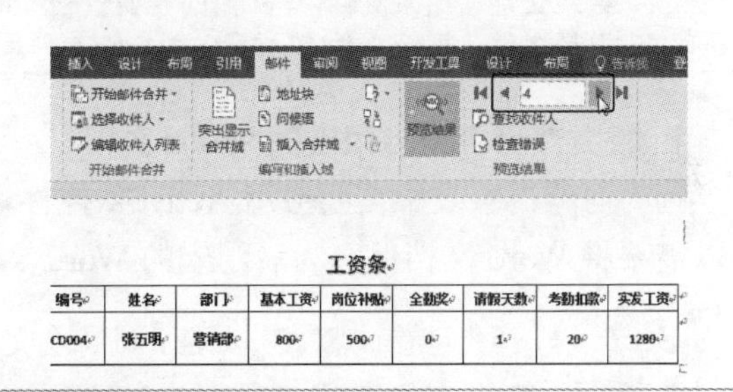

Step03: ❶在“完成”组中单击“完成并合并”按钮；❷在弹出的下拉列表中选择“编辑单个文档”命令，如下图所示。

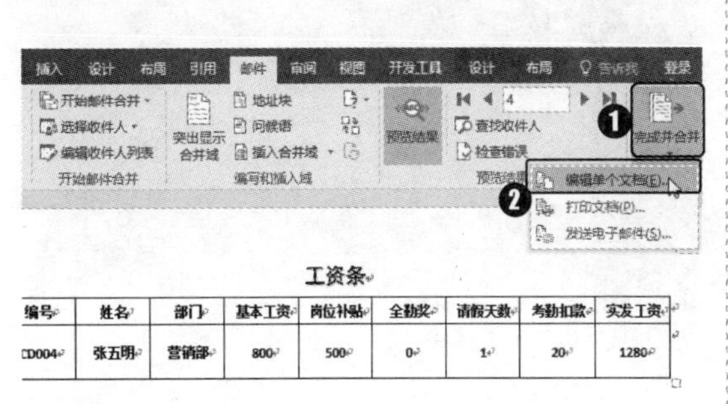

Step04: 弹出“合并到新文档”对话框，❶选择“全部”单选按钮；❷单击“确定”按钮，如下图所示。

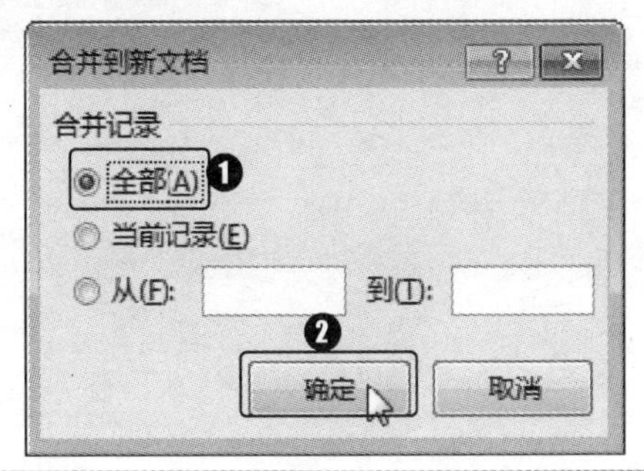

Step05: 系统将自动新建一个名为“信函 1”的文档，各条记录分别显示一页，效果如右图所示。

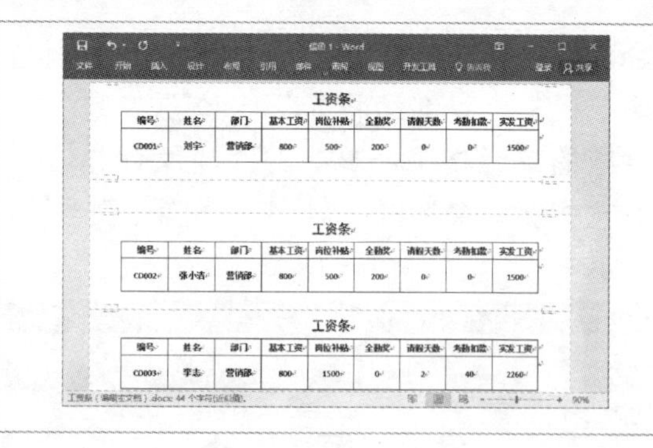

工资条

编号	姓名	部门	基本工资	岗位补贴	全勤奖	请假天数	考勤扣款	实发工资
CD001	刘宇	营销部	800	500	200	0	0	1500

工资条

编号	姓名	部门	基本工资	岗位补贴	全勤奖	请假天数	考勤扣款	实发工资
CD002	张小洁	营销部	800	500	200	0	0	1500

工资条

编号	姓名	部门	基本工资	岗位补贴	全勤奖	请假天数	考勤扣款	实发工资
CD003	李志	营销部	800	1500	0	2	40	2260

▷▷ 6.3 课堂讲解——制作问卷调查表

通常情况下，一些企业在开发新产品或推出新服务前，为了使产品或服务更好地适应市场的需求，需要事先对市场需求进行调查。可以使用 Word 制作一份问卷调查表，使调查表更加人性化，让被调查者可以更快速、方便地填写问卷信息。

6.3.1 在调查表中应用 ActiveX 控件

在 Word 中可以嵌入 ActiveX 控件，ActiveX 控件是开发软件中应用的组件和对象，如按钮、文本框、组合框、复选框等，能使文档内容更加丰富。同时可针对 ActiveX 控件进行程序开发，使 Word 文档也能具备复杂的功能。

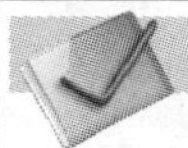

同步文件

素材文件：素材文件\第 6 章\问卷调查表.docx
结果文件：结果文件\第 6 章\问卷调查表.docx
视频文件：视频文件\第 6 章\6-3-1.mp4

1. 将文件另存为启用宏的 Word 文档

因为问卷调查表中需要应用 ActiveX 控件，并且需要应用宏命令实现部分控件的特殊功能，所以需要将 Word 文档保存为启用宏的 Word 文档格式。具体操作方法如下。

Step01: 打开“问卷调整表”文档，进入“文件”页面，❶在左侧选择“另存为”选项；❷在右侧双击“这台电脑”选项，如右图所示。

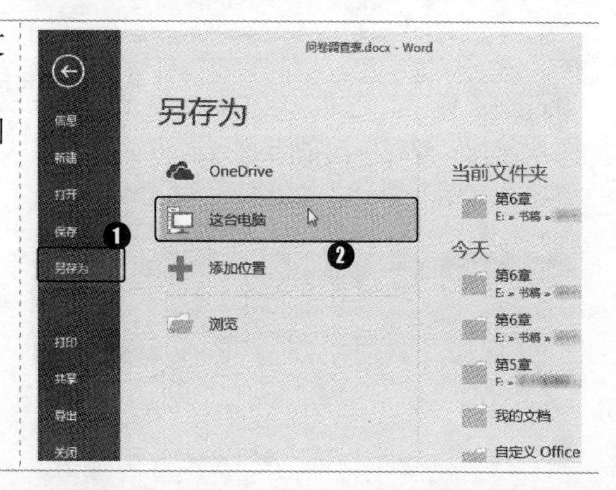

Step02: 弹出“另存为”对话框，❶选择保存位置；❷输入文件保存名称；❸在“保存类型”下拉列表框中选择“启用宏的 Word 文档（*.docm）”选项；❹单击“保存”按钮，保存文件，如右图所示。

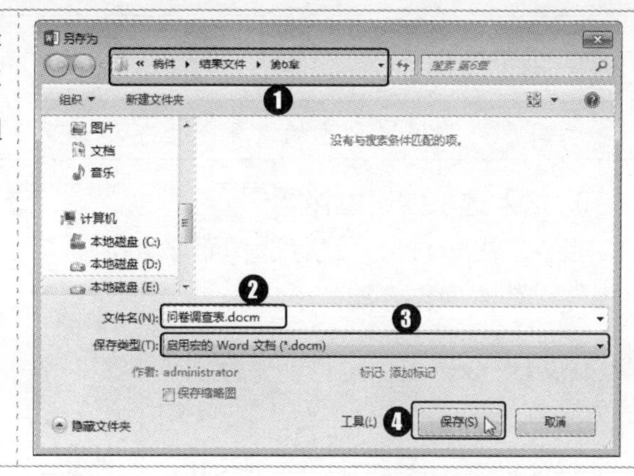

2. 插入文本框控件

调查表中需要用户直接输入内容的位置可以应用文本框控件。下面在文档中插入文本框控件，并对文本框控件的属性进行设置，具体操作方法如下。

Step01: ❶将光标定位至“姓名”右侧的单元格中；❷单击“开发工具”选项卡；❸在“控件”组中单击“旧式窗体”下拉按钮；❹在弹出的下拉列表中选择“文本框”控件，如下图所示。

Step02: 此时，即可在光标所在单元格中插入一个文本框控件，如下图所示。

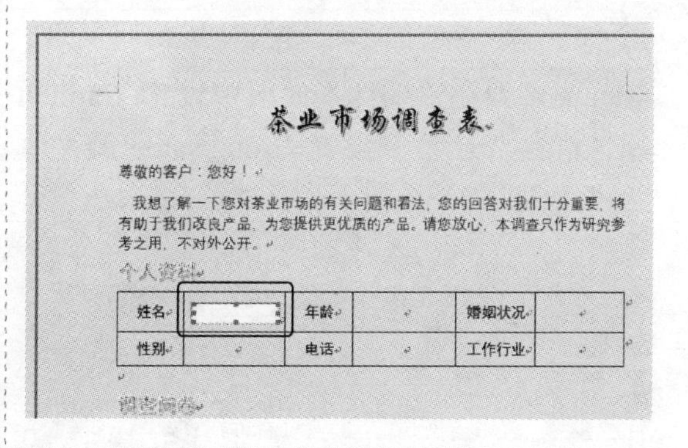

专家点拨——显示“开发工具”选项卡的方法

如果主选项卡中没有显示“开发工具”选项卡，那么就打开“Word 选项”对话框，在左侧选择“自定义功能区”选项，在右侧的“主选项卡”列表框中勾选“开发工具”复选框，然后单击“确定”按钮即可。

Step03: 继续将光标定位至需要用户输入信息的单元格，然后按〈F4〉快捷键重复上一步操作，完成后的效果如右图所示。

> **新手注意**
>
> 用户可以根据自己的需要，上下拖动文本框控件的外边框，调整文本框的大小。

3. 插入选项按钮控件

当要求用户对信息进行选择而非直接输入，并且只能选择一项信息时，则可以应用选项按钮控件。具体操作方法如下。

Step01: ❶将光标定位至“性别”右侧的单元格中；❷在“控件”组中单击“旧式窗体”下拉按钮；❸选择“选项按钮”控件，如下图所示。

Step02: 在光标所在单元格插入一个选项按钮控件，在“控件”组中单击“属性”按钮，如下图所示。

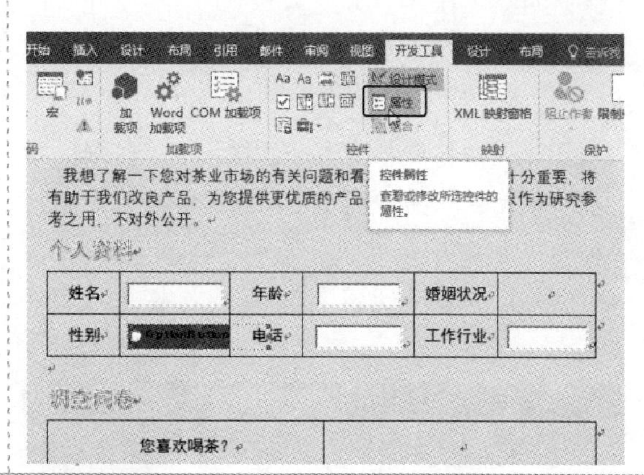

Step03: ❶在“属性”面板中设置 Caption 属性值为“男”；❷设置 GroupName 属性值为“sex”，如下图所示。

Step04: ❶拖动调整选项按钮控件的大小，将光标定位至控件，❷再次在“控件”组中单击“旧式窗体”下拉按钮；❸选择“选项按钮”控件，如下图所示。

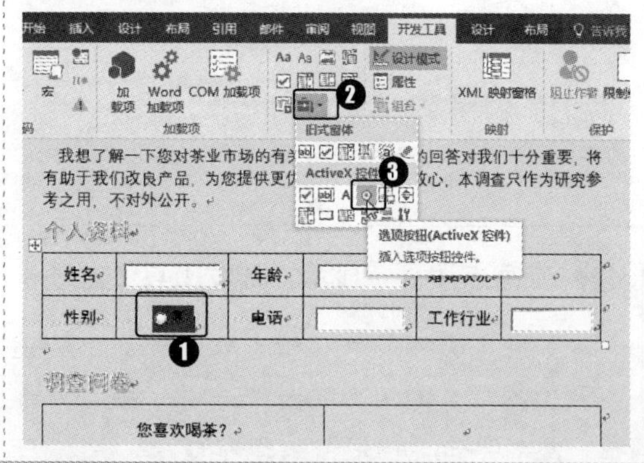

Step05: 此时，在该单元格中插入第二个选项按钮，❶在“属性”面板中设置 Caption 属性值为“女”；❷设置 GroupName 属性值为“sex”，如下图所示。

Step06: 使用相同的操作方法在其他单元格中插入选项按钮控件，并应用 Caption 属性设置按钮标签文字，设置单元格中的选项按钮控件的 GroupName 属性值依次为“group1”“group2”“group3”“group4”，并调整其大小，如下图所示。

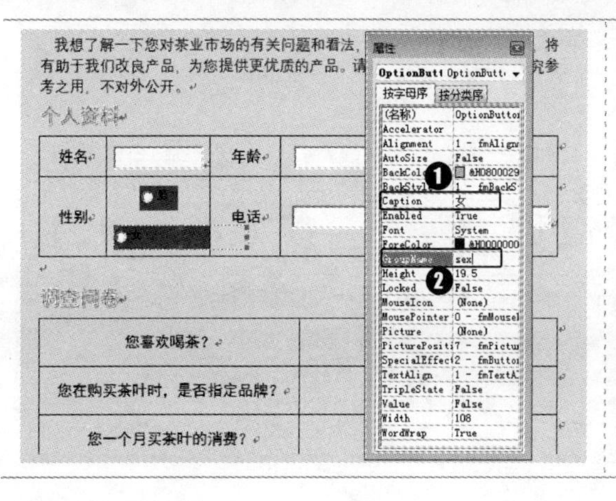

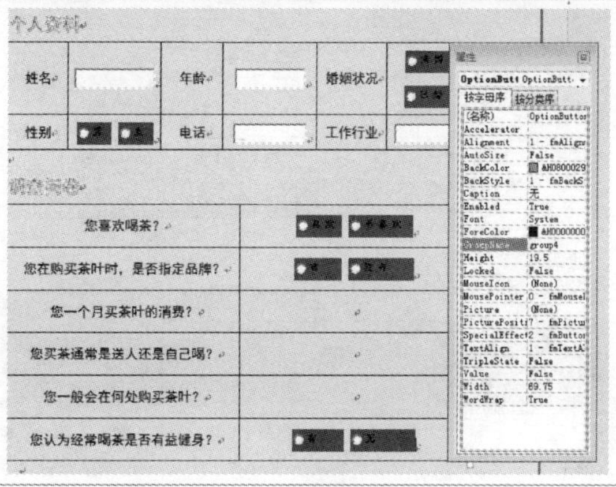

专家点拨——关于控件的属性

属性即对象的某些特性，不同的控件具有不同的属性，一个属性分别代表它的一种特性。属性值不同，则控件的外观或功能会不同。例如，选项按钮控件中的Caption属性，用于设置控件上显示的标签文字；GroupName属性则用于设置多个选项按钮所在的不同组，同一组中只能选择其中一个选项按钮。其他属性的应用，读者可参考其他有关控件编程的资料或书籍。

4. 插入复选框控件

当要求用户对信息进行选择，并且可以同时选择多项信息时，则可以应用复选框控件。具体操作方法如下。

Step01: ❶将光标定位至需要添加复选框控件的单元格中；❷在“控件”组中单击“旧式窗体”下拉按钮；❸在弹出的下拉列表中选择“复选框”控件，如下图所示。

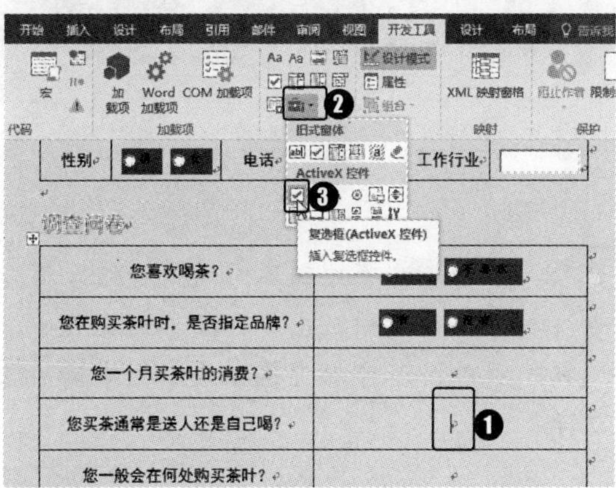

Step02: 在光标处插入一个复选框控件，❶在“属性”面板中设置Caption属性值为“自己喝”；❷设置GroupName属性值为“group5”，如下图所示。

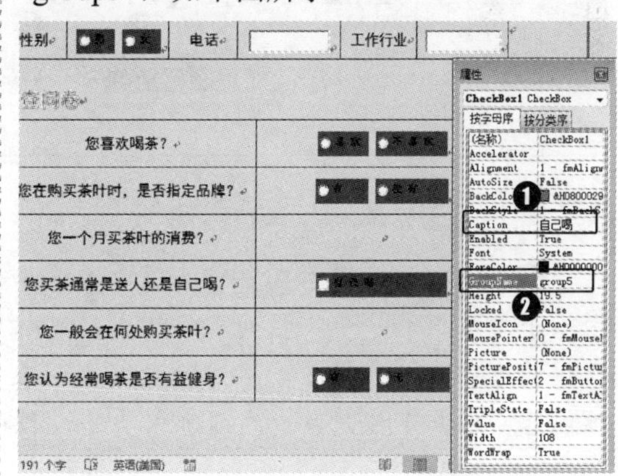

Step03: 使用相同的方法继续插入复选框，修改其标签内容，并将控件的GroupName属性值统一设置为“group5”，如下图所示。

Step04: 在下一行中插入多个复选框控件，分别设置各控件的标签内容，并将各控件的GroupName属性值统一设置为“group6”，如下图所示。

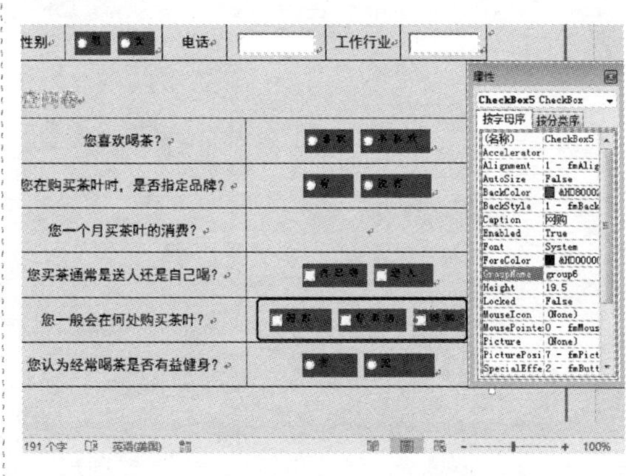

5. 插入组合框控件

当要求用户对信息进行选择时，除应用选项按钮控件设置单选功能外，还可以使用组合框控件实现单选功能。具体操作方法如下。

Step01: ❶将光标定位至要插入组合框控件的单元格；❷单击“旧式窗体”下拉按钮；❸选择“组合框”控件，如下图所示。

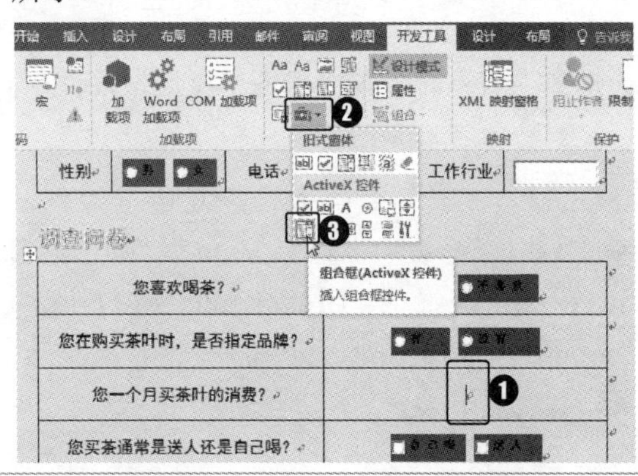

Step02: 在光标所在单元格中插入一个组合框，然后拖动调整其大小，如下图所示。

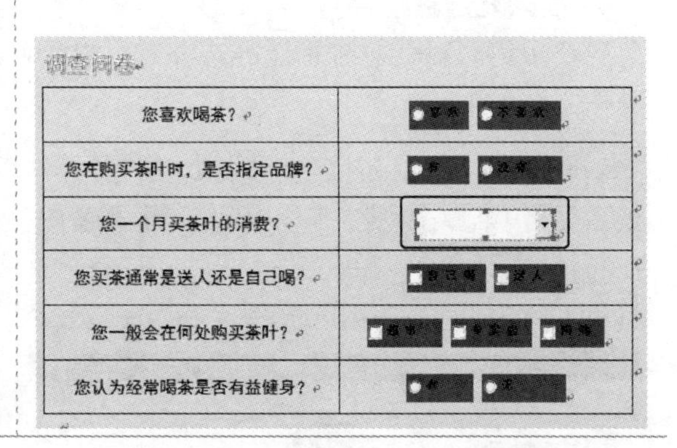

> **新手注意**
>
> 通常，组合框用于在多个选项中选择一个选项，但它与选项按钮不同的是：组合框是由一个文本框和一个下拉列表框组成，下拉列表在单击下拉按钮时出现，故占用面积小，提供的选项可以有很多，用户除从下拉列表中选择选项外，还可以直接在文本框中输入选项内容，但其下拉列表中的内容需要通过程序进行添加。

6. 插入命令按钮控件

若要让用户可以快速执行一些指定的操作，可以在 Word 文档中插入命令按钮控件，通过编写按钮事件过程代码实现其功能，现在先在文档中插入命令按钮控件。具体操作方法如下。

Step01: ❶将光标定位至需要插入命令按钮控件的位置；❷单击“旧式窗体”下拉按钮；❸选择“命令按钮”控件，如下图所示。

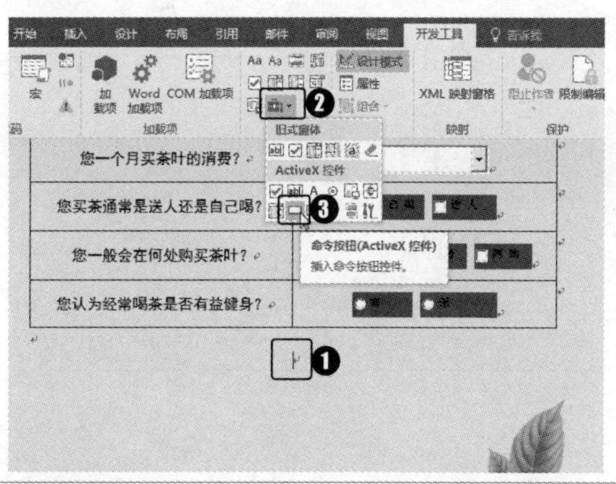

Step02: 在光标所在位置插入命令按钮控件，❶在“属性”面板中设置 Caption 属性值为“提交”；❷单击 Font 属性右侧的…按钮，如下图所示。

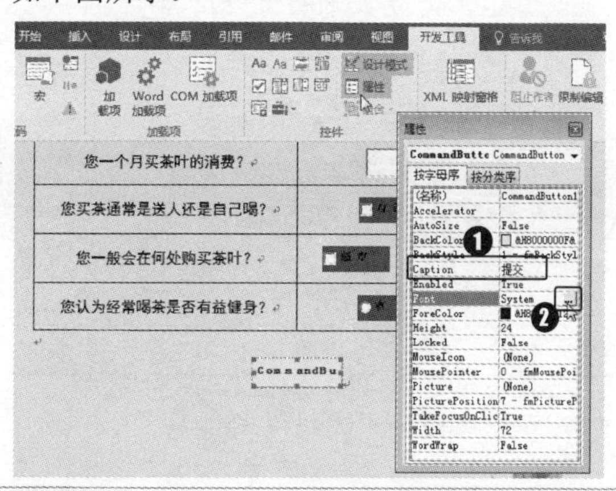

Step03: 弹出“字体”对话框，❶设置字体为“黑体”，大小为“三号”；❷单击“确定”按钮，如下图所示。

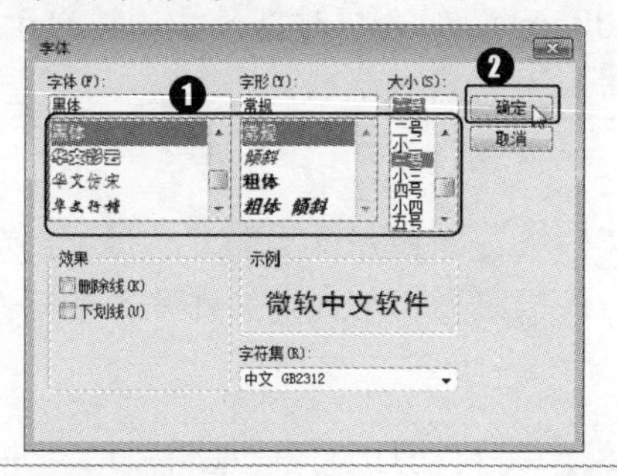

Step04: 完成命令按钮控件的设置，如下图所示。

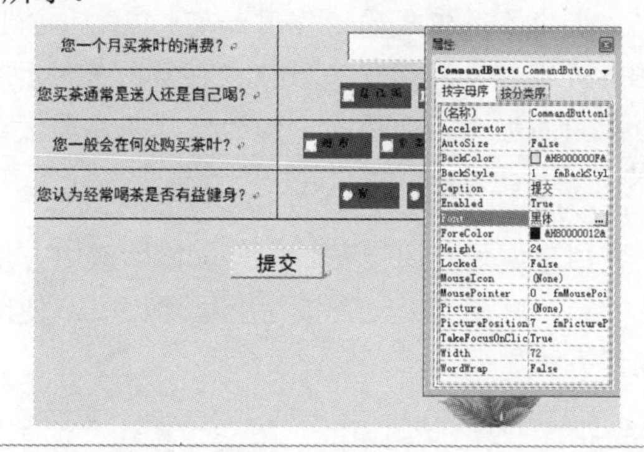

6.3.2 添加宏代码

宏实际上是在 Microsoft Office 系列软件中集成的 VBA 代码，应用宏代码可以使 Word 文档的功能更强大。例如为了让调查表中的控件具有一些特殊的功能，需要对控件添加宏代码。

同步文件

素材文件：素材文件\第 6 章\问卷调查表（添加宏代码）.docm
结果文件：结果文件\第 6 章\问卷调查表（添加宏代码）.docm
视频文件：视频文件\第 6 章\6-3-2.mp4

1. 添加组合框列表选项

在 Word 文档中插入的组合框控件中并没有列表选项，要让组合框的下拉列表中存在选项，则需要应用宏代码进行添加，具体操作方法如下。

Step01: 选中需要添加列表项目的组合框，❶在“属性”面板中的“(名称)”属性中设置组合框的名称为“ComboBox1”；❷双击该组合框，如下图所示。

Step02: ❶在打开的代码编辑窗口中输入下图所示的代码(输入各项内容前按一次〈Tab〉键)，用于在文档被打开时向组合框内添加选项；❷单击“保存”按钮。

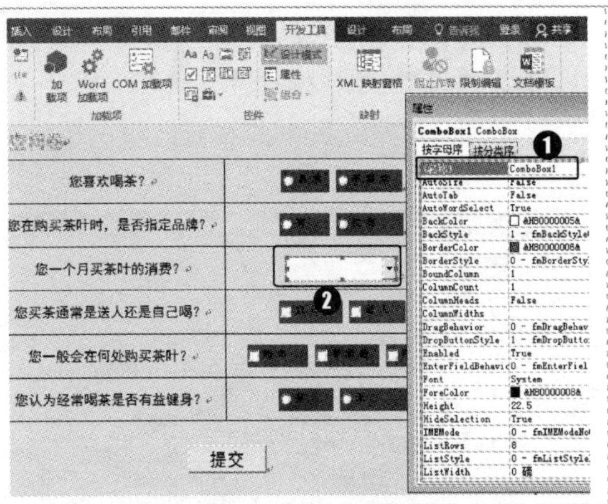

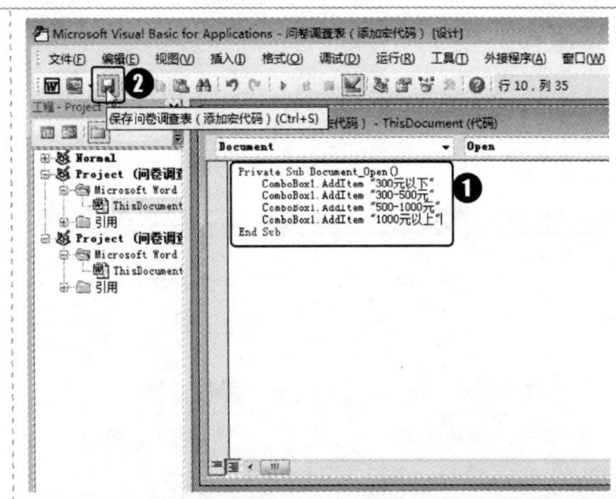

专家点拨——代码释义

本例中用到的代码功能为：在文档打开时向名称为 ComboBox1 的组合框中添加多条选项。

其中各关键代码的作用如下：Private Sub 用于定义程序过程；Document_Open()则为文档打开事件，即该程序段在文档被打开时执行；AddItem 为组合框对象的方法，用于向组合框内添加一条选项。详细的宏代码编写方法请参考相关书籍或资料。

2. 为按钮添加保存文件和发送邮件功能

在用户填写完调查表后，为了使用户更方便地将文档进行保存并以邮件方式将文档发送至指定邮箱，可在“提交”按钮上添加程序，使用户单击该按钮后自动保存文件并发送邮件。具体操作方法如下。

Step01: 双击文档中的“提交”按钮，如下图所示。

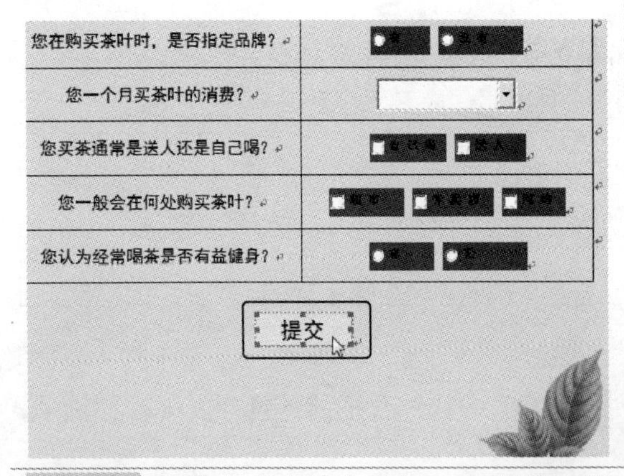

Step02: 将自动打开代码编辑窗口，并自动生成该按钮单击事件的过程代码，在按钮单击事件的过程中输入代码，如下图所示。

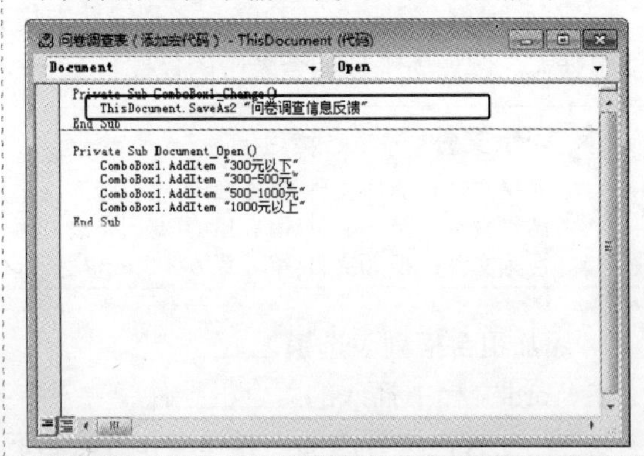

Step03: ❶单击“文件”按钮；❷在弹出的“文件”页面中选择“导出文件”命令，如下图所示。

Step04: 弹出“导出文件”对话框，将文件另存为 Word 当前的默认保存路径，❶将该文件的主文件名命名为“问卷调查信息反馈”；❷单击“保存”按钮，如下图所示。

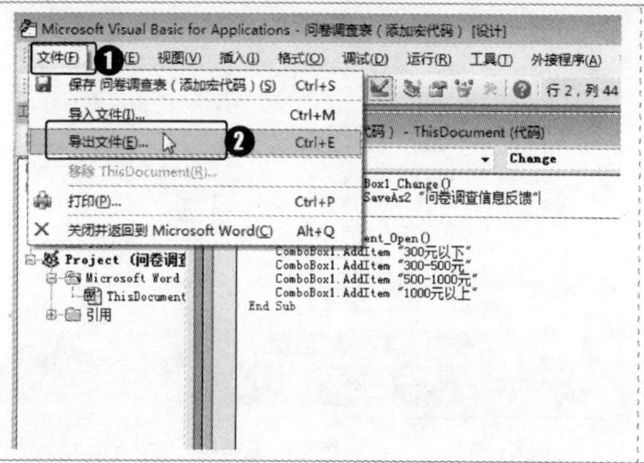

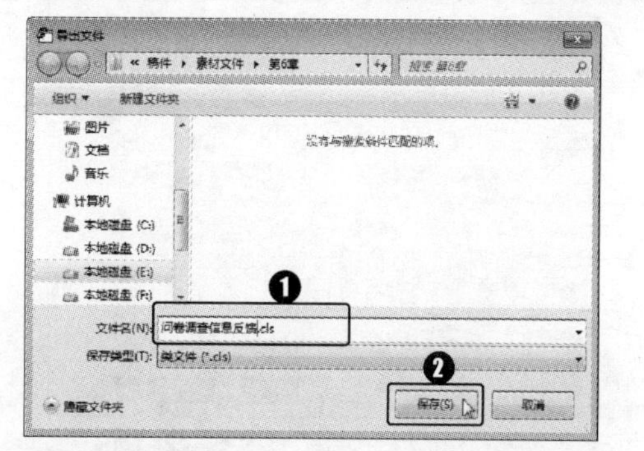

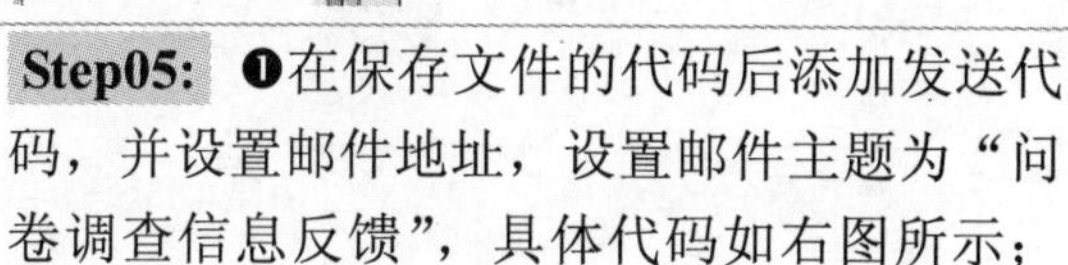

Step05: ❶在保存文件的代码后添加发送代码，并设置邮件地址，设置邮件主题为“问卷调查信息反馈”，具体代码如右图所示；❷单击“保存”按钮。

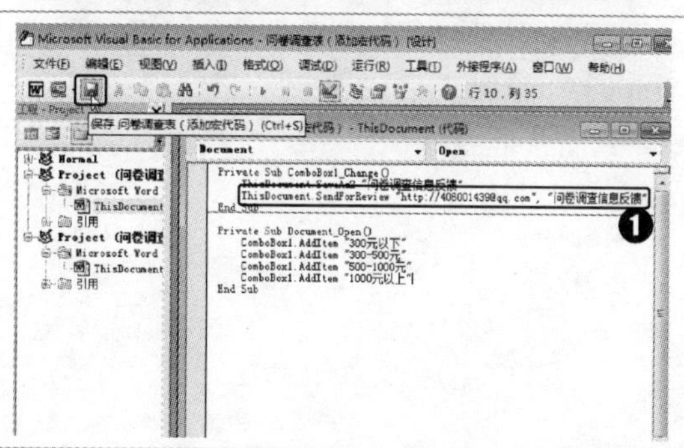

专家点拨——Visual Basic中语句的书写格式

Visual Basic 中的语句可以包含关键字、运算符、变量、常数及表达式等元素，各元素之间用空格进行分隔，每一语语句完成后按〈Enter〉键换行。若要将一条语句连续地写在多行上，则可以使用续行符，即使用“_”符号进行连接多行代码。

6.3.3 完成制作并测试调查表程序

为保证调查表不被用户误修改，可将调查表进行保护，使用户只能修改调查表中的控件值。同时为了保证调查表的正确性，亦需要对整个调查表程序功能进行测试。

同步文件

素材文件：素材文件\第6章\问卷调查表.docm
结果文件：结果文件\第6章\问卷调查表.docm
视频文件：视频文件\第6章\6-3-2.mp4

1. 保护调查表文档

使用保护文档中的“仅允许填写窗体”功能，可使用户只能在控件上进行填写操作，不能对文档内容进行其他操作（包括选择）。具体操作方法如下。

Step01: 要使文档中的控件实现具体的功能，需要退出设计模式，❶单击“开发工具”选项卡中“控件”组中的“设计模式”按钮；❷在“保护”组中单击“限制编辑”按钮，如下图所示。

Step02: ❶在打开的“限制编辑”窗格中勾选“仅允许在文档中进行此类型的编辑”复选框；❷在下方的下拉列表框中选择“填写窗体”选项；❸单击“是，启动强制保护”按钮，如下图所示。

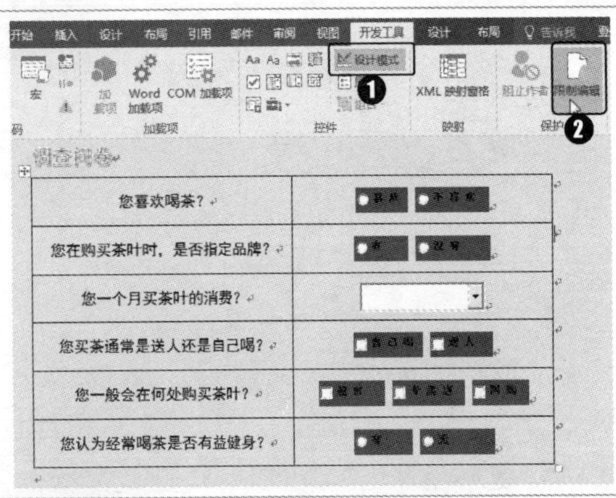

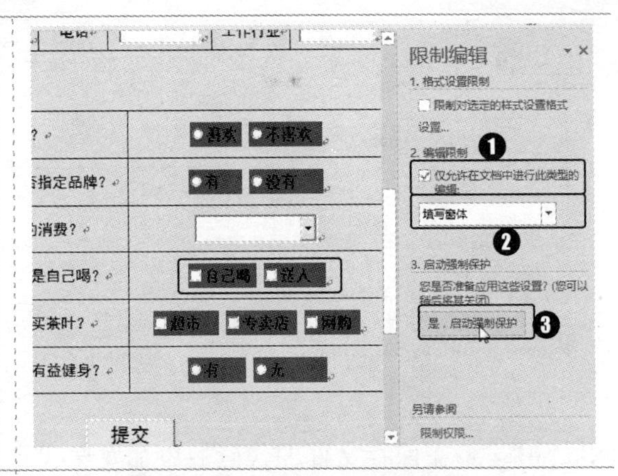

Step03: 弹出“启动强制保护”对话框，❶输入新密码及确认新密码；❷单击“确定”按钮，如右图所示。

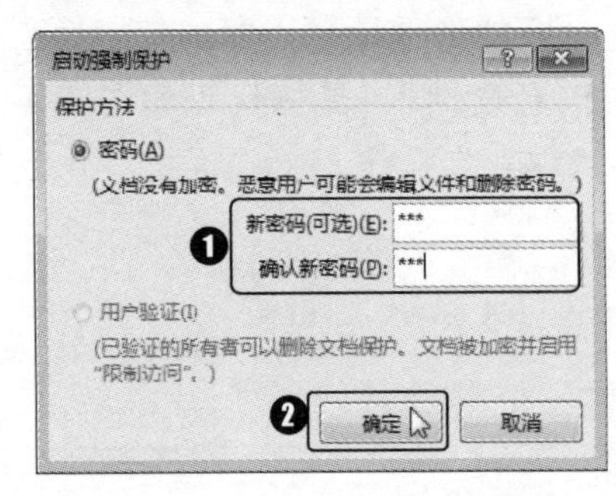

2. 填写调查表

调查表制作完成后，可填写调查表进行测试。具体操作方法如下。

Step01: ❶在调查表文件中填写相关的信息；❷单击文档末尾的“提交”按钮，如右图所示。

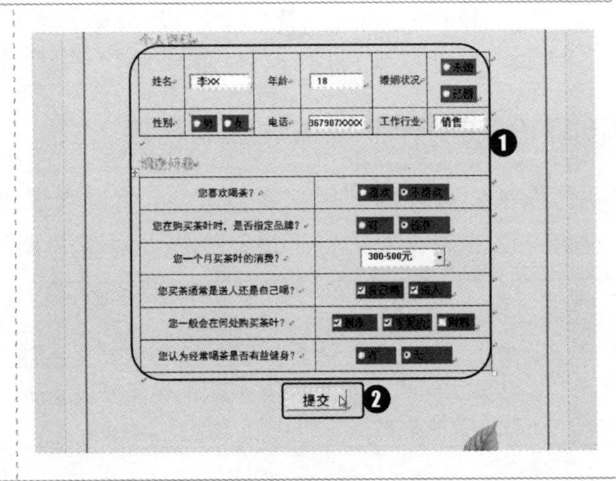

Step02: Word 将自动调用 Outlook 软件，并自动填写收件人地址和主题，单击“发送”按钮即可发送邮件。

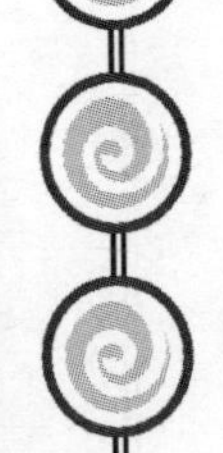

▷▷ 高手秘籍——实用操作技巧

通过对前面知识的学习，相信读者已经掌握了在 Word 2016 中批量制作文档的基本操作。下面结合本章内容介绍一些实用的操作技巧。

同步文件

视频文件：视频文件\第 6 章\高手秘籍.mp4

技巧 01 突出显示合并域

如果希望清楚地知道文档中哪些内容是合并域的内容，可以将其突出显示。具体操作方法如下。

Step01: 在插入合并域后，单击“邮件”选项卡的“编写和插入域”组中的“突出显示合并域”按钮，如下图所示。

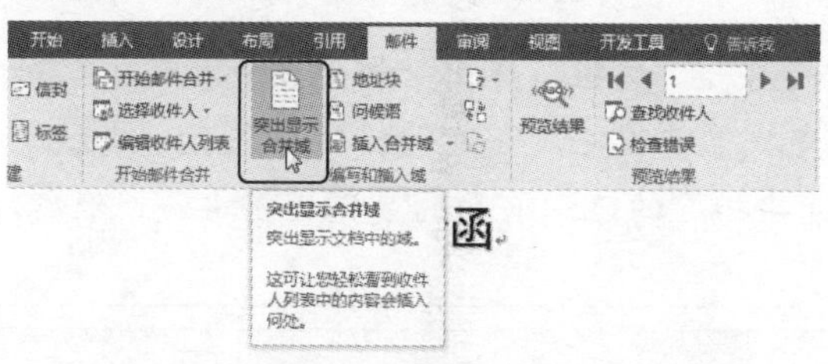

Step02: 此时，即可将合并域内容突出显示，如下图所示。

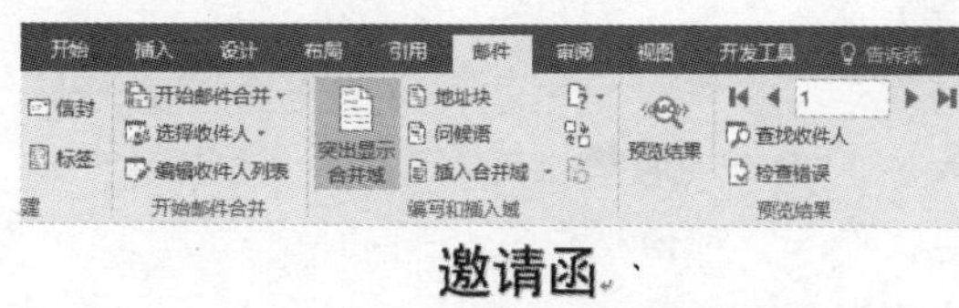

技巧 02 手动输入数据源

要将信息合并到主文档，可以使用现有的列表，如果要合并的收件人列表发生了改变，可以通过创建新列表手动输入收件人的信息。具体操作方法如下。

Step01: ❶在“邮件”选项卡的“开始邮件合并”组中单击“选择收件人”下拉按钮；❷在弹出的下拉列表中选择“键入新列表”命令，如下图所示。

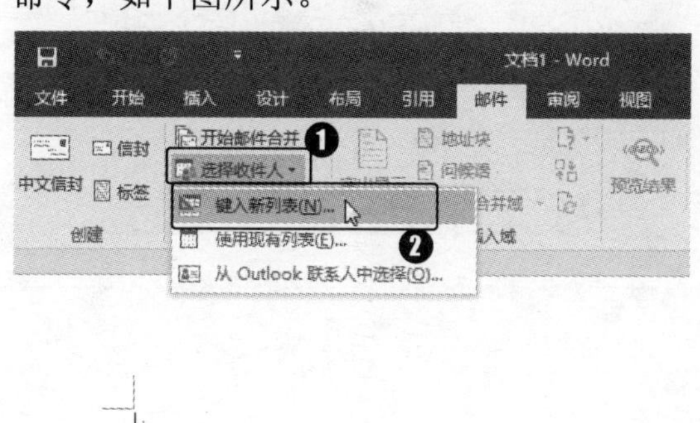

Step02: 打开“新建地址列表”对话框，❶输入收件人信息；❷单击“新建条目”按钮，添加更多的收件人信息，如下图所示。

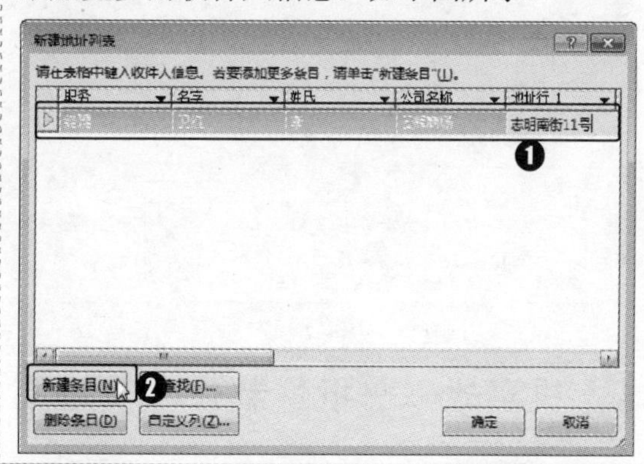

Step03: 添加完收件人信息后，单击“确定”按钮，如下图所示。

Step04: 打开“保存通讯录”对话框，❶选择保存位置；❷在“文件名”文本框中输入文件保存名称；❸单击“保存”按钮，如下图所示。

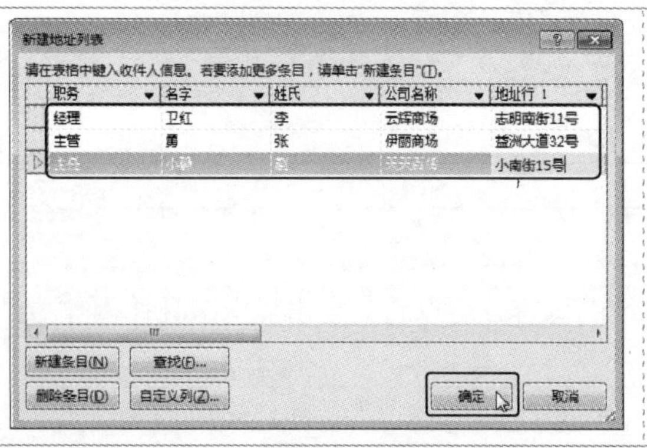

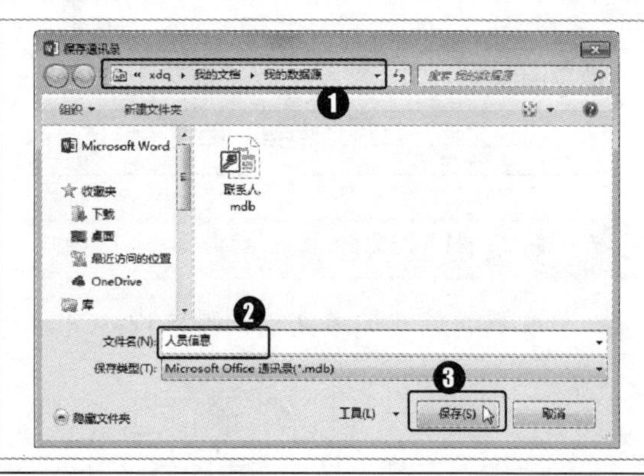

专家点拨——避免数据表中的重复

在“开始邮件合并”组中单击“编辑收件人列表”按钮，弹出“邮件合并收件人”对话框，单击“调整收件人列表”选项组中的“查找重复收件人”超链接，如果在“查找重复收件人”对话框中有相同的收件人，取消勾选要排除的记录前面的复选框，单击“确定”按钮即可。

技巧 03 使用规则来实现邮件合并的筛选

在进行邮件合并时，默认情况下会将数据表中的所有记录都合并到文档中。如果需要将数据表中的部分数据合并到文档，可以设置邮件合并规则，跳过某些记录。具体操作方法如下。

Step01: ❶单击“邮件”选项卡中“编写和插入域”组中的“规则”按钮；❷选择“跳过记录条件”命令，如下图所示。

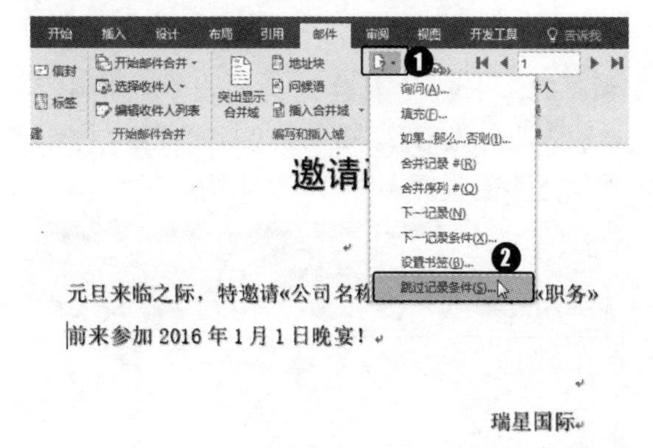

Step02: ❶在对话框中设置要跳过的记录条件；❷单击“确定”按钮，如下图所示。设置邮件合并规则后，执行“完成并合并”操作，最终的合并结果将应用设置的邮件合并规则。

▷▷ 上机实战——批量制作获奖证书

>> 上机介绍

下面利用 Word 2016 的邮件合并功能来制作文艺比赛的奖状。批量制作奖状的操作可以分为以下几个步骤：编辑奖状主文档、编辑获奖数据表、向主文档中插入合并域、生成多个奖状。

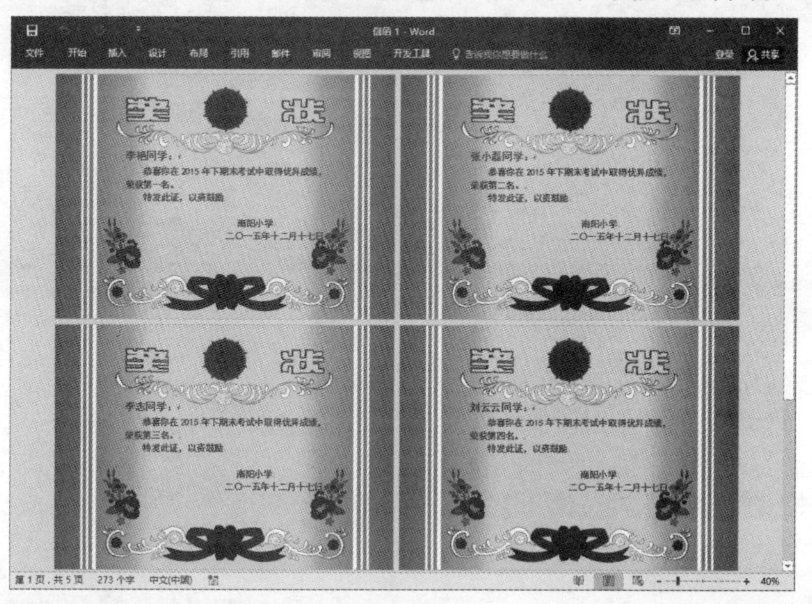

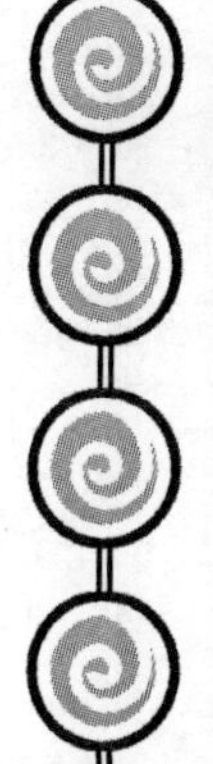

同步文件

素材文件：素材文件\第 6 章\奖状.jpg
结果文件：结果文件\第 6 章\信函 1.docx
视频文件：视频文件\第 6 章\上机实战.mp4

步骤详解

本实例的具体操作步骤如下。

Step01: 打开 Word 程序，新建一个空白文档，❶单击“布局”选项卡；❷在“页面设置”组中单击“纸张方向”下拉按钮；❸在弹出的下拉列表中选择“横向”命令，如下图所示。

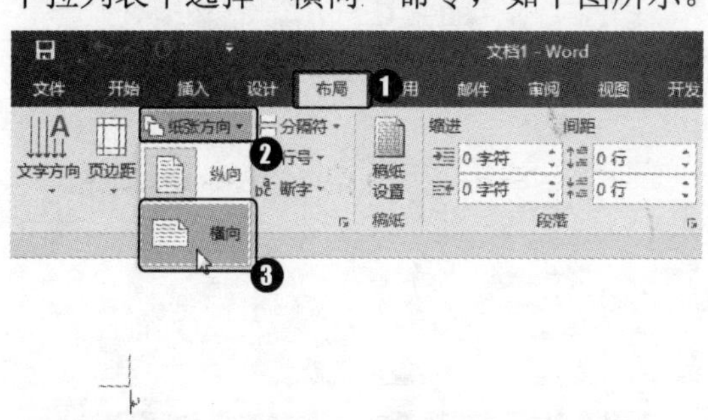

Step02: ❶单击“插入”选项卡；❷在“插图”组中单击“图片”按钮，如下图所示。

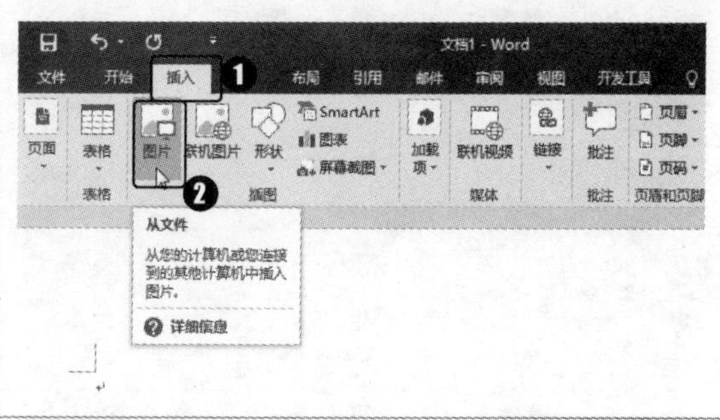

Step03: 打开“插入图片”对话框。❶选择需要作为背景的图片；❷单击“插入”按钮，如下图所示。

Step04: ❶单击“图片工具-格式”选项卡；❷在“排列”组中单击“环绕文字”下拉按钮；❸在弹出的下拉列表中选择“浮于文字上方”命令，如下图所示。

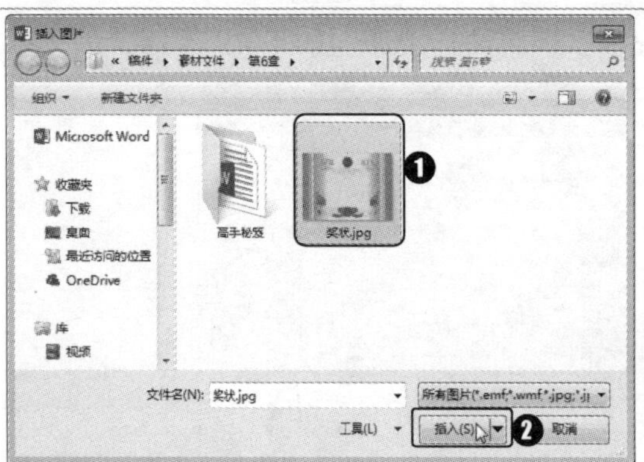

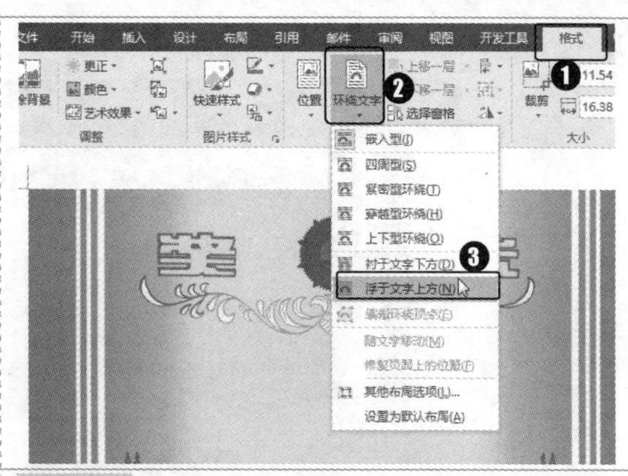

Step05: 调整图片大小至充满页面，❶在“文本”组中单击“文本框”下拉按钮；❷在下拉列表中选择“绘制文本框”命令，如下图所示。

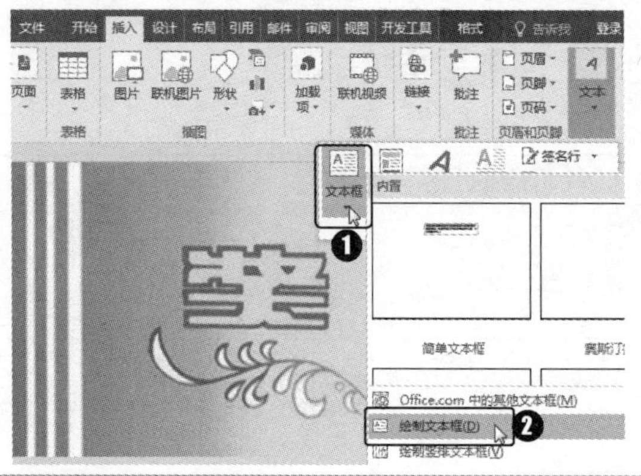

Step06: 拖动鼠标绘制出一个文本框，调整文本框位置和大小，如下图所示。

Step07: 输入奖状中的主要内容，并设置字符格式与段落格式，完成后的效果如下图所示。

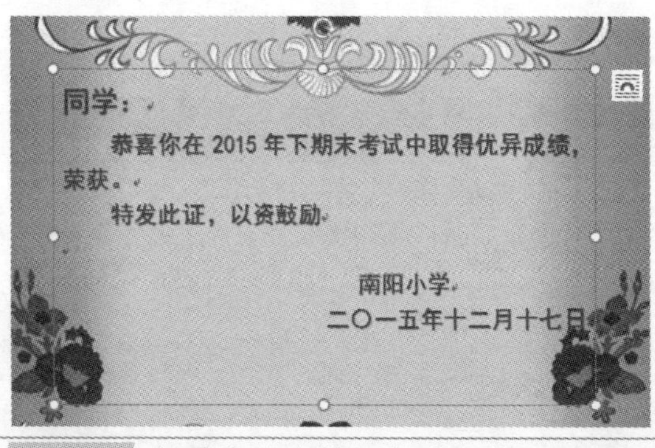

Step08: 单击“保存”按钮，打开“另存为”对话框，❶输入文档保存名称；❷单击“保存”按钮，如下图所示。

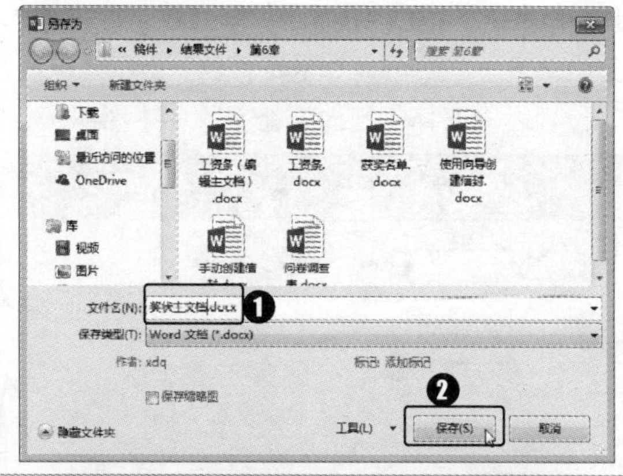

Step09: 新建空白文档，创建一个 2 列 6 行的表格，并在表格中输入获奖名单相关内容，如右图所示。

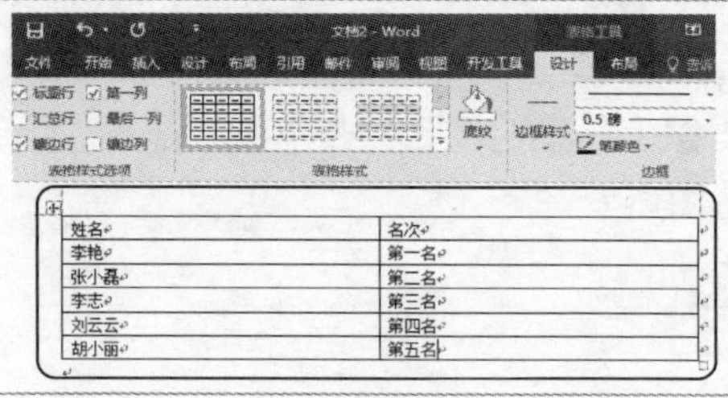

姓名	名次
李艳	第一名
张小磊	第二名
李志	第三名
刘云云	第四名
胡小丽	第五名

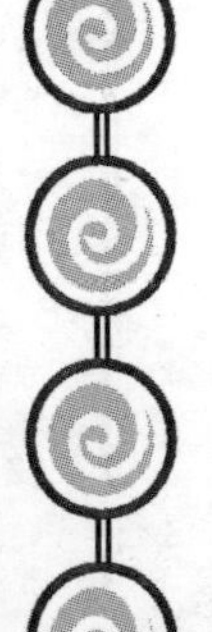

Step10: 单击“保存”按钮，打开“另存为”对话框，❶输入文档保存名称；❷单击“保存”按钮，如下图所示。

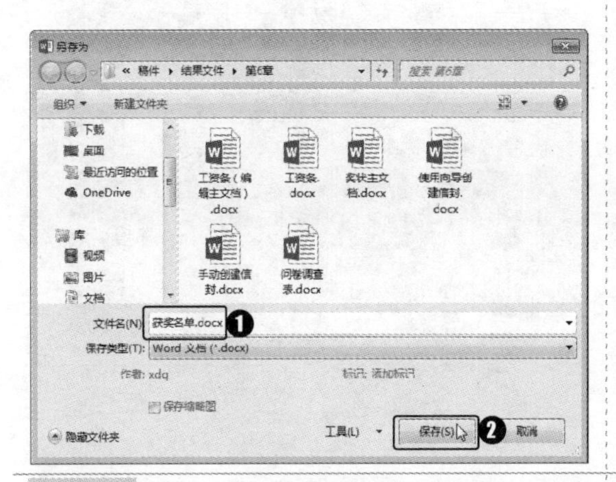

Step11: 打开主文档，❶单击“邮件”选项卡；❷在“开始邮件合并”组中单击“选择收件人”下拉按钮；❸选择“使用现有列表”命令，如下图所示。

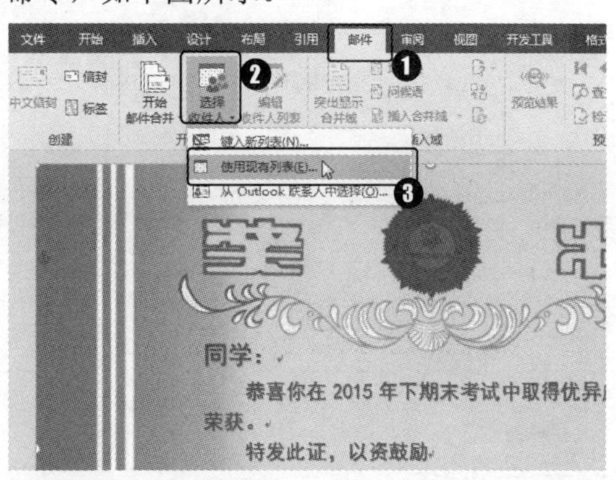

Step12: 弹出“选择数据源”对话框，❶选择数据源文档；❷单击“打开”按钮，如下图所示。

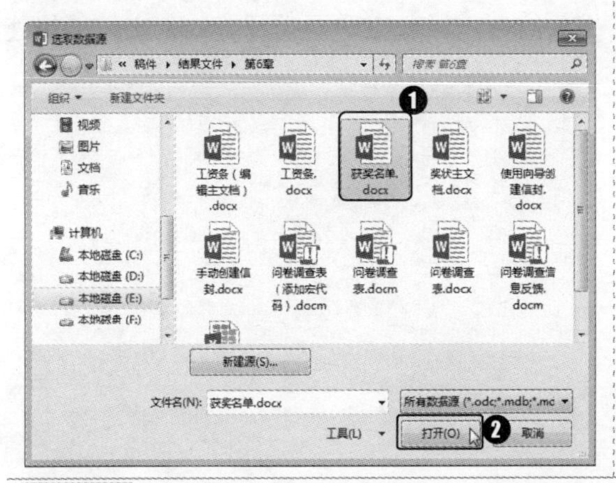

Step13: ❶将光标定位至需要插入域的位置；❷在“编写和插入域”组中单击“插入合并域”下拉按钮；❸选择“姓名”命令，如下图所示。

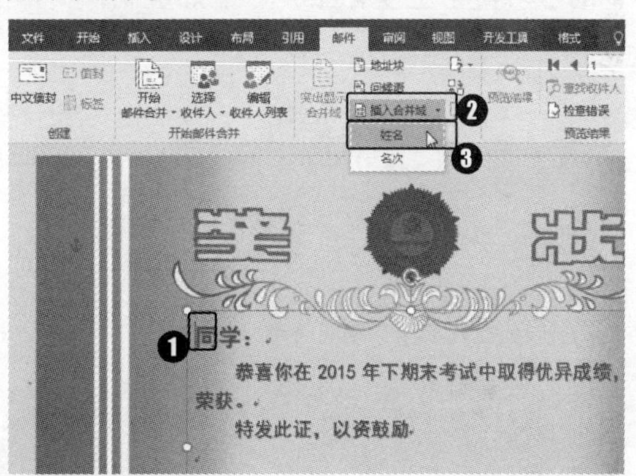

Step14: ❶将光标定位至插入“名次”域的位置；❷单击“插入合并域”下拉按钮；❸选择“名次”选项，如下图所示。

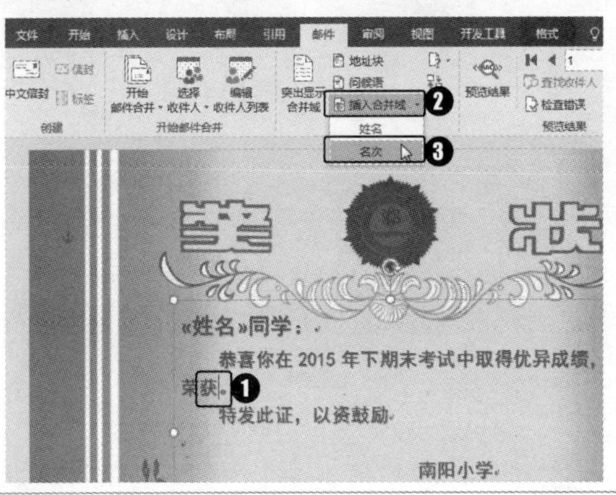

Step15: ❶确认无误后，单击“完成”组中的“完成并合并”下拉按钮；❷选择“编辑单个文档”命令，如下图所示。

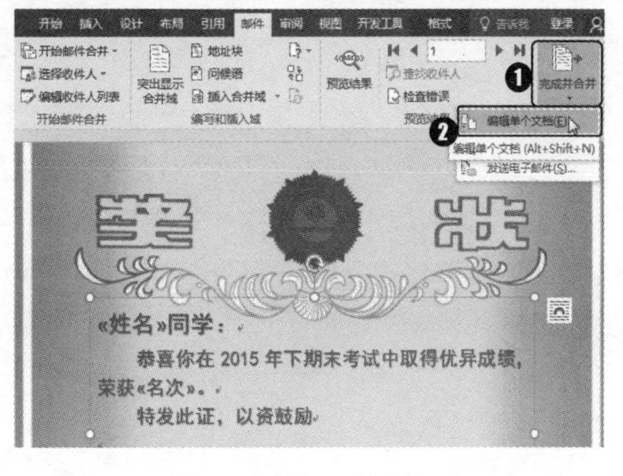

Step16: 弹出“合并到新文档”对话框。❶选择“全部”单选按钮；❷单击“确定”按钮，如下图所示。

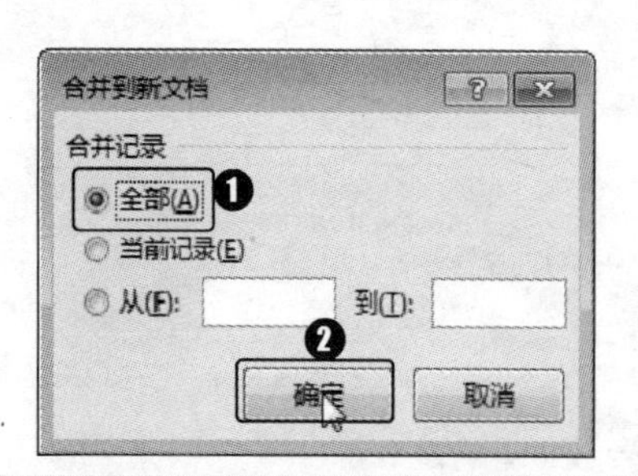

Step17: 此时，Word 将在新文档中显示合并后的所有文档，如下图所示。

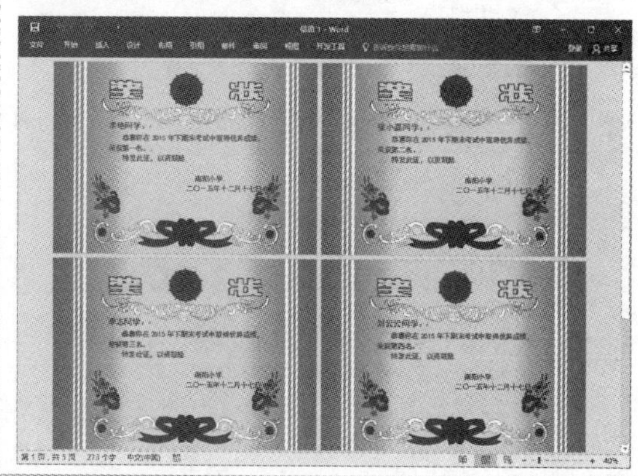

▷▷ 本章小结

本章结合实例主要讲解了标签与信封的创建、邮件合并和使用 ActiveX 控件等内容。通过本章的学习，希望读者能够掌握批量制作文档的相关技巧，轻松完成同类型 Word 文档的快速制作。

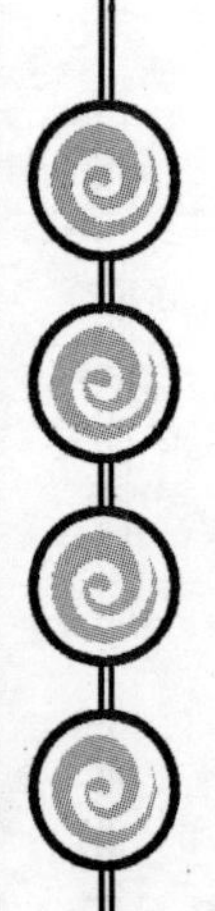

第 7 章　在 Word 2016 中审阅与修订文档

本章导读

在 Word 2016 中完成文档的编辑后，可以通过审阅功能，对文档进行校对、修订及设置权限等操作。多人的审阅及修订意见可以让文档内容更加完善。

知识要点

- 掌握文档校对的方法
- 掌握添加/删除批注的方法
- 掌握修订与审阅功能的使用
- 掌握设置文档格式修改限制与编辑权限的方法
- 掌握文档加密的方法

效果展示

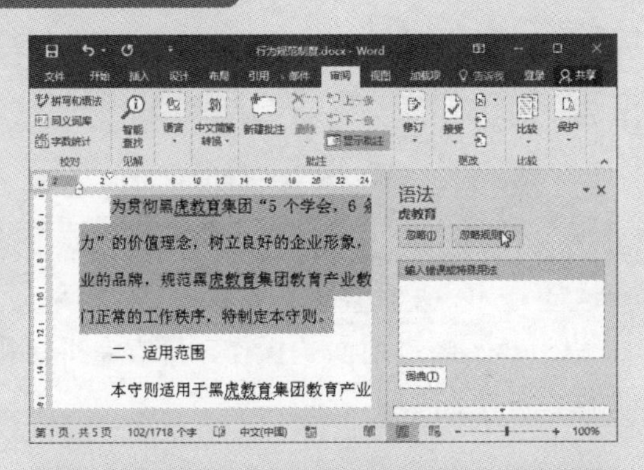

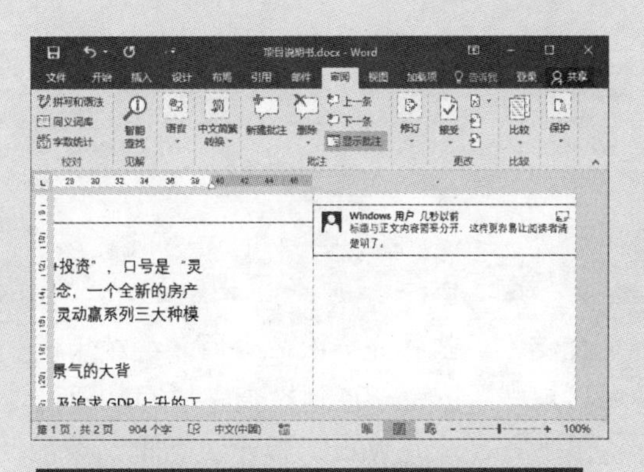

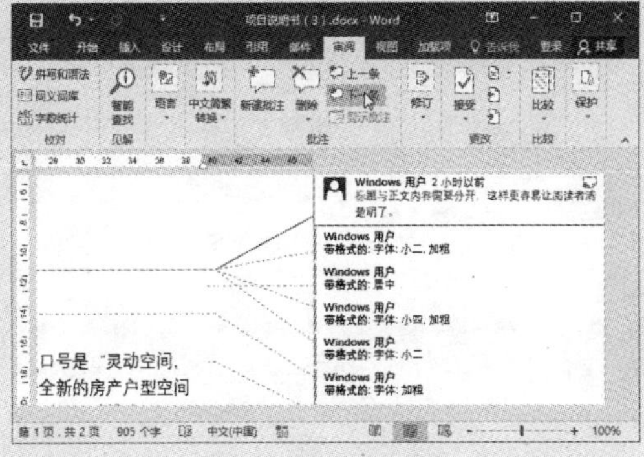

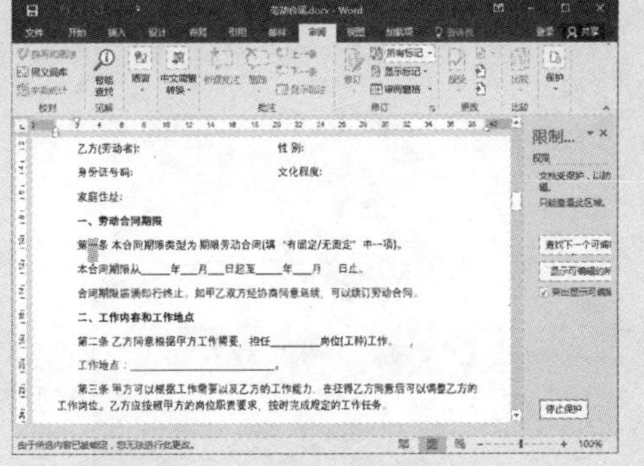

▷▷ 7.1　课堂讲解——文档校对

当在 Word 中编辑一些较严谨的正式文档时，为避免出错一般都需要对文档进行校对。用户可以使用 Word 提供的校对功能检查拼写和讲法、统计文档字数等，从而提高编辑效率。

7.1.1　检查拼写和语法

在文档的输入过程中，不可避免地会出现拼写或语法错误，人工校对检查错误速度相对较慢。此时使用 Word 提供的拼写和语法检查功能可以对文档进行全面的检查，当发现拼写和语法错误时会在文本下方添加红色、蓝色或绿色的波浪线，以提醒用户注意。

同步文件

素材文件：素材文件\第 7 章\行为规则制度.docx
结果文件：结果文件\第 7 章\行为规则制度.docx
视频文件：视频文件\第 7 章\7-1-1.mp4

Step01: ❶单击“审阅”选项卡；❷单击“校对”组中的“拼写和语法”按钮，如下图所示。

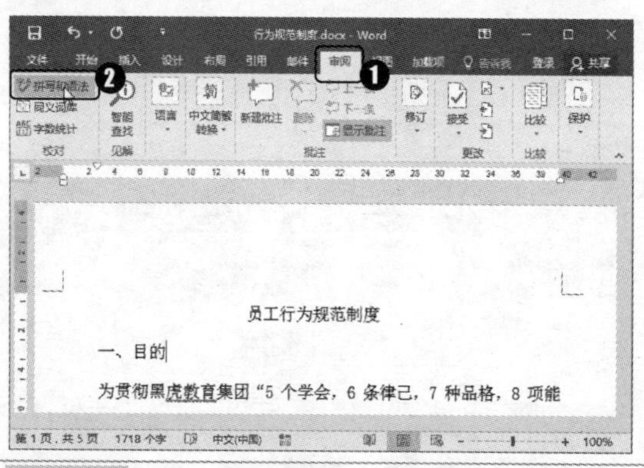

Step02: 打开“语法”窗格，单击“忽略规则”按钮，如下图所示。

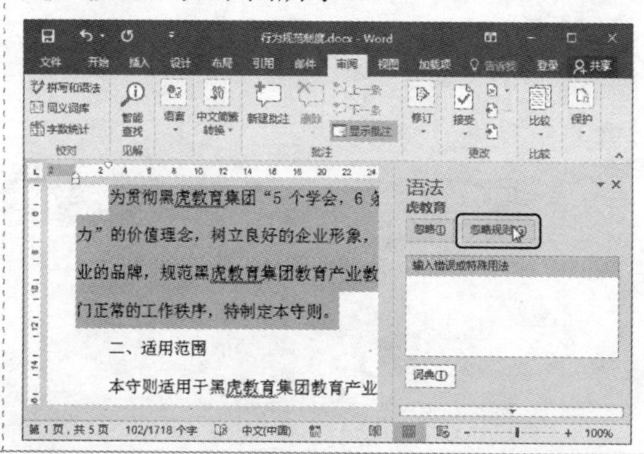

Step03: 执行完一次命令后，继续单击“忽略规则”按钮，直到检查完拼写和语法，弹出“Microsoft Word”提示对话框，单击“确定”按钮，完成拼写和语法检查，如下图所示。

Step04: 经过前面的操作，检查完拼写和语法，如下图所示。

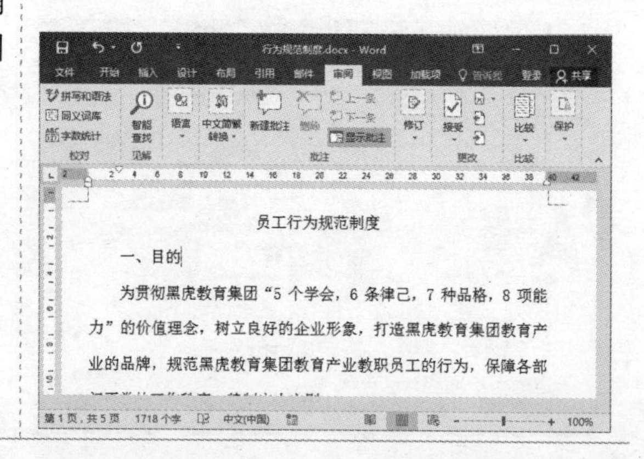

7.1.2 文档字数统计

在制作有字数限制的文档时，可以在编辑过程中，通过状态栏中的相关信息了解到 Word 自动统计的该文档当前的页数和字数。此外，还可以使用 Word 提供的字数统计功能了解文档中某个区域的字数、行数、段落数和页数等详细信息。

同步文件

素材文件：素材文件\第 7 章\行为规则制度.docx
视频文件：视频文件\第 7 章\7-1-2.mp4

Step01: ❶单击“审阅”选项卡；❷单击“校对”组中的“字数统计”按钮，如下图所示。

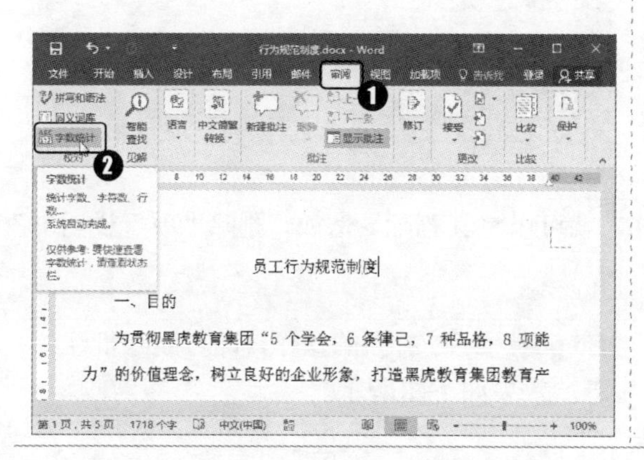

Step02: 打开“字数统计”对话框，在其中显示了文档的统计信息，查看完后单击“关闭”按钮，如下图所示。

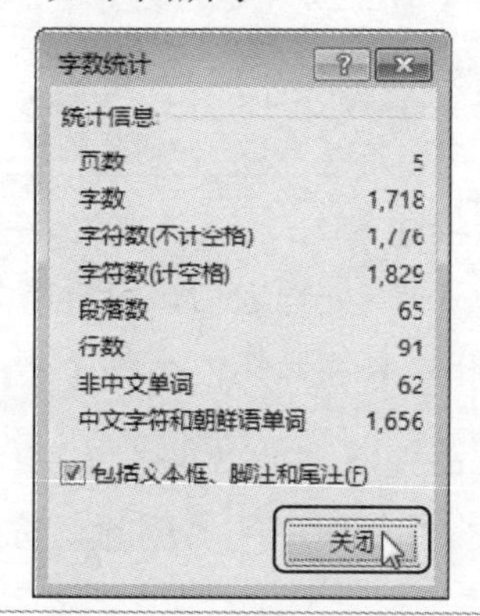

7.2 课堂讲解——修订与审阅文档

为了实现审阅者和文档创作者的交流，Word 2016 提供了批注、修订和审阅的功能。批注功能可以让审阅者在文档中以添加批注框的形式对某些观点和建议进行阐述，不影响文档原来的排版效果。修订功能使审阅者在文档中以插入修订标记的形式进行修改，文档创作者可以选择对审阅者的修改建议进行接受或是拒绝。

7.2.1 添加和删除批注

批注是指为文档添加的注释或批语。在对文章进行审阅时，可以使用批注对文档中的内容提出意见和建议。

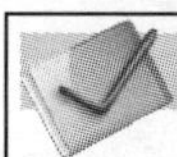

同步文件

素材文件：素材文件\第 7 章\项目说明书.docx
结果文件：结果文件\第 7 章\项目说明书.docx
视频文件：视频文件\第 7 章\7-2-1.mp4

1. 添加批注

使用批注时，首先要在文档中插入批注框，然后在批注框中输入批注内容即可。为文档内容添加批注后，批注标记会显示在文档的内容中，批注标题和批注内容会显示在右页边距的批注框中。

例如，在“项目说明书”文档中添加批注，具体操作方法如下。

Step01: ❶将光标定位至需要插入批注文字的位置；❷单击“审阅”选项卡中“批注”组中的“新建批注”按钮，如下图所示。

Step02: 在窗口右侧显示批注框，且自动将插入点定位到批注框中，输入批注的相关信息，如下图所示。

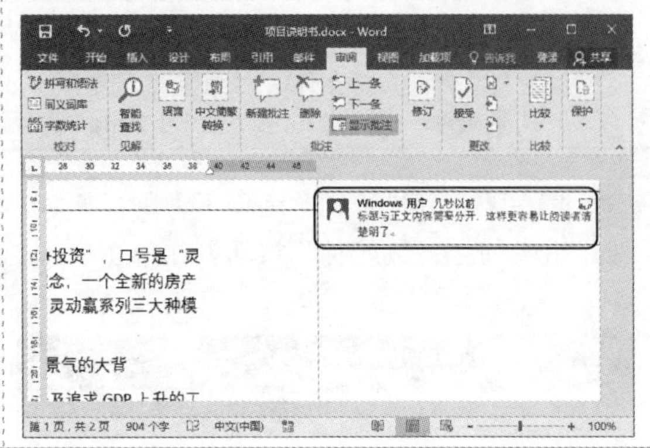

2. 删除批注

当对批注一一处理之后，不再需要显示批注，就可以将其删除。例如，删除“项目说明书”文档中的批注，具体操作方法如下。

Step01: ❶选择或将光标定位至批注框；❷单击“批注”组中的“删除”按钮，如下图所示。

Step02: 经过前面的操作，即可删除批注信息，效果如下图所示。

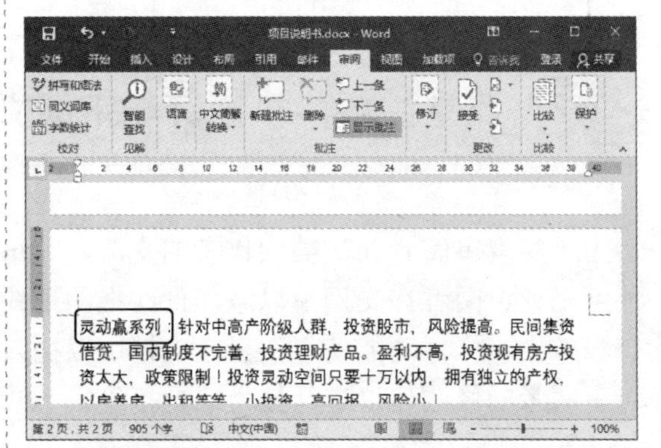

7.2.2 修订文档

在实际工作中，文稿一般是先由文档作者输入，然后由审阅者提出修改建议，最后由作者进行全面修改，需经过多次修改后才能定稿。

在审阅其他用户编辑的文稿时，只要启用了修订功能，Word 就会自动根据不同的修订内容以不同的修订标记格式显示。默认状态下，增加的文字颜色会和原文的文字颜色不同，还会在增加的文字下方添加下画线；删除的文字也会改变颜色，同时添加删除线，用户可以非常清楚地看出文档中到底哪些内容发生了变化。

当需要在审阅状语上修订文稿时，首先要启用修订功能，只有在开启修订功能后对文档的修改才可以反映在文档中。

同步文件

素材文件：素材文件\第 7 章\项目说明书（1）.docx
结果文件：结果文件\第 7 章\项目说明书（1）.docx
视频文件：视频文件\第 7 章\7-2-2.mp4

Step01: ❶单击“审阅”选项卡；❷单击“修订”组中的“修订”按钮，如下图所示。

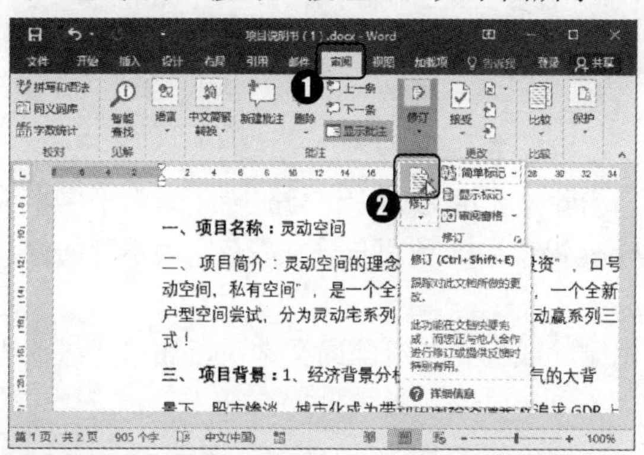

Step02: ❶选择需要加粗的文本；❷单击“字体”组中的“加粗”按钮，如下图所示。

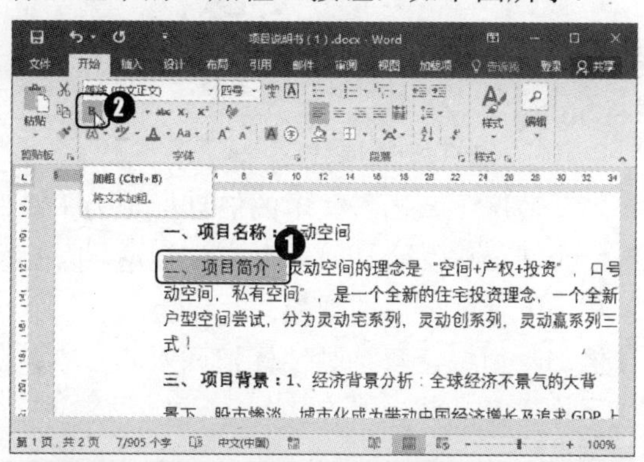

Step03: 调整文档格式，如将标题换行，设置标题字号大小，段落文本首行缩进 2 字符等相关操作，效果如右图所示。

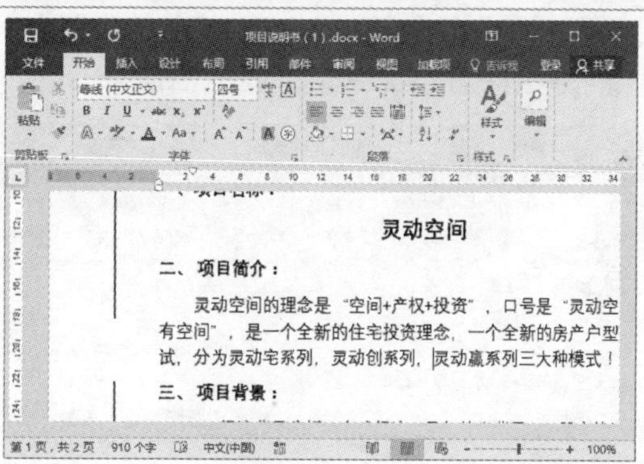

7.2.3　修订的更改和显示

当修订功能被启用后，在文档中所做的编辑都会显示修订标记。用户可以更改修订标记的显示方式，如显示的状态和显示的颜色等。

同步文件

素材文件：素材文件\第 7 章\项目说明书（2）.docx
结果文件：结果文件\第 7 章\项目说明书（2）.docx
视频文件：视频文件\第 7 章\7-2-3.mp4

1. 突出显示修订

在启用修订模式后，用户可以设置文档的不同显示状态。例如，在“项目说明书（2）”文档中显示最终修订的标记。具体操作方法如下。

Step01: ❶单击“审阅”选项卡中“修订”组中的“显示以供审阅”下拉按钮；❷选择“所有标记”命令，如下图所示。

Step02: 经过前面的操作，显示出所有的修订标记，效果如下图所示。

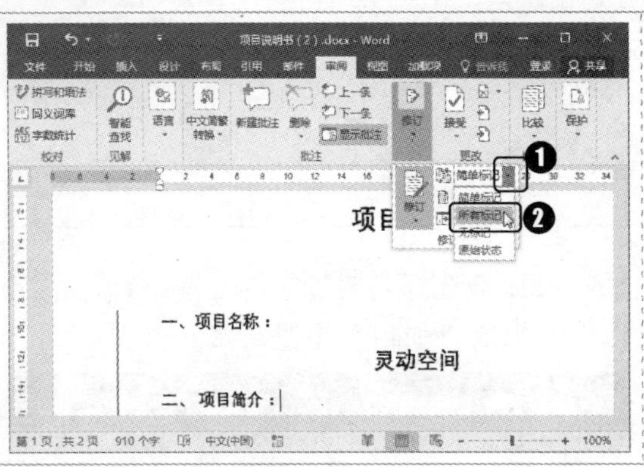

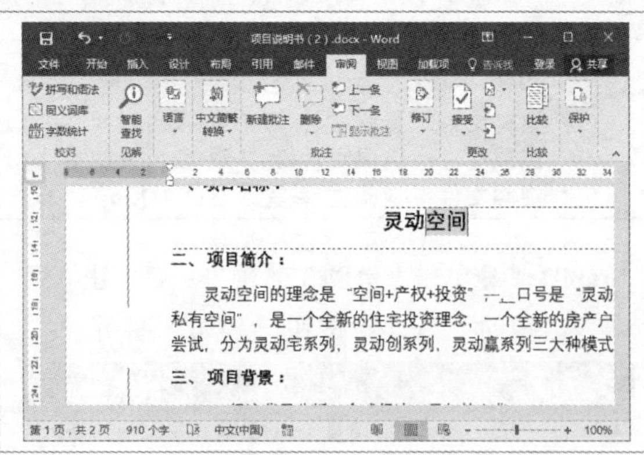

2. 更改修订标记格式

默认情况下，插入文本的修订标记为下画线，删除文本的修订标记为删除线。由于多个人对同一个文稿进行修订时容易产生混淆，因此，Word 提供了 8 种用户修订颜色，供不同的修订者使用，方便区分审阅效果。

例如，用绿色双下画线标记插入的文本，蓝色删除线标记被删除的文本，以加粗鲜绿的方式显示格式，具体操作方法如下。

Step01: 单击“审阅”选项卡中“修订”组中的对话框启动按钮，如下图所示。

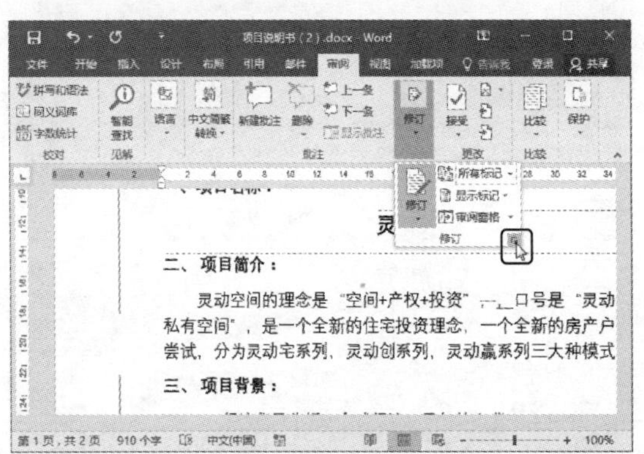

Step02: 打开“修订选项”对话框，单击“高级选项”按钮，如下图所示。

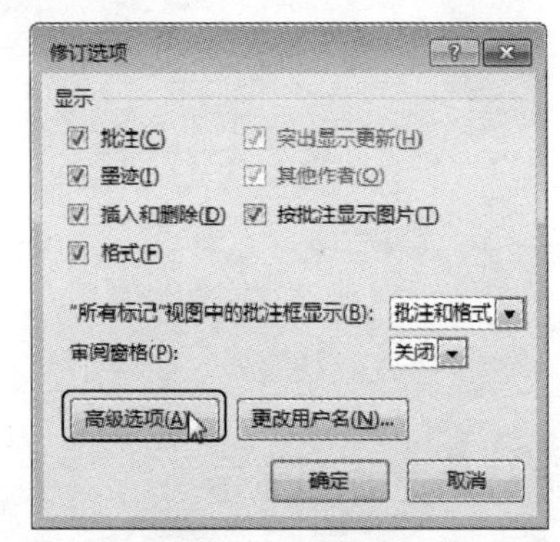

Step03: 打开“高级修订选项”对话框，❶设置插入的文本为“绿色双下画线”效果；❷设置被删除的文本为“蓝色”效果；❸设置文本格式为“加粗、鲜绿”效果；❹单击“确定”按钮，如右图所示。

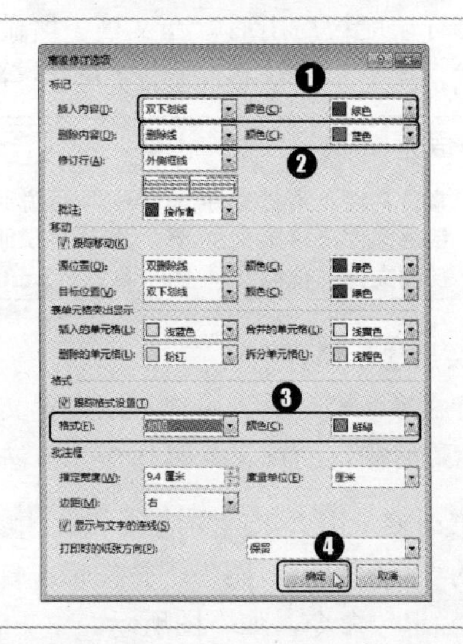

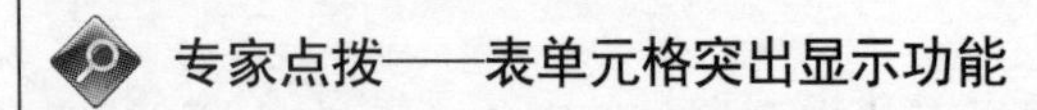

专家点拨——表单元格突出显示功能

在“高级修订选项”对话框的“表单元格突出显示”选项组中可以对文档中的表格格式修订标记的颜色进行设置，包括插入/删除单元格、合并/拆分单元格。

Step04: 返回“修订选项”对话框，单击“确定”按钮，完成更改修订标记的格式，如下图所示。

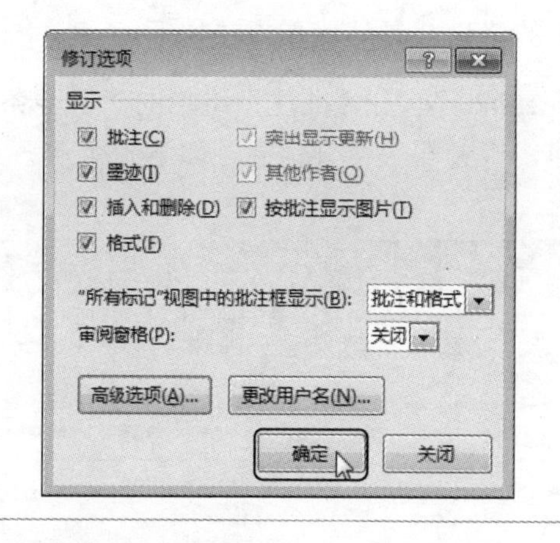

Step05: 经过前面的操作，设置修订标记的显示颜色，效果如下图所示。

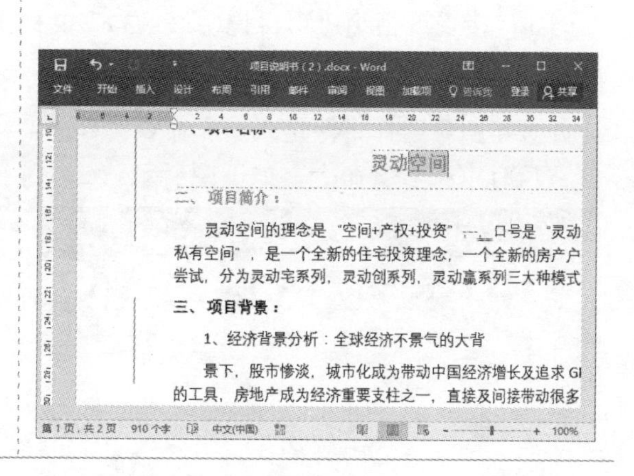

7.2.4　使用审阅功能

当审阅者对文档进行修订后，作者或其他审阅者可以决定是否接受修订意见，既可以部分接受或全部接受修订建议，也可以部分拒绝或全部拒绝修订建议。

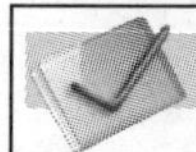

同步文件

素材文件：素材文件\第 7 章\项目说明书（3）.docx
结果文件：结果文件\第 7 章\项目说明书（3）.docx
视频文件：视频文件\第 7 章\7-2-4.mp4

1. 查看指定审阅者的修订

在默认状态下，Word 显示的是所有审阅者的修订标记，当显示所有审阅者的修订标记时，Word 将通过不同的颜色区分不同的审阅者。如果用户只想查看某个审阅者的修订，可进行一定的设置。具体操作方法如下。

Step01: ❶单击“修订”组中的“显示标记”下拉按钮；❷选择“特定人员”命令；❸勾选“Windows 用户”复选框，如下图所示。

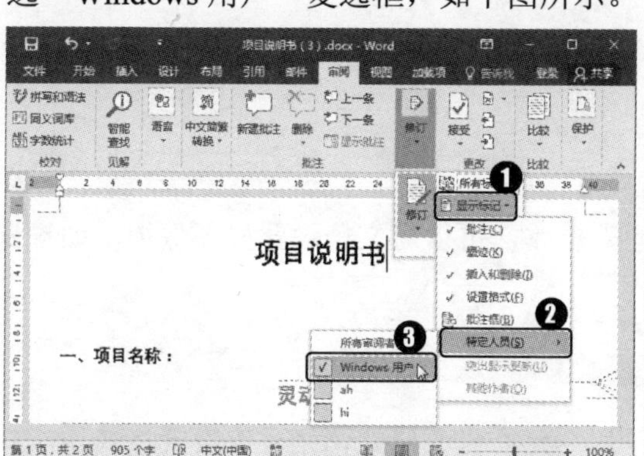

Step02: 经过前面的操作，将只显示 Windows 用户的修订内容，效果如下图所示。

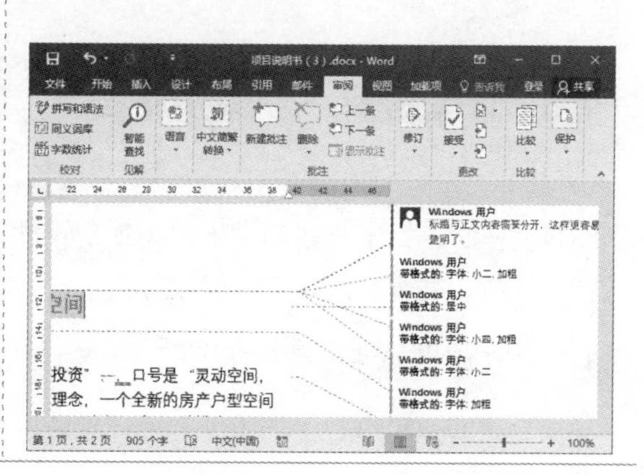

2. 接受或拒绝修订

当收到审阅者修订的文档后，作者或其他审阅者可以决定是否接受修订意见。如果接受审阅者的修订，则可将文稿保存为审阅者修订后的状态；如果拒绝审阅者的修订，则会将文稿保存为未经修订的状态。

例如，接受或拒绝“项目说明书（3）”文档中的修订，具体操作方法如下。

Step01: ❶单击“修订”组中的“显示标记”下拉按钮；❷选择“特定人员”命令；❸选择“所有审阅者”命令，如下图所示。

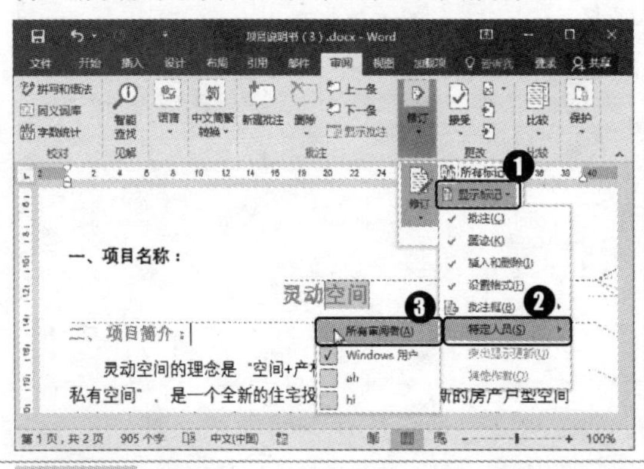

Step02: 单击“批注”组中的“下一条”按钮，查看相关修订信息，如下图所示。

Step03: ❶单击“更改”组中的“接受”下拉按钮；❷选择“接受并移到下一条”命令，如下图所示。

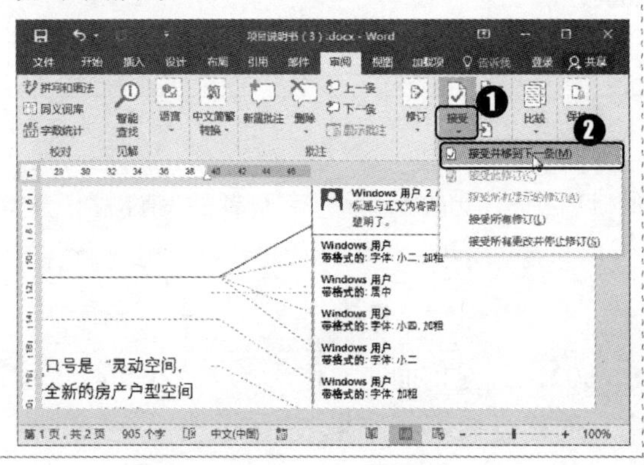

Step04: 如果遇到需要拒绝的修订，则单击“拒绝并移到下一条”按钮，如下图所示。

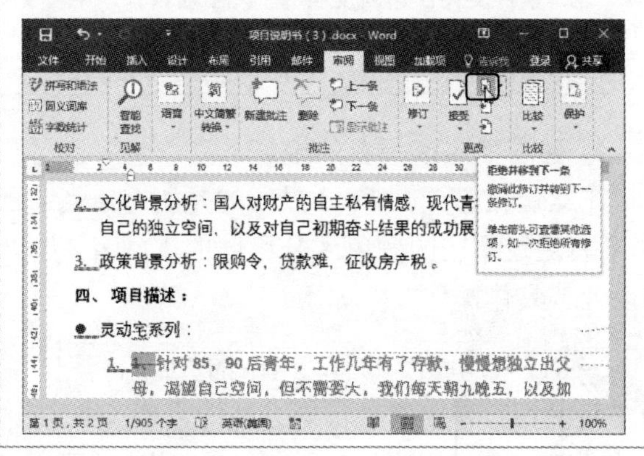

▷▷ 7.3 课堂讲解——保护文档

编辑文档时，对于重要的文档，为了防止其他人篡改，可以对文档设置权限保护，如设置格式修改权限、编辑权限、修订权限等。

7.3.1 格式修改限制

如果允许其他用户对文档的内容进行编辑，但是不允许修改格式，则可以设置格式修改权限。具体操作方法如下。

同步文件

素材文件：素材文件\第 7 章\问卷调查表.docm
结果文件：结果文件\第 7 章\问卷调查表.docm
视频文件：视频文件\第 7 章\7-3-1.mp4

Step01: ❶单击“保护”组中的“限制编辑”按钮，打开“限制编辑”窗格；❷勾选“限制对选定的样式设置格式”复选框；❸单击“是，启动强制保护”按钮，如下图所示。

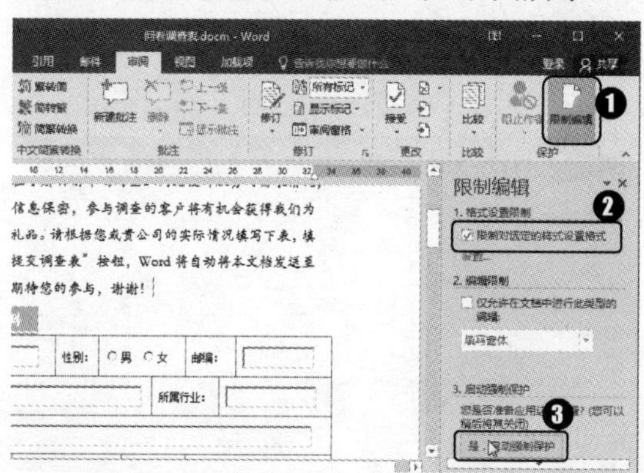

Step02: 打开“启动强制保护”对话框，❶设置保护密码，如“123”；❷单击“确定”按钮，如下图所示。

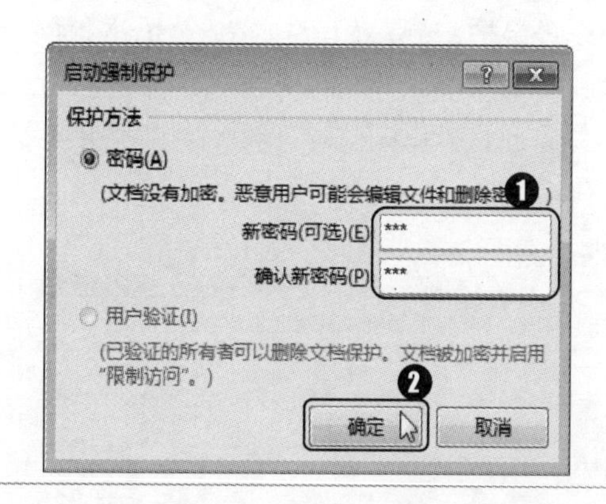

Step03: 返回文档，此时用户仅仅可以使用部分样式格式化文本，如在“开始”选项卡中可以看到大部分按钮都呈不可使用状态，如右图所示。

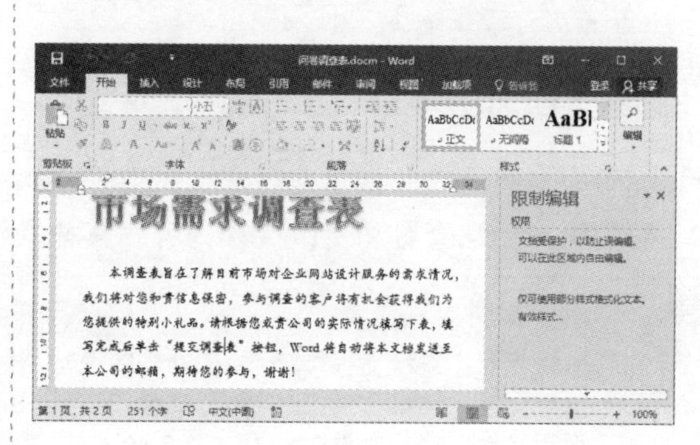

专家点拨——取消格式修改权限

若要取消格式修改权限，则打开“限制编辑”窗格，单击“停止保护”按钮，在弹出的“取消保护文档”对话框中输入之前设置的密码，然后单击“确定”按钮即可。

7.3.2 编辑权限

如果只允许其他用户查看文档，不允许对文档进行任何编辑操作，则可以设置编辑权限。具体操作方法如下。

同步文件

素材文件：素材文件\第 7 章\劳动合同.docx
结果文件：结果文件\第 7 章\劳动合同.docx
视频文件：视频文件\第 7 章\7-3-2.mp4

Step01: ❶单击“保护”组中的“限制编辑”按钮；❷打开“限制编辑”窗格，勾选“仅允许在文档中进行此类型的编辑”复选框；❸单击“是，启动强制保护”按钮，如下图所示。

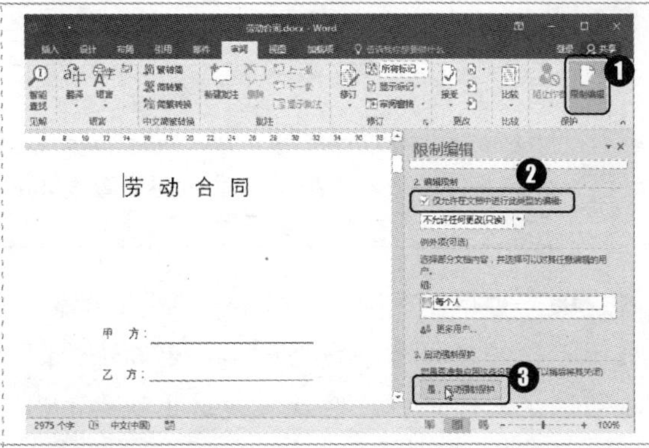

Step02: 弹出“启动强制保护”对话框，❶设置保护密码，如“123”；❷单击“确定”按钮，如下图所示。

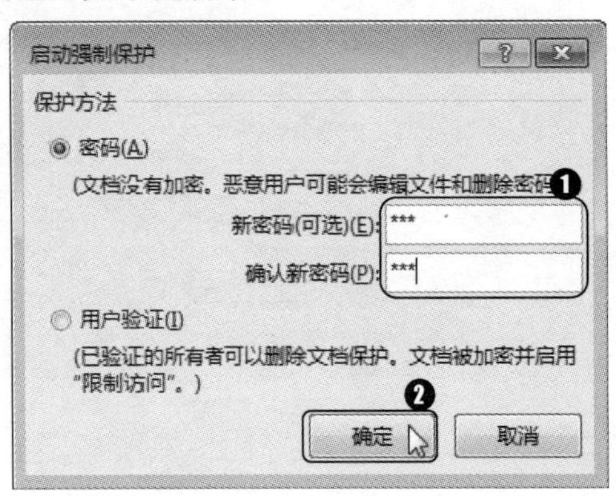

Step03: 返回文档，此时无论进行什么操作，状态栏都会出现“由于所选内容已被锁定，您无法进行此更改”的提示信息，如下图所示。

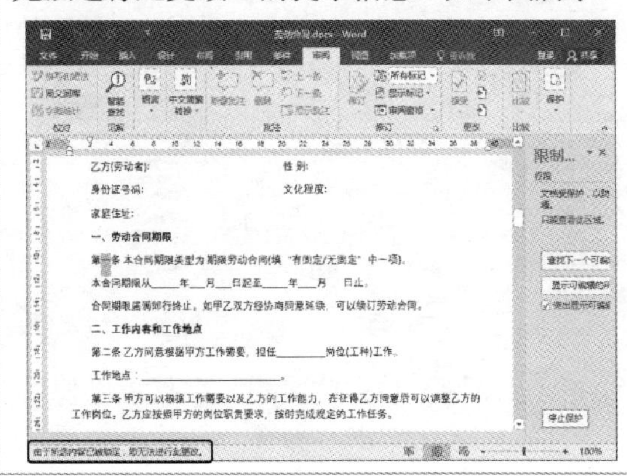

7.3.3 文档加密

编辑的文档内容非常重要时，为了保证文档内容的安全，可以为文档设置密码，使其他没有密码的用户无法查看和更改文档内容。具体操作方法如下。

同步文件

素材文件：素材文件\第 7 章\劳动合同（1）.docx
结果文件：结果文件\第 7 章\劳动合同（1）.docx
视频文件：视频文件\第 7 章\7-3-3.mp4

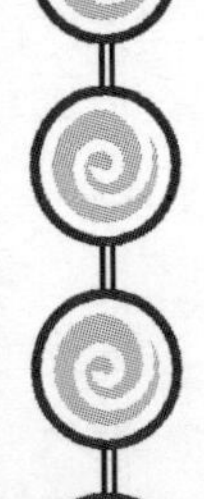

Step01: ❶选择“文件”页面中的“信息”命令；❷单击“保护文档”按钮；❸选择“用密码进行加密”选项，如下图所示。

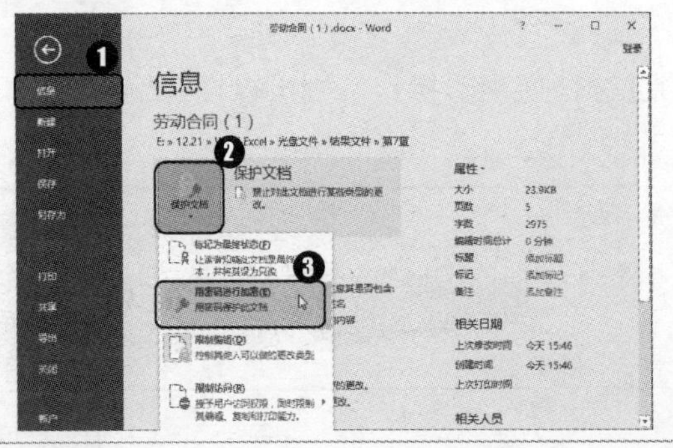

Step02: 打开“加密文档”对话框，❶在“密码”文本框中输入密码，如“101”；❷单击“确定”按钮，如下图所示。

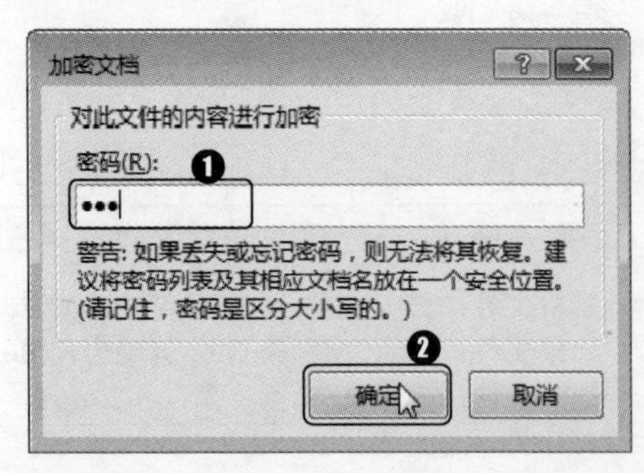

Step03: 打开“确认密码”对话框，❶在“重新输入密码”文本框中输入密码，如“101”；❷单击“确定”按钮，如下图所示。

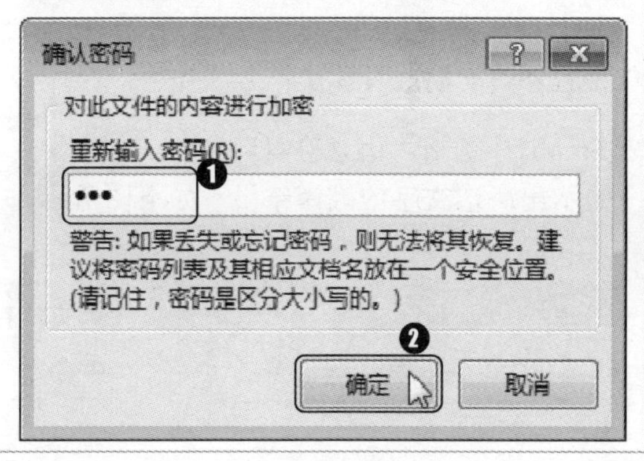

Step04: 返回“文件”页面，选择“保存”命令，完成加密操作，如下图所示。

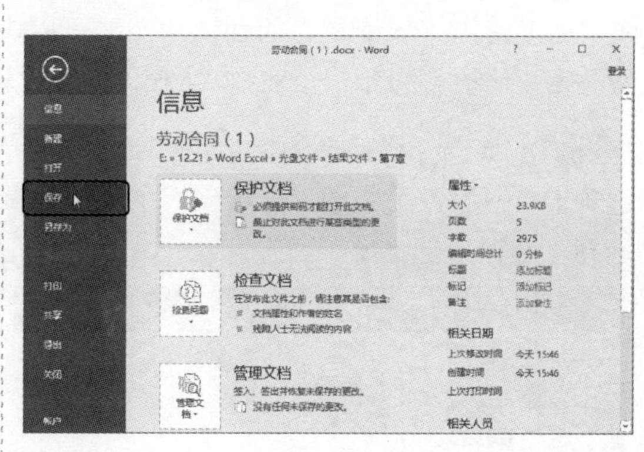

▷▷ 高手秘籍——实用操作技巧

通过对前面知识的学习，相信读者朋友已经掌握了校对文档、审阅与修订文档和保护文档的基本操作。下面结合本章内容介绍一些实用的操作技巧。

同步文件

视频文件：视频文件\第 7 章\高手秘籍.mp4

技巧 01　关闭检查拼写与语法功能

默认情况下，在 Word 中输入文字时会自动检查拼写与语法，如果检查出错误，就会出现红色、蓝色或绿色的波浪线，从而影响版面的美观。所以，很多用户会设置不检查拼写和语法，待需要该功能时再开启该功能。具体操作方法如下。

Step01: 选择“文件”页面中的“选项”命令，如下图所示。

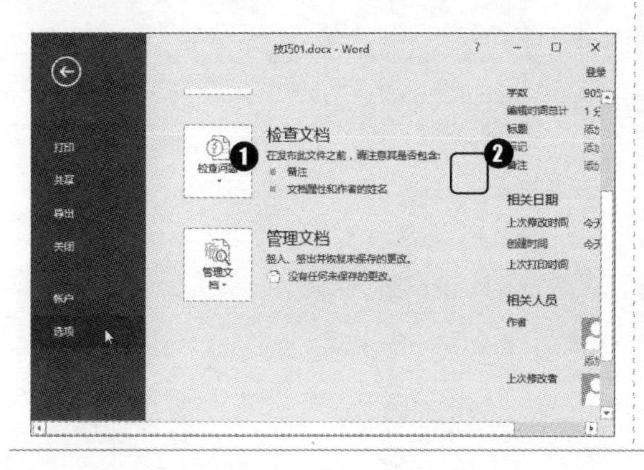

Step02: 打开“Word 选项”对话框，❶选择“校对”选项；❷取消勾选“键入时检查拼写”“键入时标记语法错误”和“随拼写检查语法”复选框；❸单击“确定”按钮，如下图所示。

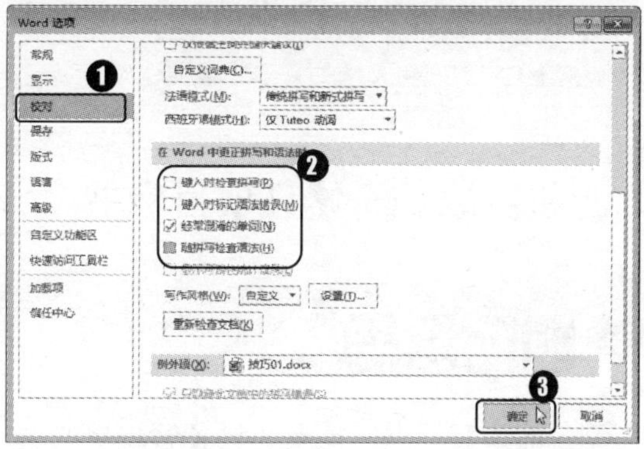

技巧 02 使用翻译功能翻译选择的文字

在实际工作中，有时候需要将文字翻译成其他语言，如将中文翻译成英文，或是将英文翻译成中文。使用 Word 自带的翻译功能，可以快速地让汉字与其他语言互译。该功能可以帮助以英语等其他语言为第二语言的 Word 用户处理专业的外语文档，具体操作方法如下。

Step01: ❶选择要翻译的文本；❷单击“审阅”选项卡“语言”组中的“翻译”下拉按钮；❸选择“翻译所选文字”命令，如下图所示。

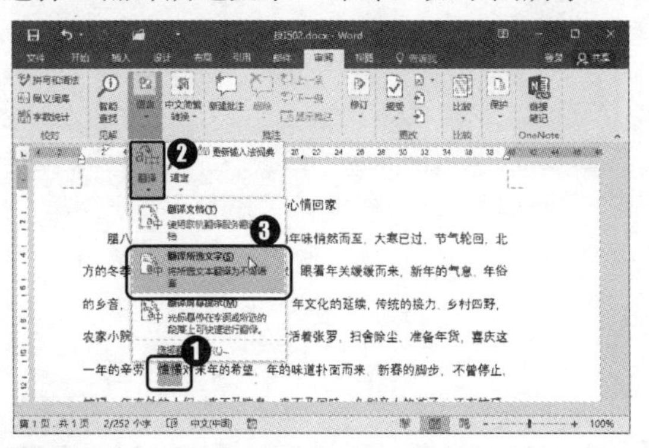

Step02: 打开“信息检索”窗格，在窗格中显示出所选文字的翻译结果，如下图所示。

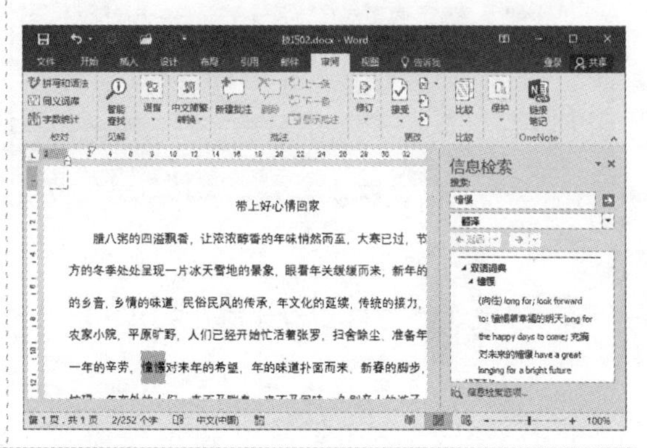

技巧 03 中文的简繁转换

Word 中的中文简繁转换功能，对一般的简转繁或繁转简是不成问题的，能做到正确转换。具体操作方法如下。

Step01: ❶选择要进行转换的文本；❷单击“审阅”选项卡中“中文简繁转换”组中的“简转繁”按钮，如下图所示。

Step02: 经过前面的操作，即可将文本转换为繁体，效果如下图所示。

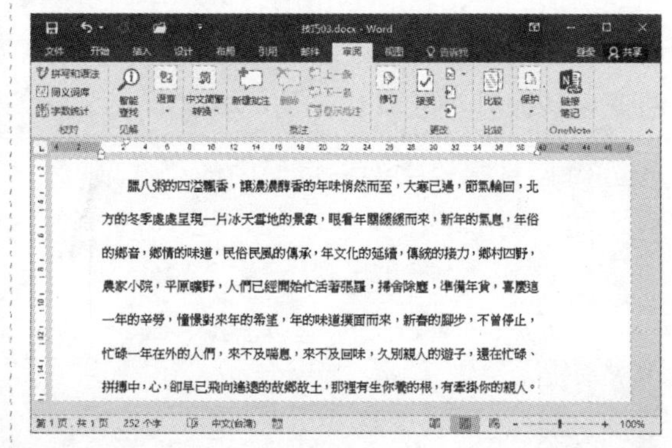

▷▷ 上机实战——修订项目标书

≫ 上机介绍

制作的项目标书，需要经过各管理层的层层审核，最终才能通过。因此，在各管理层审核时，都会提出一些意见或建议，起草者需要根据审阅者提出的问题进行整理，接受或者拒绝所提出的意见，然后整理成最终的项目标书文件。最终效果如下图所示。

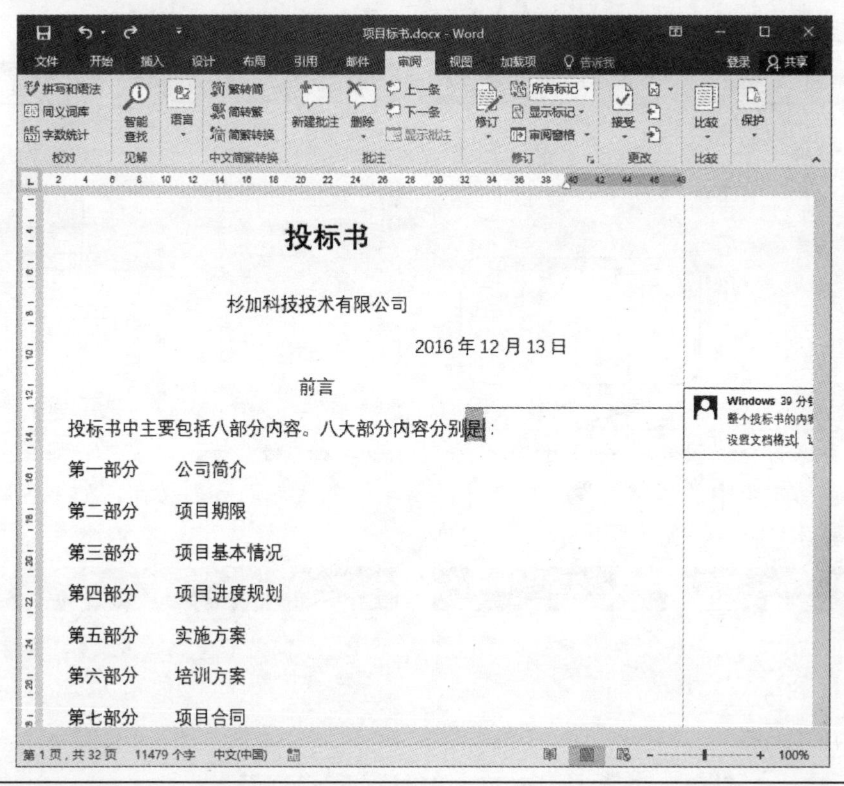

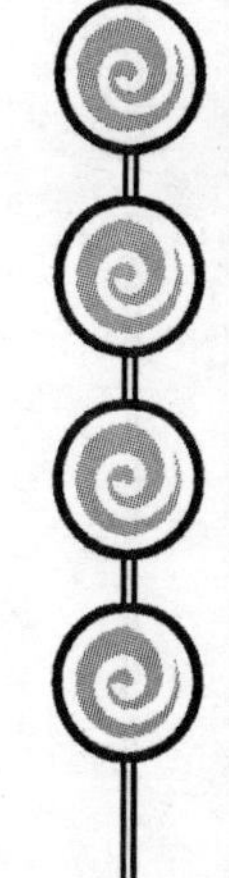

同步文件

素材文件：素材文件\第 7 章\项目标书.docx
结果文件：结果文件\第 7 章\项目标书.docx
视频文件：视频文件\第 7 章\上机实战.mp4

步骤详解

本实例的具体操作步骤如下。

Step01: ❶单击“审阅”选项卡；❷单击“批注”组中的“新建批注”按钮，如下图所示。

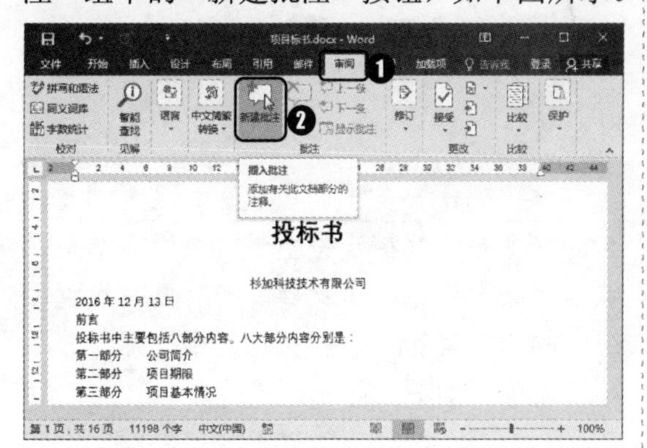

Step02: 在窗口右侧显示批注框，输入相关批注信息，如下图所示。

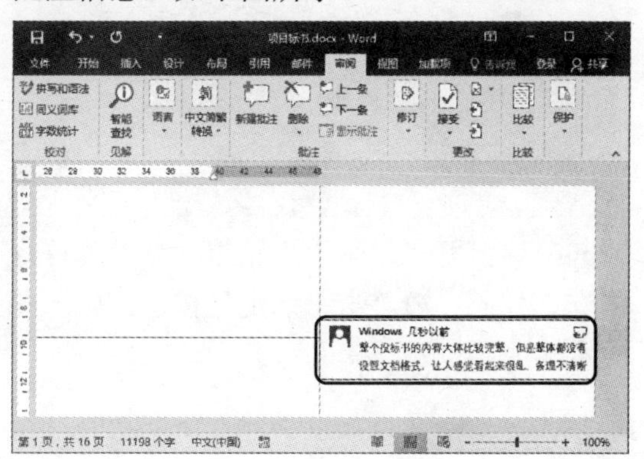

Step03: 当文件经过多人批注时，在右侧的批注框会按不同的用户以不同的颜色进行显示，如下图所示。

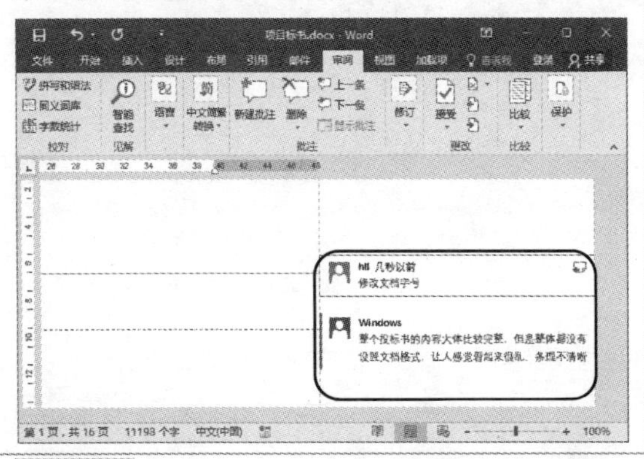

Step04: ❶单击“修订”组中的“修订”下拉按钮；❷在弹出的下拉列表中选择“修订”命令，如下图所示。

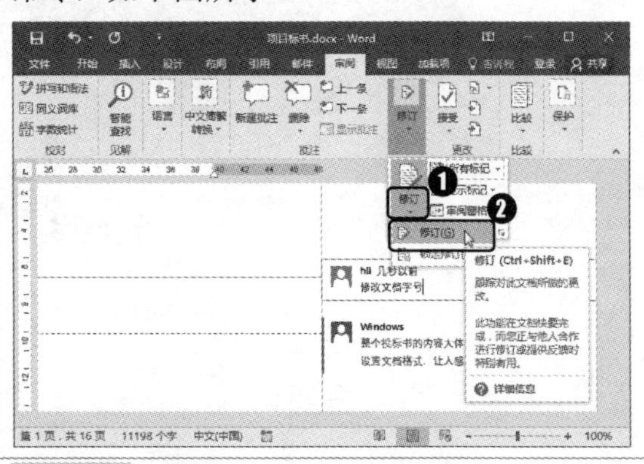

Step05: ❶选择正文文本；❷单击“开始”选项卡“字体”组中的“字号”下拉按钮；❸选择“四号”命令，如下图所示。

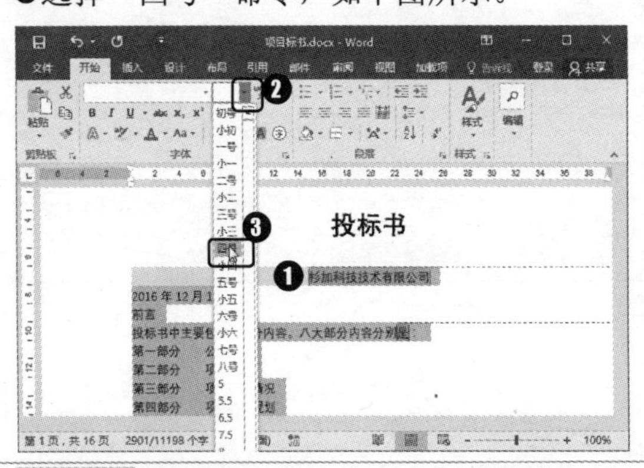

Step06: ❶选择日期文本；❷单击“段落”组中的“右对齐”按钮，如下图所示。

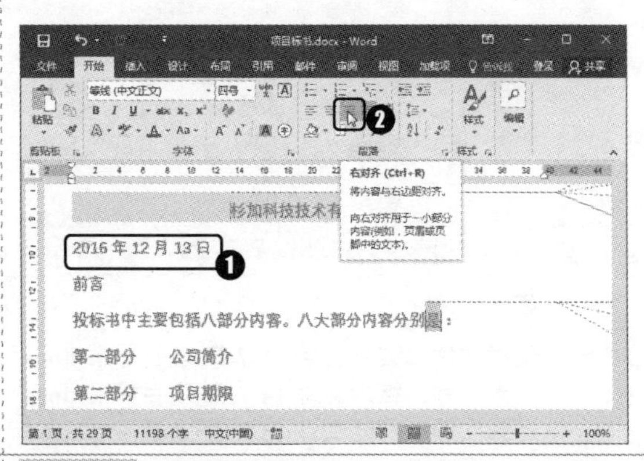

Step07: ❶选择“前言”文本；❷单击“段落”组中的“居中”按钮，如下图所示。

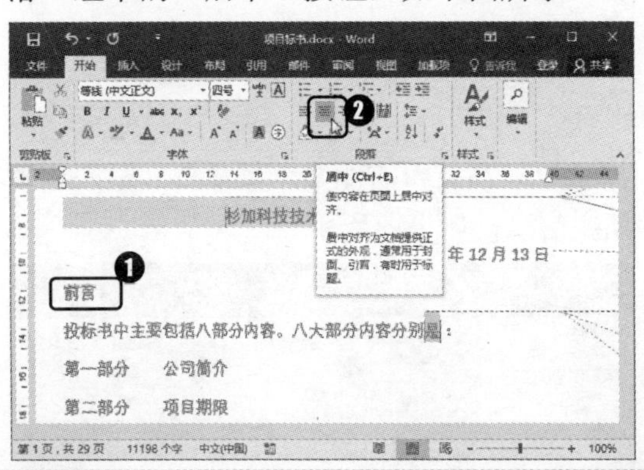

Step08: ❶选择正文文本；❷单击“段落”组中的对话框启动按钮，如下图所示。

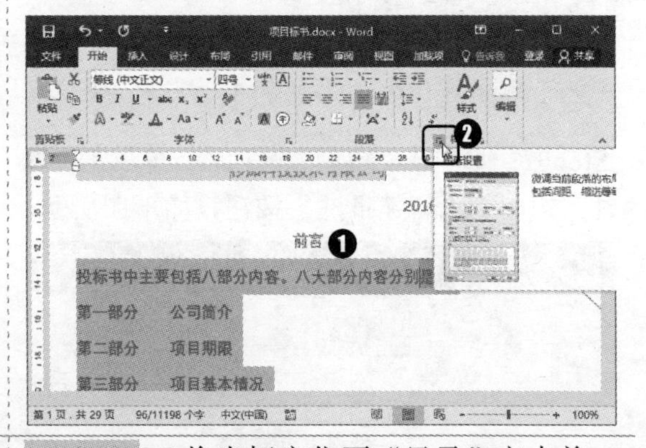

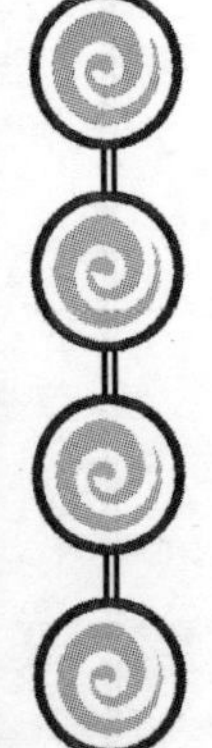

Step09: 打开“段落”对话框，❶设置首行缩进 2 字符；❷单击“确定”按钮，如下图所示。

Step10: ❶将光标定位至“目录”文本前，单击“布局”选项卡；❷单击“页面设置”组中的“分隔符”下拉按钮；❸选择“分页符”命令，如下图所示。

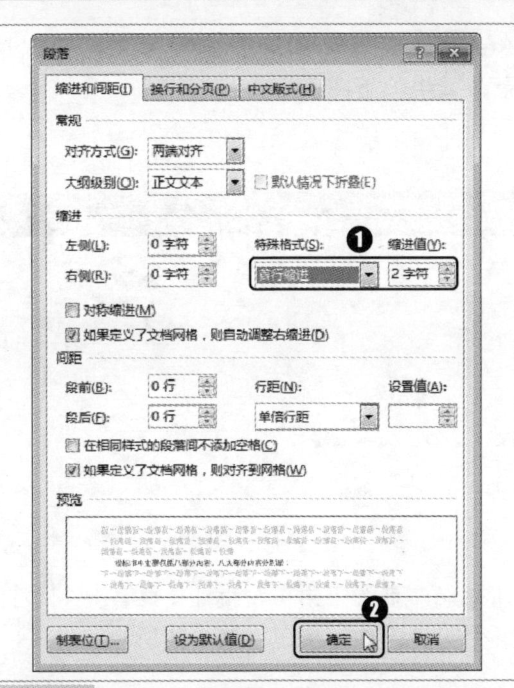

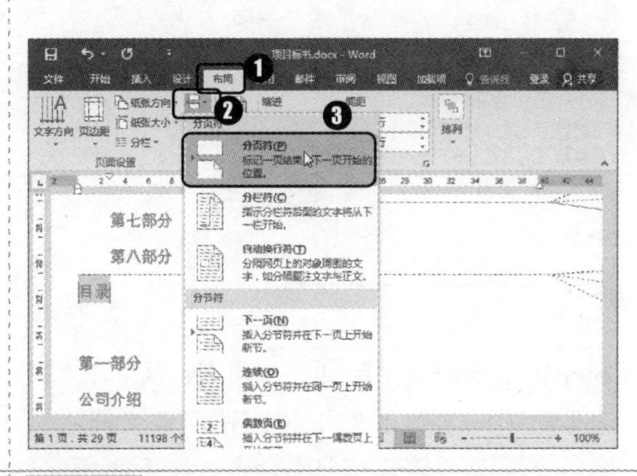

Step11: ❶单击“视图”选项卡；❷单击“视图”组中的“大纲视图”按钮，如下图所示。

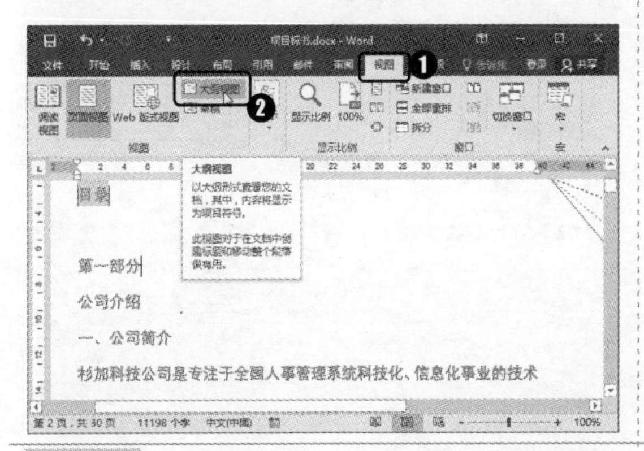

Step12: ❶选择标题文本，单击“大纲工具”组中“正文文本”右侧的下拉按钮；❷选择“1 级”选项，如下图所示。

Step13: 使用相同的方法，为其他标题设置标题级别，设置完成后，单击“关闭大纲视图”按钮，如下图所示。

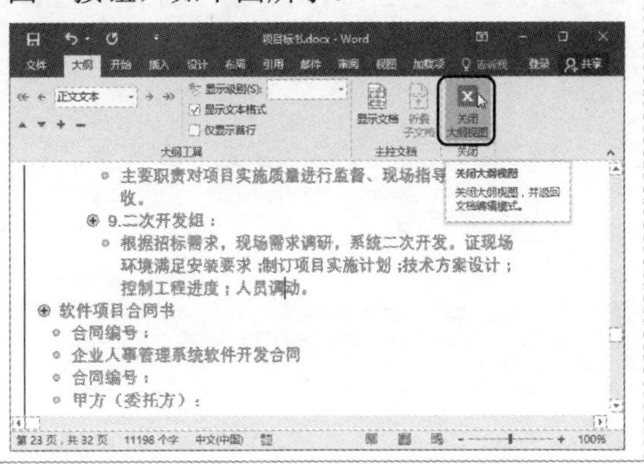

Step14: ❶选中正文中需要删除的文本；❷单击“开始”选项卡中“剪贴板”组中的“剪切”按钮，如下图所示。

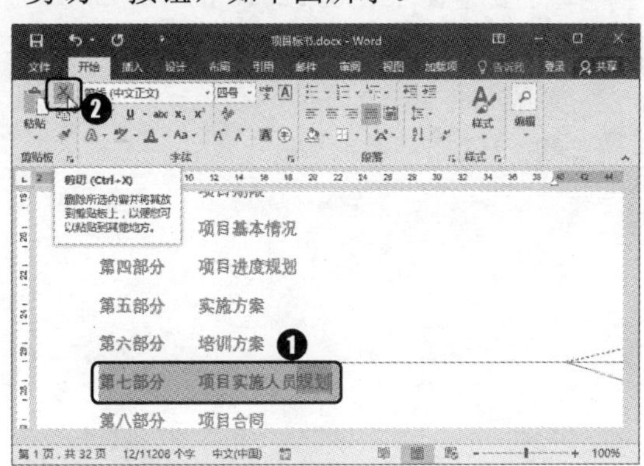

Step15: ❶单击“引用”选项卡；❷单击“目录”组中的“目录”下拉按钮；❸在弹出的下拉列表中选择“自动目录 1”选项，如下图所示。

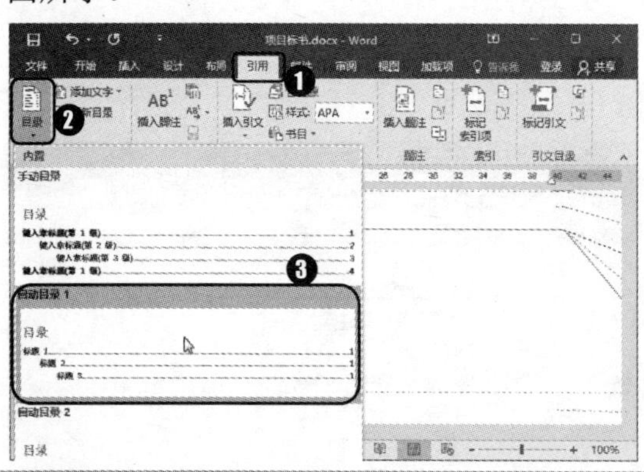

Step16: 经过前面的操作，为文档插入目录，效果如下图所示。

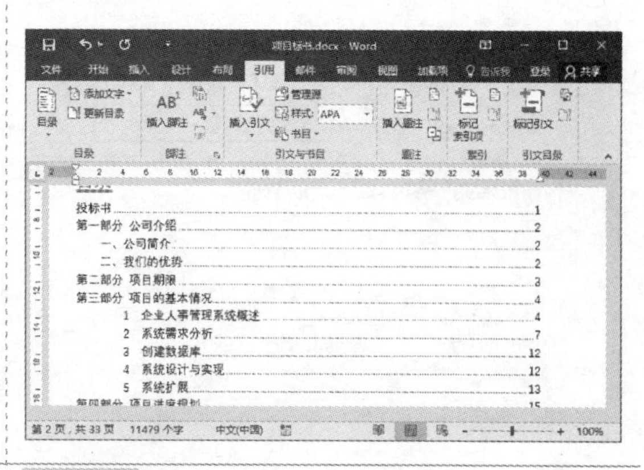

Step17: ❶单击“审阅”选项卡；❷单击“更改”组中的“接受”下拉按钮；❸选择“接受所有更改并停止修订”命令，如下图所示。

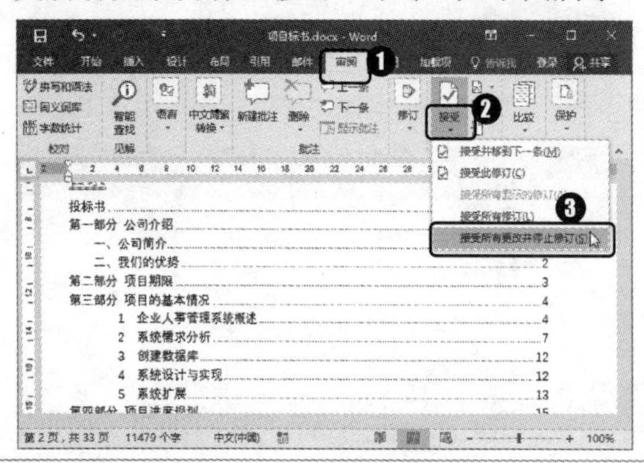

Step18: ❶选中第 1 个批注；❷单击“批注”组中的“删除”按钮，如下图所示。

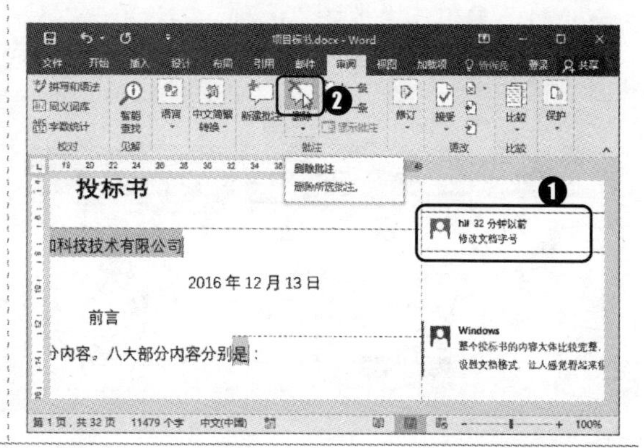

⊳⊳ 本章小结

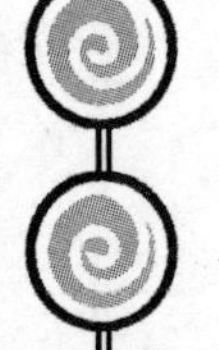

本章主要学习了 Word 2016 的一些高级应用知识，主要包括文档校对、添加/删除批注、修订文档和保护文档等知识点。通过本章的学习，相信读者的 Word 技能又上了一个新台阶。

第8章　在Word 2016中设置文档页面并打印

本章导读

在Word中编辑完文档内容后，有时需要将其打印出来，在打印文档前需要对打印区域和页面进行设置。本章介绍如何为Word文档添加页眉和页脚，如何设置文档的页面效果，以及打印方向、纸张、页边距等的设置方法。

知识要点

- 掌握设置页边距的方法
- 掌握设置纸张大小的方法
- 掌握设置页眉与页脚的方法
- 掌握设置打印区域的方法
- 掌握分页符的使用方法
- 掌握打印文档的方法

效果展示

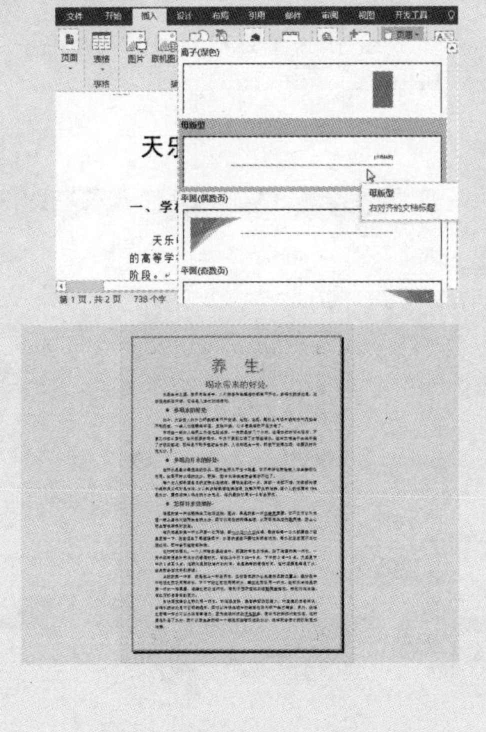

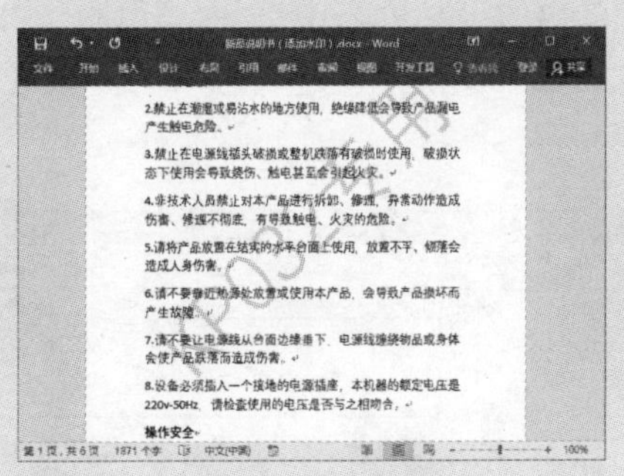

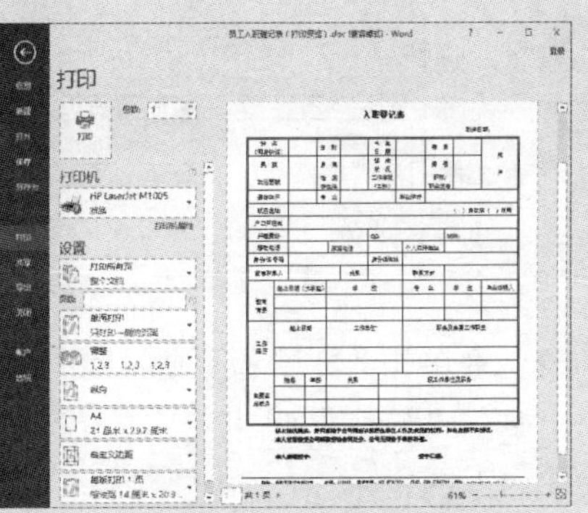

▷▷ 8.1 课堂讲解——设置页眉和页脚

页眉和页脚位于文档中每个页面的顶部和底部，可以包括页码、日期、公司徽标、文档标题、文件名或作者名等文字或图形内容。对于长篇文档而言，合理的页眉和页脚设计不仅丰富了版面信息，还便于读者阅读，使读者了解目前所处的文档位置，极大地提高了长文档的易读性。

8.1.1 插入页眉和页脚

Word 中内置了多种页眉和页脚样式，插入页眉和页脚时可直接将合适的内置样式应用到文档中，然后再根据需要编辑页眉和页脚内容。例如，为“招聘简章”文档设置页眉和页脚，具体操作方法如下。

同步文件

素材文件：素材文件\第 8 章\招聘简章（插入页眉与页脚）.docx
结果文件：结果文件\第 8 章\招聘简章（插入页眉与页脚）.docx
视频文件：视频文件\第 8 章\8-1-1.mp4

Step01: ❶单击“插入”选项卡；❷在“页眉和页脚”组中单击“页眉”下拉按钮；❸在弹出的下拉列表中选择 “母版型”页眉样式，如下图所示。

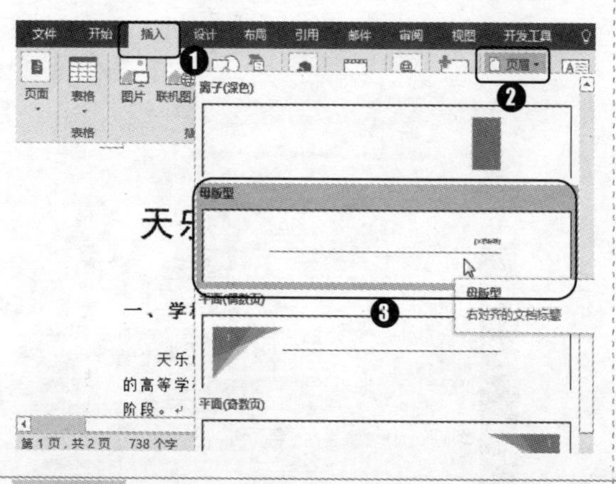

Step02: 此时，即可在页眉区域插入所选样式的页眉；❶在页眉文本框中输入所需的内容；❷单击“开始”选项卡；❸在“字体”组中设置文本的字号与颜色，如下图所示。

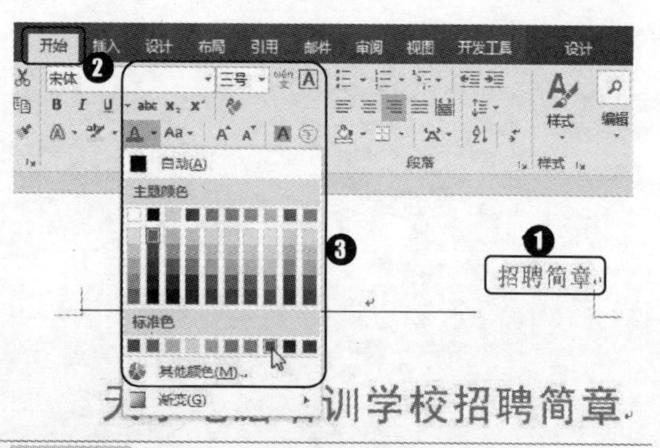

Step03: ❶单击“页眉和页脚工具-设计”选项卡；❷在“导航”组中单击“转至页脚”按钮，如下图所示。

Step04: ❶在“页眉和页脚”组中单击“页脚”下拉按钮；❷在弹出的下拉列表中选择需要的页脚样式，如下图所示。

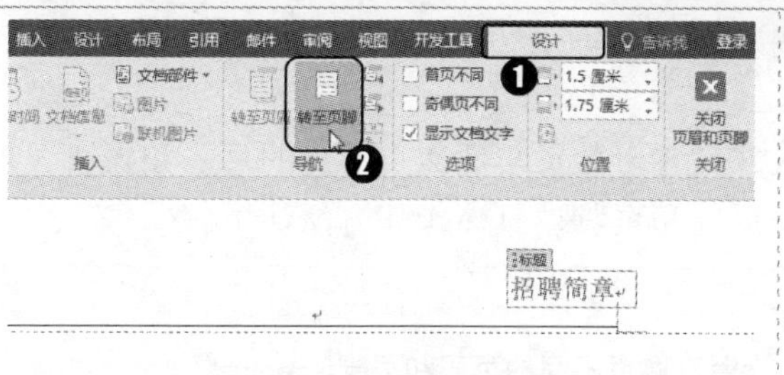

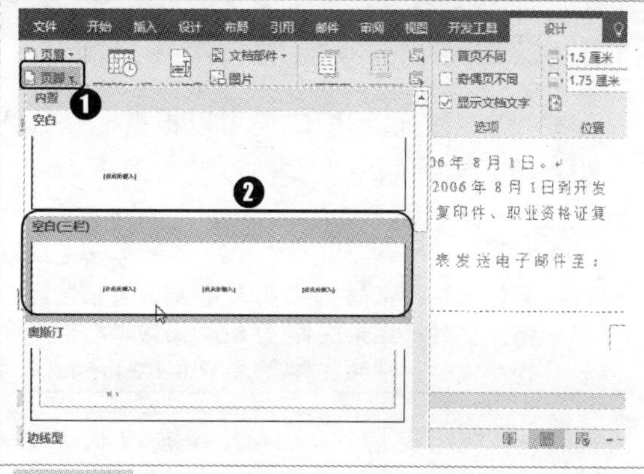

Step05: ❶选择页脚中的第 1 个文本框；❷单击“插入”组中的“文档信息”下拉按钮；❸在弹出的下拉列表中选择“作者”命令，如下图所示。

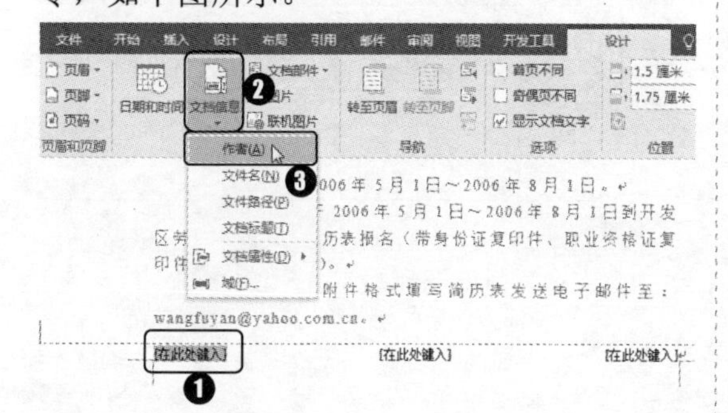

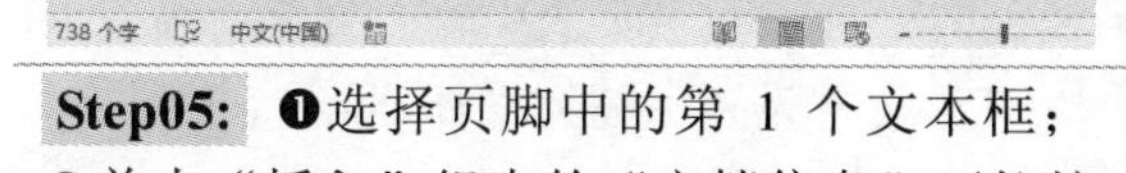

Step06: ❶默认输入作者名，也可以自定义输入；❷选择页脚中的第 2 个文本框；❸单击“插入”组中的“日期和时间”按钮，如下图所示。

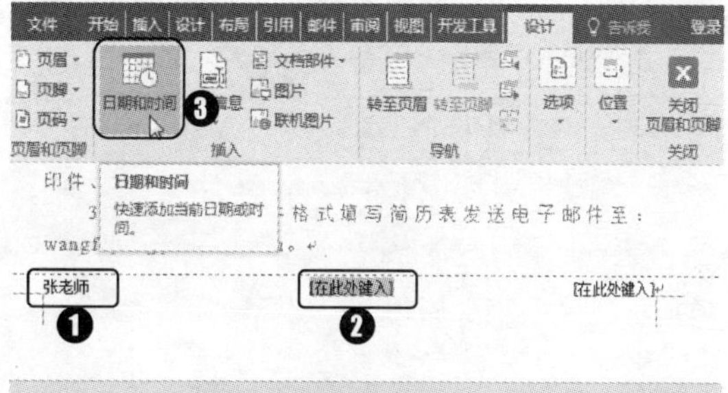

Step07: 打开“日期和时间”对话框，❶选择语言为“中文（中国）”；❷在左侧选择需要的日期和时间格式；❸单击“确定”按钮，如下图所示。

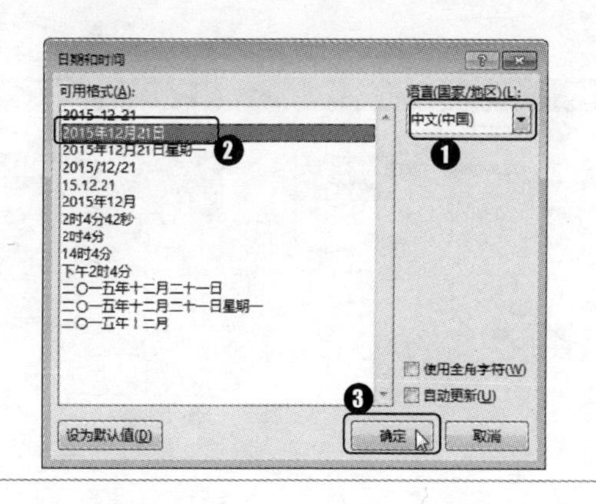

Step08: 此时，即可在第 2 个文本框中插入日期，选中第 3 个文本框，按〈Delete〉键删除，完成文档页脚的制作，单击“关闭”组中的“关闭页眉和页脚”按钮，退出页眉和页脚编辑状态，如下图所示。

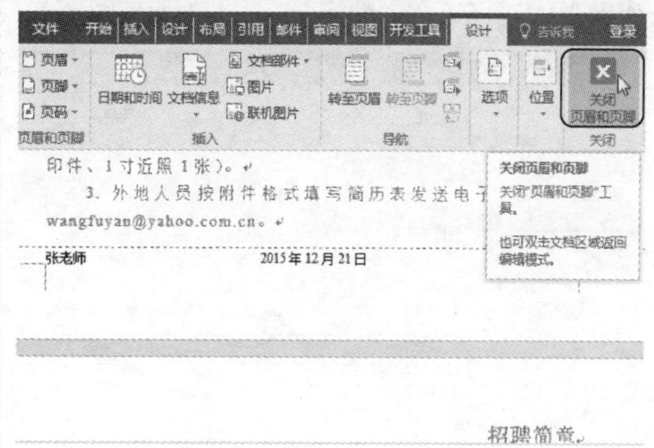

新手注意

双击页眉和页脚外的文档任意区域，可以快速退出页眉和页脚编辑状态。

8.1.2 设置奇偶页不同的页眉和页脚

在编辑文档的过程中，还可以根据需要插入并设置奇数页与偶数页不同的页眉和页脚。例如，为“绩效考核制度”文档设置奇偶页不同的页眉和页脚，具体操作方法如下。

同步文件

素材文件：素材文件\第 8 章\绩效考核制度（设置奇偶页不同的页眉和页脚）.docx
结果文件：结果文件\第 8 章\绩效考核制度（设置奇偶页不同的页眉和页脚）.docx
视频文件：视频文件\第 8 章\8-1-2.mp4

Step01: 双击页眉区域，进入编辑状态，❶单击“页眉和页脚工具-设计”选项卡；❷在“选项”组中勾选“奇偶页不同”复选框，如下图所示。

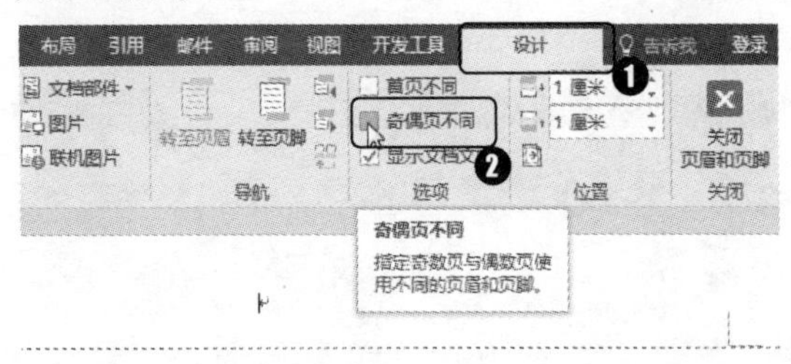

Step02: 在奇数页页眉中输入文字“绩效考核制度”，并设置字体为宋体、四号、右对齐、下框线，如下图所示。

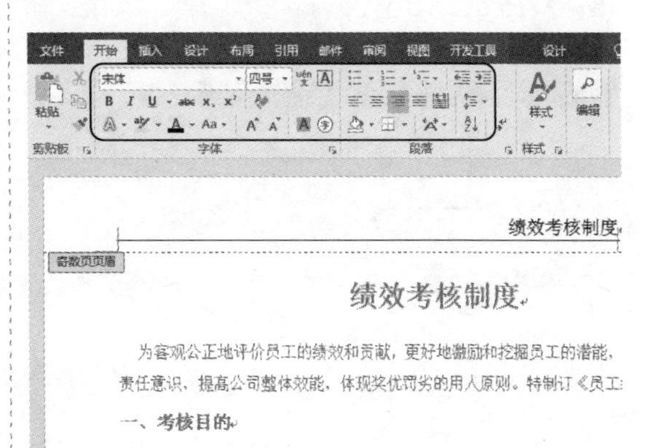

Step03: 将光标定位在奇数页页脚中，❶单击“页眉和页脚工具－设计”选项卡；❷在“页眉和页脚”组中单击“页码”下拉按钮；❸在弹出的下拉列表中选择“页面底端”命令；❹在弹出的子菜单中选择“普通数字 2”选项，如下图所示。

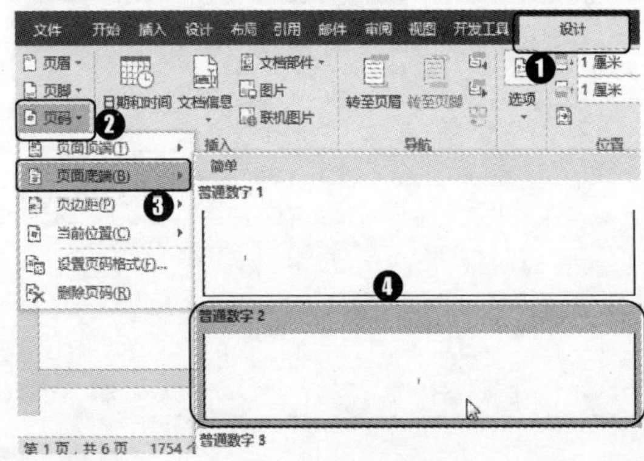

Step04: 此时，即可在奇数页页脚的中间位置插入页码，如下图所示。

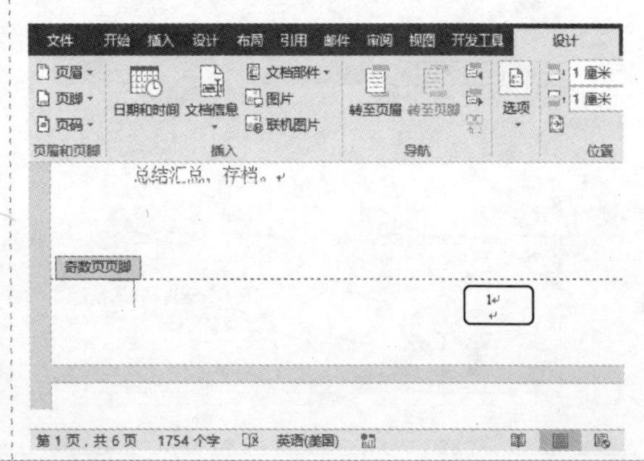

Step05: 将光标定位在偶数页页眉中，❶单击“插入”选项卡；❷在“插图”组中单击“图片”按钮，如下图所示。

Step06: 弹出“插入图片”对话框，❶选择需要插入到偶数页页眉中的图片；❷单击“插入”按钮，如下图所示。

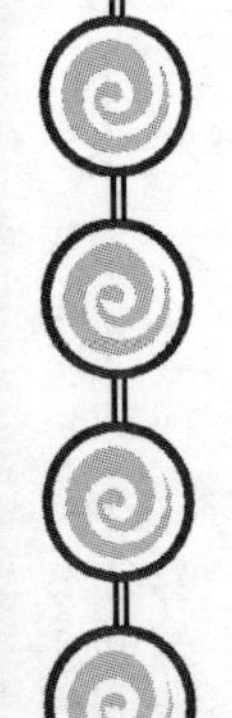

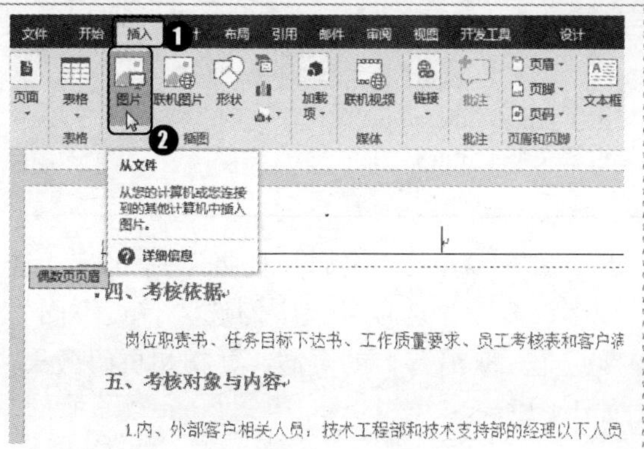

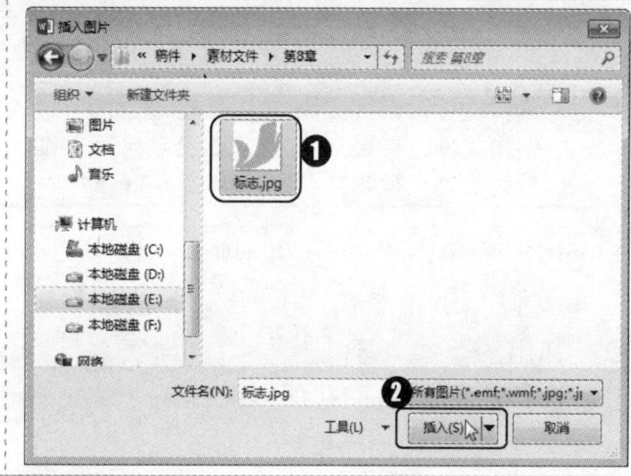

Step07: 调整图片大小，然后输入文字“XXX 有限责任公司”，并设置字体为黑体、四号、左对齐，如下图所示。

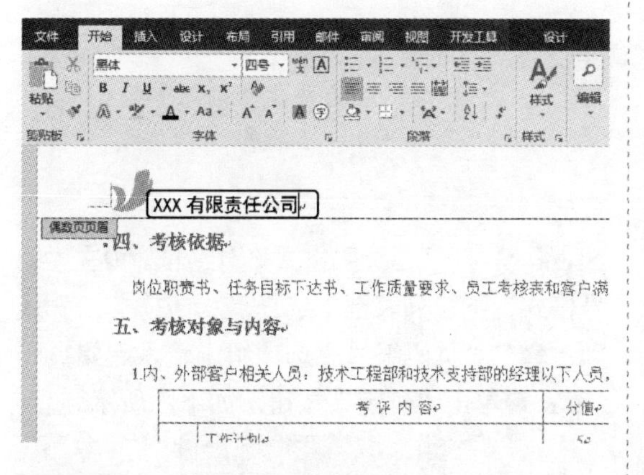

Step08: 将光标定位在偶数页页脚中，❶单击“页眉和页脚工具-设计”选项卡；❷在“页眉和页脚”组中单击“页码”下拉按钮；❸选择“页面底端”命令；❹在弹出的子菜单中选择“普通数字 1”选项，如下图所示。

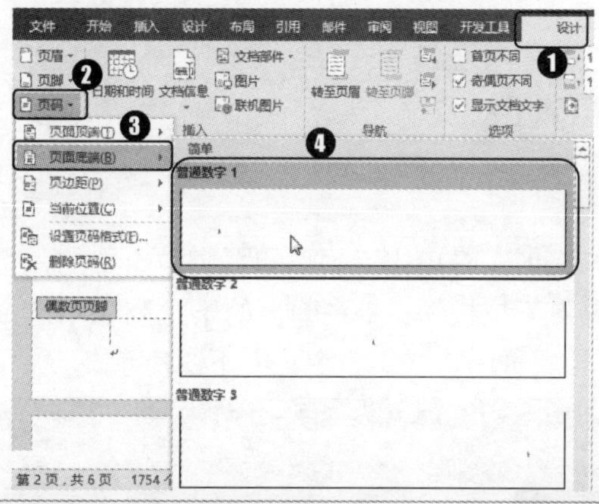

Step09: 此时，即可在偶数页页脚的左侧位置插入页码。设置完毕后，在“关闭”组中单击“关闭页眉和页脚”按钮，如右图所示。

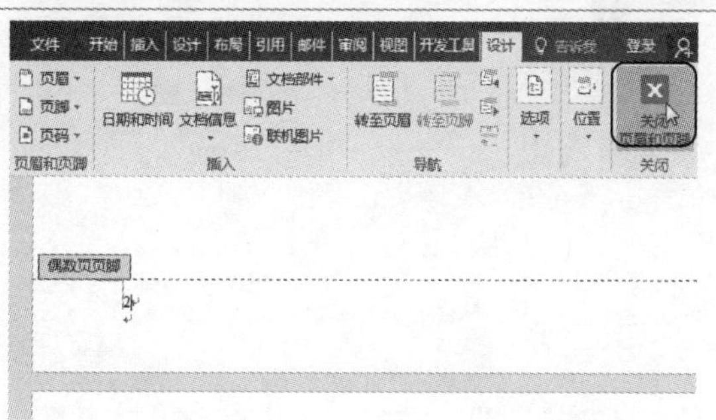

8.1.3　插入与设置页码

页码是与页眉和页脚相关联的，基本上是文档（尤其是长文档）的必备要素。用户可以将页码添加到文档的顶部、底部或页边距处。Word 2016 中提供了多种页码编号的样式，可直接套用。例如，使“劳动合同”文档中的页码按照“A，B，C…”的样式进行编号，并从第 2 页开始编号，具体操作方法如下。

同步文件

素材文件：素材文件\第 8 章\劳动合同（插入与设置页码）.docx
结果文件：结果文件\第 8 章\劳动合同（插入与设置页码）.docx
视频文件：视频文件\第 8 章\8-1-3.mp4

Step01: ❶单击“插入”选项卡；❷在“页眉和页脚”组中单击“页码”下拉按钮；❸在弹出的下拉列表中选择“页面底端”命令；❹在弹出的子子菜单中选择需要的页码样式“马赛克 2”，如下图所示。

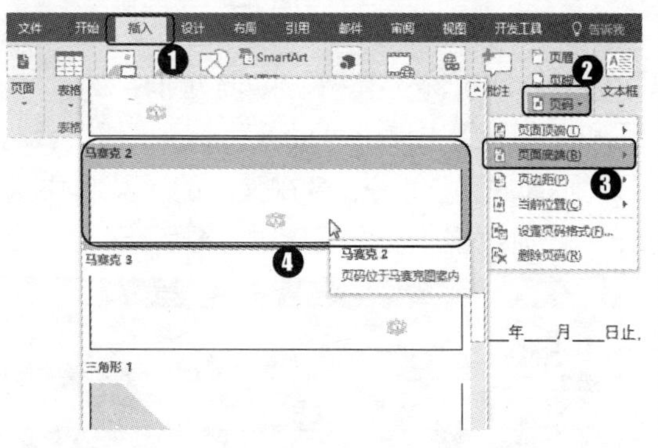

Step02: ❶单击“页眉和页脚工具-设计”选项卡；❷在“选项”组中勾选“首页不同”复选框，取消首页的页眉、页脚和页码效果，如下图所示。

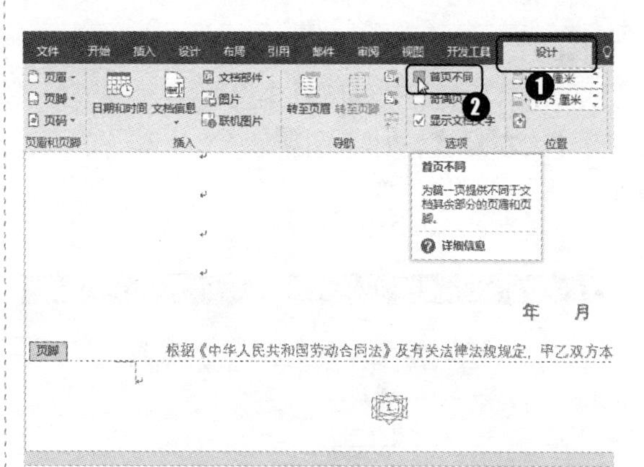

Step03: ❶单击“页眉和页脚”组中的“页码”下拉按钮；❷在弹出的下拉列表中选择“设置页码格式”命令，如下图所示。

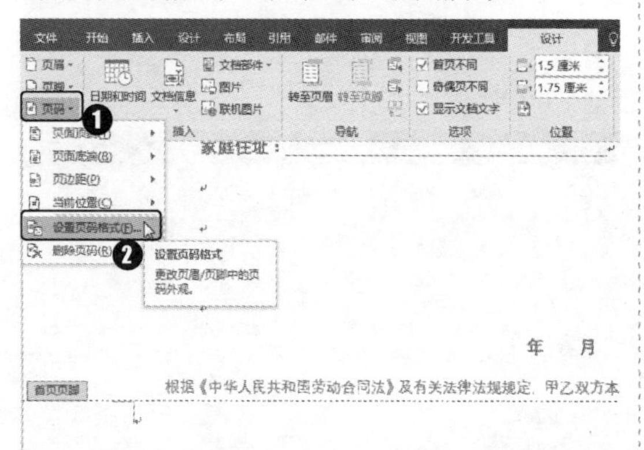

Step04: 打开“页码格式”对话框。❶在“编号格式”下拉列表框中选择“A，B，C…”选项；❷在“页码编号”选项组中输入起始页码“B”；❸单击“确定”按钮，如下图所示。

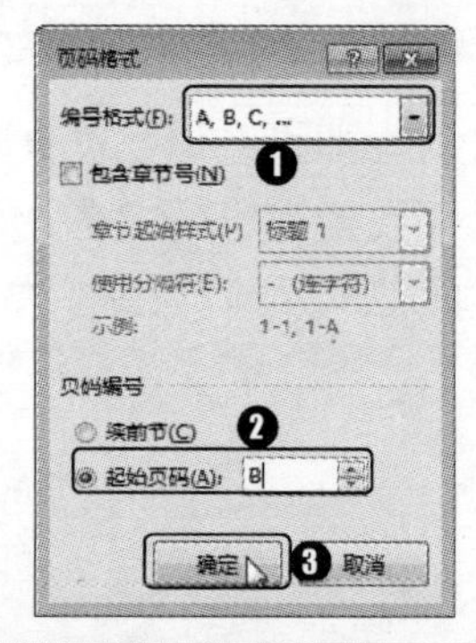

Step05: 返回文档中即可看到页码已调整为“A，B，C…”样式，单击“关闭页眉和页脚”按钮，如右图所示。

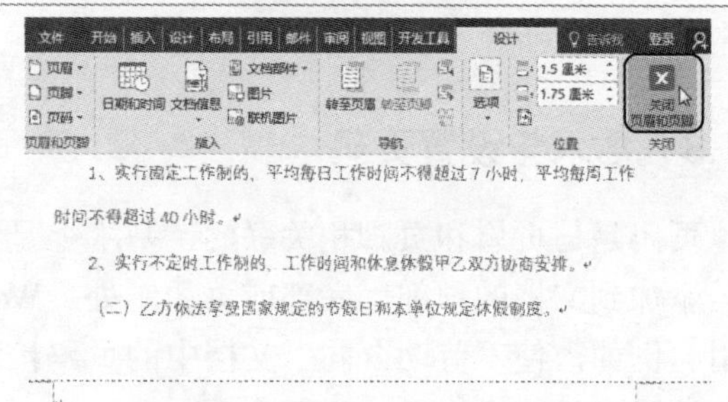

▷▷ 8.2 课堂讲解——设置文档的背景效果

在默认情况下，新建的 Word 文档的页面背景都是白色的。为了文档的特别需要或美化页面，可以为文档页面背景添加水印效果、填充颜色或设置页面边框等，以衬托文档中的文本内容。

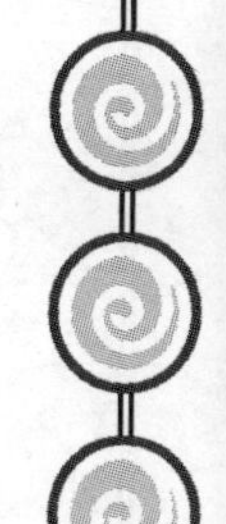

8.2.1 添加水印

水印是指显示在 Word 文档背景中的文字或图片，它不会影响文字的显示效果。在打印一些重要文件时给文档加上水印，例如“绝密”、“保密”等字样，可以让获得文件的人知道该文档的重要性。例如，要为“保密协议”文档添加水印，具体操作方法如下。

同步文件

素材文件：素材文件\第 8 章\新品说明书（添加水印）.docx
结果文件：结果文件\第 8 章\新品说明书（添加水印）.docx
视频文件：视频文件\第 8 章\8-2-1.mp4

Step01: ❶单击“设计”选项卡；❷在“页面背景”组中单击“水印”下拉按钮；❸在弹出的下拉列表中选择“自定义水印”命令，如下图所示。

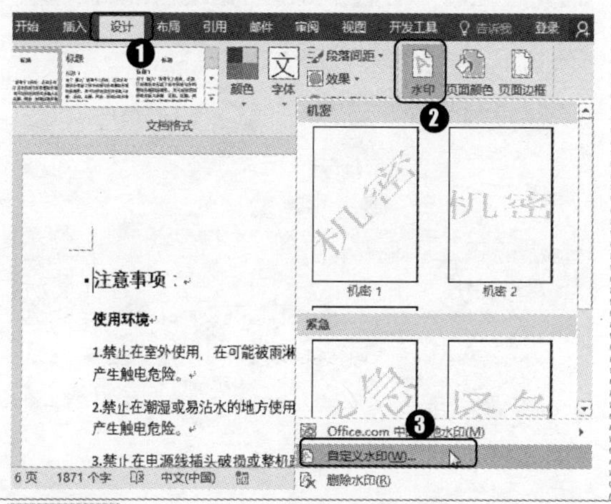

Step02: 打开“水印”对话框，❶选中“文字水印”单选按钮；❷在下方设置水印文字、颜色等；❸单击“确定”按钮，如下图所示。

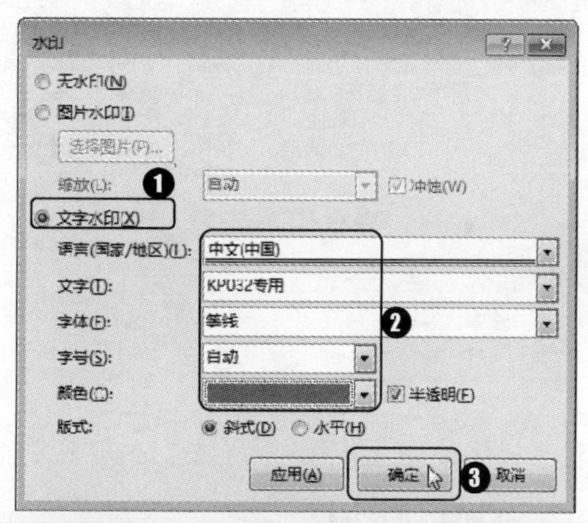

Step03: 经过前面的操作，即可在文档中添加相应的水印效果，如右图所示。

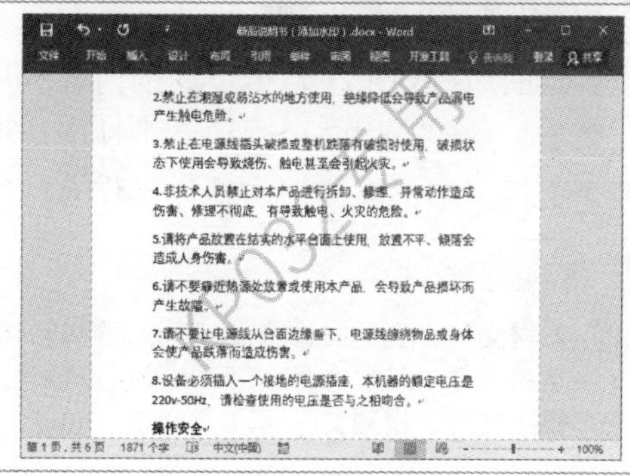

新手注意

在“水印”对话框中选择“图片水印”单选按钮，还可以自定义图片水印效果。如果水印干扰了阅读页面中的文字，可将图片水印设置为“冲蚀”效果。文字水印多应用于说明文件的属性，通常具有提醒功能；而图片水印大多用于修饰文档。

8.2.2 设置页面颜色

为了增加文档的整体艺术效果，可以为文档设置不同的颜色或图案作为文档的背景。例如，要为“养生资料”文档设置页面颜色，具体操作方法如下。

同步文件

素材文件：素材文件\第 8 章\养生资料（设置页面颜色）.docx
结果文件：结果文件\第 8 章\养生资料（设置页面颜色）.docx
视频文件：视频文件\第 8 章\8-2-2.mp4

Step01: ❶单击“设计”选项卡；❷在“页面背景”组中单击“页面颜色”下拉按钮；❸在弹出的下拉列表中选择“蓝色，个性色 5，淡色 80%”，如下图所示。

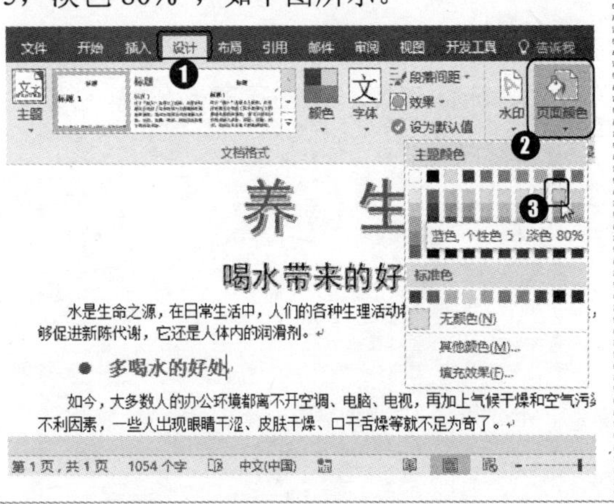

Step02: 此时，即可得到蓝色页面效果，如下图所示。

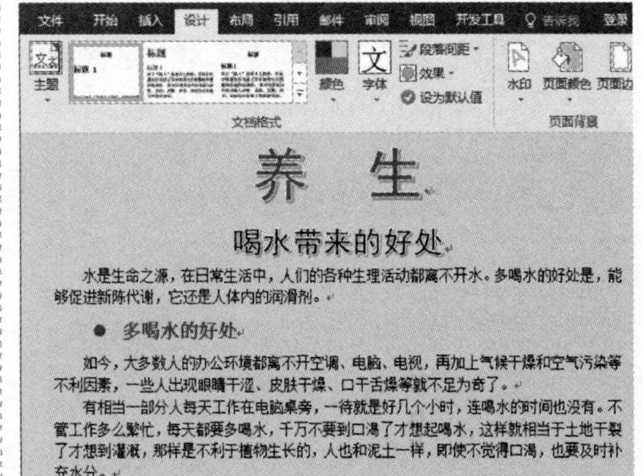

8.2.3 添加页面边框

设置页面边框是指在整个页面的内容区域外添加一个边框。为文档添加线条边框可以使文档看起来更加规整。为文档添加艺术性的边框，可以让文档显得活泼、生动。例如，要为“养生资料”文档添加页面边框，具体操作方法如下。

同步文件

素材文件：素材文件\第 8 章\养生资料（添加页面边框）.docx
结果文件：结果文件\第 8 章\养生资料（添加页面边框）.docx
视频文件：视频文件\第 8 章\8-2-3.mp4

Step01: ❶单击“设计”选项卡；❷在“页面背景”组中单击“页面边框”按钮，如下图所示。

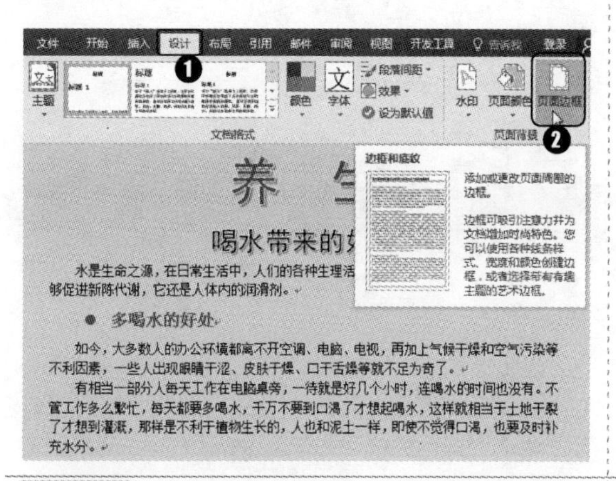

Step02: 打开“边框和底纹”对话框，❶选择“方框”选项；❷设置页面边框样式、颜色及宽度值；❸单击“确定”按钮，如下图所示。

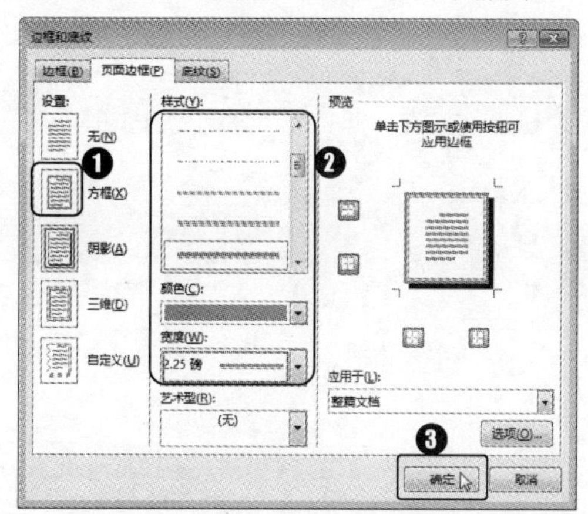

Step03: 通过前面的操作，即可为页面添加边框效果，如右图所示。

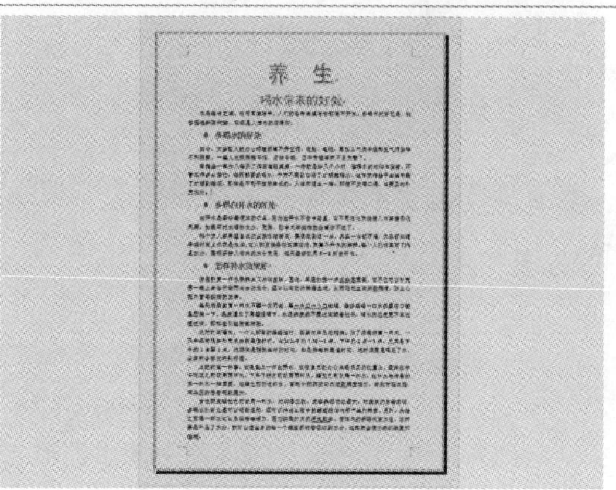

专家点拨——删除页面边框

为文档添加页面边框后，文档中的每一页都会显示出边框。如果要删除页面边框，可以在“页面边框”选项卡的“设置”选项组中选择“无”选项。

▷▷ 8.3　课堂讲解——设置打印页面

页面设置是指对文档页面布局的设置。页面设置包含设置页边距、纸张大小纸张方向和版式等。

8.3.1　设置页边距

页边距是指版心到纸张边缘的距离，又称为页边空白。可以排版需要设置页边距，以增加或减少正文区域的大小。在进行排版时，一般是先设置好页边距，再进行文档的排版，如果在文档中已存在内容，修改页边距会造成内容版式的混乱。页边距的设置方法如下。

同步文件

素材文件：素材文件\第 8 章\考勤管理制度（设置页边距）.docx
结果文件：结果文件\第 8 章\考勤管理制度（设置页边距）.docx
视频文件：视频文件\第 8 章\8-3-1.mp4

Step01: ❶单击“布局”选项卡；❷在“页面设置”组中单击“页边距”下拉按钮；❸在弹出的下拉列表中选择“自定义边距”命令，如下图所示。

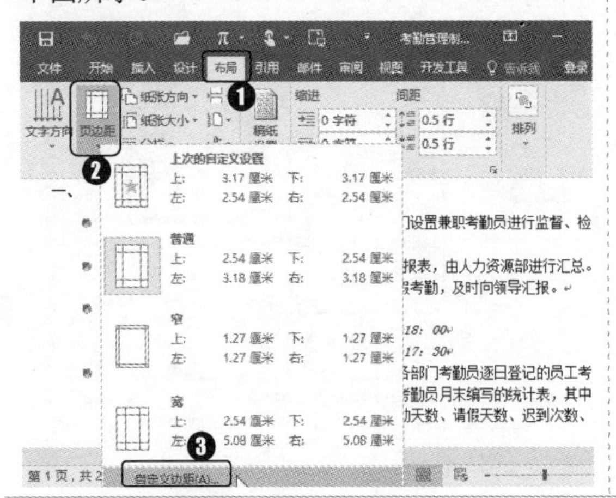

Step02: 弹出“页面设置”对话框，❶在“页边距”选项组中依次将上、下、左、右页边距都设置为“1.2 厘米”；❷单击“确定”按钮，如下图所示。

8.3.2 设置纸张大小和方向

设置纸张大小就是选择需要使用的纸型。纸型是用于打印文档的纸张幅面，有 A4、B5 等规格；纸张方向一般分为横向和纵向。在 Word 2016 中，用户可以根据实际需要选择 Word 内置的纸张大小，也可以自定义纸张大小。设置纸张大小和方向的操作方法如下。

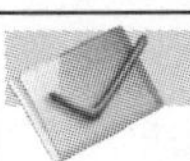

同步文件

素材文件：素材文件\第 8 章\考勤管理制度（设置纸张大小和方向）.docx
结果文件：结果文件\第 8 章\考勤管理制度（设置纸张大小和方向）.docx
视频文件：视频文件\第 8 章\8-3-2.mp4

Step01: ❶单击“布局”选项卡；❷在“页面设置”组中单击“纸张大小”下拉按钮；❸在弹出的下拉列表中选择纸张尺寸，如下图所示。

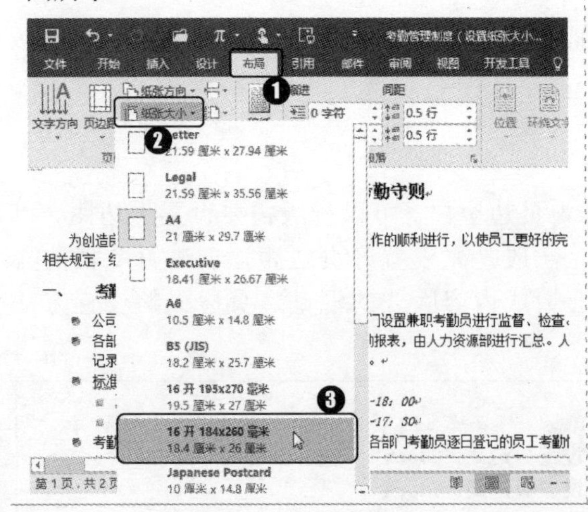

Step02: 此时，即可调整页面大小。❶单击“纸张方向”下拉按钮；❷在弹出的下拉列表中选择“横向”命令，如下图所示。

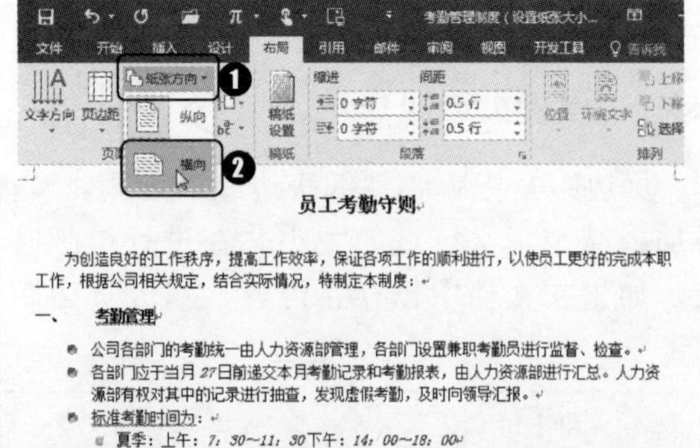

▷▷ 8.4　课堂讲解——文档打印技巧

虽然目前电子邮件和 Web 文档极大地促进了无纸化办公，但很多时候还是需要将编辑好的文档打印出来。本节主要介绍文档的打印设置。

8.4.1　打印预览

为了保障打印输出的品质及准确性，一般正式打印之前都需要进行打印预览，以实际观察打印的效果，如整体版式、页面布局等，发现并及时纠正错误，避免浪费纸张。打印预览文档的操作方法如下。

同步文件

素材文件：素材文件\第 8 章\员工入职登记表（打印预览）.docx
结果文件：结果文件\第 8 章\员工入职登记表（打印预览）.docx
视频文件：视频文件\第 8 章\8-4-1.mp4

Step01: 在文档编辑状态下，单击“文件”菜单，如下图所示。

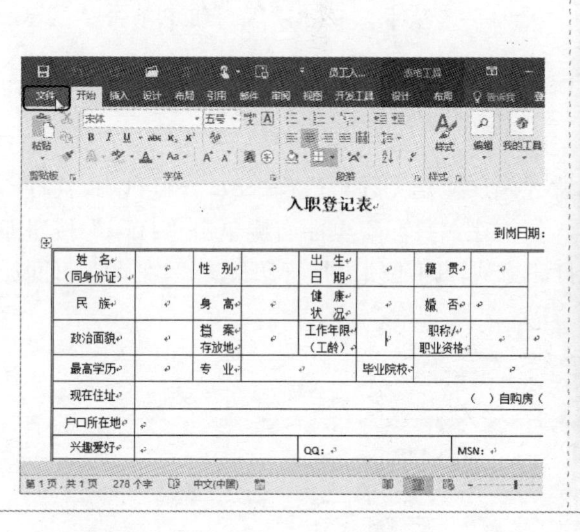

Step02: ❶选择“打印”命令，在右侧窗格中显示打印预览效果；❷拖动“显示比例”滑块调整文档显示大小，单击“下一页”“上一页”按钮，进行翻页预览，如下图所示。

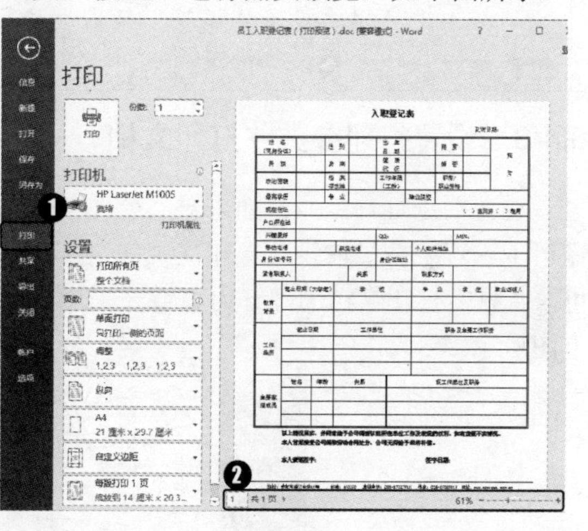

8.4.2　使用分页符

当文本或图形等内容填满一页时，Word 文档会自动插入一个分页符并开始新的一页。用户也可以根据需要进行强制分页或分节。具体操作方法如下。

同步文件

素材文件：素材文件\第 8 章\公司员工手册（使用分页符）.docx
结果文件：结果文件\第 8 章\公司员工手册（使用分页符）.docx
视频文件：视频文件\第 8 章\8-4-2.mp4

Step01: ❶将光标定位至目录之后；❷单击“布局”选项卡；❸在“页面设置”组中单击“分隔符”下拉按钮；❹在弹出的下拉列表中选择“分页符”命令，如下图所示。

Step02: 返回Word文档中，此时即可在文档中插入一个分页符，并且可以看到光标之后的文本自动移至下一页，如下图所示。将光标定位到需要分页的位置，按〈Ctrl+Enter〉组合键可快速插入分页符。

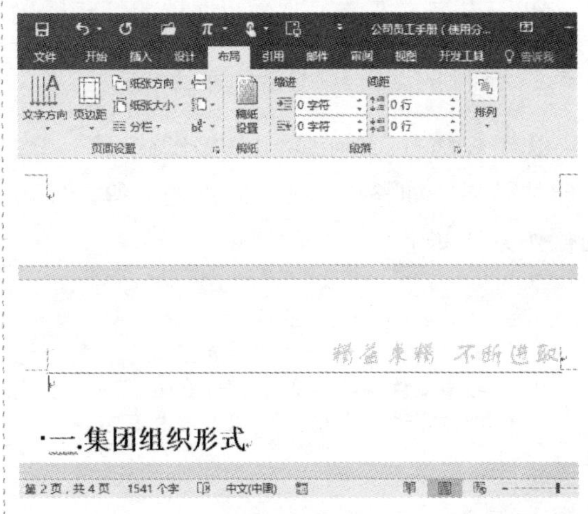

专家点拨——显示分隔符

如果用户想要显示分隔符，只需切换到“开始”选项卡，在“段落”组中单击“显示/隐藏编辑标记”按钮即可。

8.4.3 设置打印参数并打印文档

对文档进行预览后，如果对其整体效果满意并确认文档无须再进行修改，就可以将其打印输出了。若要按当前设置打印文档的全部内容，只需在“打印”页面右侧单击“打印”按钮即可，若只需打印文档的部分内容或要采用其他打印方式，则还须进行打印设置。“打印”页面如下图所示。

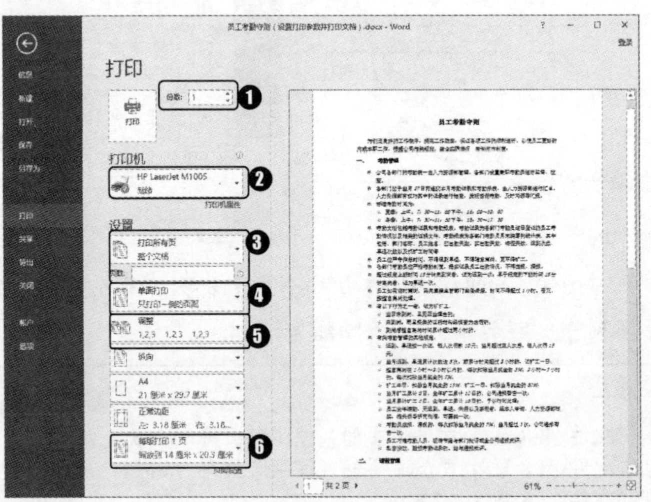

编号	功 能 说 明
❶	份数：用于设置文档打印的份数
❷	打印机：用于设置要使用的打印机
❸	打印范围：用于设置文档中要打印的页面
❹	单面打印：用于设置将文档打印到一张纸的一面，或手动打印到纸的两面
❺	调整：当需要将多页文档打印为多份时，该按钮用于设置打印文档的排序方式
❻	每版打印 1 页：用于设置在一张纸上打印文档中一页或多页的效果

在办公应用中，如果只需要打印文档中的部分内容，可通过设置打印区域来打印文档。

同步文件

素材文件：素材文件\第 8 章\员工考勤守则（设置打印参数并打印文档）.docx
结果文件：结果文件\第 8 章\员工考勤守则（设置打印参数并打印文档）.docx
视频文件：视频文件\第 8 章\8-4-3.mp4

Step01: ❶在文档中选中需要打印的内容；❷单击"文件"菜单，如下图所示。

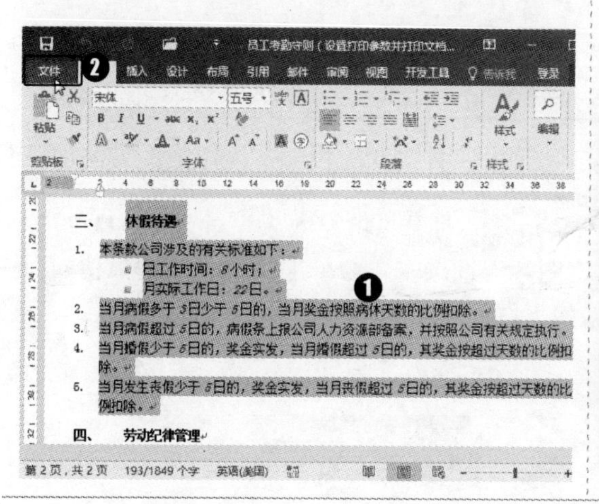

Step02: ❶选择"打印"命令；❷设置"打印范围"为"打印所选内容"选项；❸设置打印份数；❹单击"打印"按钮即可，如下图所示。

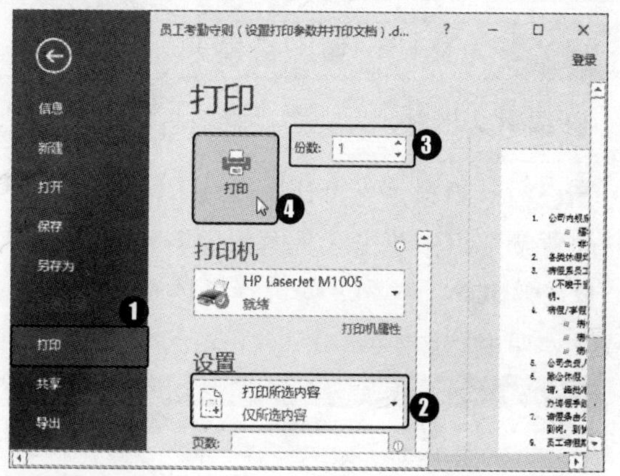

▷▷ 高手秘籍——实用操作技巧

通过对前面知识的学习，相信读者朋友已经掌握了 Word 2016 文档的基本操作。下面结合本章内容介绍一些实用的操作技巧。

同步文件

视频文件：视频文件\第 8 章\高手秘籍.mp4

技巧 01 删除页眉中的横线

默认情况下，在 Word 文档中插入页眉后会自动在页眉下方添加一条横线。不需要时，可以通过设置边框快速删除这条横线。删除页眉中横线的具体操作方法如下。

Step01: 打开素材文件，❶双击页眉区域，拖动鼠标选择页眉所在行；❷单击“段落”组中的“边框”下拉按钮，❸在弹出的下拉列表中选择“无框线”命令，如下图所示。

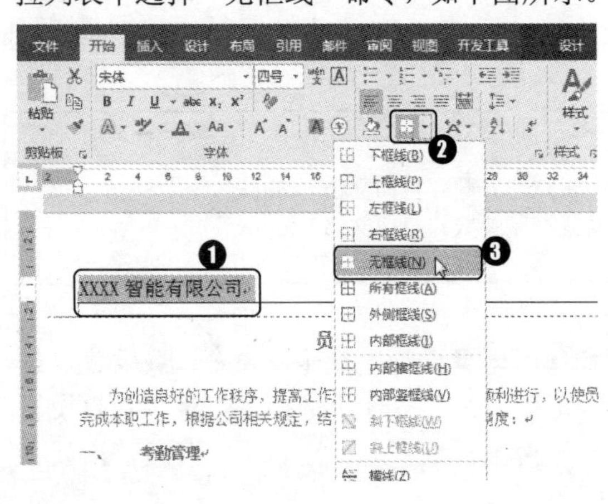

Step02: 此时，即可将页眉下方的横线删除，如下图所示。

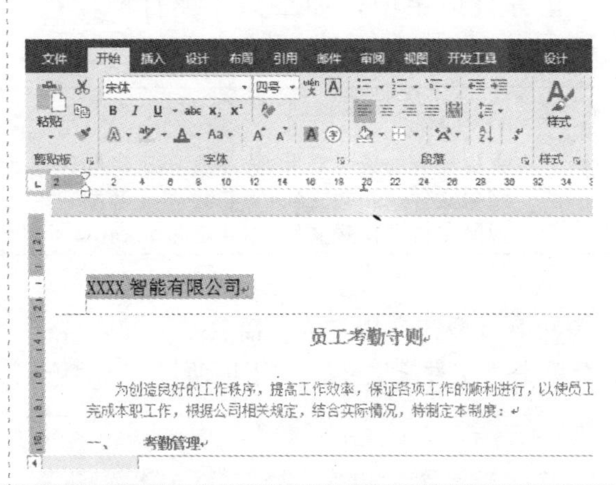

技巧 02 为文档设置图片背景

在编辑文档时，为文档背景设置精美的图片，更能够吸引读者的目光。具体操作方法如下。

Step01: ❶单击“设计”选项卡；❷在“页面背景”组中单击“页面颜色”下拉按钮；❸在弹出的下拉列表中选择“填充效果”命令，如下图所示。

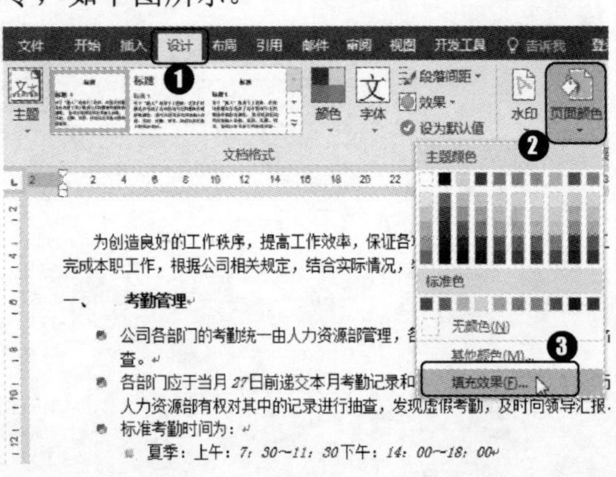

Step02: 打开“填充效果”对话框，❶单击“图片”选项卡；❷单击“选择图片”按钮，如下图所示。

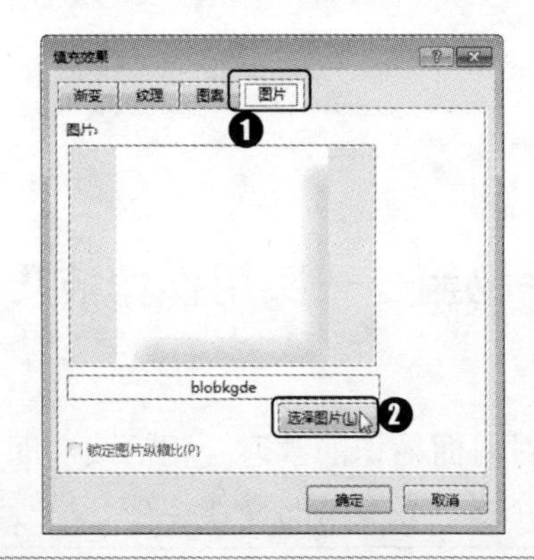

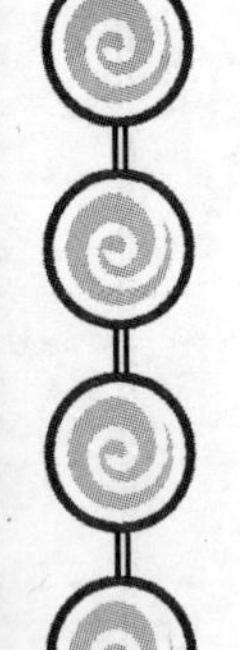

Step03: 打开“选择图片”对话框，❶选择需要的图片；❷单击“插入”按钮，如下图所示。

Step04: 返回“填充效果”对话框，单击“确定”按钮。此时，即可为文档设置图片背景，如下图所示。

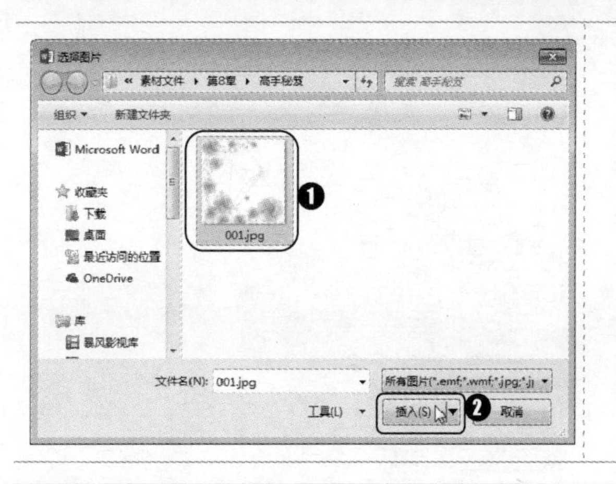

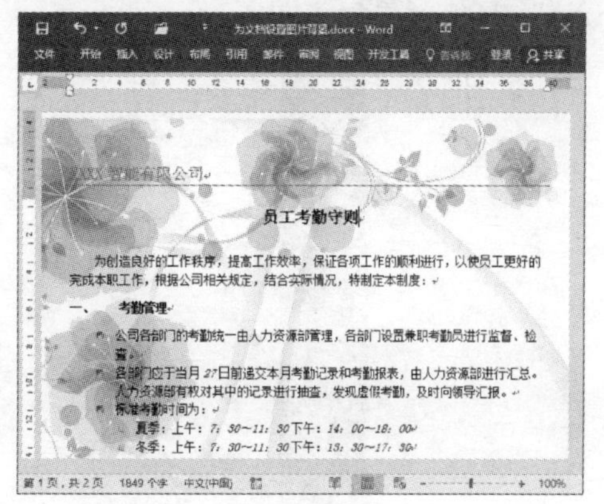

新手注意

在选择图片的时候，应该选择颜色淡雅、图案简单的图片，复杂的图片会让阅读的人眼花缭乱，看不清楚文档的主要内容。

技巧 03 打印文档页面背景

在 Word 2016 中，通过“Word 选项”对话框能够对打印选项进行设置，可以决定是否打印文档中绘制的图形、插入的图像及文档属性等信息。具体操作方法如下。

Step01: 进入“文件”页面，在左侧选择“选项”命令，如下图所示。

Step02: 打开“Word 选项”对话框，❶选择“显示”选项；❷勾选“打印在 Word 中创建的图形”和“打印背景色和图像”复选框；❸单击“确定”按钮，如下图所示。

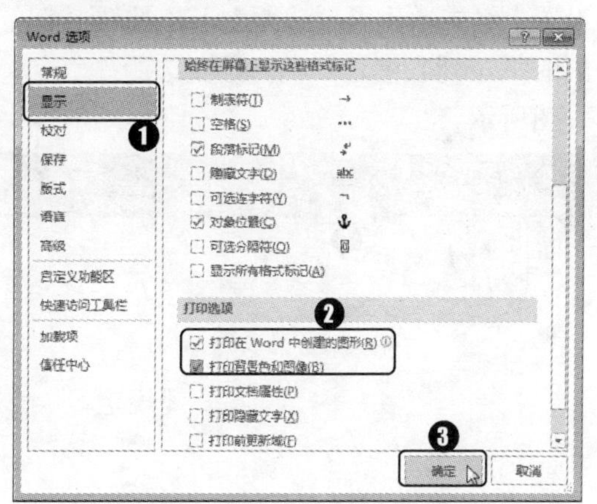

▷▷ 上机实战——打印“促销人员管理规定”文档

>> 上机介绍

本实例设置“促销人员管理规定”文档，帮助初学者巩固对设置文档页面布局和文档分段

等知识点。最终效果如下图所示。

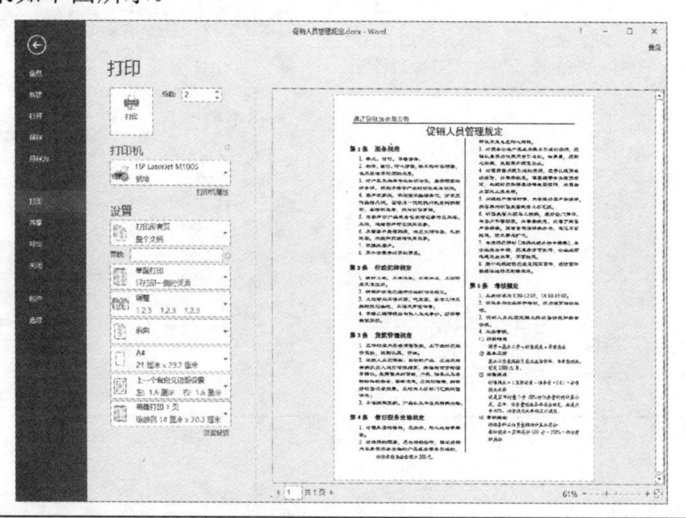

同步文件

素材文件：素材文件\第 8 章\促销人员管理规定.docx
结果文件：结果文件\第 8 章\促销人员管理规定.docx
视频文件：视频文件\第 8 章\上机实战.mp4

步骤详解

本实例的具体操作步骤如下。

Step01: ❶单击“布局”选项卡；❷在“页面设置”组中单击“页边距”下拉按钮；❸在弹出的下拉列表中选择“自定义边距”命令，如下图所示。

Step02: 打开“页面设置”对话框，❶设置页边距值；❷单击“确定”按钮，如下图所示。

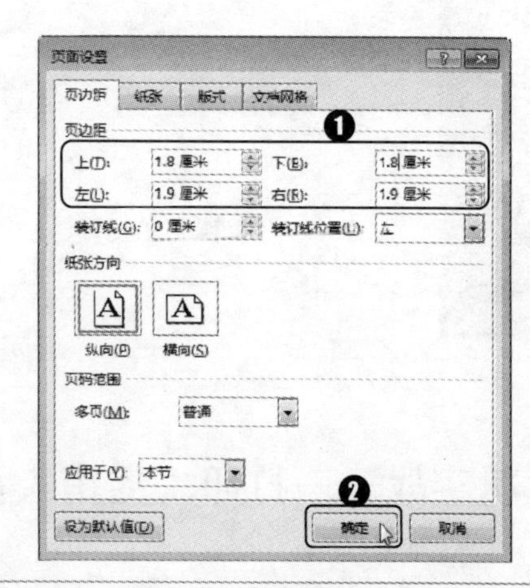

Step03: ❶单击“插入”选项卡；❷在“页眉和页脚”组中单击“页眉”下拉按钮；❸选择“编辑页眉”命令，如下图所示。

Step04: 进入页眉编辑状态。❶输入页眉内容；❷单击“开始”选项卡；❸设置字体和段落格式，如下图所示。

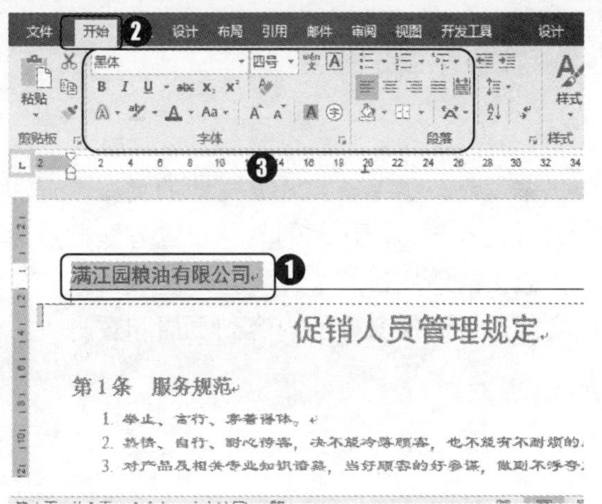

Step05: ❶拖动选中正文文本；❷单击“布局”选项卡；❸单击“页面设置”组中的“分栏”下拉按钮；❹选择“更多分栏”命令，如下图所示。

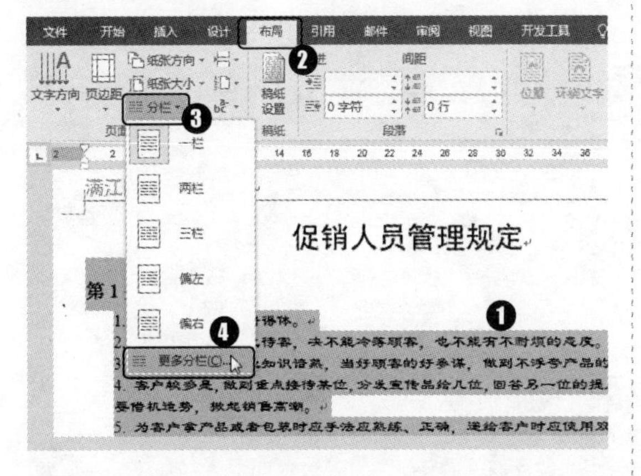

Step06: 弹出“分栏”对话框。❶选择“预设”选项组中的“两栏”选项；❷勾选“分隔线”复选框；❸单击“确定”按钮。如下图所示。

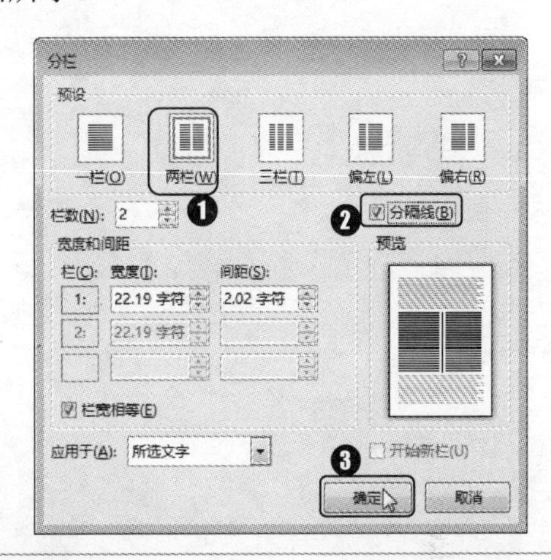

Step07: 此时，即可将正文内容显示为两栏，单击“文件”菜单，如下图所示。

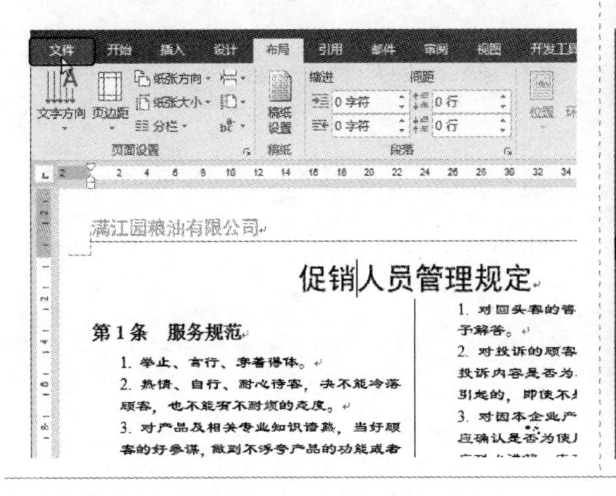

Step08: ❶在“文件”页面中选择“打印”命令；❷设置打印份数；❸单击“打印”按钮，如下图所示。

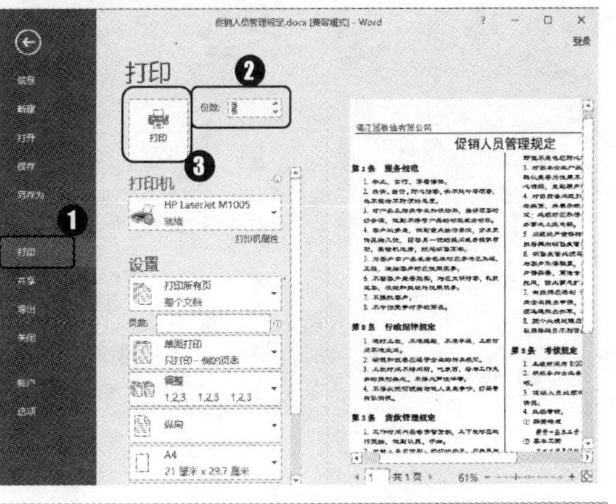

▷▷ 本章小结

本章介绍了 Word 2016 文档的页面设置和打印设置等应用知识。首先讲解了页面中纸张大小、纸张方向、页边距的具体设置方法；然后讲解了为文档设置页眉和页脚的方法，以便完善页面效果；最后讲解了设置打印区域和打印参数的常用操作。本章内容相对简单，用户只需根据实际需要添加必要的内容到页眉和页脚中，并进行合理的页面设置即可进行打印输出。

第 9 章　在 Excel 2016 中创建与编辑数据

本章导读

Excel 2016 是 Office 套装中最常用的组件之一，主要用于数据处理。对数据进行处理之前，首先需要掌握如何在表格中输入数据。本章主要介绍 Excel 2016 的基本概念、管理工作表、管理单元格、行/列、输入与编辑数据和管理工作簿等内容。

知识要点

- 掌握 Excel 2016 的基本概念
- 掌握如何管理工作表
- 掌握单元格、行/列的操作
- 掌握在表格中输入数据的操作
- 掌握编辑数据的方法
- 掌握如何管理工作簿

效果展示

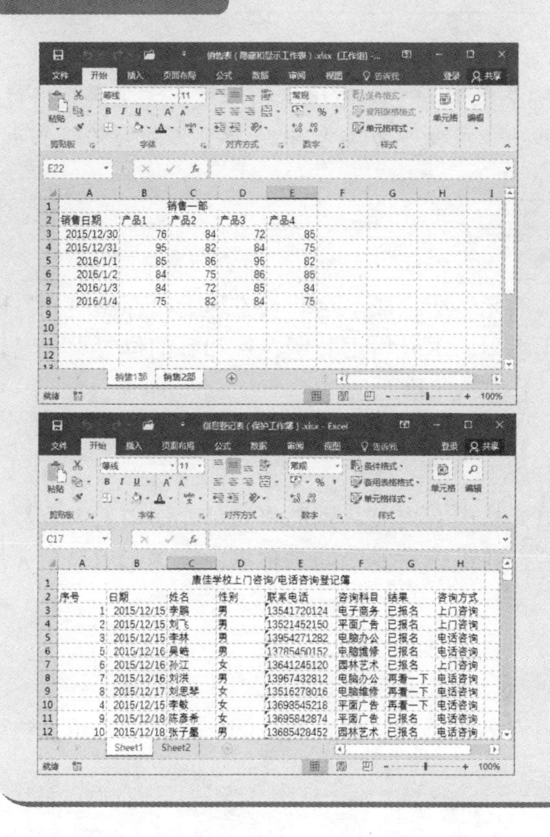

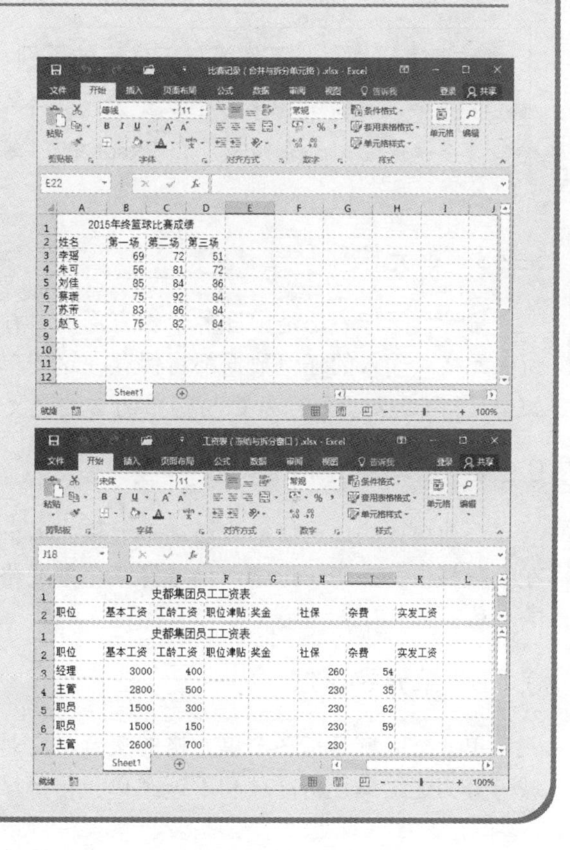

▷▷ 9.1　课堂讲解——掌握 Excel 2016 的基本概念

在使用 Excel 2016 时，用户会遇到工作簿、工作表、单元格之类的名词。下面对 Excel 中的一些基本概念进行介绍。

9.1.1　工作簿

在 Excel 中，工作簿是处理和存储数据的文件。一个工作簿可以包含多张工作表，每张工作表可以存储不同类型的数据，因此可在一个工作簿中管理多种类型的数据。

9.1.2　工作表

工作簿由多张工作表组成，工作表又是由若干行、列组成的。了解工作表的行、列数对于编辑工作表很有必要。

工作表是 Excel 中用于存储和处理数据的主要文档，也称为电子表格。从外观上看，工作表是由排列在一起的行和列，即单元格构成。列是垂直的，由字母标识；行是水平的，由数字标识。在工作表页面上分别拖动水平滚动条和垂直滚动条，可以看到行的编号由上到下是从 1 到 1 048 576，列的编号由左到右是从 A 到 XFD。每个工作表都有相对应的工作表标签，如 Sheet1、Sheet2、Sheet3 等 ，数字依次递增。

专家点拨——工作簿与工作表的区别

一个工作簿类似于一个笔记本，一个笔记本是由若干张纸组成。同样，一个工作簿也由许多“张”工作表组成。在 Excel 中，“笔记本”可理解为工作簿，“张”可理解为工作表（Sheet）。

9.1.3　单元格

每一个工作表都是由许多个长方形的“存储单元”所构成，这些长方形的“存储单元”即为单元格。输入的任何数据都将保存在这些单元格中。单元格由其所在行和列的位置来命名，如单元格 C2 表示列号为 C 与行号为 2 的交叉点上的单元格。

9.1.4　活动单元格

当前选择的单元格称为活动单元格。若该单元格中有内容，则会将该单元格中的内容显示在编辑栏中。在 Excel 中，当选择某个单元格后，在编辑栏左侧的名称框中会显示出该单元格的名称。

9.1.5　单元格区域

单元格区域是指多个单元格的集合，它是由许多个单元格组合而成的一个范围。单元格区域可分为连续单元格区域和不连续单元格区域。

连续单元格区域

例如，下面是对一个连续单元格区域的数据进行计算，求和 B2: E2 单元格区域，如下图所示。

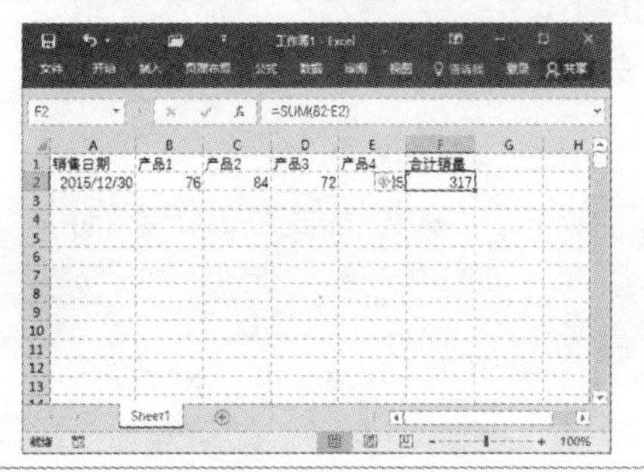

不连续单元格区域

例如，下面对产品 1 和产品 3 两个不连续的单元格区域进行求和，如下图所示。

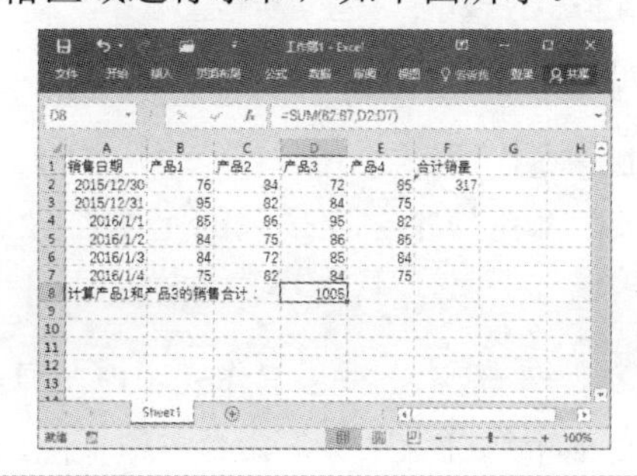

▷▷ 9.2　课堂讲解——管理工作表

在工作表中不仅会对单元格进行操作，也会根据需要直接对工作表进行操作，如插入工作表、重命名工作表、复制或移动工作表及隐藏工作表等。本节主要介绍管理工作表的相关知识。

9.2.1　新建与删除工作表

在新建的 Excel 文件中默认有 3 个工作表，如果要增加新的工作表，可以利用“插入工作表”命令来实现。当工作簿中有无用的工作表，可以直接删除该工作表。

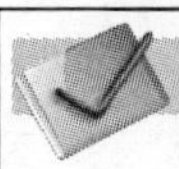

同步文件

素材文件：素材文件\第 9 章\销售表.xlsx
结果文件：结果文件\第 9 章\销售表.xlsx
视频文件：视频文件\第 9 章\9-2-1.mp4

1. 插入工作表

在使用的工作簿中，当默认的工作表不够使用时，可以利用“插入工作表”命令插入新工作表。例如，在 Sheet3 工作表前面插入一张工作表，具体操作方法如下。

Step01: ❶选择 Sheet3 工作表；❷单击“单元格”组中的“插入”下拉按钮；❸选择“插入工作表”命令，如下图所示。

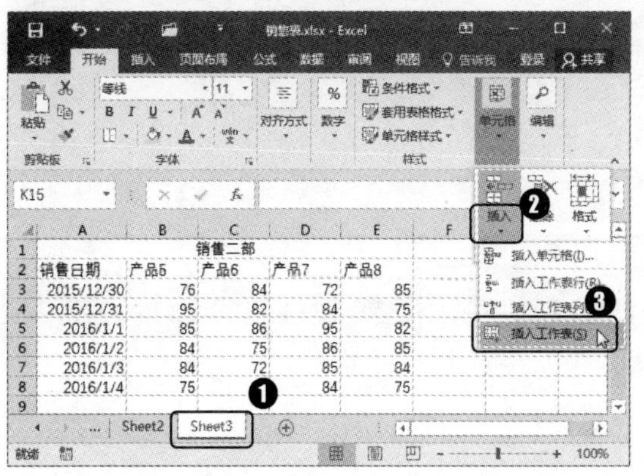

Step02: 经过前面的操作，即可在 Sheet3 工作表之前插入一个新的工作表，效果如下图所示。

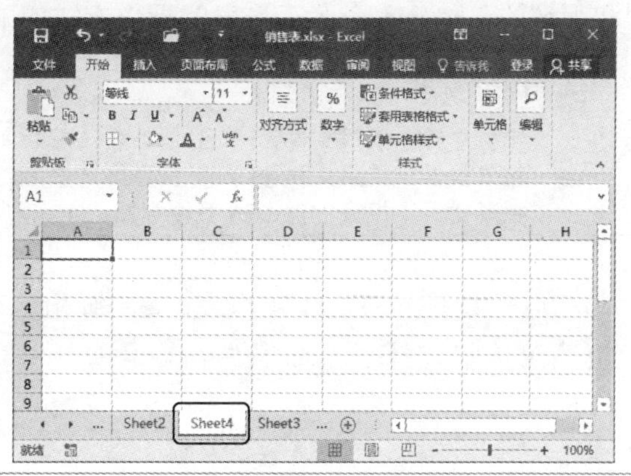

 专家点拨——快速添加工作表

在默认情况下，使用“插入工作表”命令都是在所选择的工作表之前插入一张工作表。如果用户需要在所选工作表之后插入，可以直接单击⊕按钮。

2. 删除工作表

如果在工作簿中存在多余的工作表，为了提高工作效率，可以将无用的工作表删除。例如，删除 Sheet2 工作表，具体操作方法如下。

Step01: ❶右击 Sheet2 工作表；❷在弹出的快捷菜单中选择“删除”命令，如下图所示。

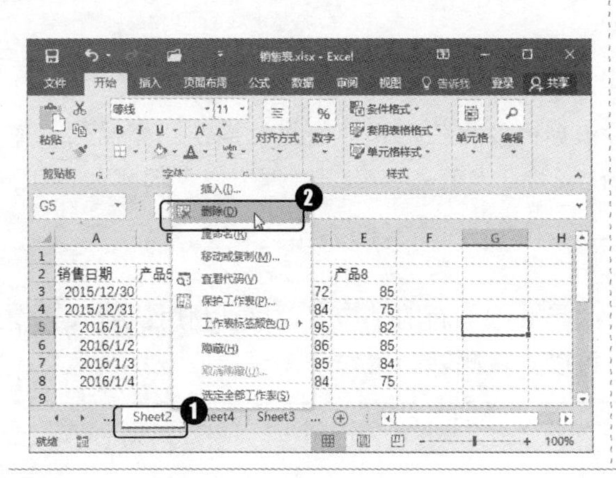

Step02: 打开“Microsoft Excel”提示对话框，单击“删除”按钮，即可删除 Sheet2 工作表，如下图所示。

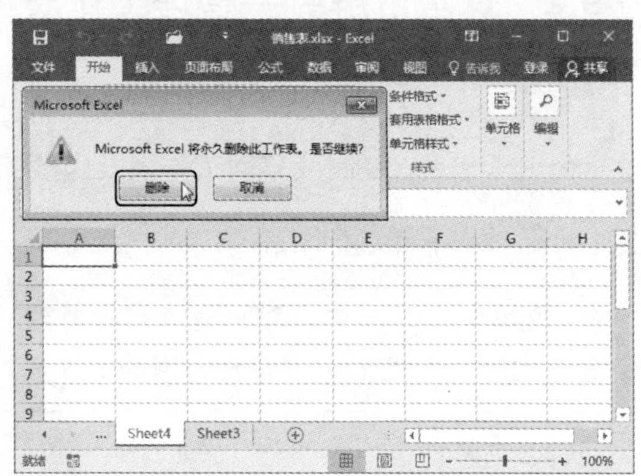

 新手注意

如果删除的是空白工作表，则不会打开“Microsoft Excel”提示对话框，直接完成删除工作表的操作。

9.2.2 重命名工作表

当一个工作簿中包含有多个工作表时，为了区别不同的工作表，可以为工作表设置容易区别和理解的名称。重命名工作表的操作方法如下。

 同步文件

素材文件：素材文件\第 9 章\销售表（重命名）.xlsx
结果文件：结果文件\第 9 章\销售表（重命名）.xlsx
视频文件：视频文件\第 9 章\9-2-2.mp4

Step01: ❶右击 Sheet1 工作表；❷在弹出的快捷菜单中选择“重命名”命令，如下图所示。

Step02: 当工作表的名称处于编辑状态时，输入工作表的名称即可，如下图所示。

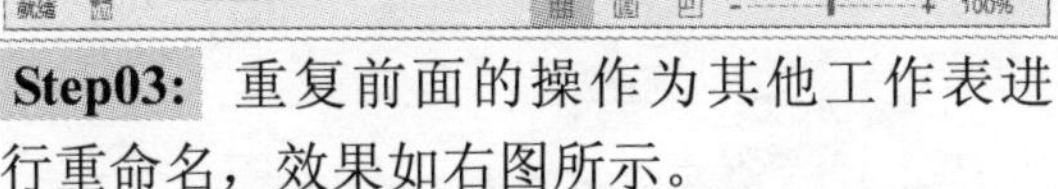

Step03: 重复前面的操作为其他工作表进行重命名，效果如右图所示。

专家点拨——快速重命名工作表

除了使用上面的方法对工作表进行重命名外，还可以直接在工作表的名称上双击，当工作表名称处于编辑状态时，直接输入名称即可。

9.2.3　移动或复制工作表

在工作簿中，可以对工作表的位置进行调整。为了避免操作失误影响表格数据，还可以将正在编辑的工作表复制一份，然后再编辑数据。

同步文件

素材文件：素材文件\第 9 章\销售表（移动与复制工作表）.xlsx
结果文件：结果文件\第 9 章\销售表（移动与复制工作表）.xlsx
视频文件：视频文件\第 9 章\9-2-3.mp4

1. 移动工作表

在移动工作表时，可以使用拖动鼠标的方法快速调整工作表的位置。例如，将“销售 3 部”工作表移动至“销售 2 部”工作表之后，具体操作方法如下。

Step01: 选中“销售 3 部”工作表，按住鼠标左键不放拖动至“销售 2 部”工作表之后松开鼠标左键，如下图所示。

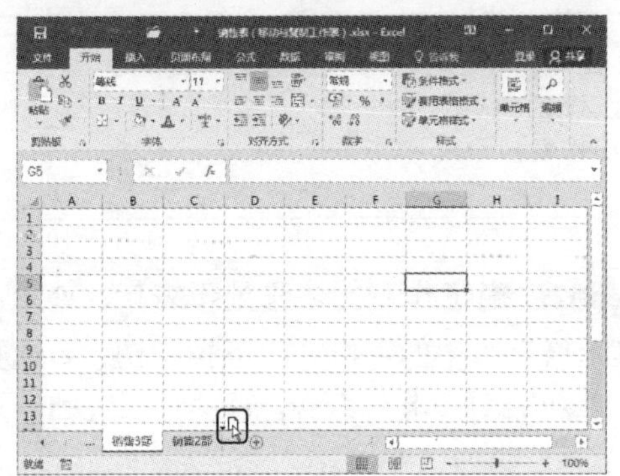

Step02: 经过前面的操作，即可将“销售 3 部”工作表移动至“销售 2 部”工作表之后，效果如下图所示。

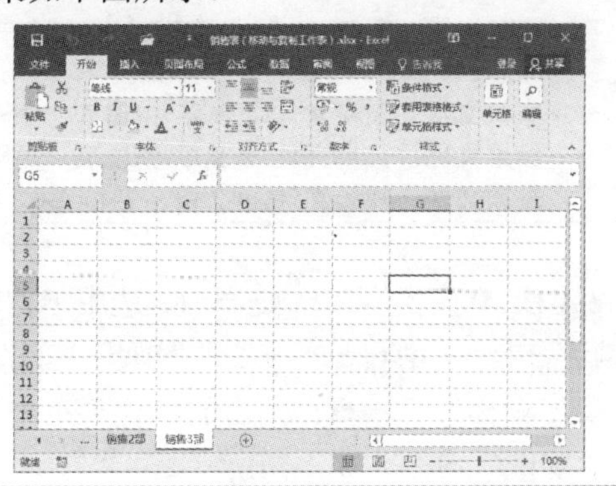

2. 复制工作表

复制工作表可以使用快捷菜单进行复制。具体操作方法如下。

Step01: ❶右击“销售 1 部”工作表；❷在弹出的快捷菜单中选择“移动或复制”命令，如下图所示。

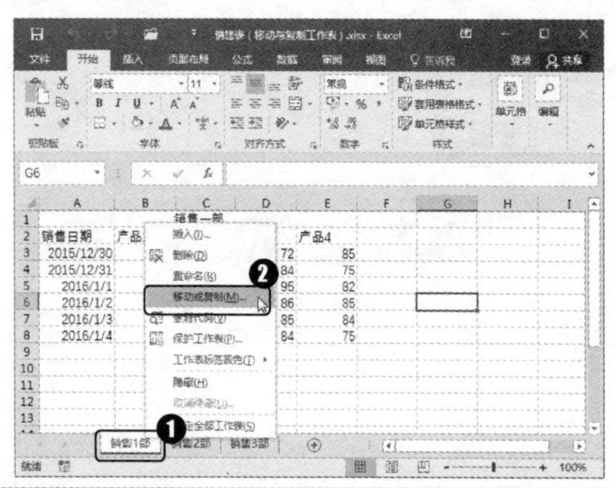

Step02: 打开“移动或复制工作表”对话框，❶在“下列选定工作表之前”列表框中选择“销售 3 部”；❷勾选“建立副本”复选框；❸单击“确定”按钮，如下图所示。

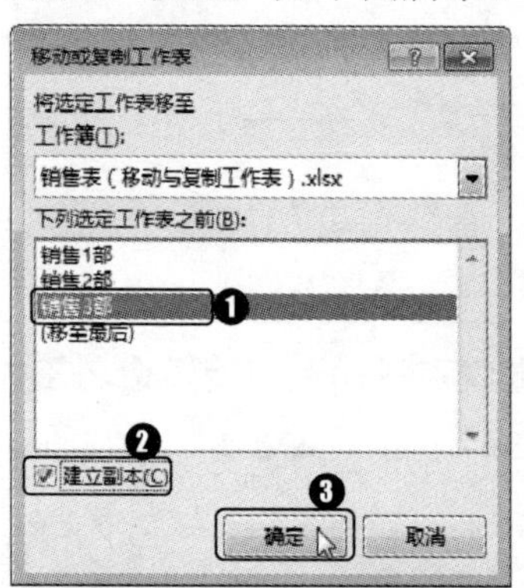

Step03: 经过前面的操作，将工作表“销售 1 部”复制到“销售 3 部”之后，效果如下图所示。

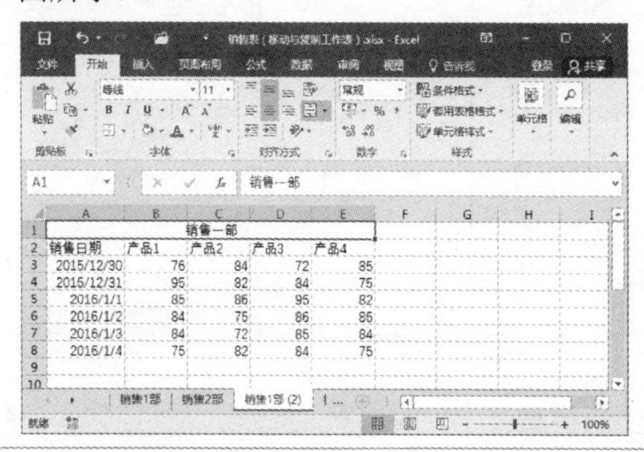

Step04: 将标题“销售一部”修改为“销售四部”，如下图所示。

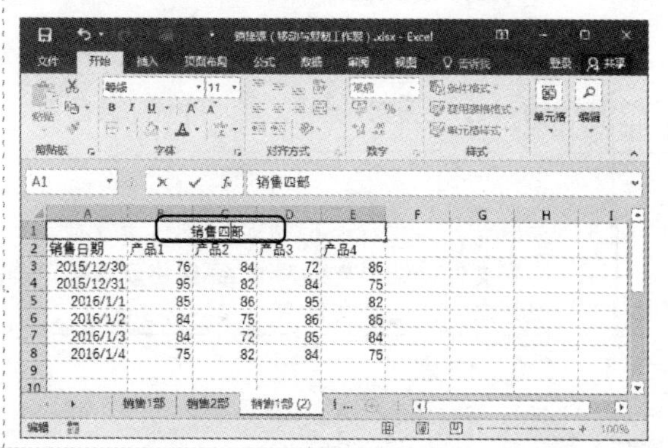

9.2.4 隐藏和显示工作表

在工作表中输入了一些数据后，如果不想让其他人轻易看到这些数据，可以将工作表进行隐藏，需要时再次执行显示工作表即可。

同步文件

素材文件：素材文件\第 9 章\销售表（隐藏和显示工作表）.xlsx
结果文件：结果文件\第 9 章\销售表（隐藏和显示工作表）.xlsx
视频文件：视频文件\第 9 章\9-2-4.mp4

Step01: ❶按住〈Ctrl〉键不放，选中工作表“销售 2 部”“销售 1 部（2）”“销售 3 部”，并单击鼠标右键；❷在弹出的快捷菜单中选择“隐藏”命令，如下图所示。

Step02: 隐藏选中的 3 张工作表后，❶单击“单元格”组中的“格式”下拉按钮；❷选择“隐藏和取消隐藏”命令；❸选择“取消隐藏工作表”命令，如下图所示。

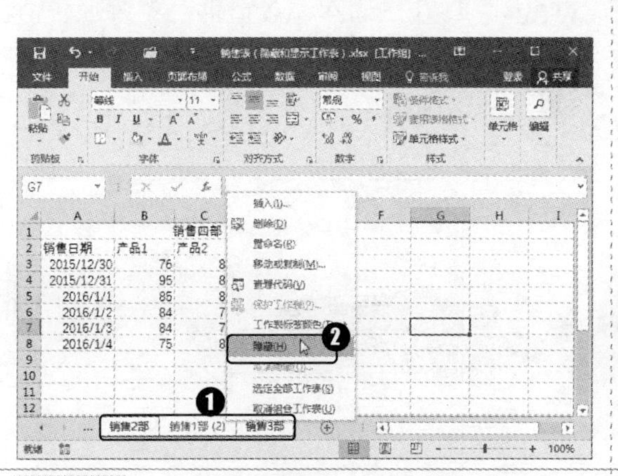

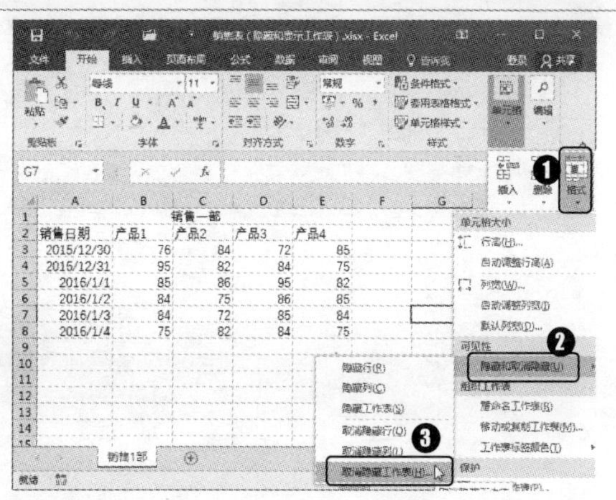

Step03: 打开“取消隐藏”对话框，❶在“取消隐藏工作表”列表框中选择“销售 2 部”；❷单击“确定”按钮，如下图所示。

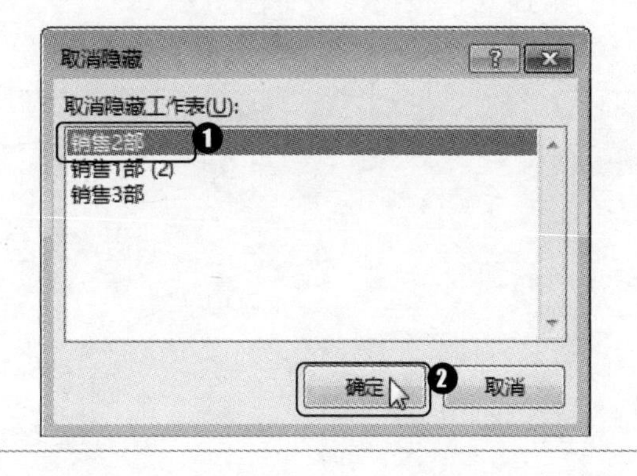

Step04: 经过前面的操作，隐藏与显示工作表的效果如下图所示。

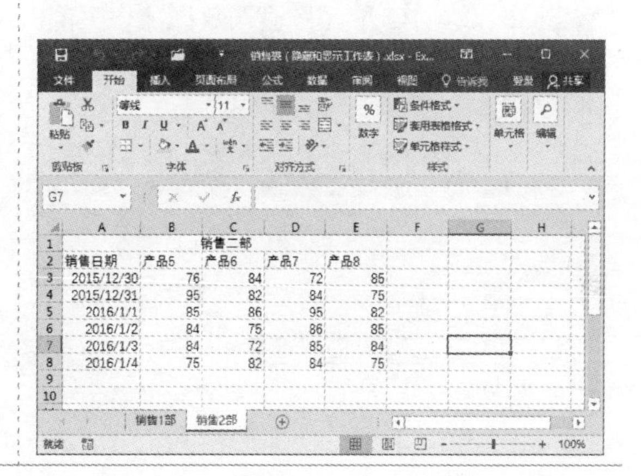

▷▷ 9.3　课堂讲解——管理单元格、行/列

在制作表格时，通常会对单元格、行/列进行操作。如果漏掉了一个数据，就需要插入一个单元格；如果忘记输入表格标题，则需要插入一行；如果制作的表格中有空白单元格，则需要删除单元格。本节主要对管理单元格、行/列等知识点进行讲解。

9.3.1　插入/删除单元格、行/列

在已输入数据的表格中，经常会遇到添加行、列或者单元格的情况，为了不影响已输入的数据，可以直接插入行、列或单元格，对于不需要的行、列或单元格，也可以直接删除。具体操作如下。

同步文件

素材文件：素材文件\第 9 章\比赛记录.xlsx
结果文件：结果文件\第 9 章\比赛记录.xlsx
视频文件：视频文件\第 9 章\9-3-1.mp4

Step01: ❶选中 B2 单元格；❷单击“单元格”组中的“插入”下拉按钮；❸选择“插入单元格”命令，如下图所示。

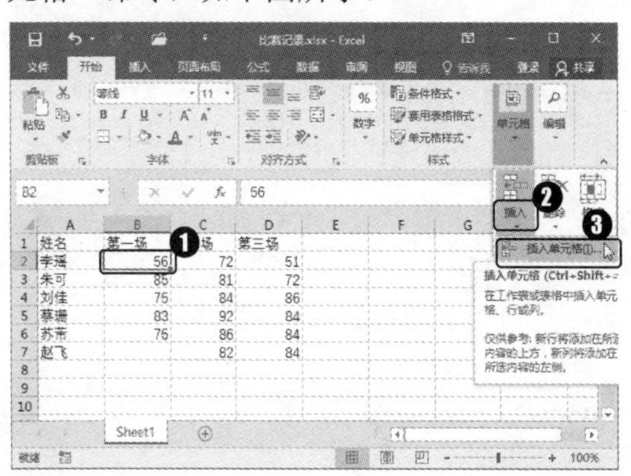

Step02: 打开“插入”对话框，❶选择“活动单元格下移”单选按钮；❷单击“确定”按钮，如下图所示。

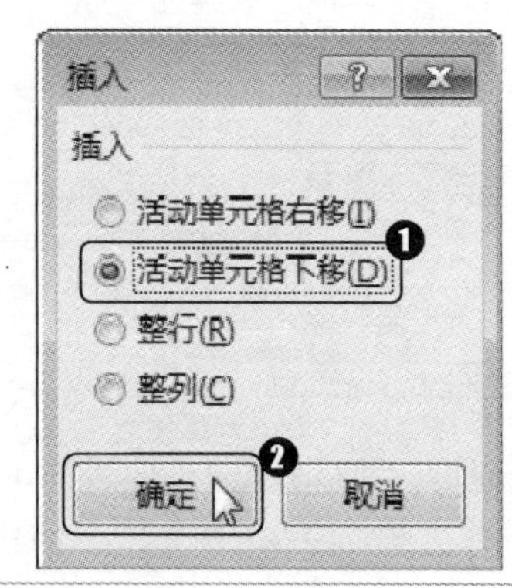

Step03: ❶在 B2 单元格输入数据，选中第 1 行；❷单击“单元格”组中的“插入”按钮，如下图所示。

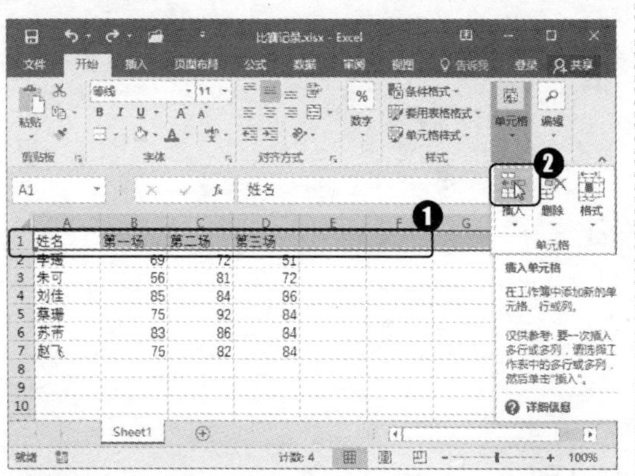

Step04: ❶选中 A 列；❷单击“单元格”组中的“插入”按钮，如下图所示。

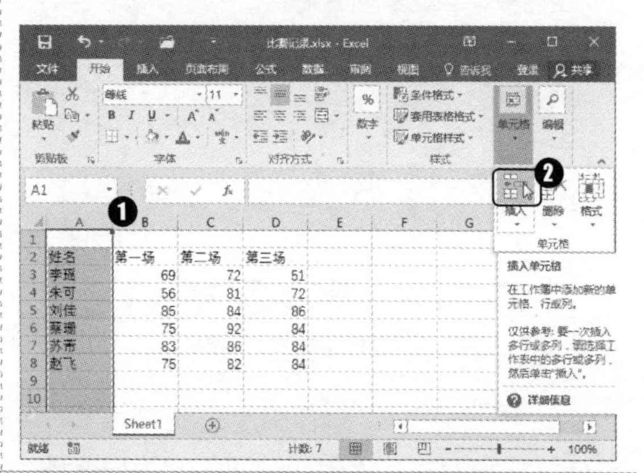

Step05: ❶选中 A 列；❷单击“单元格”组中的“删除”按钮，如下图所示。

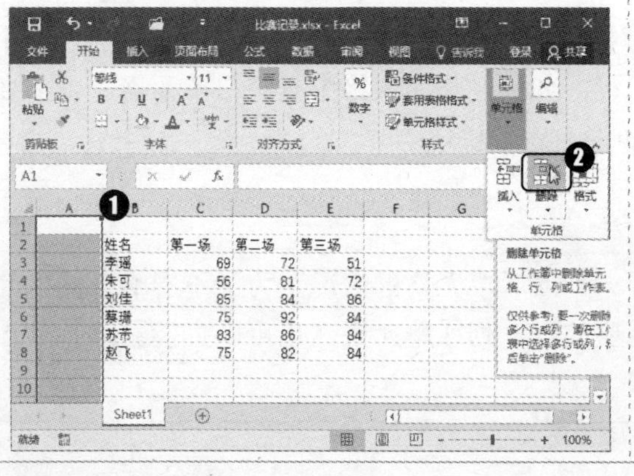

Step06: 执行上一步操作后，数据整体向左移，在 A1 单元格中输入标题内容，如下图所示。

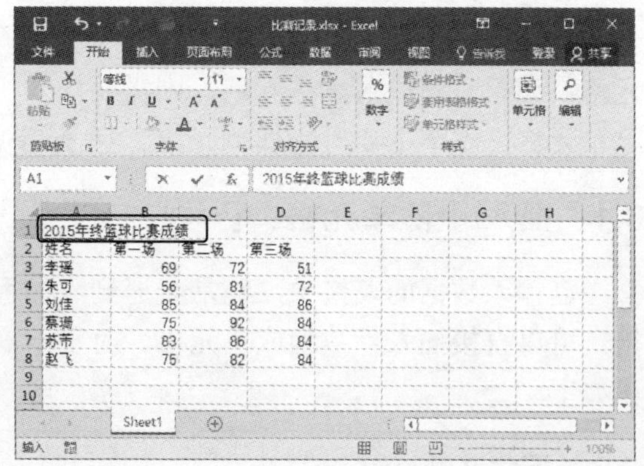

9.3.2 调整行高与列宽

在制作表格时，有时会在一个单元格中输入较多内容，使得文本或数据不能完整地显示出来，此时就需要适当地调整单元格的行高或者列宽。例如，调整标题行的行高和自动调整列宽，具体操作方法如下。

同步文件

素材文件：素材文件\第 9 章\比赛记录（行高与列宽）.xlsx
结果文件：结果文件\第 9 章\比赛记录（行高与列宽）.xlsx
视频文件：视频文件\第 9 章\9-3-2.mp4

Step01: ❶右击第 1 行；❷在弹出的快捷菜单中选择“行高”命令，如下图所示。

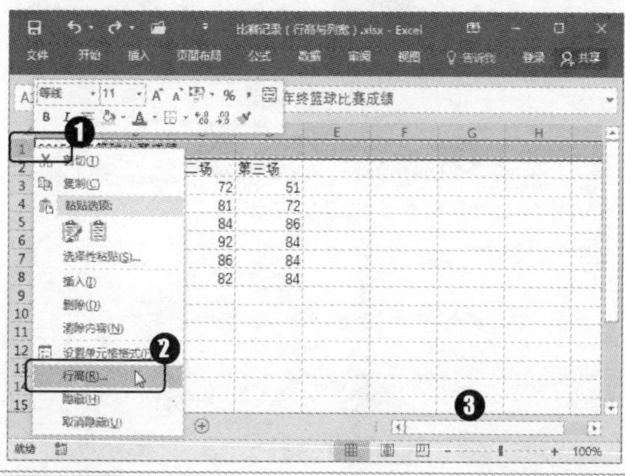

Step02: 打开“行高”对话框，❶在“行高”数值框中输入行高值；❷单击“确定”按钮，如下图所示。

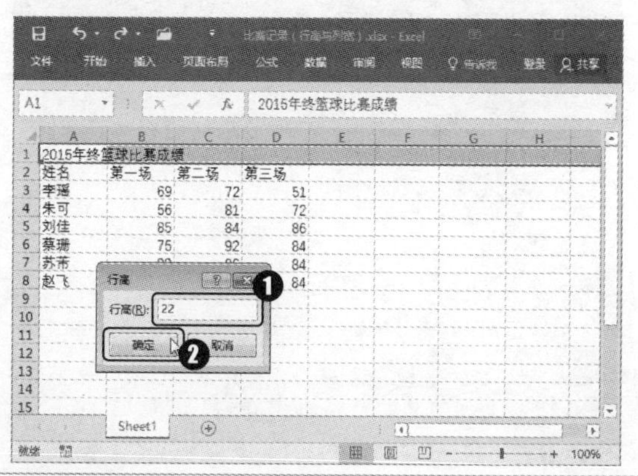

Step03: ❶选中 B、C 和 D 列；❷单击“单元格”组中的“格式”下拉按钮；❸选择“自动调整列宽”命令，如下图所示。

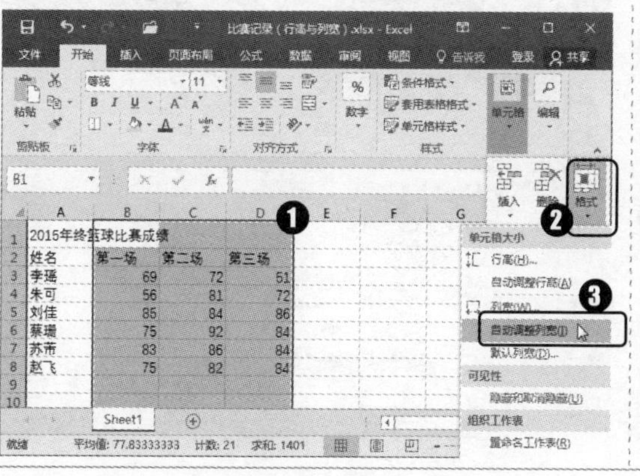

Step04: 经过前面的操作，设置行高和列宽的效果如下图所示。

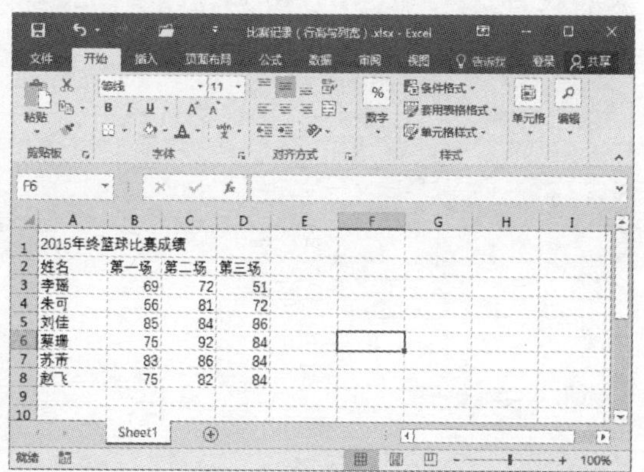

 专家点拨——快速调整行高与列宽

除了使用右键快捷菜单和功能命令设置行高和列宽之外，还可以使用最简单的方法，直接将鼠标指针移动至行或列的分隔线上，按住鼠标左键不放拖动调整。

9.3.3 合并和拆分单元格

在制作表格时，一般都会在第一行中输入表格标题，为了使表格看起来更美观，可以合并标题行。如果合并单元格操作错误，还可以重新拆分单元格。具体操作方法如下。

同步文件

素材文件：素材文件\第 9 章\比赛记录（合并与拆分单元格）.xlsx
结果文件：结果文件\第 9 章\比赛记录（合并与拆分单元格）.xlsx
视频文件：视频文件\第 9 章\9-3-3.mp4

Step01: ❶选中第 1 行；❷单击“对齐方式”组中的“合并后居中”按钮，如下图所示。

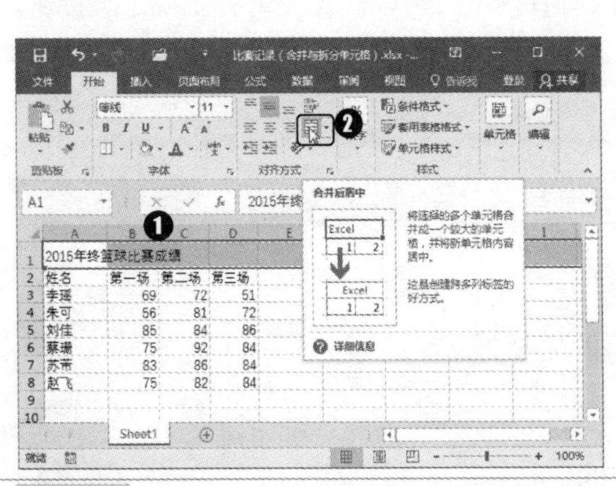

Step02: ❶选中第 1 行；❷单击“对齐方式”组中的“合并后居中”下拉按钮；❸选择“取消单元格合并”命令，如下图所示。

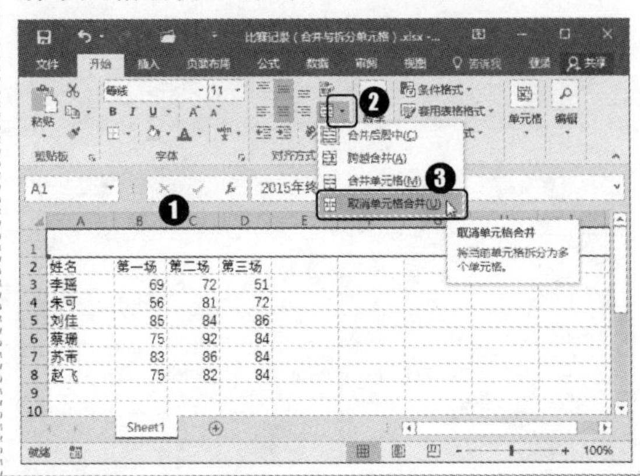

Step03: ❶选中 A1:D1 单元格区域；❷单击“对齐方式”组中的“合并后居中”按钮，如下图所示。

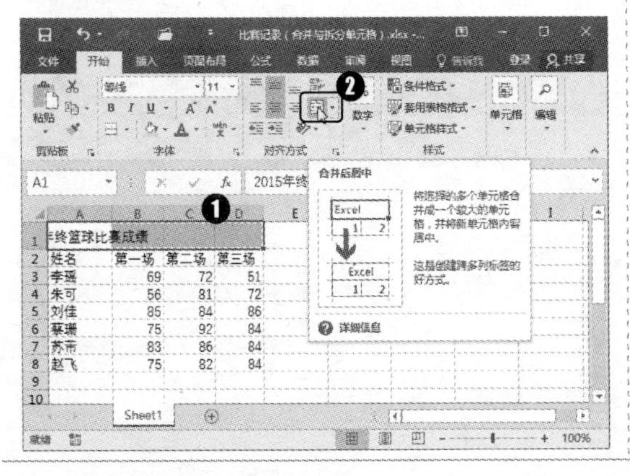

Step04: 经过前面的操作，合并单元格并显示出标题，效果如下图所示。

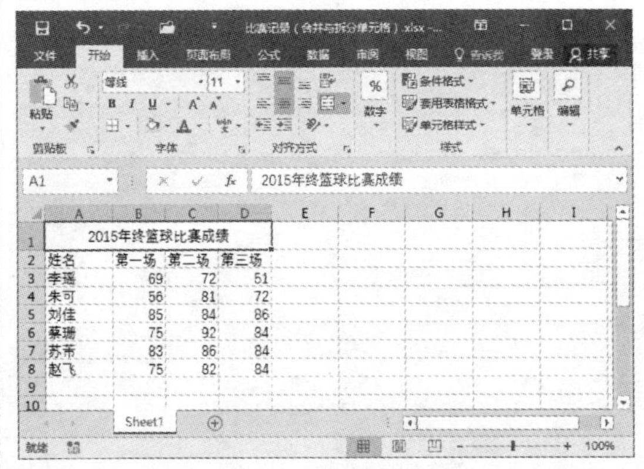

9.3.4 隐藏单元格内容

在制作的工作表中，如果用户不希望重要的数据信息被他人看到，可以将单元格的信息隐藏起来。具体操作方法如下。

同步文件

素材文件：素材文件\第 9 章\工资表.xlsx
结果文件：结果文件\第 9 章\工资表.xlsx
视频文件：视频文件\第 9 章\9-3-4.mp4

Step01: ❶选中 F3:G14 单元格区域；❷单击“数字”组中的对话框启动按钮，如下图所示。

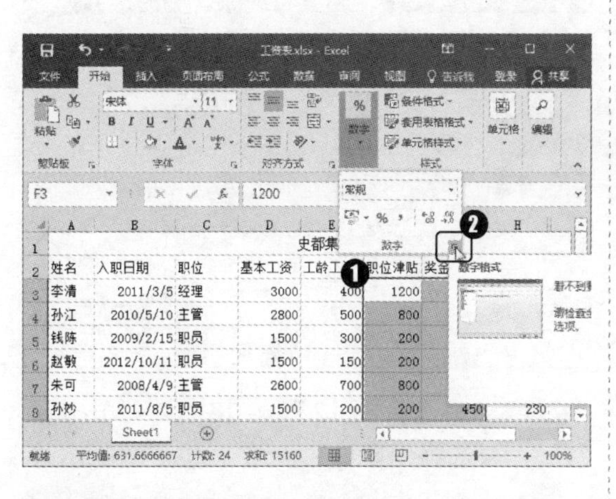

Step02: 打开“设置单元格格式”对话框，❶选择“自定义”选项；❷在右侧的“类型”文本框中输入“;;;”；❸单击“确定”按钮，如下图所示。

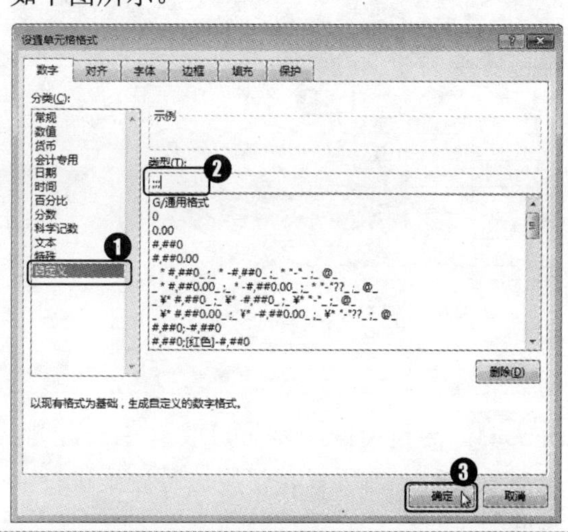

Step03: 经过前面的操作，即可隐藏单元格内容，效果如下图所示。

专家点拨——显示单元格隐藏的内容

选中隐藏内容的单元格，单击“数字”组中的对话框启动按钮，打开“设置单元格格式”对话框，选择“自定义”选项；在右侧的“类型”列表框中选择“;;;”选项；单击“删除”按钮，再单击“关闭”按钮，即可将所有执行隐藏操作的内容都显示出来。

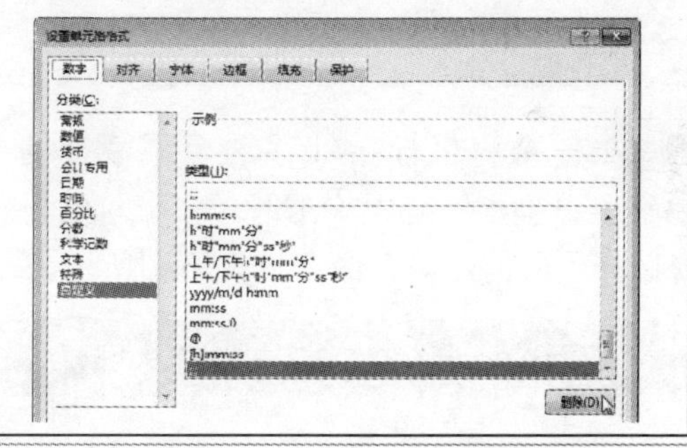

9.3.5　隐藏与显示行/列

通过隐藏行和列，可以有效地保护行和列内的数据不被误操作。在 Excel 2016 中，用户可以使用“隐藏”命令隐藏行或列，也可使用“取消隐藏”命令让行或列再次显示。具体操作方法如下。

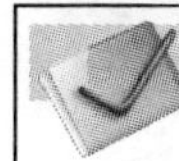

同步文件

素材文件：素材文件\第 9 章\开支表.xlsx
结果文件：结果文件\第 9 章\开支表.xlsx
视频文件：视频文件\第 9 章\9-3-5.mp4

Step01: ❶选中F、G、H三列，单击鼠标右键；❷在弹出的快捷菜单中选择“隐藏”命令，如下图所示。

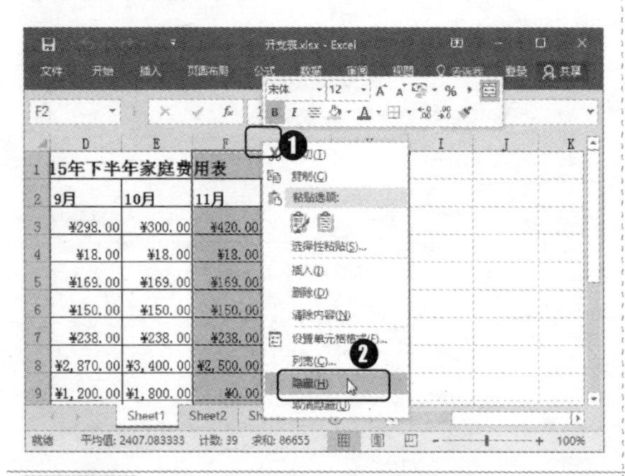

Step02: ❶将鼠标指针移动至隐藏列的分隔线上，当指针变成✥形时单击鼠标右键；❷选择“取消隐藏”命令，如下图所示。

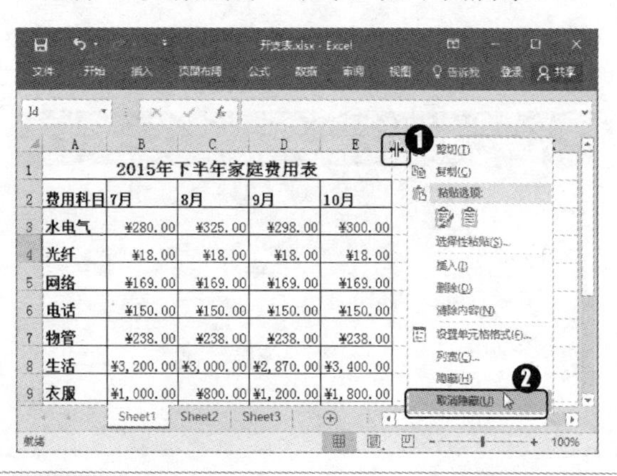

Step03: 经过前面的操作，取消H列的隐藏，效果如下图所示。使用这种方式进行取消隐藏，一次只能显示一列。

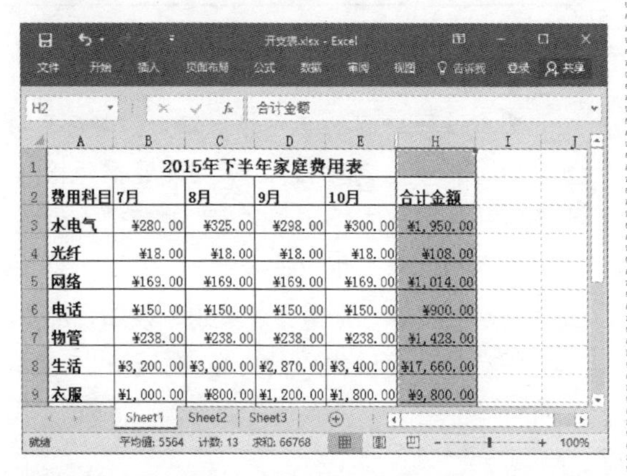

Step04: ❶选择第12和第13行，单击鼠标右键；❷选择“隐藏”命令，如下图所示。

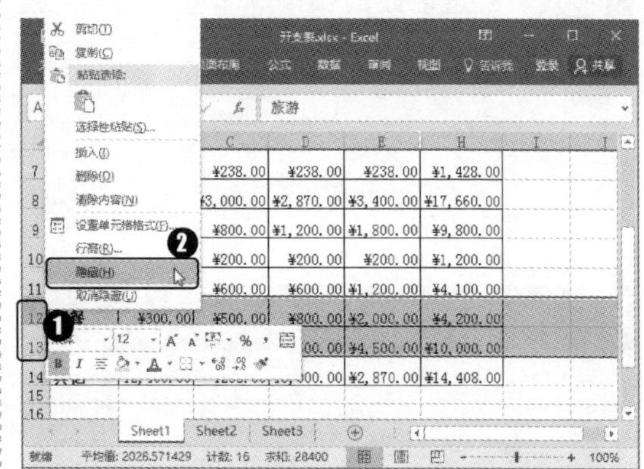

Step05: ❶将鼠标指针移动至隐藏行的分隔线上，当指针变成÷形时单击鼠标右键；❷选择“取消隐藏”命令，如下图所示。

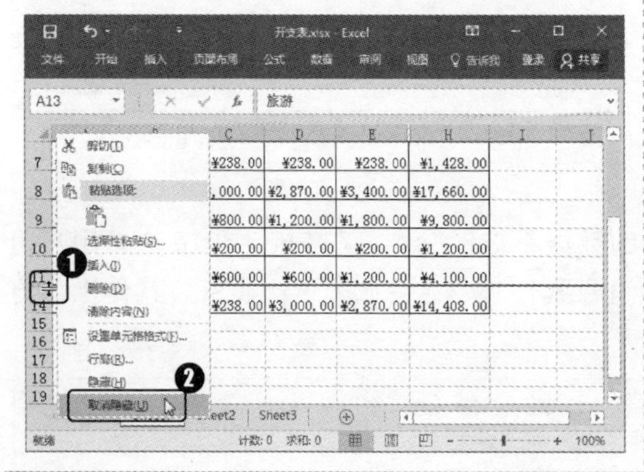

Step06: 经过前面的操作，取消第13行的隐藏，效果如下图所示。使用这种方式进行取消隐藏，一次只能显示一行。

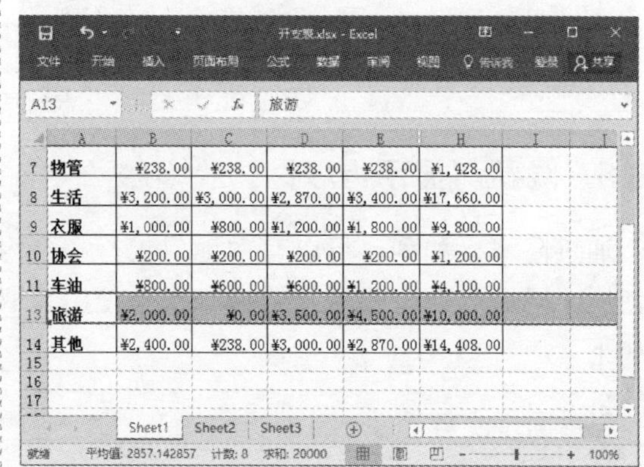

专家点拨——快速显示被隐藏的多行/多列

单击“单元格”组的“格式”下拉按钮，在弹出的下拉列表中选择“隐藏和取消隐藏”命令，然后在弹出的子菜单中选择“取消行/列”命令即可。

9.4 课堂讲解——输入表格数据

在 Excel 工作表中，单元格内的数据可以有多种不同的类型，如文本、日期和时间、百分数等。不同类型的数据在输入时需要使用不同的输入方式。本节将介绍这些方式。

9.4.1 输入普通数据

在表格中最常用的操作就是输入数据，普通数据不需要设置特殊的格式，直接输入即可。例如，在表格中输入登记表的信息，具体操作方法如下。

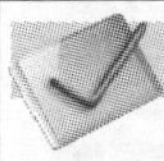

同步文件

素材文件：素材文件\第 9 章\信息登记表.xlsx
结果文件：结果文件\第 9 章\信息登记表.xlsx
视频文件：视频文件\第 9 章\9-4-1.mp4

Step01: ❶设置输入法；❷在 A1 单元格中输入需要的文本，按〈Enter〉键确认，如下图所示。

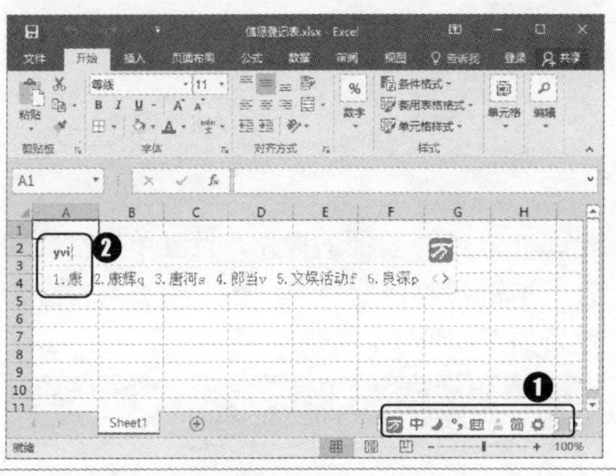

Step02: 在单元格输入相关信息，如下图所示。

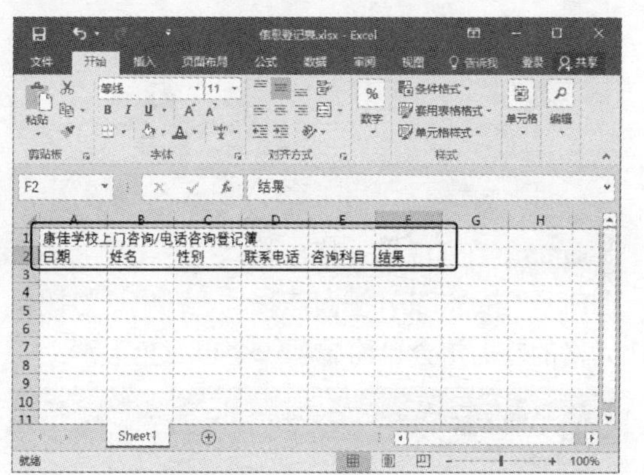

9.4.2 输入特殊数据

在表格中除了输入普通数据外，也会输入一些特殊数据。例如，输入 10 位以上的数字，如果不先进行单元格设置而直接输入，输入的数字会自动发生变化。输入特殊数据的具体操作方法如下。

同步文件

素材文件：素材文件\第 9 章\信息登记表（输入特殊数据）.xlsx
结果文件：结果文件\第 9 章\信息登记表（输入特殊数据）.xlsx
视频文件：视频文件\第 9 章\9-4-2.mp4

Step01: ❶选择 D 列；❷单击“数字”组中的对话框启动按钮，如下图所示。

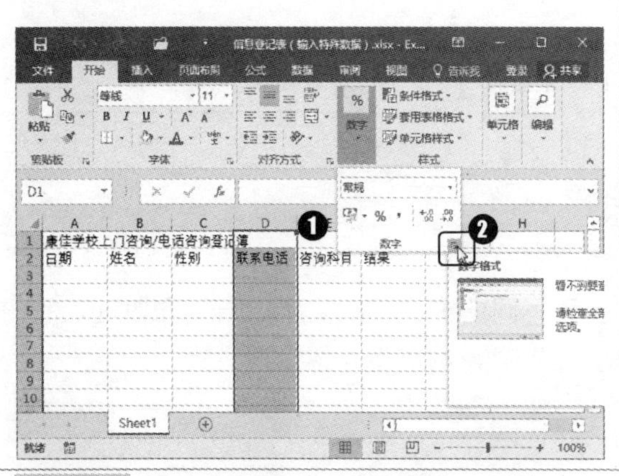

Step02: 打开“设置单元格格式”对话框，❶选择“分类”列表框中的“文本”选项；❷单击“确定”按钮，如下图所示。

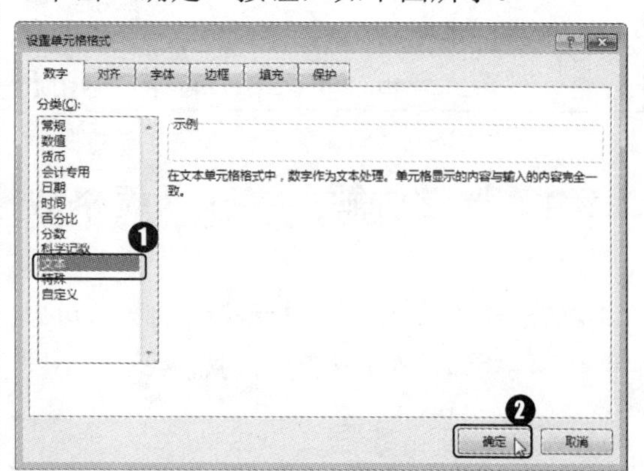

Step03: ❶选择 A 列中需要设置日期格式的单元格；❷单击“数字”组中的“常规”下拉按钮；❸在弹出的下拉列表中选择“短日期”命令，如下图所示。

Step04: 在 A3 单元格中输入月份和当月的日期数，如下图所示。按〈Tab〉键向右移动，输入的日期自动将当前的年份添加上。

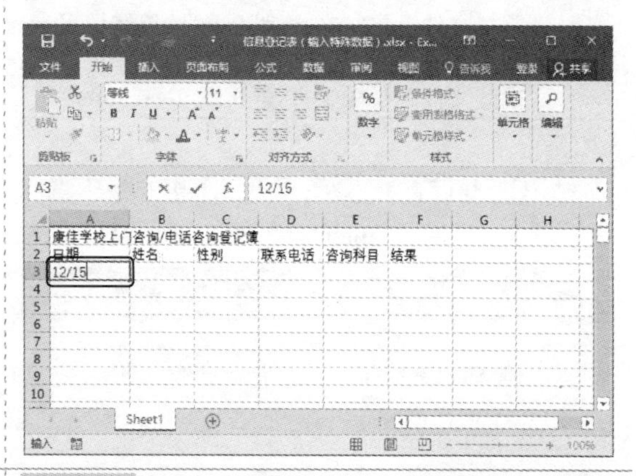

Step05: 在 D3 单元格中输入电话号码，如下图所示。按〈Tab〉键向右移动，在电话号码单元格的左上角会自动显示一个小三角形。

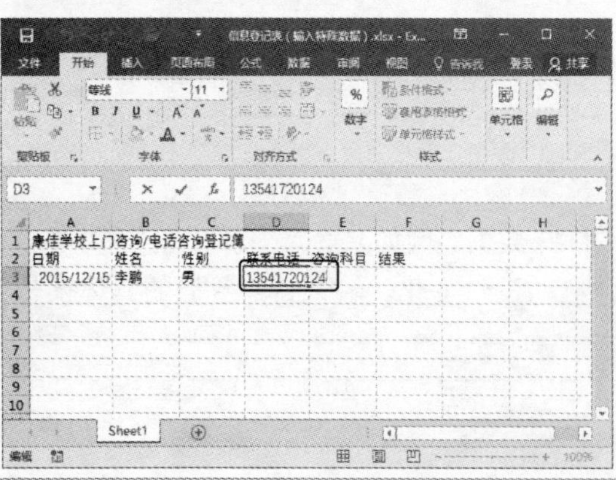

Step06: 经过前面的操作，设置单元格分别为文本格式和日期格式，输入相关的内容，效果如下图所示。

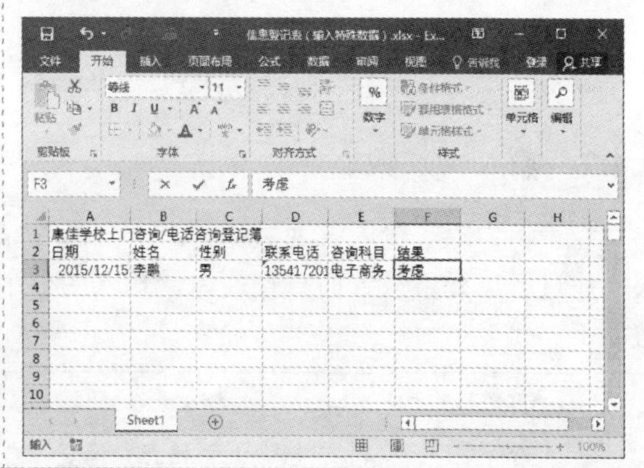

9.4.3 同时在多个单元格中输入相同数据

在输入内容时，如果多个单元格中要输入的数据都是相同的，可以一次同时在这些单元格中输入内容。具体操作方法如下。

同步文件

素材文件：素材文件\第 9 章\信息登记表（快速输入数据）.xlsx
结果文件：结果文件\第 9 章\信息登记表（快速输入数据）.xlsx
视频文件：视频文件\第 9 章\9-4-3.mp4

Step01: ❶选择要输入相同内容的多个单元格或单元格区域；❷在一个单元格中输入数据，如下图所示。

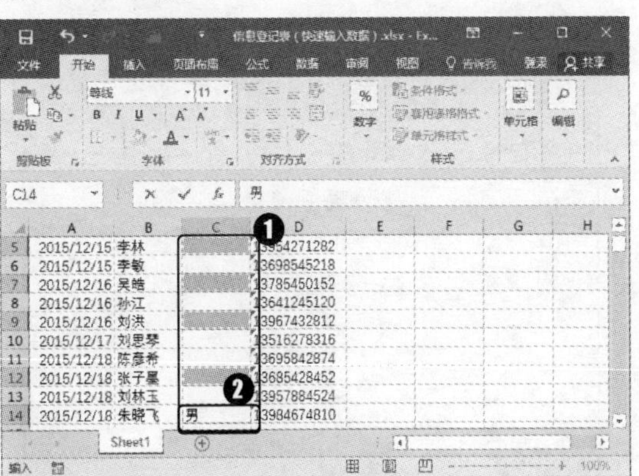

Step02: 输入完数据后，按〈Ctrl+Enter〉组合键，即可一次输入多个单元格的内容，效果如下图所示。

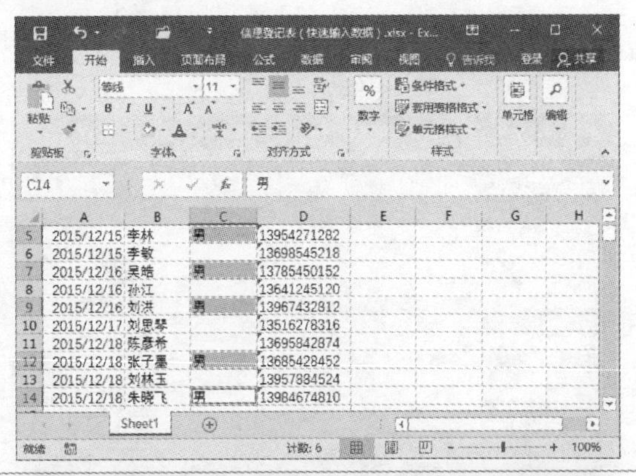

Step03: 使用前面的操作方法，快速在多个单元格中输入相同的数据，效果如右图所示。

专家点拨——使用复制的方法快速输入数据

在一个单元格中输入数据，选中该单元格，按〈Ctrl+C〉组合键进行复制，然后按住〈Ctrl〉键选中需要粘贴的多个单元格，按〈Ctrl+V〉进行粘贴即可快速输入。

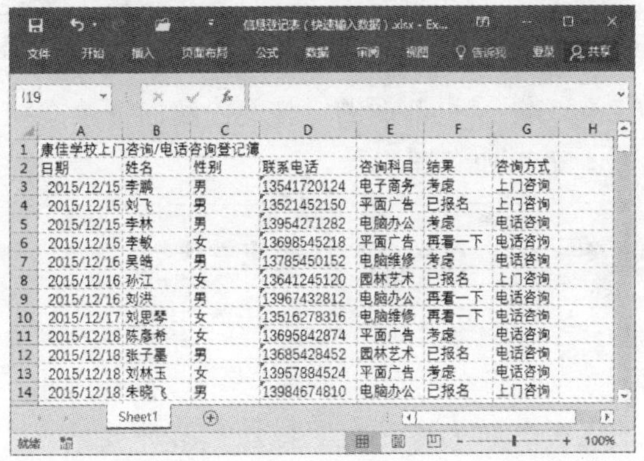

	A	B	C	D	E	F	G
1	康佳学校上门咨询/电话咨询登记簿						
2	日期	姓名	性别	联系电话	咨询科目	结果	咨询方式
3	2015/12/15	李鹏	男	13541720124	电子商务	考虑	上门咨询
4	2015/12/15	刘飞	男	13521452150	平面广告	已报名	上门咨询
5	2015/12/15	李林	男	13954271282	电脑办公	考虑	电话咨询
6	2015/12/15	李敏	女	13698545218	平面广告	再看一下	电话咨询
7	2015/12/16	吴皓	男	13785450152	电脑维修	考虑	电话咨询
8	2015/12/16	孙江	女	13641245120	园林艺术	已报名	上门咨询
9	2015/12/16	刘洪	男	13967432812	电脑办公	再看一下	电话咨询
10	2015/12/17	刘思琴	女	13516278316	电脑维修	再看一下	电话咨询
11	2015/12/18	陈彦希	女	13695842874	平面广告	考虑	电话咨询
12	2015/12/18	张子墨	男	13685428452	园林艺术	已报名	电话咨询
13	2015/12/18	刘林玉	女	13957884524	平面广告	考虑	电话咨询
14	2015/12/18	朱晓飞	男	13984674810	电脑办公	已报名	上门咨询

9.5 课堂讲解——编辑表格数据

在工作表中输入数据时，为了提高工作效率，可以使用快速填充的方法自动填充内容。对于输入错误的数据可以重新输入或修改。在编辑表格数据时，移动、复制、查找和替换数据也是经常使用的操作。

9.5.1 快速填充数据

在 Excel 工作表中输入数据时，经常需要输入一些有规律的数据，对于这些数据，可以使用填充功能将具有规律的数据填充到相应的单元格中。具体操作方法如下。

同步文件

素材文件：素材文件\第 9 章\信息登记表（填充数据）.xlsx
结果文件：结果文件\第 9 章\信息登记表（填充数据）.xlsx
视频文件：视频文件\第 9 章\9-5-1.mp4

Step01: ❶在 A3 单元格中输入数字“1”，选择 A3:A14 单元格区域；❷单击“编辑”组中的“填充”下拉按钮；❸在弹出的下拉列表中选择“序列”命令，如下图所示。

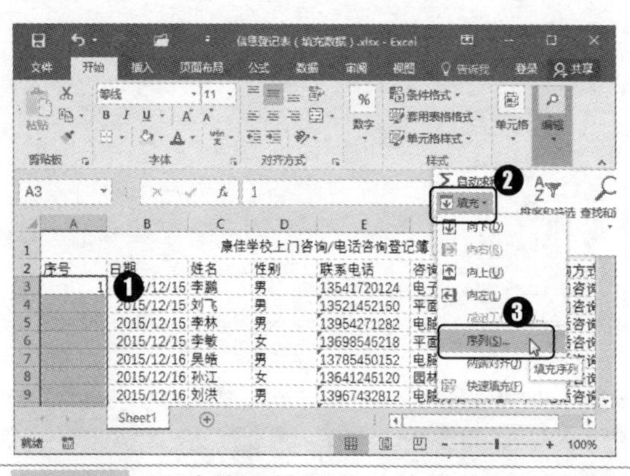

Step02: 打开“序列”对话框，❶在“步长值”数值框中输入“1”；❷单击“确定”按钮，如下图所示。

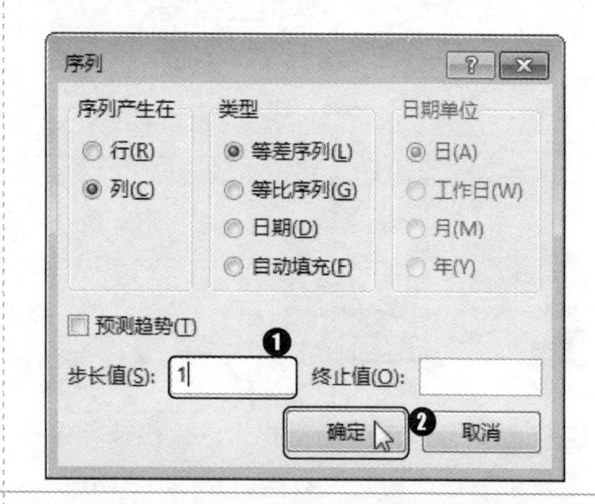

Step03: 经过前面的操作，快速向下填充编号，效果如右图所示。

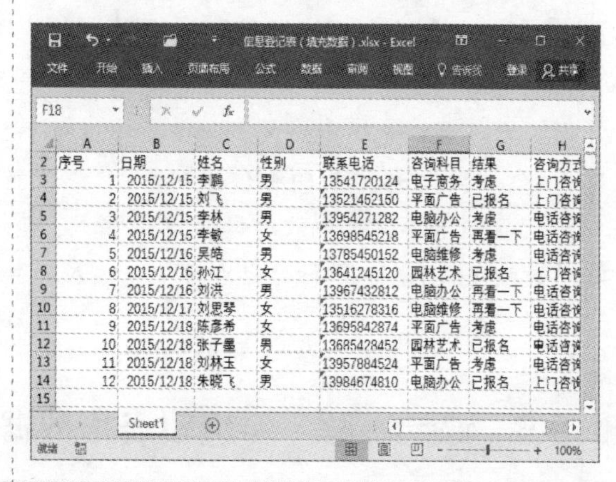

专家点拨——快速填充序列

除了使用序列的方式填充编号外，还可以在两个单元格中输入编号，然后选中这两个单元格并向下拖动鼠标即可填充编号。对于含有字母类的编号，则可以在一个单元格中输入编号后直接拖动即可填充。

9.5.2 修改单元格中的数据

在输入单元格数据时，如果因为输入时不小心将数据输入错误，需要修改或重新输入数据。具体操作方法如下。

同步文件

素材文件：素材文件\第 9 章\信息登记表（修改数据）.xlsx
结果文件：结果文件\第 9 章\信息登记表（修改数据）.xlsx
视频文件：视频文件\第 9 章\9-5-2.mp4

Step01: ❶选中 E10 单元格；❷在编辑栏中选中要修改的数据，如下图所示。

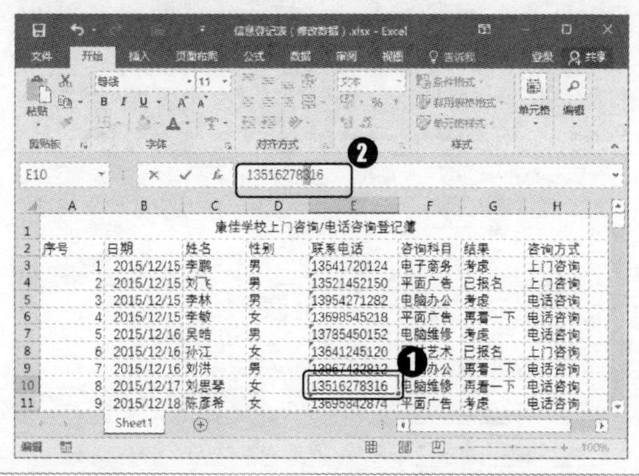

Step02: 将电话号码中的“3”修改为“0”，效果如下图所示。

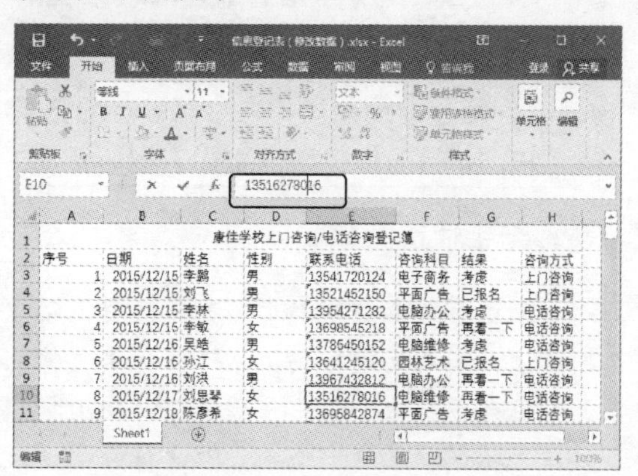

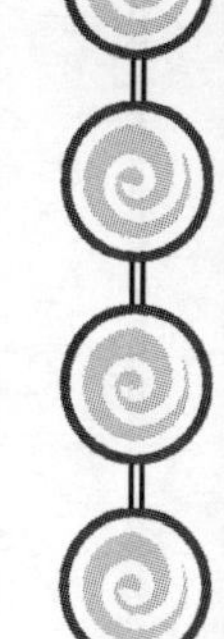

新手注意

如果在单元格中输入的数据全部错误或者出错的数据较多，就不建议使用上面介绍的方法进行修改。此时可以直接选中单元格，删除数据后重新输入正确的数据。

9.5.3 移动和复制数据

在编辑工作表中的数据时，常常需要输入相同的数据，或将已有数据从原有位置移动至其他位置，这时可以使用复制、移动和粘贴命令来实现。

同步文件

素材文件：素材文件\第 9 章\信息登记表（修改数据）.xlsx
结果文件：结果文件\第 9 章\信息登记表（修改数据）.xlsx
视频文件：视频文件\第 9 章\9-5-3.mp4

1. 移动数据

移动数据是指在单元格中将已经输入的数据进行位置调整的操作，可以使用鼠标拖动或者功能区的命令来实现。例如，将第 6 行的记录移动到第 10 行的位置，具体操作方法如下。

Step01: ❶选中需要移动的数据；❷单击“剪贴板”组中的“剪切”按钮，如下图所示。

Step02: ❶选中需要粘贴数据的位置，单击鼠标右键；❷在弹出的快捷菜单中选择“插入剪切的单元格”命令，如下图所示。

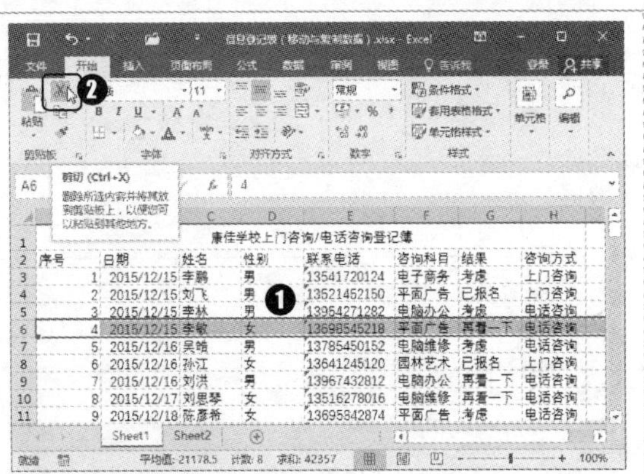

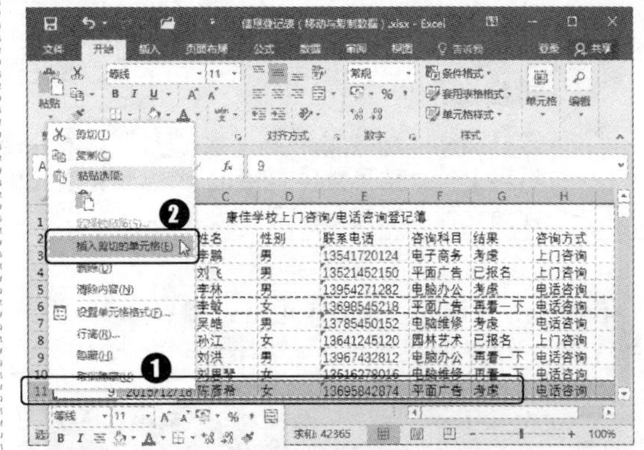

Step03: 经过前面的操作，将第 6 行的记录移动到第 10 行的位置，效果如右图所示。

> **新手注意**
>
> 上述移动数据的操作，不能使用拖动的方法，如果直接拖动，会将目标单元格的数据覆盖。为了避免覆盖，可以使用插入单元格的方式进行操作，但这种方法使用起来更麻烦。

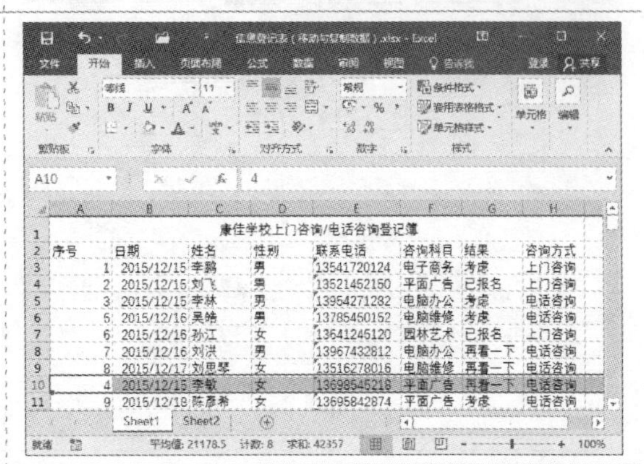

2. 复制数据

如果表格中需要的原始数据已经存在于表格中，为了避免重复劳动，减少二次输入数据可能产生的错误，可以通过复制和粘贴命令来进行操作。

例如，要将工作表 Sheet1 中“结果”列为“再看一下”的数据复制到 Sheet2 中，方便咨询老师进行打电话回访，具体操作如下。

Step01: ❶选中需要复制的数据；❷单击“剪贴板”组中的“复制”按钮，如下图所示。

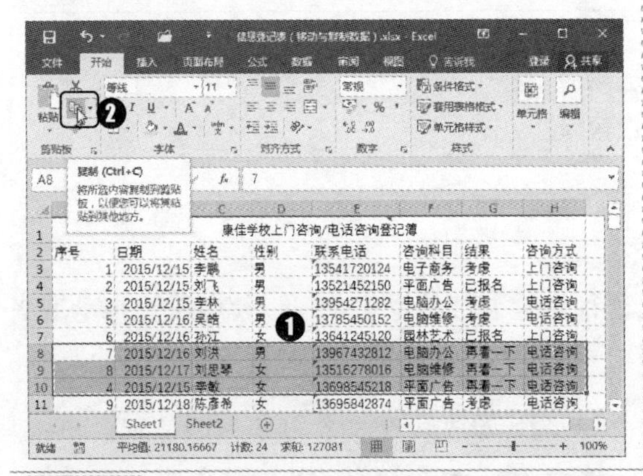

Step02: ❶选择 Sheet2 工作表；❷选中 A2 单元格；❸单击“剪贴板”组中的“粘贴”按钮，如下图所示。

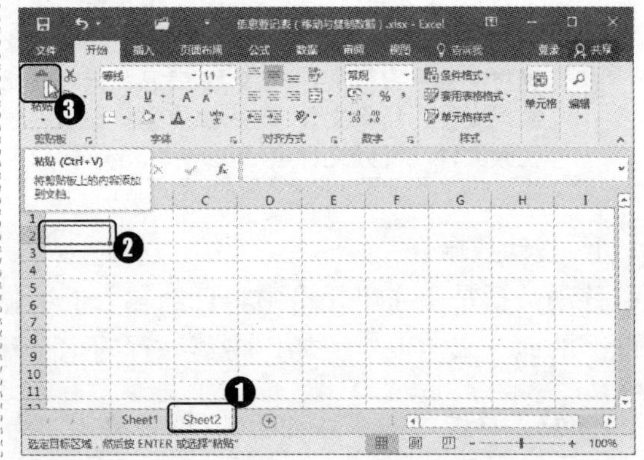

Step03: 将 Sheet1 中的部分单元格数据复制到 Sheet2 中，将鼠标指针移至 B 和 C 列之间的分隔线上，双击即可调整列宽，如下图所示。

Step04: 使用相同的方法调整 E 列的列宽，效果如下图所示。

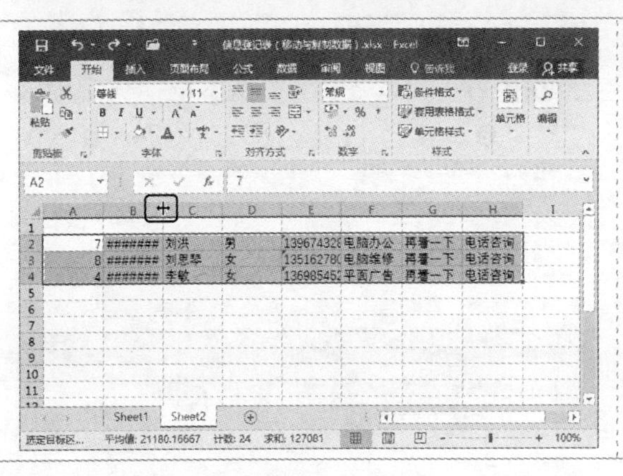

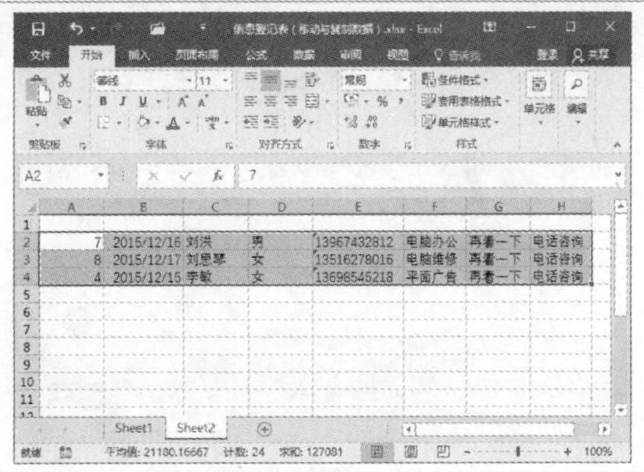

9.5.4 查找与替换数据

在编辑和审阅工作表数据时，如果数据较多或较复杂，可以利用查找功能对要查看的数据进行查找，以提高工作效率。如果要批量修改工作表中的数据，则可以使用替换功能，既快捷又简单。

同步文件

素材文件：素材文件\第 9 章\信息登记表（查找与替换数据）.xlsx
结果文件：结果文件\第 9 章\信息登记表（查找与替换数据）.xlsx
视频文件：视频文件\第 9 章\9-5-4.mp4

1. 查找数据

在编辑工作表时，如果工作表中的数据较多，为提高工作效率。可以使用 Excel 提供的查找功能快速定位要查找的内容。用这种方法也可以查找一些特殊的数据。具体操作方法如下。

Step01: ❶单击“编辑”组中的“查找和替换”下拉按钮；❷在弹出的下拉列表中选择“查找”命令，如下图所示。

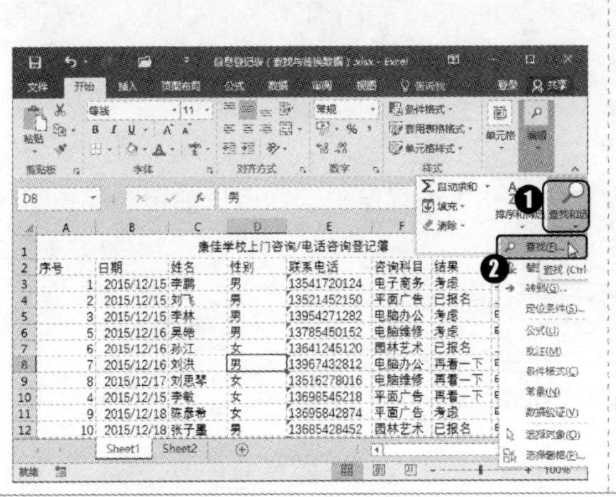

Step02: 打开“查找和替换”对话框，❶在“查找内容”文本框中输入查找内容；❷单击“查找全部”按钮，如下图所示。

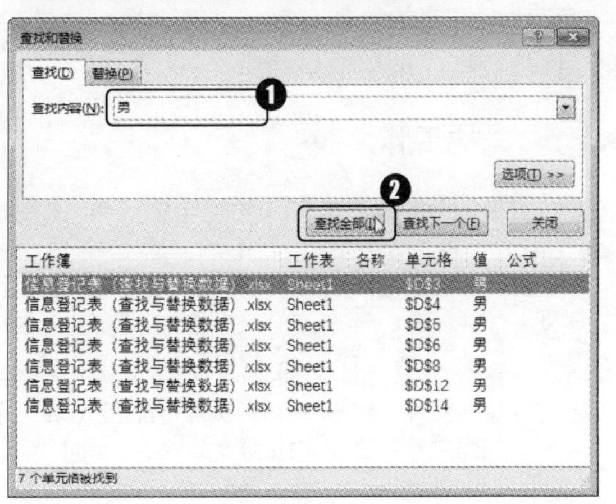

2. 替换数据

如果在编辑数据时出现错误，可以使用替换功能来替换众多数据中的指定内容，以提高工作效率。例如，将 Sheet1 工作表中的文本“考虑”替换为“已报名”，具体操作方法如下。

Step01: ❶单击“编辑”组中的“查找和替换”下拉按钮；❷在弹出的下拉列表中选择“替换”命令，如下图所示。

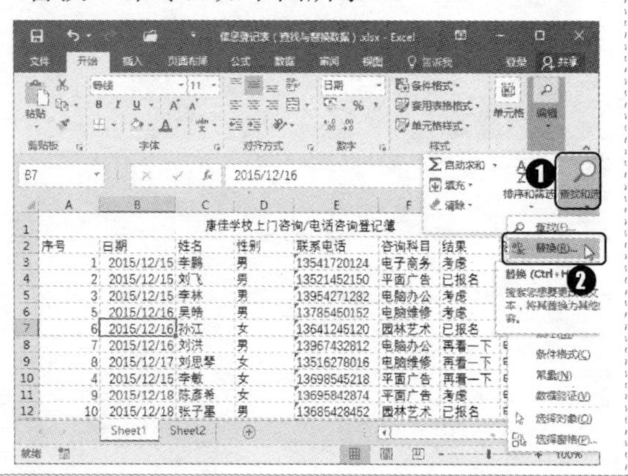

Step02: 打开“查找和替换”对话框，❶在“查找内容”和“替换为”文本框中分别输入内容；❷单击“替换全部”按钮，如下图所示。

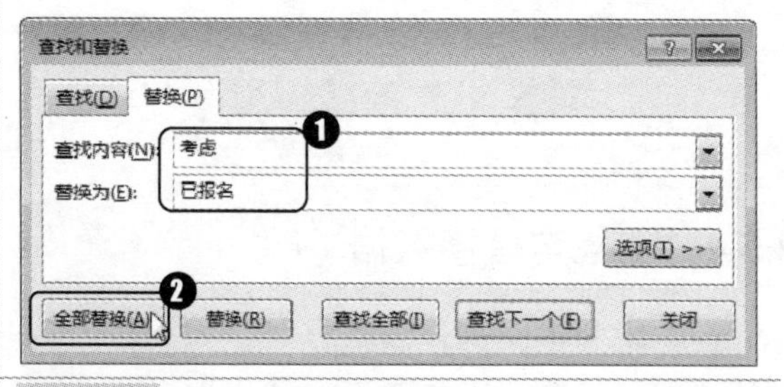

Step03: 打开“Microsoft Excel”提示对话框，单击“确定”按钮，如下图所示。

Step04: 返回“查找和替换”对话框，单击“关闭”按钮，如下图所示。

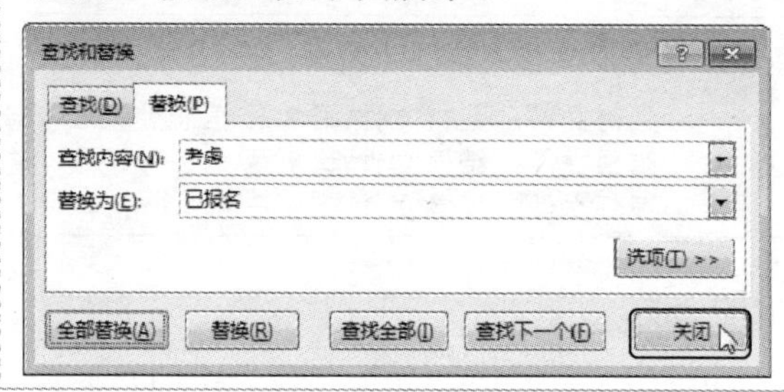

▷▷ 9.6 课堂讲解——管理工作簿

管理工作簿的操作包括保护工作簿、保护工作表、并排查看多个工作簿，以及为了方便查看工作簿数据而冻结窗格。

9.6.1 保护工作簿

如果要对工作簿中工作表的个数、位置及窗口排列方式进行保护，则可以使用“保护工作簿”命令。具体操作方法如下。

同步文件

素材文件：素材文件\第 9 章\信息登记表（保护工作簿）.xlsx
结果文件：结果文件\第 9 章\信息登记表（保护工作簿）.xlsx
视频文件：视频文件\第 9 章\9-6-1.mp4

Step01: ❶单击“审阅”选项卡；❷单击“更改”组中的“保护工作簿”按钮，如下图所示。

Step02: 打开“保护结构和窗口”对话框，❶勾选“结构”复选框；❷输入密码，如“123”；❸单击“确定”按钮，如下图所示。

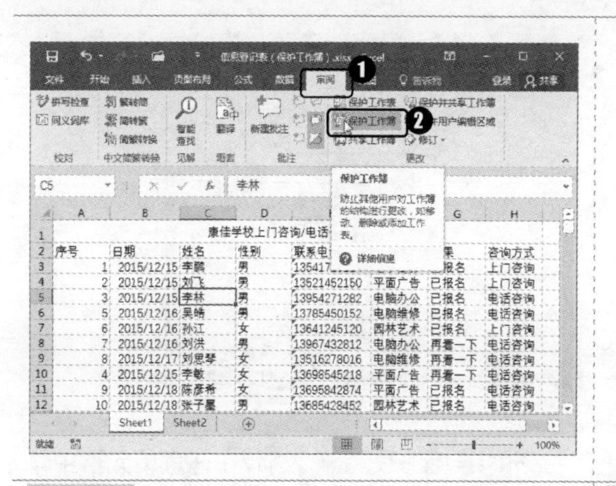

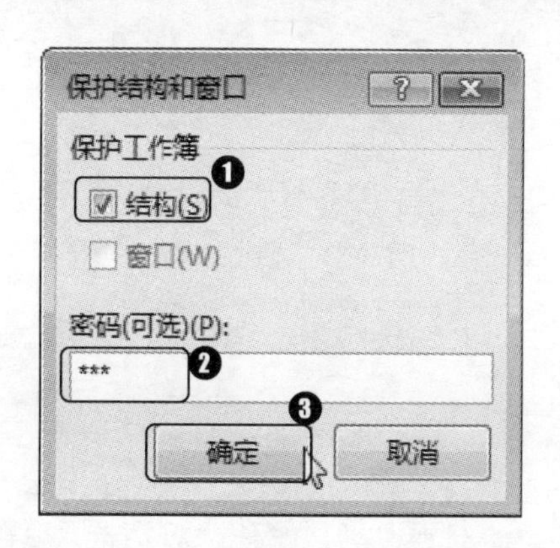

Step03: 打开“确认密码”对话框，❶在“重新输入密码”文本框中输入密码；❷单击“确定”按钮，如下图所示。

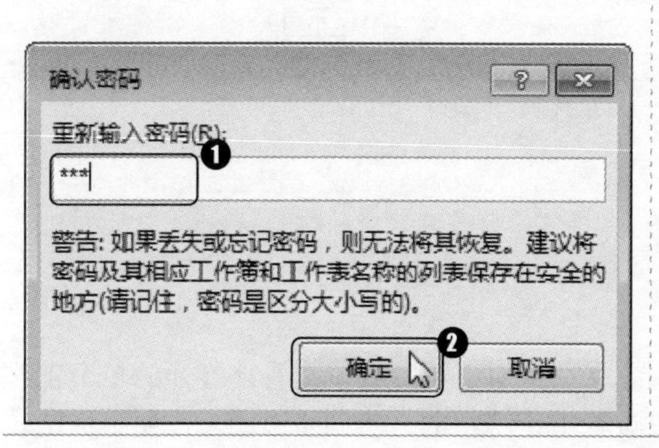

Step04: 保护好工作簿后，在任意工作表名称上单击鼠标右键，可以发现在弹出的快捷菜单中很多命令都变为灰色的，不能执行操作，效果如下图所示。

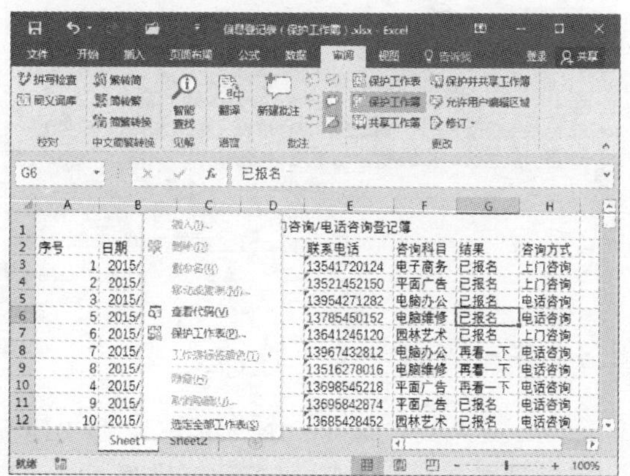

9.6.2 保护工作表

很多办公人员在编辑工作表的过程中，为了防止表中的信息被篡改，通常会用到保护工作表的操作。具体操作方法如下。

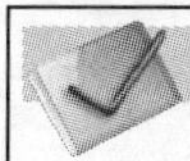

同步文件

素材文件：素材文件\第 9 章\比赛记录（保护工作表）.xlsx
结果文件：结果文件\第 9 章\比赛记录（保护工作表）.xlsx
视频文件：视频文件\第 9 章\9-6-2.mp4

Step01: ❶单击“审阅”选项卡；❷单击“更改”组中的“保护工作表”按钮，如下图所示。

Step02: 打开“保护工作表”对话框，❶在“取消工作表保护时使用的密码”文本框中输入密码，如“123”；❷单击“确定”按钮，如下图所示。

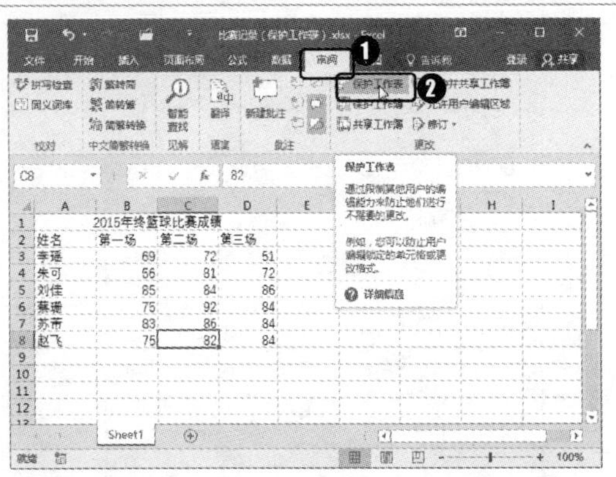

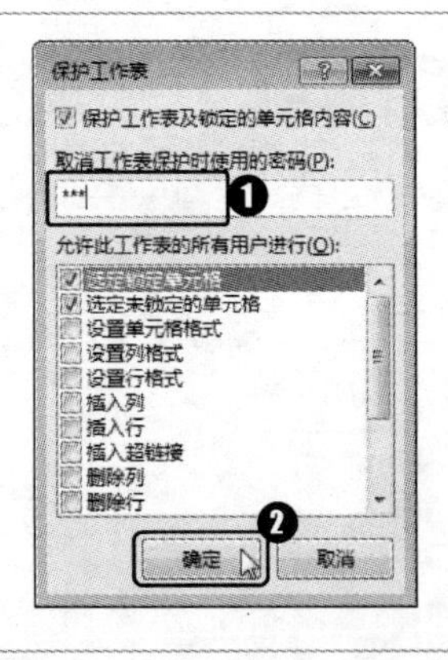

Step03: 打开“确认密码”对话框，❶在“重新输入密码”文本框中输入密码；❷单击“确定”按钮，如下图所示。

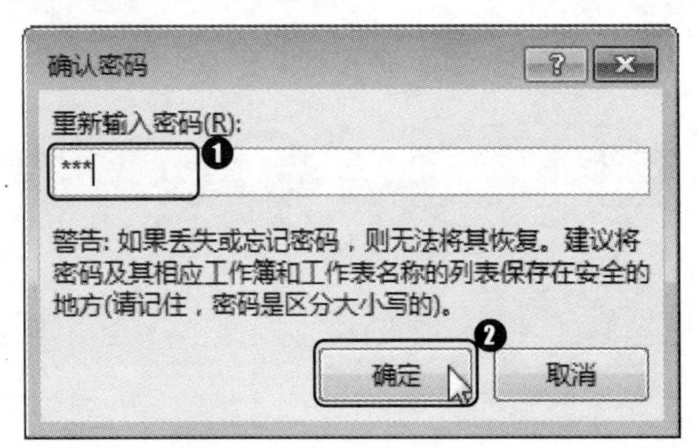

Step04: 保护好工作表后，在任意单元格中修改数据，都会弹出“Microsoft Excel”提示对话框，如下图所示。

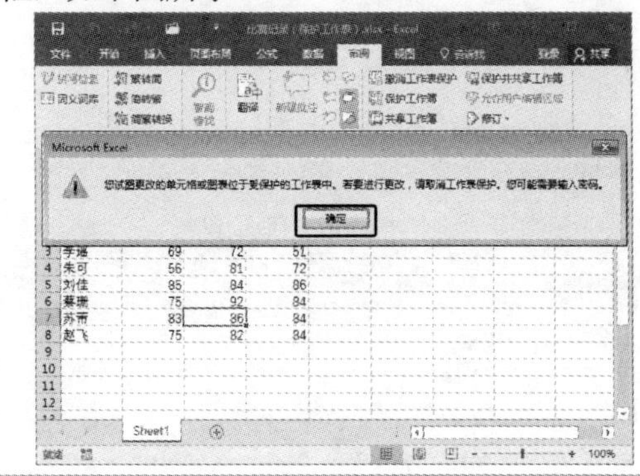

9.6.3 并排查看多个工作簿

Excel 提供的“并排查看”和“全部重排”命令主要用于同时并排查看已打开的多个工作簿，可以设置其接水平排列或垂直排列，还可以设置工作簿中的内容同步滚动，以便用户比较多个工作簿窗口中的数据异同。

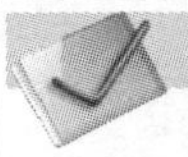

同步文件

素材文件：结果文件\第 9 章\信息登记表（查找与替换数据）、信息登记表（查找与替换数据 1）.xlsx
视频文件：视频文件\第 9 章\9-6-3.mp4

Step01: 打开两个或两个以上的工作簿窗口。❶单击“视图”选项卡；❷单击“窗口”组中的“并排查看”按钮，如下图所示。

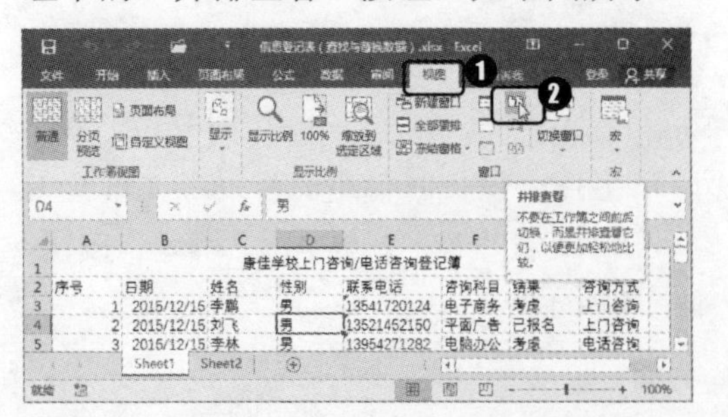

Step02: 经过前面的操作，并排查看并同步滚动工作簿的效果如下图所示。

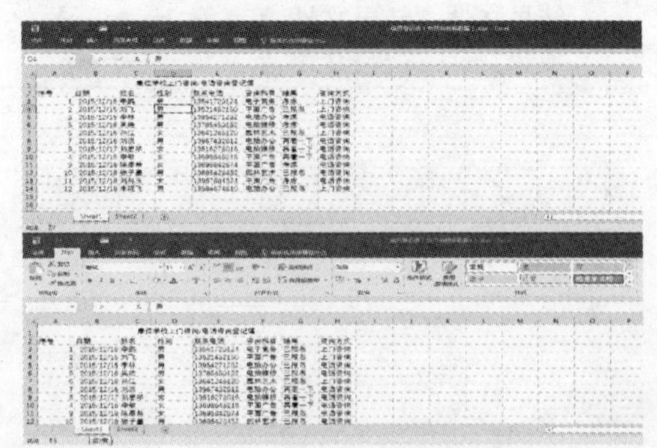

新手注意

单击“并排查看”按钮，默认情况下会一并执行“同步滚动”功能。如果用户不想多个窗口同时滚动，可以单击“同步滚动”按钮，取消该命令，即可对某个工作表进行独立操作。

9.6.4　冻结拆分窗格

如果工作表中的数据比较多，用户有可能会遇到表格数据查看不方便的情况，此时可使用 Excel 提供的冻结窗格功能，将表格的字段项目（标题行）设置为始终可见，即使上下拖动滚动条，设置的表格标题依然可以看见。注意如果在工作表冻结后，再拆分窗格，则只能拆分为两个窗格。具体操作方法如下。

同步文件

素材文件：素材文件\第 9 章\工资表（冻结与拆分窗格）.xlsx
结果文件：结果文件\第 9 章\工资表（冻结与拆分窗格）.xlsx
视频文件：视频文件\第 9 章\9-6-4.mp4

Step01: ❶选中第 3 行；❷单击“视图”选项卡；❸单击“窗口”组中的“冻结窗格”按钮；❹选择“冻结拆分窗格”命令，如下图所示。

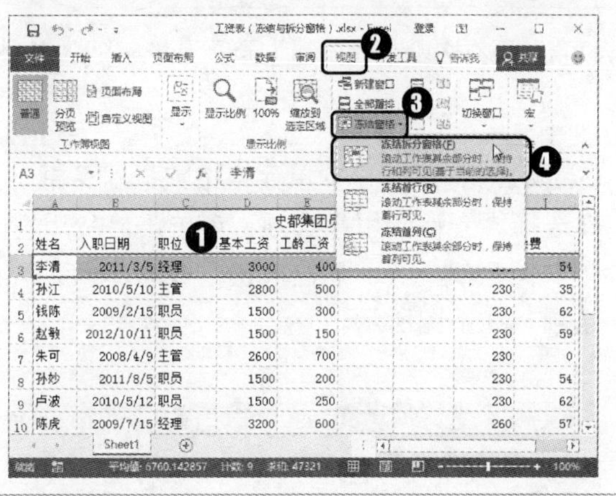

Step02: 将第 1、2 行进行冻结，向下浏览数据，冻结的行则不会发生变化，如下图所示。

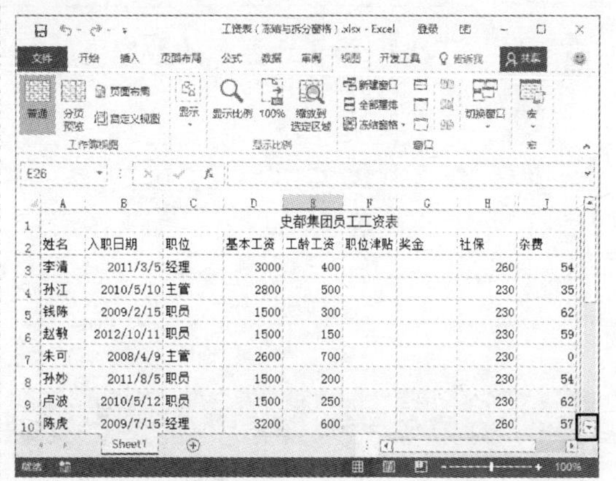

Step03: 单击“窗口”组中的“拆分”按钮，如下图所示。

Step04: 由于已选择冻结拆分窗格，因此只能从冻结的位置进行拆分，如下图所示。

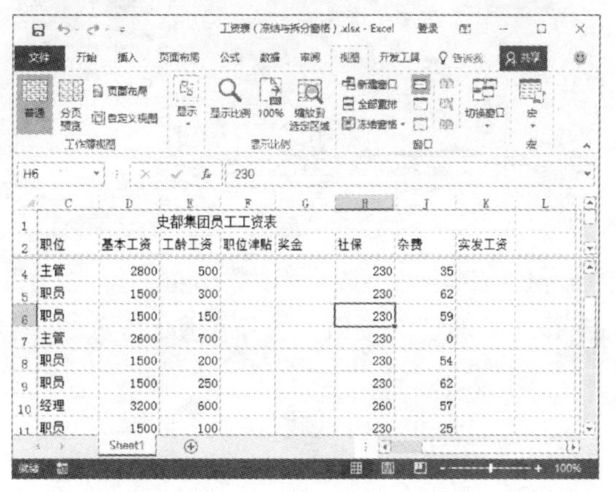

专家点拨——怎样才能拆分为 4 个窗格

默认情况下，将光标定位至表格中的任意单元格，进行窗格拆分后，会直接从定位处显示 4 个拆分窗格。如果在拆分之前使用了“冻结拆分窗格”命令，则必须先取消冻结才能实现拆分为 4 个窗格的操作。

▷▷ 高手秘籍——实用操作技巧

通过对前面知识的学习，相信读者朋友已经掌握了在 Excel 2016 中创建与编辑数据的基本操作。下面结合本章内容介绍一些实用的操作技巧。

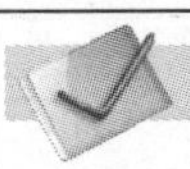
同步文件

视频文件：视频文件\第 9 章\高手秘籍.mp4

技巧 01 把“0”值显示成半字线

在制作报表时，为了让显示的数据更加专业，可以将表格中的“0”值显示为半字线，具体操作方法如下。

Step01: ❶选中 B2:G10 单元格区域；❷单击“数据”组中的对话框启动按钮，如下图所示。

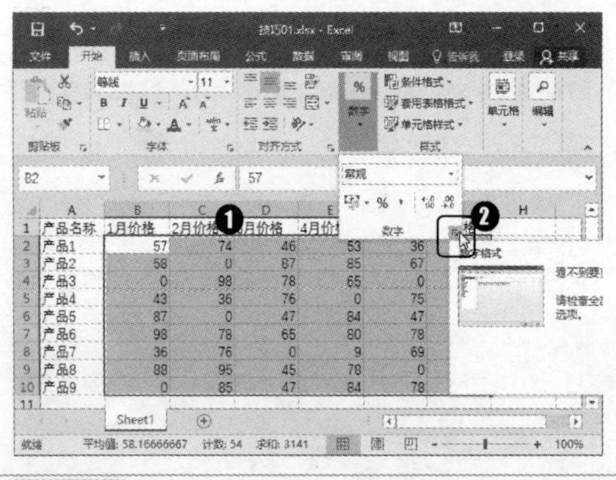

Step02: 打开“设置单元格格式”对话框，❶选择“会计专用”选项；❷单击“货币符号（国家/地区）”下拉按钮；❸选择“无”选项，如下图所示。

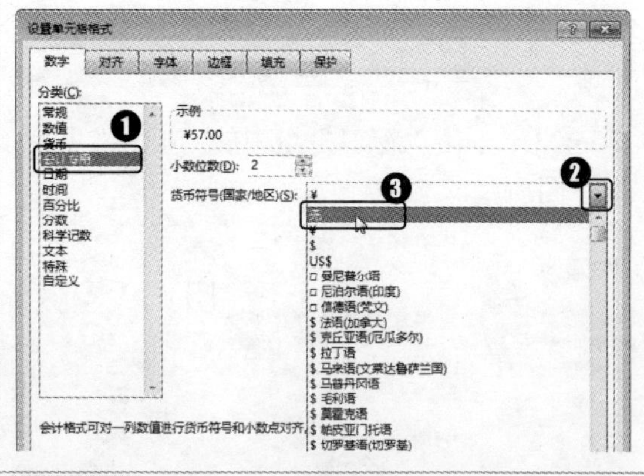

Step03: ❶在“小数位数”数值框中输入“0”；❷单击“确定”按钮，如下图所示。

Step04: 经过前面的操作，将所有“0”值显示为半字线，效果如下图所示。

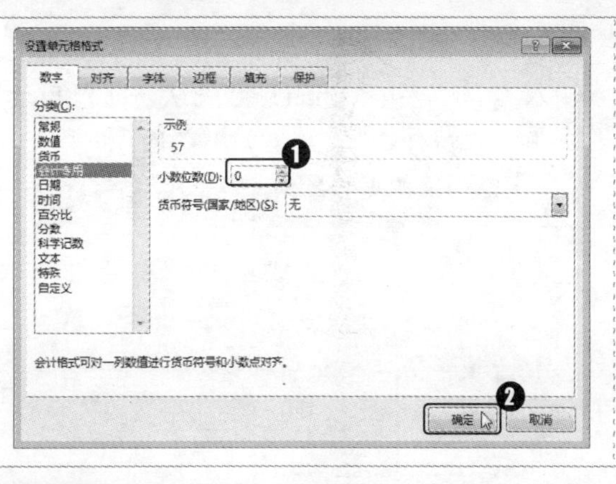

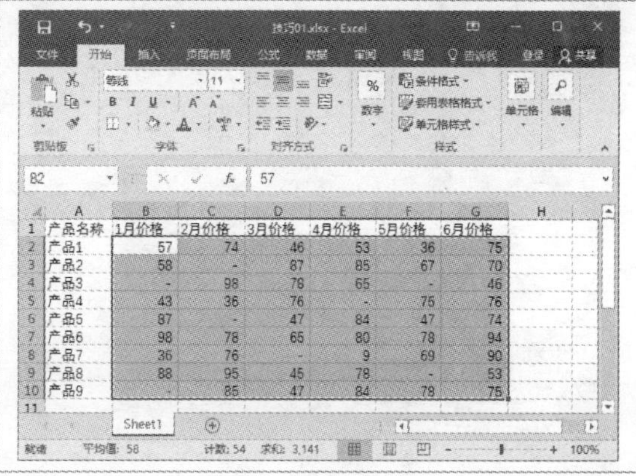

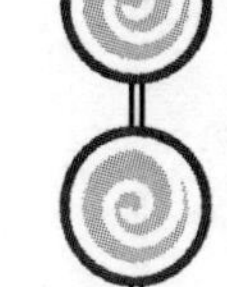

技巧 02　使用自动更正功能快速输入长文本

在制作表格时，经常需要重复输入一些名字或者其他数据，能不能快速输入这些数据呢？答案是肯定的。当想要输入某个长数据的时候，只要输入它的快捷键就可以迅速得到想要的数据。具体操作方法如下。

Step01: 在“文件”页面中选择“选项”命令，如下图所示。

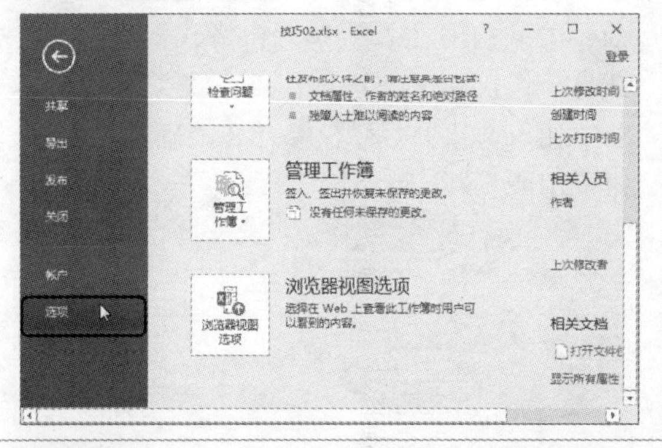

Step02: 打开“Excel 选项”对话框，❶选择“校对”选项；❷单击“自动更正选项”按钮，如下图所示。

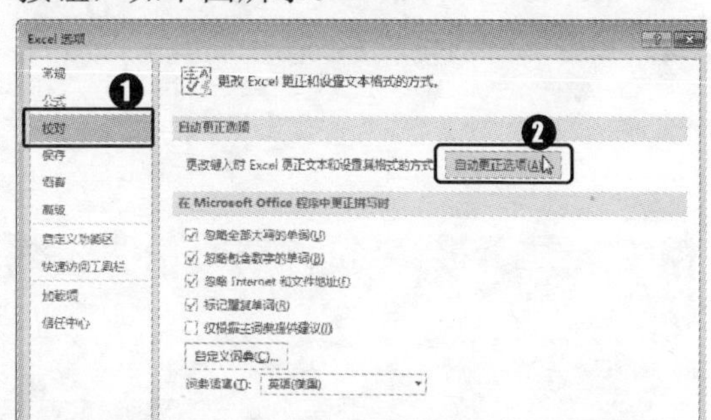

Step03: 打开“自动更正”对话框，❶在“替换”文本框中输入“hjq”；❷在“为”文本框中输入“黄佳奇”；❸单击“添加”按钮，如下图所示。

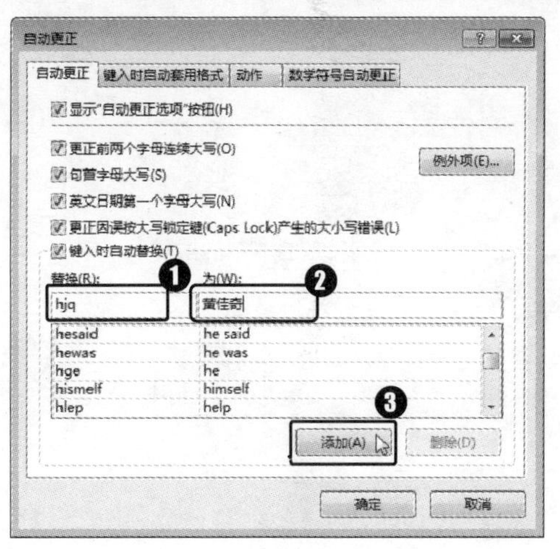

Step04: 重复上一步操作，为多个人名输入自动更正的内容，单击“确定”按钮完成设置，如下图所示。

Step05: 返回“Excel 选项”对话框，单击“确定”按钮，如下图所示。

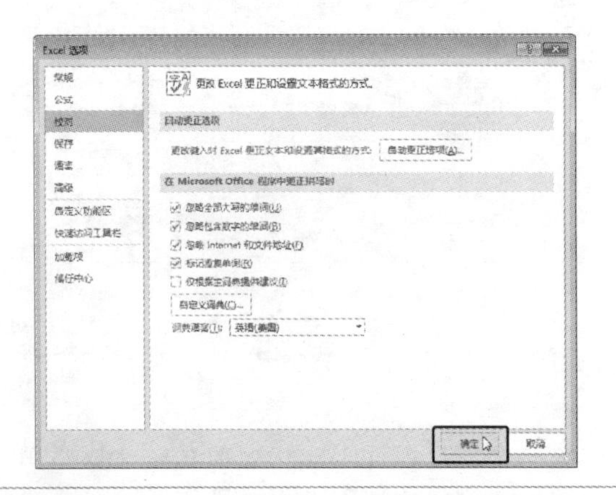

Step06: 返回 Excel 界面，在 B1 单元格中输入“hjq”，按〈Enter〉键确认，即可自动更正为“黄佳奇”，效果如下图所示。

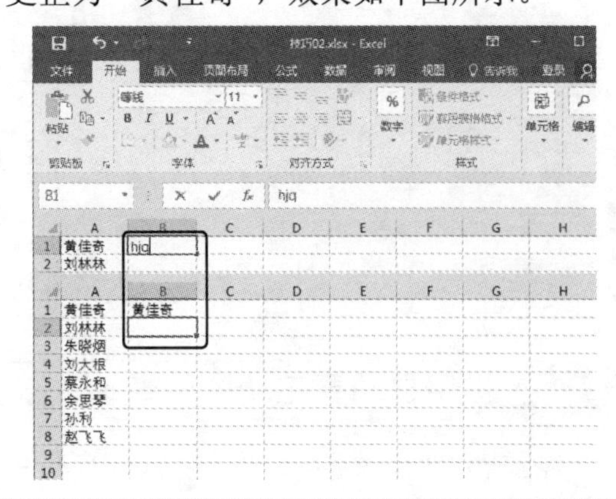

技巧 03 以“万”为单位显示金额

在公司财务报表中有些数字比较大，用 Excel 表格来记录的时候，过长的数字让人不能一目了然地获知具体金额。如果把金额变成以“万”为单位就方便多了。具体操作方法如下。

Step01: ❶选中 D2:D6 单元格区域；❷单击“数字”组中的对话框启动按钮，如下图所示。

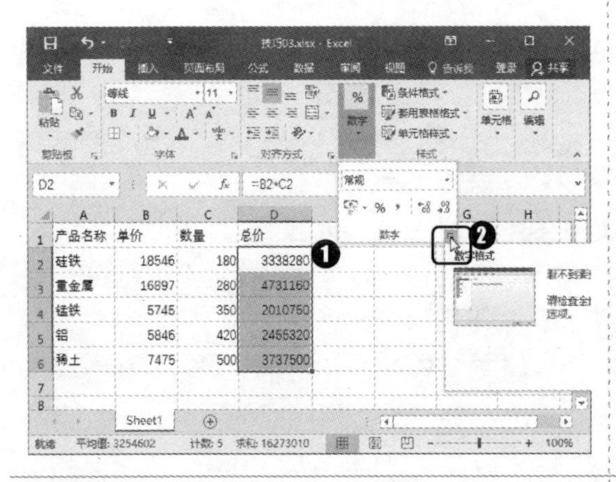

Step02: 打开“设置单元格格式”对话框，❶选择“自定义”选项；❷在“类型”文本框中输入“0!.0,"万"”；❸单击“确定”按钮，如下图所示。

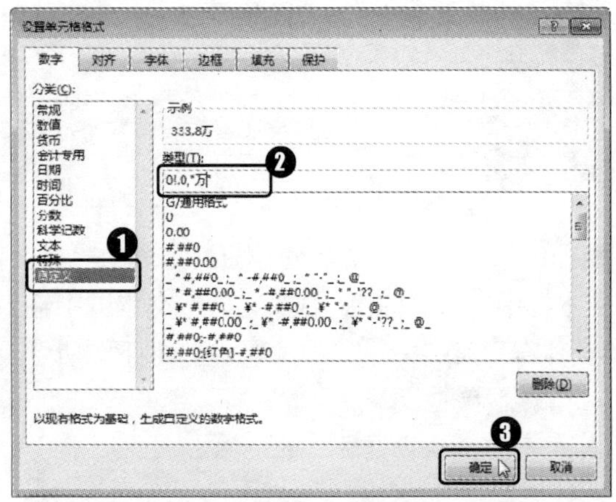

Step03: 经过前面的操作，总价将以万为单位进行显示，效果如右图所示。

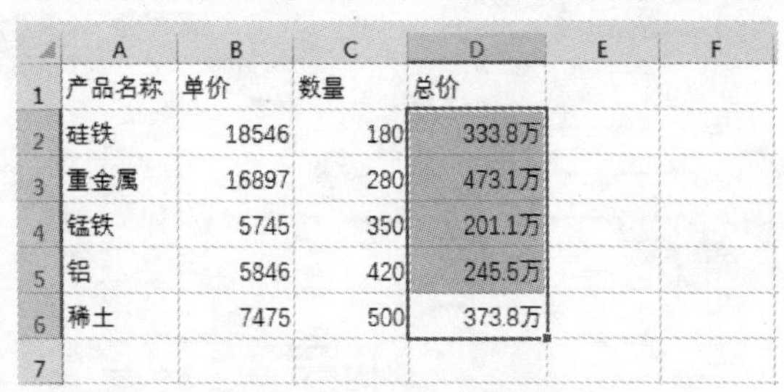

	A	B	C	D	E	F
1	产品名称	单价	数量	总价		
2	硅铁	18546	180	333.8万		
3	重金属	16897	280	473.1万		
4	锰铁	5745	350	201.1万		
5	铝	5846	420	245.5万		
6	稀土	7475	500	373.8万		
7						

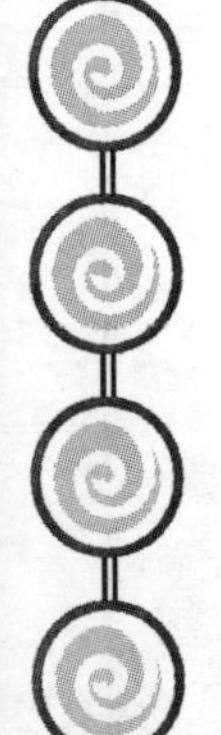

技巧 04 将 Excel 中的多行内容合并到一个单元格中

在 Excel 中不仅可以对一个单元格的内容进行复制和粘贴操作，还可以将多个单元格的内容复制并粘贴到一个单元格中。具体操作方法如下。

Step01: ❶选中 A1:D6 单元格区域；❷单击“剪贴板”组中的“复制”按钮，如下图所示。

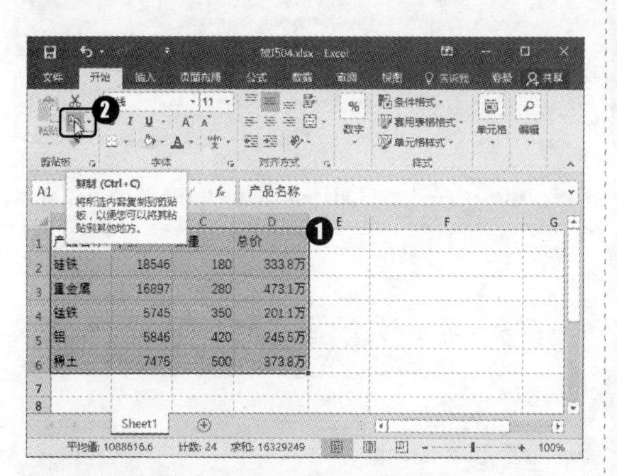

Step02: ❶双击鼠标左键，将光标定位至 F1 单元格；❷单击“剪贴板”组中的对话框启动按钮，如下图所示。

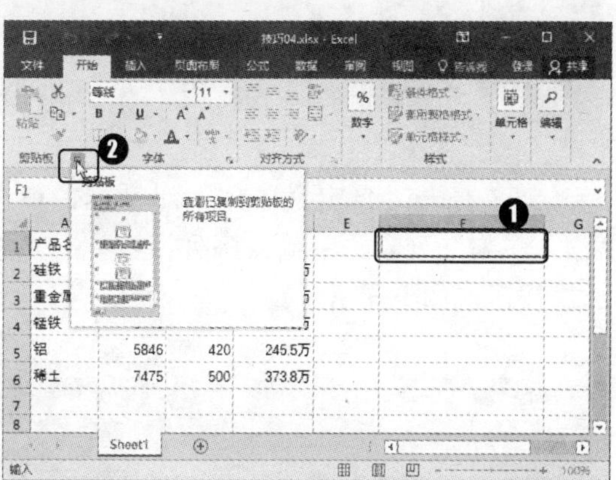

Step03: 打开“剪贴板”窗格，单击“全部粘贴”按钮，如下图所示。

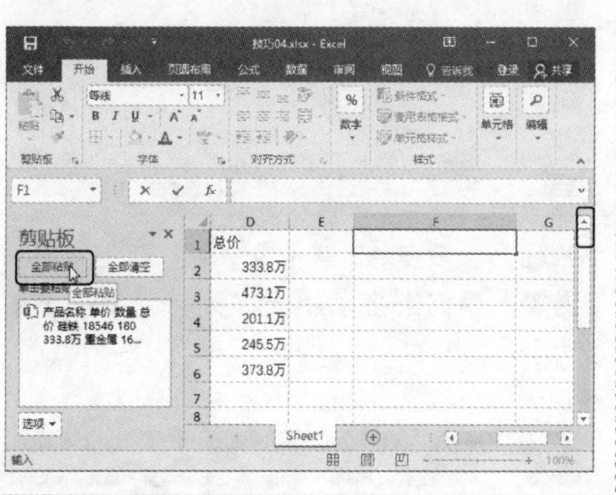

Step04: 经过前面的操作，将多个单元格内容复制到一个单元格中，效果如下图所示。

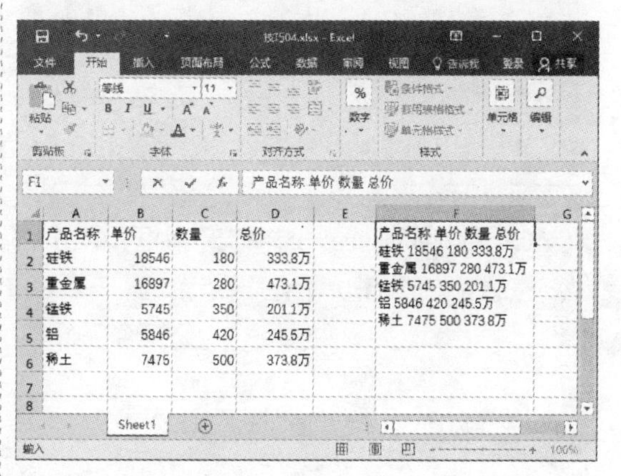

技巧 05 自定义填充序列

在制作每月报表时，对于经常输入的内容，可以将其定义为序列，在使用时直接输入定义的任一序列值，使用拖动填充的方法即可输入所有的序列。具体操作方法如下。

Step01: 在“文件”页面中选择“选项”命令，如下图所示。

Step02: 打开“Excel 选项”对话框，❶选择“高级”选项；❷单击“编辑自定义列表”按钮，如下图所示。

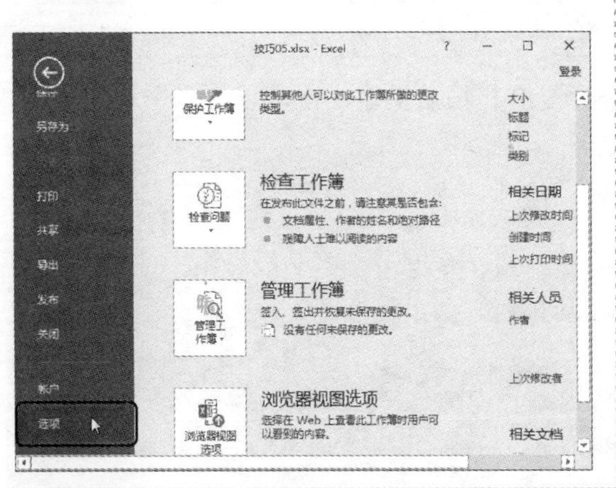

Step03: 打开“自定义序列”对话框，❶在“输入序列”列表框中输入序列；❷单击“添加”按钮，如下图所示。

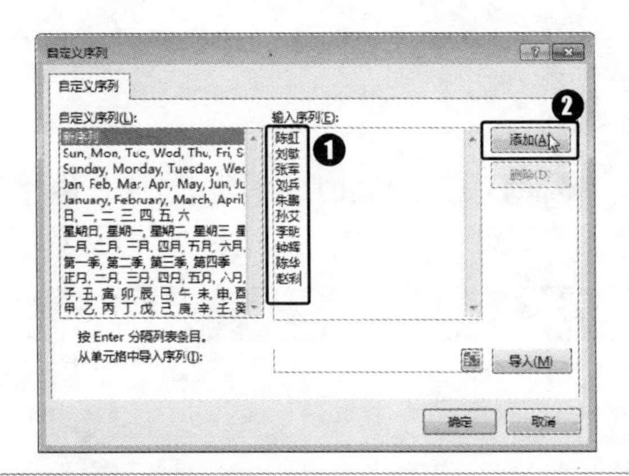

Step05: 返回“Excel 选项”对话框，单击“确定”按钮，如下图所示。

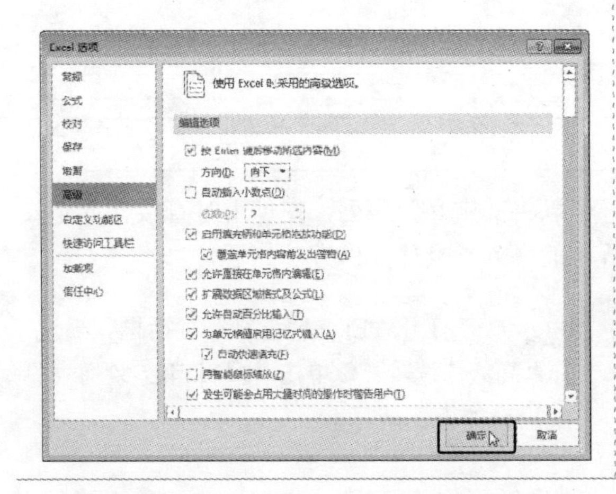

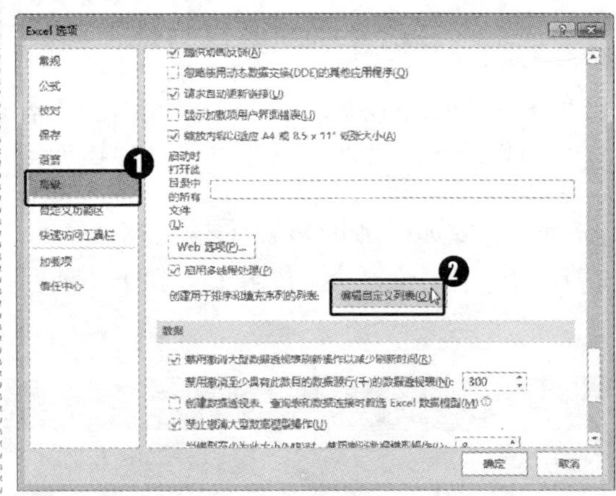

Step04: 完成添加序列后，单击“确定”按钮，如下图所示。

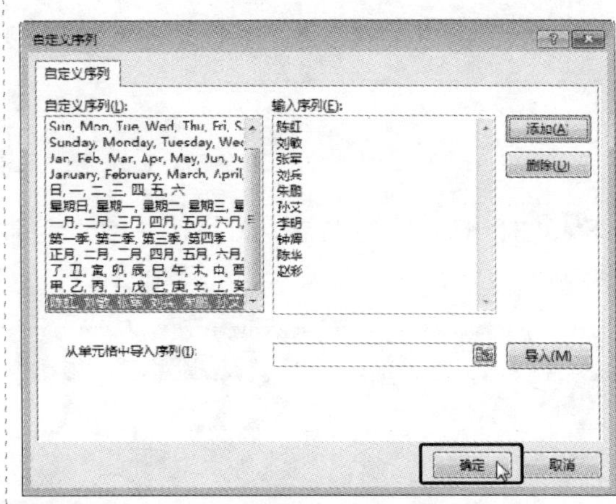

Step06: ❶在 A2 单元格中输入自定义序列内容；❷向下拖动填充序列，效果如下图所示。

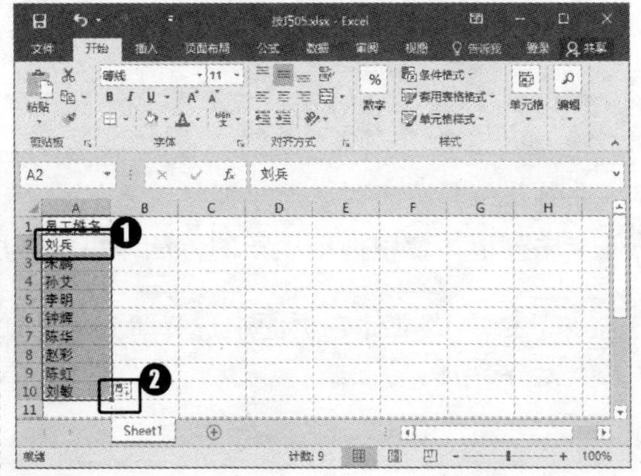

▷▷ 上机实战——制作员工档案表

>> 上机介绍

员工档案表记录了员工的详细信息，是企业聘用、考核员工的依据。本案例将以员工档案表的制作过程为例，介绍在 Excel 中输入与编辑表格文本的方法。最终效果如下图所示。

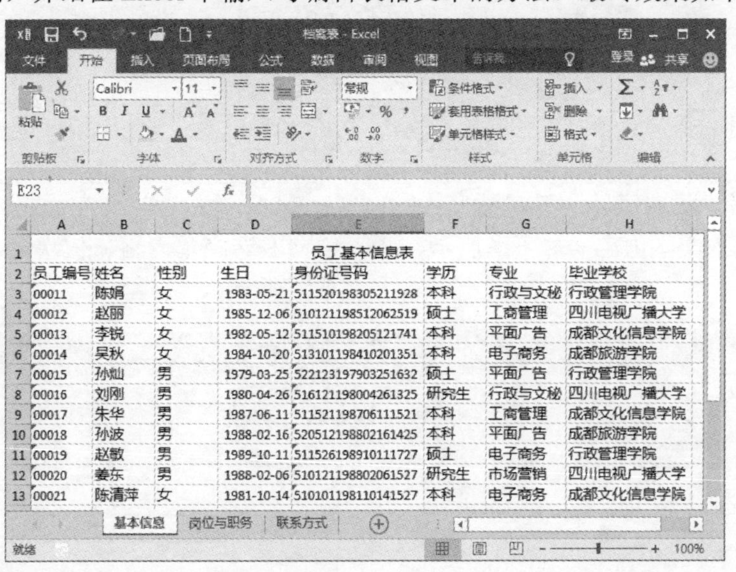

员工基本信息表							
员工编号	姓名	性别	生日	身份证号码	学历	专业	毕业学校
00011	陈娟	女	1983-05-21	511520198305211928	本科	行政与文秘	行政管理学院
00012	赵丽	女	1985-12-06	510121198512062519	硕士	工商管理	四川电视广播大学
00013	李锐	女	1982-05-12	511510198205121741	本科	平面广告	成都文化信息学院
00014	吴秋	女	1984-10-20	513101198410201351	本科	电子商务	成都旅游学院
00015	孙灿	男	1979-03-25	522123197903251632	硕士	平面广告	行政管理学院
00016	刘刚	男	1980-04-26	516121198004261325	研究生	行政与文秘	四川电视广播大学
00017	朱华	男	1987-06-11	511521198706111521	本科	工商管理	成都文化信息学院
00018	孙波	男	1988-02-16	520512198802161425	本科	平面广告	成都旅游学院
00019	赵敏	男	1989-10-11	511526198910111727	硕士	电子商务	行政管理学院
00020	姜东	男	1988-02-06	510121198802061527	研究生	市场营销	四川电视广播大学
00021	陈清萍	女	1981-10-14	510101198110141527	本科	电子商务	成都文化信息学院

同步文件

结果文件：结果文件\第 9 章\档案表.xlsx
视频文件：视频文件\第 9 章\上机实战.mp4

>> 步骤详解

本实例的具体操作步骤如下。

Step01: ❶右击 Sheet1 工作表；❷在弹出的快捷菜单中选择“重命名”命令，如下图所示。

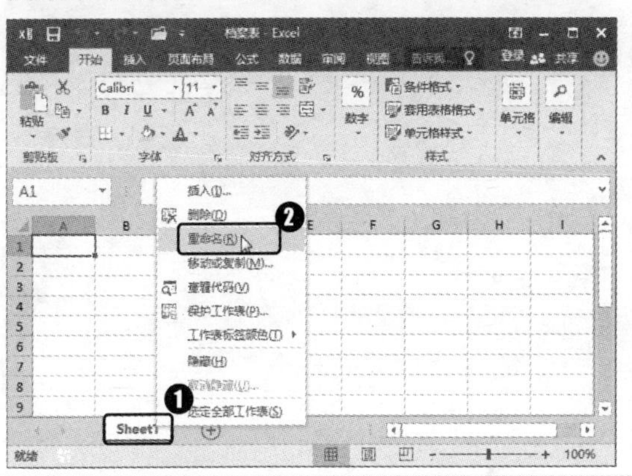

Step02: 当工作表名称处于编辑状态时，输入工作表的名称“基本信息”，如下图所示。

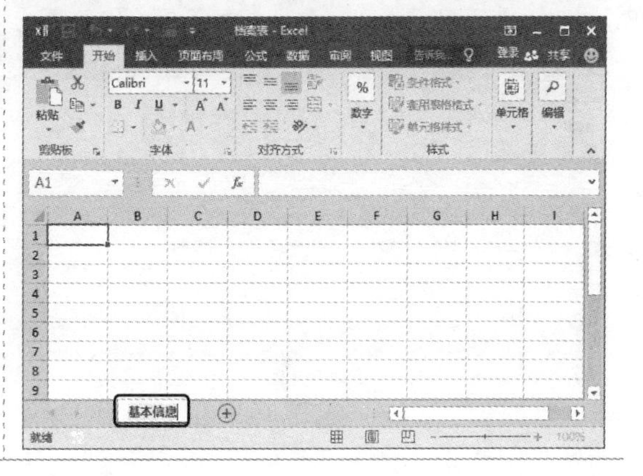

Step03: 单击 Sheet1 工作表右侧的“新建工作表”按钮⊕，如下图所示。

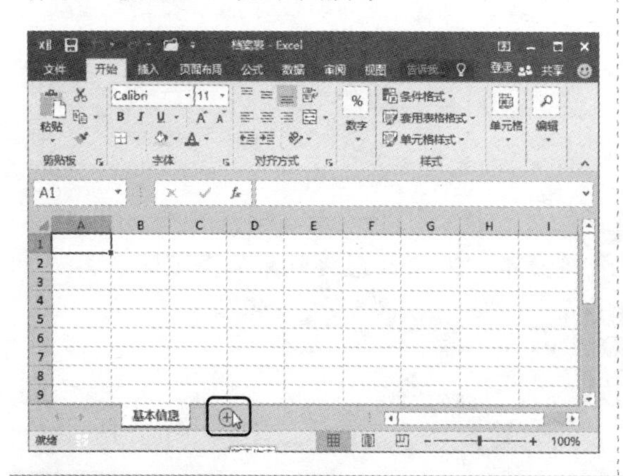

Step04: 重复操作第 1 步和第 2 步，为 Sheet2 和 Sheet3 进行重命名，效果如下图所示。

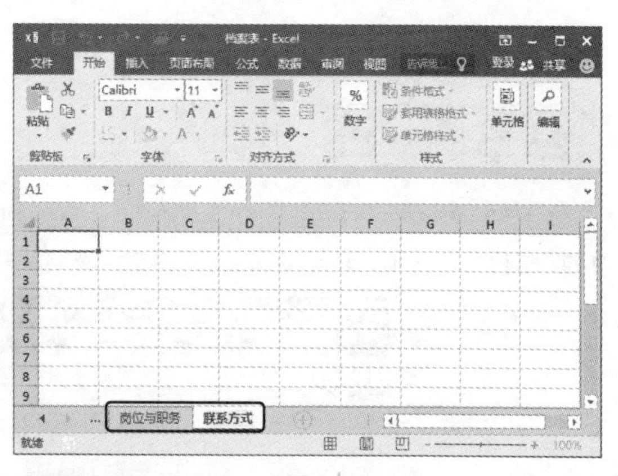

Step05: 选择“基本信息”工作表的 A1 单元格，直接输入文本内容，如下图所示。

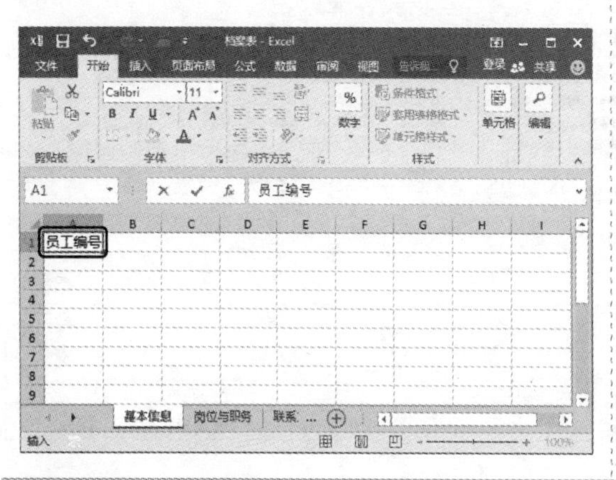

Step06: 输入完 A1 单元格内容后，按〈Tab〉键向右选择单元格，依次输入内容，效果如下图所示。

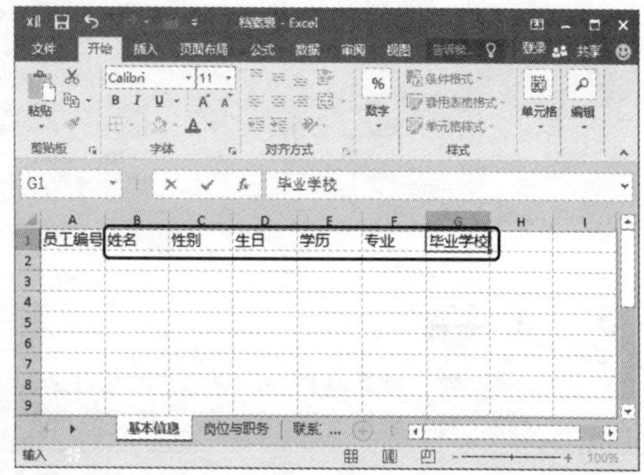

Step07: 选择 B2 单元格，输入第 1 位员工的姓名，按〈Enter〉键自动切换至下方单元格，再输入第 2 位员工的姓名，用相同的方式输入所有员工的姓名，效果如下图所示。

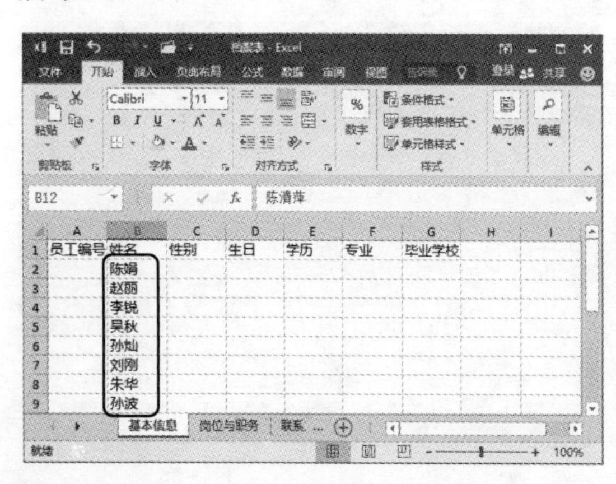

Step08: 选中 A2 单元格，将输入法设置为英文状态，输入单引号“'”，接着在引号后输入要显示的数字，输入完后按〈Enter〉键确认，如下图所示。

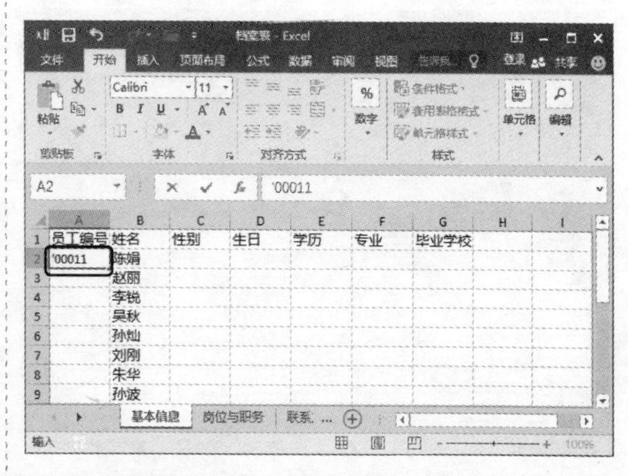

Step09: ❶选择 A2 单元格；❷向下拖动填充，如下图所示。

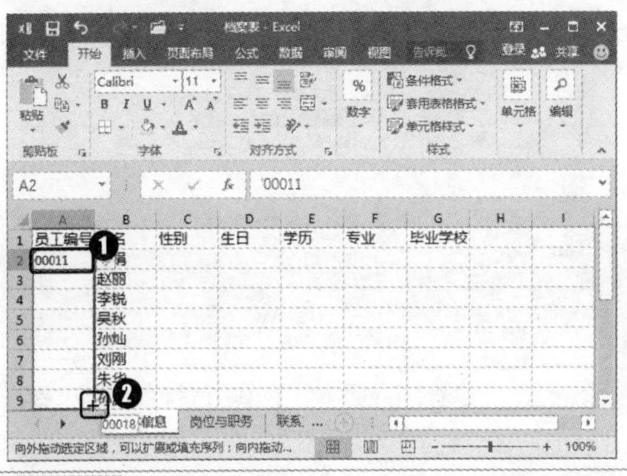

Step10: 选中 D2 单元格，输入出生的年月日，如下图所示。

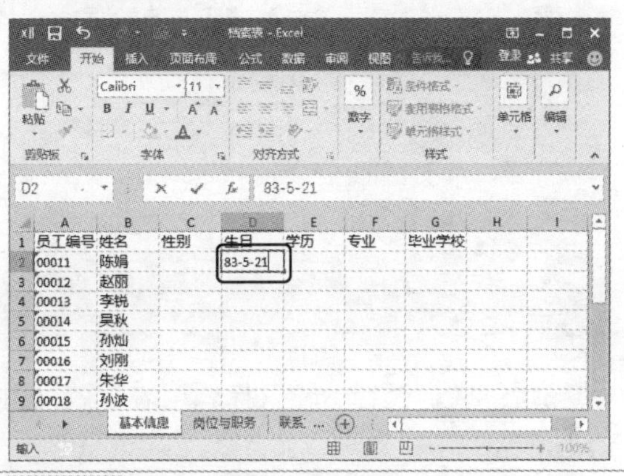

Step11: 输入完后，按〈Enter〉键确认，在日期的年份前自动加上“19”，然后输入其他员工的出生日期，效果如下图所示。

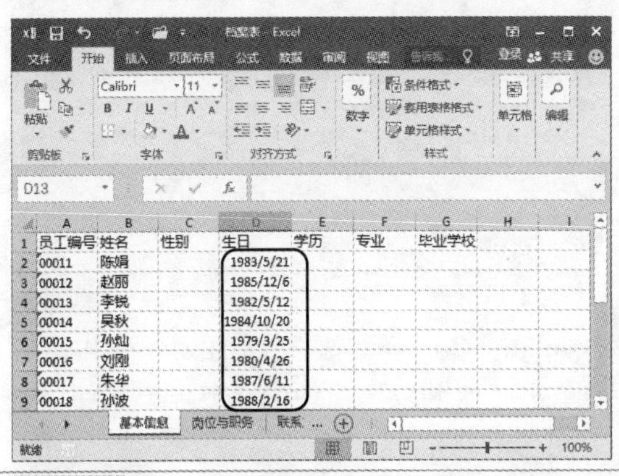

Step12: ❶选择要输入相同内容的多个单元格或单元格区域；❷在任意单元格中输入性别，如下图所示。

Step13: 输入完性别后，按〈Ctrl+Enter〉组合键，即可一次输入多个单元格的内容，效果如下图所示。

Step14: ❶在第 1 行的行号上单击鼠标右键；❷在弹出的快捷菜单中选择“插入”命令，如下图所示。

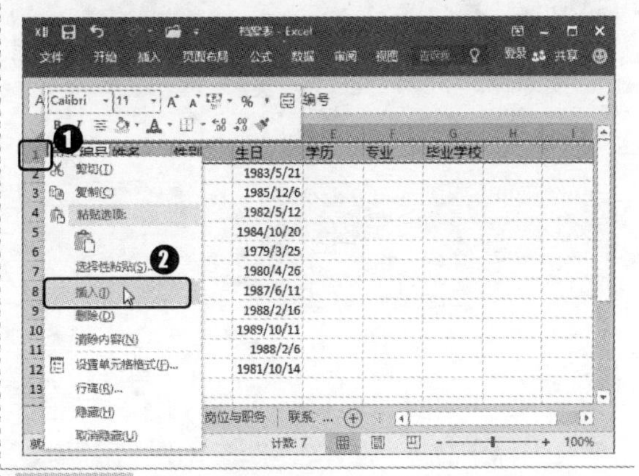

Step15: ❶选中 A1:G1 单元格区域；❷单击“对齐方式”组中的“合并后居中”按钮，如下图所示。

Step16: 拖动标题行所在行的行号下方的分隔线调整该行的高度，如下图所示。

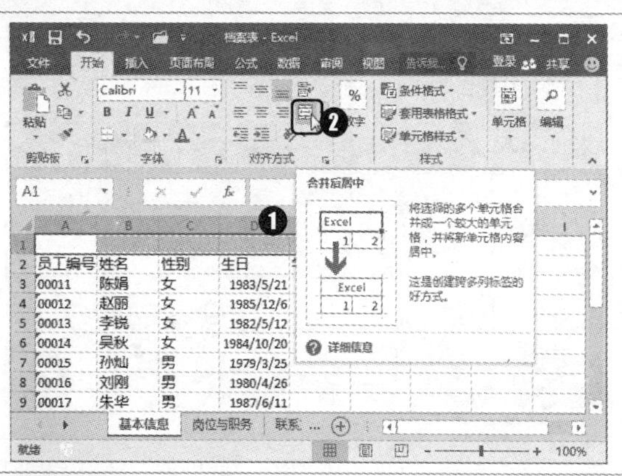

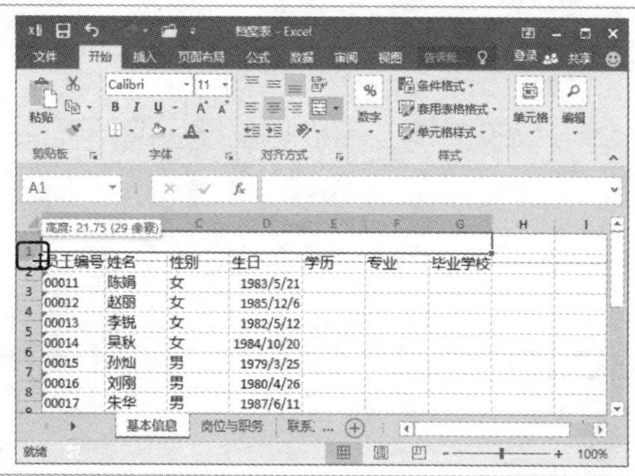

Step17: 在标题行中输入标题内容，效果如下图所示。

Step18: ❶在 E 列列标上单击鼠标右键；❷在快捷菜单中选择“插入”命令，如下图所示。

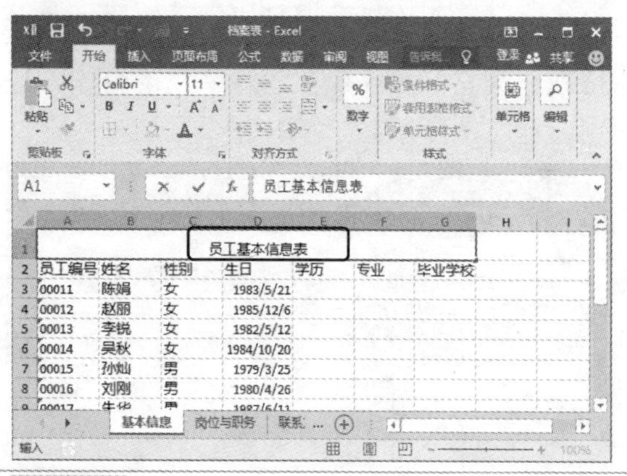

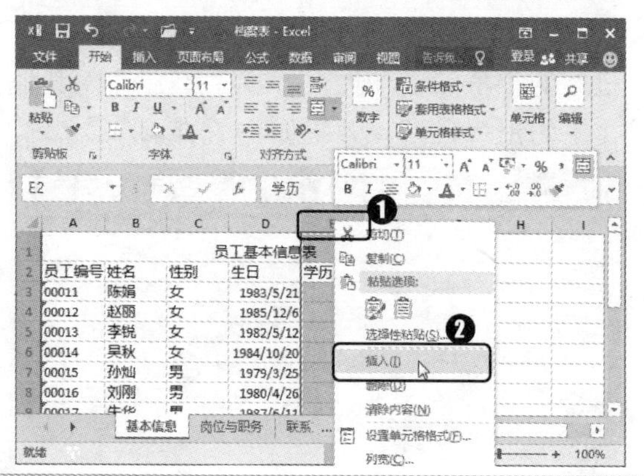

Step19: ❶输入身份证号码，选中 E 列；❷单击“单元格”组中的“格式”下拉按钮；❸选择“自动调整列宽”命令，如下图所示。

Step20: ❶选择需要复制的工作表内容；❷单击“剪贴板”组中的“复制”按钮，如下图所示。

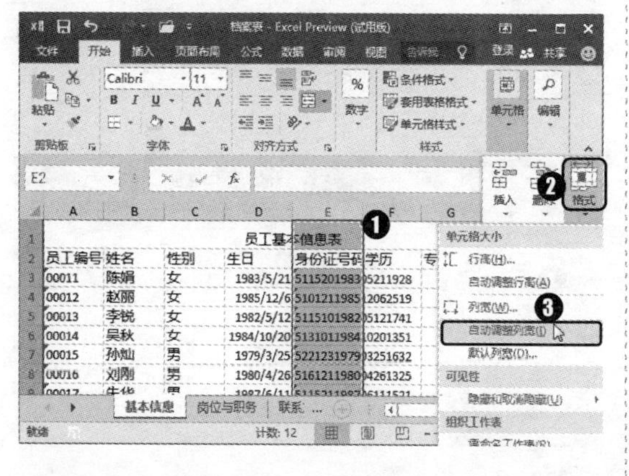

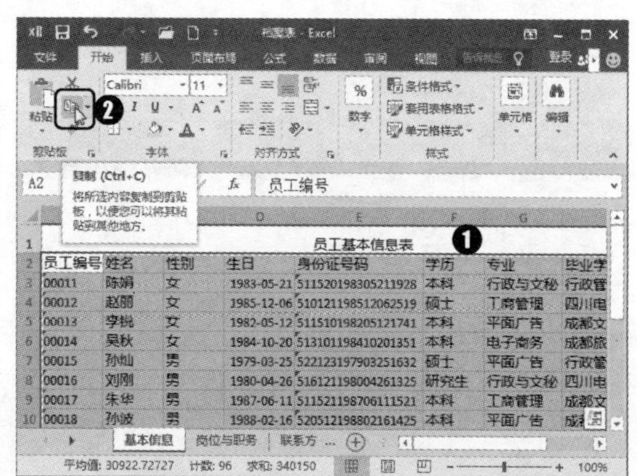

Step21: ❶单击“岗位与职务”工作表标签；❷将光标定位至 A2 单元格，单击“剪贴板”组中的“粘贴”按钮，如下图所示。

Step22: ❶选中 C2:H15 单元格区域；❷单击“单元格”组中的“删除”按钮，如下图所示。

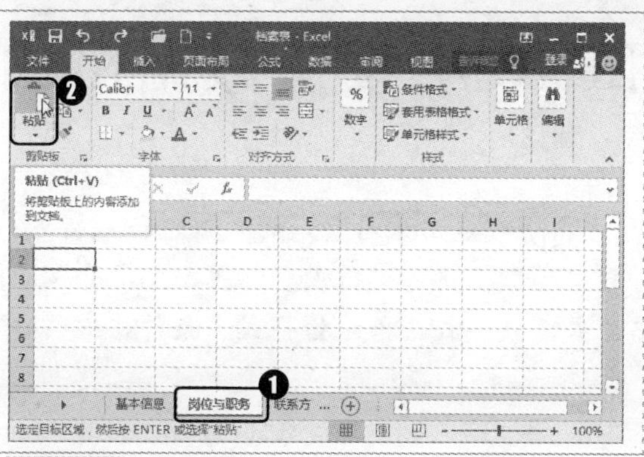

Step23: ❶选中 A、B 两列；❷单击“单元格”组中的“插入”按钮，如下图所示。

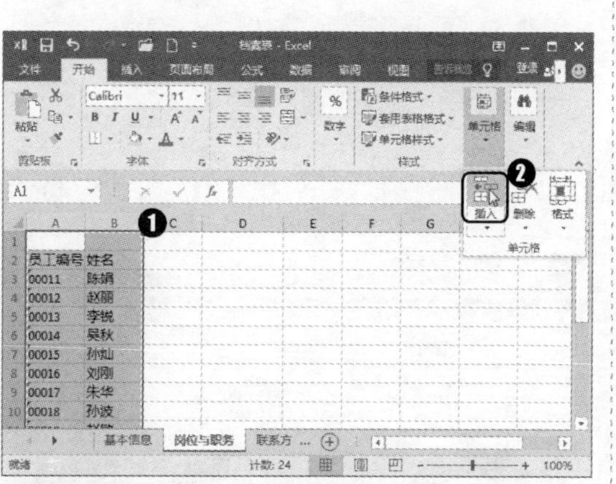

Step25: 在 A2:B13 单元格区域中输入部门和职务信息，如下图所示。

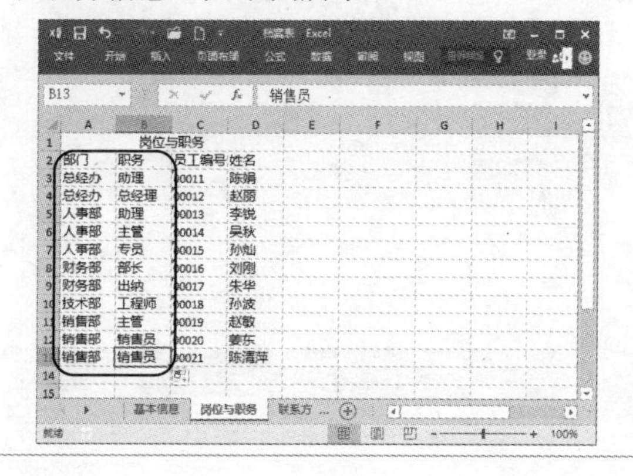

Step24: ❶在 A1 单元格中输入标题内容，然后选中 A1:D1 单元格区域；❷单击“对齐方式”组中的“合并后居中”按钮，如下图所示。

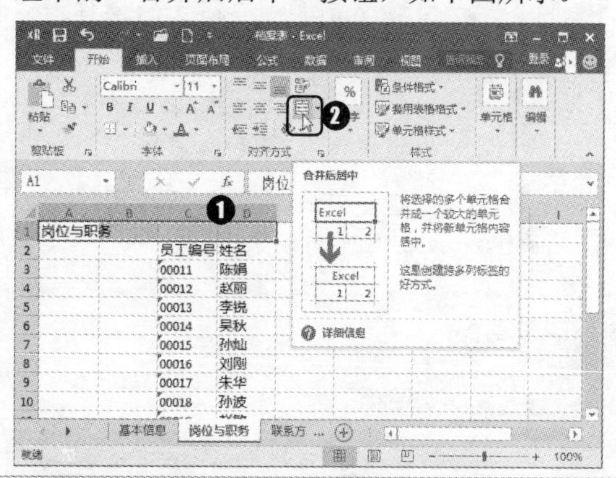

Step26: 在“联系方式”工作表中输入相关信息，如下图所示。

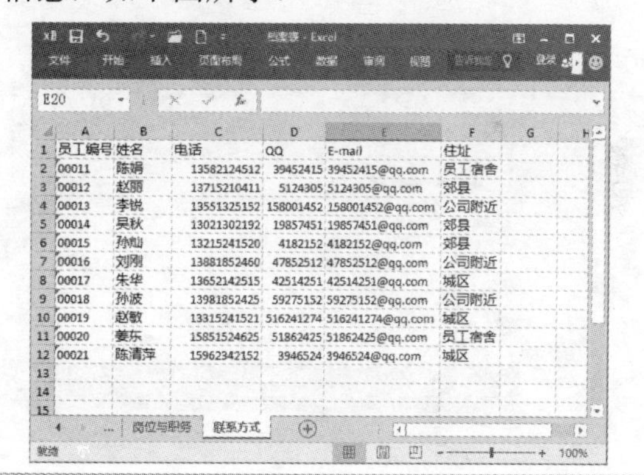

▷▷ 本章小结

本章的重点在于掌握如何在 Excel 2016 文档中输入与编辑数据。通过本章的学习，希望大家能够熟练地在 Excel 中制作最基础的表格，为以后的数据分析打下基础。

第 10 章　在 Excel 2016 中设置数据格式

本章导读

Excel 不仅仅是存放数据信息的表格还可以用来对输入的数据进行分析，为了让分析结果一目了然，还需要对表格的数据格式进行设置。本章主要介绍如何设置数据格式，包括设置单元格格式、表样式、单元格样式、条件格式，以及图片在表格中的应用等内容。

知识要点

- 掌握设置单元格格式的操作
- 掌握条件格式的应用
- 掌握表样式的应用
- 掌握单元格样式的应用
- 掌握图片在表格中的应用

效果展示

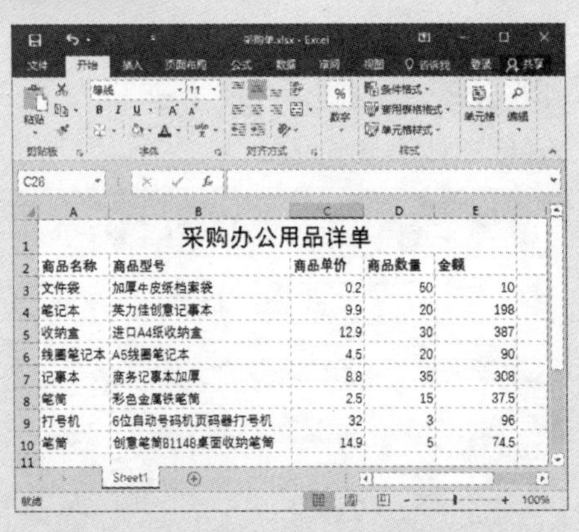

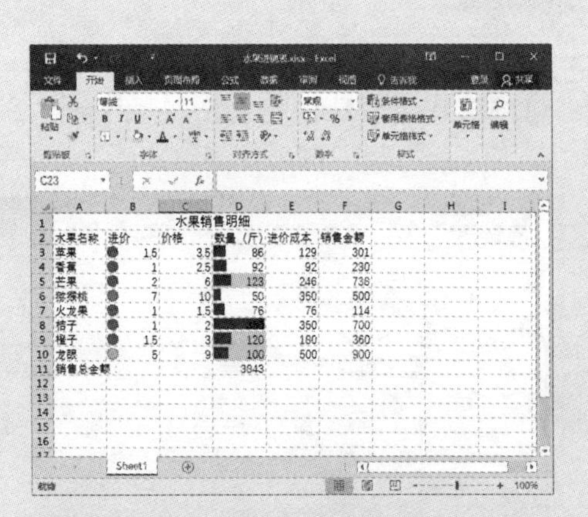

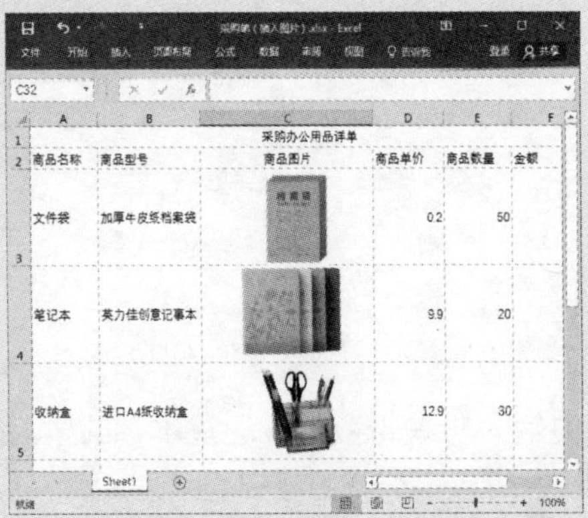

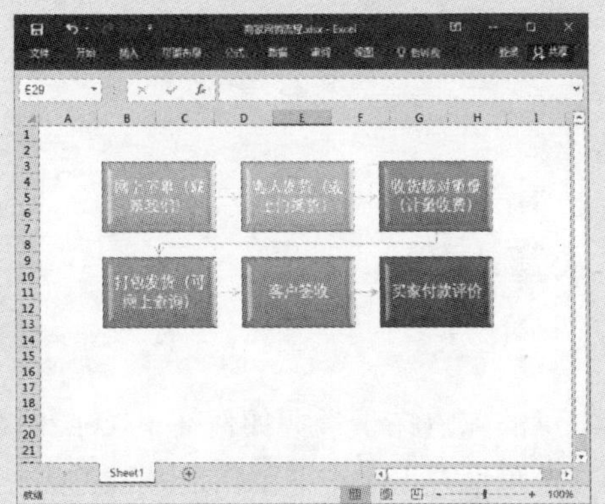

▷▷ 10.1　课堂讲解——设置单元格格式

美化工作表的第一步就是设置单元格格式，单元格格式包含字体格式、对齐方式和底纹与边框，只有恰到好处地综合运用这些元素，才能更好地表现数据。本节主要介绍设置单元格格式的相关知识。

10.1.1　设置字体格式

在 Excel 中主要是对数据进行处理，但 Excel 同样拥有强大的文字处理功能，为了突出表格中的数据，常常会对字体、字号、字形和颜色进行调整。例如，对表格标题的字体、字号进行设置，对正文的部分文字进行加粗和设置颜色，具体操作方法如下。

同步文件

素材文件：素材文件\第 10 章\采购单.xlsx
结果文件：结果文件\第 10 章\采购单.xlsx
视频文件：视频文件\第 10 章\10-1-1.mp4

Step01: ❶选择 A1 单元格，单击“字体”下拉按钮；❷在弹出的下拉列表中选择需要的字体，如“黑体”，如下图所示。

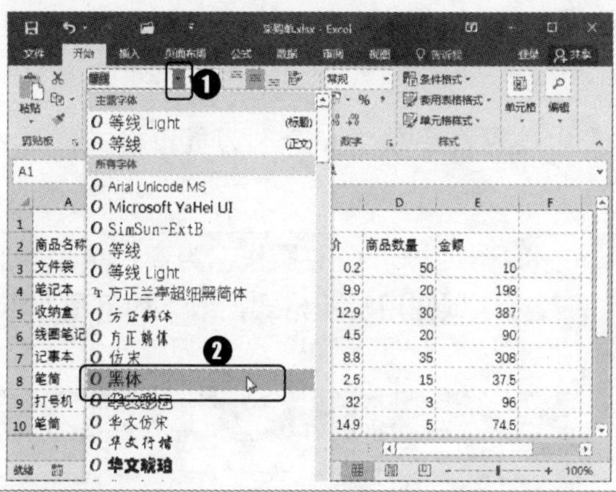

Step02: ❶选择 A1 单元格；❷单击“字号”下拉按钮；❸在弹出的下拉列表中选择需要的字号，如“20”，如下图所示。

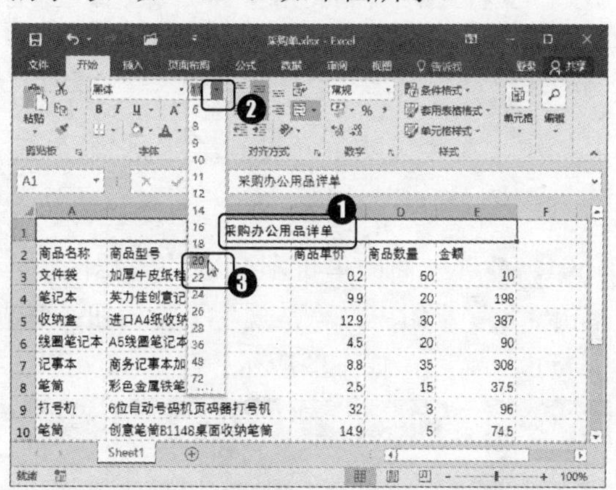

Step03: 设置了字体和字号后，整个行就会显得不协调了，为了让表格更美观，拖动鼠标调整第 1 行的高度，如右图所示。

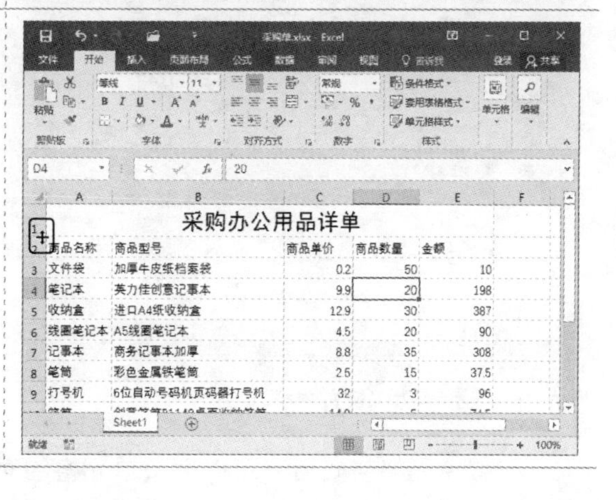

Step04: ❶选择 A2:E2 单元格区域；❷单击“字体”组中的“加粗”按钮；❸单击“字体”组中的“增大字号”按钮，如下图所示。

Step05: ❶选择 A1:E2 单元格；❷单击“字体颜色”下拉按钮；❸在弹出的下拉列表中选择需要的颜色，如“深蓝”，如下图所示。

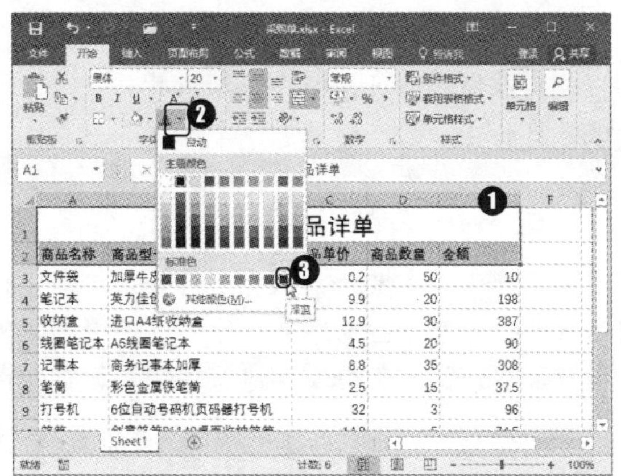

10.1.2 设置数字格式

在单元格中不仅能对字符格式进行设置，对于输入的数据，如果要将某一区域的数据设置为同一样式，也需要设置数字格式。

同步文件

素材文件：素材文件\第 10 章\采购单（设置数字格式）.xlsx
结果文件：结果文件\第 10 章\采购单（设置数字格式）.xlsx
视频文件：视频文件\第 10 章\10-1-2.mp4

例如，在“采购单（设置数字格式）”工作表中设置商品单价和金额为货币格式，具体操作方法如下。

Step01: ❶选中商品单价和金额的数据区域；❷单击“数字”组中的“常规”下拉按钮；❸选择“货币”命令，如下图所示。

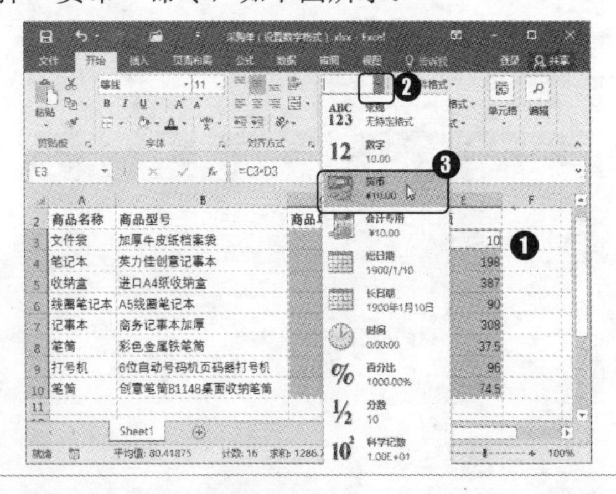

Step02: 经过前面的操作，为商品单价和金额的数据区域应用货币格式，效果如下图所示。

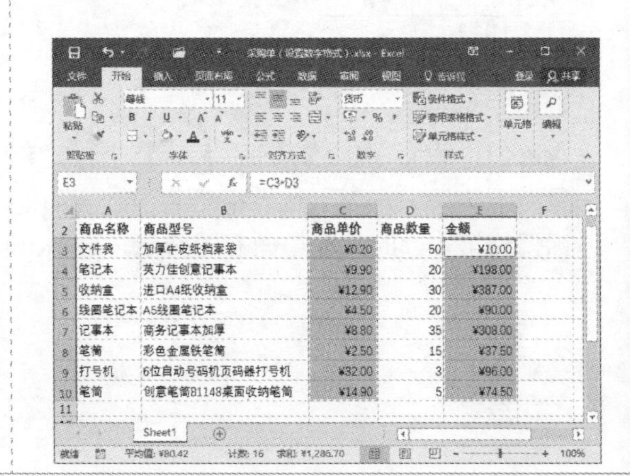

10.1.3 设置对齐方式

在设置单元格格式后，可以调整单元格的对齐方式，将选择的单元格中的文本左对齐或右对齐等，使表格中的数据更加整齐。

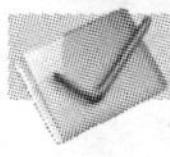

同步文件

素材文件：素材文件\第 10 章\采购单（对齐方式）.xlsx
结果文件：结果文件\第 10 章\采购单（对齐方式）.xlsx
视频文件：视频文件\第 10 章\10-1-3.mp4

例如，在“采购单（对齐方式）”工作表中设置表格标题居中，所有金额数据的小数点对齐，具体操作方法如下。

Step01: ❶选中 A2:E2 单元格区域；❷单击“对齐方式”组中的“居中”按钮，如下图所示。

Step02: ❶选中 C3:E10 单元格区域；❷单击“数字”组中的“常规”下拉按钮；❸选择“会计专用”命令，如下图所示。

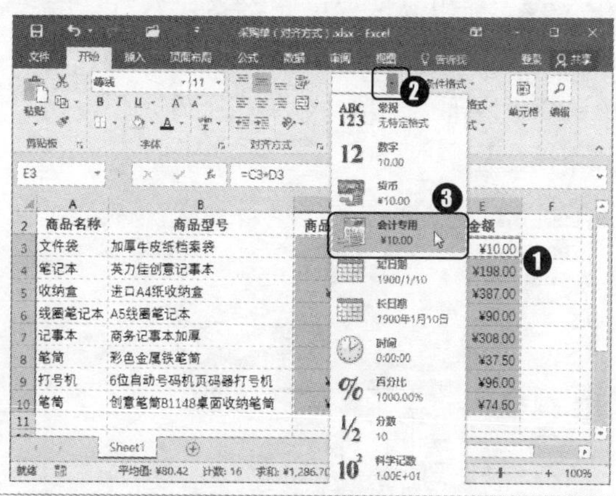

Step03: 经过前面的操作，让表格的标题内容居中显示，所有的金额数据小数点对齐显示，效果如右图所示。

	A	B	C	D	E
2	商品名称	商品型号	商品单价	商品数量	金额
3	文件袋	加厚牛皮纸档案袋	¥ 0.20	50	¥ 10.00
4	笔记本	英力佳创意记事本	¥ 9.90	20	¥ 198.00
5	收纳盒	进口A4纸收纳盒	¥ 12.90	30	¥ 387.00
6	线圈笔记本	A5线圈笔记本	¥ 4.50	20	¥ 90.00
7	记事本	商务记事本加厚	¥ 8.80	35	¥ 308.00
8	笔筒	彩色金属铁笔筒	¥ 2.50	15	¥ 37.50
9	打号机	6位自动号码机页码器打号机	¥ 32.00	3	¥ 96.00
10	笔筒	创意笔筒B1148桌面收纳笔筒	¥ 14.90	5	¥ 74.50

10.1.4 设置单元格边框和底纹

在工作表中为了使表格内容更加清晰，可以为表格添加边框和底纹。具体操作方法如下。

同步文件

素材文件：素材文件\第 10 章\采购单（边框和底纹）.xlsx
结果文件：结果文件\第 10 章\采购单（边框和底纹）.xlsx
视频文件：视频文件\第 10 章\10-1-4.mp4

Step01: ❶选择 A1:E10 单元格区域；❷单击“字体”组中的“下框线”下拉按钮；❸选择“粗外侧框线”命令，如下图所示。

Step02: ❶选择 A1:E10 单元格区域；❷单击“字体”组中的“下框线”下拉按钮；❸选择“其他边框”命令，如下图所示。

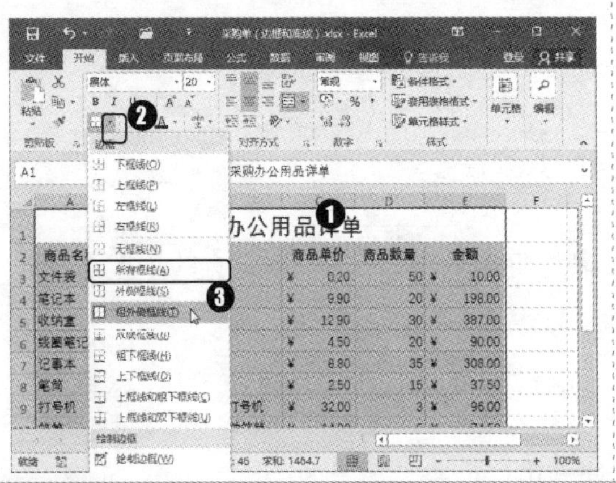

Step03: 弹出“设置单元格格式”对话框，❶在“边框”选项卡中选择边框线条样式；❷选择“内部”选项；❸单击“确定”按钮，如下图所示。

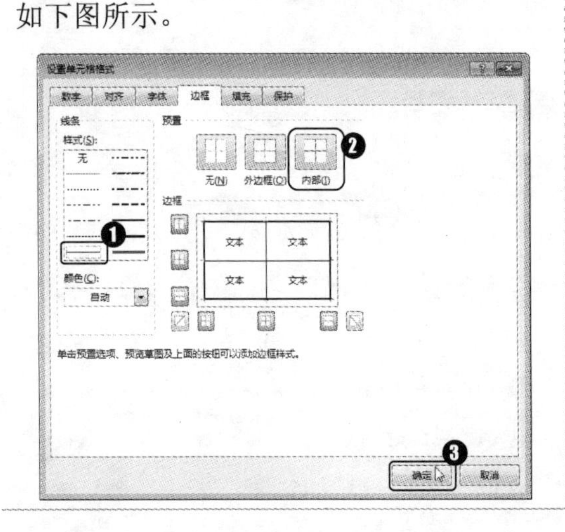

Step04: ❶选择 A1:E2 单元格区域；❷单击“字体”组中的“填充颜色”下拉按钮；❸选择“绿色，个性色 6，淡色 60%”，如下图所示。

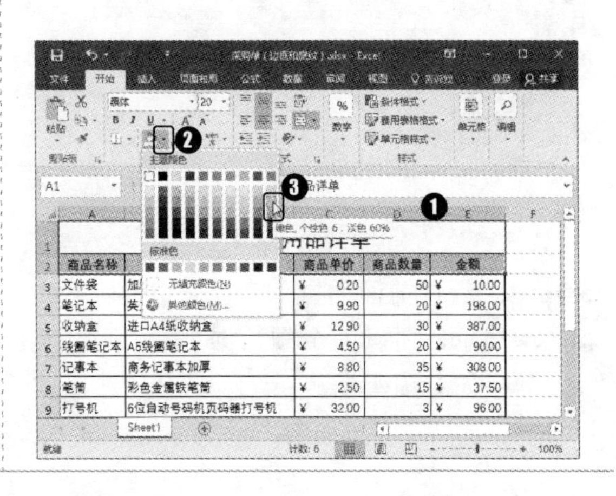

▷▷ 10.2 课堂讲解——应用样式

在 Excel 中，用户除了可以应用系统提供的内置格式设置表格外，还可以根据需要使用条件格式对符合筛选条件的数据设置样式、为表格添加表样式或自定义单元格样式等，创建更具个人特色的表格。

10.2.1 使用条件格式

条件格式是根据设置的条件，采用数据条、色阶和图标集等方式突出显示所关注的单元格或单元格区域，用于直观地表现数据。条件格式就是基于条件更改单元格区域的外观。

同步文件

素材文件：素材文件\第 10 章\水果进销表.xlsx
结果文件：结果文件\第 10 章\水果进销表.xlsx
视频文件：视频文件\第 10 章\10-2-1.mp4

1. 使用突出显示单元格规则

在表格中使用条件格式中的“突出显示单元格规则”命令，可以根据特定条件突出显示数据。具体操作方法如下。

Step01: ❶选择 D3:D10 单元格区域，单击“样式”组中的“条件格式”下拉按钮；❷指向“突出显示单元格规则”命令；❸选择“介于”命令，如下图所示。

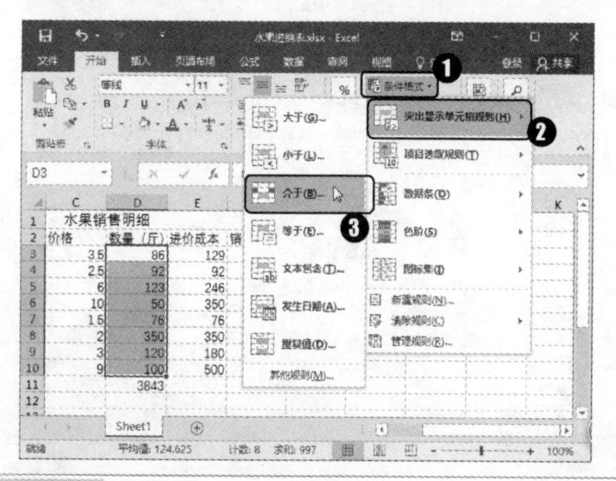

Step02: 打开“介于”对话框，❶设置条件；❷单击“设置为”下拉按钮；❸选择“浅红色填充”选项，如下图所示。

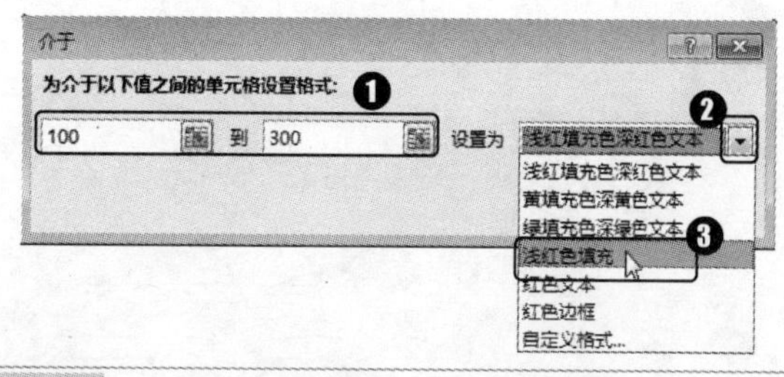

Step03: 设置完条件和格式后，单击“确定”按钮，如下图所示。

Step04: 经过前面的操作，将值在 100~300 之间的数量设为浅红色填充，效果如下图所示。

	C	D	E	F	G
1	水果销售明细				
2	价格	数量（斤）	进价成本	销售金额	
3	3.5	86	129	301	
4	2.5	92	92	230	
5	6	123	246	738	
6	10	50	350	500	
7	1.5	76	76	114	
8	2	350	350	700	
9	3	120	180	360	
10	9	100	500	900	
11		3843			

Sheet1

2. 使用项目选取规则

如果用户只需要将数据中满足条件的数据以某种规则显示出来，可以使用“项目选择规则”命令，来显示值最大的 10 项、值最大的 10%项、值最小的 10 项、值最小的 10%项、高于平均值或小于平均值的数据。例如，使用项目规则显示前 3 项，具体操作方法如下。

Step01: ❶选择销售金额单元格区域，单击“样式”组中的“条件格式”按钮；❷指向“项目选取规则”命令；❸选择“前 10 项”命令，如下图所示。

Step02: 打开“前 10 项”对话框，❶将前 10 项设置为“3”；❷单击“设置为”下拉按钮；❸选择“红色文本”选项，如下图所示。

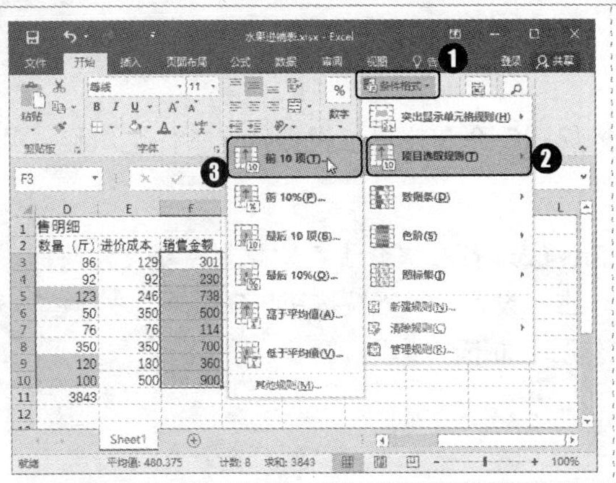

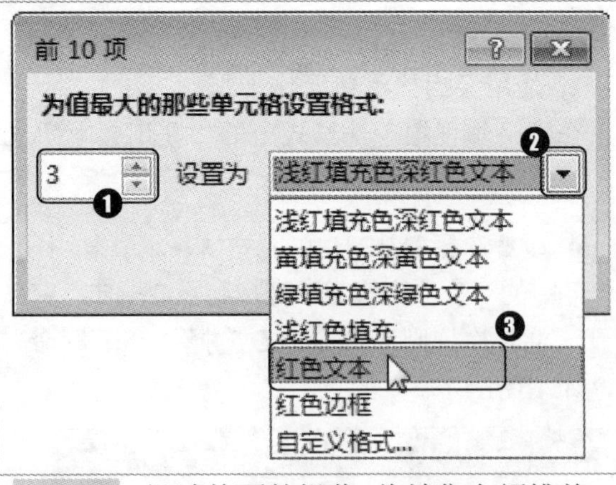

Step03: 设置完前 3 项的条件和格式后，单击“确定”按钮，如下图所示。

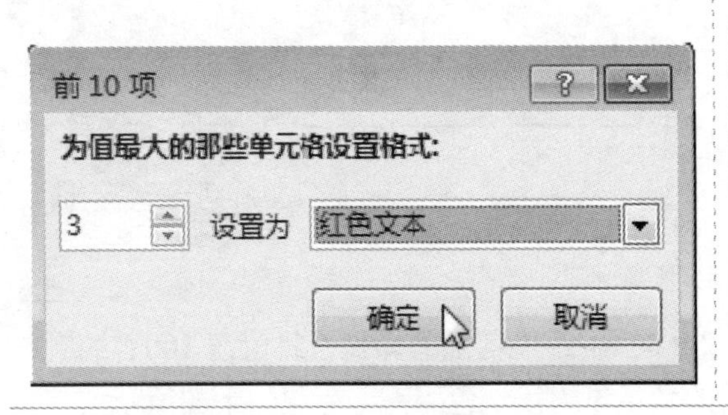

Step04: 经过前面的操作，将销售金额排前 3 的单元格设为红色文本，效果如下图所示。

	A	B	C	D	E	F
1			水果销售明细			
2	水果名称	进价	价格	数量（斤）	进价成本	销售金额
3	苹果	1.5	3.5	86	129	301
4	香蕉	1	2.5	92	92	230
5	芒果	2	6	123	246	738
6	猕猴桃	7	10	50	350	500
7	火龙果	1	1.5	76	76	114
8	桔子	1	2	350	350	700
9	橙子	1.5	3	120	180	360
10	龙眼	5	9	100	500	900
11	销售总金额：			3843		

3. 使用数据条设置条件格式

在表格中除了可以对满足条件的数据进行格式设置外，还可以使用数据条的方式查看数据。具体操作方法如下。

Step01: ❶选择数量单元格区域，单击“样式”组中的“条件格式”下拉按钮；❷指向“数据条”命令；❸选择“紫色数据条”命令，如下图所示。

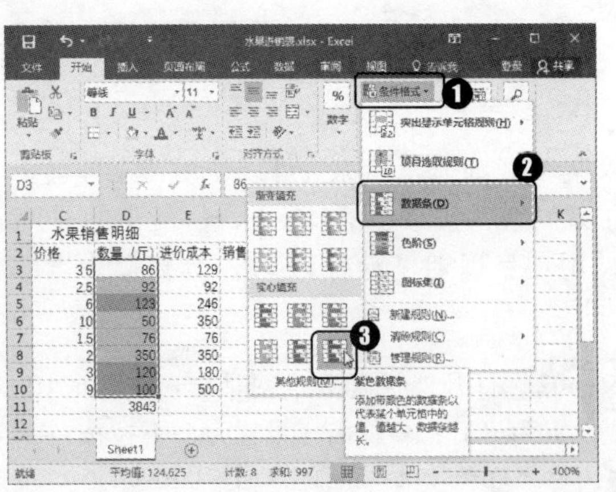

Step02: 经过前面的操作，为数量单元格区域应用数据条，效果如下图所示。

4. 使用图标集设置条件格式

在 Excel 中对数据进行格式设置和美化时，为了表现出一组数据中的等级范围，还可以使用图标对数据进行标识。在图标集中，每个图标代表一个值的范围，也就是一个等级。在 Excel 2016 中使用图标集标识数据的具体操作方法如下。

Step01: ❶选择进价单元格区域，单击“条件格式”下拉按钮；❷指向“图标集”命令；❸选择“三色交通灯（无边框）”，如下图所示。

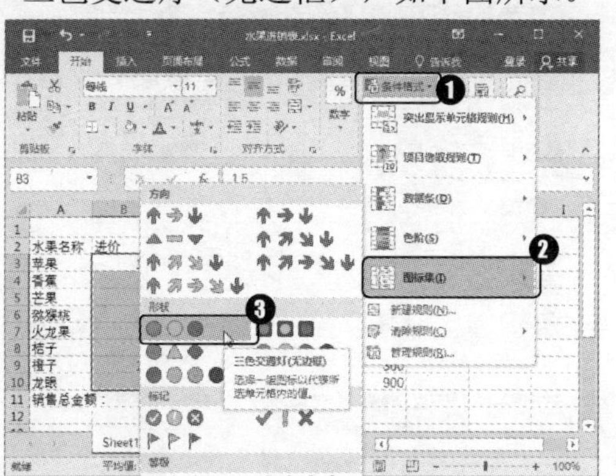

Step02: 经过前面的操作，为进价添加图标集的效果如下图所示。

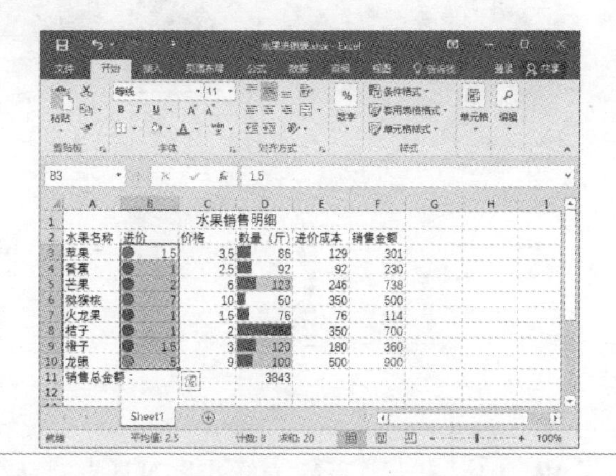

10.2.2　套用表样式

Excel 提供了许多内置的表样式，使用这些样式可以快速应用表样式。如果内置的表样式不能满足需要，可以创建并应用自定义的表样式。

同步文件

素材文件：素材文件\第 10 章\水果进销表（表样式）.xlsx
结果文件：结果文件\第 10 章\水果进销表（表样式）.xlsx
视频文件：视频文件\第 10 章\10-2-2.mp4

1. 套用内置的表样式

应用 Excel 内置的表样式与应用单元格样式的方法相同。套用表样式可以快速美化数据表。应用内置表样式的具体操作方法如下。

Step01: ❶选择 A1:F10 单元格区域；❷单击“样式”组中的“套用表格格式”按钮；❸选择“表样式中等深浅 5”样式，如下图所示。

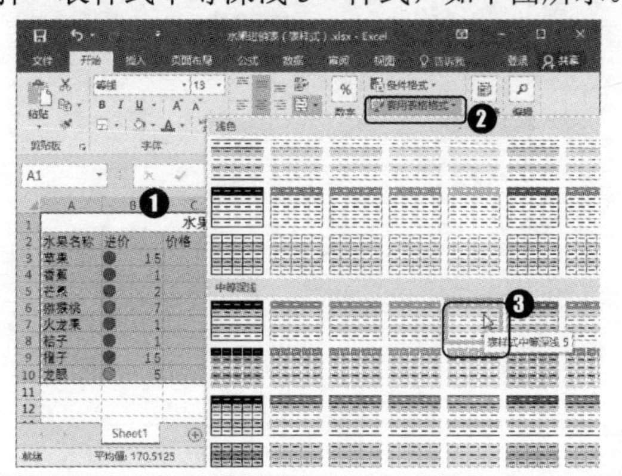

Step02: 打开“套用表格式”对话框，❶确认要设置表样式的单元格区域并勾选“表包含标题”复选框；❷单击“确定”按钮，如下图所示。

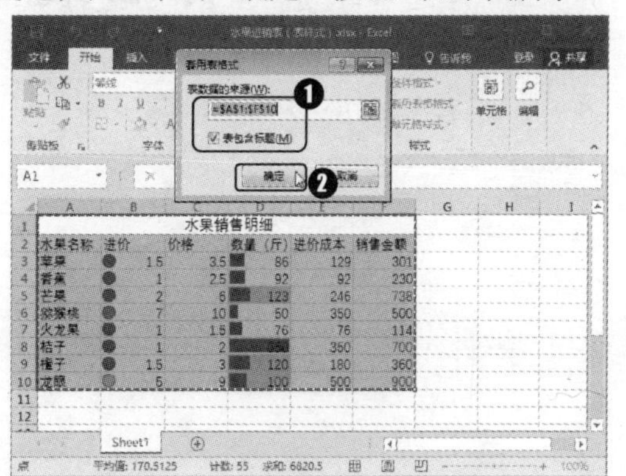

2. 自定义表样式

在 Excel 中，如果内置的表样式不能满足需要，用户可以创建并应用自定义的表样式。具体操作方法如下。

Step01: 单击“样式”组中的“套用表格格式”下拉按钮，如下图所示。

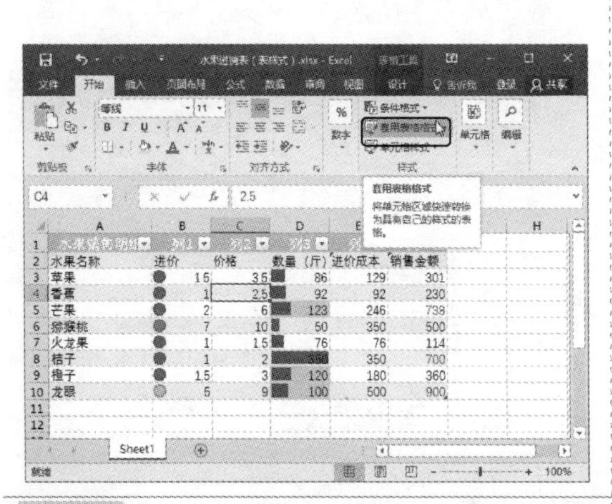

Step02: 在弹出的下拉列表中选择“新建表格样式”命令，如下图所示。

Step03: 打开“新建表样式”对话框，❶在“名称”文本框中输入表样式的名称；❷在“表元素”列表框中选择“整个表”选项；❸单击“格式”按钮，如下图所示。

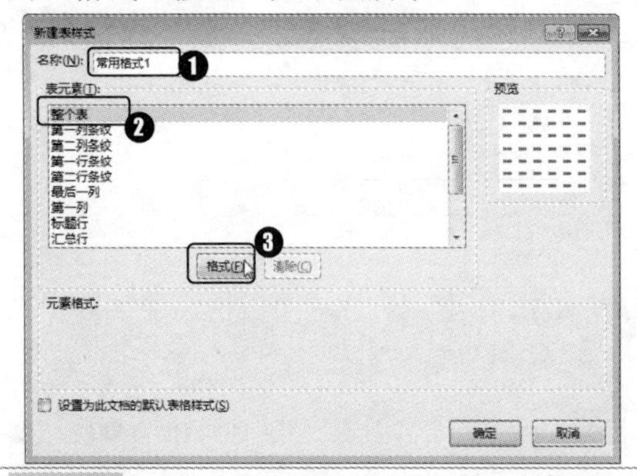

Step04: 打开“设置单元格格式”对话框，❶单击“边框”选项卡；❷在“样式”列表框中选择需要的边框线型；❸选择“外边框”选项，如下图所示。

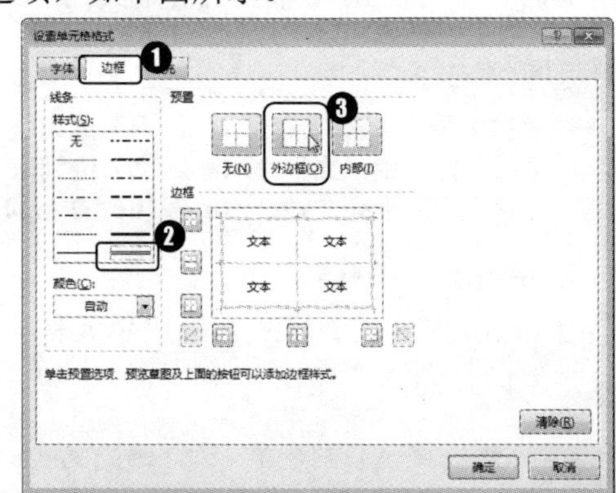

Step05: ❶在“样式”列表框中选择需要的边框线型；❷在“颜色”下拉列表框中选择需要的线条颜色；❸选择“内部”选项；❹单击“确定”按钮，如右图所示。

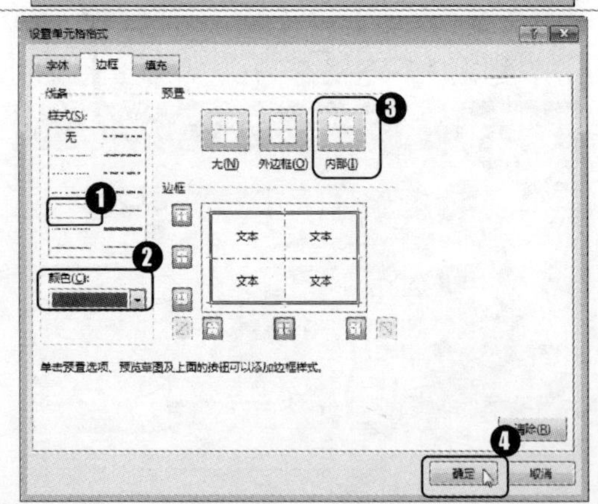

Step06: 返回“新建表样式”对话框，❶在“表元素”列表框中选择“标题行”选项；❷单击“格式”按钮，如下图所示。

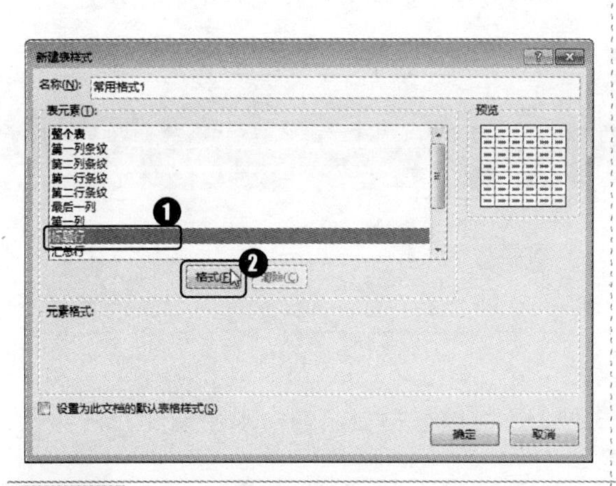

Step07: 打开“设置单元格格式”对话框，❶单击“填充”选项卡；❷在“背景色”选项组中选择需要的底纹颜色；❸单击“确定”按钮，如下图所示。

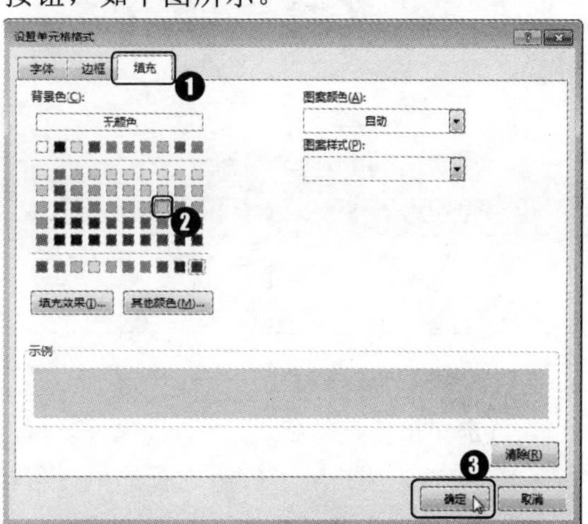

Step08: 返回“新建表样式”对话框，单击“确定”按钮，如下图所示。

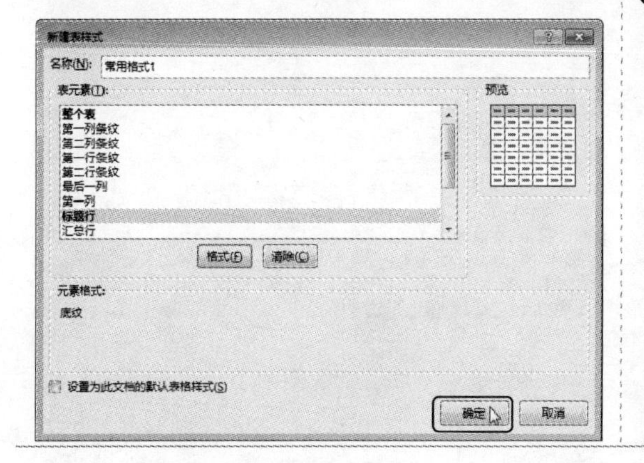

Step09: ❶选择A1:F10单元格区域；❷单击“样式”组中的“套用表格格式”下拉按钮；❸选择自定义样式，如下图所示。

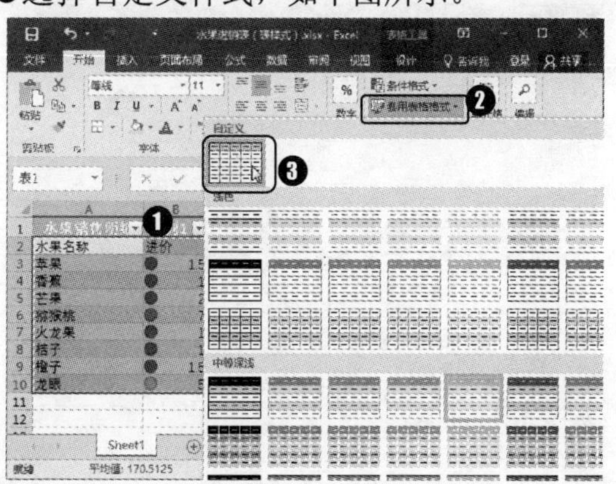

10.2.3 设置单元格样式

在Excel中提供了一系列单元格样式，如字体和字号、数字格式、单元格边框和底纹，称为内置单元格样式。除此之外，用户还可以根据需要自定义单元格样式，创建更具特色的表格。

同步文件

素材文件：素材文件\第10章\采购单（设置单元格样式）.xlsx
结果文件：结果文件\第10章\采购单（设置单元格样式）.xlsx
视频文件：视频文件\第10章\10-2-3.mp4

1. 套用内置的单元格样式

Excel为用户提供了单元格样式，用户可以直接应用到选择的单元格中，起到快速美化工作表的目的。具体操作方法如下。

Step01: ❶选择 A1:E2 单元格区域；❷单击“样式”组中的“单元格样式”下拉按钮，如下图所示。

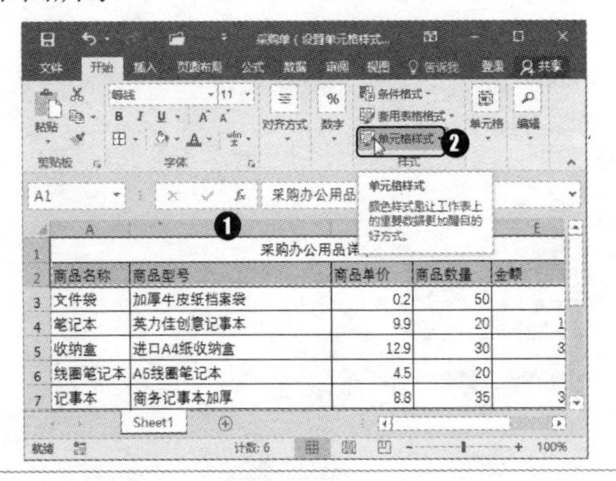

Step02: 在弹出的下拉列表中选择“主题单元格样式”中的“着色 2”样式，如下图所示。

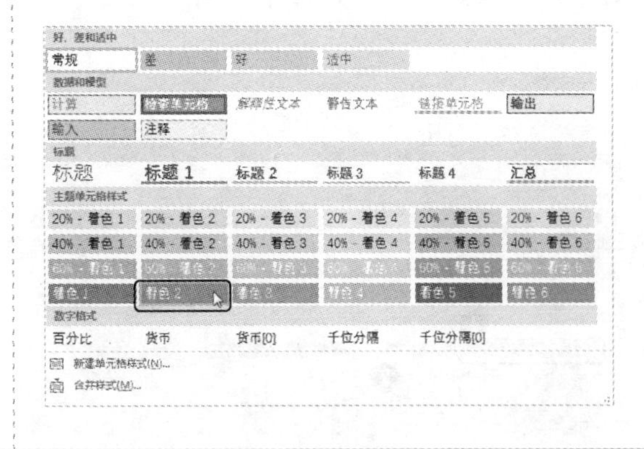

2. 自定义单元格样式

在 Excel 中，用户除了应用内置的单元格样式外，还可以根据自己的需求新建单元格样式。具体操作方法如下。

Step01: 单击“单元格样式”下拉按钮，如下图所示。

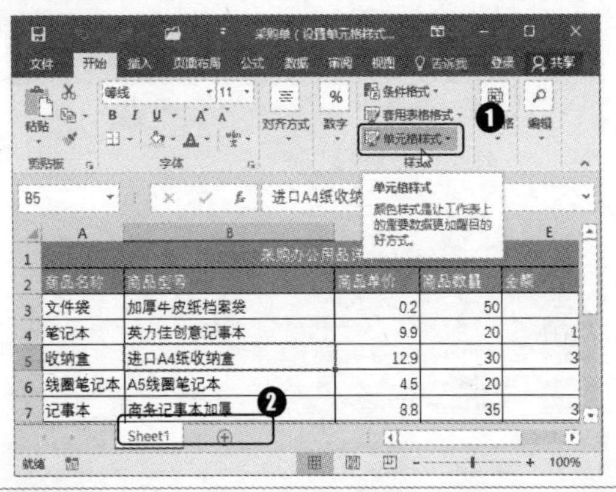

Step02: 在弹出的下拉列表中选择“新建单元格样式”命令，如下图所示。

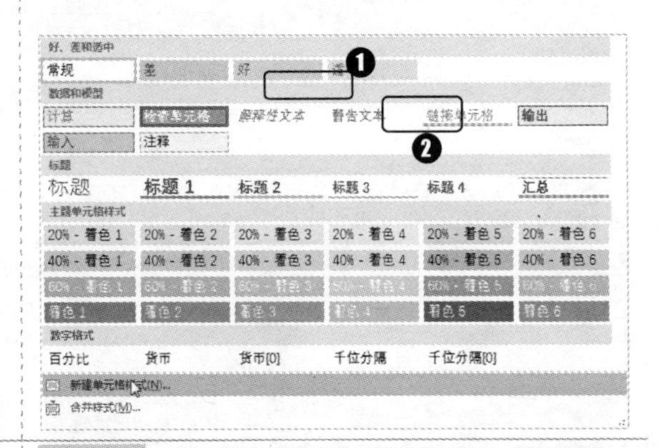

Step03: 打开“样式”对话框，❶在“样式名”文本框中输入单元格样式名称；❷单击“格式”按钮，如下图所示。

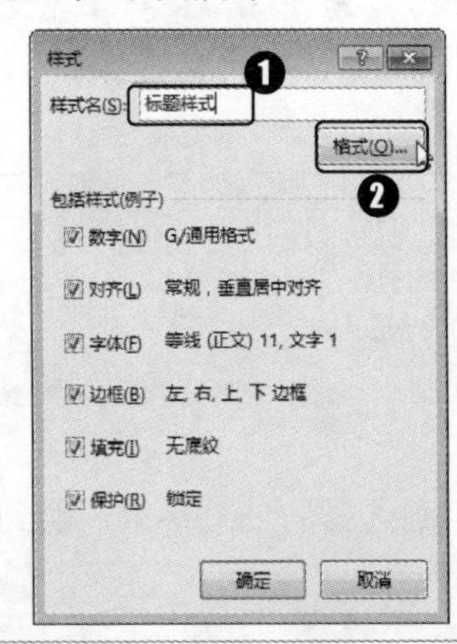

Step04: 打开“设置单元格格式”对话框，❶单击“字体”选项卡；❷设置字体、字形、字号和颜色，如下图所示。

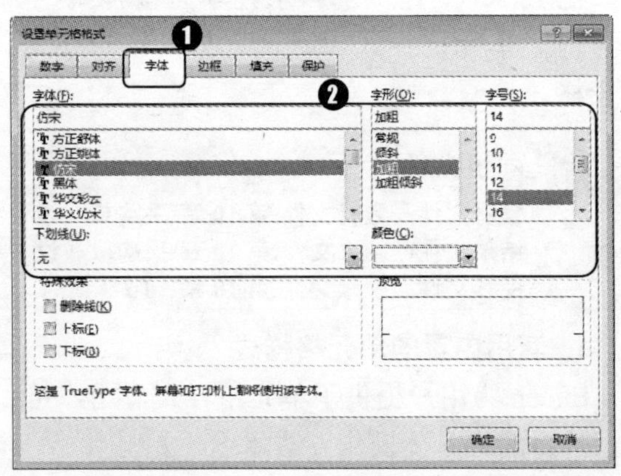

Step05: ❶单击“填充”选项卡；❷在“背景色”选项组中选择需要的底纹颜色；❸单击“确定”按钮，如下图所示。

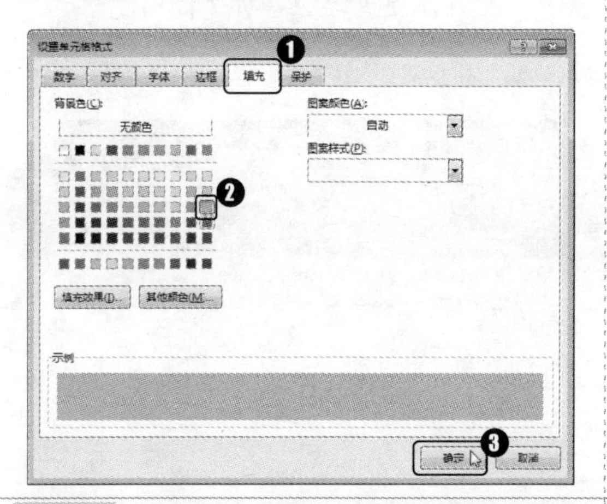

Step06: 返回“样式”对话框，单击“确定”按钮，如下图所示。

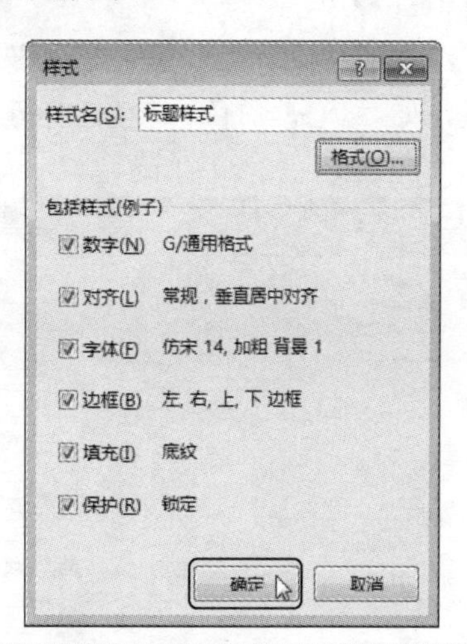

Step07: ❶选择 A1:E2 单元格区域；❷单击“单元格样式”下拉按钮；❸在弹出的下拉列表中选择自定义样式，如下图所示。

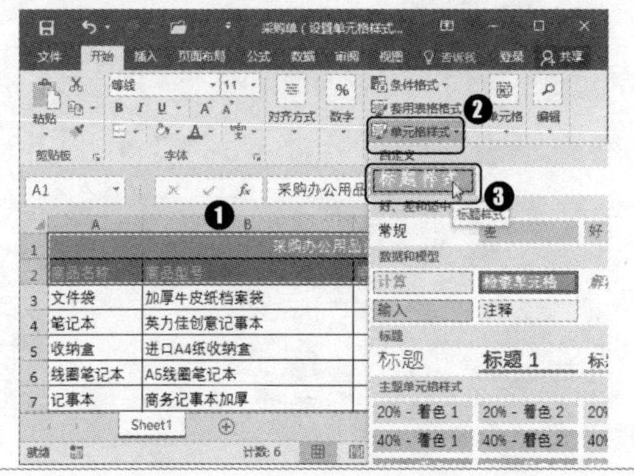

Step08: 经过前面的操作，自定义并应用单元格样式的效果如下图所示。

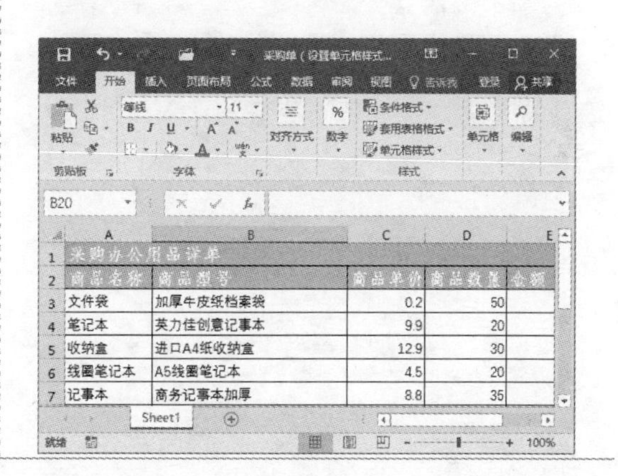

▷▷ 10.3 课堂讲解——图片在表格中的应用

在 Excel 中，为了使表格内容更加清楚、直观，还可以插入一些图片来辅助描述数据信息。本节主要介绍如何添加艺术字、形状、图片、文本框及 SmartArt 图形。

10.3.1 使用艺术字

艺术字是具有特殊效果的文字，如阴影、斜体、旋转和拉伸等特殊效果。它实际上是图形而并非文字，因此用户在对其进行编辑时，可按图形对象来进行操作。

同步文件

素材文件：素材文件\第 10 章\销售表.xlsx
结果文件：结果文件\第 10 章\销售表.xlsx
视频文件：视频文件\第 10 章\10-3-1.mp4

例如，在销售表中使用艺术字制作标题文本，具体操作方法如下。

Step01: ❶单击“插入”选项卡；❷单击“文本”组中的“艺术字”按钮；❸选择艺术的样式，如“填充-白色，轮廓-着色 1，发光-着色 1”样式，如下图所示。

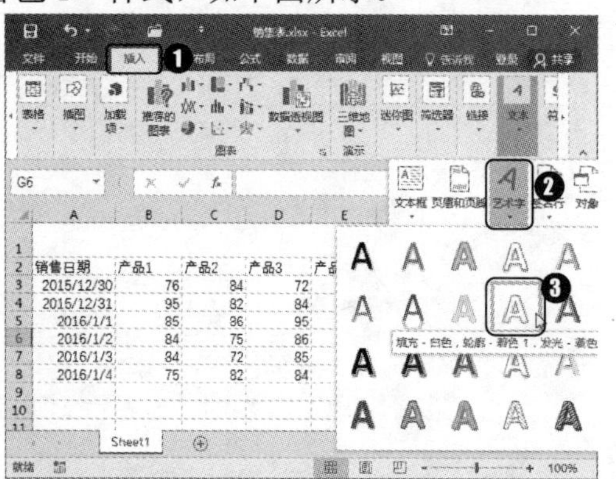

Step02: 经过前面的操作，即可在工作表中插入一个艺术字文本框，如下图所示。

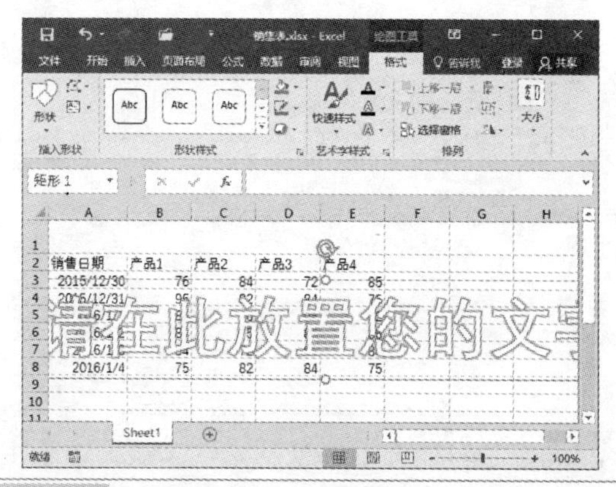

Step03: 在艺术字文本框中输入需要的文字，如下图所示。

Step04: ❶将艺术字拖动到标题位置；❷选择艺术字，设置字号为“24”，如下图所示。

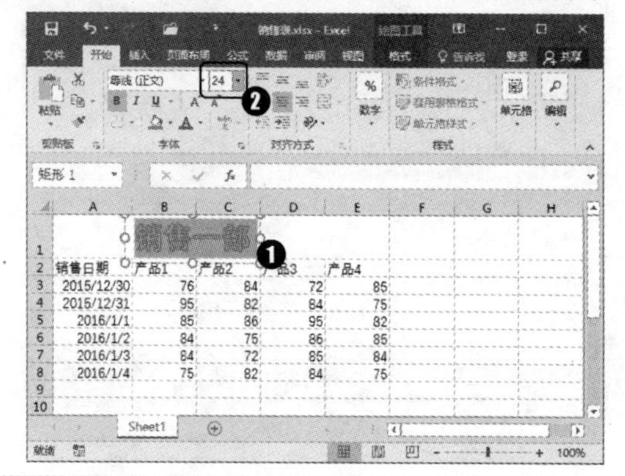

10.3.2 绘制形状

在表格中插入艺术字后，为了让艺术字的效果更突出，可以在艺术字的下面插入一个矩形形状。具体操作方法如下。

同步文件

素材文件：素材文件\第 10 章\销售表（绘制形状）.xlsx
结果文件：结果文件\第 10 章\销售表（绘制形状）.xlsx
视频文件：视频文件\第 10 章\10-3-2.mp4

Step01: ❶单击“插入”选项卡；❷单击“插图”组中的“形状”下拉按钮；❸选择“矩形”样式，如下图所示。

Step02: 按住鼠标左键不放拖动绘制矩形，如下图所示。

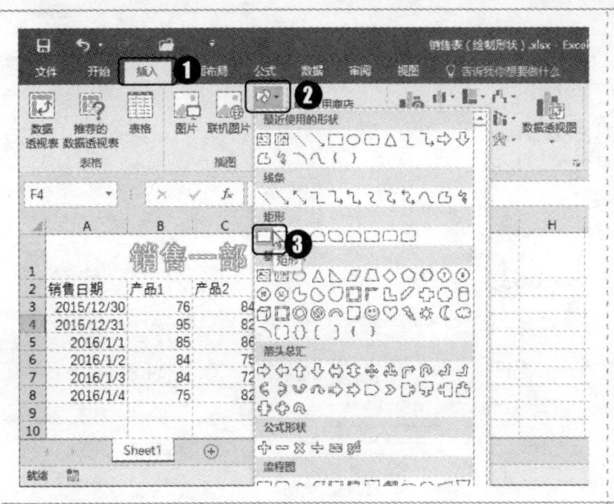

Step03: ❶选中绘制的矩形，单击“格式”选项卡；❷单击“下移一层”下拉按钮；❸选择“置于底层”命令，如下图所示。

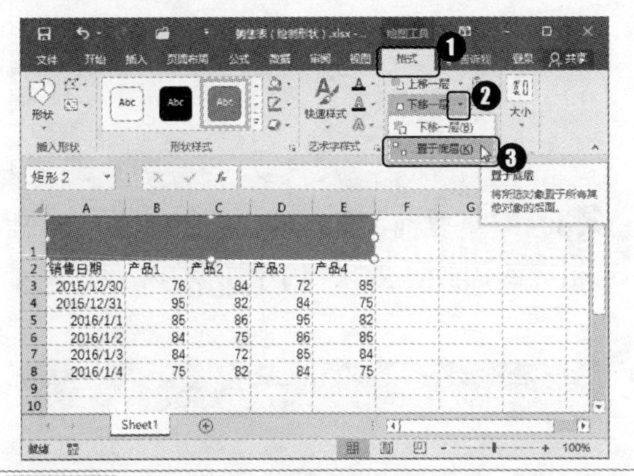

Step04: 选中绘制的矩形，在“形状样式”组中选择需要应用的样式，如“细微效果-橙色，强调颜色 2”样式，如下图所示。

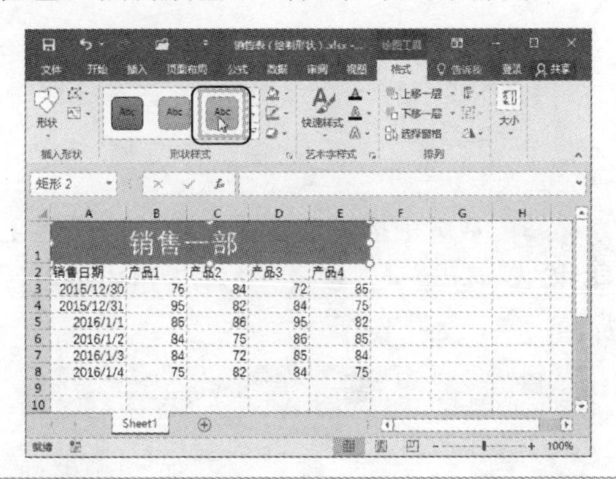

Step05: ❶选中绘制的矩形，单击“绘图工具-格式”选项卡；❷单击“对齐对象”下拉按钮；❸选择“水平居中”命令，如下图所示。

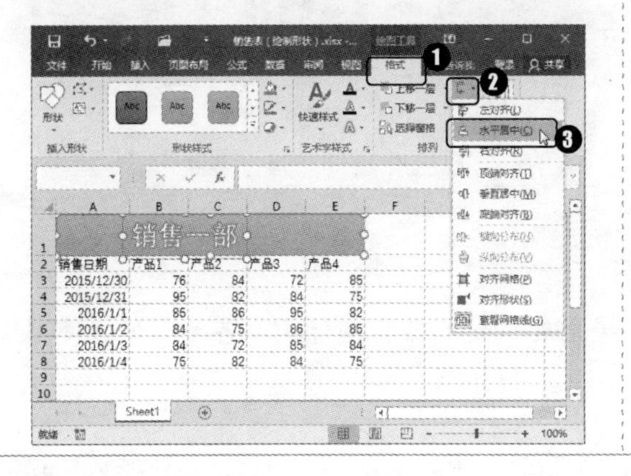

Step06: 经过前面的操作，插入矩形并设置矩形后的效果如下图所示。

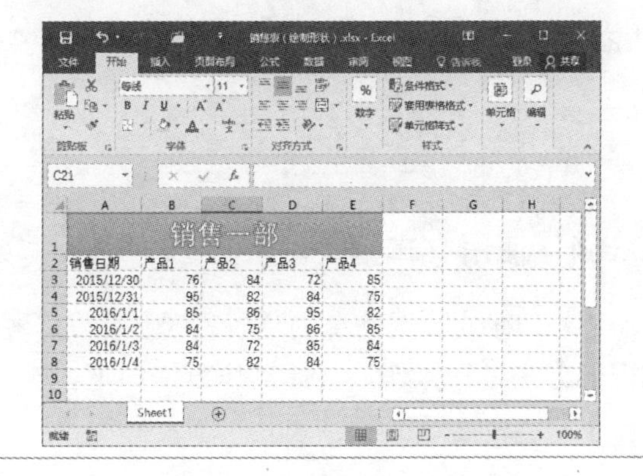

10.3.3　插入图片

在 Excel 中制作采购单时，为了让采购信息更清晰，可以将产品的图片插入采购表中。在单元格中插入图片，具体操作方法如下。

同步文件

素材文件：素材文件\第 10 章\采购单（插入图片）.xlsx
结果文件：结果文件\第 10 章\采购单（插入图片）.xlsx
视频文件：视频文件\第 10 章\10-3-3.mp4

Step01: ❶单击“插入”选项卡；❷单击“插图”组中的“图片”按钮，如下图所示。

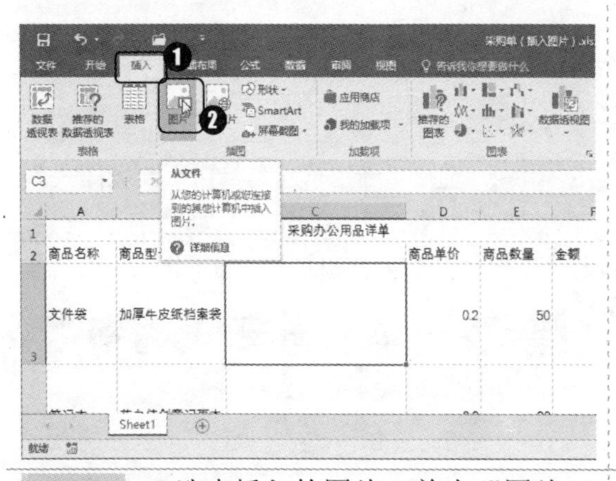

Step02: 打开“插入图片”对话框，❶选择图片存放路径；❷选择“文件袋.jpg”图片文件；❸单击“插入”按钮，如下图所示。

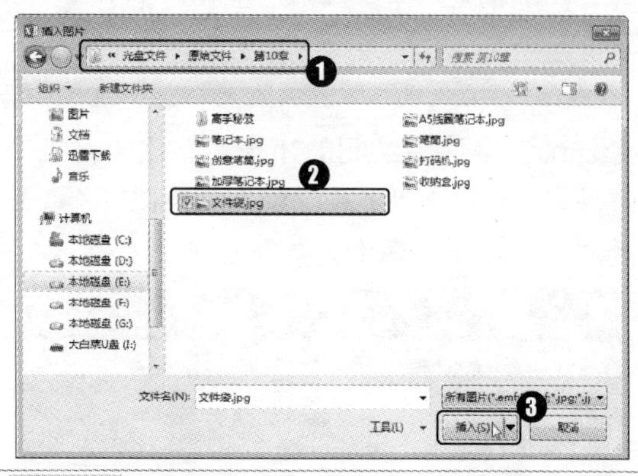

Step03: ❶选中插入的图片，单击“图片工具-格式”选项卡；❷在“大小”组中调整图片的大小，如下图所示。

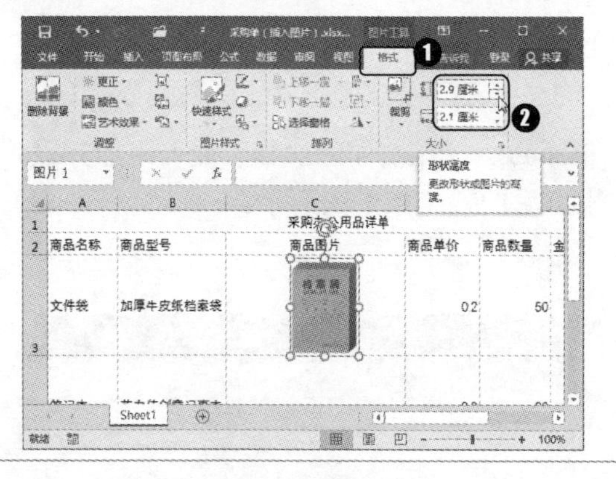

Step04: 重复前面的操作，为其他单元格插入相应的图片，效果如下图所示。

10.3.4 使用文本框

Excel 存放数据信息的位置都是固定的，如果需要将数据放置在任意位置，则可以使用文本框的方法进行操作。具体操作方法如下。

同步文件

素材文件：素材文件\第 10 章\节日礼品表.xlsx
结果文件：结果文件\第 10 章\节日礼品表.xlsx
视频文件：视频文件\第 10 章\10-3-4.mp4

Step01: ❶单击“插入”选项卡；❷单击“文本”组中的“文本框”下拉按钮；❸选择“横排文本框”命令，如下图所示。

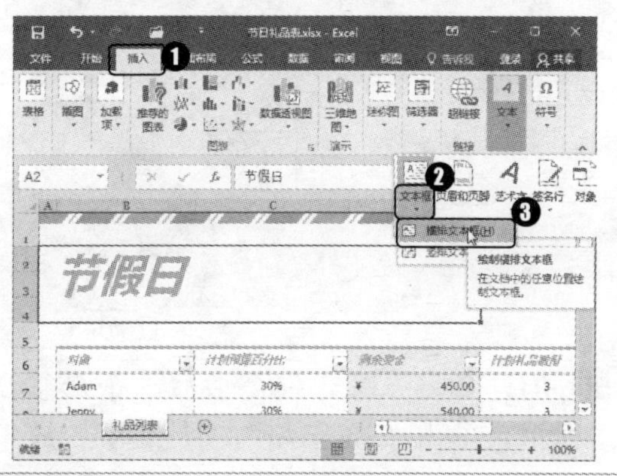

Step02: 按住鼠标左键不放拖动绘制文本框，如下图所示。

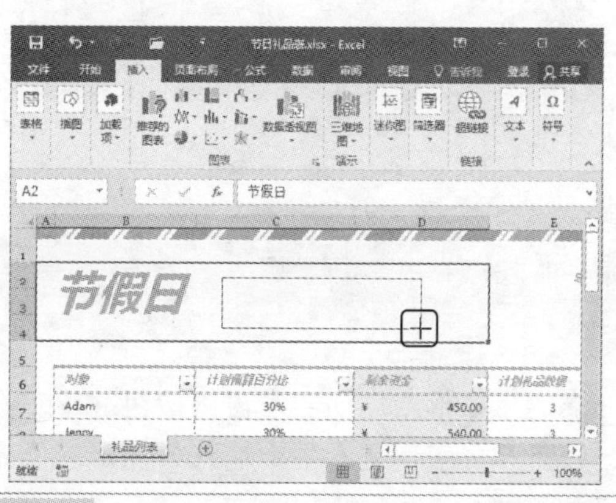

Step03: ❶在文本框中输入内容；❷设置字号和对齐方式，如下图所示。

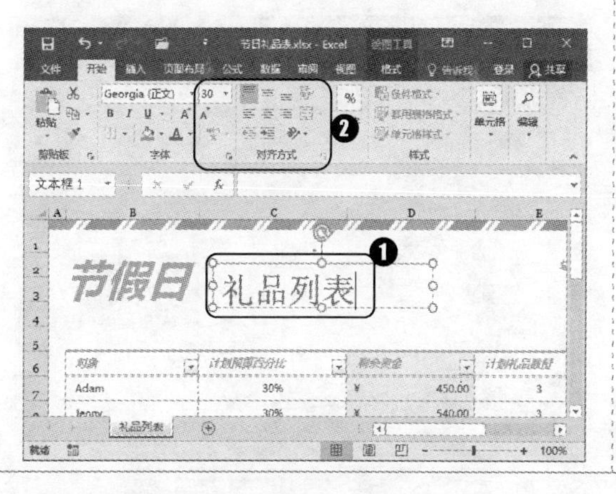

Step04: ❶选中文本框，单击“绘图工具-格式”选项卡；❷在“形状样式”组中选择需要的样式，如下图所示。

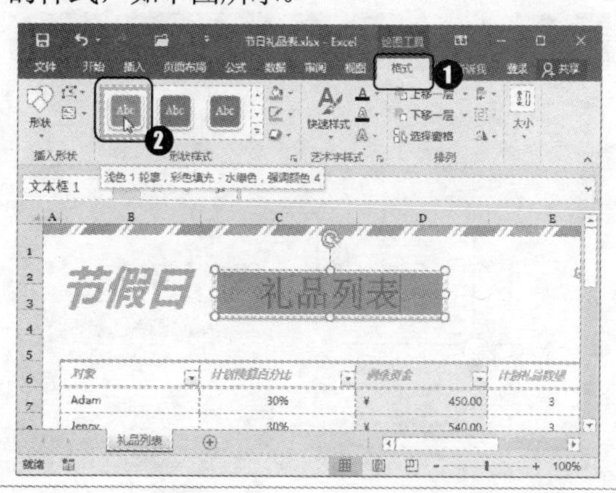

10.3.5 插入 SmartArt 图形

SmartArt 图形在办公应用中是制作流程图和图示非常好用的功能，在提供的内置选项中，选择需要的图形样式后，再输入内容即可快速制作出美观的图示。如果默认的图形不够用，还可以添加形状。

同步文件

素材文件：素材文件\第 10 章\商家网销流程.xlsx
结果文件：结果文件\第 10 章\商家网销流程.xlsx
视频文件：视频文件\第 10 章\10-3-5.mp4

Step01: ❶单击“插入”选项卡；❷单击“插图”组中的“SmartArt”按钮，如下图所示。

Step02: 打开“选择 SmartArt 图形”对话框，❶选择“流程”选项；❷选择“重复蛇形流程”选项；❸单击“确定”按钮，如下图所示。

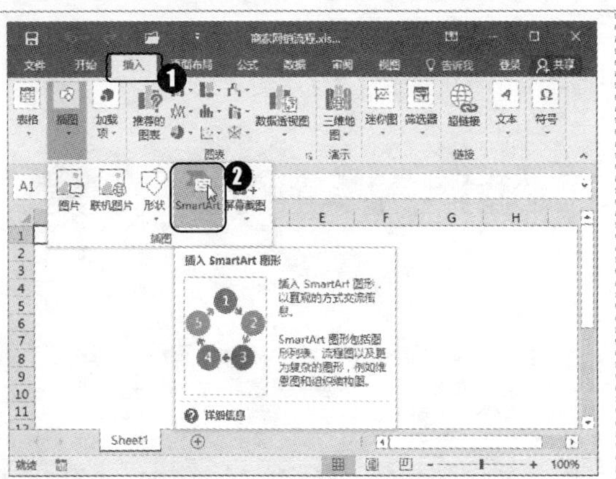

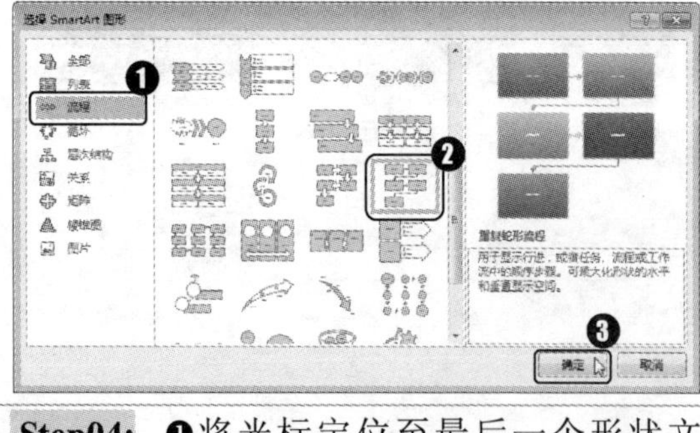

Step03: ❶单击启动文本窗格按钮；❷在“在此处键入文字”文本框中输入各图形的文本信息，如下图所示。

Step04: ❶将光标定位至最后一个形状文本框中，单击“SmartArt 工具-设计”选项卡；❷单击“创建图形”组中的“添加形状”按钮，如下图所示。

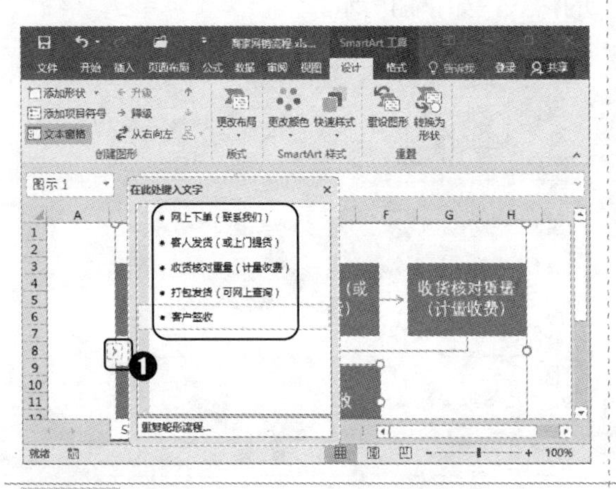

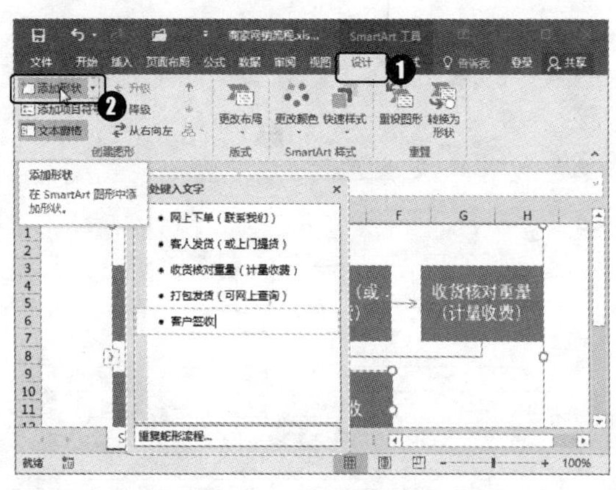

Step05: ❶为添加的形状输入文本信息；❷单击 “关闭”按钮，关闭文本窗格，如下图所示。

Step06: ❶选中 SmartArt 图形，单击“SmartArt 工具-设计”选项卡；❷单击“更改颜色”下拉按钮；❸选择“彩色范围-个性色 4 至 5”，如下图所示。

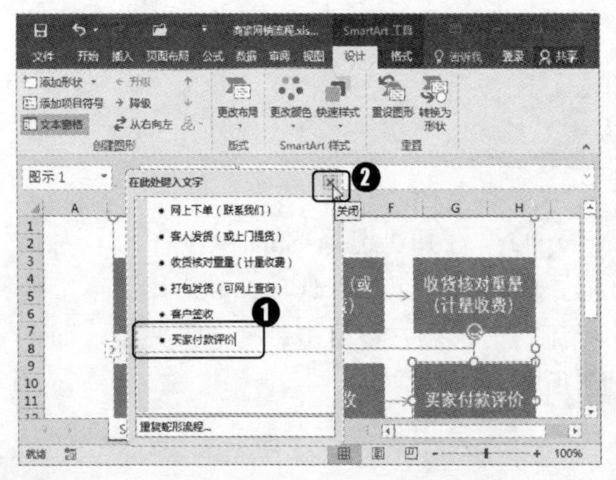

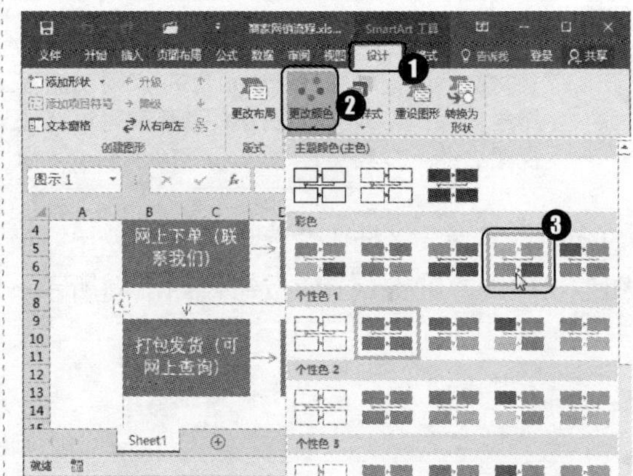

Step07: ❶选中 SmartArt 图形，单击“SmartArt 工具-设计”选项卡中的“快速样式”下拉按钮；❷选择“嵌入”命令，如下图所示。

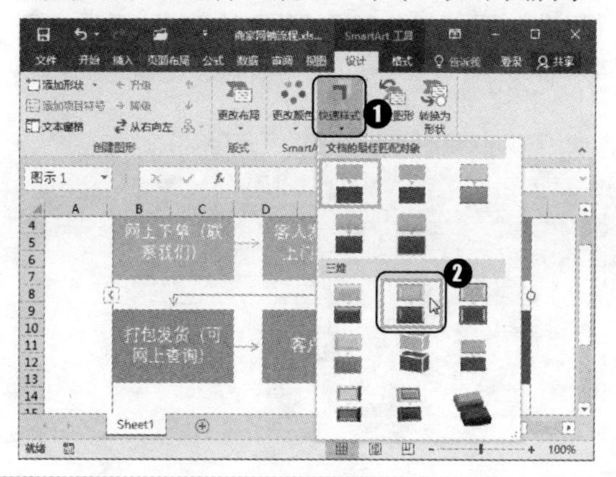

Step08: 经过前面的操作，插入并设置 SmartArt 图形后的效果如下图所示。

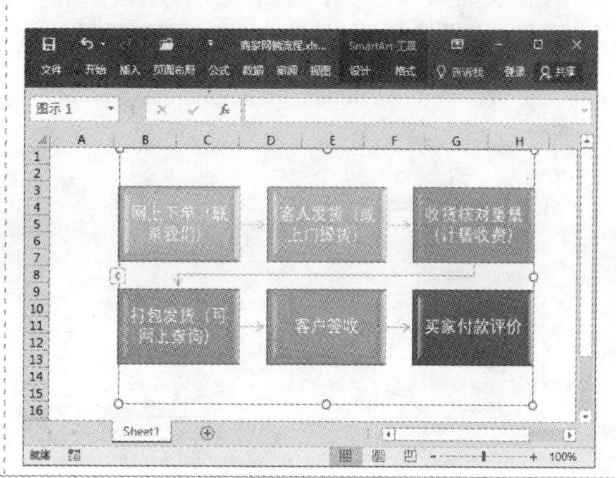

▷▷ 高手秘籍——实用操作技巧

通过对前面知识的学习，相信读者朋友已经掌握了美化数据表的基本操作。下面结合本章内容介绍一些实用的操作技巧。

同步文件

视频文件：视频文件\第 10 章\高手秘籍.mp4

技巧 01 设置工作表背景

在 Excel 工作表中默认的都是白色背景，为了让表格更加美观，可以为工作表添加渐变色背景或背景图片。例如，为工作表添加背景图片，具体操作方法如下。

Step01: ❶单击“页面布局”选项卡；❷单击“页面设置”组中的“背景”按钮，如下图所示。

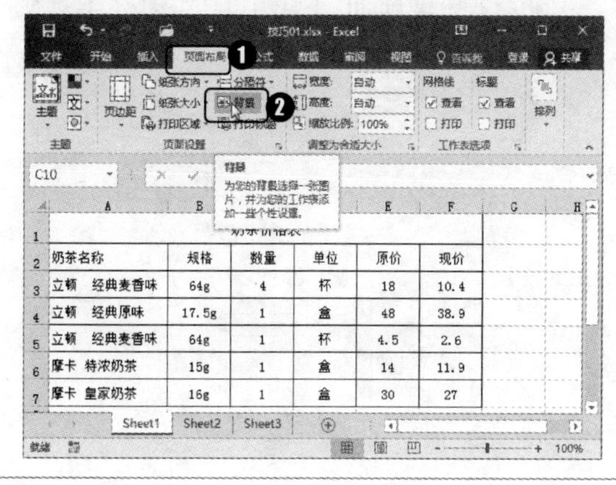

Step02: 弹出“插入图片”窗格，单击“浏览”按钮，如下图所示。

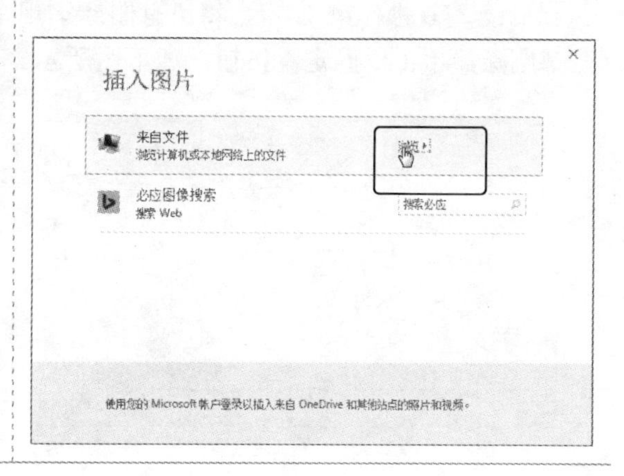

Step03: 打开“工作表背景”对话框，❶选择图片存放路径；❷选择需要插入的图片；❸单击“插入”按钮，如下图所示。

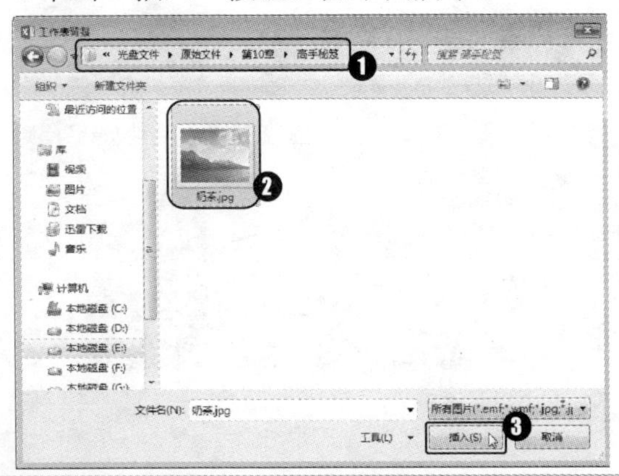

Step04: 经过前面的操作，为工作表添加图片背景后的效果如下图所示。

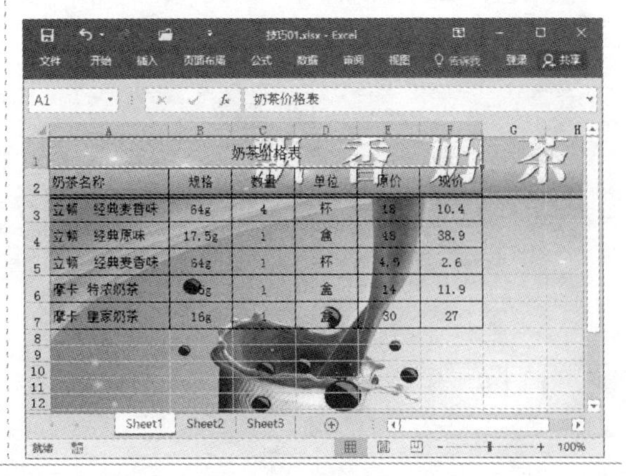

技巧 02 删除条件格式规则

当工作表中不再需要以条件格式规则突出显示数据时，可将应用的条件格式规则删除。例如，删除表格中图标集规则的具体操作方法如下。

Step01: ❶选中设置条件格式的单元格，单击“条件格式”下拉按钮；❷在弹出的下拉列表中选择“管理规则”命令，如下图所示。

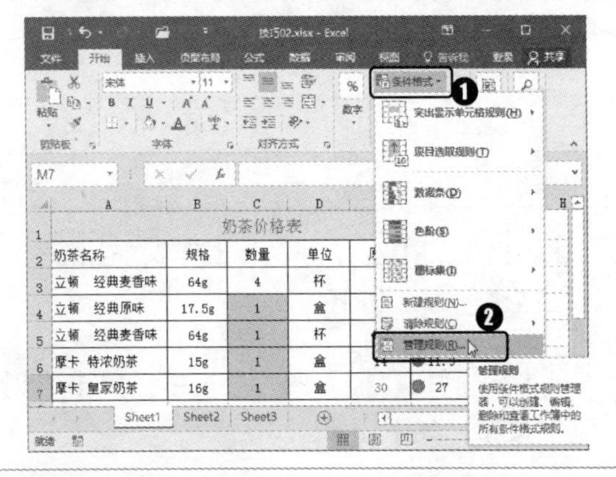

Step02: 打开“条件格式规则管理器”对话框，❶在“规则（按所示顺序应用）”列表框中选择“图标集”选项；❷单击“删除规则”按钮，如下图所示。

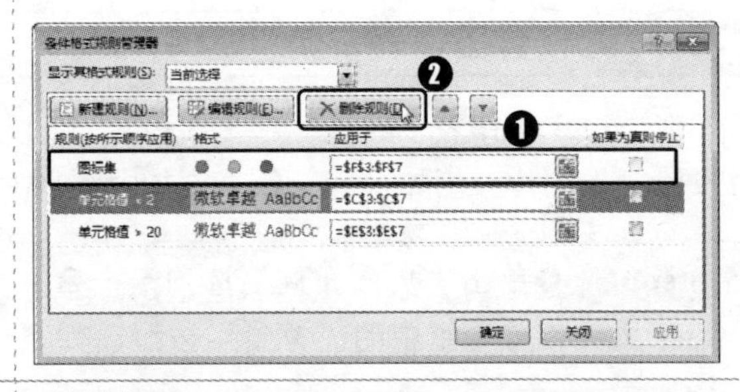

Step03: 重复操作第 2 步，将所有图标集规则都删除，单击“确定”按钮，如下图所示。

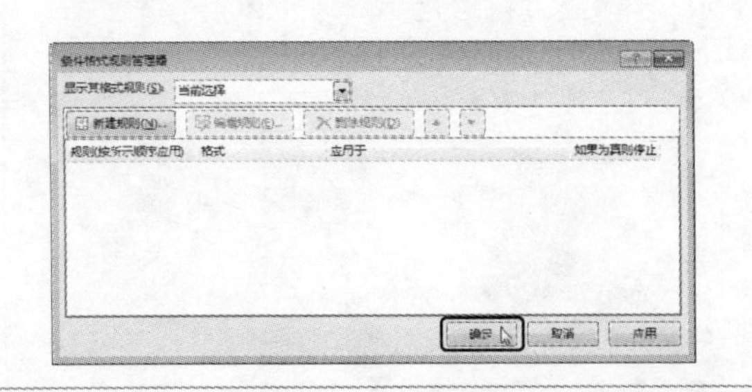

Step04: 经过前面的操作，删除图标集规则后的效果如下图所示。

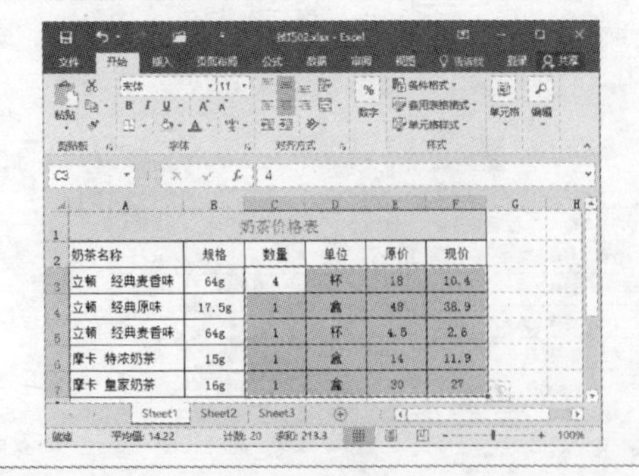

技巧03 修改单元格样式

在内置的单元格样式中，如果用户对默认的样式效果不满意，可以使用修改样式功能重新定义单元格样式。具体操作方法如下。

Step01: ❶单击“单元格样式”按钮；❷在弹出的下拉列表中右击“好”样式；❸在弹出的快捷菜单中选择“修改”命令，如下图所示。

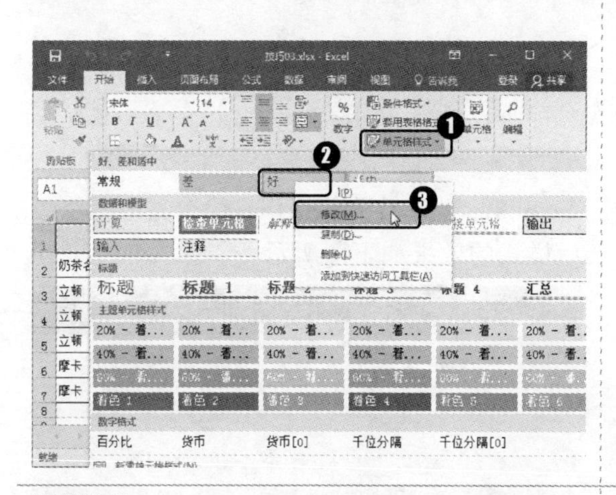

Step02: 打开“样式”对话框，单击“格式”按钮，如下图所示。

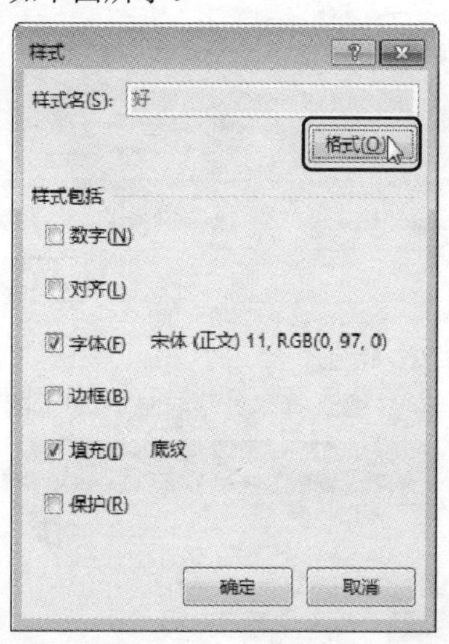

Step03: 打开“设置单元格格式”对话框，❶单击“填充”选项卡；❷单击“填充效果”按钮，如下图所示。

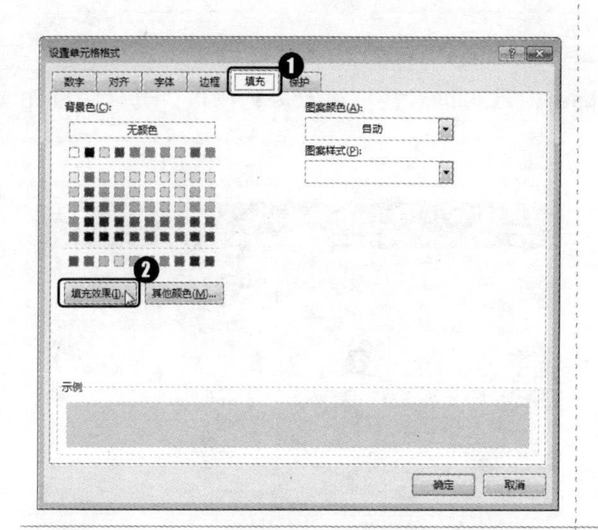

Step04: 打开“填充效果”对话框，❶在“颜色”选项组中选择双色渐变颜色；❷选择底纹样式；❸选择变形样式；❹单击“确定”按钮，如下图所示。

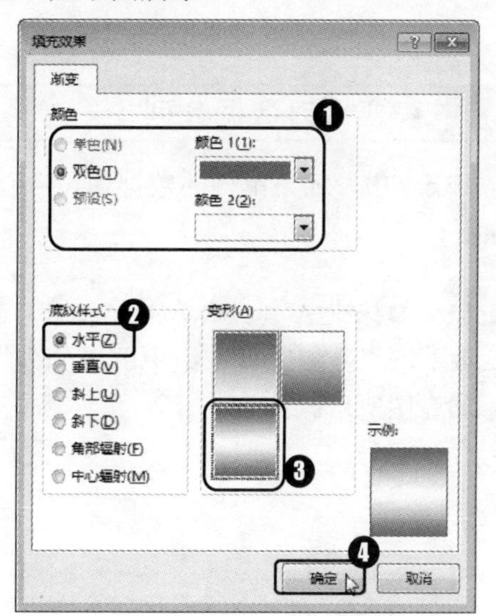

Step05: 返回“设置单元格格式”对话框，单击“确定”按钮，如下图所示。

Step06: 返回“样式”对话框，单击“确定”按钮，如下图所示。

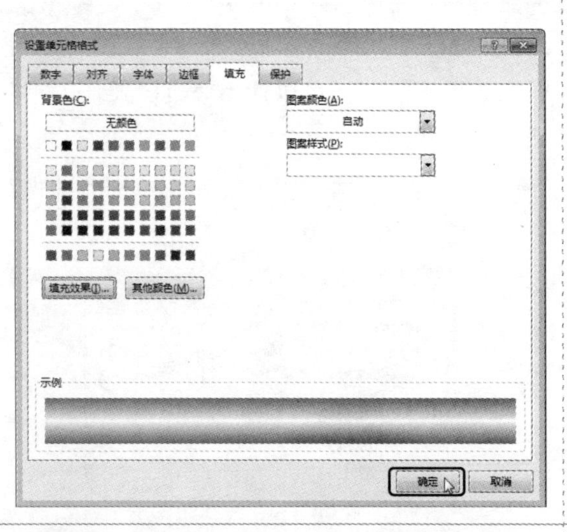

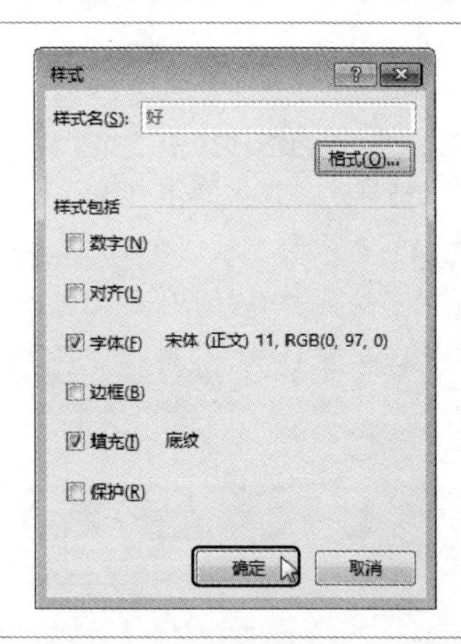

Step07: ❶选择 A1 单元格，单击“单元格样式”按钮；❷选择“好”样式，如下图所示。

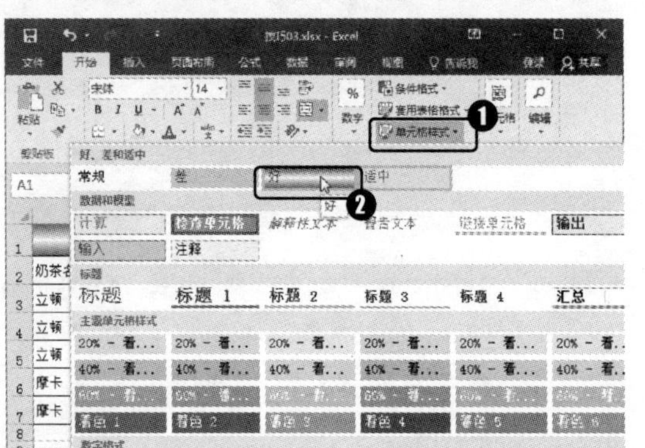

Step08: 经过前面的操作，修改并应用修改后样式的效果如下图所示。

技巧 04 按规则对数据分列

在 Excel 中，如果单列的数据中设置有分隔符，就可以对数据进行分列操作。具体的操作方法如下。

Step01: ❶选中 A 列；❷单击“数据”选项卡；❸单击“数据工具”组中的“分列”按钮，如右图所示。

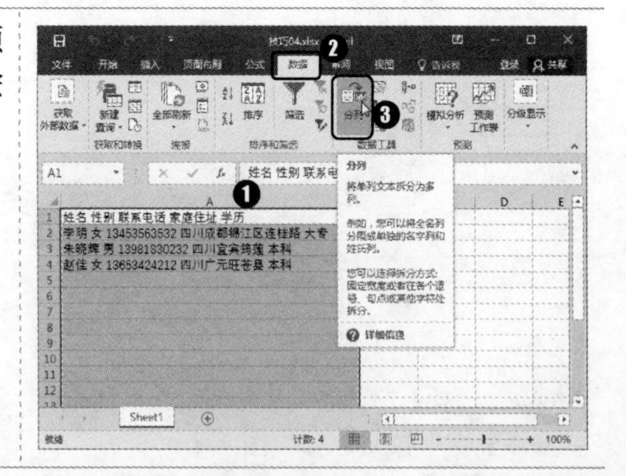

Step02: 打开“文本分列向导-第1步，共3步”对话框，❶选择“分隔符号”单选按钮；❷单击“下一步”按钮，如下图所示。

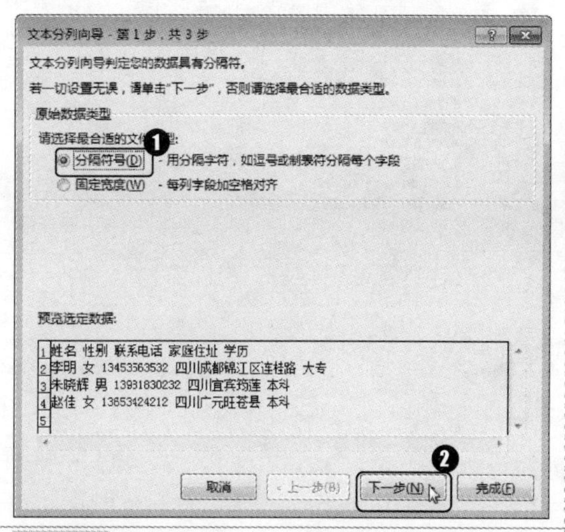

Step03: 打开“文本分列向导-第2步，共3步”对话框，❶勾选“空格”复选框；❷单击“下一步”按钮，如下图所示。

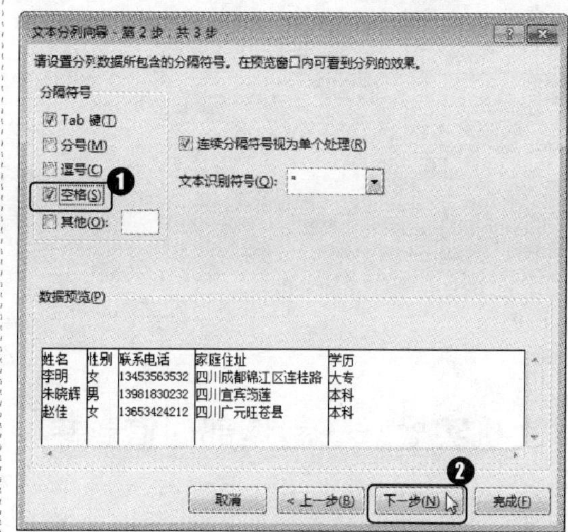

Step04: 打开“文本分列向导-第3步，共3步”对话框，❶选择“数据预览”列表框中的“联系电话”列；❷选择“文本”单选按钮；❸单击“完成”按钮，如下图所示。

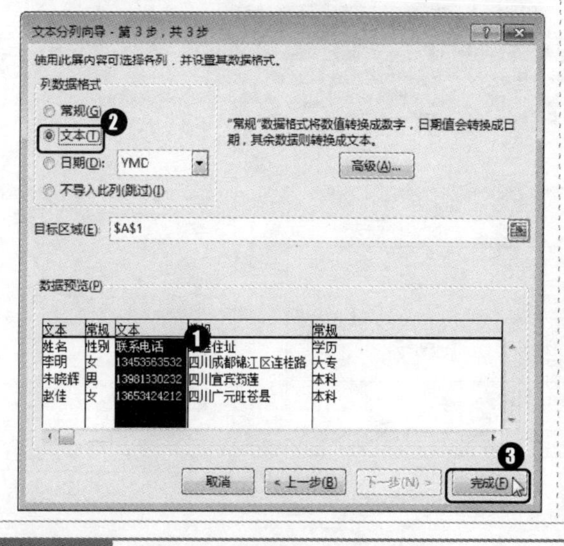

Step05: 经过前面的操作，将A列数据分成5列，调整各列宽，效果如下图所示。

技巧05 设置工作表的打印区域

当整张工作表数据较多时，若只需要打印其中的一部分内容，可以设置只打印工作表的指定区域。具体操作方法如下。

Step01: ❶选择A1:E10单元格区域；❷单击“页面布局”选项卡；❸单击“页面设置”组中的“打印区域”下拉按钮；❹选择“设置打印区域”命令，如下图所示。

Step02: 设置好打印区域后，在第10行和第E列的分隔线显示为灰色线，效果如下图所示。

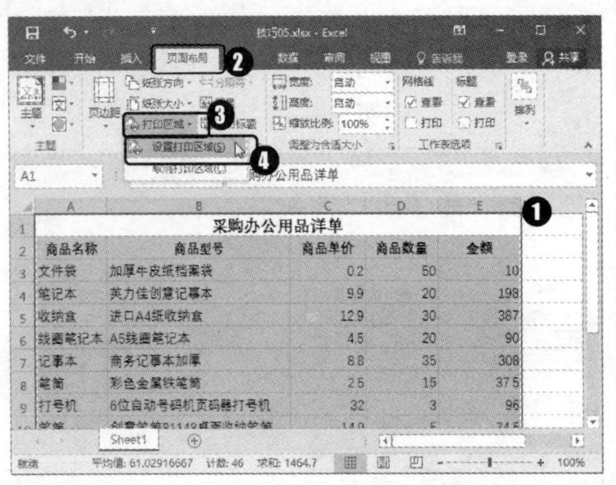

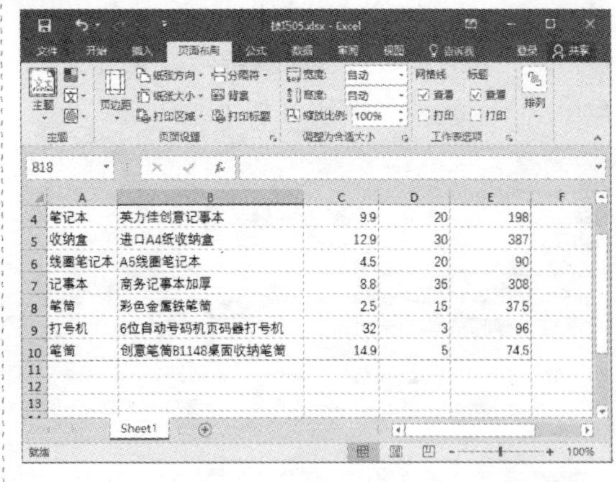

▷▷ 上机实战——制作部门借款单

上机介绍

为了规范公司的借款行为，更好地按照财务管理规定办理借款手续，财务部门规定了借款单模板，各部门必须规范填写该表格才能进行借款申请。最终效果如下图所示。

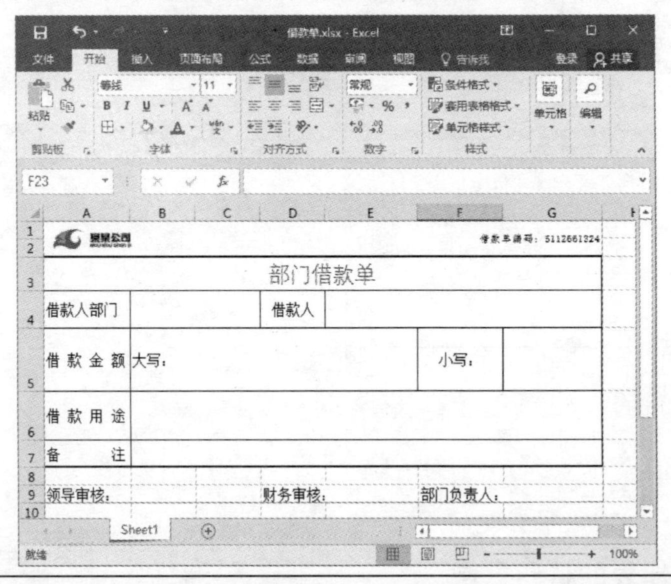

同步文件

素材文件：素材文件\第 10 章\借款单.xlsx
结果文件：结果文件\第 10 章\借款单.xlsx
视频文件：视频文件\第 10 章\上机实战.mp4

步骤详解

本实例的具体操作步骤如下。

Step01: ❶选中A1单元格；❷在“字体”组中单击“字体”下拉按钮；❸在弹出的下拉列表中选择需要的字体，如“仿宋”，如下图所示。

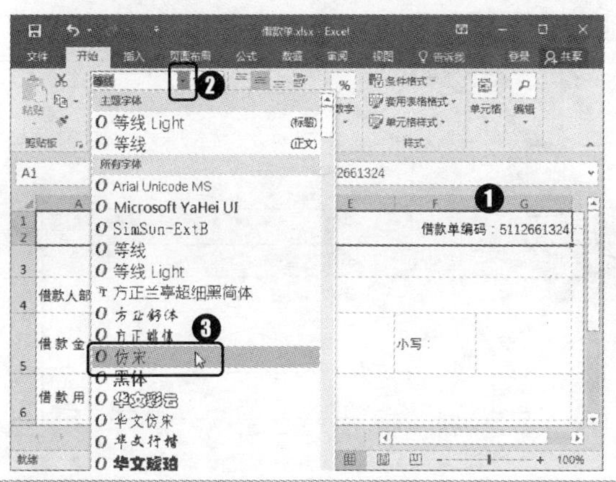

Step02: ❶选中A1单元格；❷在“字体”组中的“字号”框中输入字号大小，如下图所示。

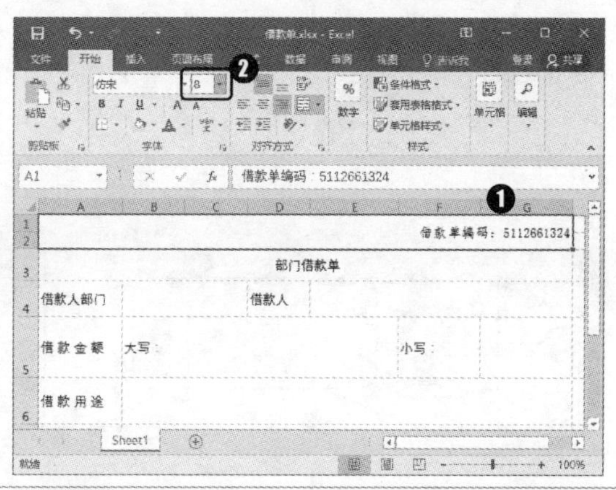

Step03: 设置标题文本为“黑体，16号”，正文文本为“宋体，12号”，效果如下图所示。

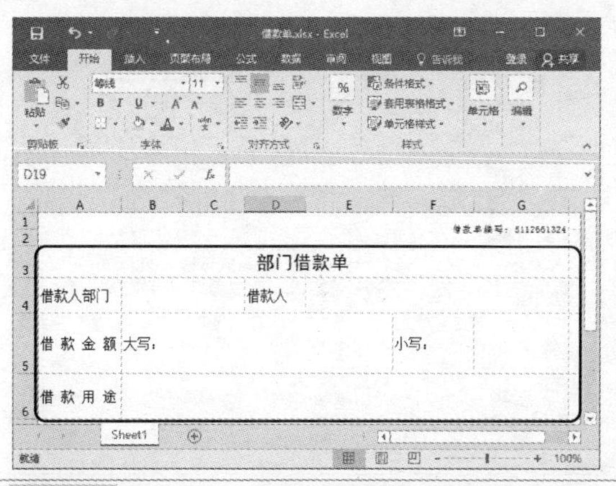

Step04: ❶选择A3:G7单元格区域；❷单击“字体”组中的“下框线”下拉按钮；❸选择“其他边框”命令，如下图所示。

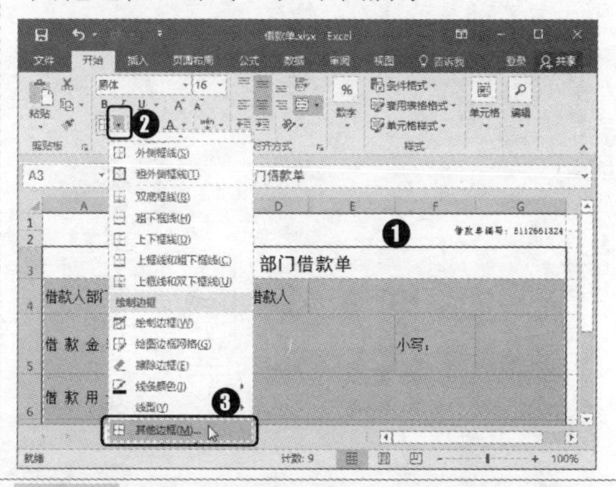

Step05: ❶单击“边框”选项卡；❷选择线条样式；❸选择“外边框”选项，如下图所示。

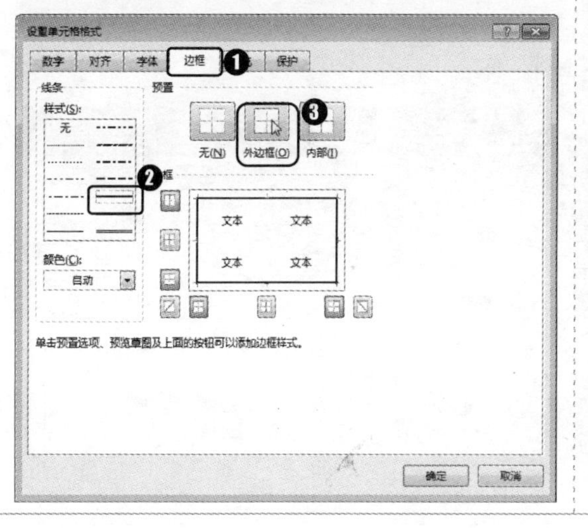

Step06: ❶选择线条样式；❷选择“内部”选项；❸单击“确定”按钮，如下图所示。

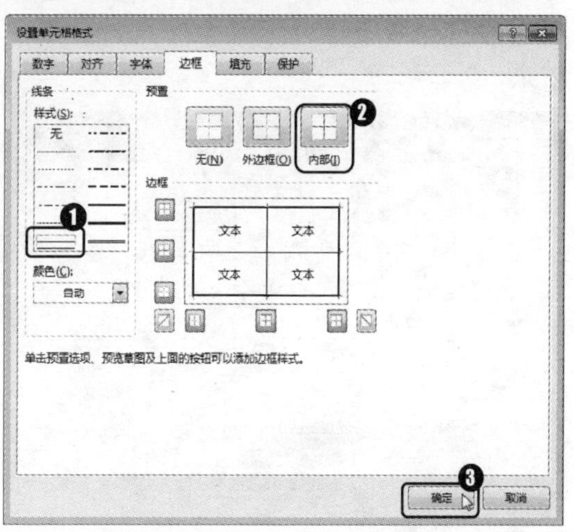

Step07: ❶选择 D4 和 F5 单元格；❷单击“对齐方式”组中的“居中”按钮，如下图所示。

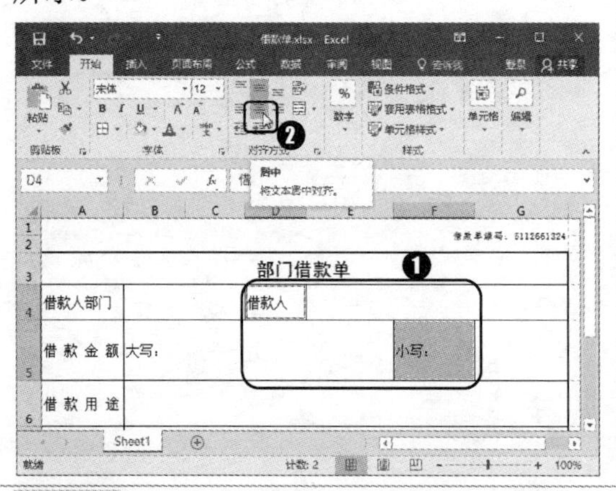

Step08: ❶单击“插入”选项卡；❷单击“插图”组中的“图片”按钮，如下图所示。

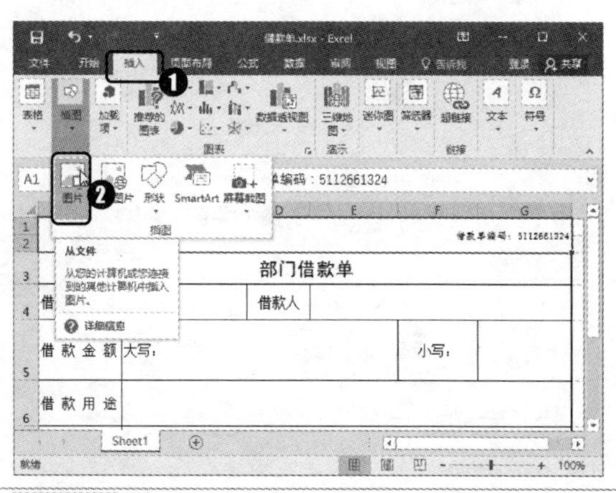

Step09: 打开“插入图片”对话框，❶选择图片存放路径；❷选择需要插入的图片；❸单击“插入”按钮，如下图所示。

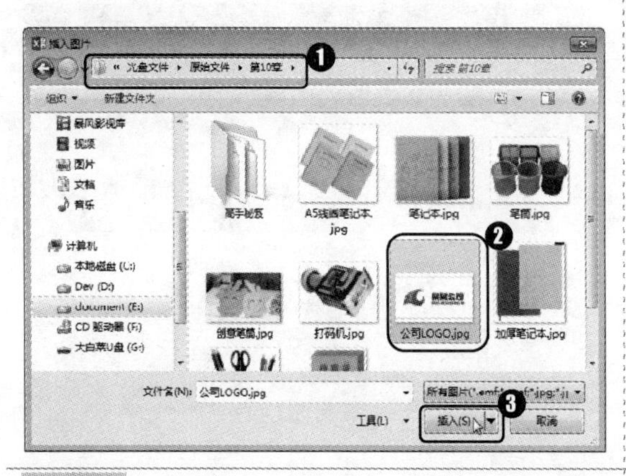

Step10: ❶选中插入的图片，单击“图片工具-格式”选项卡；❷对图片的上下线进行裁剪，并设置图片的大小，如下图所示。

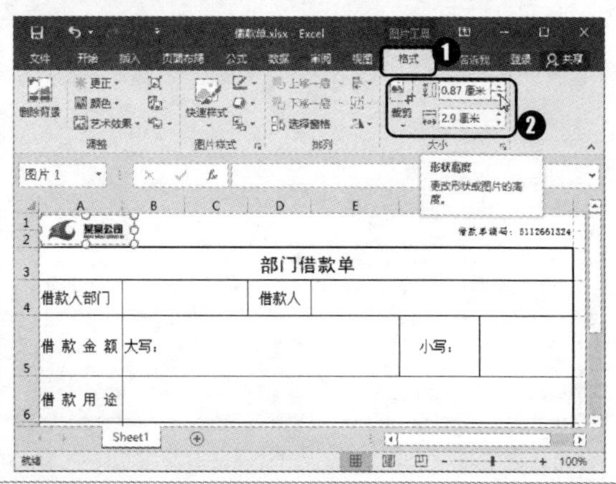

Step11: ❶选择 A3 单元格；❷单击“开始”选项卡；❸单击“样式”组中的“单元格样式”按钮；❹选择“标题”样式，如下图所示。

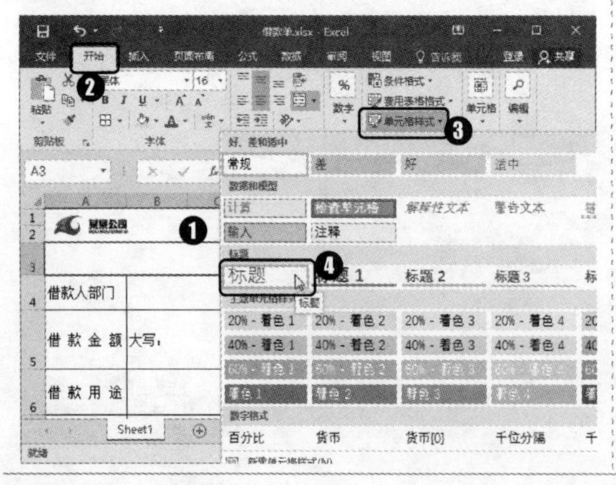

Step12: 应用标题样式的效果如下图所示。

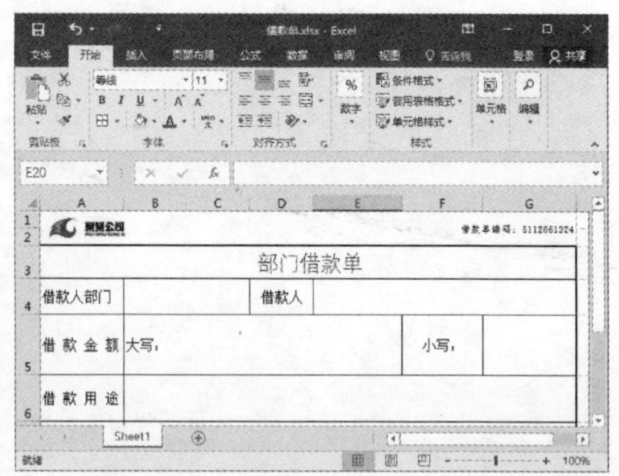

Step13: ❶选择 A1:G9 单元格区域；❷单击“页面布局”选项卡；❸单击“页面设置”组中的“打印区域”下拉按钮；❹选择“设置打印区域”命令，如下图所示。

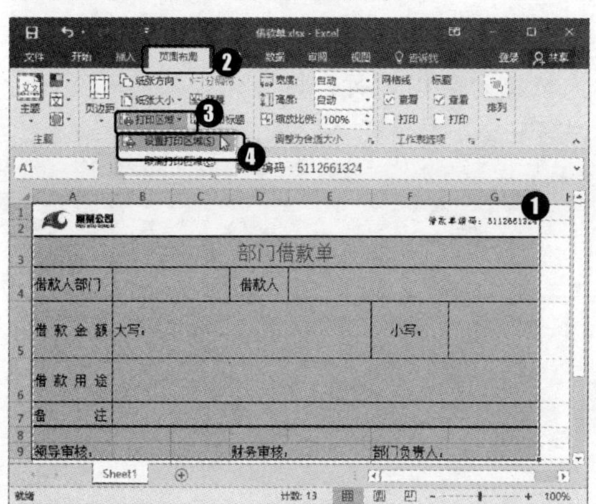

Step14: 经过前面的操作，制作好的部门借款单效果如下图所示。

本章小结

本章主要讲解了数据格式设置的相关操作，包括根据条件设置数据格式、以不同的图标集标识数据等，让表格内容不再单调。通过本章内容的学习，相信读者朋友能很快制作出一份精美的表格。

第 11 章　在 Excel 2016 中使用公式计算数据

本章导读

在 Excel 2016 中制作数据表格时，除了对数据进行存储和管理外，经常会对数据进行计算，通过计算出的结果对表格中的数据进行分析。公式是实现数据计算和分析的重要工具之一，本章主要讲解 Excel 中的公式应用。

知识要点

- 熟悉公式的基础知识
- 掌握单元格引用的应用
- 掌握自定义公式的应用
- 掌握数组公式的应用
- 掌握公式审核的操作方法

效果展示

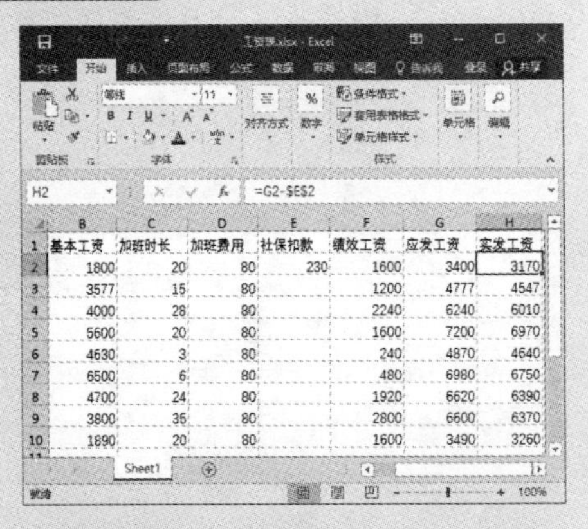

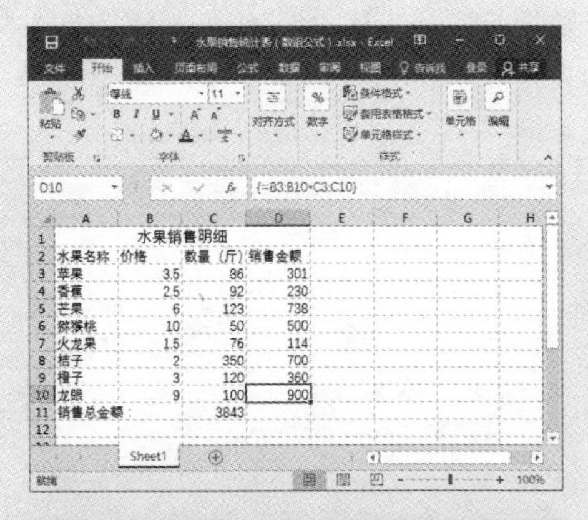

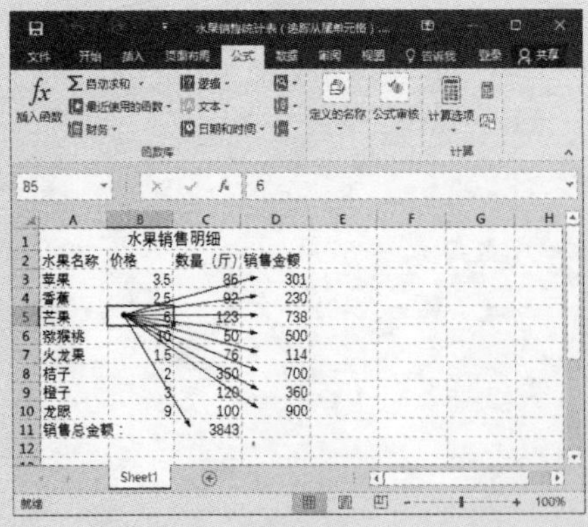

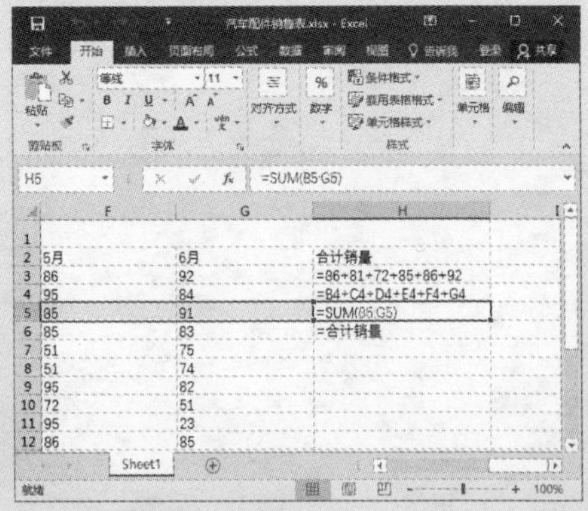

▷▷ 11.1　课堂讲解——公式的基础知识

公式主要用于对工作表中的数值执行运算操作，它是以“=”开头的表达式，包含数值、变量、单元格引用、函数和运算符等。下面将介绍公式的组成、运算符的种类和优先级等相关知识。

11.1.1　认识公式的组成

Excel 中的公式由“=”符号和表达式两部分组成，如“＝A1+B1”。

为了让用户对公式组成有更深入的理解，这里将以销售表中计算合计销量的公式为例，介绍多种方式组成的公式结构。

Step01: ❶选择 H3 单元格；❷单击“公式”选项卡“公式审核”组中的“显示公式”按钮，如下图所示。

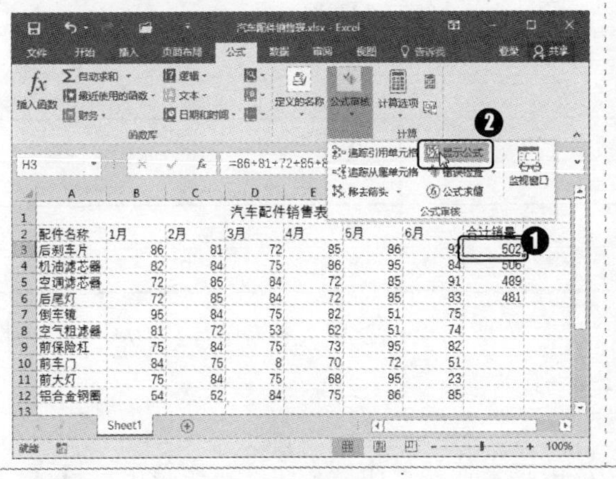

Step02: 在 H3:H6 单元格区域中显示公式，如下图所示。

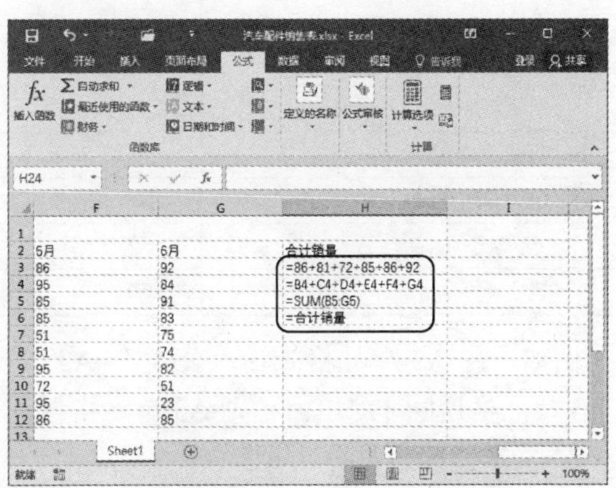

公　式	说　明
=86+81+72+85+86+92	包含常量运算的公式
=B4+C4+D4+E4+F4+G4	包含单元格引用的公式
=SUM(B5:G5)	包含函数的公式
=合计销量	包含名称的公式

11.1.2　认识公式中的运算符

Excel 中的运算符分为 4 种类型，分别为算术运算符、比较运算符、文本连接运算符和引用运算符。

1. 算术运算符

使用算术运算符可以完成基本的数学运算（如加、减、乘、除）、合并数字及生成数值结果等。在 Excel 2016 中可以使用的算术运算符如下表所示。

运算符名称	含　义	示　例
+（加号）	加法	10+12
–（减号）	减法	15–6
–（减号）	负数	–8
*（星号）	乘法	15*6
/（正斜杠）	除法	12/3
%（百分号）	百分比	23%
^（脱字号）	乘方	4^3

例如，在 E3 单元格中输入公式“=(A3+B3)*5%+C3-D3”，其含义是先将 A3 单元格值与 B3 单元格值相加，其结果乘以 5%，然后依次加上 C3 单元格值，减去 D3 单元格值，计算结果存放在 E3 单元格中。

2. 比较运算符

使用比较运算符可以比较两个值。当用比较运算符比较两个值时，比较的结果为逻辑值：TRUE（真）或 FALSE（假）。Excel 2016 中的比较运算符及含义如下表所示。

运算符名称	含　义	示　例
=（等号）	等于	A1=B1
>（大于号）	大于	A1>B1
<（小于号）	小于	A1<B1
>=（大于等于号）	大于等于	A1>=B1
<=（小于等于号）	小于等于	A1<=B1
<>（不等号）	不等于	A1< >B1
=（等号）	等于	A1=B1

例如，在 A3 单元格中输入公式“=A2>5”，其含义是如果 A2 单元格中的内容大于 5，那么 A3 单元格返回 TRUE；否则 A3 单元格返回 FALSE。

3. 文本连接运算符

Excel 2016 中的文本连接运算符是与号（&），用它来连接一个或多个文本字符串，将这些文本字符串生成一段文本。Excel 2016 中的文本连接运算符及含义如下表所示。

运算符名称	含　义	示　例
&（与号）	将两个文本连接起来生成一个文本	"四川"&"成都"

例如，在 C2 单元格中输入公式“=A2&B2”，其含义是将 A2 单元格和 B2 单元格的文本进行连接，并将结果存放在 C2 单元格中。

4. 引用运算符

使用引用运算符可以对单元格区域进行合并计算。Excel 2016 中的引用运算符及含义如下表所示。

运算符名称	含　义	示　例
：（冒号）	区域运算符，引用指定两个单元格之间的所有单元格	A1:A5，表示引用 A1 到 A5 共 5 个单元格
，（逗号）	联合运算符，引用所指定的多个单元格	SUM(A1,A5)，表示对 A1 和 A5 两个单元格求和
（空格）	交叉运算符，引用同时属于两个引用区域的单元格	B2:D7 C2:C9，表示引用 B2 到 D7 和 C2 到 C9 这两个单元格区域的共同区域（C2:C9）

例如，在 F2 单元格中输入公式“=SUM(A2:E2)”，其含义是对 A2 到 E2 的 5 个单元格值进行求和，并将求和结果存放在 F2 单元格中；在 F2 单元格中输入公式“=SUM(A2,D2)”，其含义是对 A2 和 D2 这两个单元格值进行求和，并将求和结果存放在 F2 单元格中；在 F2 单元格中输入公式“=SUM(A2:D5 B3,E6)”，其含义是对 A2 到 D5 和 B3 到 E6 单元格区域共有的单元格值进行求和，并将求和结果存放在 F2 单元格中。

11.1.3　熟悉公式中的运算优先级

Excel 中的公式以等号（=）开始，紧随等号之后的是需要进行计算的元素（操作数），各元素之间以运算符分隔。

如果一个公式中有多个运算符，Excel 2016 将按下表所示的次序进行计算。如果一个公式中的多个运算符具有相同的优先顺序（例如，一个公式中既有乘号又有除号），Excel 将按从左到右的顺序进行计算。

运算符（优先级从高到低）	说　明
:（冒号）	引用运算符
（单个空格）	引用运算符
,（逗号）	引用运算符
–	负数（如–1）
%	百分比
^	乘方
*和/	乘和除
+和–	加和减
&	连接两个文本字符串
=	比较运算符
<和>	比较运算符
<=	比较运算符
>=	比较运算符

11.2　课堂讲解——单元格的引用

在 Excel 2016 中使用公式对数据进行运算时，每个单元格都有行坐标和列坐标，将其称为单元格地址。引用单元格地址可以标识出工作表中的单元格或单元格区域，可以指明公式中数据的位置。本节介绍在 Excel 中引用单元格的方法。

11.2.1　单元格的引用方法

在公式中引用单元格的方法很多，常用的有两种：直接选择单元格和输入单元格地址。具体操作方法如下。

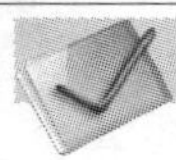

同步文件

素材文件：素材文件\第 11 章\加班费.xlsx
结果文件：结果文件\第 11 章\加班费.xlsx
视频文件：视频文件\第 11 章\11-2-1.mp4

1. 直接选择单元格进行引用

在输入公式时，直接选择要在公式中引用的单元格即可将单元格引用到公式中。例如，在公式中引用 C 列单元格值与 D 列单元格值相乘，具体操作方法如下。

Step01: ❶选择 F2 单元格，输入“=”号；❷选择 C2 单元格，如下图所示。

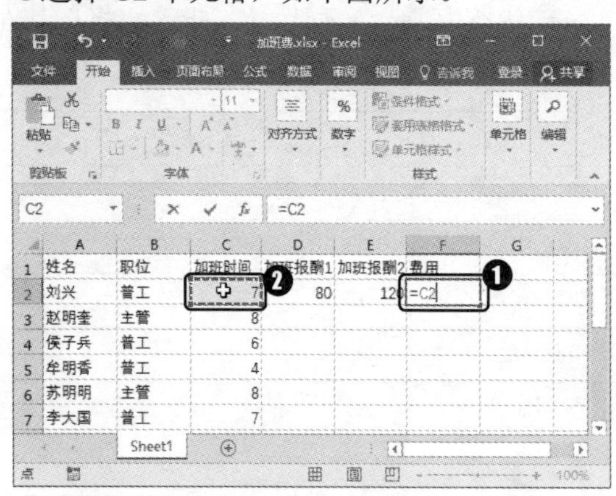

Step02: 输入“*”号，然后选择 D2 单元格，按〈Enter〉键确认，如下图所示。

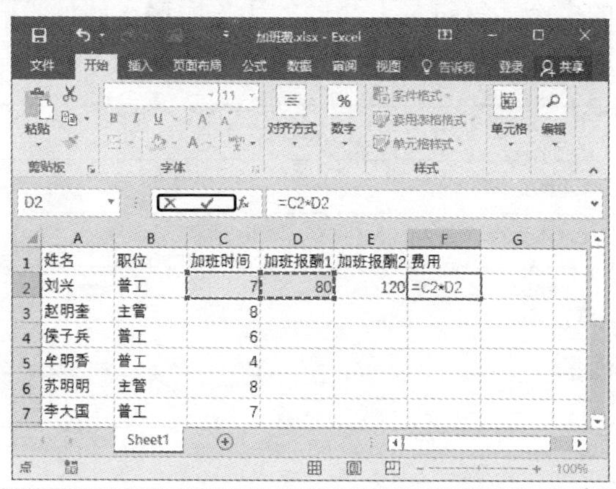

2. 输入单元格地址进行引用

在公式中要引用单元格时，可以通过输入单元格地址来引用单元格，即用列号加行号组成的地址。具体操作方法如下。

Step01: 在公式中将 C3 和 E2 单元格值相乘，此时，公式中需要引用 C3 和 E2 单元格，在输入公式时直接输入相应的单元格地址即可，如下图所示。

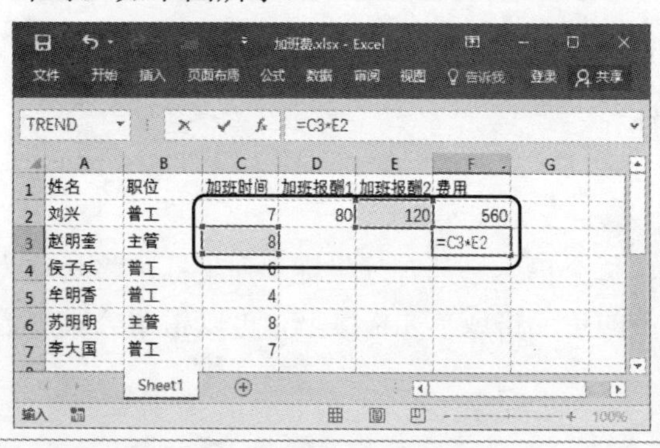

Step02: 经过前面的操作，按〈Enter〉键确认，便可计算出结果，如下图所示。

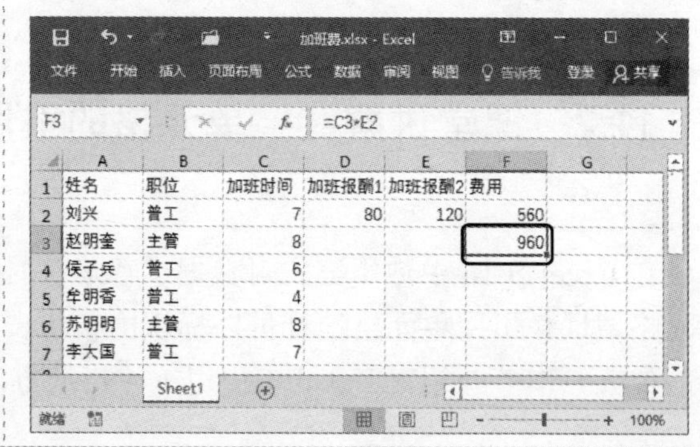

11.2.2 定义和使用单元格名称

在公式中引用单元格或单元格区域时，为了让公式更容易理解，便于对公式和数据进行维护，可以为单元格或单元格区域定义名称。当定义了名称后，在公式中可以直接通过该名称引用相应的单元格或单元格区域。

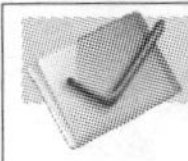

同步文件

素材文件：素材文件\第 11 章\加班费（名称应用）.xlsx
结果文件：结果文件\第 11 章\加班费（名称应用）.xlsx
视频文件：视频文件\第 11 章\11-2-2.mp4

1. 定义单元格名称

在 Excel 2016 中可以为单元格或单元格区域进行命名，以便能够快速选择目标单元格或单元格区域。具体操作方法如下。

Step01: ❶选择 E2 单元格；❷单击“公式”选项卡；❸单击“定义的名称”组中的“定义名称”按钮，如下图所示。

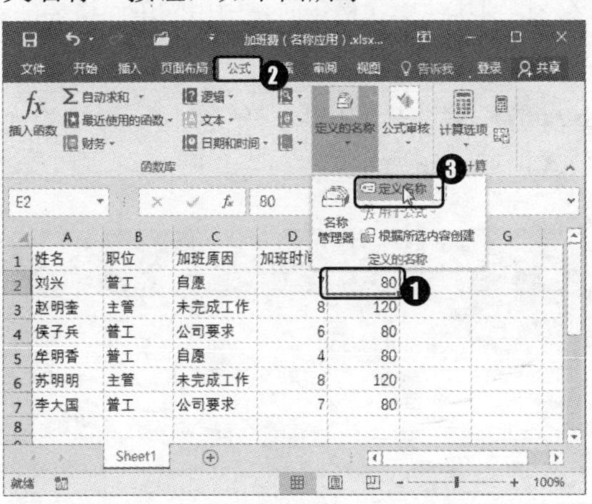

Step02: 打开“新建名称”对话框；❶在“名称”文本框中输入名称“加班费”；❷单击“确定”按钮，如下图所示。

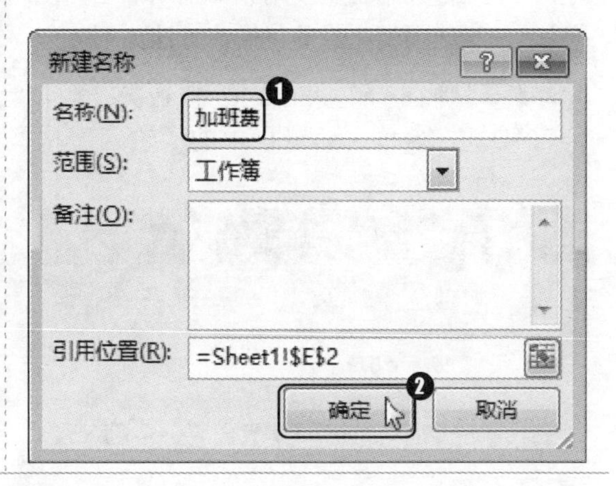

2. 将定义的单元格名称应用于公式

为单元格定义名称之后，就可以将定义的名称运用到公式当中。具体操作方法如下。

Step01: 在 F2 单元格中输入公式“=D2*加班费”，如下图所示。

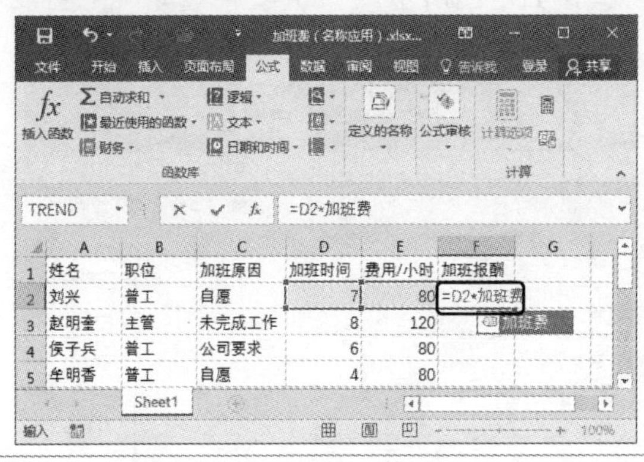

Step02: 将定义的名称应用于公式中，按〈Enter〉键显示出计算结果，如下图所示。

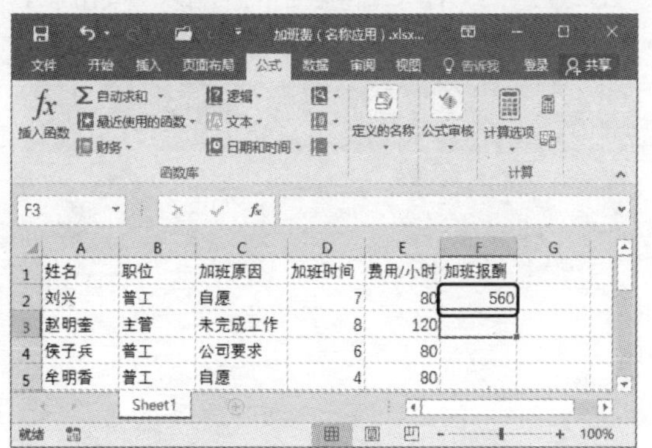

11.2.3　单元格的引用类型

使用公式或函数时经常会涉及单元格的引用，在 Excel 2016 中，单元格地址引用的作用是指明公式中所使用的数据的地址。在编辑公式和函数时需要对单元格的地址进行引用，一个引用地址代表工作表中的一个或者多个单元格以及单元格区域。在 Excel 中，单元格引用的类型包括相对引用、绝对引用和混合引用。

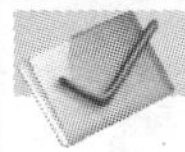

同步文件

素材文件：素材文件\第 11 章\工资表.xlsx
结果文件：结果文件\第 11 章\工资表.xlsx
视频文件：视频文件\第 11 章\11-2-3.mp4

1. 相对引用

所谓相对引用，是指公式中引用的单元格以其行、列地址作为它的引用名，如 A1、B2 等。在相对引用中，如果公式所在单元格的位置发生改变，引用也随之改变。如果多行或多列地复制或填充公式，引用会自动调整。默认情况下，新公式使用相对引用。

下面以实例来讲解单元格的相对引用。在工资表中，绩效工资等于加班时长乘以加班费用，此公式中的单元格引用就要使用相对引用，因为复制该公式到其他单元格中时，引用的单元格要随着公式位置的变化而变化。具体操作方法如下。

Step01: ❶在 F2 单元格中输入公式“=C2*D2”；❷单击编辑栏中的“输入”按钮✓，如下图所示。

Step02: ❶选择 F2 单元格；❷向下拖动填充公式，如下图所示。

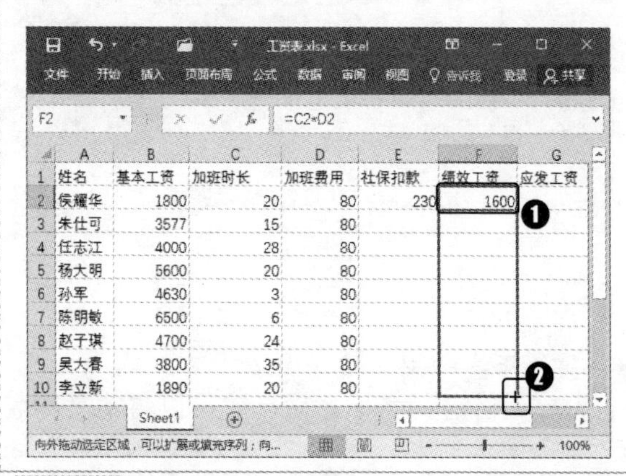

Step03: ❶在 G2 单元格中输入公式“=B2+F2”；❷单击编辑栏中的“输入”按钮✓，如下图所示。

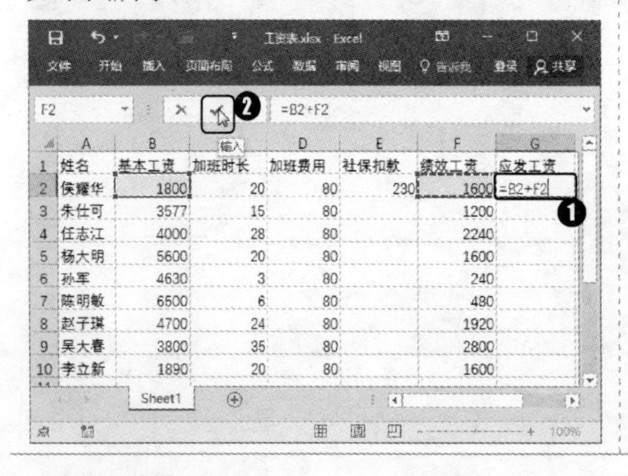

Step04: ❶选择 G2 单元格；❷向下拖动填充公式，如下图所示。

2. 绝对引用

所谓绝对引用，是指公式中引用的单元格，在它的行、列地址前都加上一个“$”符号作为它的引用名。例如，A1 是相对引用，而$A$1 则是绝对引用。在 Excel 中，绝对引用指的是某一确定的位置，如果公式所在单元格的位置发生改变，绝对引用将保持不变。如果多行或多列地复制或填充公式，绝对引用将不作调整。默认情况下，新公式使用相对引用，用户也可以根据需要将其转换为绝对引用。

下面以实例来讲解单元格的绝对引用。在工资表中，由于每个员工的社保扣款是相同的，因此在一个固定的单元格中输入社保扣款即可，社保扣款在公式中要使用绝对引用。而基本工资和绩效工资是需要变化的，因此基本工资和绩效工资采用相对引用。具体操作方法如下。

Step01: ❶在 H2 单元格中输入公式“=G2-$E$2”；❷单击编辑栏中的“输入”按钮✔，如下图所示。

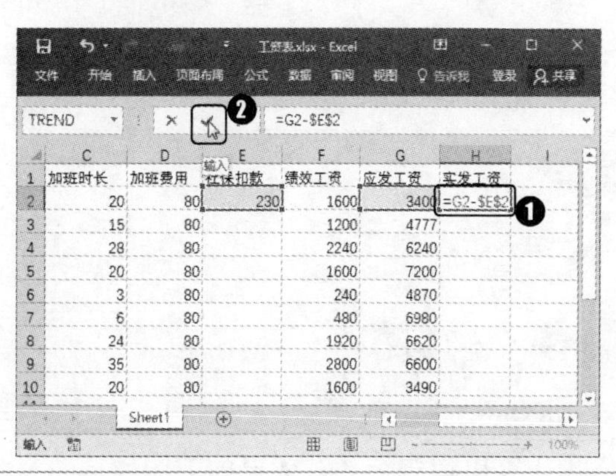

Step02: 使用绝对引用计算出实发工资，效果如下图所示。

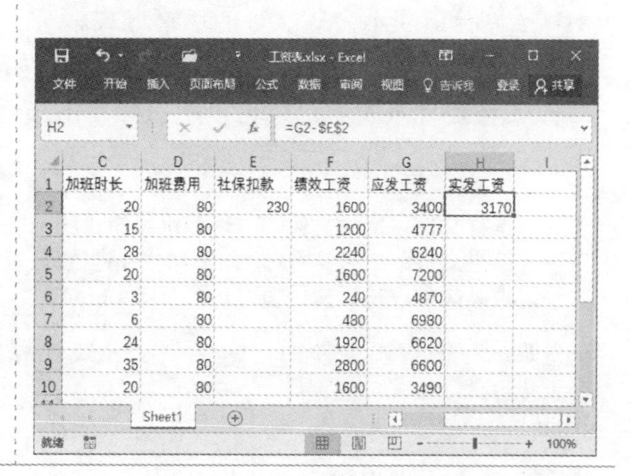

3. 混合引用

所谓混合引用，是指公式中引用的单元格具有绝对列和相对行，或者绝对行和相对列。绝对引用列采用如$A1、$B1 的形式；绝对引用行采用 A$1、B$1 的形式。在混合引用中，如果公式所在单元格的位置发生改变，则其中的相对引用将改变，绝对引用不变。如果多行或多列地复制或填充公式，其中的相对引用将自动调整，绝对引用将不作调整。

例如，在工资表中，绩效工资的列不变、社保扣款的行不变，使用混合引用计算出实发工资，具体操作方法如下。

Step01: ❶在 H3 单元格中输入公式“=B3+$F3-E$2”；❷单击编辑栏中的“输入”按钮✔，如下图所示。

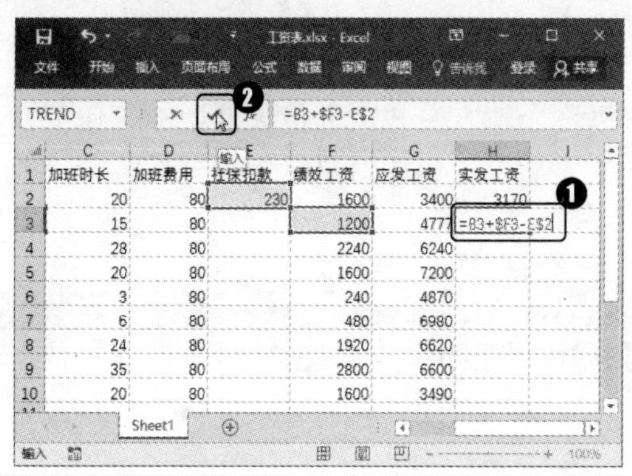

Step02: ❶选择 H3 单元格；❷向下拖动填充公式，如下图所示。

▷▷ 11.3　课堂讲解——使用自定义公式

在 Excel 2016 中，用户可以根据需要来自定义公式进行数据的运算。本节主要介绍自定义公式的输入方法及快速复制公式的相关内容。

11.3.1　输入自定义公式

在 Excel 2016 中进行数据运算时，会大量用到自定义公式。自定义公式的格式包括 3 个部分。

- “=”符号：表示用户输入的内容是公式而不是数据。
- 运算符：表示公式执行的运算方式。
- 引用单元格：参加运算的单元格地址，如 A1、B1 等。在进行运算时，可以直接输入单元格地址来引用，也可以用鼠标单击选择需要引用的单元格。

同步文件

素材文件：素材文件\第 11 章\水果销售统计表.xlsx
结果文件：结果文件\第 11 章\水果销售统计表.xlsx
视频文件：视频文件\第 11 章\11-3-1.mp4

例如，在销售表中使用自定义乘法公式计算出销售金额，具体操作方法如下。

Step01: ❶在 D3 单元格中输入自定义公式“=B3*C3”；❷单击编辑栏中的“输入”按钮 ✓，如下图所示。

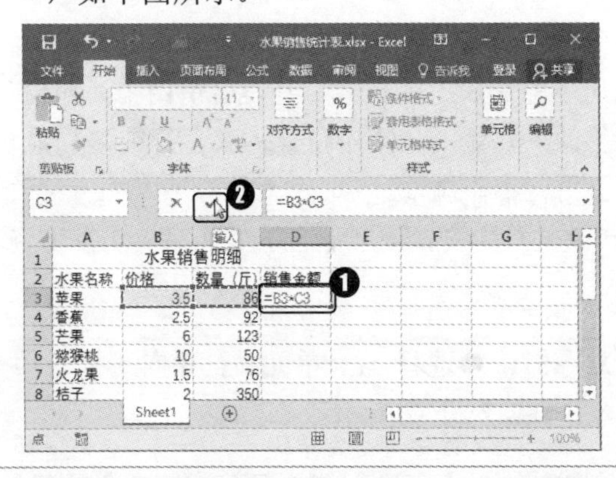

Step02: 经过前面的操作，使用自定义乘法公式计算出销售金额，效果如下图所示。

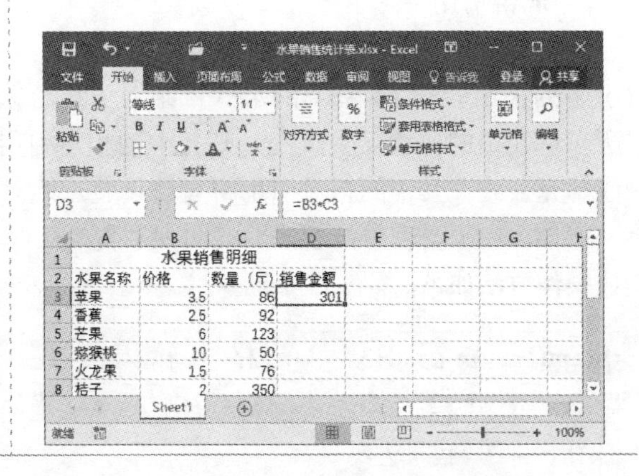

11.3.2　快速复制公式

当工作表中有很多需要进行计算的数据时，如果逐个输入公式，会极大地增加工作量，在此就需要使用复制公式的方法。将公式复制到新的位置后，引用相对单元格的公式将会计算出新的结果。

同步文件

素材文件：素材文件\第 11 章\水果销售统计表（复制公式）.xlsx
结果文件：结果文件\第 11 章\水果销售统计表（复制公式）.xlsx
视频文件：视频文件\第 11 章\11-3-2.mp4

例如，将自定义的乘法公式复制到其他单元格，具体操作方法如下。

Step01: ❶选择 D3 单元格；❷单击“剪贴板”组中的“复制”按钮，如下图所示。

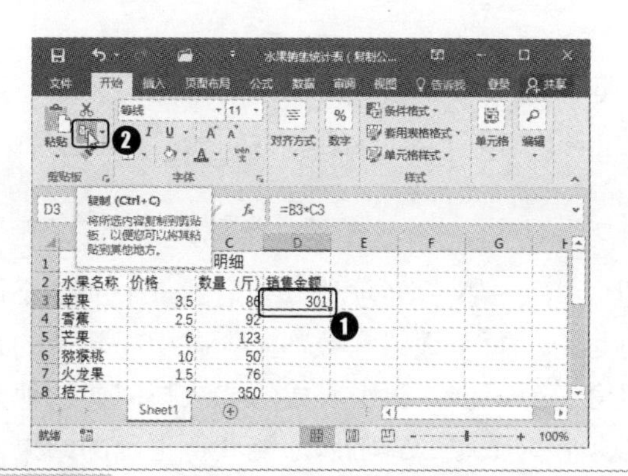

Step02: ❶选择 D4:D10 单元格区域；❷单击“剪贴板”组中的“粘贴”下拉按钮；❸选择“公式”选项，如下图所示。

Step03: 经过前面的操作，使用复制公式的方法计算出结果，效果如右图所示。

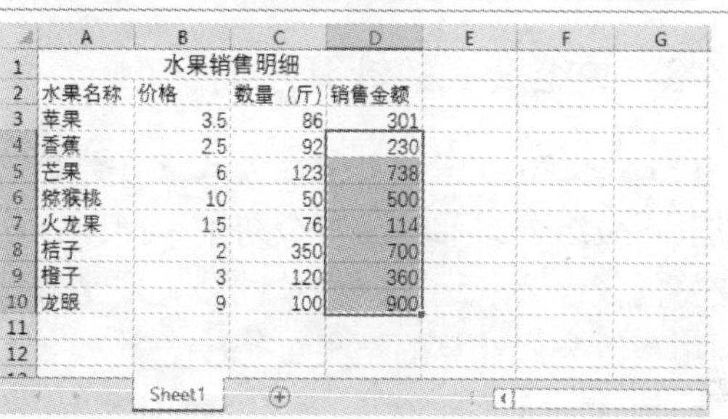

	A	B	C	D
1	水果销售明细			
2	水果名称	价格	数量（斤）	销售金额
3	苹果	3.5	86	301
4	香蕉	2.5	92	230
5	芒果	6	123	738
6	猕猴桃	10	50	500
7	火龙果	1.5	76	114
8	桔子	2	350	700
9	橙子	3	120	360
10	龙眼	9	100	900

▷▷ 11.4　课堂讲解——使用数组公式

在 Excel 中，如果需要对一组或多组数据进行多重计算，可以使用数组公式快速计算出结果。下面介绍数组公式的使用方法。

11.4.1　认识数组公式

数组公式在 Excel 2016 中的应用十分常见，数组公式可以认为是 Excel 对公式和数组的一种扩充。换一句话说，数组公式是 Excel 公式在以数组为参数时的一种应用。数组公式可以看成有多重数值的公式。与单值公式的不同之处在于它可以产生一个以上的结果。一个数组公式会占用一个或多个单元格。数组的元素可多达 6 500 个。在输入数组公式时，必须遵循相应的规则，否则公式将会出错，无法正确计算出结果。

1. 确认输入数组公式

当数组公式输入完毕，按〈Ctrl+Shift+Enter〉组合键确认输入后，在公式的编辑栏中可以看到公式的两侧会加上大括号，表示该公式是一个数组公式。需要注意的是，大括号是输入数组公式之后由 Excel 自动添加上去的。如果用户自己加上去，会被视为文本输入。

2. 数组公式规则

在数组公式所涉及的区域当中，不能够编辑、插入、删除或移动某个单元格。这是因为数组公式所涉及的单元格区域是一个整体。

3. 编辑数组公式的方法

如果需要编辑或删除数组公式，需要选择整个数组公式所涵盖的单元格区域，并激活编辑栏，然后在编辑栏中进行修改或删除数组公式，完成之后，按〈Ctrl+Shift+Enter〉组合键，计算出新的结果。

4. 移动数组公式

如果需要将数组公式移动至其他位置，需要先选择整个数组公式所涵盖的单元格区域，然后将整个区域拖动到目标位置；也可以通过“剪切”和“粘贴”命令进行数组公式的移动。

11.4.2 输入数组公式

创建的数组公式会放在大括号（{}）中。数组公式可以执行多项计算并返回一个或多个计算结果。数组公式对两组或多组数组参数的值执行运算。每个数组参数都必须有相同数量的行和列。除了在输入完毕后按〈Ctrl+Shift+Enter〉组合键外，创建数组公式的方法与创建其他公式的方法相同。某些内置函数是数组公式，并且必须作为数组公式输入才能获得正确的结果。

11.4.3 数组公式的计算方式

在 Excel 2016 中，对数组公式进行计算的过程中，可以利用数组公式计算出单个结果，也可以利用数组公式计算出多个结果。操作方法基本一致，都是必须创建好数组公式，然后再将创建好的数组公式运用到简单的公式或函数计算中，最后按〈Ctrl+Shift+Enter〉组合键，显示出利用数组公式计算的结果。

同步文件

素材文件：素材文件\第 11 章\水果销售统计表（数组公式）.xlsx
结果文件：结果文件\第 11 章\水果销售统计表（数组公式）.xlsx
视频文件：视频文件\第 11 章\11-4-3.mp4

1. 利用数组公式计算单个结果

利用数组公式计算数据可以代替多个公式，从而简化计算。例如，在表格中记录了多个水果产品的单价及销售数量，如果要一次性计算出所有水果的销售总额，可以使用数组公式，具体操作方法如下。

Step01: ❶选择存放结果的 C11 单元格；❷在编辑栏中输入公式“=SUM(B3:B10*C3:C10)”，如下图所示。

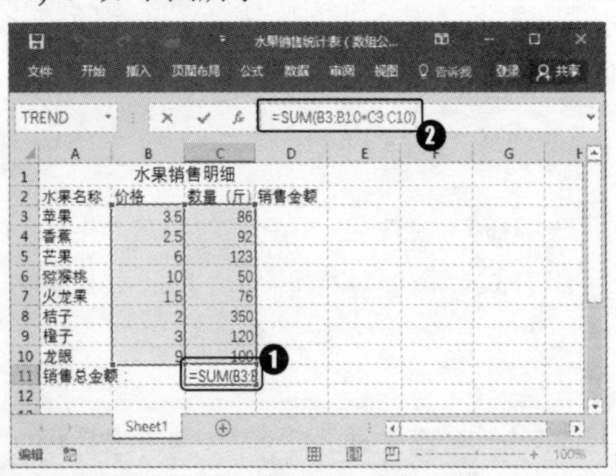

Step02: 输入完公式后，按〈Ctrl+Shift+Enter〉组合键，即可计算出结果，效果如下图所示。

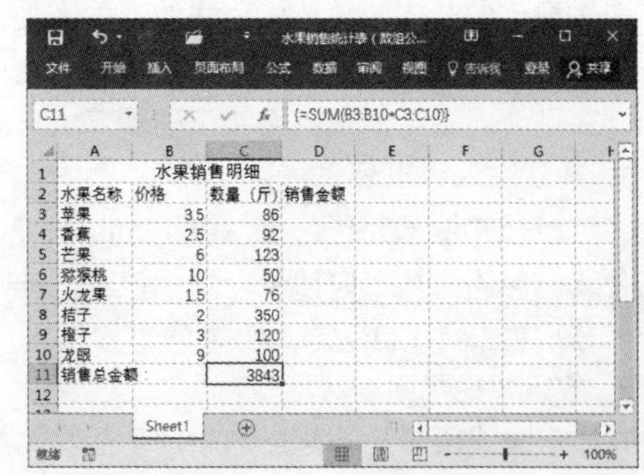

2. 利用数组公式计算多个结果

在 Excel 2016 中，某些公式和函数可能会得到多个返回值，有一些函数也可能需要一组或多组数据作为参数。如果要使数组公式能计算出多个结果，则必须将数组公式输入到与数组参数具有相同列数和行数的单元格区域中。

例如，要分别计算出各水果的销售金额，可以使用数组公式进行计算，具体操作方法如下。

Step01: ❶选择存放结果的 D3:D10 单元格区域；❷在编辑栏中输入公式“=B3:B10*C3:C10”，如下图所示。

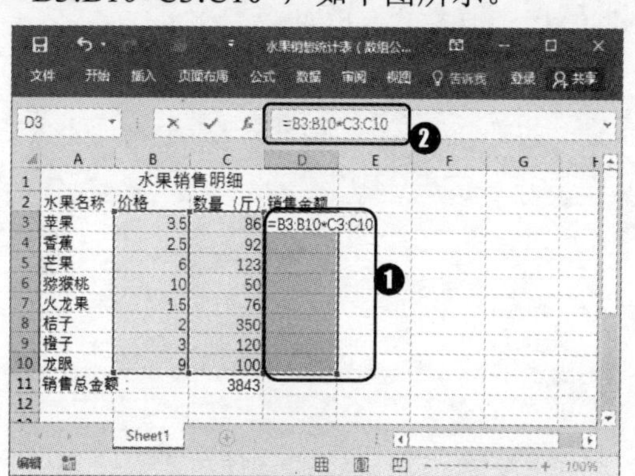

Step02: 输入完公式后，按〈Ctrl+Shift+Enter〉组合键即可计算出多个结果，如下图所示。

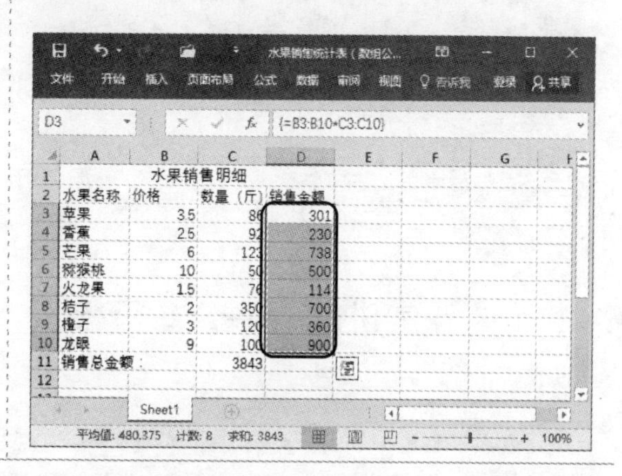

11.4.4　数组的扩充功能

在 Excel 2016 中进行公式计算时，计算中采用数组作为参数时，所有的数组都必须是同维的，引用单元格区域的大小和存放公式计算结果的单元格区域大小要相同。如果数组参数或数组区域的维数与存放公式计算结果的维数不相匹配，Excel 会自动将参数进行扩展。

例如，在 Excel 工作表中将 B1:B7 单元格区域的参数依次设置为 1、2、……、7，现在要将这 7 个数字分别乘以 10，将计算结果放置在 C1:C7 单元格区域中。根据前面知识的讲解，可以在 C1:C7 单元格区域中输入数组公式“(=B1:B7*10)”。但是这个公式并不平衡，因为“*”的左侧有 7 个参数，而右侧只有一个参数，显示数组区域的维数是不匹配的。

对于上述这样的情况，在 Excel 中，数组公式将自动扩展第 2 个参数，使其与第 1 个参数 B1:B7 的个数相同。经过扩展之后，该数组公式实际上变成了“(=B1:B7*(10,10,10,10,10,10,10))”。

11.4.5　编辑数组公式

当创建的数组公式出现错误时，会计算出错误的结果，这时便需要对数组公式进行编辑。由于数组公式计算出的一组数据将成为一个整体，用户不能对结果中的任何一个单元格或一部分单元格的公式或结果进行更改和删除操作。如果要修改数组公式，就需要先选择数组公式中的所有结果单元格，再在编辑栏中修改公式内容；如果要删除数组公式结果，同样需要先选择整个数组公式的所有结果单元格再进行删除。具体操作方法如下。

同步文件

素材文件：素材文件\第 11 章\水果销售统计表（编辑数组公式）.xlsx
结果文件：结果文件\第 11 章\水果销售统计表（编辑数组公式）.xlsx
视频文件：视频文件\第 11 章\11-4-5.mp4

Step01: ❶选择要修改数组公式的 E3:E10 单元格区域；❷将光标定位至编辑栏中，输入正确的数组公式，如“=C3:C10*D3:D10”，如下图所示。

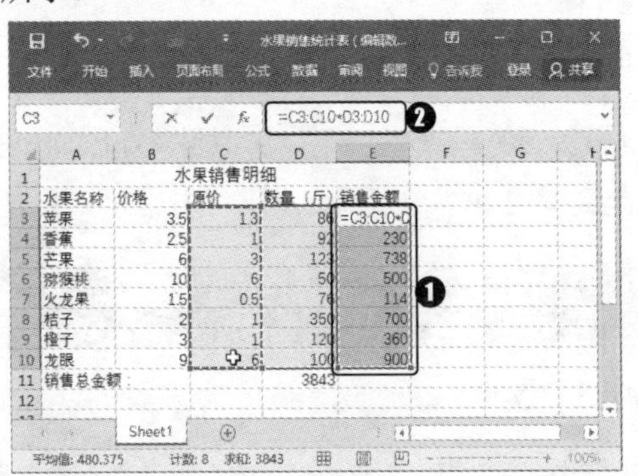

Step02: 输入完数据后，按〈Ctrl+Shift+Enter〉组合键，即可一次输入多个单元格的内容，效果如下图所示。

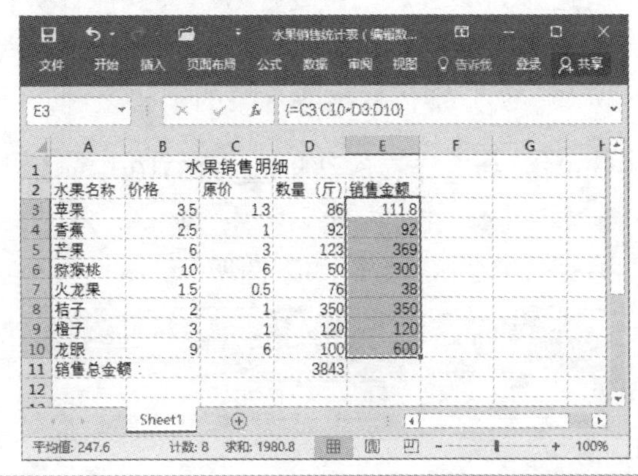

▷▷ 11.5 课堂讲解——公式审核

在 Excel 2016 中，通过公式计算数据后，难免会由于公式错误导致错误值的产生，因此，审核公式是一项极其重要的工作。通过公式的审核可以确保计算结果的正确性。本节将介绍公式审核的相关内容。

11.5.1 追踪引用单元格

追踪引用单元格是指标记所选单元格中公式引用的单元格；追踪从属单元格是指标记所选单元格应用于公式所在的单元格。追踪引用单元格的具体操作方法如下。

同步文件

素材文件：素材文件\第 11 章\水果销售统计表（追踪引用单元格）.xlsx
结果文件：结果文件\第 11 章\水果销售统计表（追踪引用单元格）.xlsx
视频文件：视频文件\第 11 章\11-5-1.mp4

Step01: 选择 D3 单元格，❶单击“公式”选项卡；❷单击“公式审核”组中的“追踪引用单元格”按钮，如下图所示。

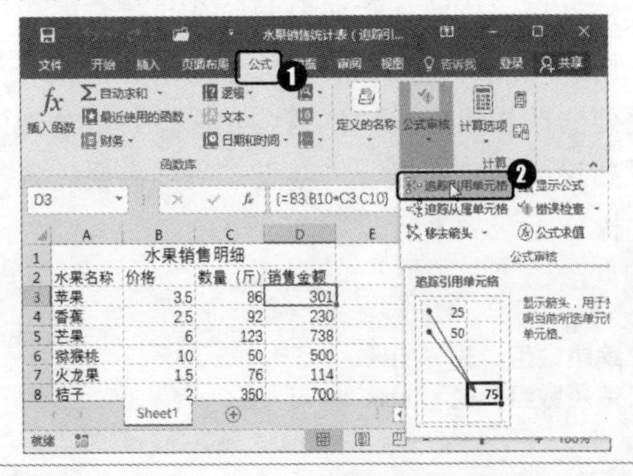

Step02: 经过上步操作，可以看到追踪引用单元格的效果如下图所示。

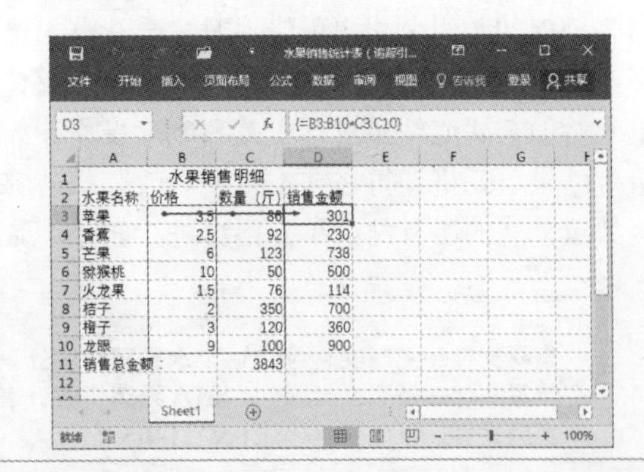

11.5.2　追踪从属单元格

在检查公式时，如果要显示出某个单元格被引用于哪个公式单元格，可以使用“追踪从属单元格”功能。具体操作方法如下。

同步文件

素材文件：素材文件\第 11 章\水果销售统计表（追踪从属单元格）.xlsx
结果文件：结果文件\第 11 章\水果销售统计表（追踪从属单元格）.xlsx
视频文件：视频文件\第 11 章\11-5-2.mp4

Step01: ❶选择 B5 单元格；❷单击“公式”选项卡；❸单击“公式审核”组中的“追踪从属单元格”按钮，如下图所示。

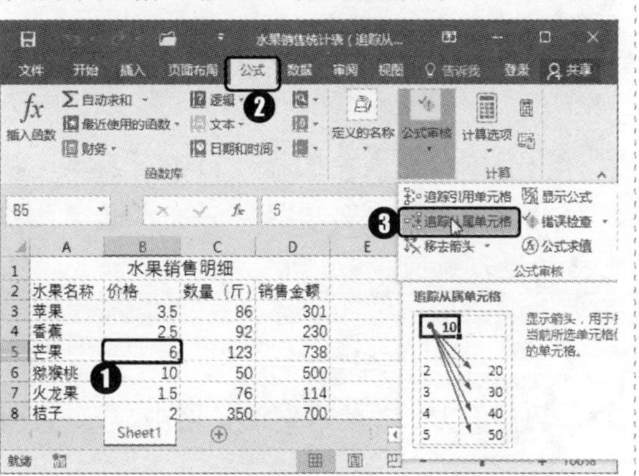

Step02: 经过前面的操作，可以看到追踪从属单元格的效果如下图所示。

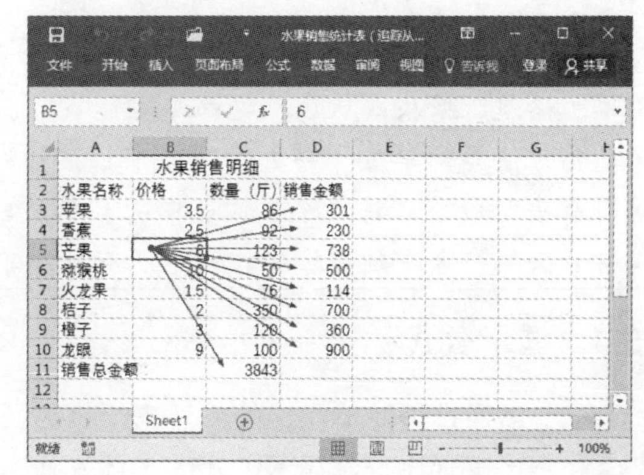

新手注意

在 Excel 2016 中，追踪引用单元格和追踪从属单元格，主要用于查看公式中所引用的单元格，但不能保存标记单元格的箭头，下次查看时需要重新执行“追踪引用单元格”或“追踪从属单元格”命令。

11.5.3　清除追踪箭头

执行“追踪引用单元格”命令和“追踪从属单元格”命令后，在工作表中将显示出追踪箭头。如果不需要查看公式与单元格之间的引用关系，可以隐藏追踪箭头。清除追踪箭头的具体操作方法如下。

同步文件

视频文件：视频文件\第 11 章\11-5-3.mp4

Step01: ❶选中 B5 单元格；❷单击“公式”选项卡中“公式审核”组中的“移去箭头”按钮，如下图所示。

Step02: 经过前面的操作，即可将 B5 单元格的追踪箭头移去，效果如下图所示。

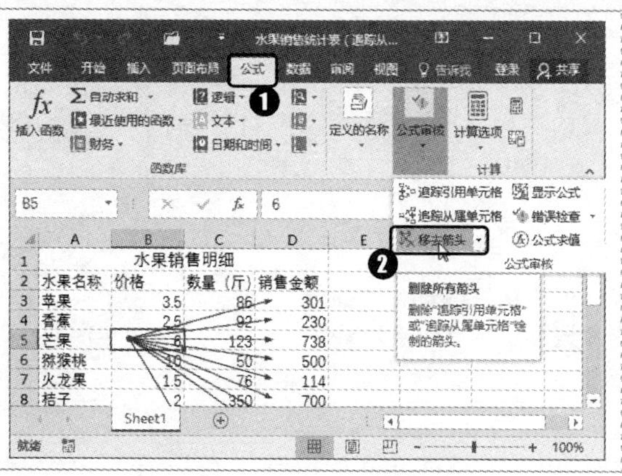

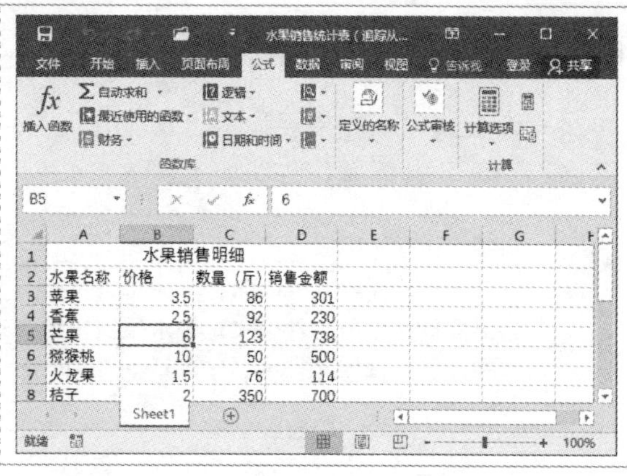

专家点拨——移除部分单元格箭头

在 Excel 2016 中，除了可以通过单击“移去箭头”按钮清除所有箭头，还可以移除引用单元格追踪箭头或从属单元格追踪箭头。

其方法是：单击“移去箭头”下拉按钮，在弹出的下拉列表中选择“移去引用单元格追踪箭头”命令，将移除工作表中所有引用单元格的追踪箭头；若选择“移去从属单元格追踪箭头”命令，则移除工作表中所有从属单元格的追踪箭头。

11.5.4 显示公式

除了上述通过追踪单元格的方法来检查公式以外，还可以直接在结果单元格中显示应用的公式，对公式进行检查。显示公式的具体操作方法如下。

同步文件

素材文件：素材文件\第 11 章\水果销售统计表（显示公式）.xlsx
结果文件：结果文件\第 11 章\水果销售统计表（显示公式）.xlsx
视频文件：视频文件\第 11 章\11-5-4.mp4

Step01: ❶选择 D3 单元格；❷单击“公式”选项卡中“公式审核”组中的“显示公式”按钮，如下图所示。

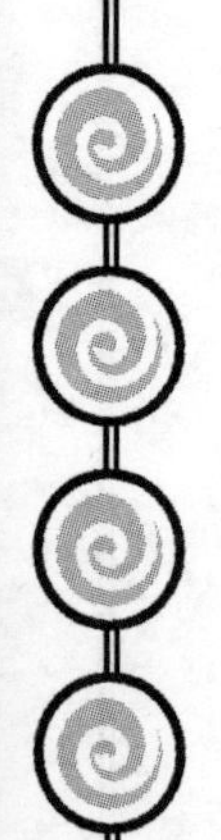

Step02: 经过前面的操作，即可显示出单元格的公式，效果如下图所示。

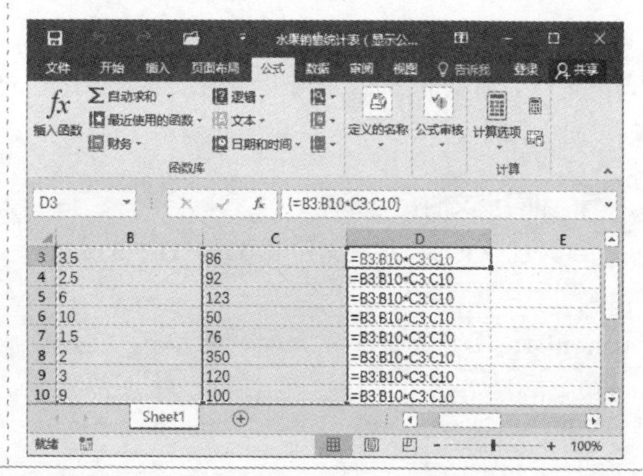

11.5.5　更正公式中的错误值

在 Excel 2016 中输入公式时，有时会由于用户的错误操作或公式函数应用不当，导致公式结果出现错误提示信息。更正公式中错误值的具体操作方法如下。

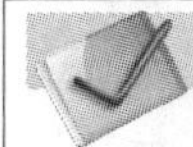

同步文件

素材文件：素材文件\第 11 章\工资表（检查公式）.xlsx
结果文件：结果文件\第 11 章\工资表（检查公式）.xlsx
视频文件：视频文件\第 11 章\11-5-5.mp4

Step01: ❶选择 H2 单元格；❷单击“公式”选项卡；❸单击“公式审核”组中的“错误检查”按钮，如下图所示。

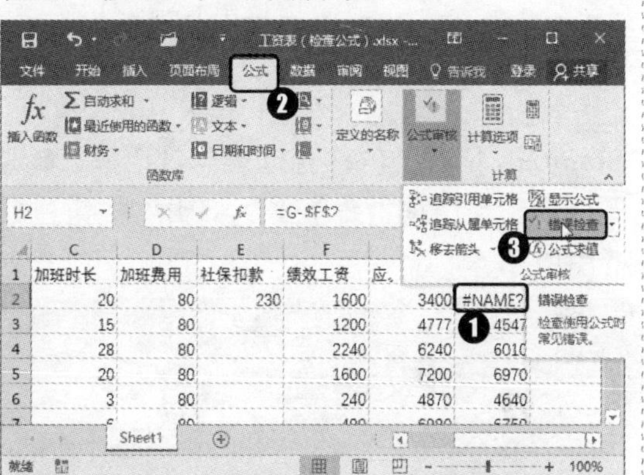

Step02: 打开“错误检查”对话框，单击“显示计算步骤”按钮，如下图所示。

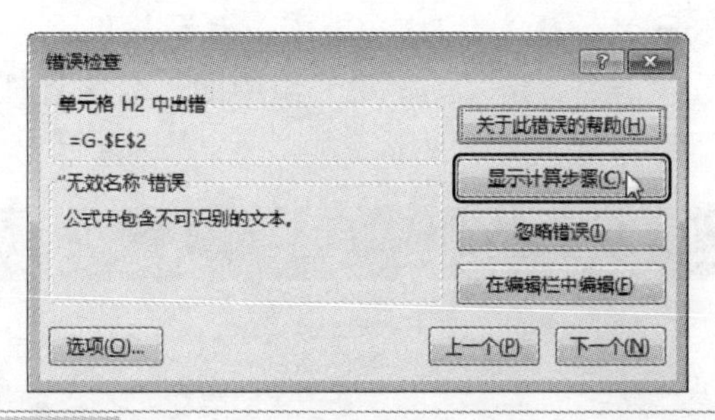

Step03: 在“错误检查”对话框中提示出错原因，单击“继续”按钮，如下图所示。

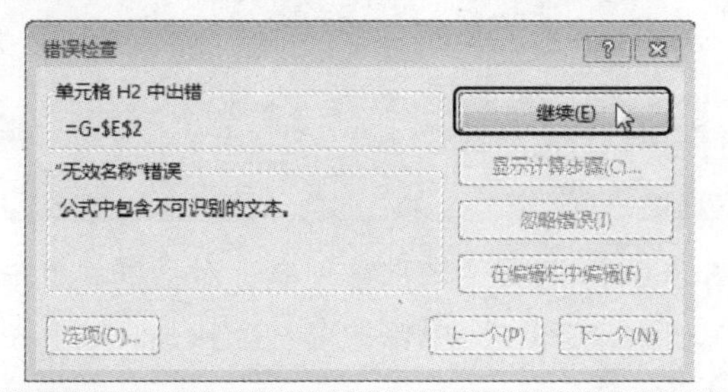

Step04: 单击“在编辑栏中编辑”按钮，修改公式，如下图所示。

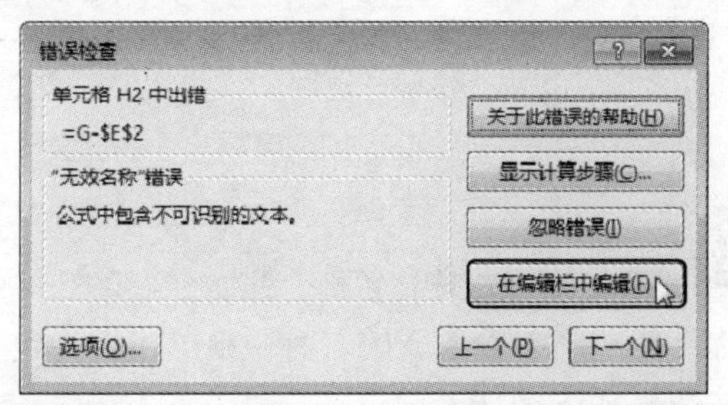

Step05: ❶在编辑栏中的“G”后面输入数字“2”；❷单击“继续”按钮，如下图所示。

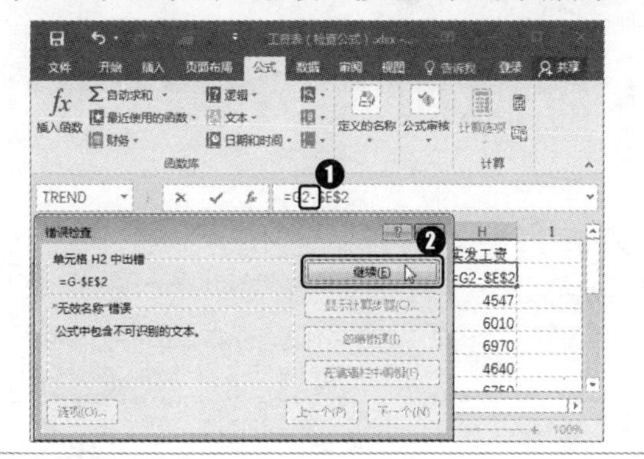

Step06: 打开“Microsoft Excel”提示对话框，单击“确定”按钮，完成错误检查，如下图所示。

▷▷ 高手秘籍——实用操作技巧

通过对前面知识的学习，相信读者朋友已经掌握了公式和数组的相关知识。下面结合本章内容介绍一些实用的操作技巧。

同步文件

视频文件：视频文件\第 11 章\高手秘籍.mp4

技巧 01 编辑定义的名称

在 Excel 中定义单元格名称后，可以直接将定义的名称应用于公式中，如果觉得定义的名称不合适，可以重新编辑名称。在当前工作表中重新编辑名称后，表格中应用的名称会自动更新。具体操作方法如下。

Step01: ❶选中 D3 单元格；❷单击“公式”选项卡中“定义的名称”组中的“名称管理器”按钮，如下图所示。

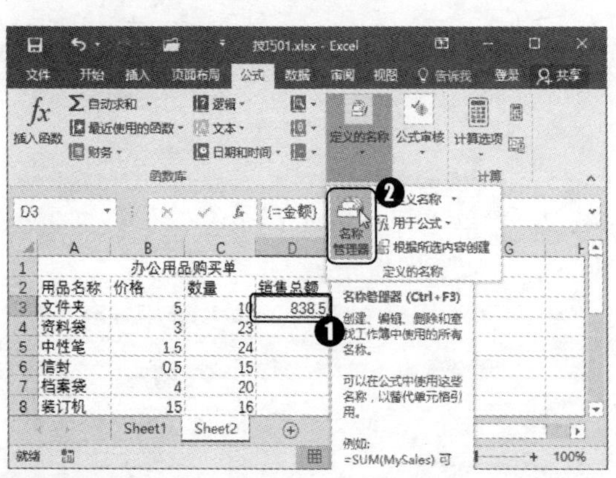

Step02: 打开“名称管理器”对话框。❶选择“金额”选项；❷单击“编辑”按钮，如下图所示。

Step03: 打开“编辑名称”对话框，❶在“名称”文本框中输入新的名称；❷单击“确定”按钮，如下图所示。

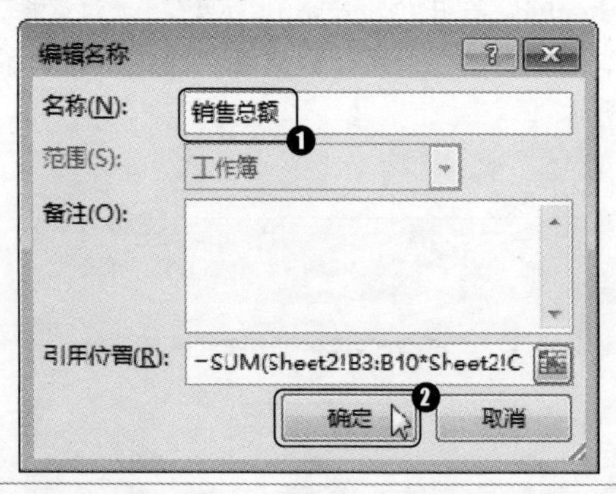

Step04: 返回“名称管理器”对话框，单击“关闭”按钮，完成修改名称的操作，如下图所示。

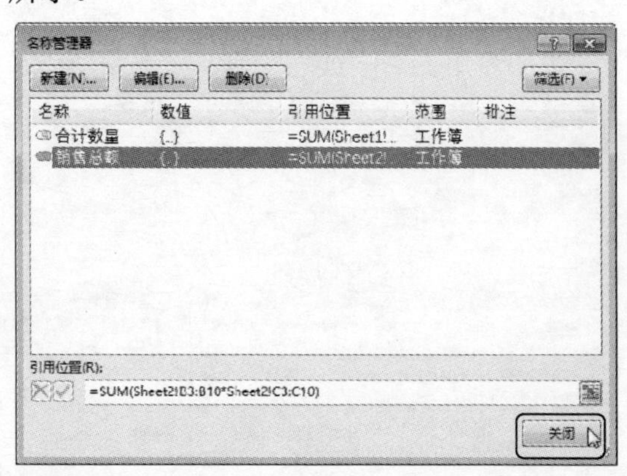

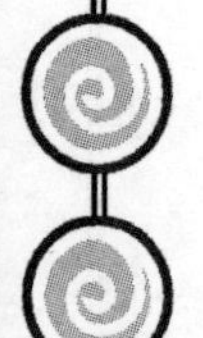

技巧 02 隐藏编辑栏中的公式

通常情况下，在 Excel 2016 中，如果单元格中含有函数公式，那么选择此单元格，就会在编辑栏中显示公式，为了不让其他人对公式进行查看，可以将编辑栏中的公式隐藏起来。具体操作方法如下。

Step01: ❶选择 C11、D3:D10 单元格区域；❷单击鼠标右键，在弹出的快捷菜单中选择“设置单元格格式”命令，如下图所示。

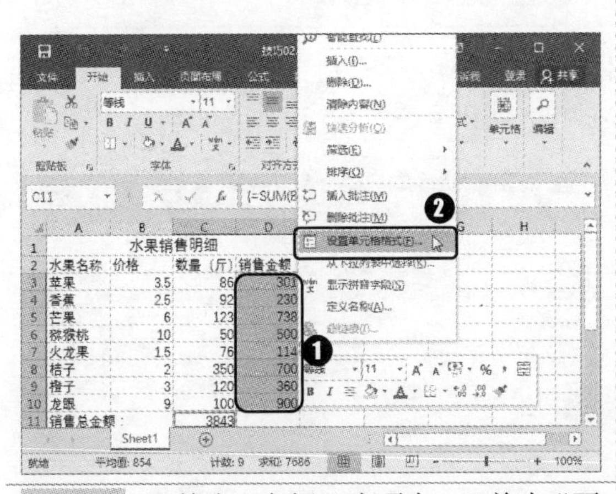

Step02: 打开“设置单元格格式”对话框，❶单击“保护”选项卡；❷勾选“锁定”和“隐藏”复选框；❸单击“确定”按钮，如下图所示。

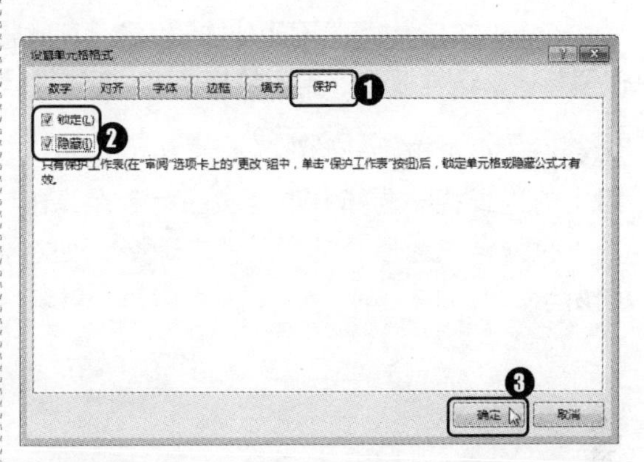

Step03: ❶单击“审阅”选项卡；❷单击“更改”组中的“保护工作表”按钮，如下图所示。

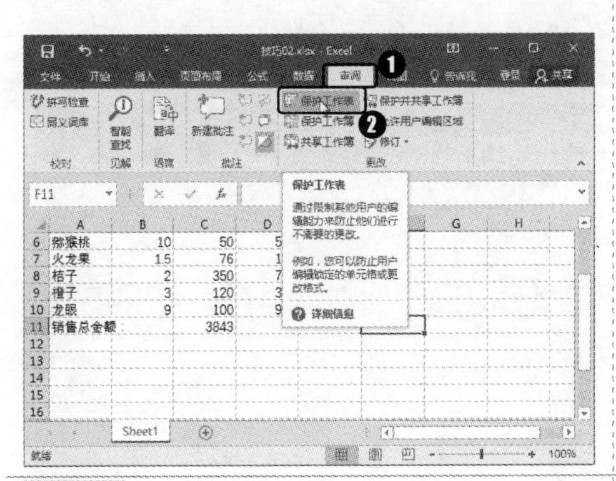

Step04: 打开“保护工作表”对话框，❶在“取消工作表保护时使用的密码”文本框中输入密码“123”；❷勾选“选定锁定单元格”和“选定未锁定的单元格”复选框；❸单击“确定”按钮，如下图所示。

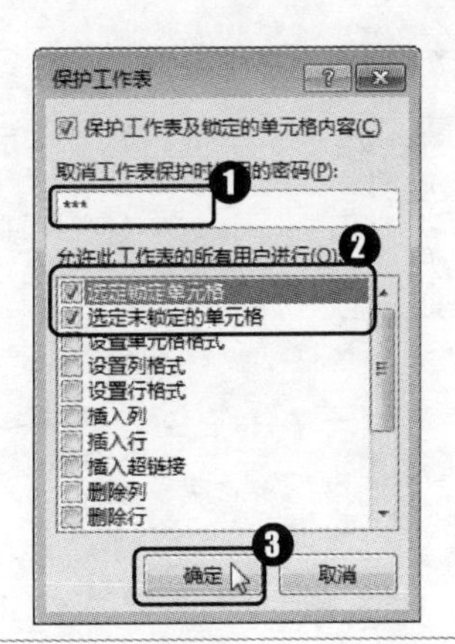

Step05: 打开“确认密码”对话框；❶在“重新输入密码”文本框中输入密码“123”；❷单击“确定”按钮，如下图所示。

Step06: 再次选择含有公式的单元格，就看不到编辑栏中的公式了，如下图所示。

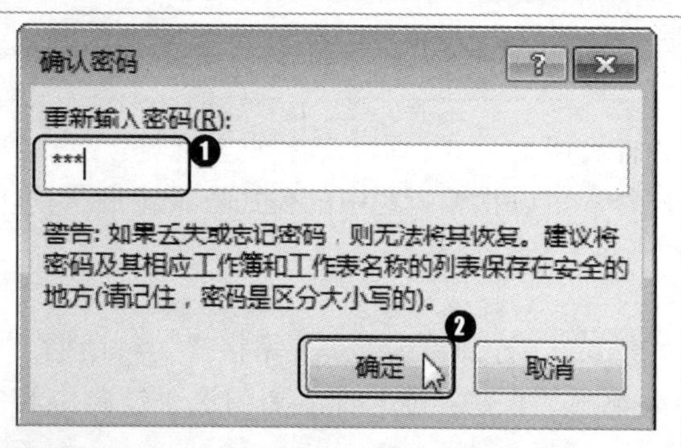

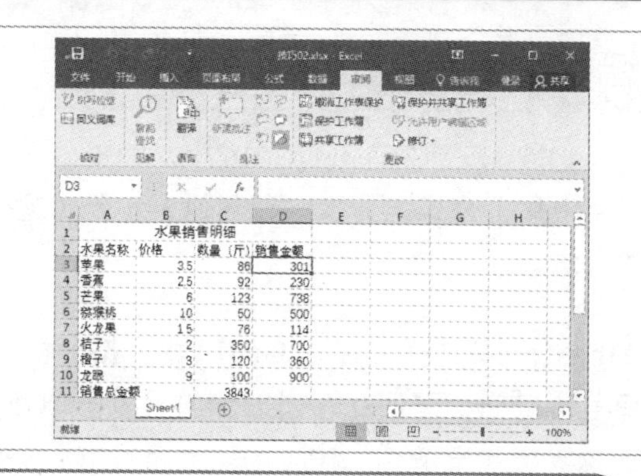

技巧 03 让公式结果只保留计算值

在 Excel 2016 中为了不让他人查看到数据结果所使用的公式，可以将公式计算的结果设置为只保留数值，这样便看不到所使用的公式了。具体操作方法如下。

Step01: ❶单击“开始”选项卡中“编辑”组中的“查找和选择”下拉按钮；❷在弹出的下拉列表中选择“定位条件”命令，如右图所示。

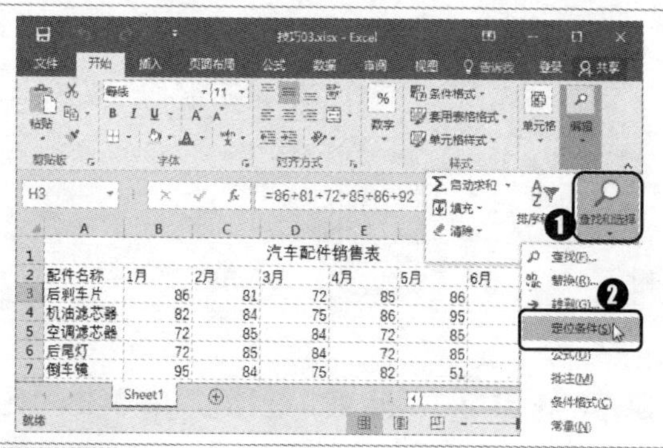

Step02: 打开“定位条件”对话框；❶选择“公式”单选按钮；❷单击“确定”按钮，如下图所示。

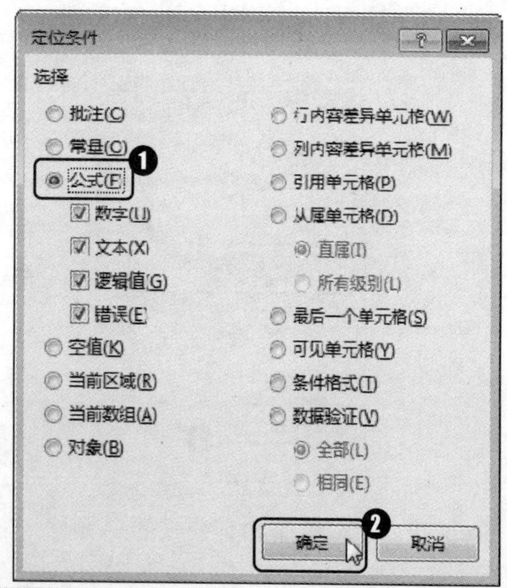

Step03: 经过前面的操作，即可选择所有含有公式的 H3:H6 单元格区域；❶单击“开始”选项卡；❷单击“剪切板”组中的“复制”按钮，如下图所示。

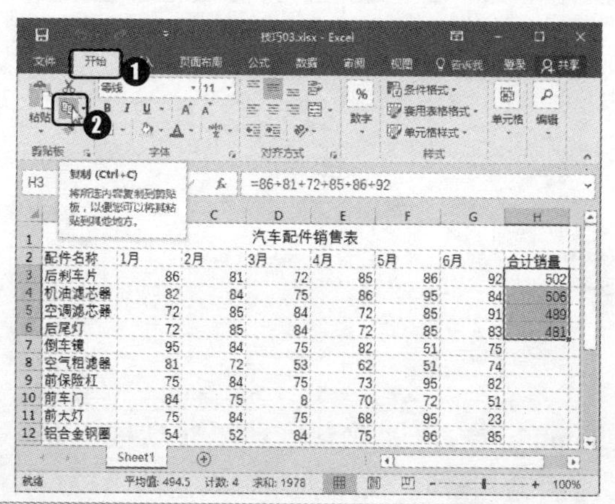

Step04: ❶单击“剪切板”组中的“粘贴”下拉按钮；❷选择“粘贴数值”中的“值”选项，如下图所示。

Step05: 经过前面的操作，即可使单元格中公式的计算结果只保留数值，效果如下图所示。

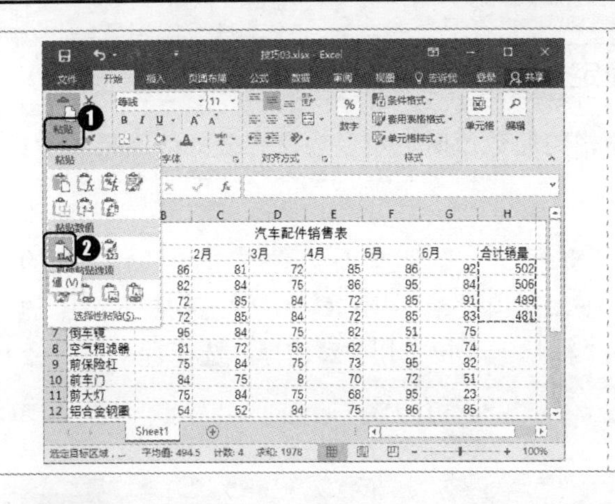

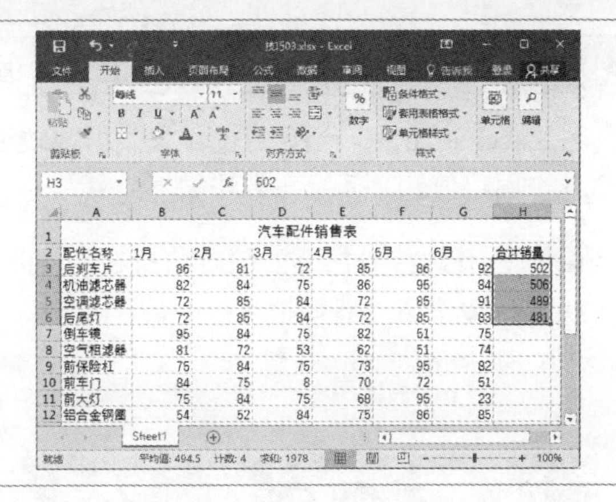

技巧 04　使用监视窗口监视公式及其结果

在 Excel 2016 中，当单元格数据变化时，引用该单元格的单元格数据也会随之改变。在较大的工作表中，要查看这种变化是很不容易的。Excel 2016 中提供了一个“监视窗口”窗口。该窗口是一个浮动窗口，可以浮动在屏幕上的任何位置，不会对工作表的操作产生任何影响，在该窗口中能够随时查看单元格中公式数值的变化，以及单元格中使用的公式和地址。具体操作方法如下。

Step01: ❶单击“公式”选项卡；❷单击“公式审核”组中的“监视窗口”按钮，如下图所示。

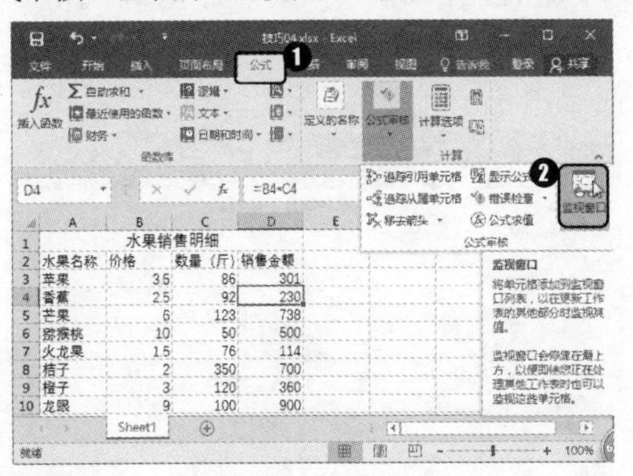

Step02: 打开“监视窗口”窗格；单击“添加监视”按钮，如下图所示。

Step03: 打开“添加监视点”对话框，在“选择您想监视其值的单元格”文本框中输入“=Sheet1! $D$4”，如下图所示。

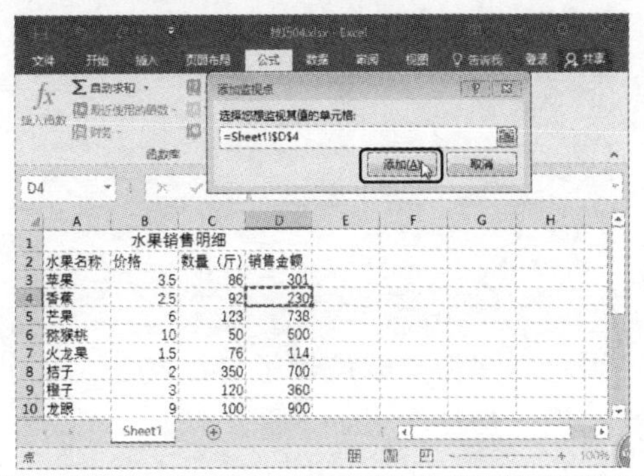

Step04: 更改工作表中 C4 单元格中的值，在“监视窗口”窗口即可看到相关数据的变化，如下图所示。

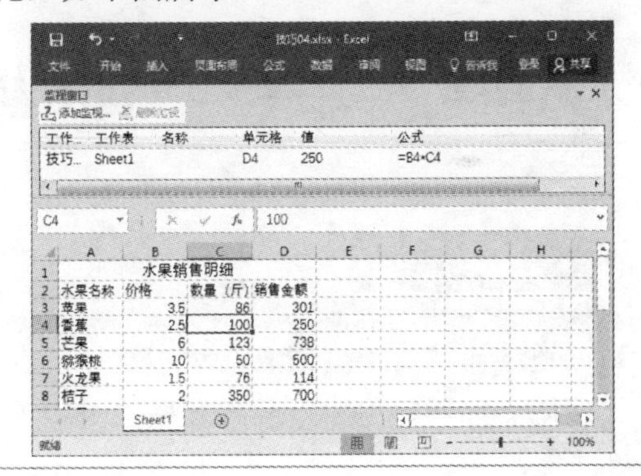

技巧 05 快速为所有公式结果加上一个固定值

在 Excel 2016 中，当计算的结果数据都缺少相同的数值时，可以为所有公式的结果加上或减去这个固定值。具体操作方法如下。

Step01: ❶选择要加上的固定值所在的 H4 单元格；❷单击“剪贴板”组中的“复制”按钮，如下图所示。

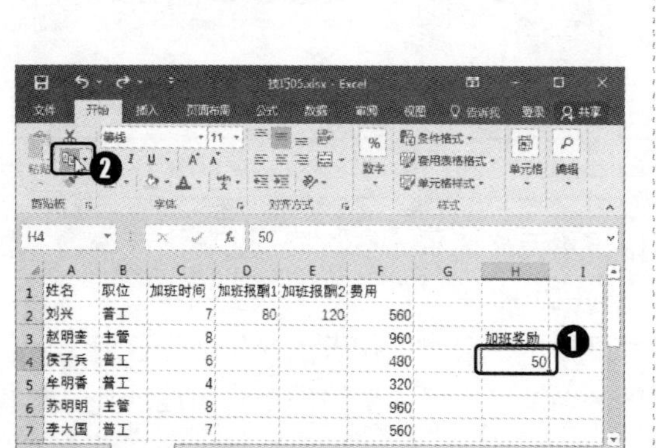

Step02: ❶选择要为公式加上固定值的 F2:F7 单元格区域；❷单击“剪切板”组中的“粘贴”下拉按钮；❸选择“选择性粘贴”命令，如下图所示。

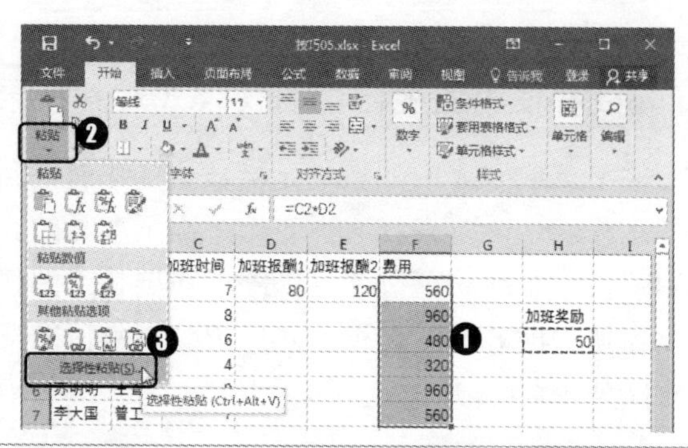

Step03: 打开“选择性粘贴”对话框，❶选择“加”单选按钮；❷单击“确定”按钮，如下图所示。

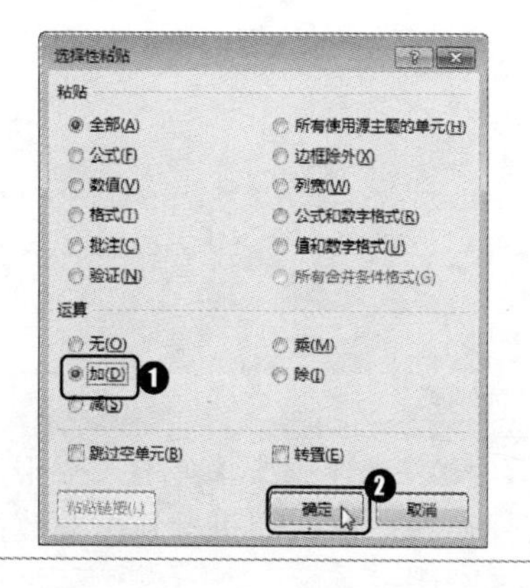

Step04: 经过前面的操作，快速为所有公式结果加上一个固定值，效果如下图所示。

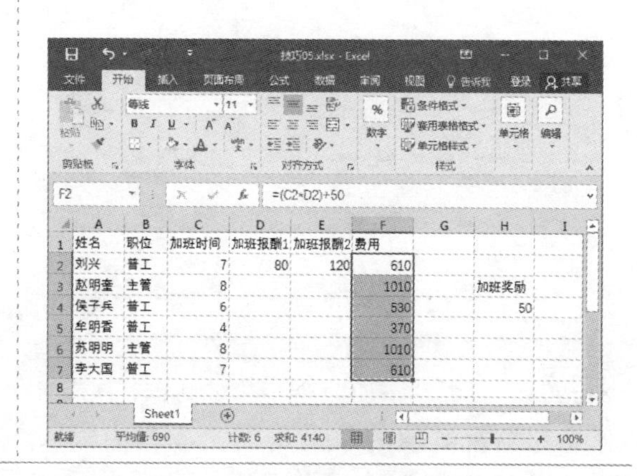

▷▷ 上机实战——计算员工测试成绩

上机介绍

下面通过计算员工测试成绩对本章知识点进行巩固。本案例主要应用了自定义公式、定义名称、应用名称、应用数组公式及追踪引用单元格等知识。最终效果如下图所示。

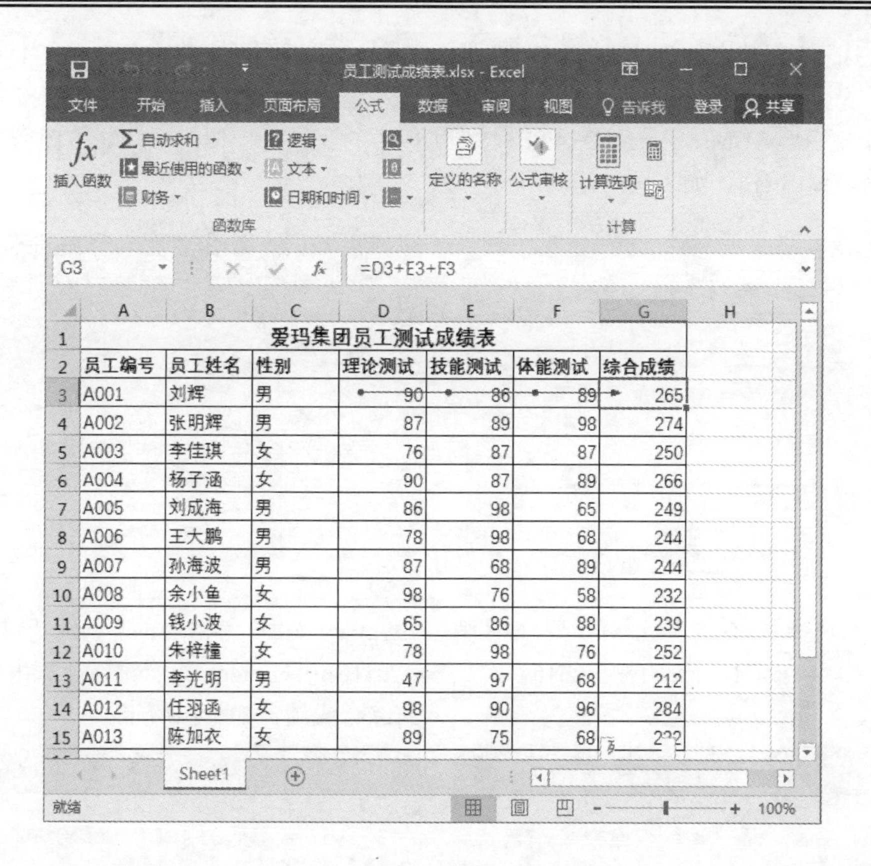

	A	B	C	D	E	F	G
1	爱玛集团员工测试成绩表						
2	员工编号	员工姓名	性别	理论测试	技能测试	体能测试	综合成绩
3	A001	刘辉	男	90	86	89	265
4	A002	张明辉	男	87	89	98	274
5	A003	李佳琪	女	76	87	87	250
6	A004	杨子涵	女	90	87	89	266
7	A005	刘成海	男	86	98	65	249
8	A006	王大鹏	男	78	98	68	244
9	A007	孙海波	男	87	68	89	244
10	A008	余小鱼	女	98	76	58	232
11	A009	钱小波	女	65	86	88	239
12	A010	朱梓橦	女	78	98	76	252
13	A011	李光明	男	47	97	68	212
14	A012	任羽涵	女	98	90	96	284
15	A013	陈加衣	女	89	75	68	[illegible]

同步文件

素材文件：素材文件\第 11 章\员工测试成绩表.xlsx
结果文件：结果文件\第 11 章\员工测试成绩表.xlsx
视频文件：视频文件\第 11 章\上机实战.mp4

步骤详解

本实例的具体操作步骤如下。

Step01: ❶在 G3 单元格中输入自定义公式“=D3+E3+F3”；❷单击编辑栏中的“输入”按钮✓，如下图所示。

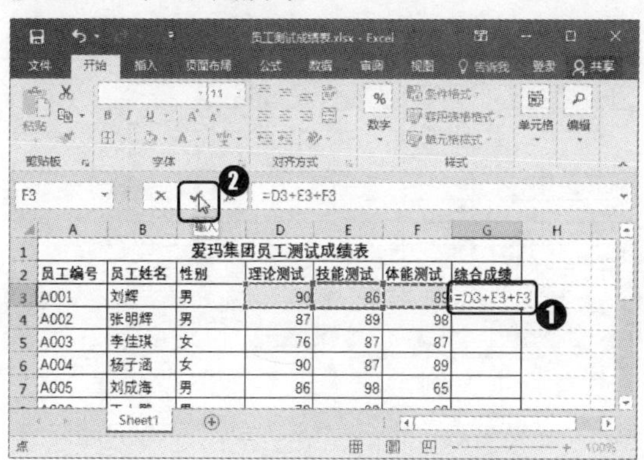

Step02: ❶选中 D4:F4 单元格区域；❷单击“公式”选项卡；❸单击“定义的名称”组中的“定义名称”按钮，如下图所示。

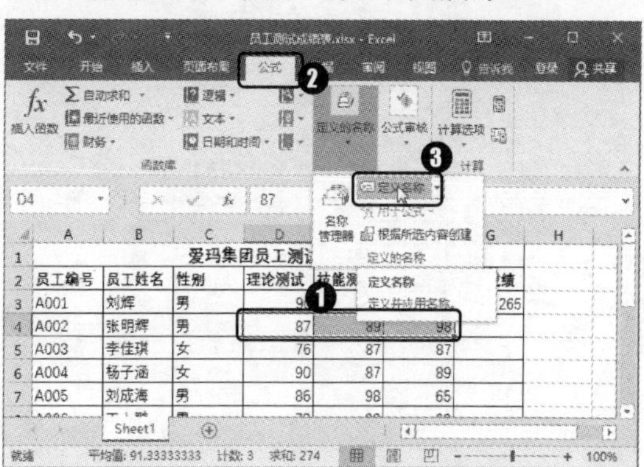

Step03: 打开“新建名称”对话框，❶在“名称”文本框中输入“综合成绩”；❷在“引用位置”框中输入“=SUM(Sheet1!$D$4:$F$4)”；❸单击“确定”按钮，如下图所示。

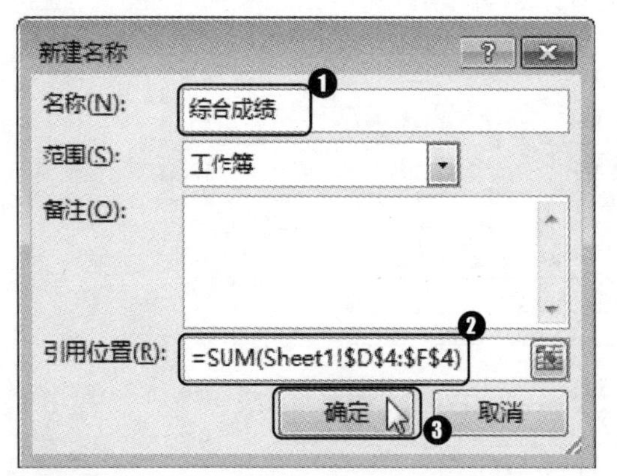

Step04: 返回至表格中，❶在G4单元格中输入定义的名称“=综合成绩”；❷单击编辑栏中的“输入”按钮✓，如下图所示。

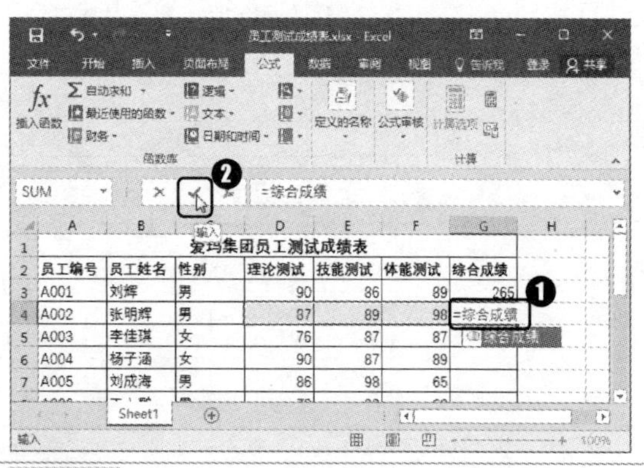

Step05: ❶选择G5:G15单元格区域；❷在编辑栏中输入“=D5:D15+E5:E15+F5:F15”，如下图所示。

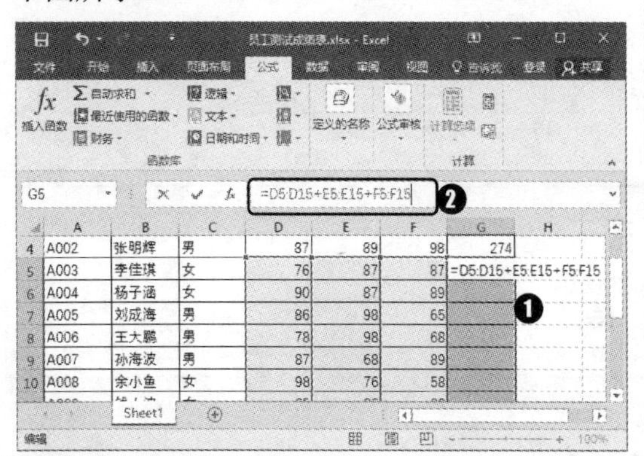

Step06: 输入完相加的单元格区域后，按〈Ctrl+Shift+Enter〉组合键，计算出所有员工的综合成绩，如下图所示。

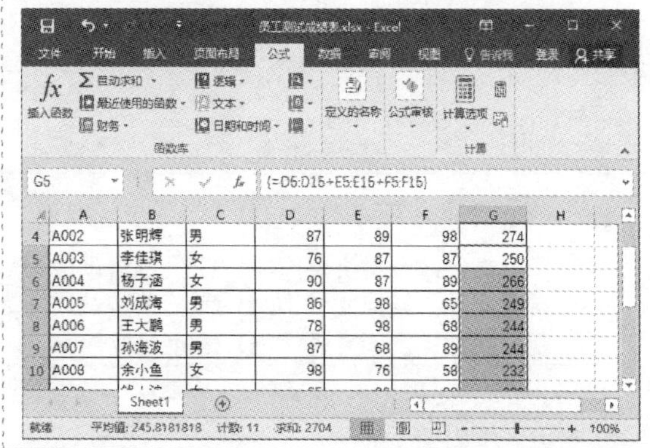

Step07: ❶选择G3单元格；❷单击“公式”选项卡“公式审核”组中的“追踪引用单元格”按钮，如下图所示。

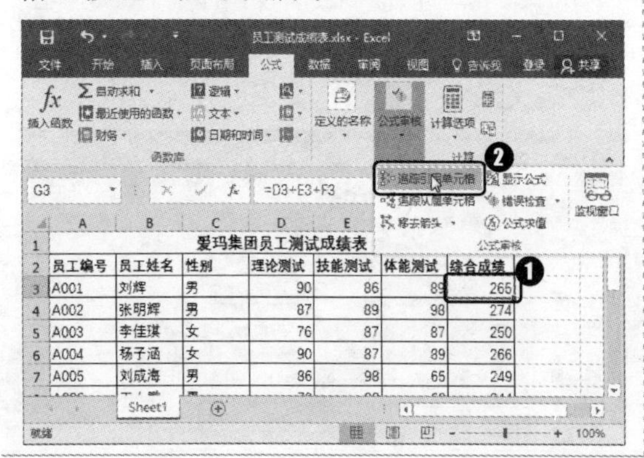

Step08: 经过上一步的操作，追踪引用单元格的效果如下图所示。

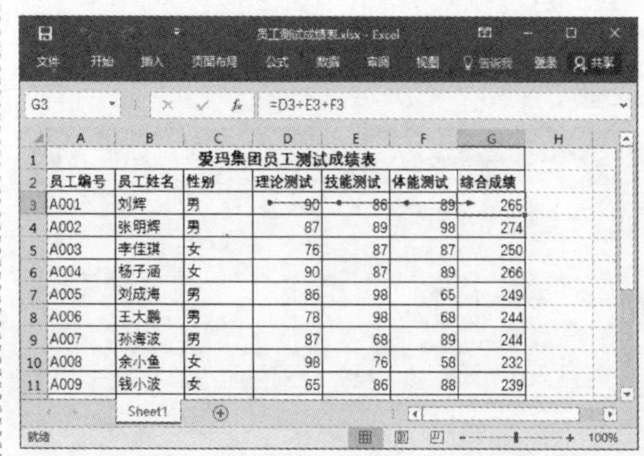

本章小结

本章的重点是掌握在 Excel 2016 中运算符的使用、单元格的引用，以及定义单元格名称、使用自定义公式和数组公式、对公式进行审核的方法。通过本章的学习，希望读者能够进一步认识 Excel 2016 的强大数据处理功能，解决日常工作中的数据计算问题。

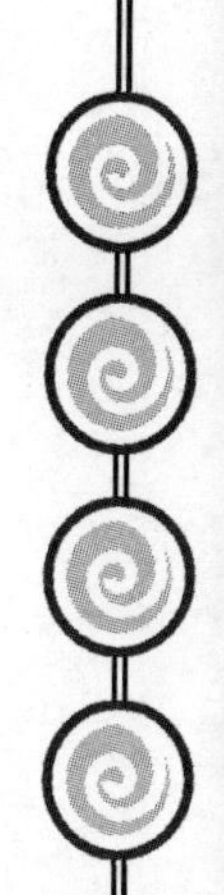

第 12 章　在 Excel 2016 中使用函数计算数据

本章导读

在 Excel 2016 中，使用函数计算可以简化公式，在使用函数前先要了解函数的基础知识和使用方法。本章主要讲解输入与编辑函数的方法，以及常用函数、财务函数、逻辑函数和日期与时间函数的相关知识。

知识要点

- ➢ 认识函数
- ➢ 掌握输入与编辑函数的方法
- ➢ 掌握常用函数的应用
- ➢ 掌握财务函数的应用
- ➢ 掌握逻辑函数的应用
- ➢ 掌握日期与时间函数的应用
- ➢ 掌握统计函数的应用

效果展示

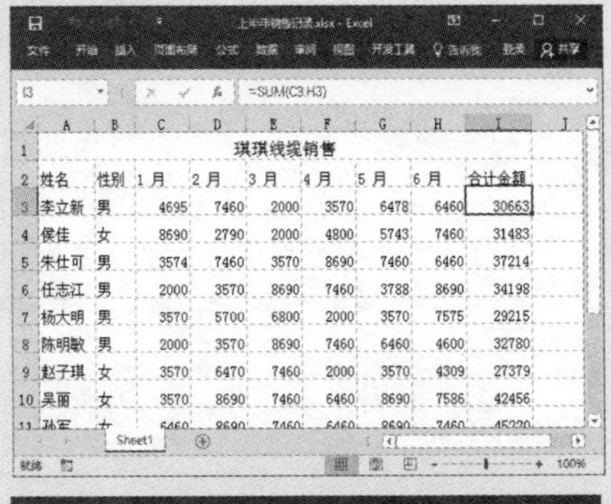

姓名	性别	1 月	2 月	3 月	4 月	5 月	6 月	合计金额
李立新	男	4695	7460	2000	3570	6478	6460	30663
侯佳	女	8690	2790	2000	4800	5743	7460	31483
朱仕可	男	3574	7460	3570	8690	7460	6460	37214
任志江	男	2000	3570	8690	7460	3788	8690	34198
杨大明	男	3570	5700	6800	2000	3570	7575	29215
陈明敏	男	2000	3570	8690	7460	6460	4600	32780
赵子琪	女	3570	6470	7460	2000	3570	4309	27379
吴丽	女	3570	8690	7460	6460	8690	7586	42456

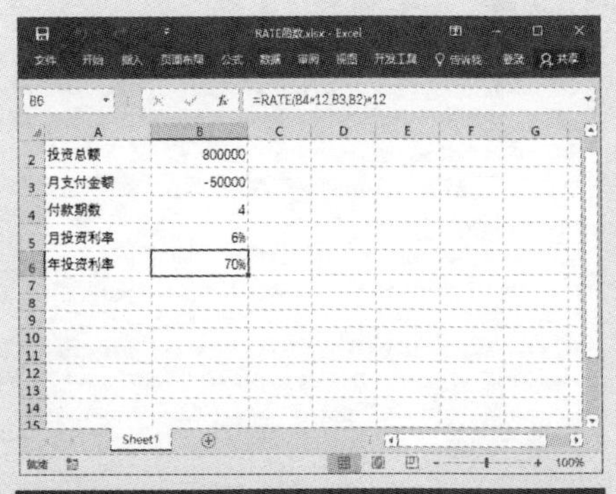

A	B
投资总额	800000
月支付金额	-50000
付款期数	4
月投资利率	6%
年投资利率	70%

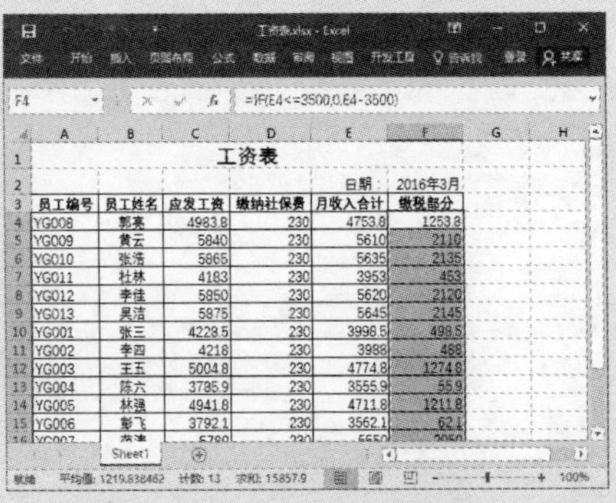

工资表

日期：2016年3月

员工编号	员工姓名	应发工资	缴纳社保费	月收入合计	缴税部分
YG008	郭亮	4983.8	230	4753.8	1253.8
YG009	黄云	5840	230	5610	2110
YG010	张浩	5865	230	5635	2135
YG011	杜林	4183	230	3953	453
YG012	李佳	5850	230	5620	2120
YG013	吴洁	5875	230	5645	2145
YG001	张三	4228.5	230	3998.5	498.5
YG002	李四	4218	230	3988	488
YG003	王五	5004.8	230	4774.8	1274.8
YG004	陈六	3785.9	230	3555.9	55.9
YG005	林强	4941.8	230	4711.8	1211.8
YG006	彭飞	3792.1	230	3562.1	62.1

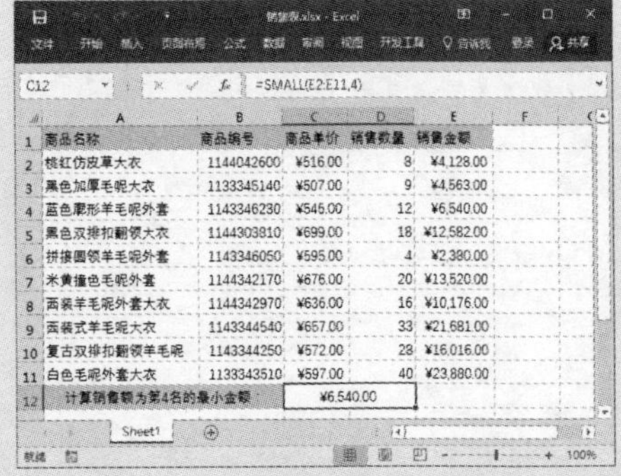

商品名称	商品编号	商品单价	销售数量	销售金额
桃红仿皮草大衣	1144042600	¥516.00	8	¥4,128.00
黑色加厚毛呢大衣	1133345140	¥507.00	9	¥4,563.00
蓝色廓形羊毛呢外套	1143346230	¥545.00	12	¥6,540.00
黑色双排扣翻领大衣	1144303810	¥699.00	18	¥12,582.00
拼接圆领羊毛呢外套	1143346050	¥595.00	4	¥2,380.00
米黄撞色毛呢外套	1144342170	¥676.00	20	¥13,520.00
西装羊毛呢外套大衣	1144342970	¥636.00	16	¥10,176.00
西装式羊毛呢大衣	1143344540	¥657.00	33	¥21,681.00
复古双排扣翻领羊毛呢	1143344250	¥572.00	28	¥16,016.00
白色毛呢外套大衣	1133343510	¥597.00	40	¥23,880.00
计算销售额为第4名的最小金额		¥6,540.00		

▷▷ 12.1 课堂讲解——函数简介

Excel 2016 具有强大的数据计算功能，通过 Excel 提供的各类函数，用户可以直接在公式中使用系统预设的函数对数据进行快速计算。在使用函数之前，首先来了解 Excel 函数的相关知识。

12.1.1 认识函数

Excel中的函数其实是一些预定义的公式，函数使用一些称为参数的特定值按特定的顺序或结构进行计算。用户可以直接用函数对某个区域内的数据进行一系列运算，如分析和处理日期值、时间值、确定贷款的支付额、确定单元格中的数据类型、计算平均值、排序和处理文本等。

Excel 函数只有唯一的名称且不区分大小写，每个函数都有特定的功能和作用。

12.1.2 函数的结构

函数是预先编写的公式，可以将其看成一种特殊的公式。函数一般具有一个或多个参数，可以简单、便捷地进行多种运算，并返回一个或多个值。

函数作为公式的一种特殊形式存在，也是由“=”符号开头的，右侧依次是函数名称、左括号、以半角逗号分隔的参数和右括号。具体结构如下图所示。

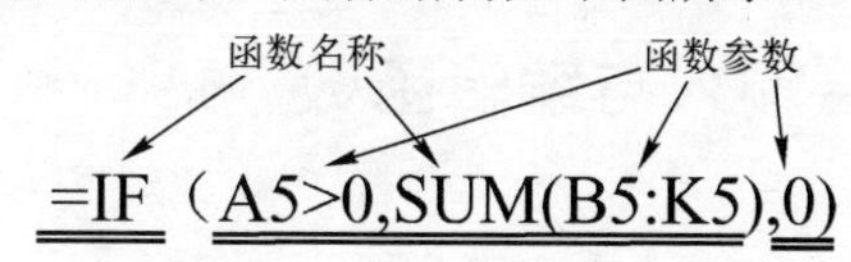

12.1.3 函数的类型

根据函数的功能，可将函数划分为 11 种类型。在使用函数的过程中，一般也是先选择函数类型，再选择合适的函数。因此，学习函数，必须先了解函数的分类。11 种函数类型的具体介绍如下。

- 财务函数：Excel 中提供了非常丰富的财务函数，使用这些函数，可以完成大部分的财务统计和计算。例如，DB 函数可以返回固定资产的折旧值；IPMT 可以返回投资回报的利息部分等。财务人员如果能够正确、灵活地使用财务函数，则能大大减少日常工作中的计算工作量。
- 逻辑函数：该类型的函数只有7个，用于测试某个条件，总是返回逻辑值TRUE或FALSE。它们与数值的关系为：在数值运算中，TRUE=1，FALSE=0；在逻辑判断中，0=FALSE，所有非 0 数值=TRUE。
- 文本函数：这是在公式中处理文本字符串的函数。主要功能包括截取、查找和替换文本中的某个特殊字符，也可以改变文本的状态。例如，TEXT 函数可将数值转换为文本；LOWER 函数可将文本字符串的所有字母转换成小写形式等。
- 日期与时间函数：该类型的函数用于分析或处理公式中的日期和时间值。例如，TODAY 函数可以返回当前系统日期。
- 查找与引用函数：该类型的函数用于在数据清单或工作表中查询特定的数值或某个单元格引用。例如，使用 VLOOKUP 函数确定某一收入水平的税率。

- 数学和三角函数：该类型的函数有很多，主要用于各种数学计算和三角函数计算。例如，RADIANS 函数可以把角度转换为弧度等。
- 统计函数：该类型的函数可以对一定范围内的数据进行统计学分析。例如，可以计算统计数据，如平均值、模数、标准偏差等。
- 工程函数：该类型的函数常用于工程应用，可以处理复杂的数字，在不同的计数体系和测量体系之间转换。例如，可以将十进制数转换为二进制数。
- 多维数据集函数：该类型的函数用于返回多维数据集中的相关信息。例如，返回多维数据集中成员属性的值。
- 信息函数：该类型的函数有助于确定单元格中数据的类型，还可以使单元格在满足一定的条件时返回逻辑值。
- 数据库函数：该类型的函数用于对存储在数据清单或数据库中的数据进行分析，判断其是否符合某些特定的条件。这类函数在需要汇总列表中符合某一条件的数据时十分有用。

 **专家点拨——VBA 函数**

Excel 中还有一类函数是使用 VBA 创建的自定义函数，称为“用户定义函数”。这些函数可以像 Excel 的内部函数一样运行，但不能在粘贴函数的显示每个参数的描述。

▷▷ 12.2 课堂讲解——输入与编辑函数

在使用函数计算数据之前，首先需要学会如何输入与编辑函数。

12.2.1 使用“函数库”组中的功能按钮插入函数

对于初学者来说，如果对所使用的函数不太熟悉，通常会使用“插入函数”对话框来选择输入函数。具体操作方法如下。

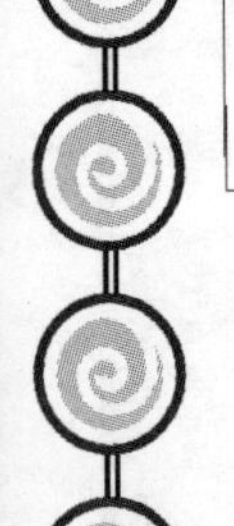

 **同步文件**

素材文件：素材文件\第 12 章\销售报表.xlsx
结果文件：结果文件\第 12 章\销售报表.xlsx
视频文件：视频文件\第 12 章\12-2-1.mp4

Step01: ❶选择 F2 单元格；❷单击“公式”选项卡；❸单击“函数库”组中的“插入函数”按钮，如右图所示。

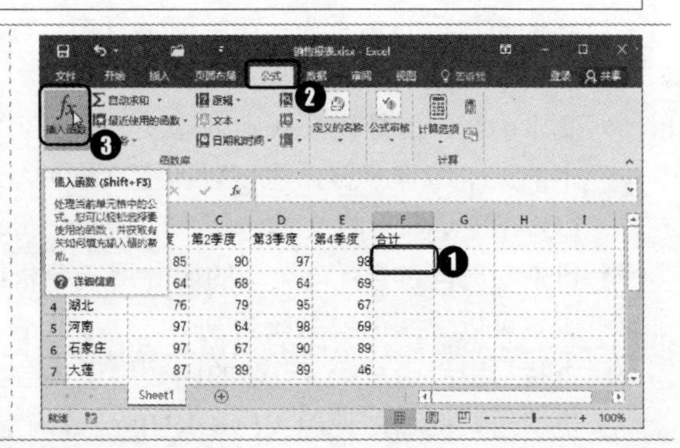

Step02: 打开“插入函数”对话框，❶在“选择函数”列表框中选择“SUM”函数；❷单击“确定”按钮，如下图所示。

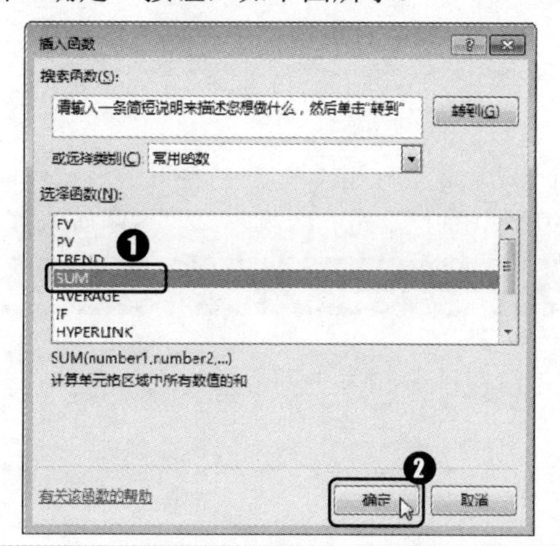

Step03: 打开“函数参数”对话框，❶在“Number1”框中选择求和区域；❷单击“确定”按钮，如下图所示。

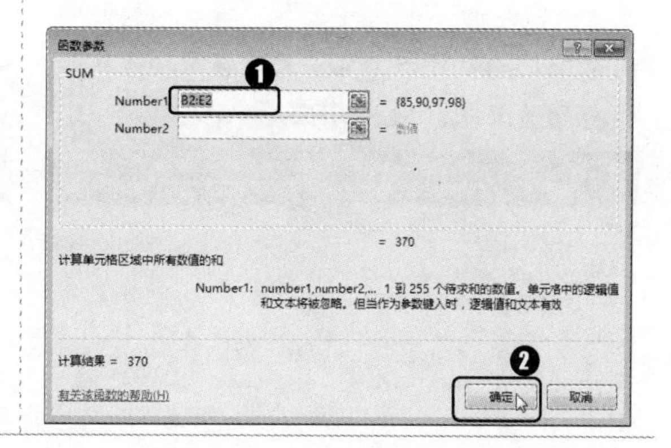

12.2.2 手动输入函数

如果知道函数名及函数参数的使用方法，就可以直接输入函数，这是较常用的一种输入函数的方法。具体操作方法如下。

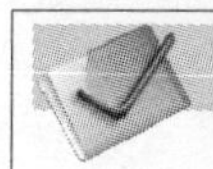

同步文件

素材文件：素材文件\第 12 章\销售报表 1.xlsx
结果文件：结果文件\第 12 章\销售报表 1.xlsx
视频文件：视频文件\第 12 章\12-2-2.mp4

Step01: ❶在 F3 单元格中输入函数公式“=SUM(B3:E3)”；❷单击编辑栏中的“输入”按钮✓，如下图所示。

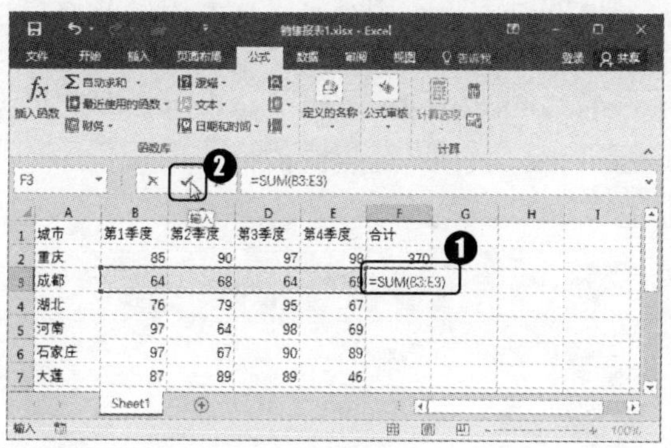

Step02: 经过前面的操作，计算出的结果如下图所示。

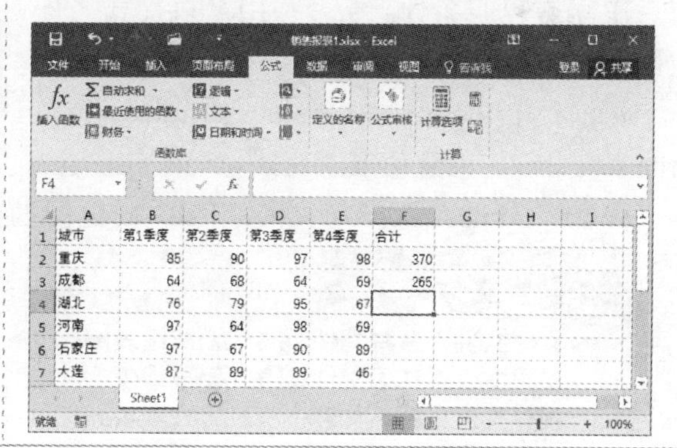

12.2.3 修改函数参数

在使用函数计算数据时，如果横向和纵向都有数据可以进行计算，默认情况下是横向进行计算的，如果需要对纵向的数据进行计算，则需要修改参与计算的函数参数。具体操作方法如下。

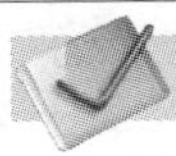

同步文件

素材文件：素材文件\第 12 章\计算平均值.xlsx
结果文件：结果文件\第 12 章\计算平均值.xlsx
视频文件：视频文件\第 12 章\12-2-3.mp4

Step01: ❶选中 F10 单元格；❷在编辑栏中选择参数区域，如下图所示。

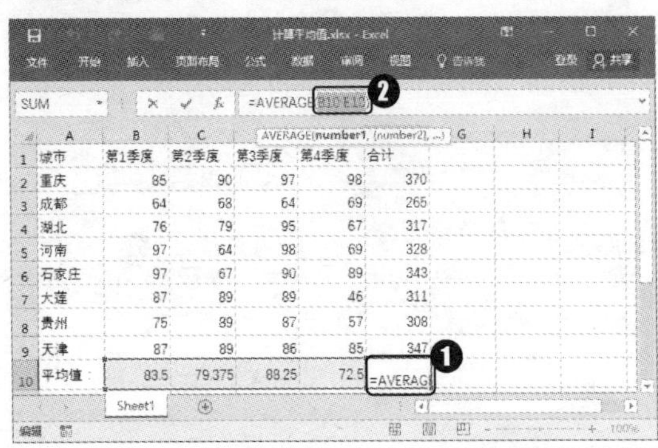

Step02: ❶重新选择参与计算的区域；❷单击编辑栏中的“输入”按钮✓，如下图所示。

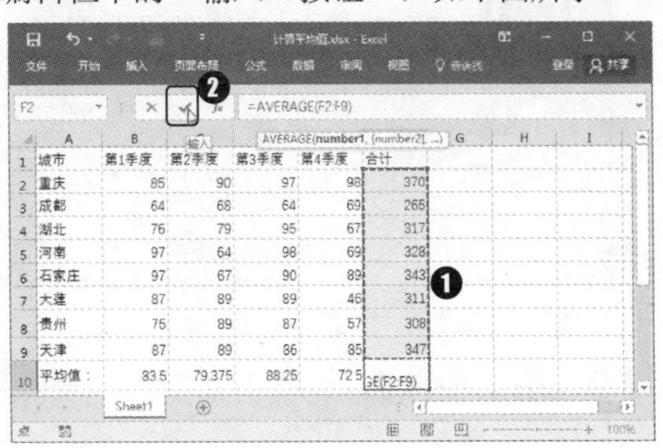

12.2.4 嵌套函数

在工作表中计算数据时，有时需要将函数作为另一个函数的参数才能计算出正确的结果，此时就需要使用嵌套函数。例如，下面会应用到 SUM 和 IF 函数。

SUM 函数可以将用户指定为参数的所有数字相加，每个参数可以是区域、单元格引用、数组、常量、公式或另一个函数的结果。

语法：SUM(number1,[number2,…])

number1：必需的，是需要相加的第一个数值参数。

number2…：可选的，是需要相加的第 2～255 个数值。

IF 函数也叫条件函数，作用是执行真（True）假（False）值判断，根据运算出的真假值，返回不同的结果。若满足条件，则返回一个值；若不满足条件，则返回另外一个值。

语法：IF(logical test, value_if_true, value_if_false)。logical test：逻辑值，表示计算结果为 True 或 False 的任意值或表达式；value_if_true：logical test 为 True 时返回的值；

value_if_false：logical test 为 False 时返回的值。

同步文件

素材文件：素材文件\第 12 章\成绩表.xlsx
结果文件：结果文件\第 12 章\成绩表.xlsx
视频文件：视频文件\第 12 章\12-2-4.mp4

Step01: ❶在 E2 单元格中输入计算公式“=IF(SUM(B3:C3)>85,"优",IF(SUM(B3:C3)>80,"良","差"))”；❷单击编辑栏中的“输入”按钮✓，如下图所示。

Step02: ❶选择 E2 单元格；❷向下拖动填充公式，如下图所示。

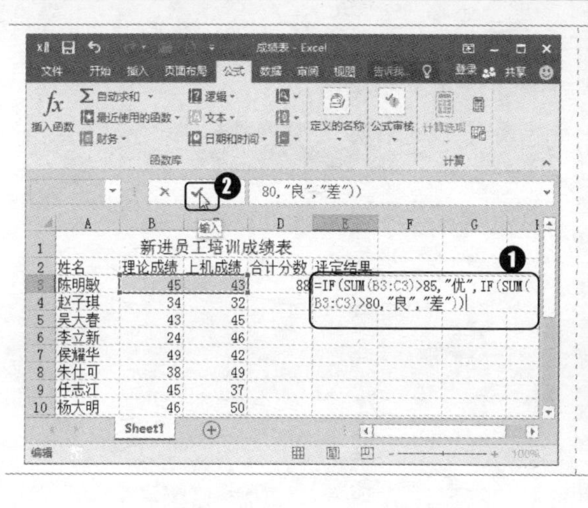

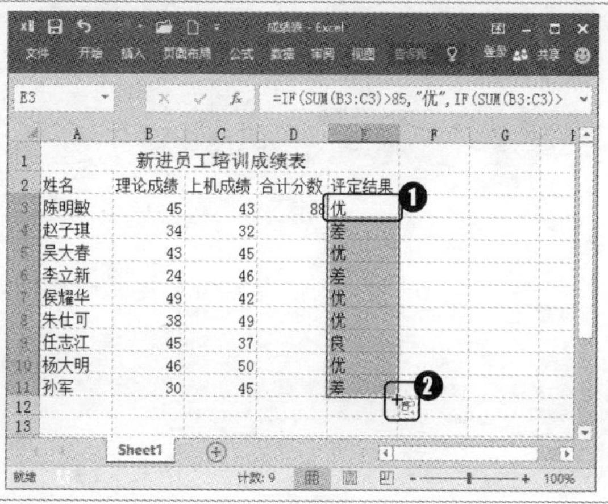

▷▷ 12.3　课堂讲解——常用函数的应用

在了解了如何使用函数进行数据运算的方法后，本节将介绍一些常用的函数，主要包括自动求和函数 SUM、平均值函数 AVERAGE、最大值函数 MAX、最小值函数 MIN 等。

12.3.1　使用 SUM 函数求和

如果要计算连续的单元格之和，可以使用 SUM 函数简化计算公式。下例为用 SUM 函数计算出 6 个月的合计金额，具体操作方法如下。

同步文件

素材文件：素材文件\第 12 章\上半年销售记录.xlsx
结果文件：结果文件\第 12 章\上半年销售记录.xlsx
视频文件：视频文件\第 12 章\12-3-1.mp4

Step01: ❶选择 I3 单元格；❷单击“公式”选项卡；❸单击“函数库”组中的“自动求和”按钮，如下图所示。

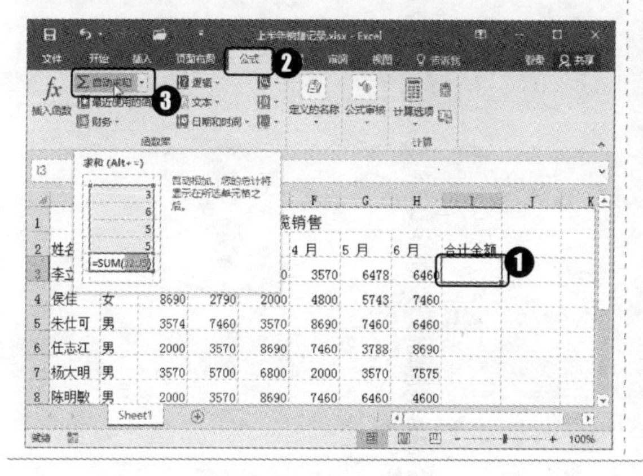

Step02: ❶选择求和区域，如 C3:H3 单元格区域；❷单击编辑栏中的“输入”按钮✓，如下图所示。

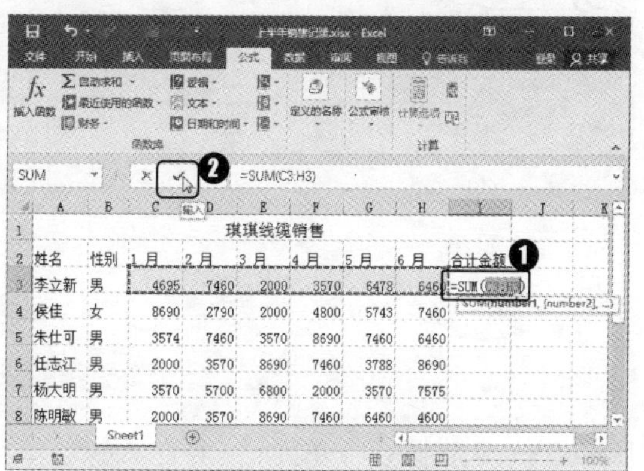

Step03: ❶选择 I3 单元格；❷向下拖动填充公式，如下图所示。

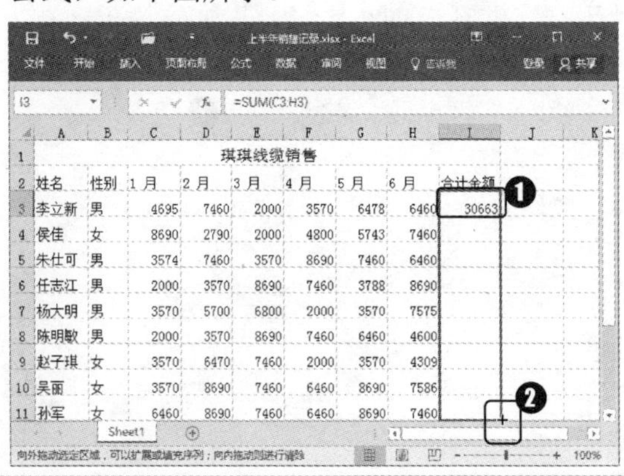

Step04: 经过前面的操作，计算并填充合计金额，效果如下图所示。

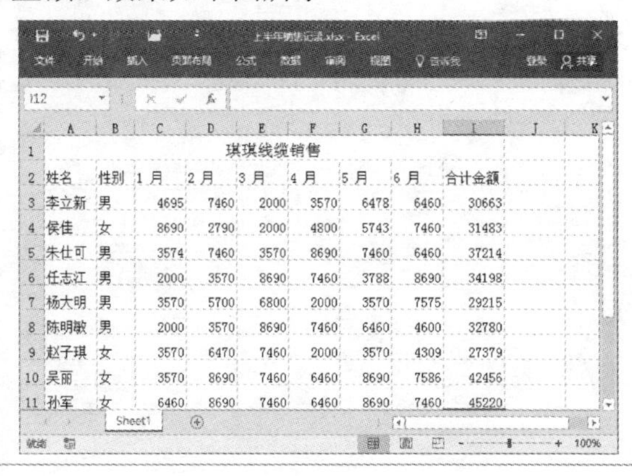

	A	B	C	D	E	F	G	H	I
1	琪琪线缆销售								
2	姓名	性别	1月	2月	3月	4月	5月	6月	合计金额
3	李立新	男	4695	7460	2000	3570	6478	6460	30663
4	侯佳	女	8690	2790	2000	4800	5743	7460	31483
5	朱仕可	男	3574	7460	3570	8690	7460	6460	37214
6	任志江	男	2000	3570	8690	7460	3788	8690	34198
7	杨大明	男	3570	5700	6800	2000	3570	7575	29215
8	陈明敏	男	2000	3570	8690	7460	6460	4600	32780
9	赵子琪	女	3570	6470	7460	2000	3570	4309	27379
10	吴丽	女	3570	8690	7460	6460	8690	7586	42456
11	孙军	女	6460	8690	7460	6460	8690	7460	45220

12.3.2　使用 AVERAGE 函数求平均值

AVERAGE 函数的作用是返回参数的平均值，表示对选择的单元格或单元格区域进行算术平均值运算。

语法：AVERAGE (number1,number2...)

number1,number2...：表示要计算平均值的 1～255 个参数。

例如，计算各产品 1 至 6 月的平均销售额，具体操作方法如下。

同步文件

素材文件：素材文件\第 12 章\计算月平均销售.xlsx
结果文件：结果文件\第 12 章\计算月平均销售.xlsx
视频文件：视频文件\第 12 章\12-3-2.mp4

Step01: ❶选择 C12 单元格；❷单击“公式”选项卡“函数库”组中的“自动求和”下拉按钮；❸在下拉列表中选择“平均值”命令，如下图所示。

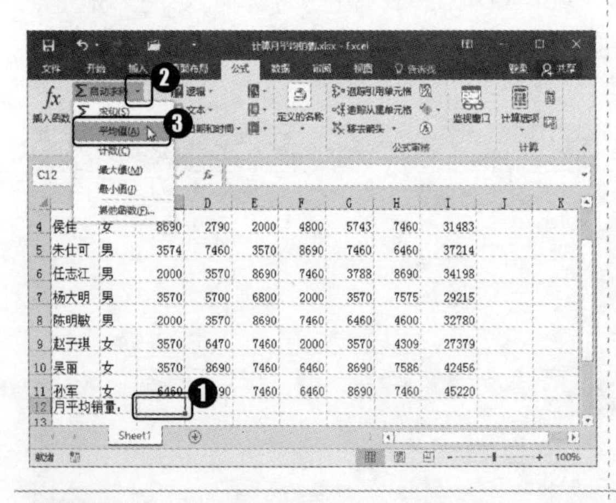

Step02: ❶选择计算平均值的区域，如 C3:C11 单元格区域；❷单击编辑栏中的“输入”按钮✓，如下图所示。

Step03: ❶选择 C12 单元格；❷向右拖动填充公式，如下图所示。

Step04: 经过前面的操作，计算出平均每个月的金额，结果如下图所示。

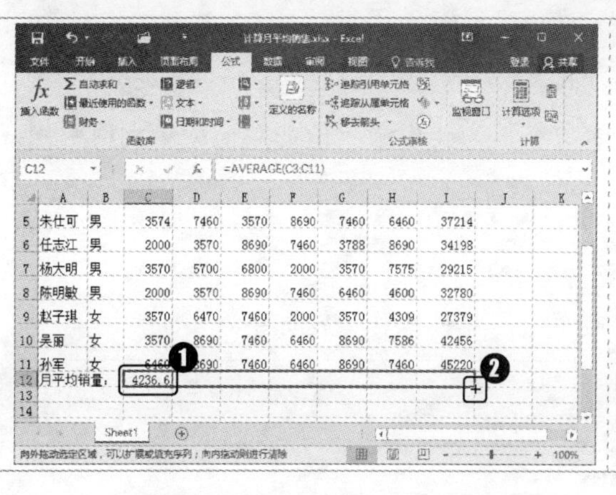

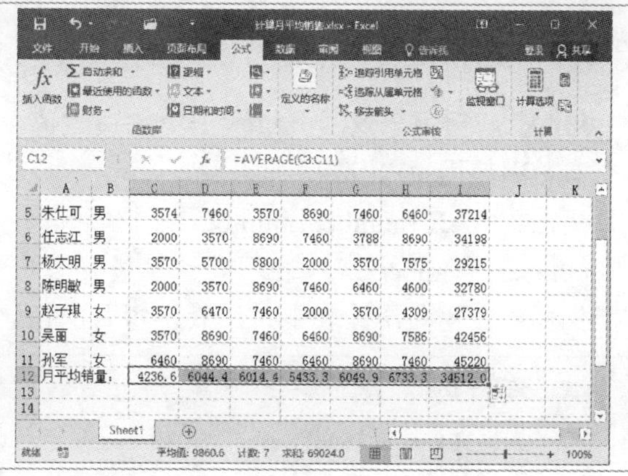

12.3.3　使用 COUNT 函数统计单元格个数

在统计表格中的数据时，经常需要统计单元格中包含数值的单元格及参数列表中数值的个数，此时就可以使用 COUNT 函数来完成。

语法：COUNT(value1,[value2,…])

value1：必需。表示要计算其中数值个数的第一个项、单元格引用或区域。

value2：可选。表示要计算其中数值个数的其他项、单元格引用或区域。COUNT 函数中最多包含 255 个参数。

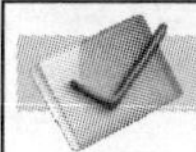

同步文件

素材文件：素材文件\第 12 章\计算销售数据的单元格个数.xlsx

结果文件：结果文件\第 12 章\计算销售数据的单元格个数.xlsx

视频文件：视频文件\第 12 章\12-3-3.mp4

Step01: ❶选择 D12 单元格；❷单击“公式”选项卡“函数库”组中的“自动求和”下拉按钮；❸选择“计数”命令，如下图所示。

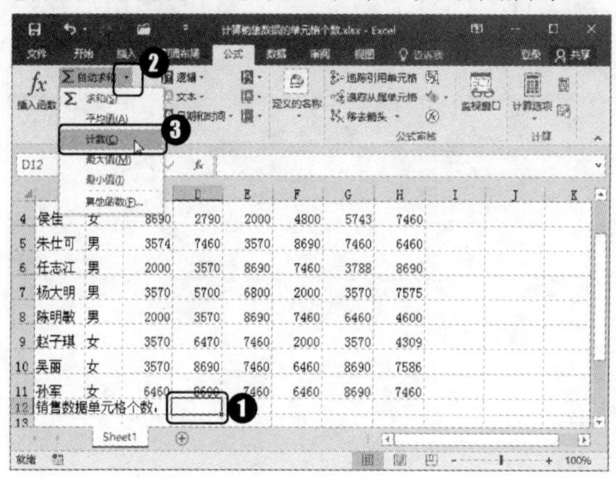

Step02: ❶选择要统计数据的单元格区域；❷单击编辑栏中的“输入”按钮✓，如下图所示。

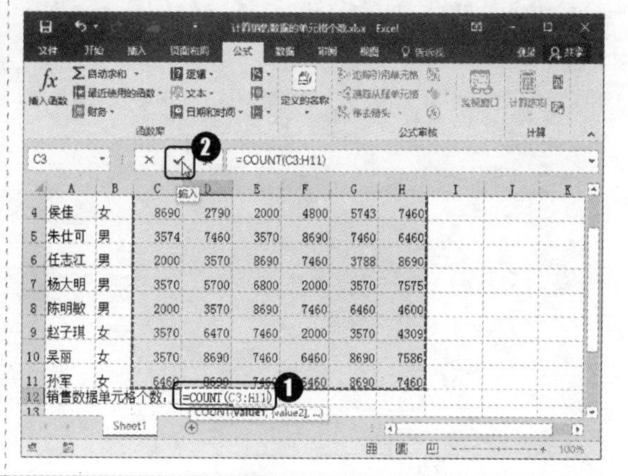

新手注意

COUNT 函数只能计算出含有数值的单元格个数，如果需要计算出含有数值和文本的单元格个数，需要使用 COUNTA 函数。

12.3.4 使用 MAX 函数求最大值

MAX 函数用于返回一组数据中的最大值，函数参数为要求最大值的数值或单元格引用，多个参数间使用逗号分隔。

语法：MAX (number1,number2,...)

number1,number2,...：表示要计算最大值的 1～255 个参数。

例如，在销售统计表中，计算出每月的销售冠军值，具体操作方法如下。

同步文件

素材文件：素材文件\第 12 章\销售最高记录.xlsx
结果文件：结果文件\第 12 章\销售最高记录.xlsx
视频文件：视频文件\第 12 章\12-3-4.mp4

Step01: ❶选择 C12 单元格；❷单击“函数库”组中的“自动求和”下拉按钮；❸选择“最大值”命令，如下图所示。

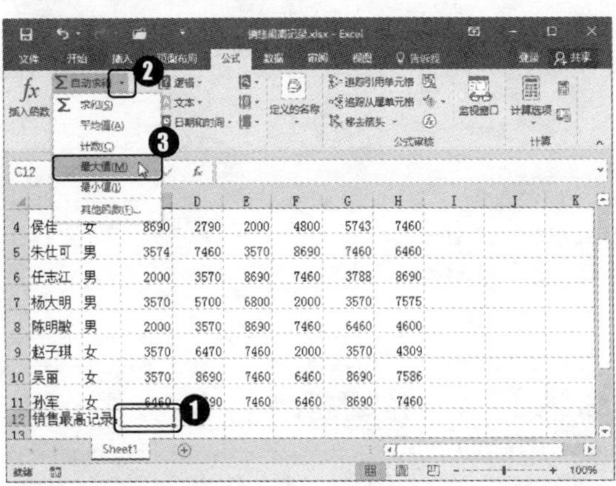

Step02: ❶选择计算最大值的单元格区域；❷单击编辑栏中的“输入”按钮✓，如下图所示。

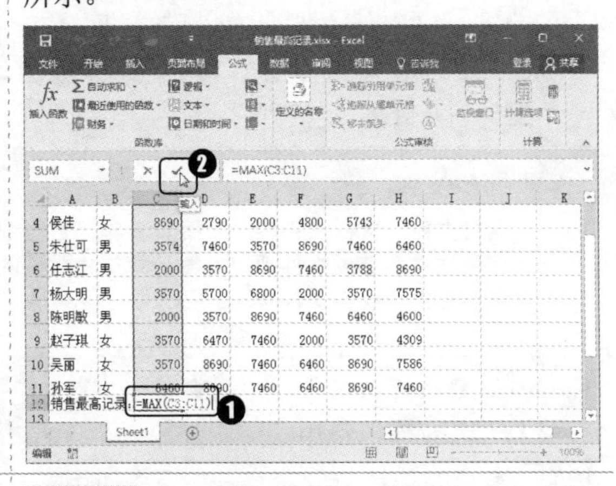

Step03: ❶选择 C12 单元格；❷向右拖动填充计算公式，如下图所示。

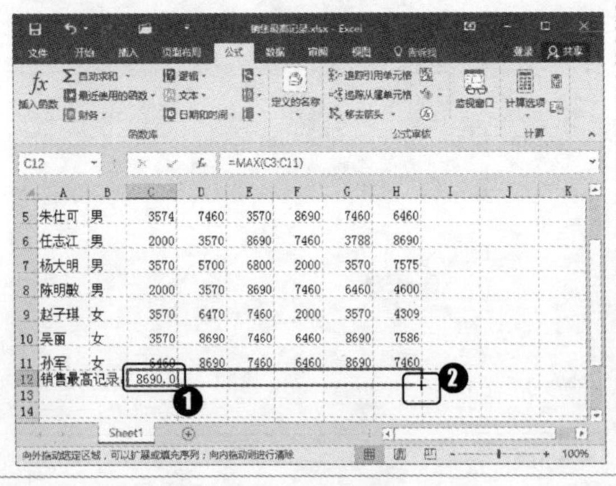

Step04: 经过前面的操作，每月销售最高记录的结果如下图所示。

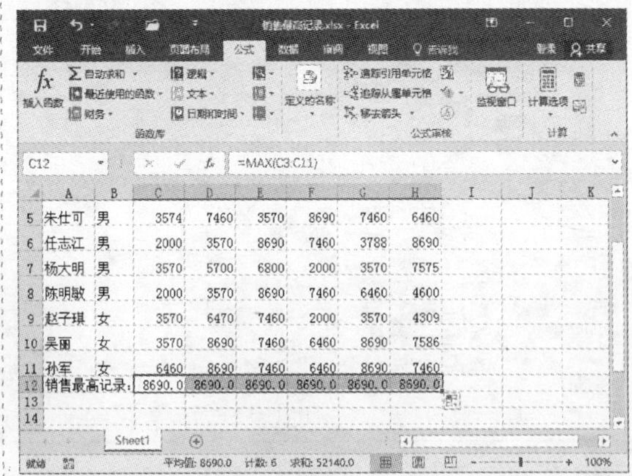

12.3.5 使用 MIN 函数求最小值

MIN 函数用于返回一组数据中的最小值，其使用方法与 MAX 函数相同，函数参数为要求

最小值的数值或单元格引用，多个参数间使用逗号分隔。

语法：MIN (number1,number2,...)

number1,number2,...：表示要计算最小值的1～255个参数。

例如，在销售统计表中，计算出6个月中的最低销售额，具体操作方法如下。

同步文件

素材文件：素材文件\第12章\销售最低记录.xlsx
结果文件：结果文件\第12章\销售最低记录.xlsx
视频文件：视频文件\第12章\12-3-5.mp4

Step01: ❶选择C12单元格；❷单击"函数库"组中的"自动求和"下拉按钮；❸选择"最小值"命令，如下图所示。

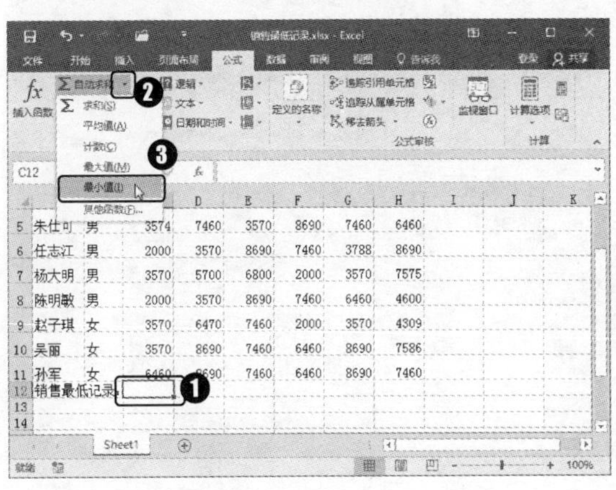

Step02: ❶选择计算最小值的单元格区域；❷单击编辑栏中的"输入"按钮✓，如下图所示。

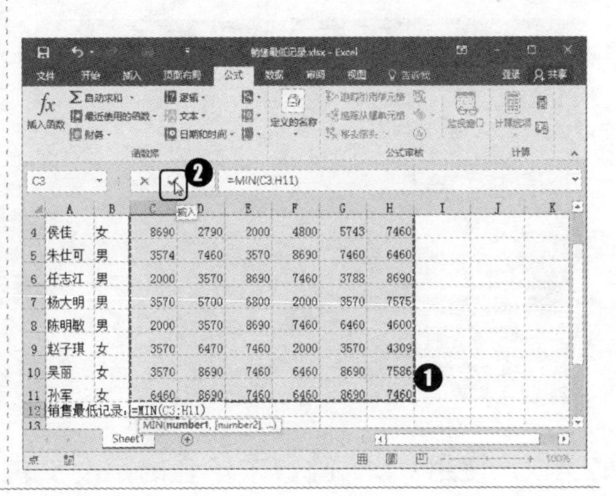

▷▷ 12.4 课堂讲解——财务函数的应用

财务函数通常用于公司的财务工作中，如计算一组投资的未来值、计算年金的定期支付金额、年金的各期利率及投资的现值等。

12.4.1 使用FV函数求投资的未来值

FV函数可以基于固定利率及等额分期付款方式，计算某项投资的未来值。

语法：FV (rate,nper,pmt,[pv],[type])

rate：必需。表示各期利率。

nper：必需。表示年金的付款总期数。

pmt：必需。表示各期所应支付的金额，在整个年金期间保持不变。通常，pmt包括本金和利息，但不包括其他费用或税款。如果省略 pmt，则必须包括pv参数。

pv：可选。表示现值或一系列未来付款的当前值的累积和。如果省略pv，则假定其值为0（零），并且必须包括pmt参数。

type：可选。为数字 0 或 1，用以指定各期的付款时间是在期初还是期末。如果省略 type，则假定其值为 0。

同步文件

素材文件：素材文件\第 12 章\计算未来值.xlsx
结果文件：结果文件\第 12 章\计算未来值.xlsx
视频文件：视频文件\第 12 章\12-4-1.mp4

例如，小军准备投资一项基金，年利率为 13%，投资总期数为 30 期，每期投资 30 000 元，各期的支付时间在期初，计算投资的未来值，具体操作方法如下。

Step01: ❶在 B6 单元格中输入函数公式“=FV(B2/12,B3,B4,,B5)”；❷单击编辑栏中的“输入”按钮✓，如下图所示。

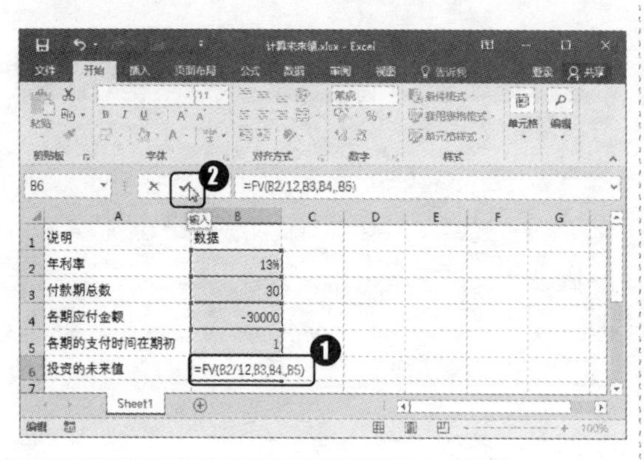

Step02: 经过前面的操作，计算出投资的未来值，结果如下图所示。

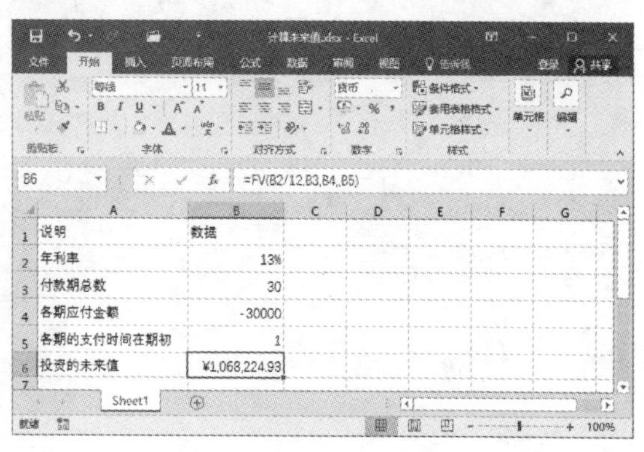

12.4.2 使用 PMT 函数求年金的定期支付金额

PMT 函数可以基于固定利率及等额分期付款方式，返回贷款的每期付款额。

语法：PMT (rate,nper, pv,[fv],[type])

rate：必需。表示各期利率。通常用年利率表示，如果是按月利率，则利率应为年利率/12。如果指定为负数，则返回错误值“#NUM!”。

nper：必需。表示投资的付款期总数。需与 rate 单位配合使用。

pv：必需。表现投资的现值（未来付款现值的累积和）。

fv：可选。表示未来值，或在最后一次支付后希望得到的现金余额。如果省略 fv，则假设其值为零。

type：可选。表示期初或期末，0 为期末，1 为期初。

同步文件

素材文件：素材文件\第 12 章\计算月支付金额.xlsx
结果文件：结果文件\第 12 章\计算月支付金额.xlsx
视频文件：视频文件\第 12 章\12-4-2.mp4

例如，小陈买房共向银行贷款 400 000 元，贷款年利率为 6%，20 年还清，计算每个月应向银行支付多少金额，具体操作方法如下。

Step01: ❶在 B5 单元格中输入函数公式“=PMT(B2/12,B3,B4)”；❷单击编辑栏中的“输入”按钮✓，如下图所示。

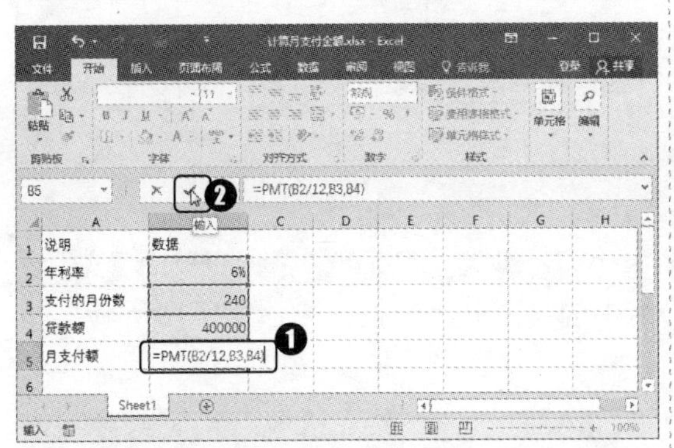

Step02: 经过前面的操作，计算出每个月应支付的金额，结果如下图所示。

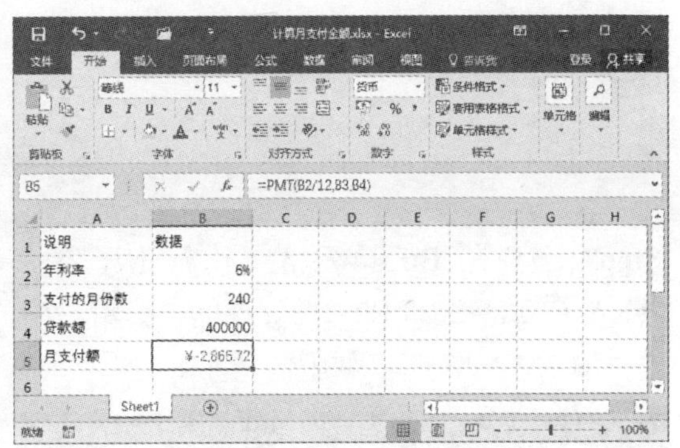

专家点拨——如何让计算的结果显示出正数

由于使用 PMT 函数计算出的归还金额是支出，表示这是一笔付款，即支出现金流。为了得到正数结果，可以在公式的最前面添加“-”符号。

12.4.3 使用 RATE 函数求年金的各期利率

RATE 函数可以计算出年金的各期利率，如未来现金流的利率或贴现率。

语法：RATE(nper,pmt,pv,[fv],[type],[guess])

nper：必需。表示投资的付款期总数。通常用年利率表示，如果是按月利率，则利率应为年利率/12。如果指定为负数，则返回错误值“#NUM!”。

pmt：必需。表示各期所应支付的金额，其数值在整个年金期间保持不变。通常，pmt 包括本金和利息，但不包括其他费用或税款。

pv：必需。为投资的现值（未来付款现值的累积和）。

fv：可选。表示未来值，或在最后一次支付后希望得到的现金余额。如果省略 fv，则假设其值为零。如果省略 fv，则必须包含 pmt 参数。

type：可选。表示期初或期末，0 为期末，1 为期初。

guess：可选。表示预期利率（估计值）。如果省略预期利率，则假设该值为 10%。

同步文件

素材文件：素材文件\第 12 章\RATE 函数.xlsx
结果文件：结果文件\第 12 章\RATE 函数.xlsx
视频文件：视频文件\第 12 章\12-4-3.mp4

例如，某一个项目投资了 800 000 元，按照每月支付 50 000 元的方式，4 年支付完，需要分别计算其中的月投资利率和年投资利率，具体操作方法如下。

Step01: ❶在 B5 单元格中输入函数公式“=RATE(B4*12,B3,B2)”；❷单击编辑栏中的“输入”按钮✓，如右图所示。

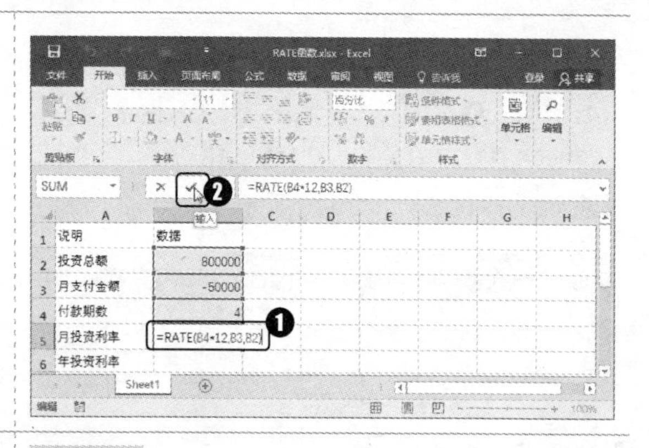

Step02: ❶在 B6 单元格中输入计算公式“=RATE(B4*12,B3,B2)*12”；❷单击编辑栏中的“输入”按钮✓，如下图所示。

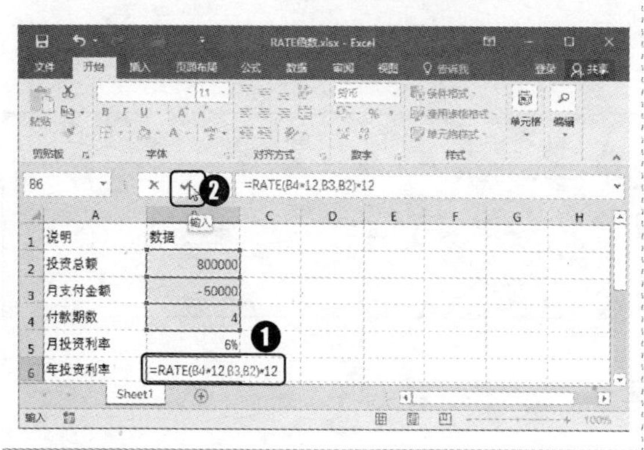

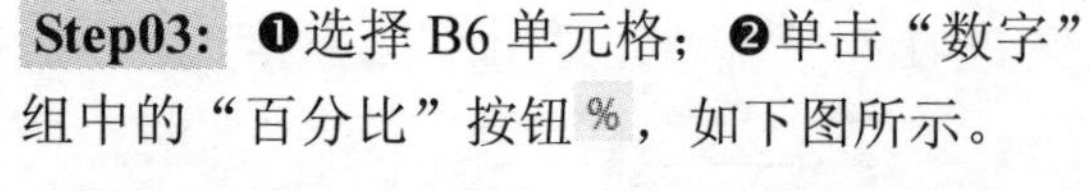

Step03: ❶选择 B6 单元格；❷单击“数字”组中的“百分比”按钮%，如下图所示。

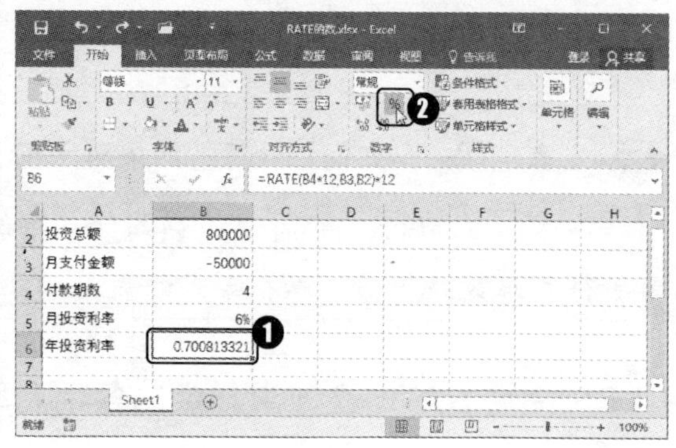

新手注意

RATE 函数是通过迭代法计算出结果的，可能无解或有多个解。如果在进行 20 次迭代计算后，RATE 函数的相邻两次结果没有收敛于 0.0 000 001，RATE 函数就会返回错误值“#NUM!”。

12.4.4 使用 PV 函数求投资的现值

PV 函数用于计算投资项目的现值。在财务管理中，现值为一系列未来付款的当前值的和，在财务概念中，表示的是考虑风险特性后的投资价值。

语法：PV(rate,nper,pmt,[fv],[type])

rate：必需。表示各期利率。做项目投资时，如果不确定利率，会假设一个值。

nper：必需。表示总投资期，即该项投资的付款期总数。

pmt：必需。表示各期所应支付的金额，其数值在整个年金期间保持不变。如果省略 pmt，则必须包含 fv 参数。

fv：可选。表示未来值，或在最后一次支付后希望得到的现金余额。如果省略 fv，则假设其值为零。如果省略 fv，则必须包含 pmt 参数。

type：可选。表示数字 0 或 1，用以指定各期的付款时间是在期初还是期末。

同步文件

素材文件：素材文件\第 12 章\计算年金现值.xlsx
结果文件：结果文件\第 12 章\计算年金现值.xlsx
视频文件：视频文件\第 12 章\12-4-4.mp4

例如，小陈准备花 80 000 元购买一项年金，投资收益率为 6%，付款年限为 10 年，每月底支付 8 000 元年金，根据以上条件计算出年金的现值，就需要使用 PV 函数进行计算。具体操作方法如下。

Step01: ❶在 B5 单元格中输入函数公式“=PV(B3/12,B4*12,B2,0)”；❷单击编辑栏中的“输入”按钮✓，如下图所示。

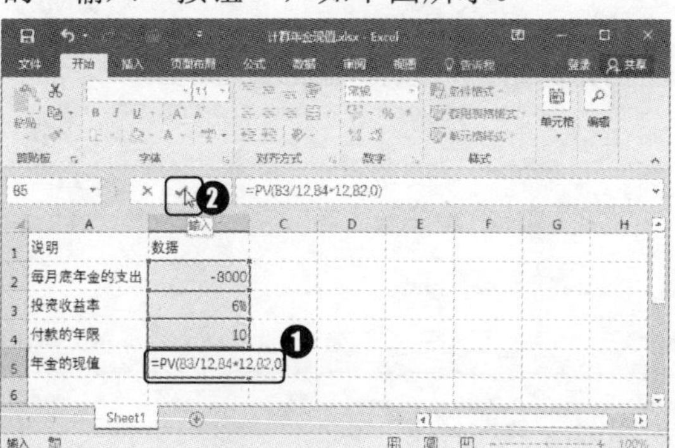

Step02: 经过前面的操作，计算出年金的现值，结果如下图所示。

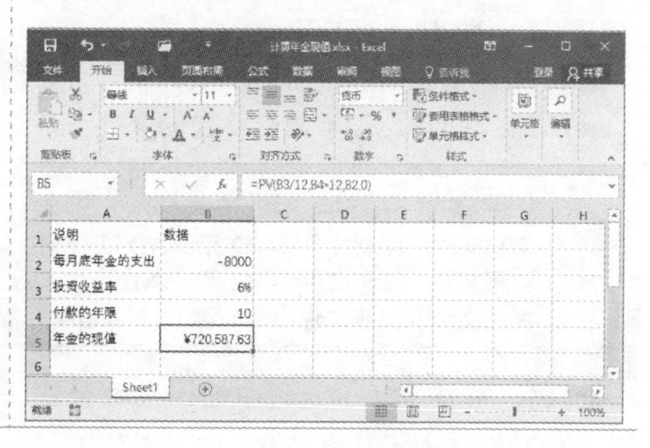

▷▷ 12.5　课堂讲解——逻辑函数的应用

逻辑函数的返回值不一定全部是逻辑值，有时还可以利用逻辑函数求取区域的交集、并集等。掌握交集、并集和求反函数的使用技巧，可以使一些表达式简化。

12.5.1　使用 IF 函数作条件判断

IF 函数也叫条件函数，作用是执行真（True）假（False）值判断，根据运算出的真假值返回不同的结果。它用于判断条件是否满足，若满足返回一个值，若不满足则返回另外一个值。

例如，使用 IF 函数计算个税，根据 2015 年最新个税计算方法，用工资总和减去最低 3 500 元免征额，然后根据缴税的不同档次设置条件，最后计算出需要缴税部分的金额，具体操作方法如下。

同步文件

素材文件：素材文件\第 12 章\工资表.xlsx
结果文件：结果文件\第 12 章\工资表.xlsx
视频文件：视频文件\第 12 章\12-5-1.mp4

Step01: ❶在 F4 单元格中输入函数公式“=IF(E4<=3500,0,E4-3500)”；❷单击编辑栏中的“输入”按钮✓，如下图所示。

Step02: ❶选择 F4 单元格；❷向下拖动填充计算公式，如下图所示。

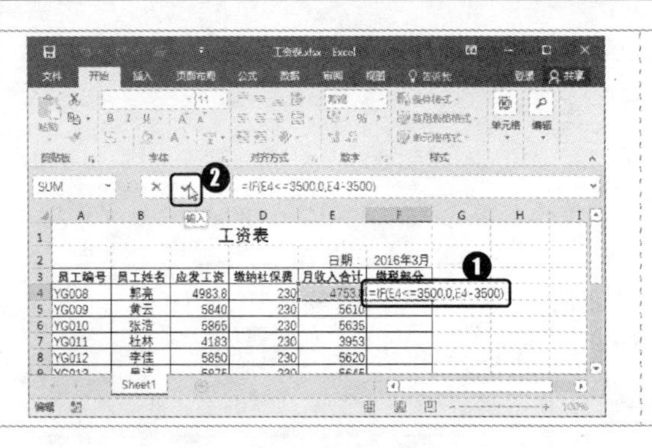

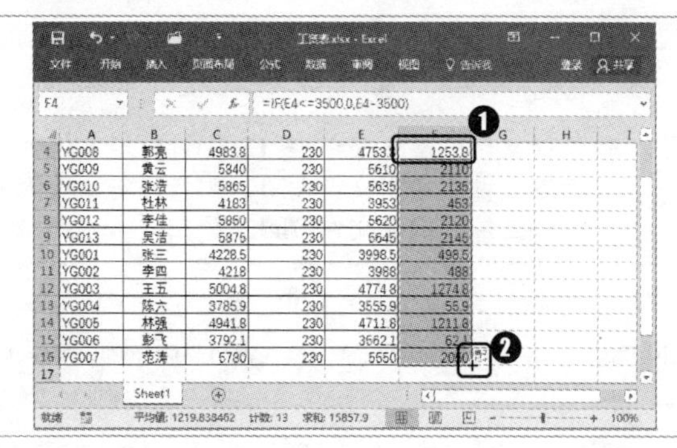

12.5.2 使用 AND 函数作逻辑判断

AND 函数用于对多个判断条件取交集，即返回同时满足多个条件的内容。

语法：AND(logical1, [logical2],...)

logical1：必需。表示需要检验的第一个条件，其计算结果可以为 True 或 False。

logical2：可选。表示需要检验的其他条件。

同步文件

素材文件：素材文件\第 12 章\AND 函数.xlsx

结果文件：结果文件\第 12 章\ AND 函数.xlsx

视频文件：视频文件\第 12 章\12-5-2.mp4

Step01: ❶在 E2 单元格中输入函数公式"=IF(AND(C2>=6,D2>=80000000),"颁发","")"；❷单击编辑栏中的"输入"按钮✔，如下图所示。

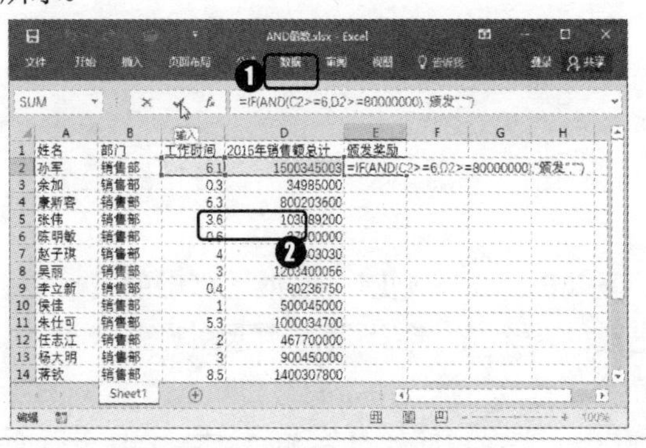

Step02: ❶选择 E2 单元格；❷向下拖动填充计算公式，如下图所示。

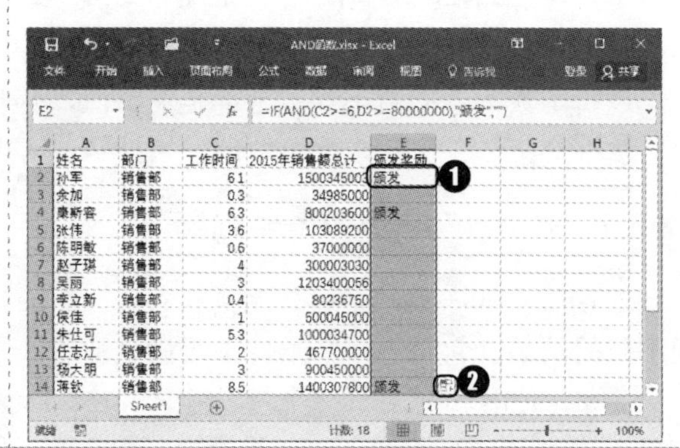

12.5.3 使用 OR 函数作逻辑判断

OR 函数用于对多个判断条件取并集，即只要参数中有任何一个值为真就返回 True，如果都为假才返回 False。

语法：OR (logical1,[logical2],...)

参数说明与 AND 函数相同。

同步文件

素材文件：素材文件\第 12 章\OR 函数.xlsx

结果文件：结果文件\第 12 章\ OR 函数.xlsx

视频文件：视频文件\第 12 章\12-5-3.mp4

Step01: ❶在 E2 单元格中输入函数公式“=IF(OR(B2>=$H$3,C2>=$H$3,C2>=$H$3),"优秀",IF(OR(B2>=$H$4,C2=$H$4,D2>=$H$4),"及格","不及格"))”；❷单击编辑栏中的“输入”按钮✔，如右图所示。

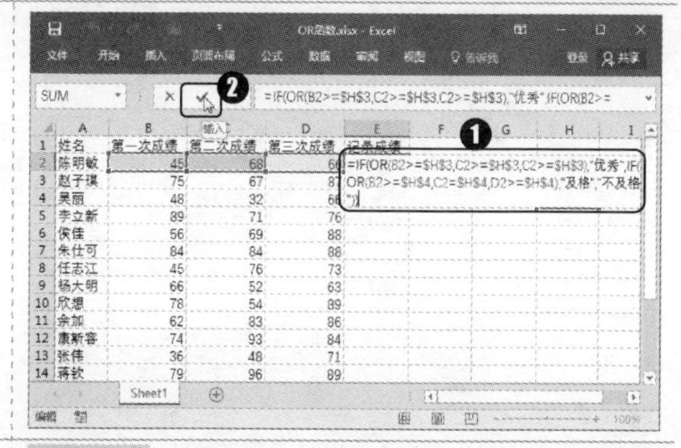

Step02: 使用 IF 和 OR 函数判断出第一个员工的成绩，效果如下图所示。

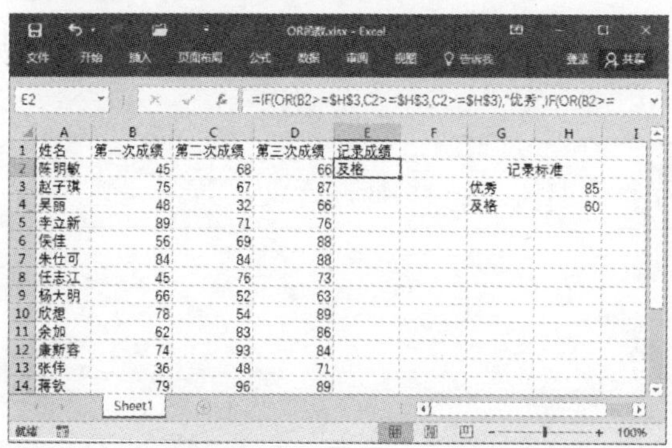

Step03: ❶选择 E2 单元格；❷向下拖动填充计算公式，如下图所示。

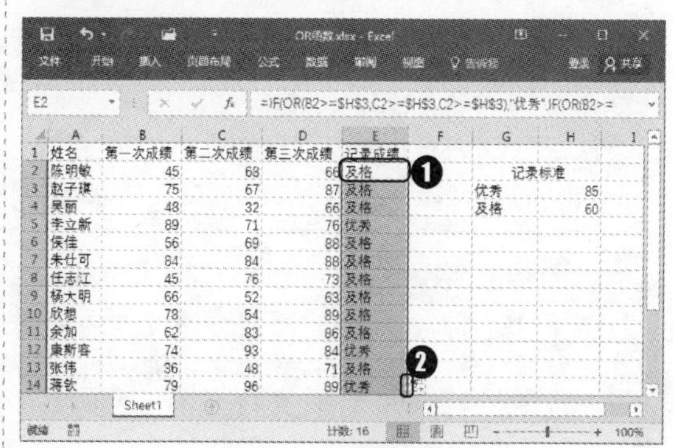

▷▷ 12.6　课堂讲解——日期与时间函数的应用

在 Excel 中，日期与时间函数也是常用的函数之一。因此，在使用 Excel 表格时，也需要学习日期与时间函数。

12.6.1　使用 YEAR 函数提取年份

YEAR 函数可以返回某日期中的年份，返回值的范围是 1900～9999 之间的整数。

语法：YEAR (serial_number)。

serial_number：必需。是一个包含要查找年份的日期值，这个日期应使用 DATE 函数或其他结果为日期的函数或公式来设置，而不能使用文本格式的日期。

同步文件

素材文件：素材文件\第 12 章\提取年份.xlsx
结果文件：结果文件\第 12 章\提取年份.xlsx
视频文件：视频文件\第 12 章\12-6-1.mp4

Step01: ❶在 E2 单元格中输入函数公式“=YEAR(C2)”；❷单击编辑栏中的“输入”按钮✔，如下图所示。

Step02: ❶选择 E2 单元格；❷向下拖动填充计算公式，如下图所示。

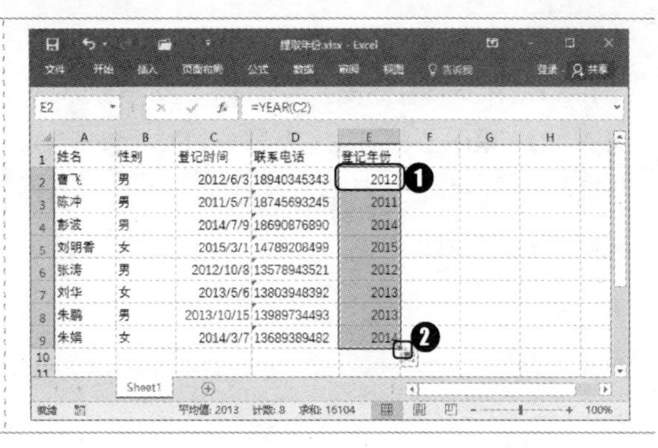

12.6.2 使用 MONTH 函数提取月份

MONTH 函数可以返回以序列号表示的日期中的月份，返回值的范围是 1（一月）～12（十二月）之间的整数。

语法：MONTH (serial_number)

serial_number：必需。是一个包含要查找月份的日期值。

同步文件

素材文件：素材文件\第 12 章\提取月份.xlsx
结果文件：结果文件\第 12 章\提取月份.xlsx
视频文件：视频文件\第 12 章\12-6-2.mp4

Step01: ❶在 E2 单元格中输入函数公式“=MONTH(C2)”；❷单击编辑栏中的“输入”按钮✓，如下图所示。

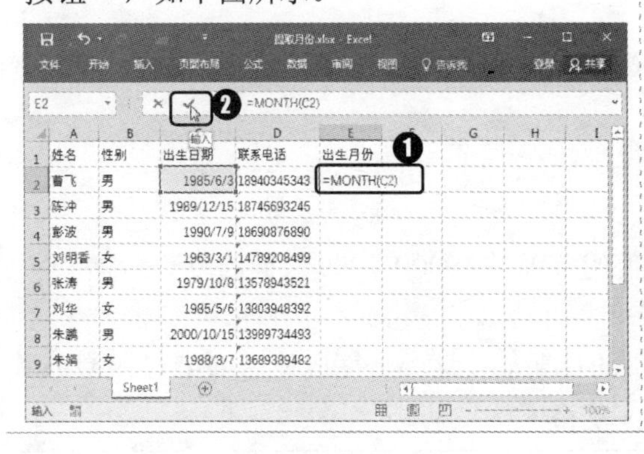

Step02: ❶选择 E2 单元格；❷向下拖动填充计算公式，如下图所示。

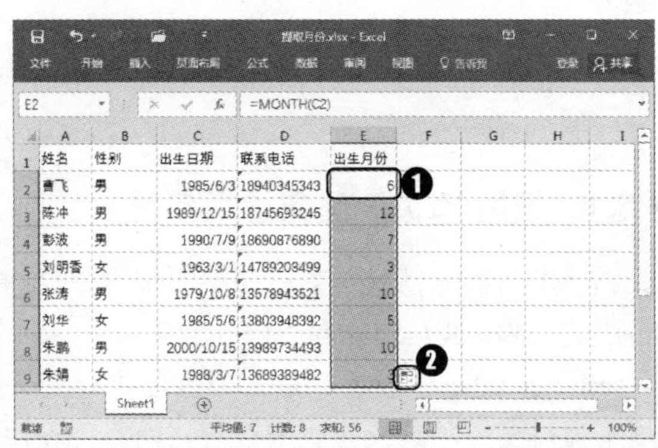

12.6.3 使用 DAY 函数提取日

DAY 函数可以返回以序列号表示的某日期中的天数，返回值的范围是 1～31 之间的整数。

语法：DAY(serial_number)

serial_number：必需。是一个包含要查找日的日期数。

同步文件

素材文件：素材文件\第 12 章\提取日期天数值.xlsx
结果文件：结果文件\第 12 章\提取日期天数值.xlsx
视频文件：视频文件\第 12 章\12-6-3.mp4

Step01: ❶在 E2 单元格中输入函数公式 “=DAY(C2)”；❷单击编辑栏中的“输入”按钮✔，如下图所示。

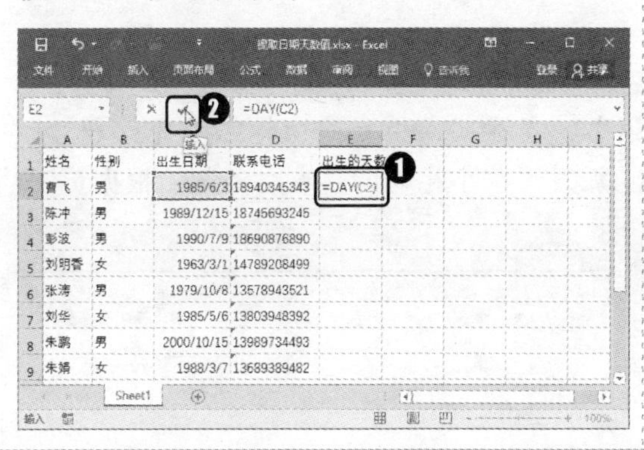

Step02: ❶选择 E2 单元格；❷向下拖动填充计算公式，如下图所示。

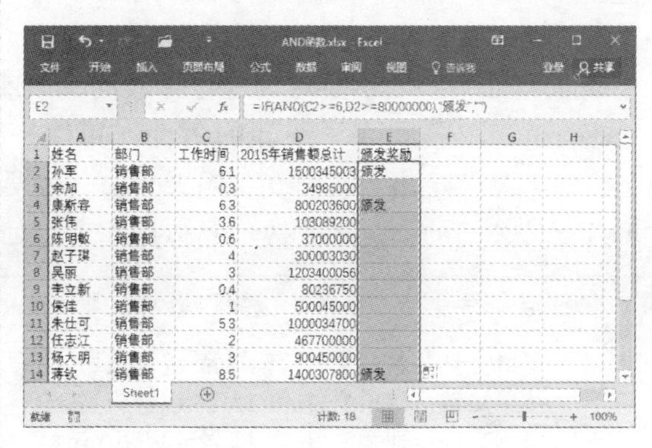

12.6.4 NOW 函数和 TODAY 函数的使用

NOW 函数用于返回当前日期和时间的序列号，该函数比较简单，也不需要设置任何参数。

语法：NOW ()

TODAY 函数用于返回当前日期的序列号，不包括具体的时间值。

语法：TODAY ()

同步文件

素材文件：素材文件\第 12 章\输入当前系统的日期.xlsx
结果文件：结果文件\第 12 章\输入当前系统的日期.xlsx
视频文件：视频文件\第 12 章\12-6-4.mp4

Step01: ❶在 B1 单元格中输入 “=NOW()”；❷单击编辑栏中的“输入”按钮✔，如下图所示。

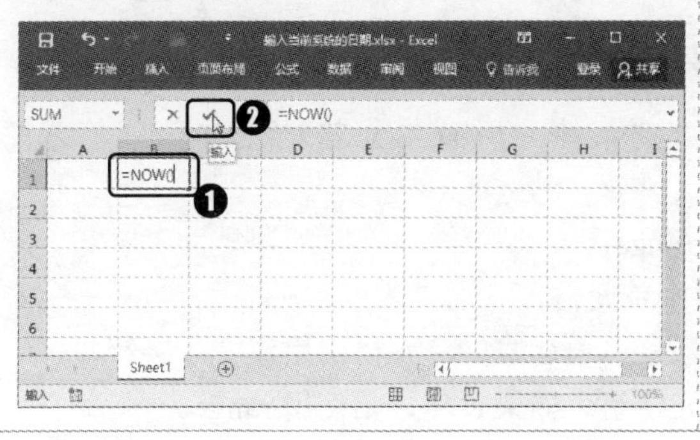

Step02: ❶在 B2 单元格中输入 “=TODAY()”；❷单击编辑栏中的“输入”按钮✔，如下图所示。

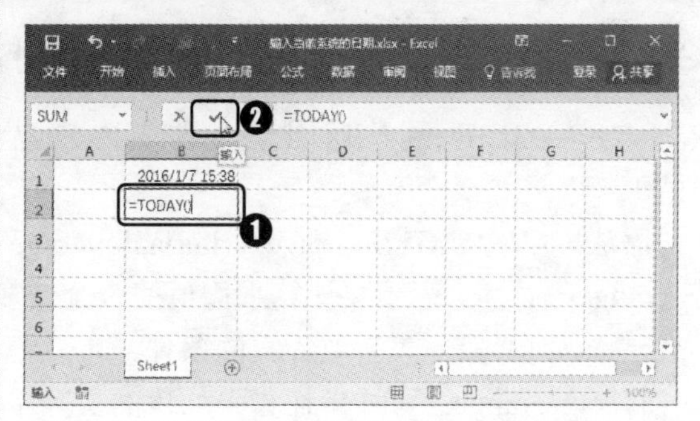

▷▷ 12.7　课堂讲解——统计函数的应用

在 Excel 2016 中还提供功能强大的统计函数。下面介绍几个常用的统计函数的使用方法。

12.7.1 使用 COUNTIF 函数按条件统计单元格个数

COUNTIF 函数用于对单元格区域中满足单个指定条件的单元格进行计数。

语法：COUNTIF (range,criteria)

range：必需。表示要对其进行计数的一个或多个单元格。空值和文本值将被忽略。

criteria：必需。表示统计的条件，可以是数字、表达式、单元格引用或文本字符串。

例如，某公司决定在妇女节当天为公司女员工派发一些小礼物，要求财务部门根据员工档案表统计该公司的女员工人数，具体操作方法如下。

同步文件

素材文件：素材文件\第 12 章\统计人数.xlsx
结果文件：结果文件\第 12 章\统计人数.xlsx
视频文件：视频文件\第 12 章\12-7-1.mp4

Step01: ❶在 C15 单元格中输入函数公式“=COUNTIF(B3:B11,B4)”；❷单击编辑栏中的“输入”按钮✓，如下图所示。

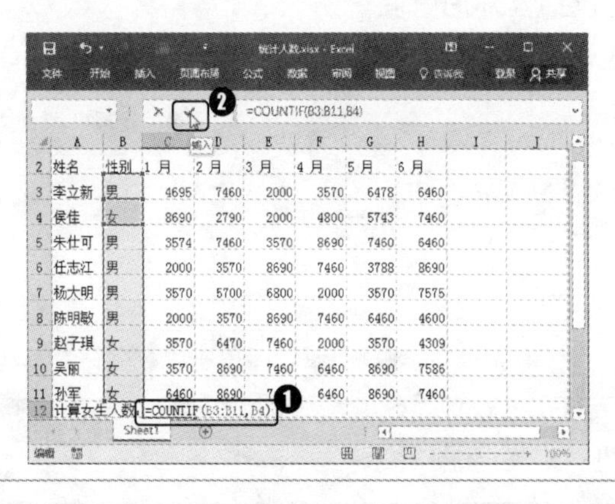

Step02: 经过前面的操作，计算出女员工的人数，结果如下图所示。

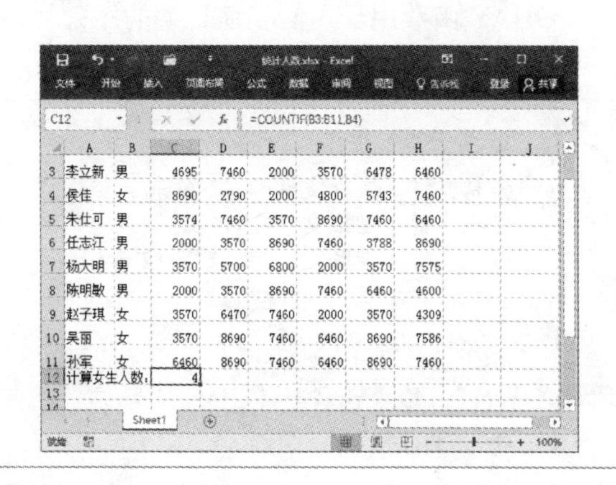

12.7.2 使用 AVERAGEIF 函数按条件计算平均值

AVERAGEIF 函数返回某个区域内满足给定条件的所有单元格的平均值（算术平均值）。

语法：AVERAGEIF (range, criteria, [average_range])

range：必需。表示要计算平均值的一个或多个单元格。

criteria：必需。表示要计算的条件，可以是数字、表达式、单元格引用或文本字符串。

average_range：可选。计算平均值的实际单元格组。如果省略，则使用 range。

例如，计算出所有男员工 1 月份的销售平均值，具体操作方法如下。

同步文件

素材文件：素材文件\第 12 章\按条件计算平均值.xlsx
结果文件：结果文件\第 12 章\按条件计算平均值.xlsx
视频文件：视频文件\第 12 章\12-7-2.mp4

Step01: ❶在 D12 单元格输入函数公式“=AVERAGEIF(B3:B11,B3,C3:C11)”；❷单击编辑栏中的“输入”按钮✔，如下图所示。

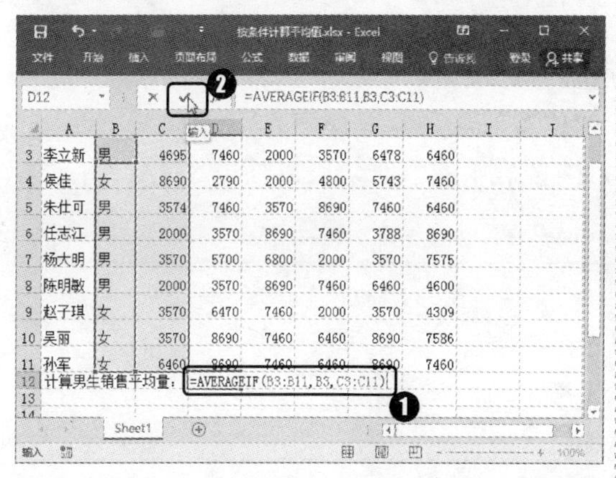

Step02: 经过前面的操作，计算出男员工 1 月份的销售平均值，如下图所示。

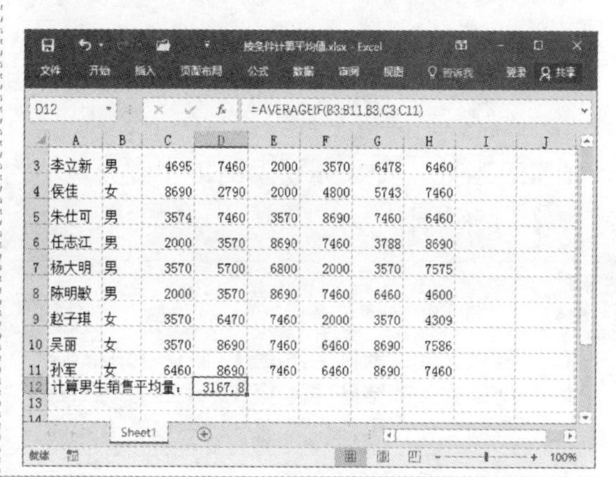

12.7.3　使用 LARGE 函数求数组中某个最大值

LARGE 函数用于返回数据集中第 *k* 个最大值。使用此函数可以根据相对标准来选择数值。

语法：LARGE (array,k)

array：必需。需要确定第 *k* 个最大值的数组或数据区域。

k：必需。返回值在数组或数据单元格区域中的位置（从大到小排序）。

在商品销售表中，如果需要返回销售额从大到小排名第 3 的值时，可以使用 LARGE 函数，具体操作方法如下。

同步文件

素材文件：素材文件\第 12 章\商品销售表.xlsx

结果文件：结果文件\第 12 章\商品销售表.xlsx

视频文件：视频文件\第 12 章\12-7-3.mp4

Step01: ❶在 C12 单元格中输入函数公式“=LARGE(E2:E11,3)”；❷单击“编辑栏”中的“输入”按钮✔，如下图所示。

Step02: 经过前面的操作，即可找出符合条件的数据，如下图所示。

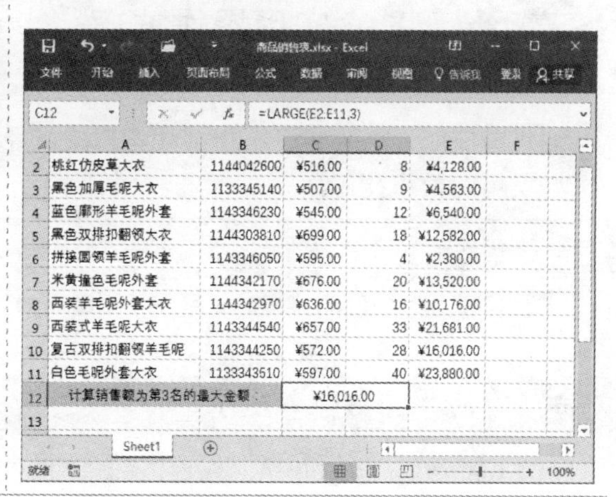

12.7.4 使用 SMALL 函数求数组中某个最小值

SMALL 函数用于返回数据集中第 *k* 个最小值。使用此函数可以返回数据集中特定位置上的数值。

语法：SMALL (array,k)

array：必需。需要确定第 *k* 个最小值的数组或数据区域。

k：必需。返回值在数组或数据单元格区域中的位置（从小到大排序）。

在销售表中，如果需要返回销售额为从小到大排名第 4 的值时，可以使用 SMALL 函数，具体操作方法如下。

同步文件

素材文件：素材文件\第 12 章\销售表.xlsx

结果文件：结果文件\第 12 章\销售表.xlsx

视频文件：视频文件\第 12 章\12-7-4.mp4

Step01: ❶在 C12 单元格中输入函数公式“=SMALL(E2:E11,4)”；❷单击“编辑栏”中的“输入”按钮✓，如下图所示。

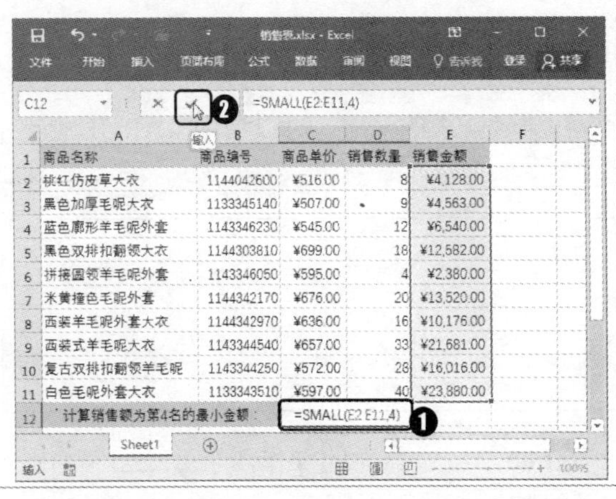

Step02: ❶选择 C12 单元格，单击“开始”选项卡；❷单击“数字”组中的“数字格式”下拉按钮；❸在弹出的下拉列表中选择“货币”命令，如下图所示。

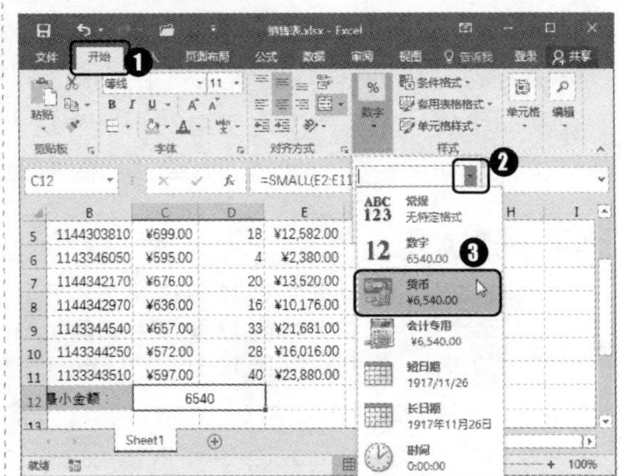

▷▷ 高手秘籍——实用操作技巧

通过对前面知识的学习，相信读者朋友已经掌握了函数的相关知识。下面结合本章内容介绍一些实用的操作技巧。

同步文件

视频文件：视频文件\第 12 章\高手秘籍.mp4

技巧 01 应用函数输入提示

从 Excel 2007 版本开始，Excel 函数就提供了提示输入的功能，当用户在单元格中输入函数的第一个字母后，就会显示一个提示列表框，其中列出了与该字母相关的函数，用户可以直接双击对应的函数输入。具体操作方法如下。

Step01: ❶在 D12 单元格中输入“=A”；❷双击提示列表框中的“AVERAGEIF”选项，如下图所示。

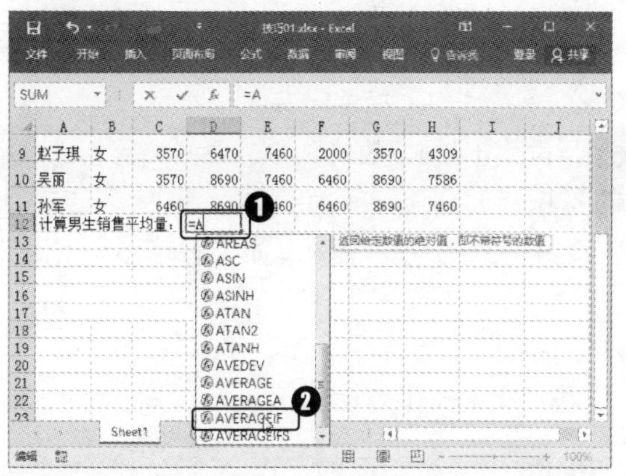

Step02: ❶选择参与计算的区域；❷单击编辑栏中的“输入”按钮✓，如下图所示。

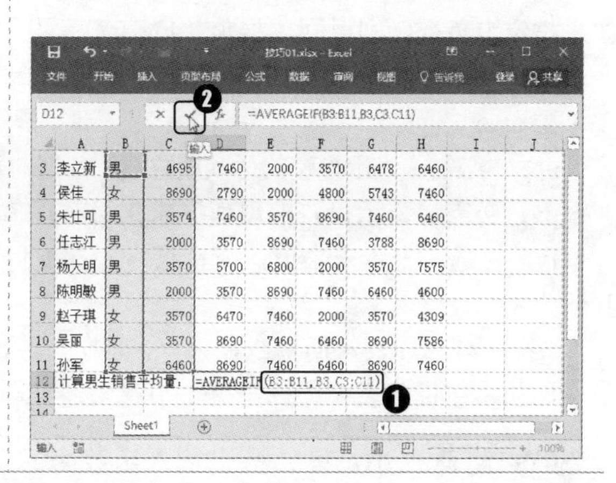

技巧 02 使用 NPV 函数计算投资的净现值

NPV 函数可以根据投资项目的贴现率和一系列未来支出（负值）和收入（正值），计算投资的净现值，即计算一组定期现金流的净现值。

语法：NPV(rate,value1,[value2,…])

rate：必需。表示投资项目在某期限内的贴现率。

valuel,value2：value1 是必需的，value2…是可选的。表示支出及收入的 1～254 个参数。

例如，某公司在期初投资金额为 200 000 元，同时根据市场预测投资回收现金流。第一年的收益额为 38 000 元，第二年的收益额为 42 000 元，第三年的收益额为 89 000 元，该项目的投资折现率为 6.8%，求项目在第三年的净现值。具体操作方法如下。

Step01: ❶在 B8 单元格中输入函数公式“=NPV(B3,B4,B5,B6,B7)+B4”；❷单击编辑栏中的“输入”按钮✓，如下图所示。

Step02: 经过前面的操作，计算出净现值，结果如下图所示。

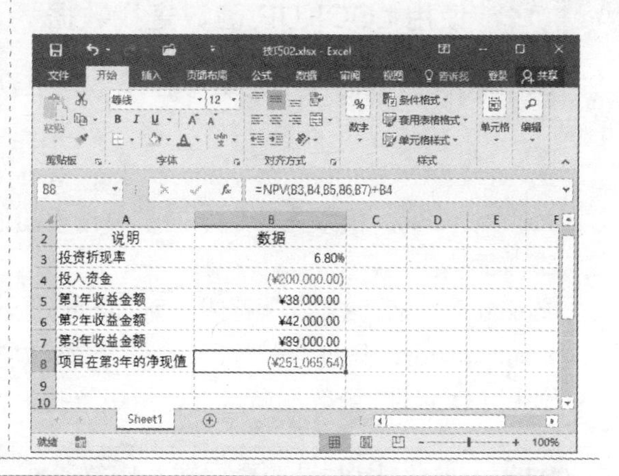

技巧 03 使用 IPMT 函数计算归还利息

基于固定利率及等额分期付款方式，使用 PMT 函数可以计算贷款的每期付款额。但有时

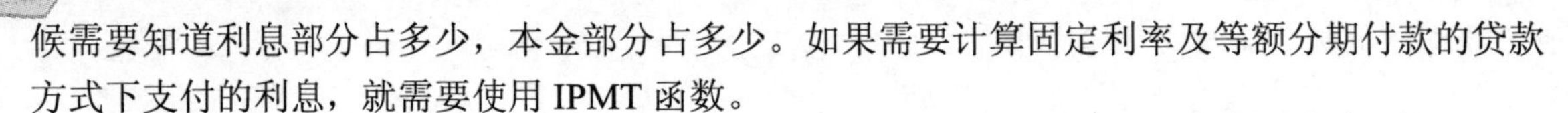

候需要知道利息部分占多少，本金部分占多少。如果需要计算固定利率及等额分期付款的贷款方式下支付的利息，就需要使用 IPMT 函数。

语法：IPMT(rate,per,nper,pv,[fv],[type])

rate：必需。表示各期利率。通常用年利率表示，如果是按月利率，则利率应为年利率/12，如果指定为负数，则返回错误值“#NUM!”。

per：必需。表示用于计算其利息的期次，求分几次支付利息，第一次支付为 1。per 必须在 1 到 nper 之间。

nper：必需。表示投资的付款期总数。各期的数据=付款年限*期数值。

pv：必需。表示投资的现值（未来付款现值的累积和）。

fv：可选。表示未来值，或在最后一次支付后希望得到的现金余额。如果省略 fv，则假设其值为零。

type：可选。表示期初或期末，0 为期末，1 为期初。

例如，在贷款表中计算出第 1 个月的还贷利息额，具体操作方法如下。

Step01: ❶在 B7 单元格中输入函数公式“=IPMT(B5/12,B6*20,B4,B3)”；❷单击编辑栏中的“输入”按钮✓，如下图所示。

Step02: 经过前面的操作，计算出第 1 个月偿还的利息额，结果如下图所示。

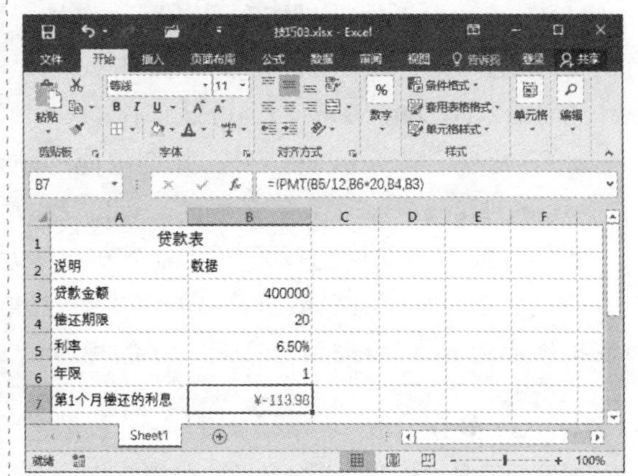

技巧 04 使用 LOOKUP 函数查找数据

LOOKUP 函数的作用是从单行或单列中查找某个值，然后返回另一行或列中相同位置的值。

语法：LOOKUP(lookup_value, lookup_vector, result_vector)

lookup_value：函数在第一个向量中搜索的值。lookup_value 可以是数字、文本、逻辑值、名称或单元格引用。

lookup_vector：只包含一行或一列的区域。lookup_vector 中的值可以是文本、数字或逻辑值。

result_vector：只包含一行或一列的区域。它必须与 lookup_vector 大小相同。

使用 LOOKUP 函数在向量或数组中查找值，具体操作方法如下。

Step01: ❶在 B14 单元格中输入函数公式“=LOOKUP($A$14,$A2:B14)”；❷单击编辑栏中的“输入”按钮✓，如下图所示。

Step02: ❶选择 B14 单元格；❷向右拖动填充计算公式，如下图所示。

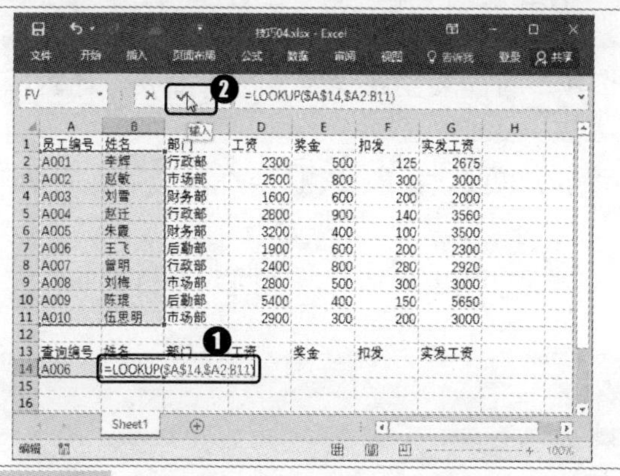

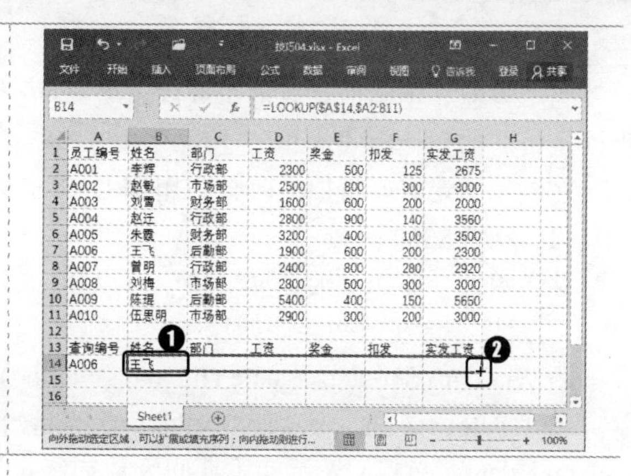

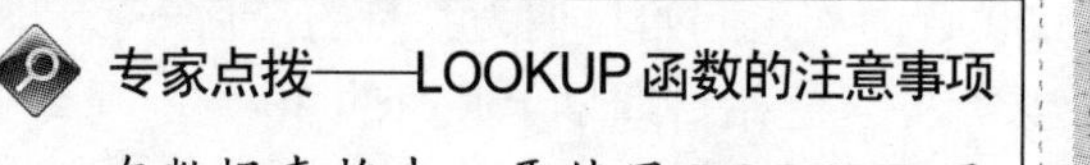

Step03: 经过前面的操作，在表格中查找出A006的所有信息，效果如右图所示。

> **专家点拨——LOOKUP函数的注意事项**
>
> 在数据表格中，要使用LOOKUP函数查找某一个数据，在原始表中不能任意对数据进行换位操作，否则查找出来的结果就可能不是正确的数据。

▷▷ 上机实战——制作固定资产折旧表

>> 上机介绍

折旧是固定资产在使用过程中因逐渐耗损而转移到产品或劳务中的价值。公司的固定资产都需要计提折旧，折旧的金额大小直接影响到产品的价格和公司的利润。最终效果如下图所示。

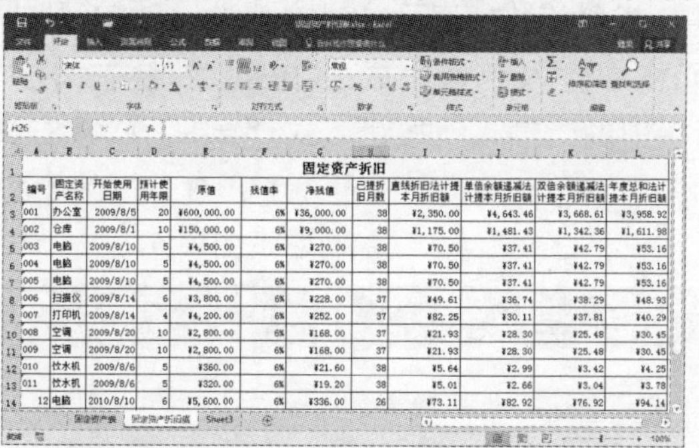

同步文件

素材文件：素材文件\第12章\固定资产折旧表.xlsx

结果文件：结果文件\第12章\固定资产折旧表.xlsx

视频文件：视频文件\第12章\上机实战.mp4

>> 步骤详解

本实例的具体操作步骤如下。

1. 创建固定资产折旧表

为了方便、正确地计算每一项固定资产的折旧额，首先要创建固定资产折旧表，计算每一项固定资产的预计净残值和已使用月数。

在制作固定资产折旧表时会应用到 DAYS360 函数和 DATE 函数。这两个函数的说明如下。

（1）DAYS360 函数

该函数按一年 360 天计算（每个月以 30 天计，一年共 12 个月），返回两个日期间相差的天数，这在一些会计计算中会用到。

语法：DAYS360(start_date,end_date,method)

start_date：必需。表示计算期间天数的起始日期。

end_date：必需。表示计算期间天数的终止日期。

method：必需。为一个逻辑值，它指定了在计算中是采用欧洲方法还是美国方法。当 method 为 False 或被省略时，表示采用美国方法（NASD）。即如果起始日期为某月的最后一天，则等于当月的 30 号；如果终止日期为某月的最后一天，并且起始日期早于某月的 30 号，则终止日期等于下个月的 1 号，否则终止日期等于当月的 30 号。当 method 为 True 时，表示欧洲方法，如果起始日期和终止日期为某月的 31 号，则等于当月的 30 号。

（2）DATE 函数

该函数返回表示特定日期的连续序列号。

语法：DATE (year,month,day)

year：必需。year 参数的值可以包含 1～4 位数字。Excel 将根据计算机所使用的日期系统来解释 year 参数。默认情况下，Windows 系统将使用 1900 日期系统，而 Macintosh 系统将使用 1904 日期系统。

month：必需。一个正整数或负整数，表示一年中从 1 月至 12 月的各个月。如果 month 大于 12，则 month 从指定年份的 1 月开始累加该月份数；如果 month 小于 1，则 month 从指定年份的 1 月开始递减该月份数，再加上 1 个月。

day：必需。一个正整数或负整数，表示一月中从 1 日到 31 日的各天。

Step01: ❶在 G3 单元格中输入函数公式“=E3*F3”；❷单击编辑栏中的“输入”按钮✓，如下图所示。

Step02: ❶在 H3 单元格中输入函数公式“=INT(DAYS360(C3,DATE(2012,10,10))/30)”；❷单击编辑栏中的“输入”按钮✓，如下图所示。

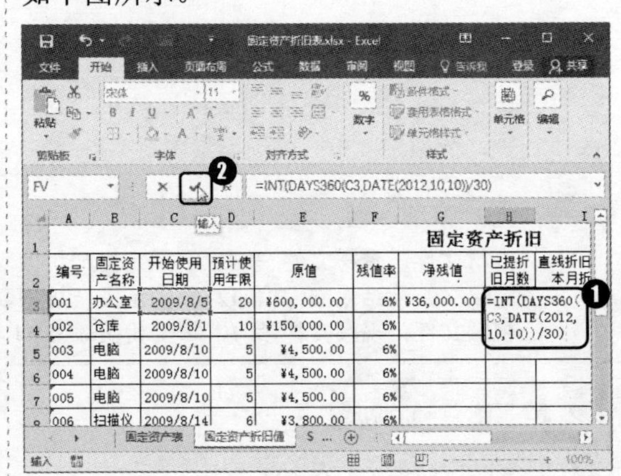

2. 使用 SLN 函数计算折旧额

直线折旧法又称为平均年限法，是将固定资产的应计折旧额按预计使用年限均衡地分摊到各期的方法，是计提固定资产折旧常用的方法之一。

SLN 函数用于计算某项资产在一定期间中的线性折旧值。

语法：SLN(cost,salvage,life)

cost：必需。表示资产原值。

salvage：必需。表示资产在使用寿命结束时的残值。

life：必需。表示资产的折旧期限。

例如，使用直线折旧法将固定资产原值、预计净残值及预计清理费用，按预计使用年限平均计算折旧，具体操作方法如下。

Step01: ❶在 I3 单元格中输入函数公式“=SLN(E3,G3,D3*12)”；❷单击编辑栏中的“输入”按钮✓，如下图所示。

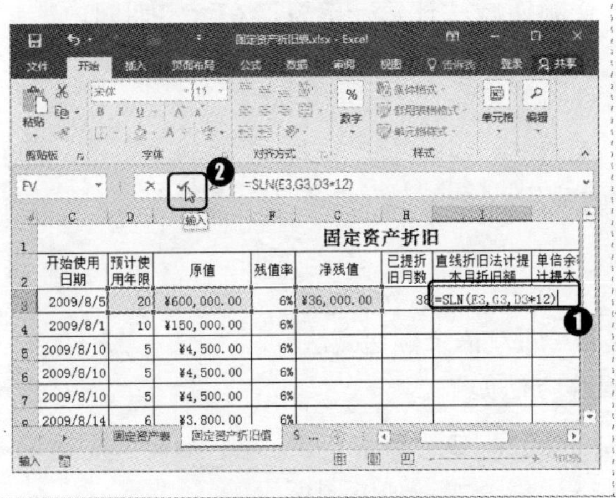

Step02: ❶选择 G3:I3 单元格区域；❷向下拖动填充计算公式，如下图所示。

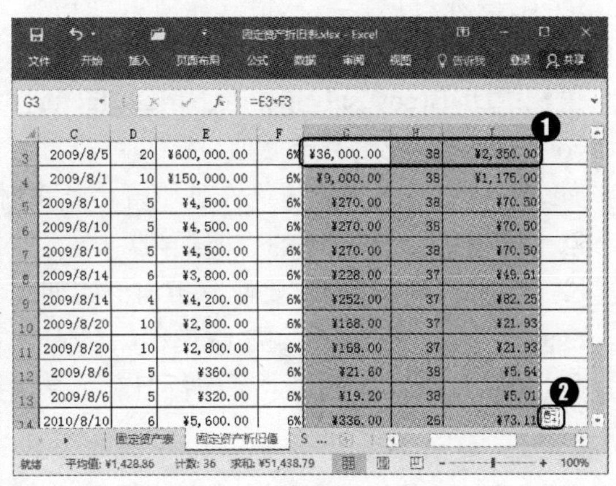

3. 使用 DB 函数单倍余额递减计算折旧额

单倍余额递减法是加速计提折旧的方法之一，它采用一个固定的折旧率乘以一个递减的固定资产账面值，从而得到每期的折旧额。

DB 函数可以使用固定余额递减法计算一笔资产在给定期间内的折旧值。

语法：DB(cost,salvage,life,period,[month])

cost：必需。表示资产原值。

salvage：必需。表示资产在使用寿命结束时的残值。

life：必需。表示资产的折旧期限。

period：必需。表示需要计算折旧值的期间。

month：可选。表示第一年的月份数，默认数值是 12。

使用 DB 函数计提固定资产折旧额，具体操作方法如下。

Step01: ❶在 J3 单元格中输入函数公式“=DB(E3,G3,D3*12,H3,12-MONTH(C3))”；❷单击编辑栏中的“输入”按钮✓，如下图所示。

Step02: ❶选择 J3 单元格；❷向下拖动填充计算公式，如下图所示。

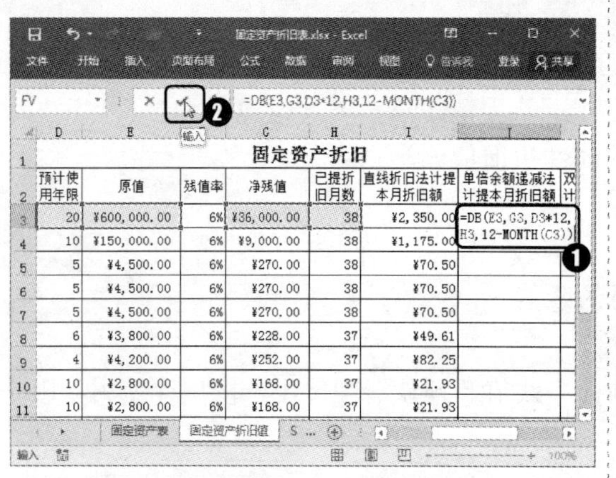

	D	E	F	G	H	I	J
1				固定资产折旧			
2	预计使用年限	原值	残值率	净残值	已提折旧月数	直线折旧法计提本月折旧额	单倍余额递减法计提本月折旧额
3	20	¥600,000.00	6%	¥36,000.00	38	¥2,350.00	=DB(E3,G3,D3*12,H3,12-MONTH(C3))
4	10	¥150,000.00	6%	¥9,000.00	38	¥1,175.00	
5	5	¥4,500.00	6%	¥270.00	38	¥70.50	
6	5	¥4,500.00	6%	¥270.00	38	¥70.50	
7	5	¥4,500.00	6%	¥270.00	38	¥70.50	
8	6	¥3,800.00	6%	¥228.00	37	¥49.61	
9	4	¥4,200.00	6%	¥252.00	37	¥82.25	
10	10	¥2,800.00	6%	¥168.00	37	¥21.93	
11	10	¥2,800.00	6%	¥168.00	37	¥21.93	

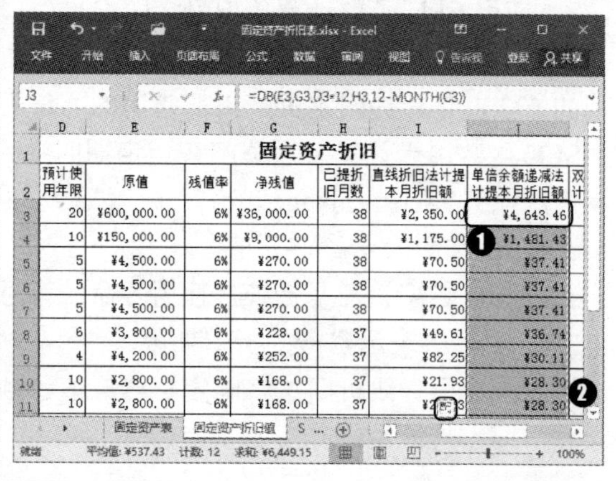

	D	E	F	G	H	I	J
1				固定资产折旧			
2	预计使用年限	原值	残值率	净残值	已提折旧月数	直线折旧法计提本月折旧额	单倍余额递减法计提本月折旧额
3	20	¥600,000.00	6%	¥36,000.00	38	¥2,350.00	¥4,643.46
4	10	¥150,000.00	6%	¥9,000.00	38	¥1,175.00	¥1,481.43
5	5	¥4,500.00	6%	¥270.00	38	¥70.50	¥37.41
6	5	¥4,500.00	6%	¥270.00	38	¥70.50	¥37.41
7	5	¥4,500.00	6%	¥270.00	38	¥70.50	¥37.41
8	6	¥3,800.00	6%	¥228.00	37	¥49.61	¥36.74
9	4	¥4,200.00	6%	¥252.00	37	¥82.25	¥30.11
10	10	¥2,800.00	6%	¥168.00	37	¥21.93	¥28.30
11	10	¥2,800.00	6%	¥168.00	37	¥21.93	¥28.30

4. 使用 DDB 函数双倍余额递减计算折旧额

双倍余额递减法是不考虑固定资产残值的情况下，根据每期期初固定资产账面余额和双倍的直线法折旧率计算固定资产折旧的一种方法。

DDB 函数可以使用双倍（或者其他倍数）余额递减法计算一笔资产在给定期间内的折旧值。

语法：DDB(cost,salvage,life,period,[factor])

cost：必需。表示资产原值。

salvage：必需。表示资产在使用寿命结束时的残值。

life：必需。表示资产的折旧期限。

period：必需。表示需要计算折旧值的期间。

factor：可选。表示余额递减速率，默认值是 2（即双倍余额递减法）。

使用 DDB 函数计提固定资产折旧额，具体操作方法如下。

Step01: ❶在 K3 单元格中输入函数公式“=DDB(E3,G3,D3*12,H3)”；❷单击编辑栏中的“输入”按钮✓，如下图所示。

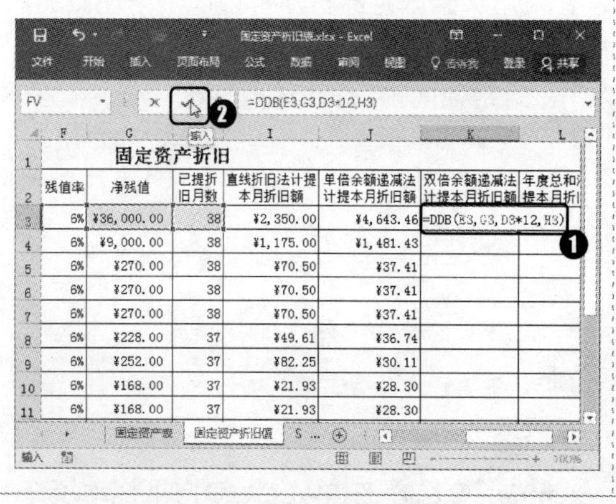

	F	G	H	I	J	K	L
1		固定资产折旧					
2	残值率	净残值	已提折旧月数	直线折旧法计提本月折旧额	单倍余额递减法计提本月折旧额	双倍余额递减法计提本月折旧额	年度总和法提本月折
3	6%	¥36,000.00	38	¥2,350.00	¥4,643.46	=DDB(E3,G3,D3*12,H3)	
4	6%	¥9,000.00	38	¥1,175.00	¥1,481.43		
5	6%	¥270.00	38	¥70.50	¥37.41		
6	6%	¥270.00	38	¥70.50	¥37.41		
7	6%	¥270.00	38	¥70.50	¥37.41		
8	6%	¥228.00	37	¥49.61	¥36.74		
9	6%	¥252.00	37	¥82.25	¥30.11		
10	6%	¥168.00	37	¥21.93	¥28.30		
11	6%	¥168.00	37	¥21.93	¥28.30		

Step02: ❶选择 K3 单元格；❷向下拖动填充计算公式，如下图所示。

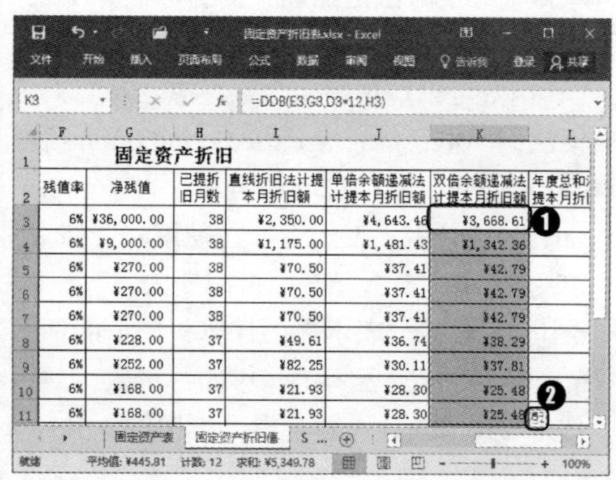

	F	G	H	I	J	K	L
1		固定资产折旧					
2	残值率	净残值	已提折旧月数	直线折旧法计提本月折旧额	单倍余额递减法计提本月折旧额	双倍余额递减法计提本月折旧额	年度总和法提本月折
3	6%	¥36,000.00	38	¥2,350.00	¥4,643.46	¥3,668.61	
4	6%	¥9,000.00	38	¥1,175.00	¥1,481.43	¥1,342.36	
5	6%	¥270.00	38	¥70.50	¥37.41	¥42.79	
6	6%	¥270.00	38	¥70.50	¥37.41	¥42.79	
7	6%	¥270.00	38	¥70.50	¥37.41	¥42.79	
8	6%	¥228.00	37	¥49.61	¥36.74	¥38.29	
9	6%	¥252.00	37	¥82.25	¥30.11	¥37.81	
10	6%	¥168.00	37	¥21.93	¥28.30	¥25.48	
11	6%	¥168.00	37	¥21.93	¥28.30	¥25.48	

5. 使用 SYD 函数计算折旧额

年数总和法是将固定资产的原值减去预计净残值后的值乘以一个逐年递减的分数计算每年的折旧额。在计算年数总和法时，会应用到 SYD 函数。

SYD 函数用于计算某项资产按年限总和折旧法计算的指定期间的折旧值。

语法：SYD(cost,salvage,life,per)

cost：必需。表示资产原值。

salvage：必需。表示资产在使用寿命结束时的残值。

life：必需。表示资产的折旧期限。

per：必需。表示期间，与 life 的单位相同。

使用 SYD 函数计提固定资产折旧额，具体操作方法如下。

Step01: ❶在 I3 单元格中输入函数公式 “=SYD(E3,G3,D3*12,H3)”；❷单击编辑栏中的“输入”按钮✓，如下图所示。

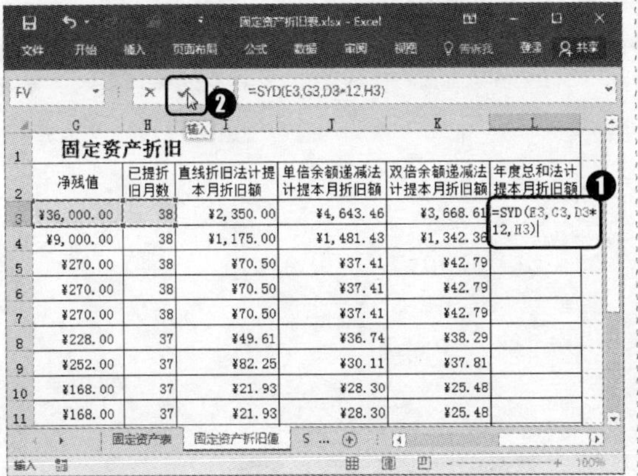

Step02: ❶选择 I3 单元格；❷向下拖动填充计算公式，如下图所示。

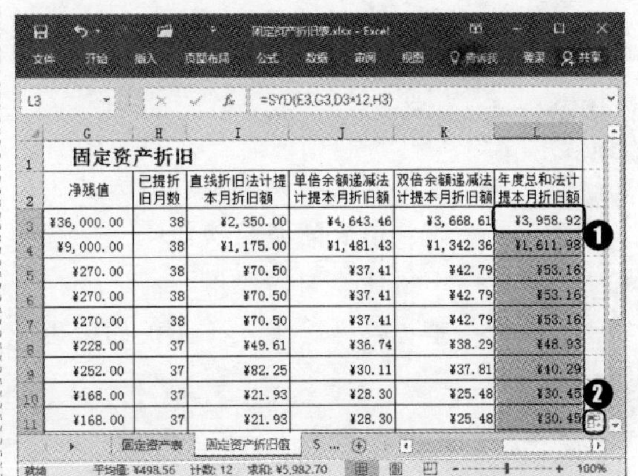

本章小结

本章主要讲解如何使用函数对数据进行计算和分析。通过本章的学习，希望能够让读者能借助 Excel 2016 强大的数据处理功能，解决日常工作中遇到的数据计算问题。

第 13 章　Excel 2016 中图表与数据透视表（图）的应用

本章导读

图表是 Excel 的一个重要的数据分析工具，用户可以使用图表简单、明了地分析数据，让烦琐的数据变成“会说话”的图表。为了更好地筛选图表数据，可以使用数据透视图进行操作。若需要查看动态的数据，则使用数据透视表更方便。本章主要介绍图表与数据透视表（图）的相关知识。

知识要点

- ➢ 认识图表
- ➢ 掌握创建和编辑图表的方法
- ➢ 掌握图表的布局功能
- ➢ 掌握迷你图的使用
- ➢ 掌握数据透视表（图）的使用

效果展示

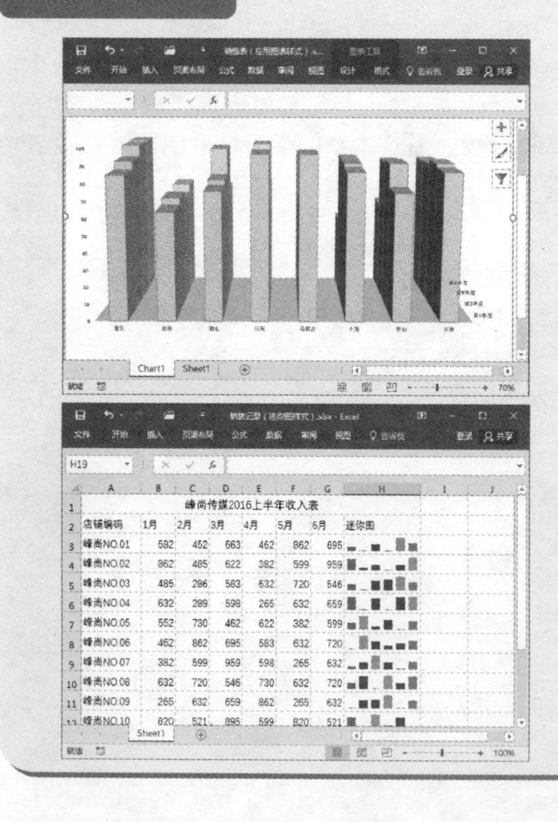

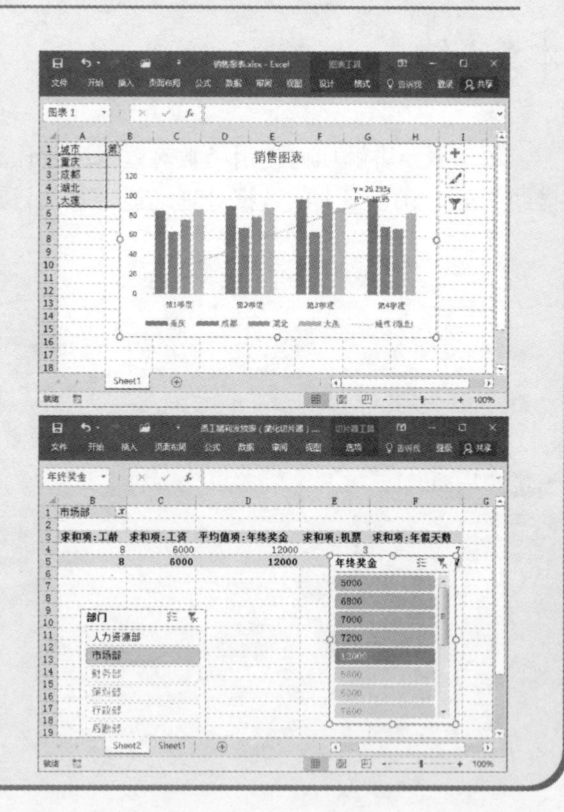

▷▷ 13.1 课堂讲解——认识图表

Excel 2016 提供了多种类型的图表用于展示数据。在使用这些图表前，先来了解图表相关的各种知识。只有明白图表的作用及其应用范围，才能更好地应用图表来表现数据。

13.1.1 图表的组成

Excel 2016 提供了 11 种标准的图表类型，每一种图表类型又都分为几种子类型。虽然图表的种类不同，但每一种图表的绝大部分组件是相同的，完整的图表包括：图表区、图形区、图表标题、数据系列、分类轴、数字轴、图例、网格线等，如下图所示。

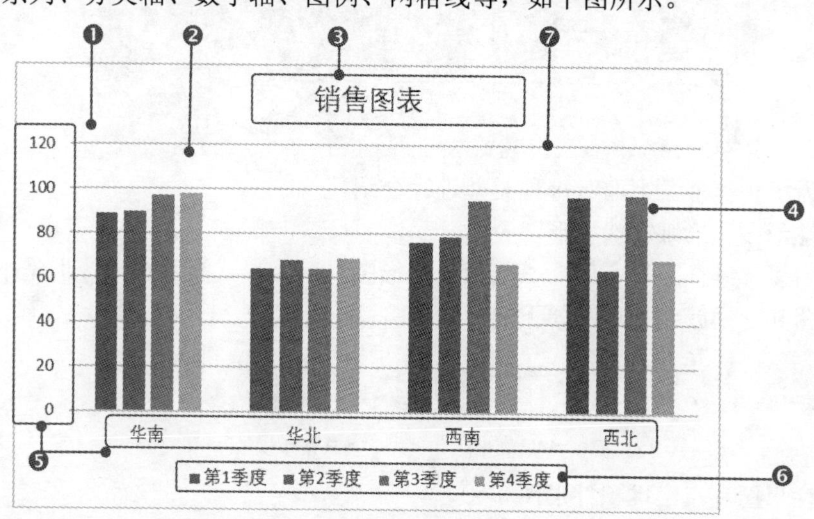

序号	说　明
❶	图表区：图表中最大的白色区域，作为其他图表元素的容器
❷	图形区：是图表区中的一部分，即显示图形的矩形区域
❸	图表标题：用来说明图表内容的标题文字，它可以放在图表中的任意位置，并设置格式（例如，设置字体、字形及字号等）
❹	数据系列：在数据区域中，同一列（或同一行）数值数据的集合构成一组数据系列，也就是图表中相关数据点的集合。图表中可以有一组或多组数据系列，多组数据系列之间通常采用不同的图案、颜色或符号来区分。在上图中，1 季度到 4 季度的运营额统计就是数据系列，它们分别以不同的颜色来区分
❺	坐标轴：坐标轴是标识数值大小及分类的水平线和垂直线，上面有标记数据值的标志（刻度）。一般情况下，水平轴（X 轴）表示数据的分类
❻	图例：图例指出图表中的符号、颜色或形状定义数据系列所代表的内容。图例由两部分构成：图例标示，代表数据系列的图案，即不同颜色的小方块；图例项，与图例标示对应的数据系列名称，一种图例标示只能对应一种图例
❼	网格线：贯穿绘图区的线条，用于估算数据系列的值

13.1.2 图表的类型

Excel 2016 中的图表类型有柱形图、折线图、饼图和圆环图、条形图、面积图、XY（散点）图、气泡图、股价图、曲面图、雷达图和组合图 11 种类型。了解并熟悉这些图表类型，以便在创建图表时选择最合适的图表。

1．柱形图

在工作表中以列或行的形式排列的数据可以绘制为柱形图。柱形图通常沿水平（类别）轴显示类别，沿垂直（值）轴显示值，如下图所示。

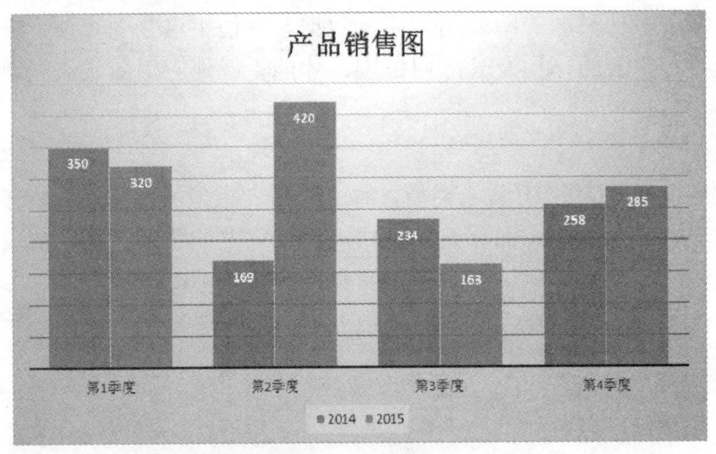

柱形图分为多种类型，下面对每种类型进行介绍。

（1）簇状柱形图和三维簇状柱形图

簇状柱形图以二维柱形显示值；三维簇状柱形图以三维形式显示柱形，但是不使用竖坐标轴。簇状柱形图和三维簇状柱形图如下图所示。

簇状柱形图

三维簇状柱形图

（2）堆积柱形图和三维堆积柱形图

堆积柱形图使用二维堆积柱形显示值；三维堆积柱形图以三维形式显示堆积柱形，但是不使用竖坐标轴。在有多个数据系列并希望强调总计时使用此图表。堆积柱形图和三维堆积柱形图如下图所示。

堆积柱形图

三维堆积柱形图

（3）百分比堆积柱形图和三维百分比堆积柱形图

百分比堆积柱形图使用堆积表示百分比的二维柱形显示值；三维百分比堆积柱形图以三维形式显示柱形，但是不使用竖坐标轴。如果图表具有多个数据系列，并且要强调每个值占整体的百分比，尤其是当各类别的总数相同时，可使用此图表。百分比堆积柱形图和三维百分比堆积柱形图如下图所示。

百分比堆积柱形图

三维百分比堆积柱形图

（4）三维柱形图

三维柱形图使用 3 个可以修改的坐标轴（水平坐标轴、垂直坐标轴和竖坐标轴），并沿水平坐标轴和竖坐标轴比较数据点。希望比较同时跨类别和数据系列的数据时，可使用此图表。三维柱形图如下图所示。

三维柱形图

2. 折线图

在工作表中以列或行的形式排列的数据可以绘制为折线图，如下图所示。在折线图中，类别数据沿水平轴均匀分布，值数据沿垂直轴均匀分布。折线图可在均匀按比例缩放的坐标轴上显示一段时间的连续数据，因此非常适合显示相等时间间隔（如月、季度或会计年度）下数据的趋势。

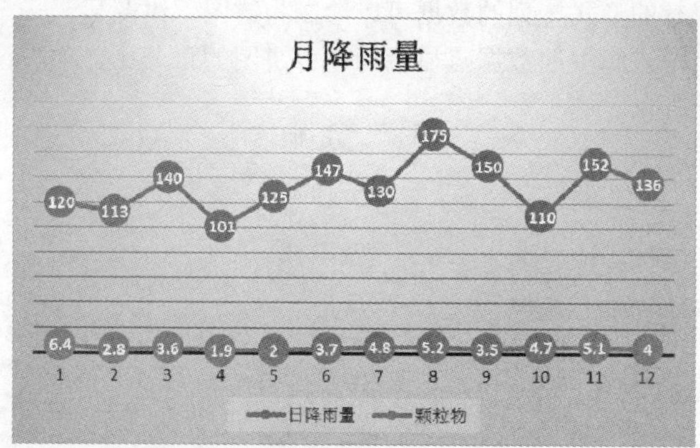

折线图有多种类型，下面对各类折线图进行介绍。

（1）折线图和带数据标记的折线图

折线图在显示时带有指示单个数据值的标记，也可以不带标记（如下图所示），可显示一段时间或均匀分布的类别的趋势，特别是有多个数据点，并且这些数据点的出现顺序非常重要时适合用折线图。如果有许多类别或值大小接近，可使用不带数据标记的折线图。

折线图

带数据标记的折线图

（2）堆积折线图和带数据标记的堆积折线图

堆积折线图显示时可带有标记以指示各个数据值，也可以不带标记（如下图所示），可显示每个值所占大小随时间或均匀分布的类别而变化的趋势。

堆积折线图

带数据标记的堆积折线图

（3）百分比堆积折线图和带数据标记的百分比堆积折线图

百分比堆积折线图显示时可带有标记以指示各个数据值，也可以不带标记（如下图所示），可显示每个值所占的百分比随时间或均匀分布的类别而变化的趋势。如果有许多类别或值大小接近，可使用无数据标记的百分比堆积折线图。

百分比堆积折线图

带数据标记的百分比堆积折线图

（4）三维折线图

三维折线图将每个数据行或数据列显示为一个三维条带，如下图所示。三维折线图有水平坐标轴、垂直坐标轴和竖坐标轴，并可以修改各个坐标轴。

三维折线图

3．饼图和圆环图

在工作表中以列或行的形式排列的数据可以绘制为饼图。饼图显示一个数据系列中各项的大小与各项总和的比例。饼图中的数据点显示为整个饼图的百分比，如下图所示。

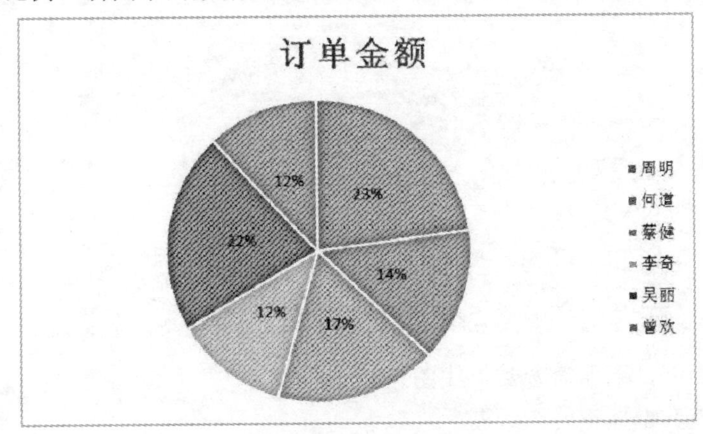

如果要创建的图表只有一个数据系列、数据中的值没有负值、数据中的值几乎没有零值或类别不超过 7 个，并且这些类别共同构成了整饼图，就可以使用饼图的方式查看数据，各饼图的功能如下。

（1）饼图和三维饼图

饼图以二维或三维形式显示每个值占总计的比例，如下图所示。可以手动拉出饼图的扇区以强调扇区。

饼图

三维饼图

（2）复合饼图和复合条饼图

复合饼图或复合条饼图显示特殊的饼图，其中的一些较小的值被拉出为次饼图或堆积条形图，从而使其更易于区分，如下图所示。

复合饼图

复合条饼图

（3）圆环图

仅排列在工作表的列或行中的数据可以绘制为圆环图。像饼图一样，圆环图也显示了部分与整体的关系，但圆环图可以包含多个数据系列，如下图所示。

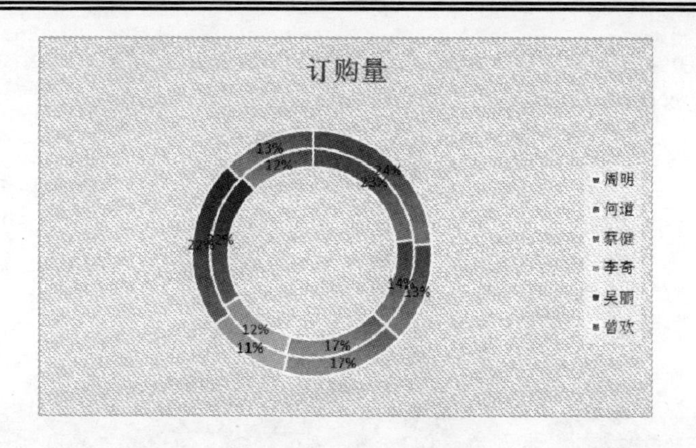

4．条形图

在工作表中以列或行的形式排列的数据可以绘制为条形图。条形图显示各个项目的比较情况。在条形图中，通常沿垂直坐标轴显示类别，沿水平坐标轴显示值，如下图所示。

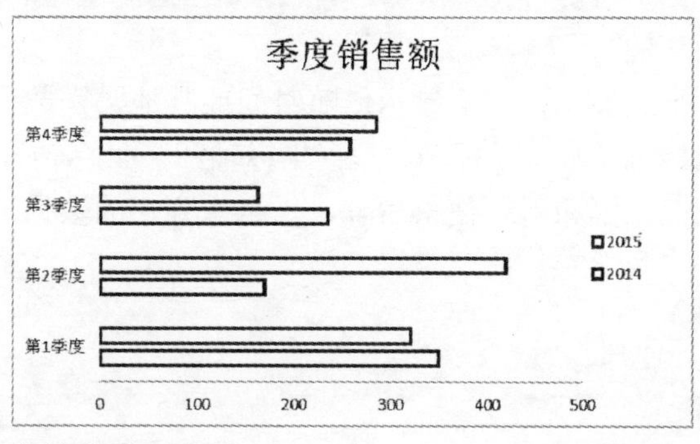

（1）簇状条形图和三维簇状条形图

簇状条形图以二维形式显示条形；三维簇状条形图以三维形式显示条形，不使用竖坐标轴，如下图所示。

簇状条形图

三维簇状条形图

（2）堆积条形图和三维堆积条形图

堆积条形图以二维条形显示单个项目与整体的关系；三维堆积条形图以三维形式显示条形，不使用竖坐标轴，如下图所示。

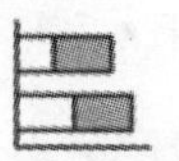
堆积条形图

三维堆积条形图

（3）百分比堆积条形图和三维百分比堆积条形图

百分比堆积条形图显示二维条形，这些条形跨类别比较每个值占总和的百分比；三维百分比堆积条形图以三维形式显示条形，不使用竖坐标轴，如下图所示。

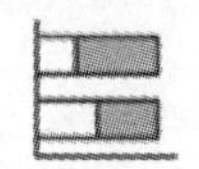
百分比堆积条形图

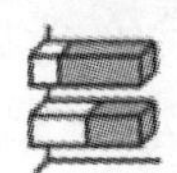
三维百分比堆积条形图

5．面积图

在工作表中以列或行的形式排列的数据可以绘制为面积图，如下图所示。面积图可用于绘制随时间发生的变化量，用于引起人们对总值趋势的关注。通过显示所绘制的值的总和，面积图还可以显示部分与整体的关系。

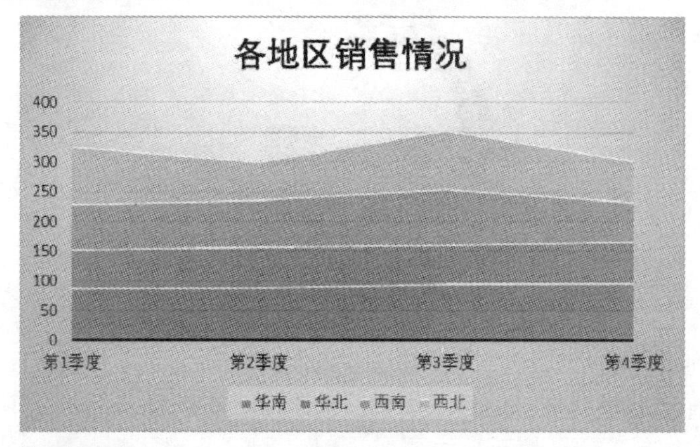

（1）面积图和三维面积图

面积图以二维或三维形式显示，用于显示值随时间或其他类别数据变化的趋势；三维面积图使用 3 个可以修改的坐标轴（水平坐标轴、垂直坐标轴和竖坐标轴），如下图所示。通常应考虑使用折线图而不是面积图，因为如果使用后者，一个系列中的数据可能会被另一系列中的数据遮住。

面积图

三维面积图

（2）堆积面积图和三维堆积面积图

堆积面积图以二维形式显示每个值所占大小随时间或其他类别数据变化的趋势；三维堆积图也一样，但是是以三维形式显示面积，并且不使用竖坐标轴，如下图所示。

堆积面积图

三维堆积面积图

（3）百分比堆积面积图和三维百分比堆积面积图

百分比堆积面积图显示每个值所占百分比随时间或其他类别数据变化的趋势；三维百分比堆积图也一样，但是是以三维形式显示面积，并且不使用竖坐标轴，如下图所示。

百分比堆积面积图

三维百分比堆积面积图

6．XY（散点）图

在工作表中以列或行的形式排列的数据可以绘制为 XY（散点）图，如下图所示。将 X 值放在一行或一列，然后在相邻的行或列中输入对应的 Y 值。

散点图有两个数值轴：水平（X）数值轴和垂直（Y）数值轴。散点图将 X 值和 Y 值合并到单一数据点并按不均匀的间隔或簇来显示它们。散点图通常用于显示和比较数值，例科学数据、统计数据和工程数据。

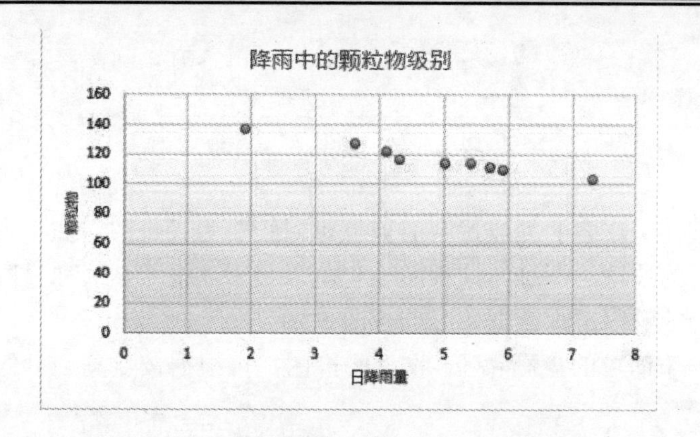

（1）散点图

散点图显示数据点以比较值对，但是不连接线，如下图所示。

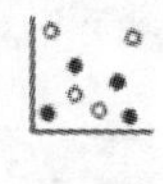

散点图

（2）带平滑线和标记的散点图和带平滑线的散点图

这种图表显示用于连接数据点的平滑曲线。显示的平滑线可以带标记，也可以不带，如下图所示。如果有多个数据点，可使用不带标记的平滑线。

带平滑线和标记的散点图

带平滑线的散点图

（3）带直线和标记的散点图和带直线的散点图

这种图表显示数据点之间直接相连的直线。显示的直线可以带标记，也可以不带，如下图所示。

带直线和标记的散点图

带直线的散点图

7. 气泡图

气泡图与散点图非常相似，这种图表增加第三个值来指定所显示的气泡的大小，以便表示数据系统中的数据点，如下图所示。

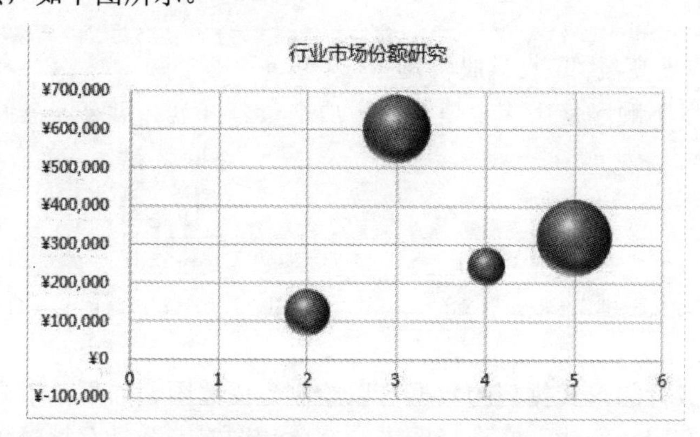

气泡图或三维气泡图：这两种气泡图都比较成组的 3 个值而非两个值，并以二维或三维形式显示气泡，不使用竖坐标轴，如下图所示。第三个值指定气泡标记的大小。

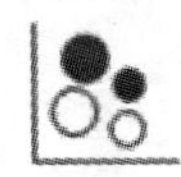
气泡图

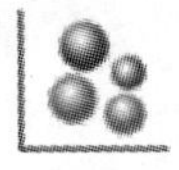
三维气泡图

8. 股价图

以特定顺序排列在工作表的列或行中的数据可以绘制为股价图，如下图所示。顾名思义，股价图可以显示股价的波动。不过，这种图表也可以显示其他数据（如日降雨量和每年温度）的波动。必须按正确的顺序组织数据才能创建股价图。

例如，要创建一个简单的盘高-盘低-收盘股价图，可根据按盘高、盘低和收盘次序输入的列标题来排列数据。

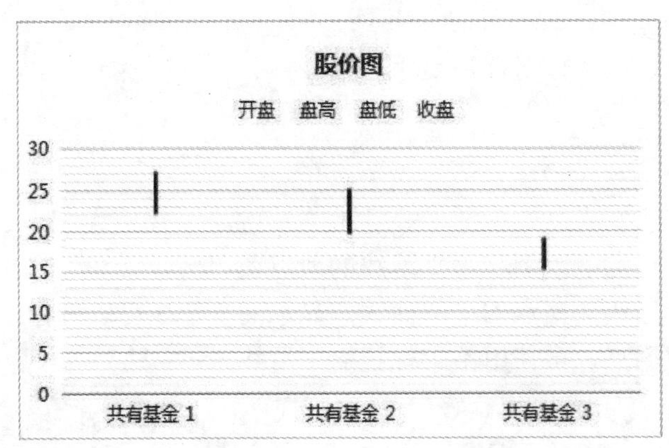

（1）盘高-盘低-收盘股价图

这种股价图按照以下顺序使用 3 个值系列：盘高、盘低和收盘股价，如左下图所示。

（2）开盘-盘高-盘低-收盘股价图

这种股价图按照以下顺序使用 4 个值系列：开盘、盘高、盘低和收盘股价，如右下图所示。

盘高–盘低–收盘图

开盘–盘高–盘低–收盘图

（3）成交量-盘高-盘低-收盘股价图

这种股价图按照以下顺序使用 4 个值系列：成交量、盘高、盘低和收盘股价。它在计算成交量时使用了 2 个数值轴：一个用于计算成交量的列，另一个用于股票价格的列，如左下图所示。

（4）成交量-开盘-盘高-盘低-收盘股价图

这种股价图按照以下顺序使用 5 个值系列：成交量、开盘、盘高、盘低和收盘股价，如右下图所示。

成交量–盘高–盘低–收盘图

成交量–开盘–盘高–盘低–收盘图

9. 曲面图

在工作表中以列或行的形式排列的数据可以绘制为曲面图。如果希望得到两组数据间的最佳组合，曲面图将很有用。例如，在地形图上，颜色和图案表示具有相同取值范围的地区。当类别和数据系列都是数值时，可以创建曲面图，如下图所示。

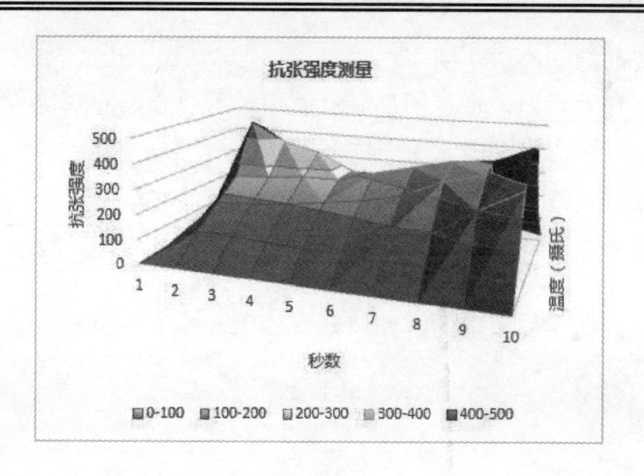

（1）三维曲面图

这种图表显示数据的三维视图，可以将其想象为三维柱形图上展开的橡胶板，如左下图所示。它通常用于显示大量数据之间的关系，其他方式可能很难显示这种关系。曲面图中的颜色带不表示数据系列，它们表示值之间的差别。

（2）三维曲面图（框架图）

曲面不带颜色的三维曲面图称为三维曲面图（框架图）。这种图表只显示线条，如右下图所示。三维曲面图（框架图）不容易理解，但是绘制大型数据集的速度比三维曲面图快得多。

三维曲面图

三维曲面图（框架图）

（3）俯视图

曲面图是从俯视的角度看到的曲面图，与二维地形图相似，如左下图所示。在俯视图中，颜色带表示特定范围的值。俯视图中的线条连接等值的内插点。

（4）曲面图（俯视框架图）

曲面图（俯视框架图）也是从俯视的角度看到的曲面图，如右下图所示。框架俯视图只显示线条，不在曲面上显示颜色带。框架俯视图不容易理解，一般使用三维曲面图。

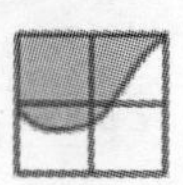

俯视图

曲面图（俯视框架图）

10．雷达图

在工作表中以列或行的形式排列的数据可以绘制为雷达图，如下图所示。雷达图用于比较若干数据系列的聚合值。

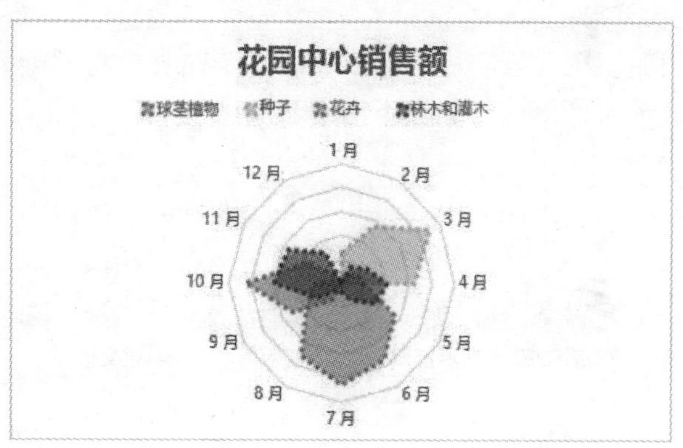

（1）雷达图和带数据标记的雷达图

无论单独的数据点有无标记，雷达图都显示值相对于中心点的变化，如下图所示。

雷达图

带数据标记的雷达图

（2）填充雷达图

在填充雷达图中，数据系列覆盖的区域填充有颜色，如下图所示。

填充雷达图

11．组合图

以列和行的形式排列的数据可以绘制为组合图，如下图所示。组合图将两种或更多图表类型组合在一起，以便提高数据的可读性，特别是数据变化范围较大时。由于采用了次坐标轴，所以这种图表更容易看懂。本示例中使用柱形图来显示 1 月～6 月住宅销售量数据，然后使用了折线图使每月的平均销售价格变化趋势一目了然。

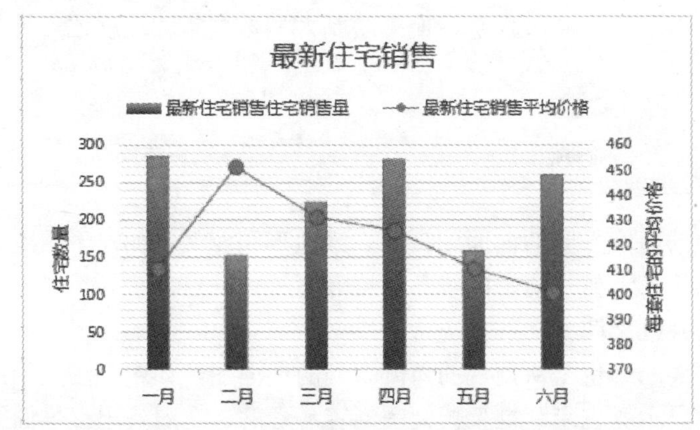

（1）簇状柱形图-折线图和簇状柱形图-次坐标轴上的折线图

这种图表不一定带有次坐标轴，它综合了簇状柱形图和折线图，在同一个图表中将部分数据系列显示为柱形，将其他数据系列显示为线，如下图所示。

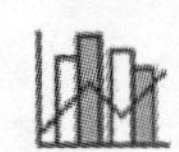
簇状柱形图–折线图

簇状柱形图–次坐标轴上的折线图

（2）堆积面积图-簇状柱形图

这种图表综合了堆积面积图和簇状柱形图，在同一个图表中将部分数据系列显示为堆积面积图，将其他数据系列显示为柱形图，如左下图所示。

（3）自定义组合

这种图表用于组合要在同一个图表中显示的多种图表，如下图所示。

堆积面积图–簇状柱形图

自定义组合

▷▷ 13.2　课堂讲解——创建和编辑图表

在熟悉了图表的所有类型后，接下来讲解如何创建和编辑图表的相关操作。在表格中根据数据源创建需要的图表后，会对图表的位置、大小或者图表的类型、数据进行编辑，让图表更加完美。

13.2.1　创建图表

在 Excel 2016 中可以根据需要选择图表类型，也可以根据软件新增的推荐图表功能快速创建图表。下面以创建柱形图为例讲解创建图表的方法，具体操作方法如下。

同步文件

素材文件：素材文件\第 13 章\销售表.xlsx
结果文件：结果文件\第 13 章\销售表.xlsx
视频文件：视频文件\第 13 章\13-2-1.mp4

Step01: ❶选择 A1:E9 单元格区域，单击“插入”选项卡；❷单击“图表”组中的“插入柱形图”按钮；❸选择“簇状柱形图”，如下图所示。

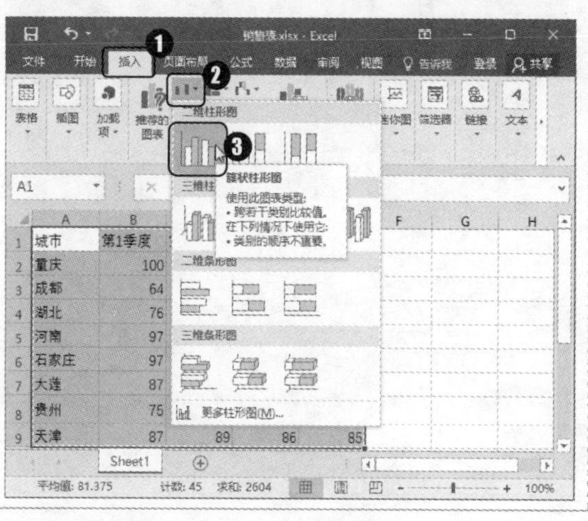

Step02: 经过前面的操作后，创建的柱形图表效果如下图所示。

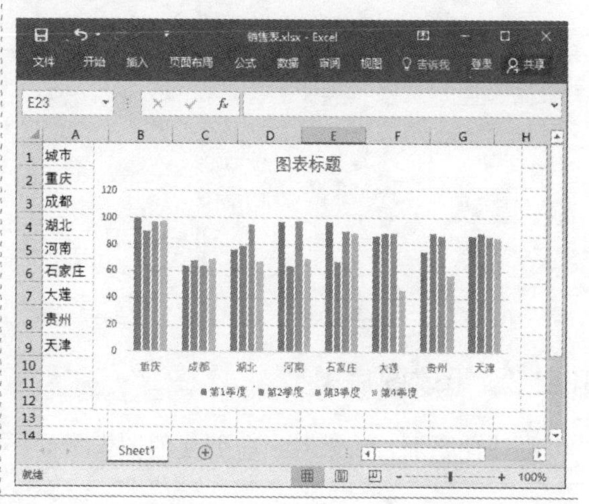

13.2.2　调整图表大小与位置

创建图表时，会自动调整图表的大小，如果用户觉得图表的大小不合适，可以适当地进行调整，在“图表工具-格式”选项卡中的“大小”组中即可设置图表大小。如果图表单独存放在一张工作表中，直接拖动缩放按钮可以调整图表显示大小，但在这个工作表中是不能设置图表尺寸的。例如，在新工作表中调整显示比例查看图表，具体操作方法如下。

同步文件

素材文件：素材文件\第 13 章\销售表（调整图表位置和大小）.xlsx
结果文件：结果文件\第 13 章\销售表（调整图表位置和大小）.xlsx
视频文件：视频文件\第 13 章\13-2-2.mp4

Step01: ❶选中图表，单击“图表工具-设计”选项卡；❷在“位置”组中单击“移动图表”按钮，如下图所示。

Step02: 打开“移动图表”对话框，❶选择“新工作表”单选按钮；❷单击“确定”按钮，如下图所示。

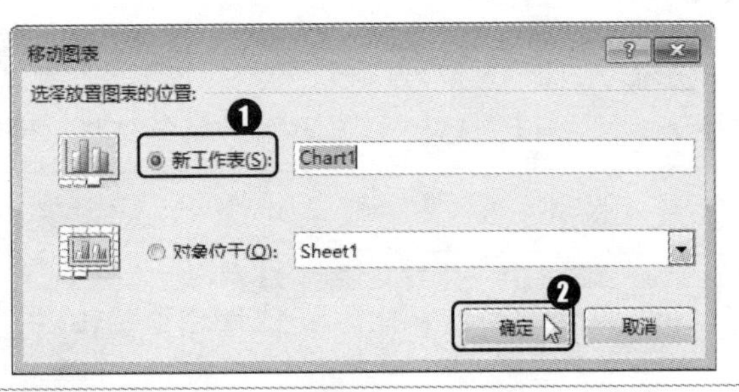

Step03: 在 Chart1 工作表中拖动工作表的缩放按钮，调整图表显示大小，如下图所示。

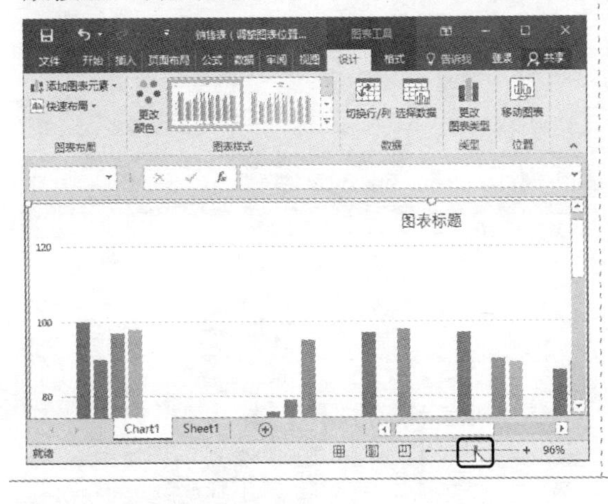

Step04: 经过前面的操作，调整图表的显示大小，效果如下图所示。

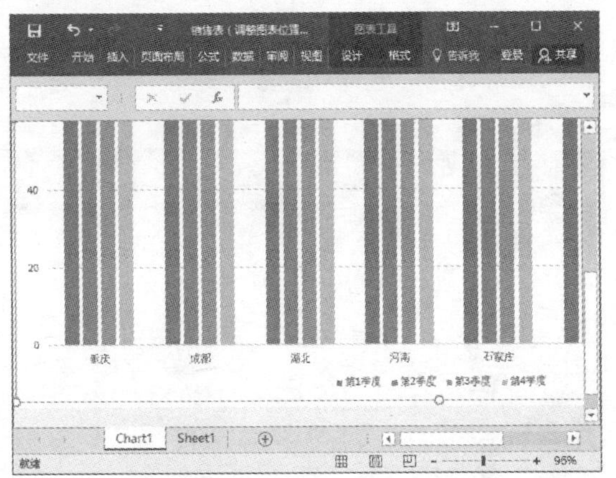

13.2.3 更改图表类型

创建图表后，如果对当前创建的图表类型不满意，可以修改图表类型。具体操作方法如下。

同步文件

素材文件：素材文件\第 13 章\销售表（更改图表类型）.xlsx
结果文件：结果文件\第 13 章\销售表（更改图表类型）.xlsx
视频文件：视频文件\第 13 章\13-2-3.mp4

Step01: ❶在 Chart1 工作表中选中图表；❷单击“图表工具-设计”选项卡中“类型”组中的“更改图表类型”按钮，如下图所示。

Step02: 打开“更改图表类型”对话框，❶在“所有图表”选项卡中选择“柱形图”选项；❷在右侧选择需要的类型；❸单击“确定”按钮，如下图所示。

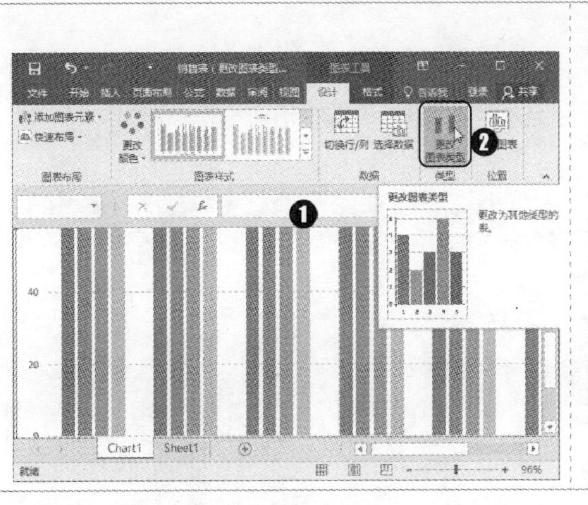

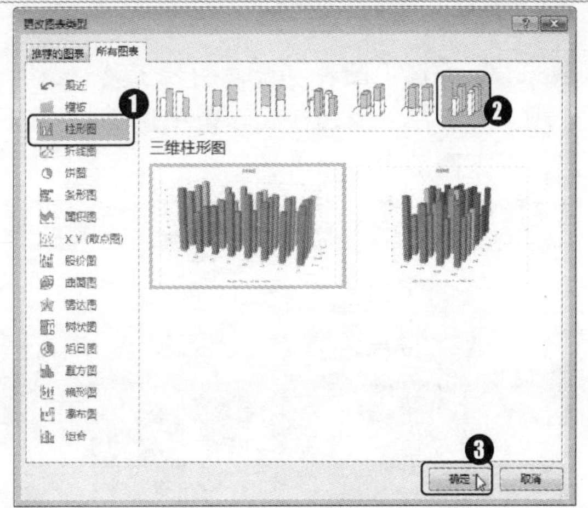

13.2.4　修改图表数据

如果在输入数据源时数据输入有误，并制作成了图表，此时直接在数据表中修改数据即可，图表会自动更新数据并显示出来。

同步文件

素材文件：素材文件\第 13 章\销售表（修改图表数据）.xlsx
结果文件：结果文件\第 13 章\销售表（修改图表数据）.xlsx
视频文件：视频文件\第 13 章\13-2-4.mp4

Step01: ❶选择 Sheet1 工作表中的 B2 单元格；❷将数据 100 修改为 85，如下图所示。

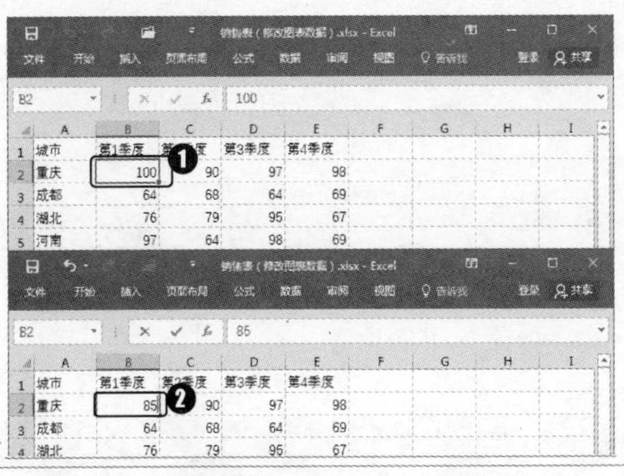

Step02: 在 Chart1 工作表中自动将重庆第 1 季度图表系列显示在 85 的刻度位置，效果如下图所示。

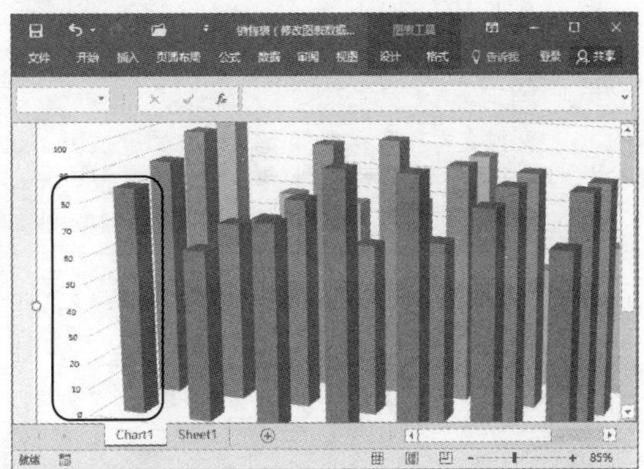

13.2.5　设置图表样式

在创建图表时使用的都是默认的图表样式，为了让图表效果更好，可以将创建的图表设置为内置或自定义的样式。例如，应用内置的图表样式，具体操作方法如下。

同步文件

素材文件：素材文件\第 13 章\销售表（应用图表样式）.xlsx
结果文件：结果文件\第 13 章\销售表（应用图表样式）.xlsx
视频文件：视频文件\第 13 章\13-2-5.mp4

Step01: ❶选中图表，单击"图表工具-设计"选项卡；❷在"图表样式"组中选择"样式2"，如下图所示。

Step02: 经过前面的操作，应用内置的图表样式，效果如下图所示。

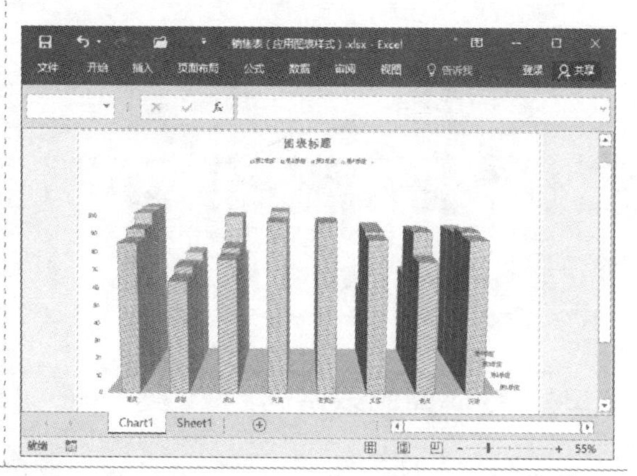

13.3 课堂讲解——编辑图表布局

在编辑图表时，除了对图表的基本类型、位置、大小和样式进行调整之外，还需要对图表的布局进行设置。

13.3.1 使用快速布局样式

如果创建的图表默认布局样式不符合自己的需要，可以使用快速布局样式快速调整布局样式。具体操作方法如下。

同步文件

素材文件：素材文件\第 13 章\季度报表.xlsx
结果文件：结果文件\第 13 章\季度报表.xlsx
视频文件：视频文件\第 13 章\13-3-1.mp4

Step01: ❶选中图表，单击"图表工具-设计"选项卡；❷单击"图表布局"组中的"快速布局"按钮；❸选择"布局 7"，如下图所示。

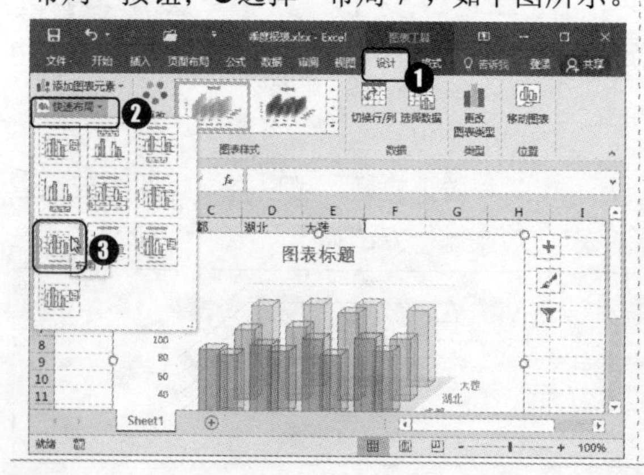

Step02: 经过前面的操作，应用布局 7 的样式，效果如下图所示。

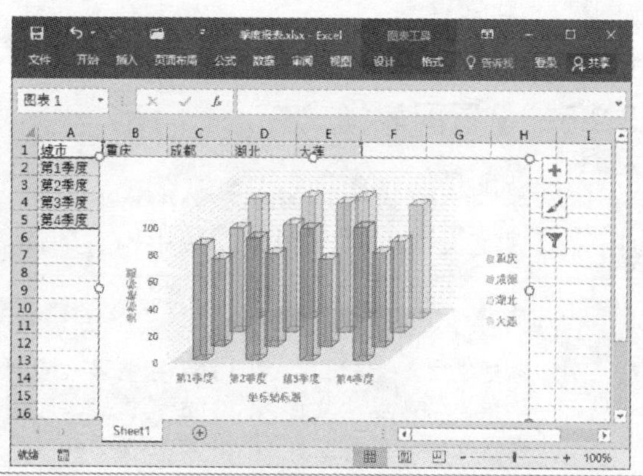

13.3.2　添加图表中的组成元素

应用图表内置的布局后，还可以为图表另外添加需要的元素。具体操作方法如下。

同步文件

素材文件：素材文件\第 13 章\季度报表（添加图表元素）.xlsx
结果文件：结果文件\第 13 章\季度报表（添加图表元素）.xlsx
视频文件：视频文件\第 13 章\13-3-2.mp4

Step01: 选中图表，在“设计”选项卡中，❶单击“图表布局”组中的“添加图表元素”按钮；❷选择“图表标题”命令；❸选择“居中覆盖”命令，如下图所示。

Step02: 添加图表标题元素后，直接在标题框中输入名称，效果如下图所示。

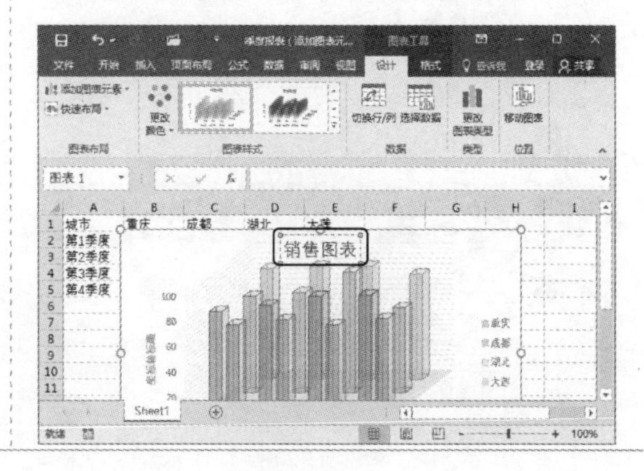

13.3.3　设置数据标签格式

使用图表的方式只能查看图表显示的高低位置，如果需要让图表系列显示具体的数值，可以设置数据标签。具体操作方法如下。

同步文件

素材文件：素材文件\第 13 章\季度报表（添加数据标签）.xlsx
结果文件：结果文件\第 13 章\季度报表（添加数据标签）.xlsx
视频文件：视频文件\第 13 章\13-3-3.mp4

Step01: ❶右击“重庆”系列；❷在弹出的快捷菜单中选择“添加数据标签”命令；❸选择“添加数据标注”命令，如下图所示。

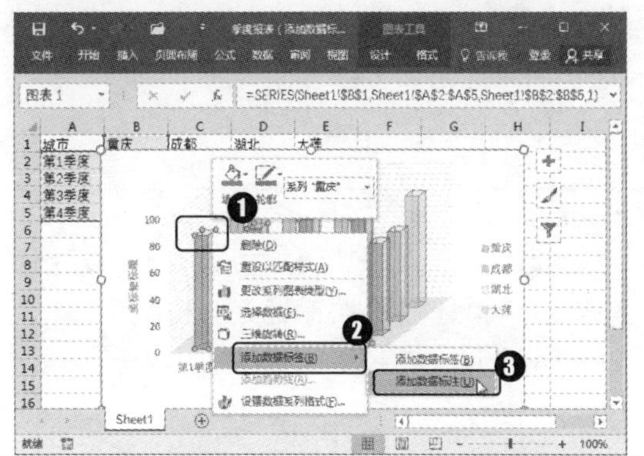

Step02: 经过前面的操作，为重庆系列添加数据标注，效果如下图所示。

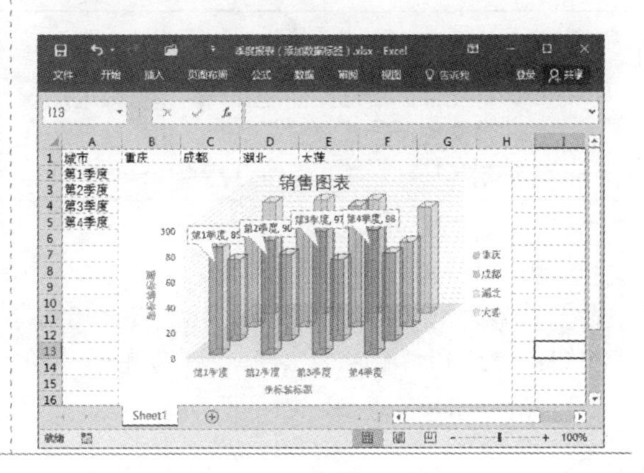

13.3.4 设置坐标轴格式

在应用某些图表样式后，会在图表的左侧和底部显示坐标轴标题，为了让图表效果更好，可以设置坐标轴的格式。具体操作方法如下。

同步文件

素材文件：素材文件\第 13 章\季度报表（坐标轴格式）.xlsx
结果文件：结果文件\第 13 章\季度报表（坐标轴格式）.xlsx
视频文件：视频文件\第 13 章\13-3-4.mp4

Step01: ❶在坐标轴中输入名称，并右击坐标轴标题；❷在弹出的快捷菜单中选择“设置坐标轴标题格式”命令，如下图所示。

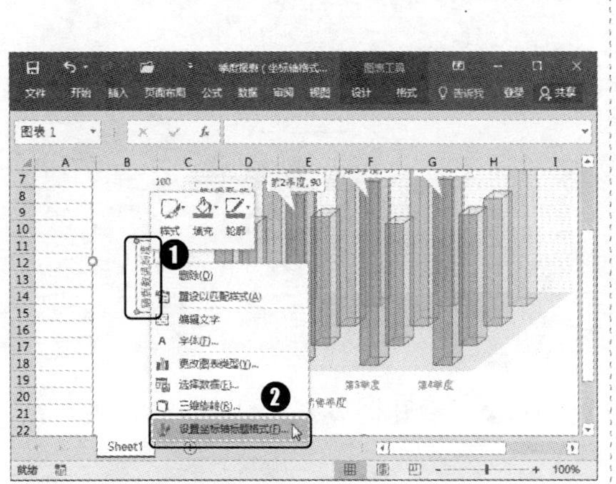

Step02: ❶选择“渐变填充”单选按钮；❷设置预设渐变和类型；❸单击“关闭”按钮，如下图所示。

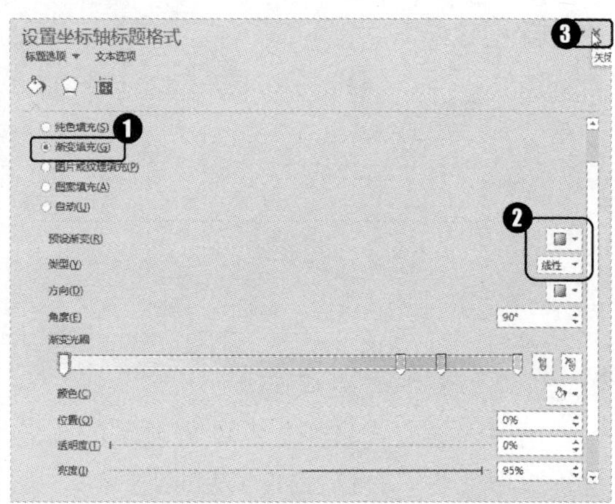

13.3.5 添加趋势线

趋势线以图形的方式表示数据系列的趋势。趋势线用于问题预测研究，又称为回归分析。趋势线的类型有指数、线性、对数、多项式、幂和移动平均 6 种，用户可以根据需要选择趋势线，从而查看数据的动向。为查看各月产品销售价格的变化趋势，可在数据图表添加趋势线。具体操作方法如下。

同步文件

素材文件：素材文件\第 13 章\销售报表.xlsx
结果文件：结果文件\第 13 章\销售报表.xlsx
视频文件：视频文件\第 13 章\13-3-5.mp4

Step01: ❶选择“湖北”数据系列，在“图表工具-设计”选项卡中单击“添加图表元素”按钮；❷选择“趋势线”命令；❸在子菜单中选择“线性”命令，如下图所示。

Step02: ❶右击添加的趋势线；❷在弹出的快捷菜单中选择“设置趋势线格式”命令，如下图所示。

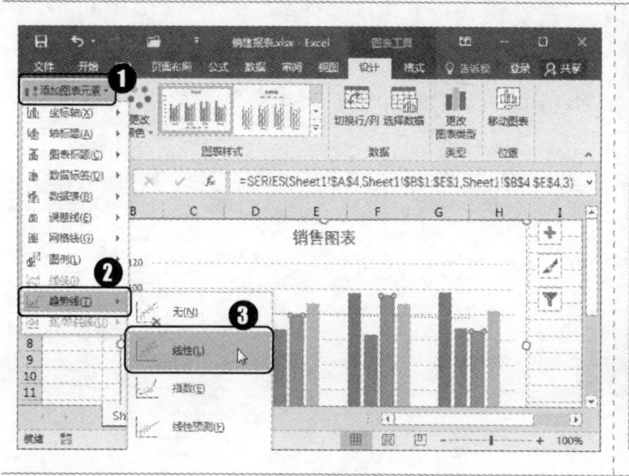

Step03: ❶勾选“设置截距”“显示公式”“显示 R 平方值”复选框；❷单击“关闭”按钮，如下图所示。

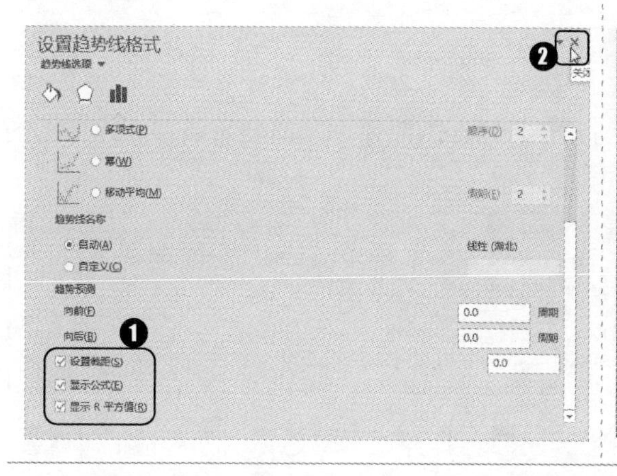

Step04: 经过前面的操作，为“湖北”数据系列添加趋势线，效果如下图所示。

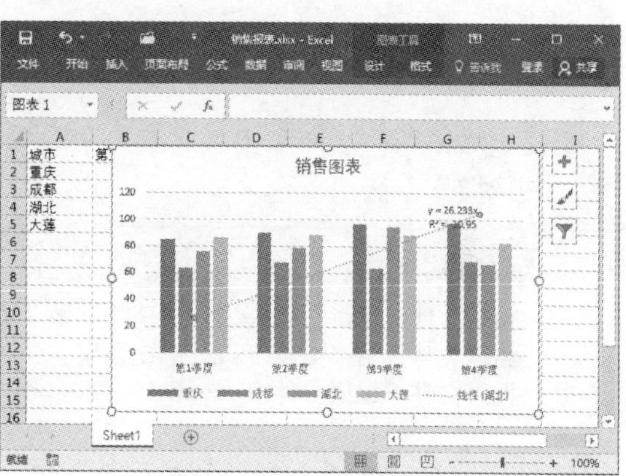

⊳⊳ 13.4　课堂讲解——迷你图的使用

迷你图分为折线迷你图、柱形迷你图和盈亏迷你图 3 种类型，根据用户查看数据方式的不同选择相应的迷你图类型即可。本节主要介绍迷你图使用的相关知识。

13.4.1　插入迷你图

在行或列中呈现的数据很有用，但是很难一眼看出数据的分布形态，因此可以使用迷你图将这些数据直观的展示出来。迷你图通过清晰简明的图形表示方法显示相邻数据的趋势，而且只需占用少量空间。

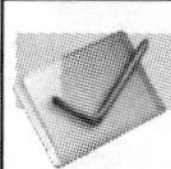

同步文件

素材文件：素材文件\第 13 章\销售记录.xlsx
结果文件：结果文件\第 13 章\销售记录.xlsx
视频文件：视频文件\第 13 章\13-4-1.mp4

Step01: 选择 H3 单元格，❶单击“插入”选项卡；❷单击“迷你图”组中的“折线图”按钮，如下图所示。

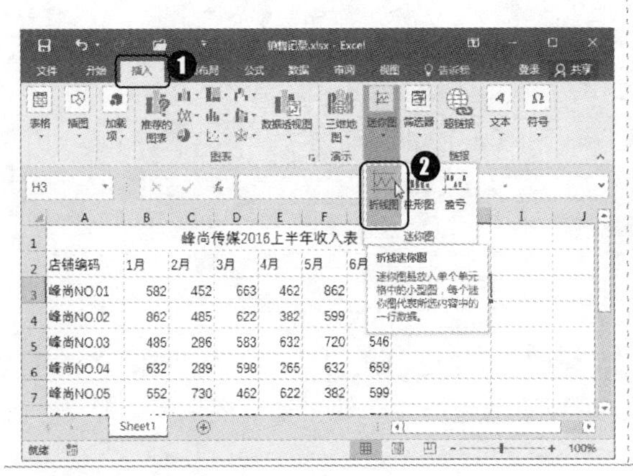

Step02: 打开“创建迷你图”对话框，❶选择图表显示的数据区域；❷单击“确定”按钮，创建所选店铺收入的迷你折线图，效果如下图所示。

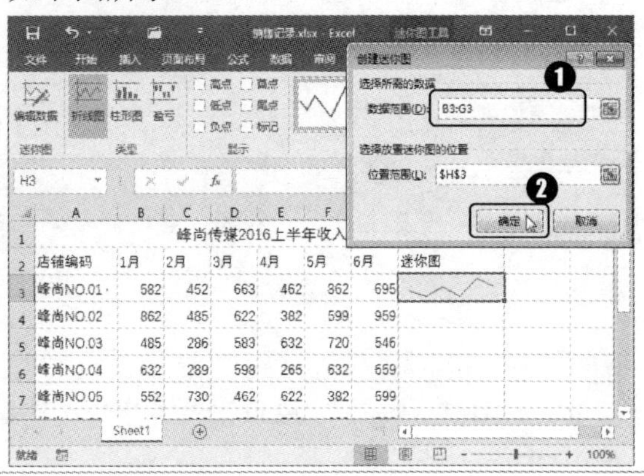

13.4.2 更改迷你图数据

创建了迷你图后，如果想要查看各个店铺同一个月收入的图表，则需要重新选择迷你图的数据。具体操作方法如下。

同步文件

素材文件：素材文件\第 13 章\销售记录（更改迷你图数据）.xlsx
结果文件：结果文件\第 13 章\销售记录（更改迷你图数据）.xlsx
视频文件：视频文件\第 13 章\13-4-2.mp4

Step01: 选择 H3 单元格，❶单击“迷你图工具-图表工具-设计”选项卡；❷单击“迷你图”组中的“编辑数据”按钮，如下图所示。

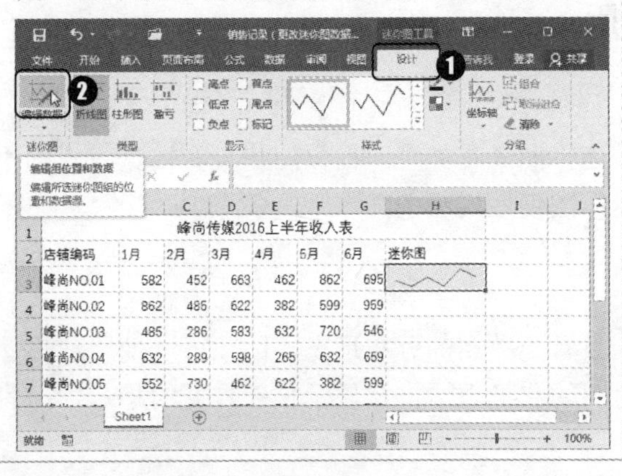

Step02: 打开“编辑迷你图”对话框，❶选择数据范围为“B3:B12”；❷单击“确定”按钮，如下图所示。

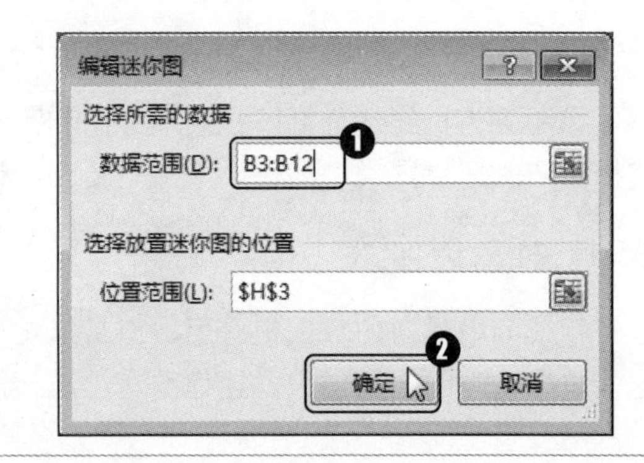

13.4.3 更改迷你图类型

在 Excel 2016 中提供了 3 种迷你图类型，如果用户创建的迷你图类型不是自己需要的，可以更改迷你图类型。具体操作方法如下。

同步文件

素材文件：素材文件\第 13 章\销售记录（更改迷你图类型）.xlsx
结果文件：结果文件\第 13 章\销售记录（更改迷你图类型）.xlsx
视频文件：视频文件\第 13 章\13-4-3.mp4

Step01: ❶选择 H3 单元格；❷单击“迷你图工具-设计”选项卡“类型”组中的“柱形图”按钮，如下图所示。

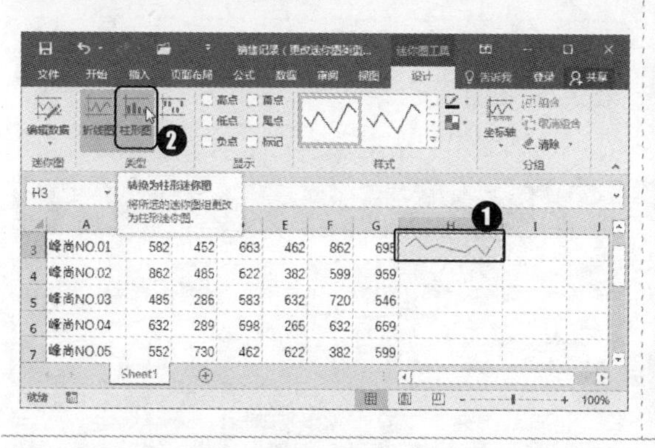

Step02: 经过前面的操作，更改迷你图类型为柱形迷你图，效果如下图所示。

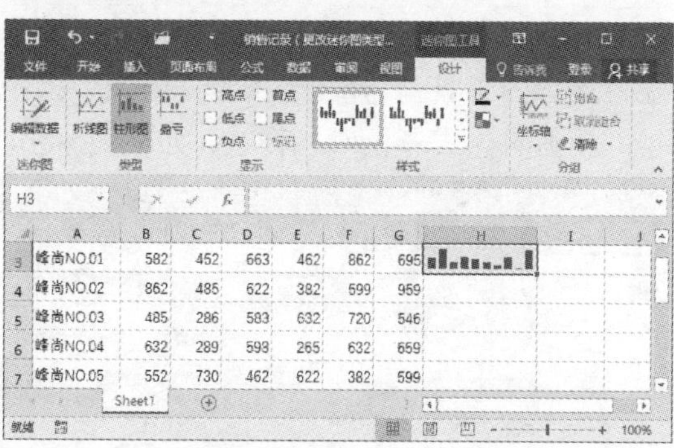

13.4.4　显示迷你图中不同的点

在单元格中插入迷你图后，可以根据不同的点突出显示数据。下面以高点、低点、首点和尾点进行显示，具体操作方法如下。

同步文件

素材文件：素材文件\第 13 章\销售记录（添加点）.xlsx
结果文件：结果文件\第 13 章\销售记录（添加点）.xlsx
视频文件：视频文件\第 13 章\13-4-4.mp4

Step01: ❶选择 H3:H12 单元格区域；❷勾选“迷你图工具-设计”选项卡“显示”组中的“高点”复选框，如下图所示。

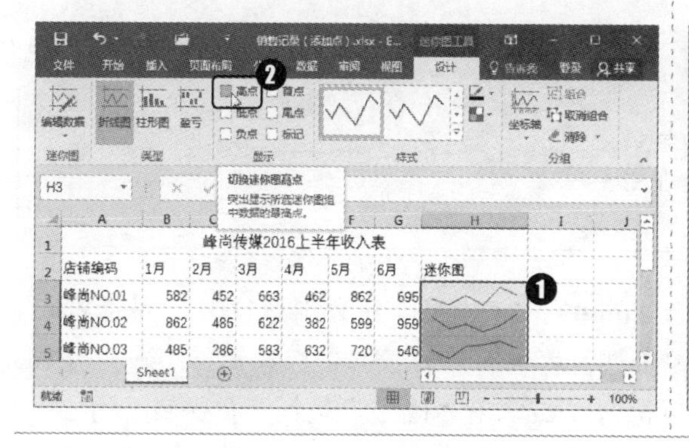

Step02: 依次勾选“低点”“首点”和“尾点”复选框，添加点的效果如下图所示。

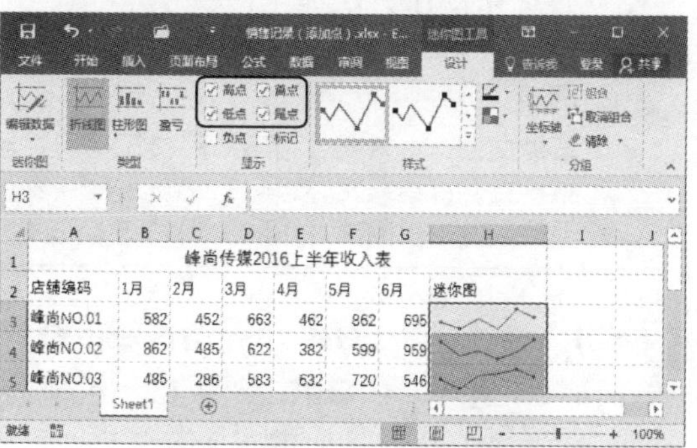

13.4.5 设置迷你图样式

使用迷你图创建的图表，应用样式后只能修改不同数据的图表颜色，不能修改整个图表的颜色，为了区分各数据系列，可以应用内置的样式，具体操作方法如下。

同步文件

素材文件：素材文件\第 13 章\销售记录（迷你图样式）.xlsx
结果文件：结果文件\第 13 章\销售记录（迷你图样式）.xlsx
视频文件：视频文件\第 13 章\13-4-5.mp4

Step01: ❶选择 H3:H12 单元格区域；❷单击“迷你图工具-设计”选项卡“样式”组中的“迷你图样式彩色#1”样式，如下图所示。

Step02: 经过前面的操作，应用迷你图样式效果如下图所示。

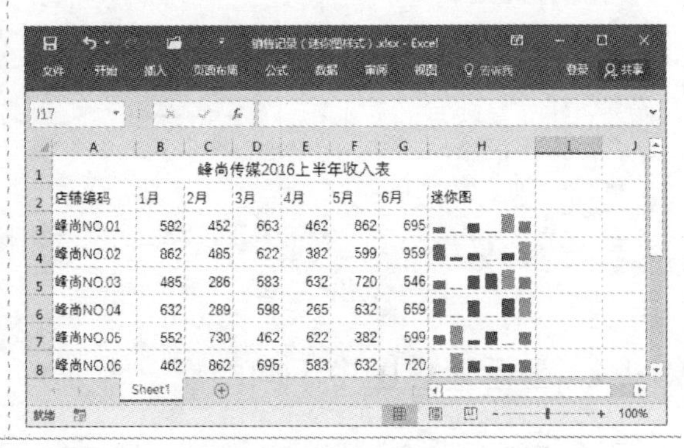

⊳⊳ 13.5 课堂讲解——使用数据透视表分析数据

数据透视表是一种对大量数据进行快速汇总和建立交叉列表的交互式表格，可以将行或列中的数字转变为有意义的数据表示。本节主要介绍数据透视表的相关操作。

13.5.1 创建数据透视表

数据透视表可以深入分析数据并发现一些难以预计的数据问题。使用数据透视表之前，首先要创建数据透视表，再对其进行设置。要创建数据透视表，需要连接到一个数据源，并输入报表位置。具体操作方法如下。

同步文件

素材文件：素材文件\第 13 章\员工福利发放表.xlsx
结果文件：结果文件\第 13 章\员工福利发放表.xlsx
视频文件：视频文件\第 13 章\13-5-1.mp4

Step01: ❶选择 A2:G19 单元格区域；❷单击“插入”选项卡；❸单击“表格”组中的“数据透视表”按钮，如下图所示。

Step02: 打开“创建数据透视表”对话框，❶选择“现有工作表”单选按钮，并选择存放位置；❷单击“确定”按钮，如下图所示。

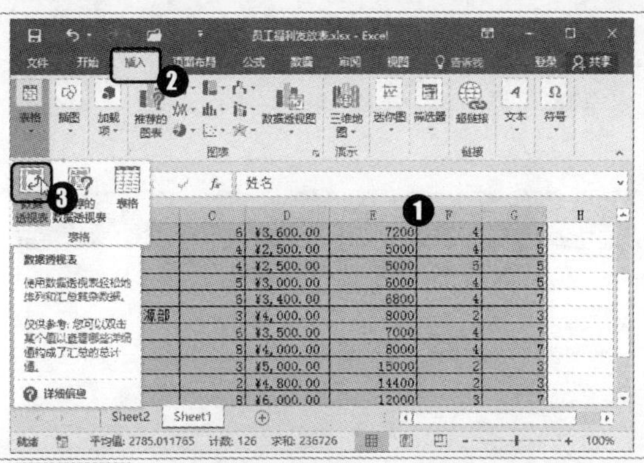

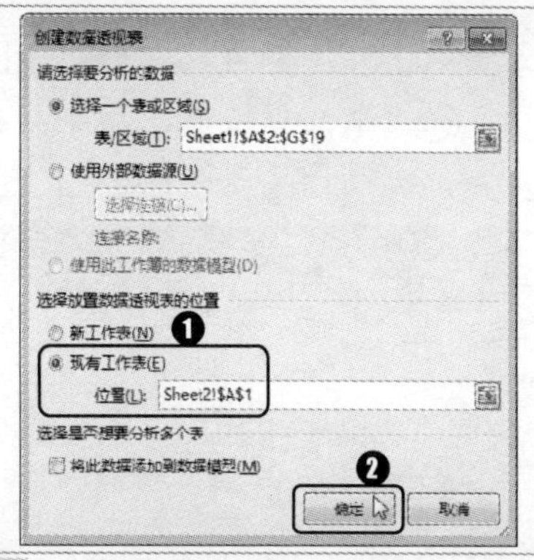

Step03: 经过前面的操作，创建一个空的数据透视表，效果如下图所示。

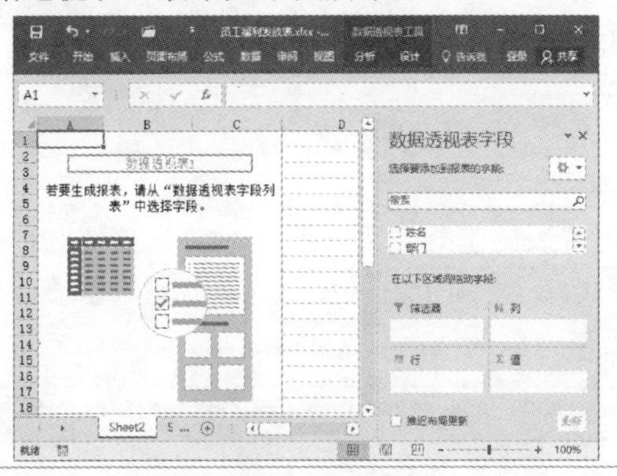

Step04: 在“选择要添加到报表的字段”选项组中添加需要显示的透视表字段，如下图所示。

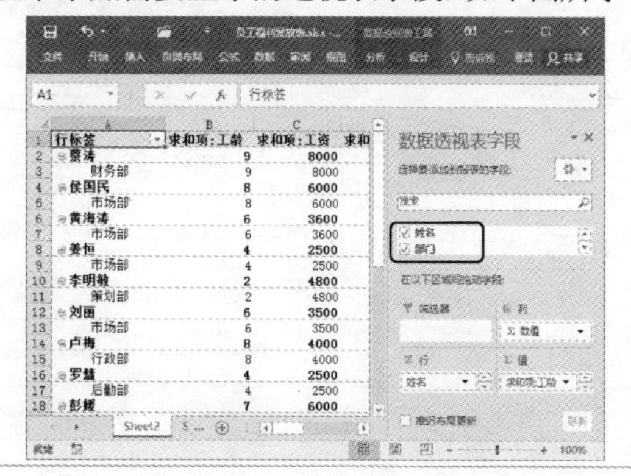

13.5.2　编辑数据透视表格式

创建好数据透视表后，可以对数据透视表进行分析，如调整字段位置、筛选字段、更改计算字段方式等操作。具体操作方法如下。

同步文件

素材文件：素材文件\第 13 章\员工福利发放表（编辑数据透视表）.xlsx
结果文件：结果文件\第 13 章\员工福利发放表（编辑数据透视表）.xlsx
视频文件：视频文件\第 13 章\13-5-2.mp4

Step01: 将“行标签”中的“部门”选项拖动至“筛选器”字段，如下图所示。

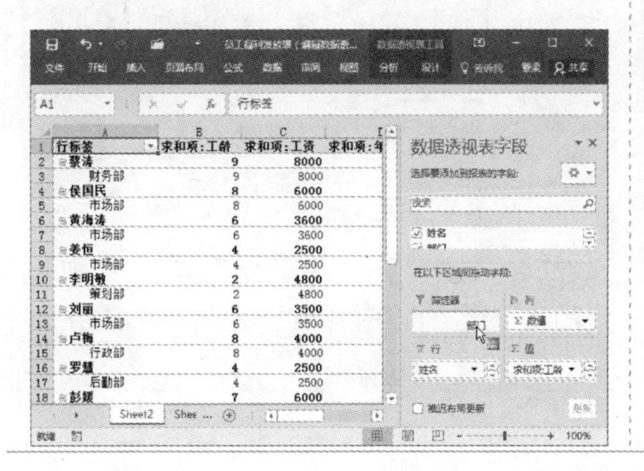

Step02: ❶单击“全部”右侧的下拉按钮；❷勾选“市场部”复选框；❸单击“确定”按钮，如下图所示。

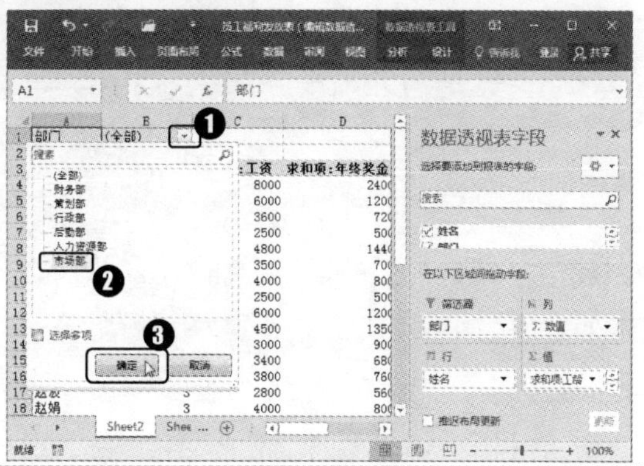

Step03: ❶右击 D3 单元格；❷在弹出的快捷菜单中选择“值汇总依据”命令；❸选择“平均值”命令，如下图所示。

Step04: 经过前面的操作，显示市场部年终奖金的平均值，效果如下图所示。

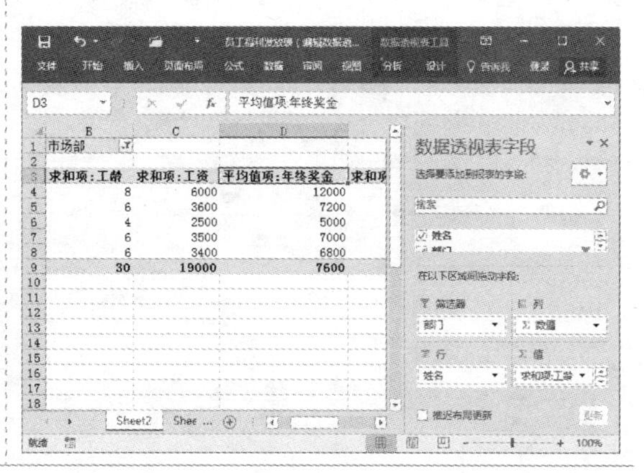

13.5.3 在透视表中插入切片器

在 Excel 中使用切片器，需要在创建有数据透视表的基础之上。因此，首先需要在数据表中创建数据透视表，然后插入切片器，最后选择切片器中的某一选项，即可在数据透视表中显示出相关信息，其他信息则自动隐藏。具体操作方法如下。

同步文件

素材文件：素材文件\第 13 章\员工福利发放表（插入切片器）.xlsx
结果文件：结果文件\第 13 章\员工福利发放表（插入切片器）.xlsx
视频文件：视频文件\第 13 章\13-5-3.mp4

Step01: ❶单击“数据透视表工具-分析”选项卡；❷单击“筛选”组中的“插入切片器”按钮，如下图所示。

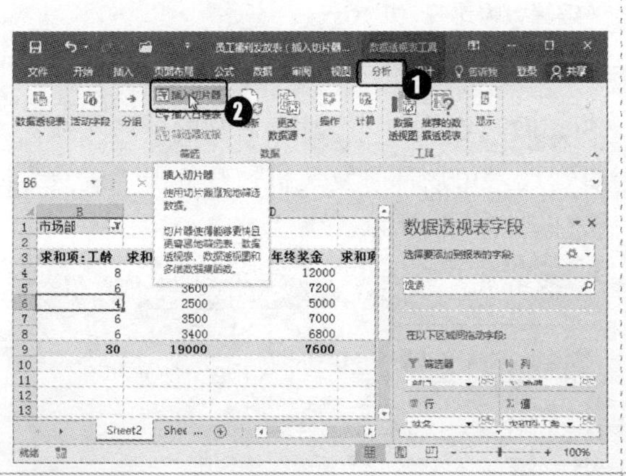

Step02: 打开“插入切片器”对话框，❶勾选“部门”和“年终奖金”复选框；❷单击“确定”按钮，如下图所示。

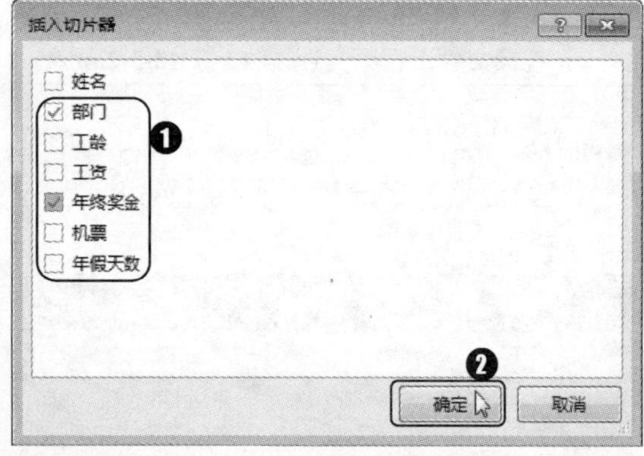

Step03: 经过前面的操作，插入切片器的效果如下图所示。

Step04: 选择“年终奖金”切片器中的“12000”选项，在数据透视表中就只显示该条记录，如下图所示。

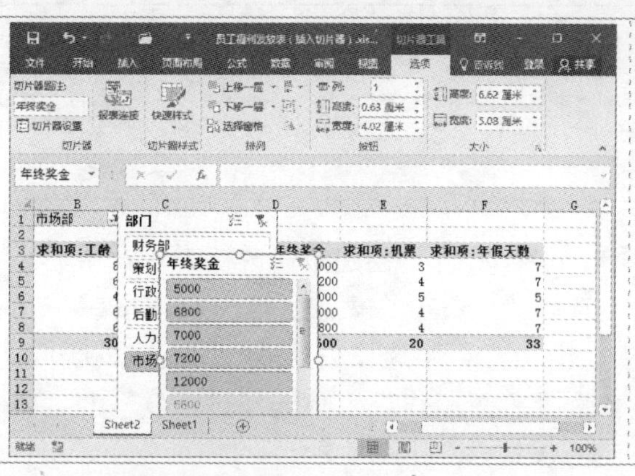

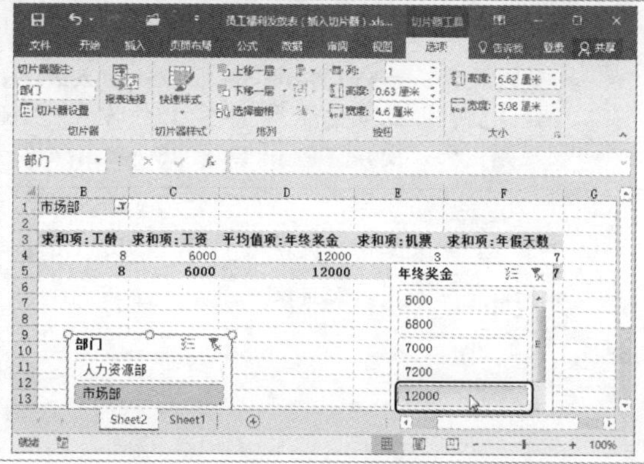

13.5.4　美化切片器

在 Excel 2016 中也为切片器提供了预设的切片器样式，使用切片器样式可以快速更改切片器的外观，从而使切片器更更美观。具体操作方法如下。

同步文件

素材文件：素材文件\第 13 章\员工福利发放表（美化切片器）.xlsx
结果文件：结果文件\第 13 章\员工福利发放表（美化切片器）.xlsx
视频文件：视频文件\第 13 章\13-5-4.mp4

Step01: ❶选择“年终奖金”切片器；❷单击“切片器工具-选项”选项卡；❸在“切片器样式”组中的“快速样式”下拉列表中选择需要的样式，如下图所示。

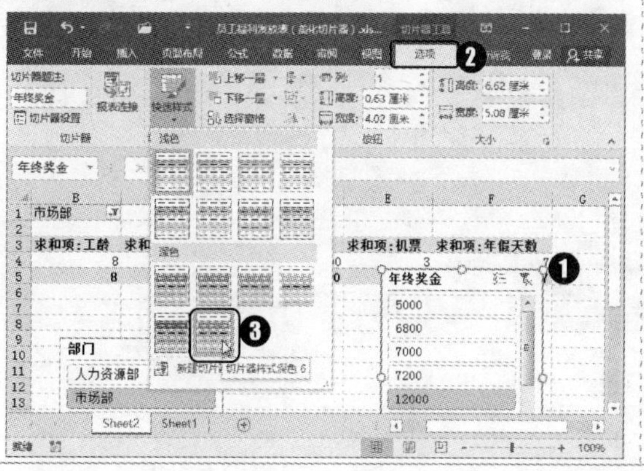

Step02: 经过前面的操作，应用内置的切片器样式，效果如下图所示。

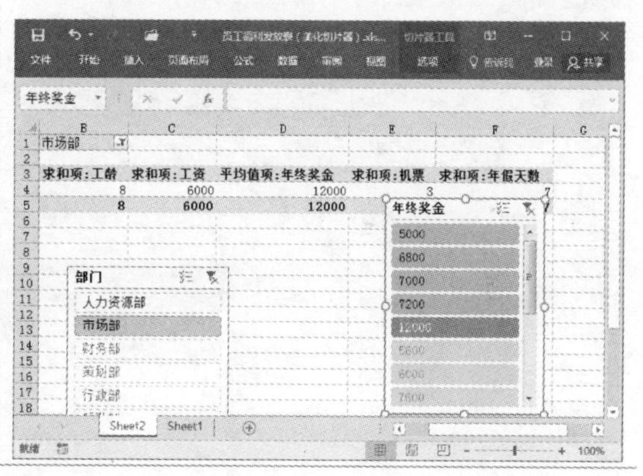

▷▷ 13.6　课堂讲解——使用数据透视图

数据透视图通常有一个使用相应的布局相关联的数据透视表，两个报表中的字段相互对应，如果更改了某一个报表的某个字段的位置，则另一个报表中的相应字段也会发生改变。

13.6.1　创建数据透视图

如果在 Excel 表格中创建数据透视图，则会将数据透视表一起创建，如果在数据透视表中对数据进行修改，则可以直接在数据透视图中显示出来。

同步文件

素材文件：素材文件\第 13 章\年终收入表.xlsx
结果文件：结果文件\第 13 章\年终收入表.xlsx
视频文件：视频文件\第 13 章\13-6-1.mp4

Step01: ❶单击“插入”选项卡；❷单击“图表”组中的“数据透视图”按钮，如下图所示。

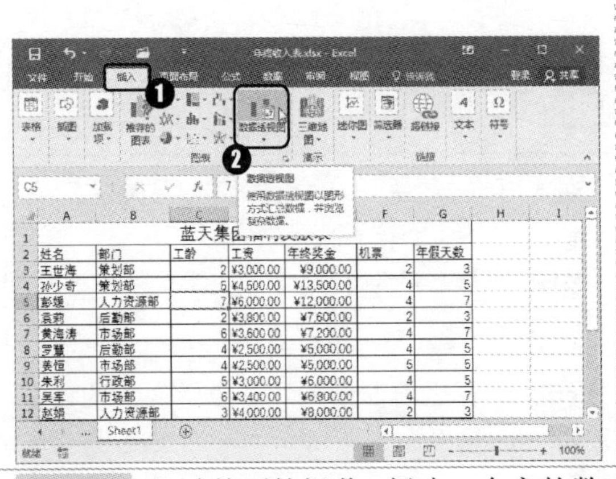

Step02: 打开“创建数据透视表”对话框，❶选择“选择一个表或区域”单选按钮，在“表/区域”框中选择数据透视图的数据区域；❷选择“新工作表”单选按钮；❸单击“确定”按钮，如下图所示。

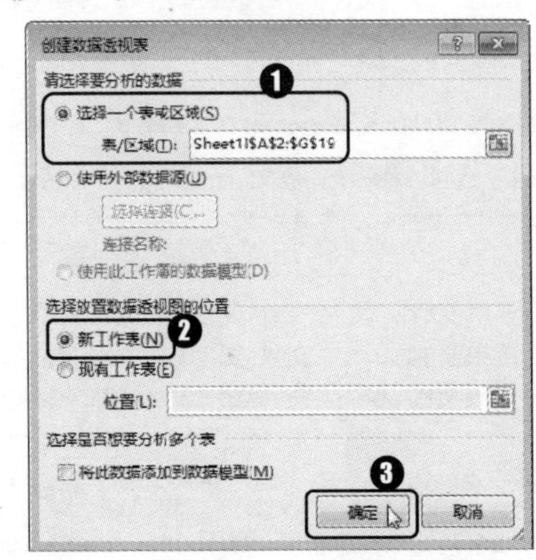

Step03: 经过前面的操作，创建一个空的数据透视图，效果如下图所示。

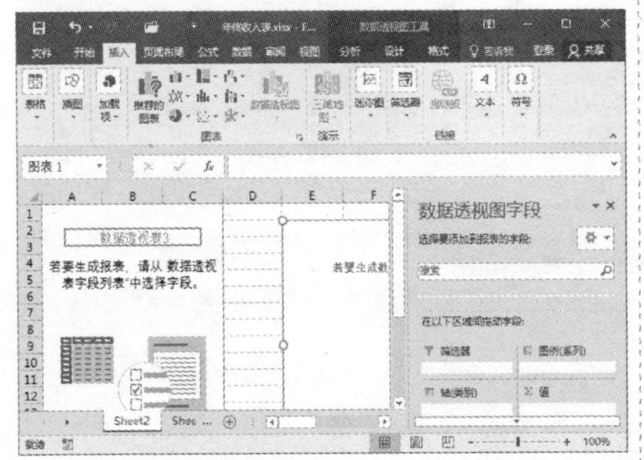

Step04: 在“选择要添加到报表的字段”选项组中添加需要显示的透视图字段，如下图所示。

13.6.2 美化数据透视图

数据透视图与图表类似，插入了图表后，可以对图表进行美化操作。数据透视图创建好之后，用户可以通过分析、设计和格式 3 个选项卡对数据透视图进行编辑操作。

同步文件

素材文件：素材文件\第 13 章\年终收入表（美化数据透视图）.xlsx
结果文件：结果文件\第 13 章\年终收入表（美化数据透视图）.xlsx
视频文件：视频文件\第 13 章\12-6-2.mp4

Step01: ❶选中图表，单击“数据透视图工具-设计”选项卡；❷单击“图表样式”组中的下翻按钮；❸选择“样式 12”，如下图所示。

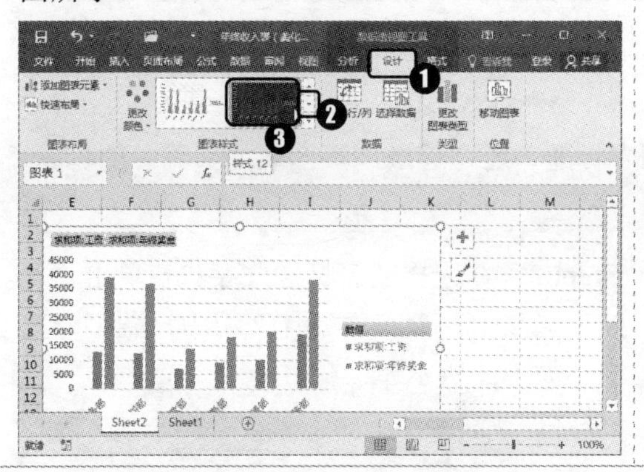

Step02: 经过前面的操作，为数据透视图应用样式 12，效果如下图所示。

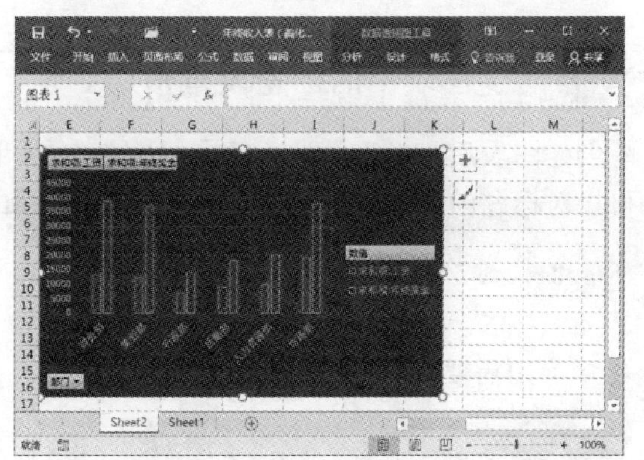

13.6.3 筛选数据透视图中的数据

数据透视图的一个比较好的功能是筛选字段，这样就可以避免从原始表中操作，筛选后即可在图表上显示出结果。具体操作方法如下。

同步文件

素材文件：素材文件\第 13 章\年终收入表（筛选透视图）.xlsx
结果文件：结果文件\第 13 章\年终收入表（筛选透视图）.xlsx
视频文件：视频文件\第 13 章\13-6-3.mp4

Step01: ❶单击“数据透视图”中的“部门”按钮；❷勾选“财务部”和“市场部”复选框；❸单击“确定”按钮，如下图所示。

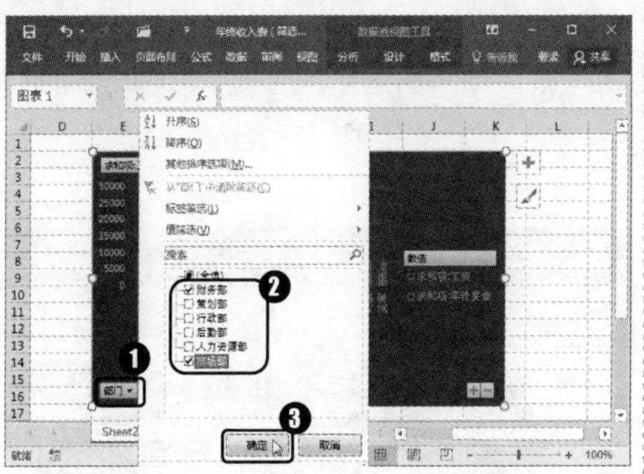

Step02: 经过前面的操作，筛选数据透视图为财务部和市场部的年终收入，效果如下图所示。

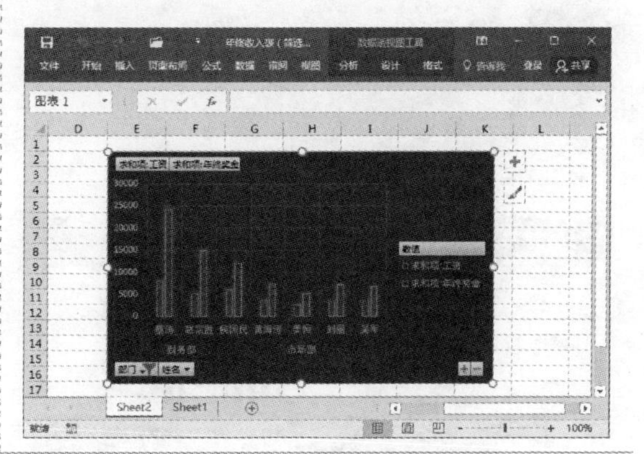

▷▷ 高手秘籍——实用操作技巧

通过对前面知识的学习，相信读者朋友已经掌握了图表、数据透视表和数据透视图的相关知识。下面结合本章内容介绍一些实用的操作技巧。

同步文件

视频文件：视频文件\第 13 章\高手秘籍.mp4

技巧 01 为图表中的标题设置格式

创建图表后，无论是默认的布局中带有的图表标题，还是通过添加图表元素添加的标题，都可以对标题的格式进行设置。具体操作方法如下。

Step01: ❶选择图表标题文字；❷单击“图表工具-格式”选项卡；❸在“艺术字样式”组中应用需要的样式，如下图所示。

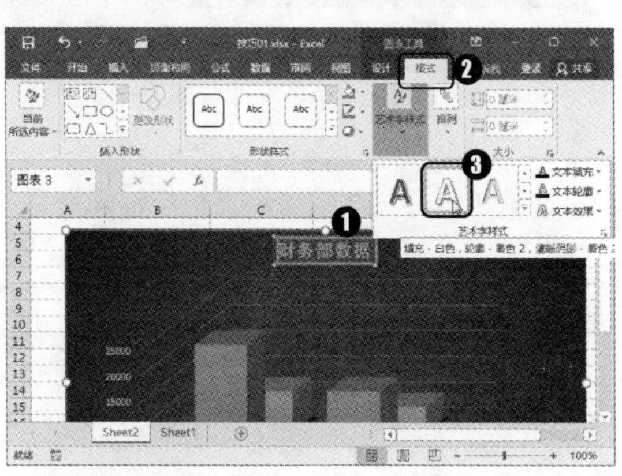

Step02: ❶选择图表标题文字；❷单击“开始”选项卡；❸在“字体”组中设置字号大小，如下图所示。

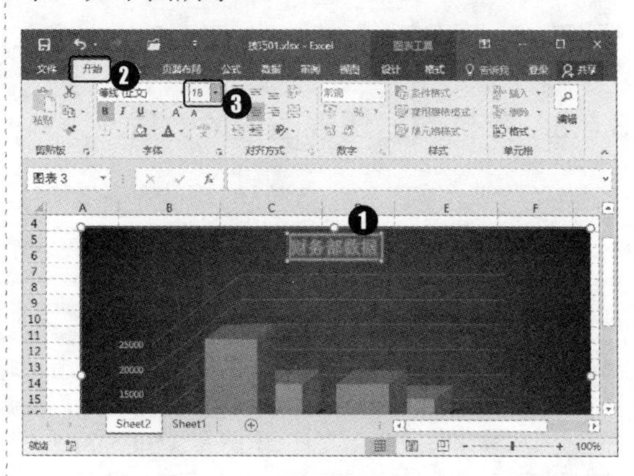

技巧 02 设置图表背景

如果创建的图表背景不是用户需要的，可以重新进行设置。具体操作方法如下。

Step01: ❶选择图表，单击“图表工具-格式”选项卡；❷单击“形状样式”组中的“形状填充”按钮；❸选择“渐变”命令；❹选择“线性向上”样式，如下图所示。

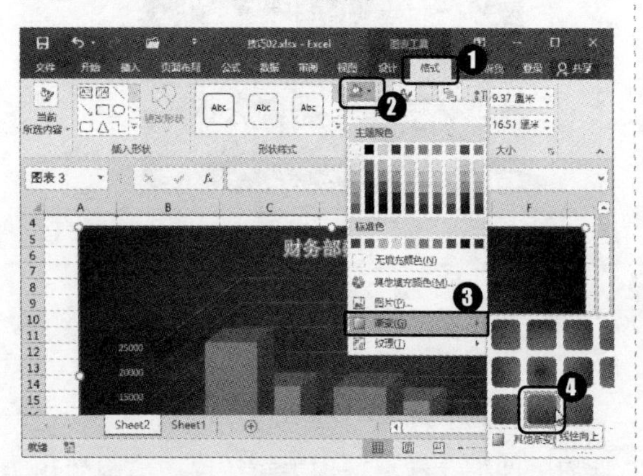

Step02: 经过前面的操作，为图表设置背景，效果如下图所示。

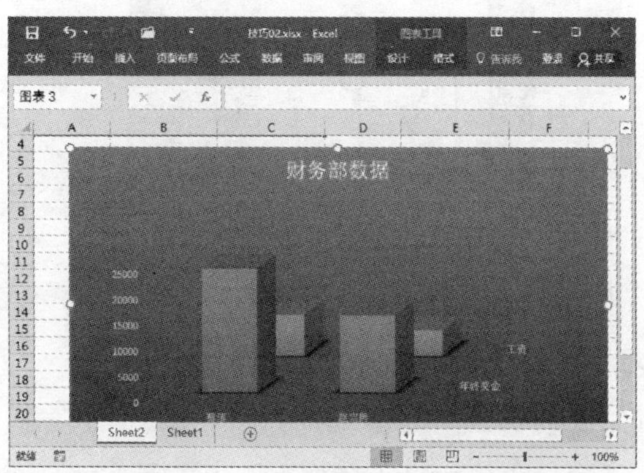

技巧 03　为图表添加次坐标

在 Excel 中图表有主坐标和次坐标两种坐标，如果要使用两种图表对数据进行比较，都使用主坐标就看不出效果，为了体现不同的图表效果，可将另一种图表设置为次坐标。具体操作方法如下。

Step01: ❶右击“第 4 季度”数据系列；❷在弹出的快捷菜单中选择“设置数据系列格式”命令，如下图所示。

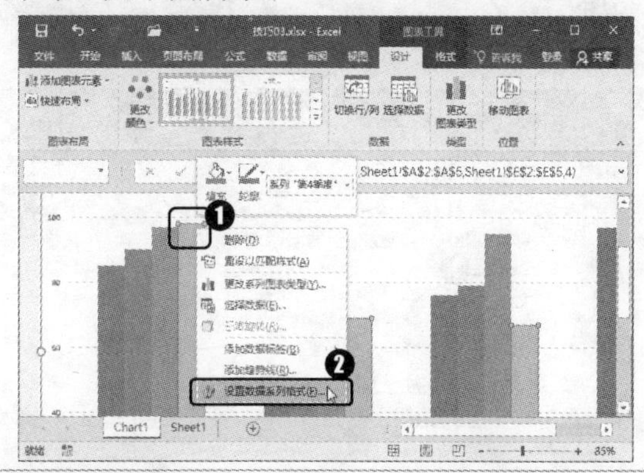

Step02: ❶选择“次坐标轴”单选按钮；❷单击“关闭”按钮，如下图所示。

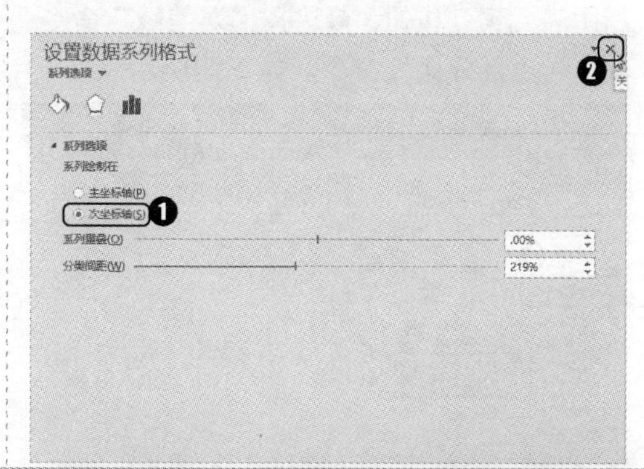

Step03: ❶右击“第 4 季度”数据系列；❷在弹出的快捷菜单中选择“更改系列图表类型”命令，修改次坐标轴类型，如右图所示。

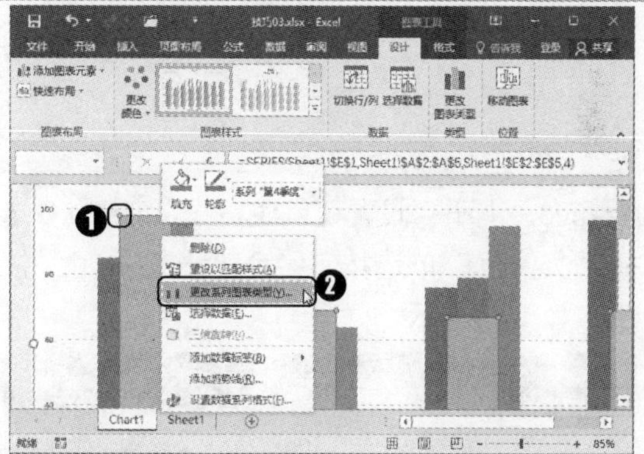

Step04: 弹出“更改图表类型”对话框，❶将“第 4 季度”设置为“带标记的堆积折线图”；❷单击“确定”按钮，如下图所示。

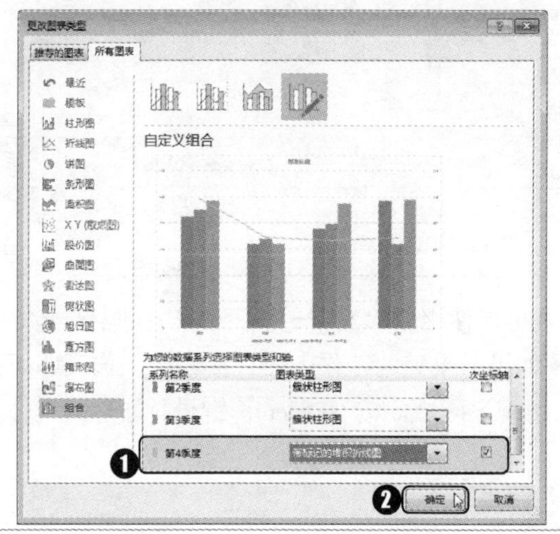

Step05: 经过前面的操作，为图表添加次坐标，效果如下图所示。

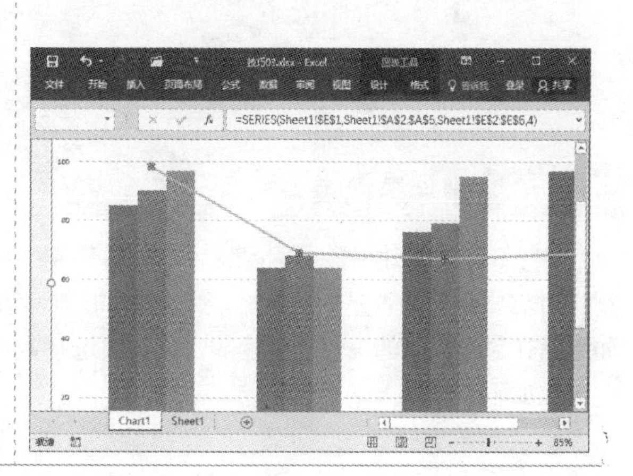

技巧 04 为图表添加误差线

误差线是用图形的方式表示数据系列中第个数据标志的潜在误差或不确定度。为图表添加误差线时，默认的误差线类型是正负偏差，用户可以根据自己查看图表的习惯来设置误差线类型。例如将误差线设置为“负偏差”，具体操作方法如下。

Step01: 选中图表，❶单击“图表工具-设计”选项卡；❷单击“图表布局”工具组中的“添加图表元素”按钮；❸选择“误差线”命令；❹选择“百分比”命令，如下图所示。

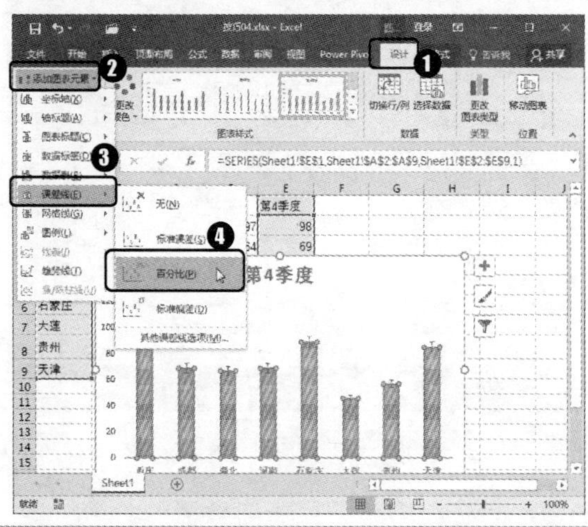

Step02: ❶右击图表系列；❷在弹出的快捷菜单中选择“设置错误栏格式”命令，如下图所示。

Step03: 打开“设置误差线格式”窗格，❶选择“负偏差”单选按钮；❷单击“关闭”按钮，如下图所示。

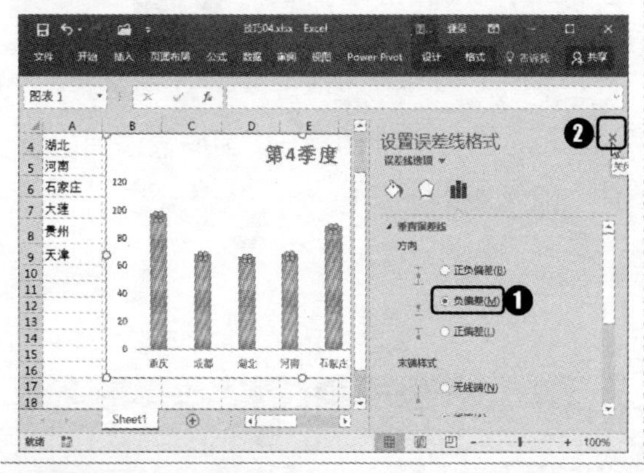

Step04: 经过前面的操作，设置误差线和格式后的效果如下图所示。

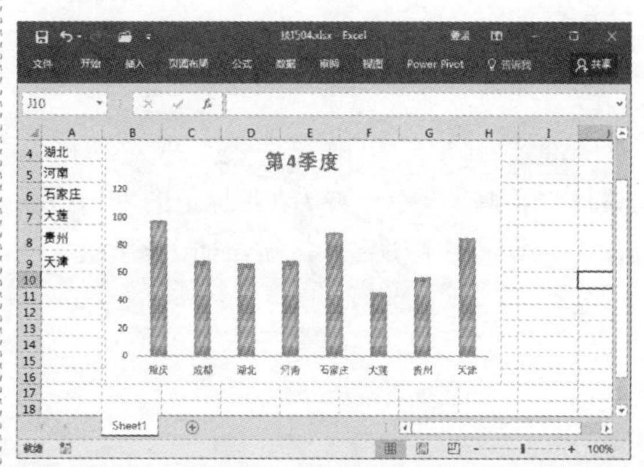

技巧 05 删除透视表

在 Excel 中创建了数据透视表后，如果不需要了就可以使用删除数据透视表的方法进行删除。在删除时需要注意是否是在源数据表中创建的透视表，如果是单独的工作表，直接删除工作表即可；如果是在包含数据的工作表创建的，则需要选择数据透视表区域，按〈Delete〉键进行删除。具体操作方法如下。

Step01: 选中 Sheet2 工作表中的数据透视表区域，按〈Delete〉键，如下图所示。

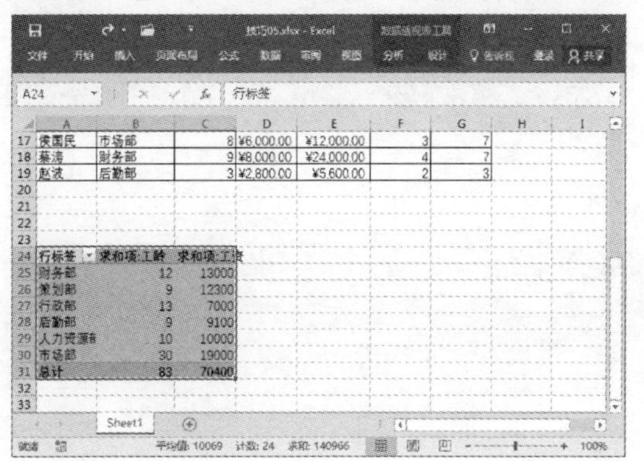

Step02: 经过前面的操作，即可删除数据透视表，如下图所示。

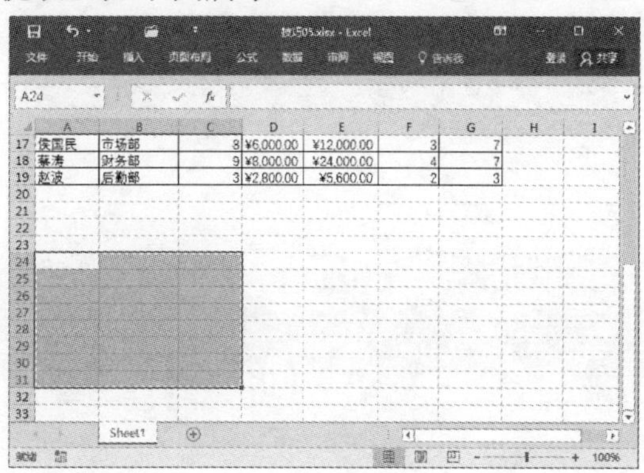

▷▷ 上机实战——分析产品成本、销售额、利润及预测变化趋势

>> 上机介绍

在产品分析表中，根据目前产品的销售情况，先使用图表的方式对数据进行分析，再使用函数的方法计算出各产品的预测变化。最终效果图如下图所示。

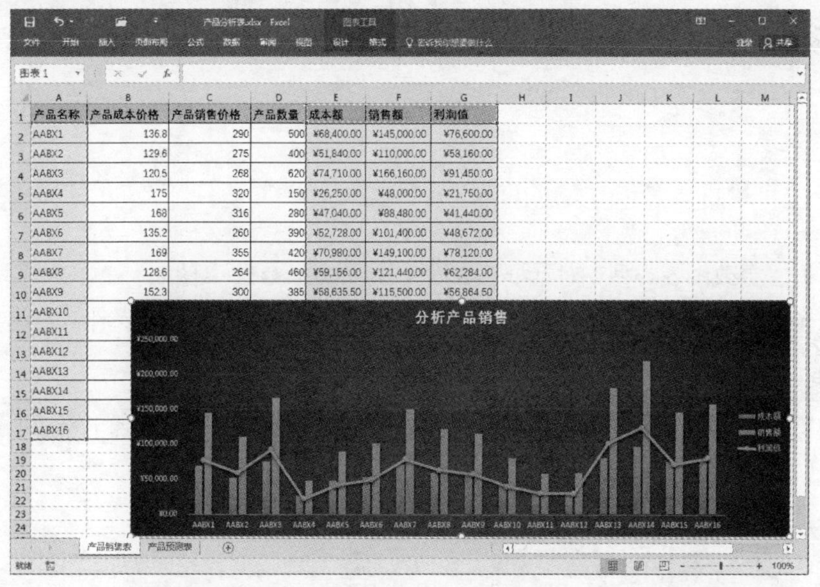

同步文件

素材文件：素材文件\第 13 章\产品分析表.xlsx
结果文件：结果文件\第 13 章\产品分析表.xlsx
视频文件：视频文件\第 13 章\上机实战.mp4

>> 步骤详解

本实例的具体操作步骤如下。

Step01: ❶单击“插入”选项卡；❷单击“图表”组中的“插入柱形图”按钮；❸选择“簇状柱形图”，如下图所示。

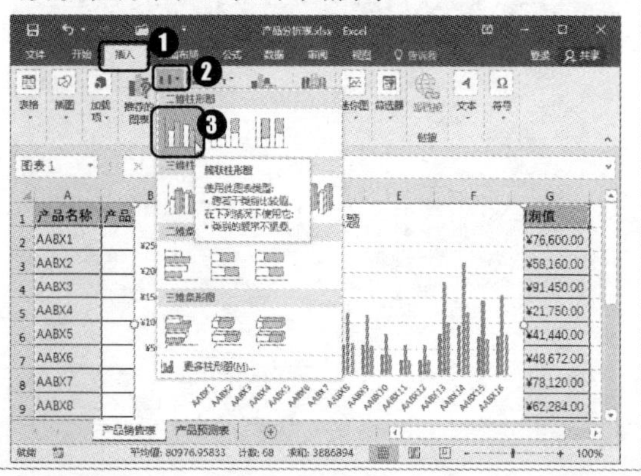

Step02: 插入图表后，选中图表标题文本，输入图表标题，如下图所示。

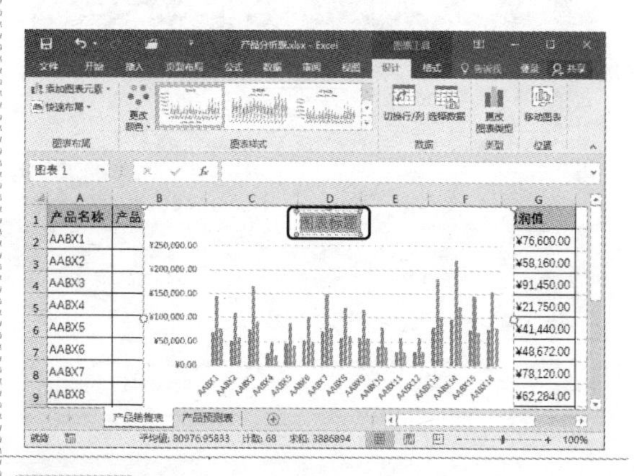

Step03: ❶选中图表，单击“图表工具-格式”选项卡；❷在“大小”组中设置图表尺寸，如下图所示。

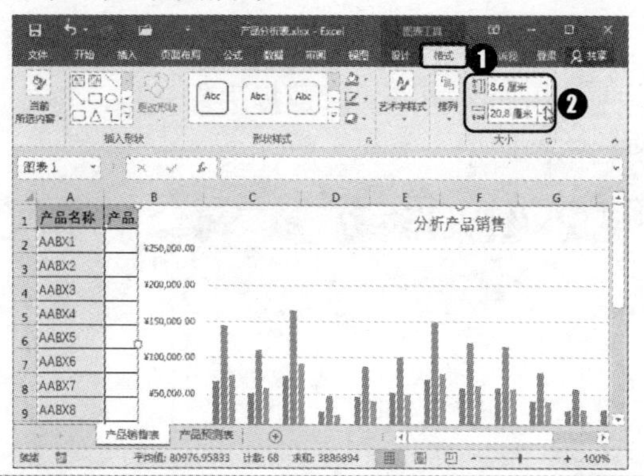

Step04: ❶选择利润值系列，单击“图表工具-设计”选项卡；❷单击“类型”组中的“更改图表类型”按钮，如下图所示。

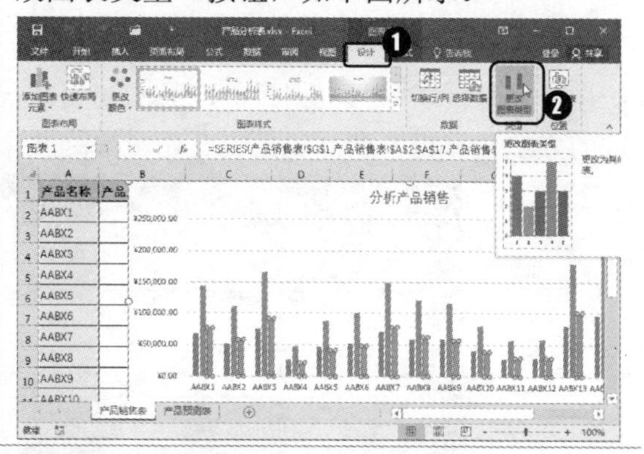

Step05: 打开“更改图表类型”对话框，❶设置利润值类型；❷单击“确定”按钮，如下图所示。

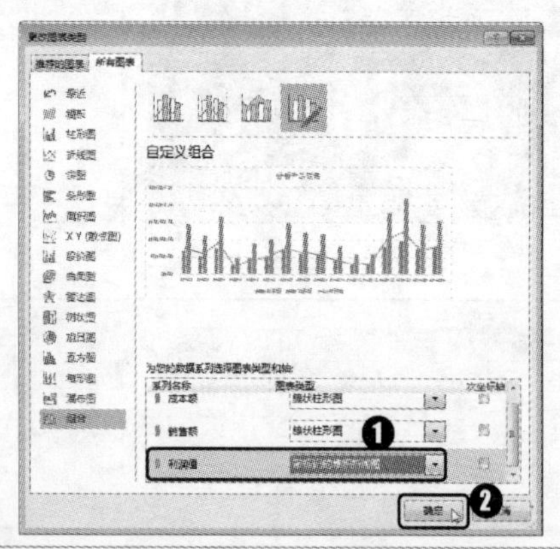

Step06: ❶选中图表，单击“图表工具-设计”选项卡；❷在“图表样式”组中选择“样式 6”，如下图所示。

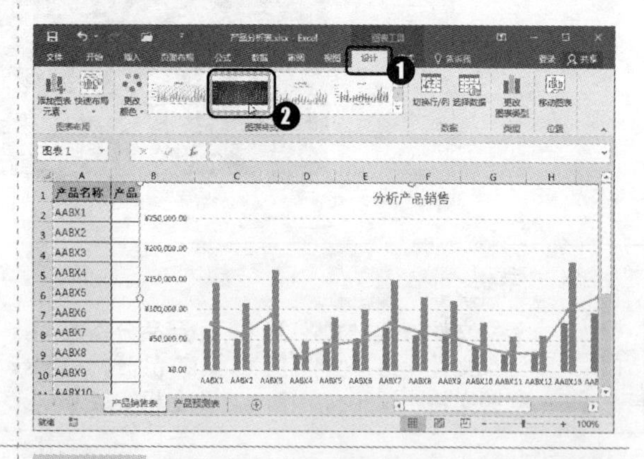

Step07: ❶选中图表，单击“图表布局”组中的“添加图表元素”按钮；❷选择“图例”命令；❸选择“右侧”命令，如下图所示。

Step08: ❶单击“产品预测表”工作表标签；❷选择 H3 单元格；❸单击编辑栏中的“插入函数”按钮，如下图所示。

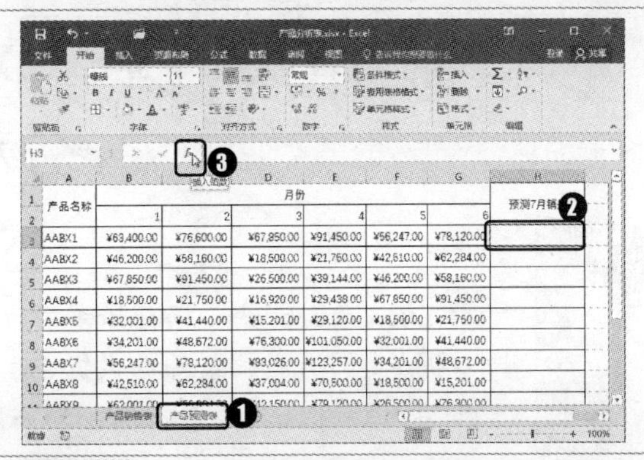

Step09: 打开“插入函数”对话框，❶在“或选择类别”下拉列表框中选择“全部”选项；❷在“选择函数”列表框中选择“TREND”函数；❸单击“确定”按钮，如下图所示。

Step10: 打开“函数参数”对话框，❶在“Known_y’s 和 Known_x’s”框中引用每月销售数量区域和月份区域；❷在“New_x’s”框中输入要计算的月份值，如“7”；❸单击“确定”按钮，如下图所示。

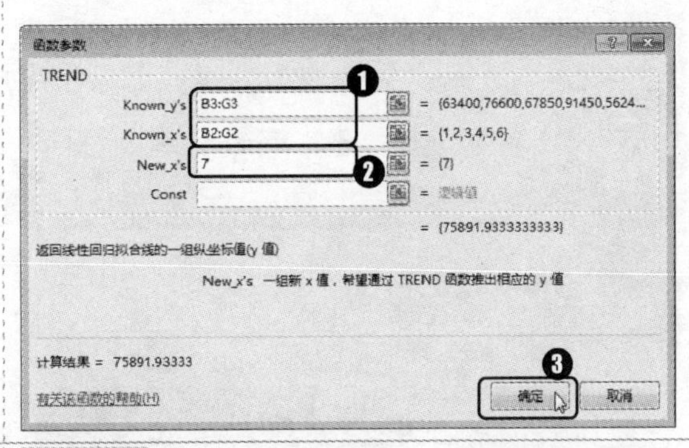

Step11: ❶选择 H3 单元格；❷向下拖动填充公式，如下图所示。

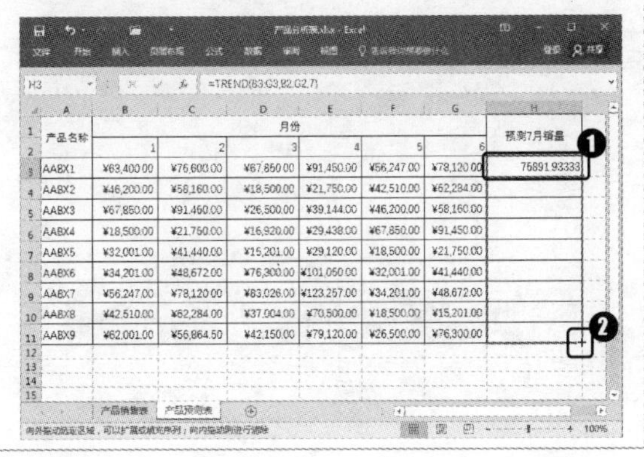

Step12: 经过前面的操作，计算出预测 7 月的销量金额，如下图所示。

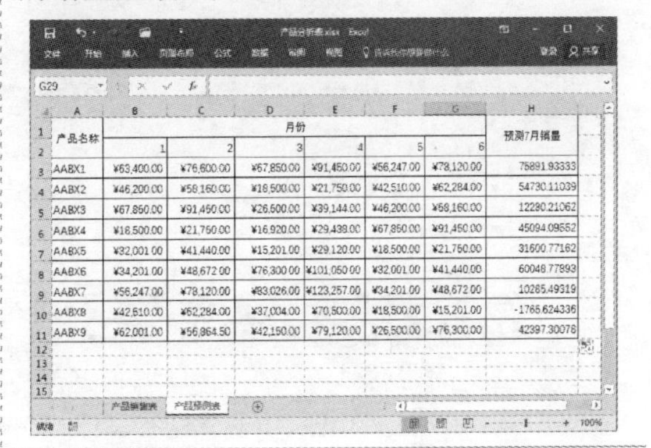

本章小结

本章主要讲解图表和数据透视表的相关知识，希望读者朋友能够通过以图表的方式对数据进行分析，并能够使用数据透视表动态地对数据进行分析。

第 14 章　在 Excel 2016 中管理与分析数据

本章导读

Excel 2016 除了拥有强大的计算功能外，还能够对大型数据库进行管理与统计。例如，筛选满足条件的数据、对数据进行分类和汇总。本章主要介绍利用 Excel 进行排序、筛选、分类汇总、合并计算、模拟运算及方案管理的相关知识。

知识要点

- 掌握如何对数据进行排序
- 掌握如何筛选数据
- 掌握分类汇总的应用
- 掌握合并计算的操作
- 掌握单变量求解的方法

效果展示

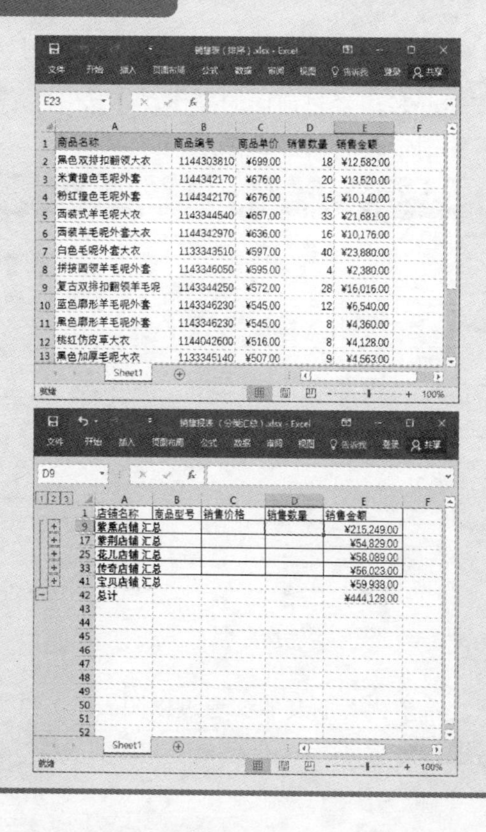

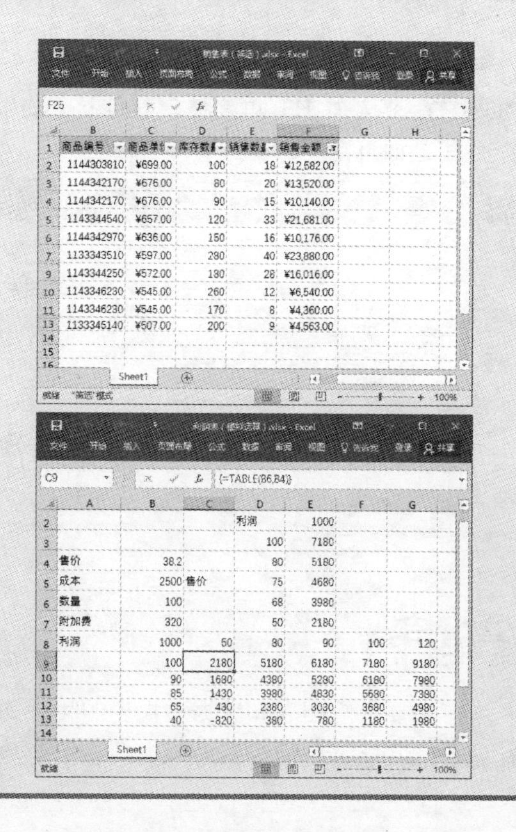

▷▷ 14.1　课堂讲解——数据的排序

在数据表中分析数据时，用户会根据自己的需要对数据进行排序。排序分为升序和降序两种形式。在使用排序功能之前，首先需要了解排序的规则，然后根据需要选择排序的方式。

14.1.1　了解数据的排序规则

数据的排序是根据表格中的相关字段名，将表格中的记录按升序或降序的方式进行重新排列。

在 Excel 2016 中对数字、日期、文本、逻辑值、错误值和空白单元格进行升序排序时按如下表所示的次序进行排序。在进行降序排序时，则按相反的次序。

<table>
<tr><th>符　号</th><th>排序规则（升序）</th></tr>
<tr><td>数字</td><td>数字从最小的负数到最大的正数进行排序</td></tr>
<tr><td>字母</td><td>按字母先后顺序排序，在按字母先后顺序对文本项进行排序时，Excel 按从左到右一个字符接一个字符地进行排序</td></tr>
<tr><td>文本及包含数字的文本</td><td>0 1 2 3 4 5 6 7 8 9 （空格）! " # $ % & ( ) * , . / : ; ? @ [\ ] ^ _ ` { | } ~ + < = > A B C D E F G H I J K L M N O P Q R S T U V W X Y Z</td></tr>
<tr><td>逻辑值</td><td>在逻辑值中，FALSE 排在 TRUE 之前</td></tr>
<tr><td>错误值</td><td>所有错误值的优先级相同</td></tr>
<tr><td>空格</td><td>空格始终排在最后</td></tr>
</table>

14.1.2　简单排序

简单排序是指在排序时设置单一的排序条件，将工作表中的数据按照指定的某一种数据类型进行重新排序。具体操作方法如下。

同步文件

素材文件：素材文件\第 14 章\销售表.xlsx
结果文件：结果文件\第 14 章\销售表.xlsx
视频文件：视频文件\第 14 章\14-1-2.mp4

Step01: ❶选择 C2 单元格；❷单击“数据”选项卡；❸单击“排序和筛选”组中的“降序”按钮，如下图所示。

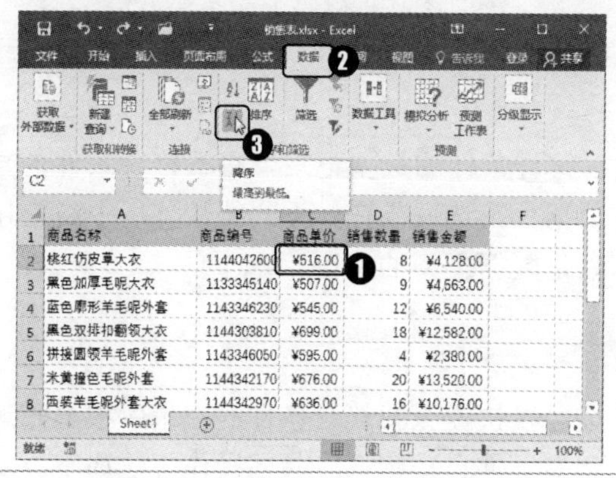

Step02: 经过前面的操作，对商品单价这一列的数据进行降序排列，效果如下图所示。

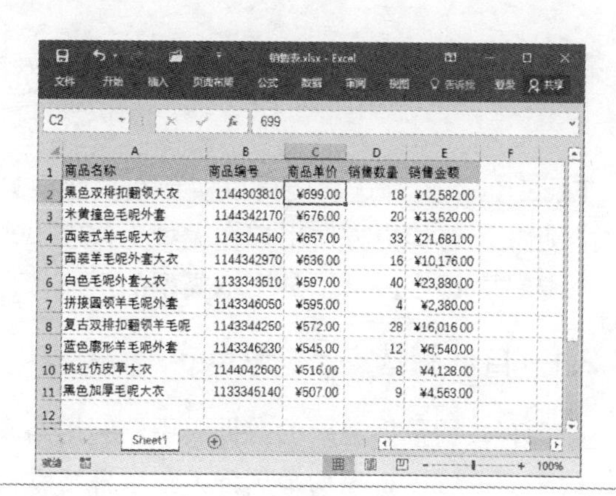

14.1.3 多关键字复杂排序

在制作的表格中除了使用简单排序的方式外，用户还可以根据表格数据进行多个关键字的复杂排序。下面以销售单价为主要关键字、销售数量为次要关键字，重新对表格的数据进行排序。具体操作方法如下。

同步文件

素材文件：素材文件\第 14 章\销售表（排序）.xlsx
结果文件：结果文件\第 14 章\销售表（排序）.xlsx
视频文件：视频文件\第 14 章\14-1-3.mp4

Step01: ❶选择 A2:E13 单元格区域；❷单击“排序和筛选”组中的“排序”按钮，如下图所示。

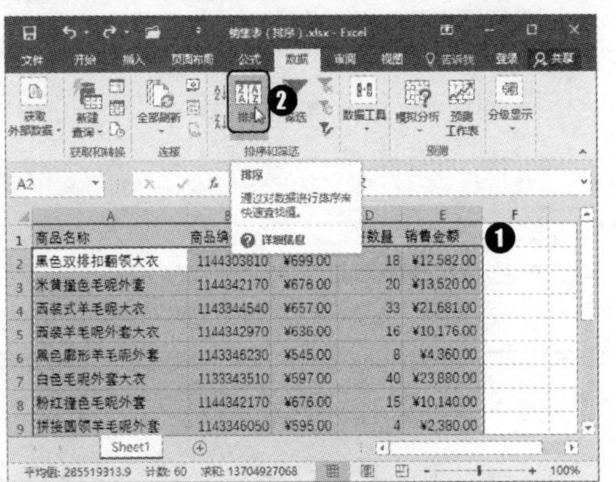

Step02: 打开“排序”对话框，❶单击“添加条件”按钮；❷设置“主要关键字”和“次要关键字”选项；❸单击“确定”按钮，如下图所示。

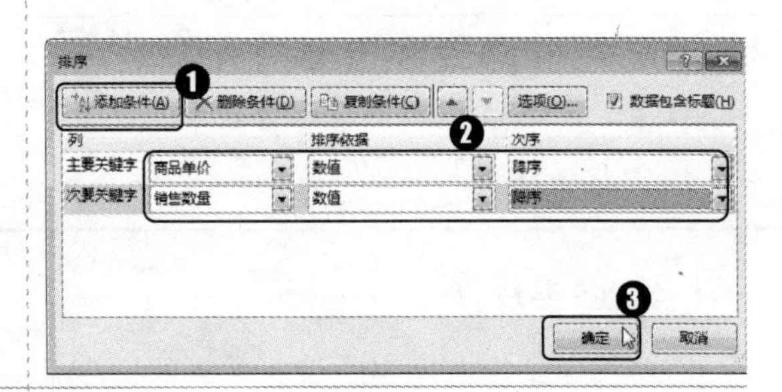

Step03: 经过前面的操作，在表格中以商品单价为主要关键字、销售数量为次要关键字进行排序，效果如右图所示。

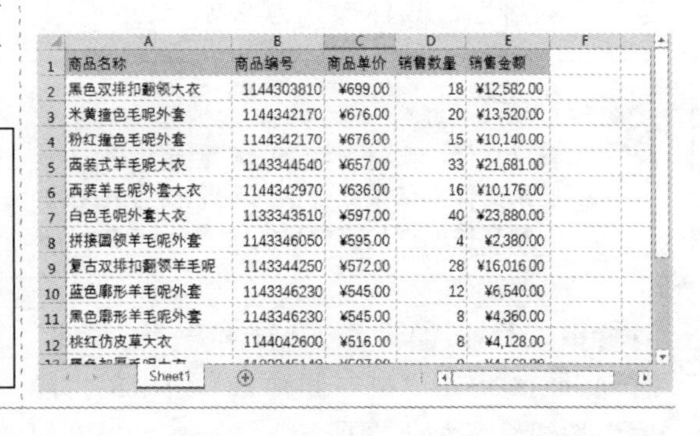

	A	B	C	D	E
1	商品名称	商品编号	商品单价	销售数量	销售金额
2	黑色双排扣翻领大衣	1144303810	¥699.00	18	¥12,582.00
3	米黄撞色毛呢外套	1144342170	¥676.00	20	¥13,520.00
4	粉红撞色毛呢外套	1144342170	¥676.00	15	¥10,140.00
5	西装式羊毛呢大衣	1143344540	¥657.00	33	¥21,681.00
6	西装羊毛呢外套大衣	1144342970	¥636.00	16	¥10,176.00
7	白色毛呢外套大衣	1133343510	¥597.00	40	¥23,880.00
8	拼接圆领羊毛呢外套	1143346050	¥595.00	4	¥2,380.00
9	复古双排扣翻领羊毛呢	1143344250	¥572.00	28	¥16,016.00
10	蓝色廓形羊毛呢外套	1143346230	¥545.00	12	¥6,540.00
11	黑色廓形羊毛呢外套	1143346230	¥545.00	8	¥4,360.00
12	桃红仿皮草大衣	1144042600	¥516.00	8	¥4,128.00

新手注意

对数据进行多个字段排序时，首先会满足主要关键字，如果有主要关键字相同的数据，则按次要关键字进行二次排序。

14.2 课堂讲解——数据的筛选

Excel 的数据筛选功能可以实现在页面中只显示符合条件的数据记录，将不符合条件的数据隐藏起来，这样更方便用户在大型工作表中查看数据。筛选操作在数据的统计分析中经常用到。筛选的关键字段可以是文本类型的字段，也可以是数据类型的字段。

14.2.1 自动筛选

在含有大量数据记录的数据表中，利用自动筛选可以快速查找符合条件的记录。根据筛选条件的多少，可以将自动筛选分为单条件自动筛选和多条件自动筛选。具体操作方法如下。

同步文件

素材文件：素材文件\第 14 章\销售表（筛选）.xlsx
结果文件：结果文件\第 14 章\销售表（筛选）.xlsx
视频文件：视频文件\第 14 章\14-2-1.mp4

Step01: 选择 A1:F1 单元格区域，❶单击“数据”选项卡；❷在“排序和筛选”组中单击“筛选”按钮，如下图所示。

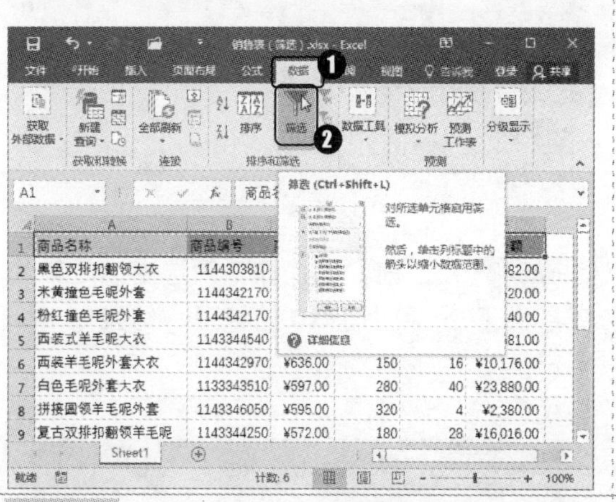

Step02: 表格进入筛选状态，❶单击“销售金额”右侧的筛选控制按钮；❷选择“数字筛选”命令；❸在子菜单中选择“大于”命令，如下图所示。

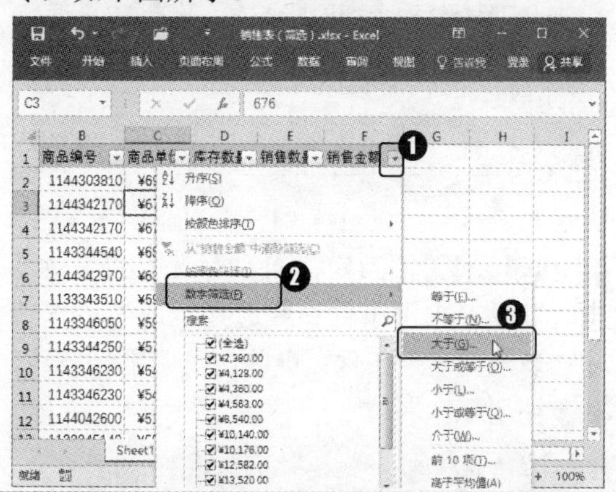

Step03: 打开“自定义自动筛选方式”对话框，❶在“大于”右侧设置数据；❷单击“确定”按钮，如下图所示。

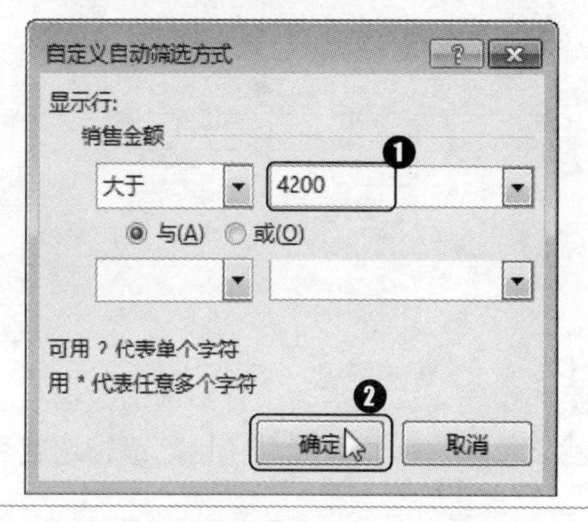

Step04: 经过前面的操作，筛选出满足销售金额大于 4 200 的记录，结果如下图所示。

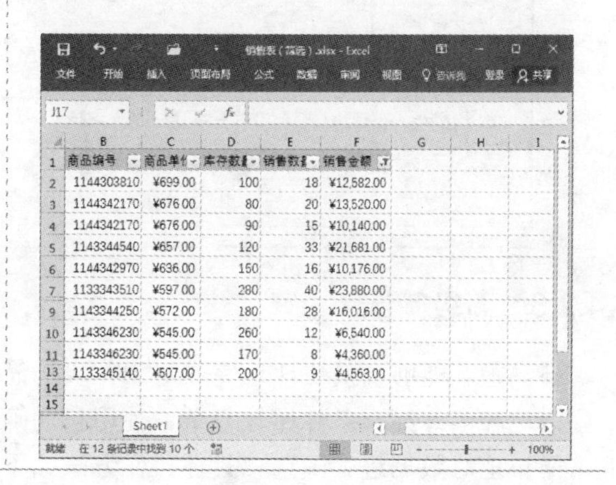

14.2.2 自定义筛选

自定义筛选是指自己定义要筛选的条件，自定义筛选在筛选数据时有很大的灵活性，可以进行比较复杂的筛选，如多个条件同时筛选。用户可以自定义文本条件和数字条件。具体操作方法如下。

同步文件

素材文件：素材文件\第 14 章\销售报表.xlsx
结果文件：结果文件\第 14 章\销售报表.xlsx
视频文件：视频文件\第 14 章\14-2-2.mp4

Step01: 选择 A2:E2 单元格区域，❶单击“数据”选项卡；❷在“排序和筛选”组中单击“筛选”按钮，如下图所示。

Step02: 表格进入筛选状态，❶单击“销售数量”右侧的筛选控制按钮；❷选择“数字筛选”命令；❸在子菜单中选择“自定义筛选”命令，如下图所示。

Step03: 打开“自定义自动筛选方式”对话框，❶设置大于条件；❷选择“或”单选按钮；❸设置小于条件；❹单击“确定”按钮，如下图所示。

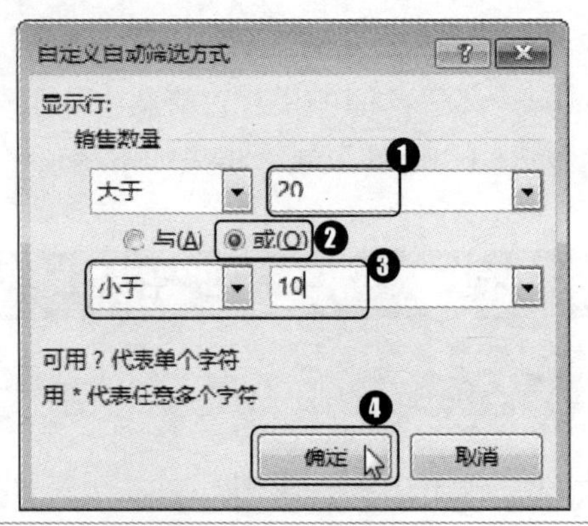

Step04: 经过前面的操作，筛选出满足销售数量大于 20 和小于 10 的记录，结果如下图所示。

14.2.3 高级筛选

自动筛选能够高效快速地完成对工作表的简单筛选操作。如果需要进行筛选的数据列表中的字段比较多，筛选条件比较复杂，使用自动筛选就显得非常麻烦，此时使用高级筛选就可以非常简单地对数据进行筛选。具体操作方法如下。

同步文件

素材文件：素材文件\第 14 章\销售报表（高级筛选）.xlsx
结果文件：结果文件\第 14 章\销售报表（高级筛选）.xlsx
视频文件：视频文件\第 14 章\12-2-3.mp4

Step01: ❶在 A40:B41 单元格区域输入高级筛选的条件；❷将光标定位至源表格任一单元格，单击“排序和筛选”组中的“高级”按钮，如下图所示。

Step02: 打开“高级筛选”对话框，❶选择“将筛选结果复制到其他位置”单选按钮；❷选择列表区域、输入的筛选条件区域和复制到的位置；❸单击“确定”按钮，如下图所示。

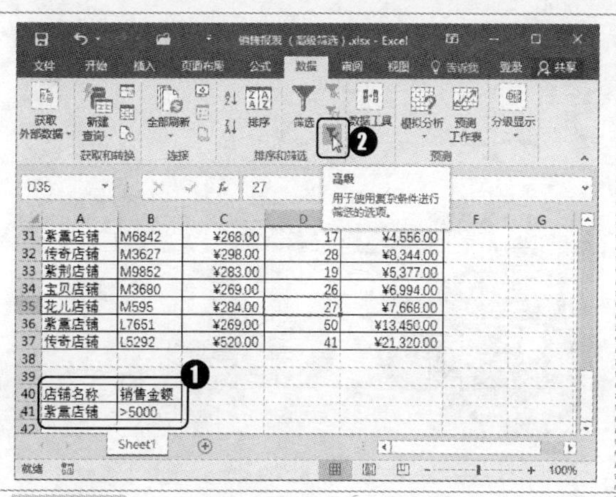

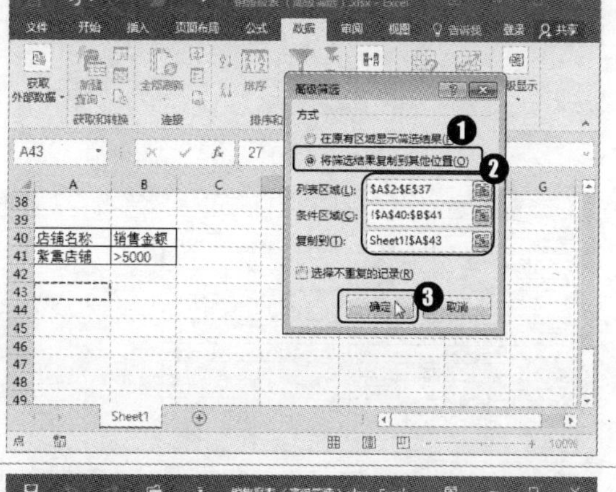

Step03: 经过前面的操作，筛选出符合条件的数据如右图所示。

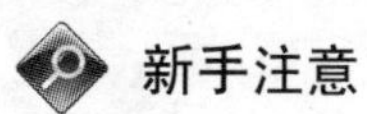

新手注意

如果在上一步操作中没有选择将筛选结果复制到其他位置，筛选后的结果将覆盖源表格中的数据。

14.3 课堂讲解——数据的分类汇总

对数据进行分类汇总是 Excel 的一项重要功能，即将数据表格中的记录按某一关键字段进行相关选项的数据汇总，如求平均值、合计、最大值、最小值等。

14.3.1 创建分类汇总

在对数据进行分类汇总之前，必须先对数据进行排序，其作用是将具有相同关键字的记录集中在一起，以便进行分类汇总。另外，数据区域的第一行里必须有数据的标题行。具体操作方法如下。

同步文件

素材文件：素材文件\第 14 章\销售报表（分类汇总）.xlsx
结果文件：结果文件\第 14 章\销售报表（分类汇总）.xlsx
视频文件：视频文件\第 14 章\14-3-1.mp4

Step01: ❶选择 A2 单元格；❷单击“数据”选项卡中“排序和筛选”组中的“降序”按钮，如下图所示。

Step02: ❶选择 A1:E36 单元格区域的数据源；❷单击“数据”选项卡中“分级显示”组中的“分类汇总”按钮，如下图所示。

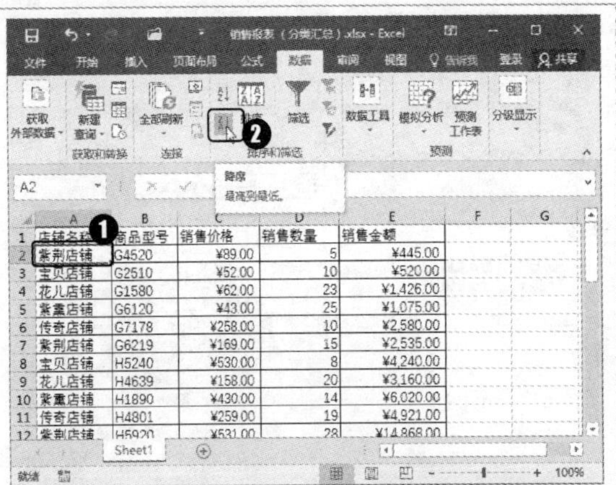

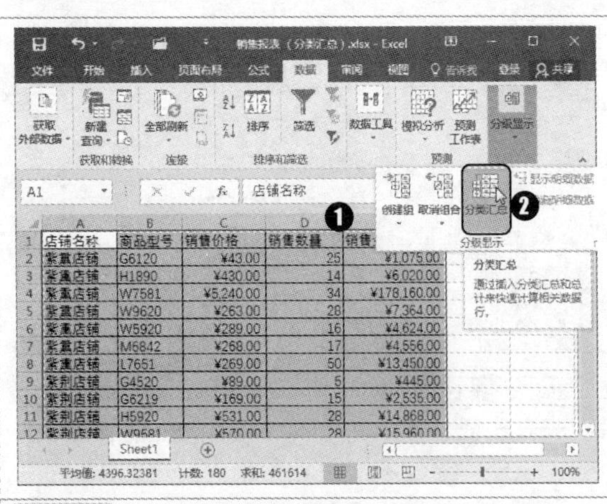

Step03: 打开“分类汇总”对话框，❶在“分类字段”下拉列表框中选择要进行分类汇总的字段名称，即排序名称；❷在“汇总方式”下拉列表框选择需要分类汇总的函数，如“求和”；❸在“选定汇总项”列表框中勾选需要进行分类汇总的选项对应的复选框；❹单击“确定”按钮，如下图所示。

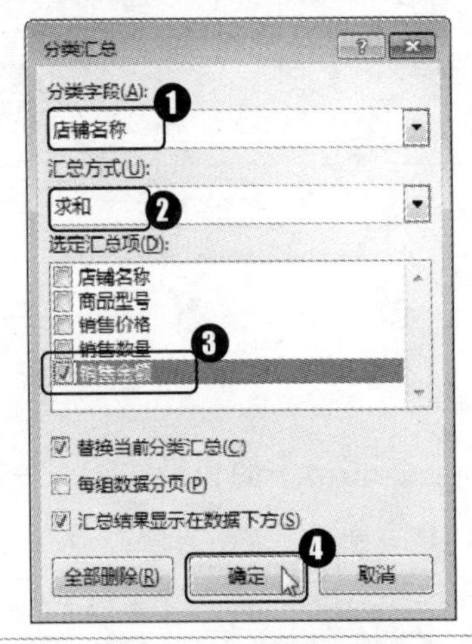

Step04: 经过前面的操作，对销售金额进行分类汇总，效果如下图所示。

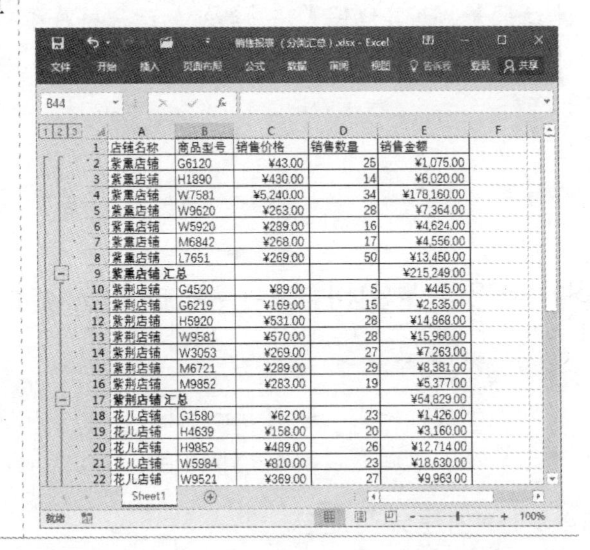

14.3.2 显示与隐藏分类汇总

在对数据进行分类汇总后，在工作表的左侧有 3 个显示不同级别的分类汇总按钮，单击可显示或隐藏分类汇总和总计的汇总。具体操作方法如下。

同步文件

视频文件：视频文件\第 14 章\14-3-2.mp4

Step01: 打开“结果文件\第 14 章\销售报表（分类汇总）.xlsx”，单击 1 按钮，只显示汇总字段中的“总计”，即仅显示总计项，如下图所示。

Step02: 单击 2 按钮，按“店铺名称”显示出汇总字段“销售金额”的汇总数据，如下图所示。

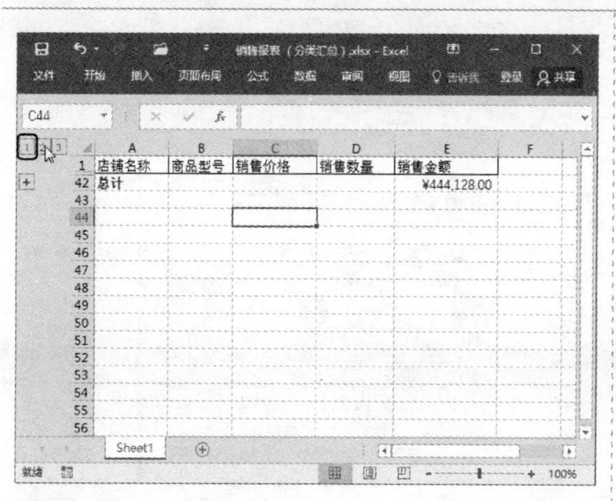

Step03: 单击[3]按钮，显示出所有参与分类汇总的数据，如下图所示。

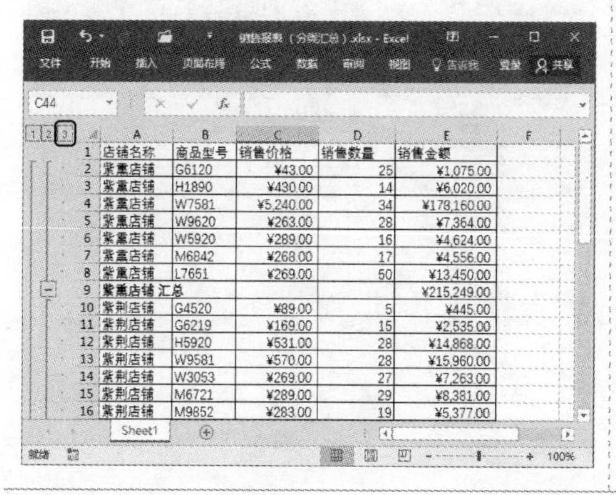

Step04: 经过以上操作，让分类汇总的表格返回到最初操作的状态，效果如下图所示。

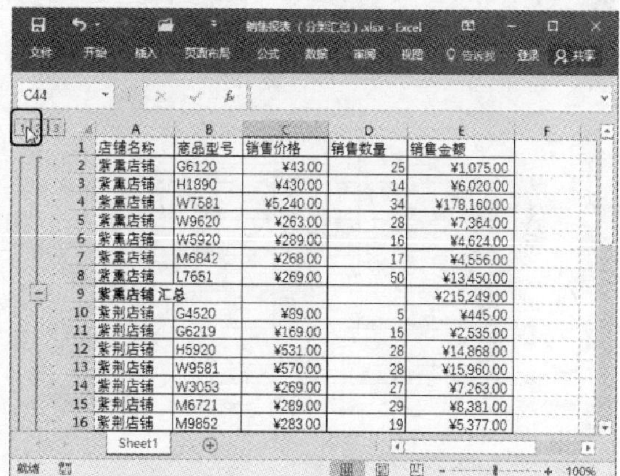

14.3.3　嵌套分类汇总

对表格进行嵌套分类汇总，就是在分类汇总的基础上再分类汇总。例如，在对地区分类的基础上再对季度进行分类汇总。具体操作方法如下。

同步文件

素材文件：素材文件\第 14 章\年终报表.xlsx
结果文件：结果文件\第 14 章\年终报表.xlsx
视频文件：视频文件\第 14 章\14-3-3.mp4

Step01: ❶选择分类汇总的区域；❷单击“数据”选项卡中“分级显示”组中“分类汇总”按钮，如下图所示。

Step02: 打开“分类汇总”对话框，❶在“分类字段”下拉列表框中选择“季度”选项；❷取消勾选“替换当前分类汇总”复选框；❸单击“确定”按钮，如下图所示。

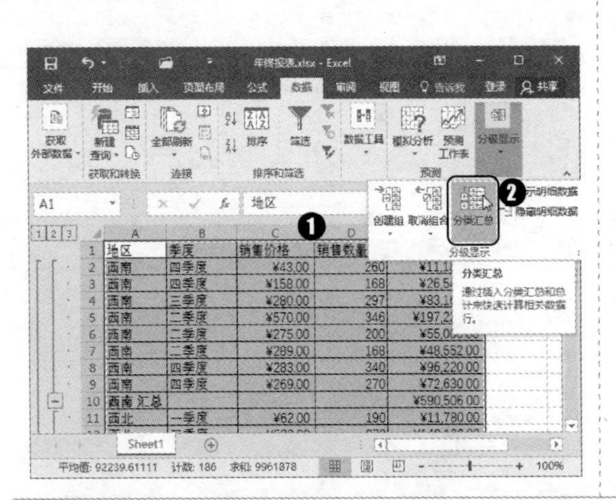

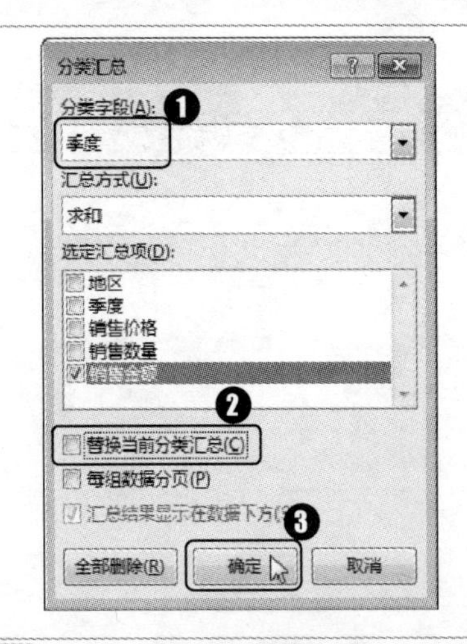

Step03: 经过前面的操作，嵌套分类汇总效果如下图所示。

Step04: 单击左上角的 3 按钮，能更加清楚地看到分类汇总的效果，如下图所示。

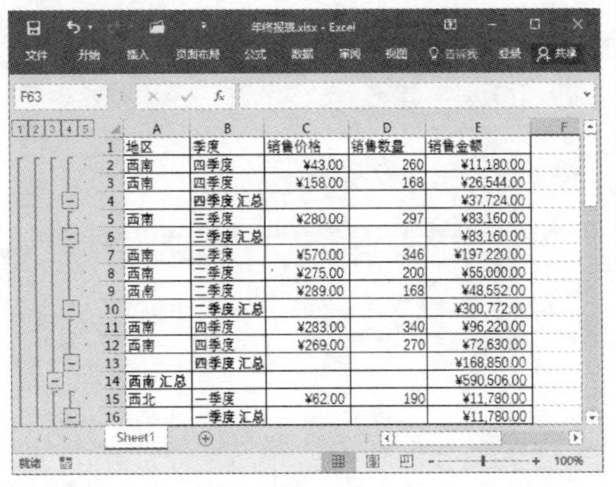

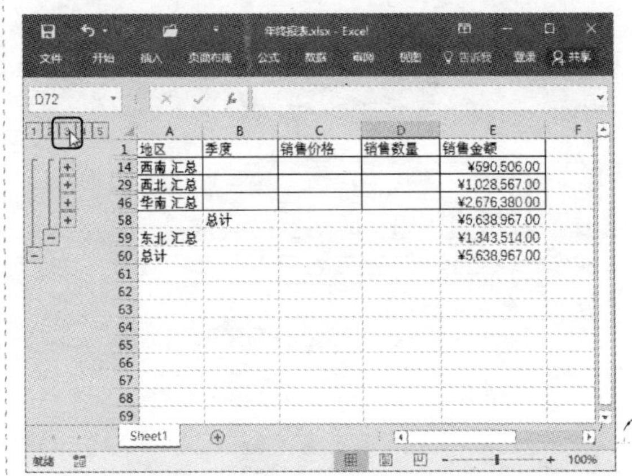

新手注意

如果在创建嵌套分类汇总时不取消勾选“替换当前分类汇总”复选框，结果会直接显示第二次创建的分类汇总效果。

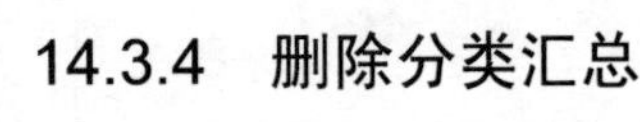

14.3.4 删除分类汇总

对数据列表创建分类汇总后，若要取消分类汇总，以恢复到分类汇总前的表格状态，则要删除分类汇总。具体操作方法如下。

同步文件

素材文件：素材文件\第 14 章\年终报表（删除分类汇总）.xlsx
结果文件：结果文件\第 14 章\年终报表（删除分类汇总）.xlsx
视频文件：视频文件\第 14 章\14-3-4.mp4

Step01： ❶将光标定位至表格中的任一单元格，如C10单元格；❷在“分级显示”组中单击“分类汇总”按钮，如下图所示。

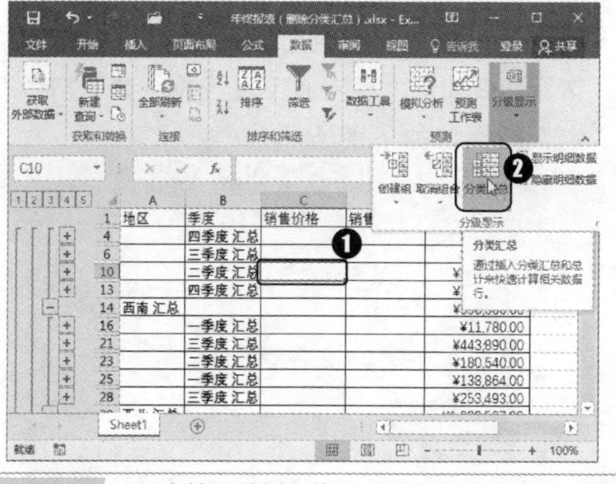
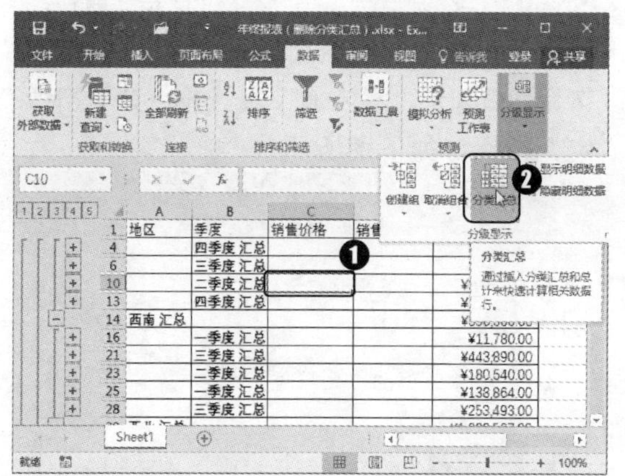

Step02： 打开“分类汇总”对话框，单击“全部删除”按钮，如下图所示。

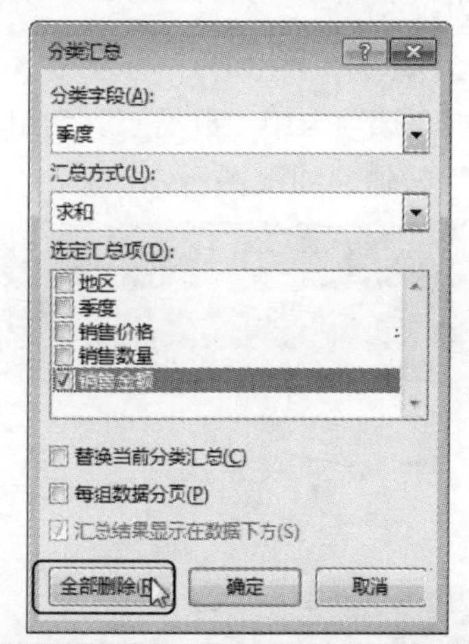

Step03： 经过前面的操作，删除分类汇总，效果如右图所示。

> **新手注意**
>
> 在删除分类汇总时，必须将光标定位至汇总的任一单元格，才能执行删除分类汇总命令。在同一张表中，无论是一个分类汇总还是嵌套分类汇总，执行“全部删除”命令可将分类汇总全部清除掉。

▷▷ 14.4　课堂讲解——其他高级数据分析功能

在Excel中，需要对多个相同类型的表格进行计算，就会应用到合并计算的功能。如果需要假设一组数据进行分析，就会应用到单变量求解的功能。

14.4.1　合并计算

合并计算就是把一个或多个工作表中具有相同区域或相同类型的数据运用相关函数（求和、计算、平均值等）进行运算后，再将结果存放到另一个工作表中。在Excel 2016中，可以利用合并计算功能汇总一个或多个工作表区域中的数据，这些工作表可以在同一个工作表中，也可在其他工作表或其他工作簿中。

同步文件

素材文件：素材文件\第14章\工资表.xlsx
结果文件：结果文件\第14章\工资表.xlsx
视频文件：视频文件\第14章\14-4-1.mp4

1. 在一个工作表中进行合并计算

在工资表中，如果需要计算出各个职位的工资总和，可以使用合并计算的功能进行操作。具体操作方法如下。

Step01: ❶选择 A13:D17 单元格区域；❷单击“数据”选项卡中“数据工具”组中的“合并计算”按钮，如下图所示。

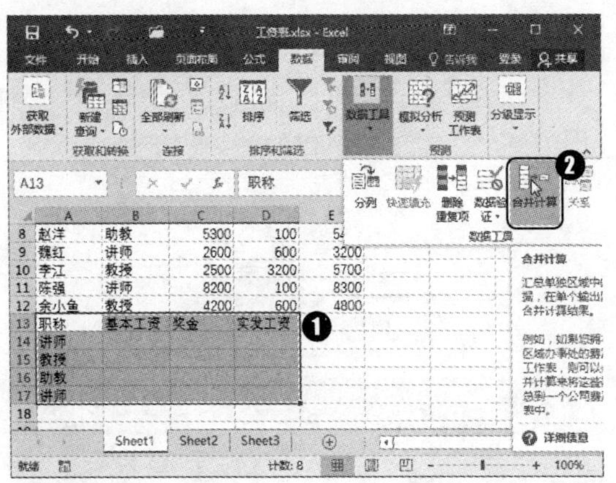

Step02: 打开“合并计算”对话框，❶在“引用位置”框中选择引用位置；❷单击“添加”按钮；❸勾选“最左列”复选框；❹单击“确定”按钮，如下图所示。

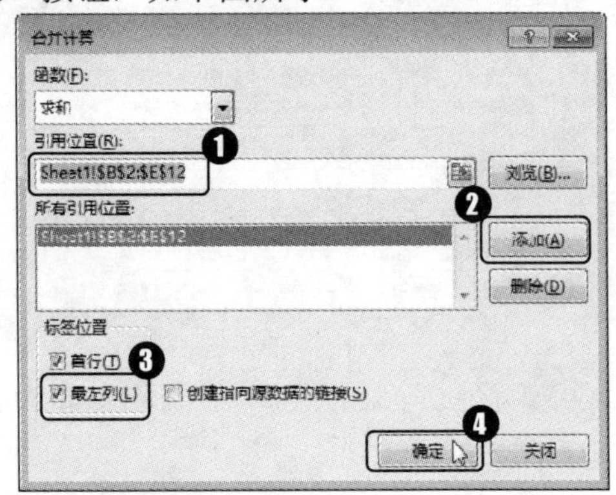

Step03: 经过前面的操作，计算出不同职称的基本工资、奖金和实发工资的总和，效果如右图所示。

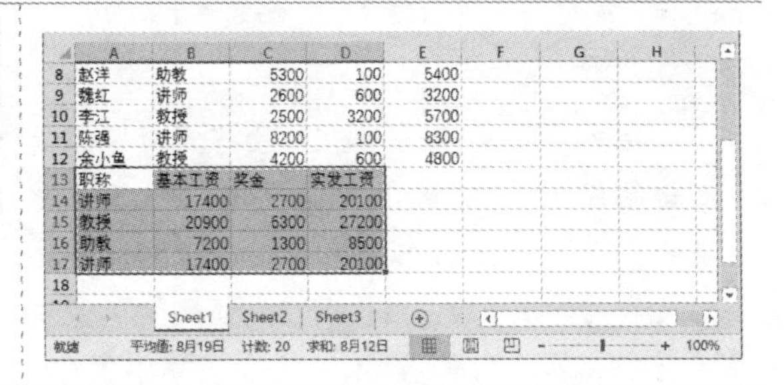

2. 在多个工作表中进行合并计算

合并计算不仅可以在单个工作表中进行，还可以将同一工作簿中的多个工作表中的数据使用合并计算功能计算出来。具体操作方法如下。

Step01: ❶在 Sheet3 工作表中选择 A1 单元格；❷单击“数据”选项卡中“数据工具”组中的“合并计算”按钮，如下图所示。

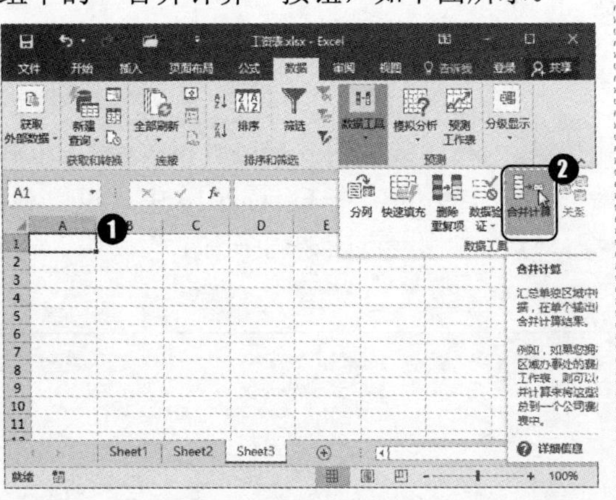

Step02: 打开“合并计算”对话框，❶在“引用位置”框中选择 Sheet1 工作表的引用位置；❷单击“添加”按钮，如下图所示。

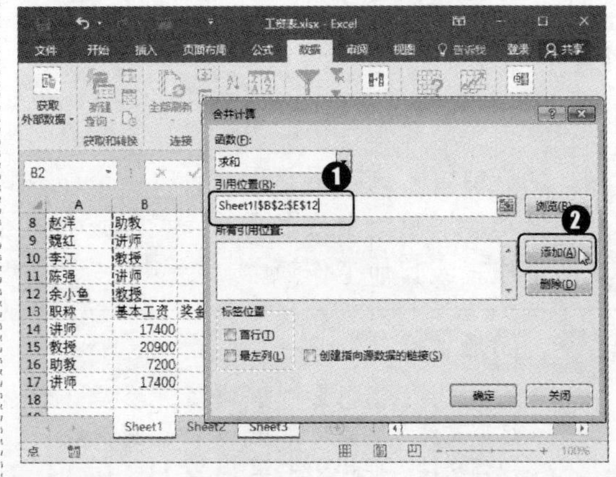

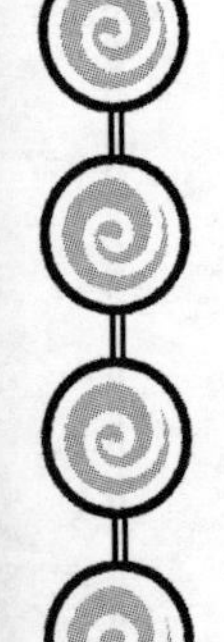

Step03: ❶在“引用位置”框中选择 Sheet2 工作表的引用位置；❷单击“添加”按钮，如下图所示。

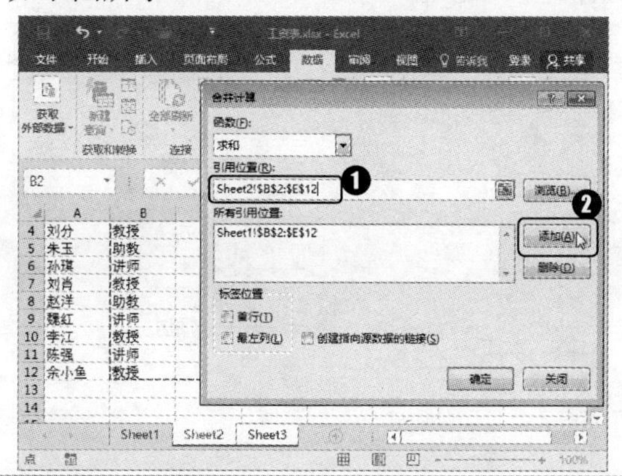

Step04: ❶勾选“首行”和“最左列”复选框；❷单击“确定”按钮，如下图所示。

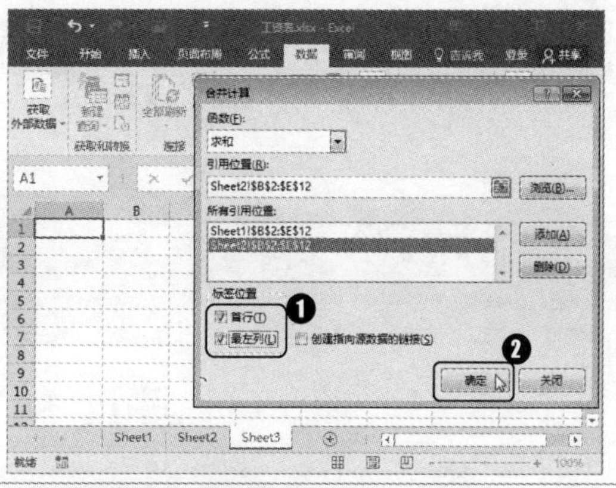

Step05: 计算出结果后，手动输入 A1 单元格的内容，计算出前两张工作表的所有职称的基本工资、奖金和实发工资的合计金额，效果如右图所示。

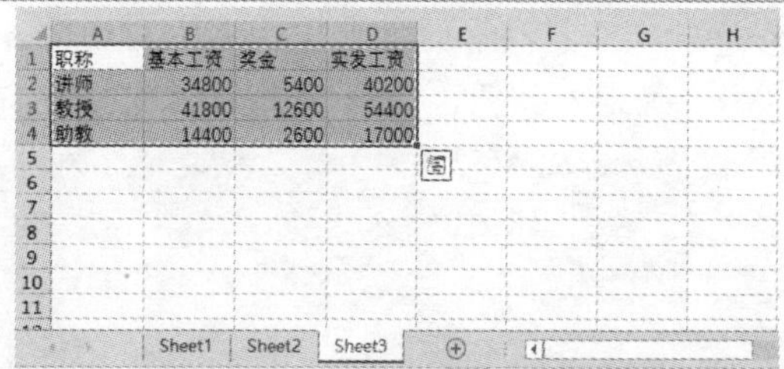

职称	基本工资	奖金	实发工资
讲师	34800	5400	40200
教授	41800	12600	54400
助教	14400	2600	17000

14.4.2 使用单变量求解

当利用公式对单元格中的数据进行计算后，如果要分析在公式达到一个目标值时，公式中所引用的某一个单元格值的变化情况，此时可以使用单变量求解功能。

在使用单变量求解功能时，首先需要确定以下几个元素。

- 目标单元格：即单元格中要达到一个新目标值的单元格，且该单元格为公式单元格。
- 目标值：要让目标单元格中的公式计算结果达到的值。
- 可变单元格：通过该单元格的值变化使目标单元格达到目标值，即公式中需要发生改变数值的单元格。

同步文件

素材文件：素材文件\第 14 章\利润表.xlsx
结果文件：结果文件\第 14 章\利润表.xlsx
视频文件：视频文件\第 14 章\14-4-2.mp4

假设某一种产品的成本价为 2 500 元，数量为 100 件，附加成本为 320 元，如果想要赚到 1 000 元，推算售价应该为多少元，具体操作方法如下。

Step01: ❶在 B6 单元格中输入公式“=B2*B4-B3-B5”；❷单击编辑栏中的“输入”按钮 ✓，如右图所示。

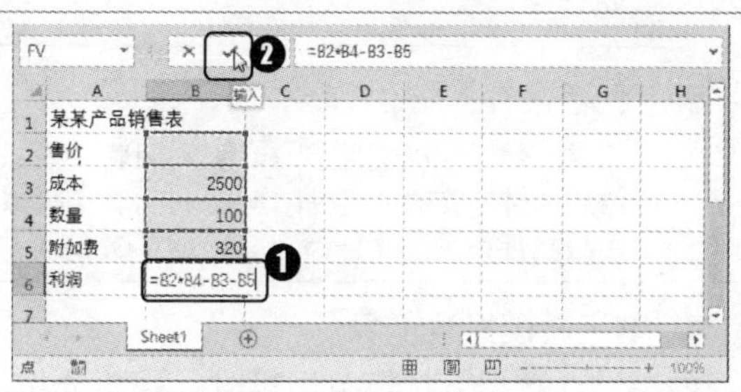

Step02: ❶选择 B6 单元格；❷单击“数据”选项卡“预测”组中的“模拟分析”按钮；❸选择“单变量求解”命令，如下图所示。

Step03: 打开“单变量求解”对话框，❶设置可变单元格和目标值；❷单击“确定”按钮，如下图所示。

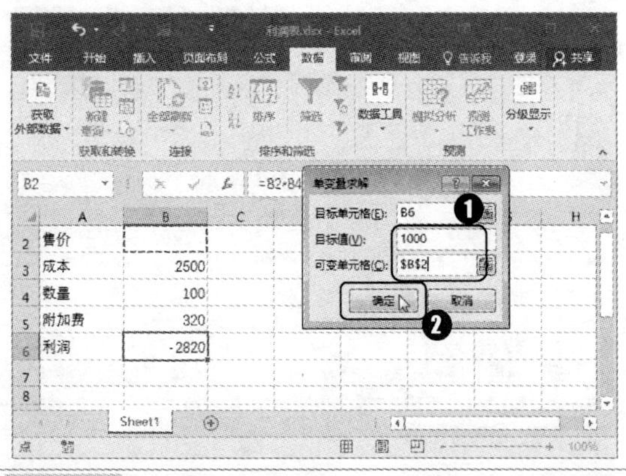

Step04: 打开“单变量求解状态”对话框，单击“确定”按钮，如下图所示。

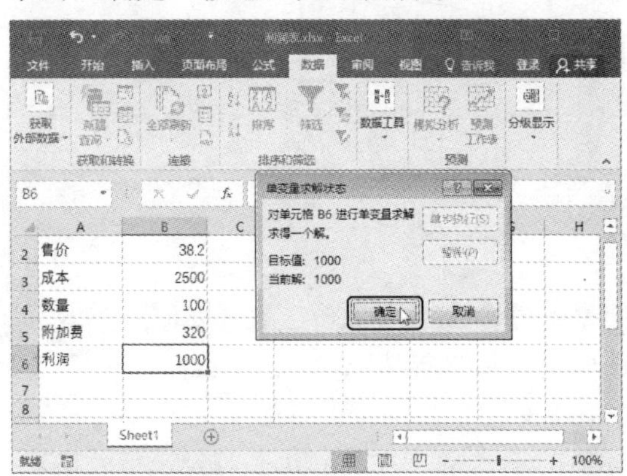

Step05: 经过前面的操作，使用单变量求解计算出可变单元格 B2 的数据，如下图所示。

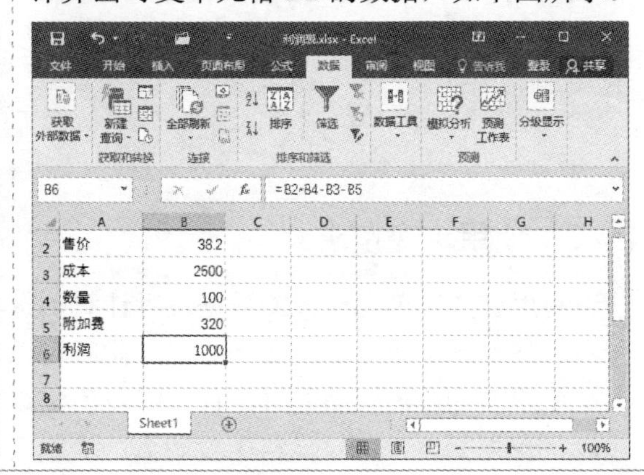

14.4.3 使用模拟运算表

在对数据进行分析处理时，如果需要查看和分析某项数据发生变化时产生的结果变化情况，此时，可以使用模拟运算表功能。

模拟运算表的结果为一个表格区域，变化的数据是表格的行标题和列标题，而根据行标题和列标题数据值计算出的结果则作为表格区域中的数据，故在应用模拟运算表功能前，应先建立模拟运算表的表格区域，将用作分析变化情况的数据作为表格的行标题和列标题，而该表格区域的左上角单元格则用于放置进行模拟运算的公式，然后应用模拟运算表命令，自动将行标题和列标题上的数据作为公式中相应的引用数据，自动计算出相应的公式结果，并放置到对应的数据单元格中。

同步文件

素材文件：素材文件\第 14 章\利润表（模拟运算）**.xlsx**
结果文件：结果文件\第 14 章\利润表（模拟运算）**.xlsx**
视频文件：视频文件\第 14 章**14-4-3.mp4**

1. 单变量模拟运算表

如果进行数据分析模拟运算时只需要分析一个变量变化对应的结果变化情况，则可以使用单变量模拟运算表。

假设售价发生变化，根据利润值的公式，运用模拟运算表计算出相应的利润值，具体操作方法如下。

Step01: ❶在D、E列的单元格中输入变量；❷单击“数据”选项卡“预测”组中的“模拟分析”按钮；❸选择“模拟运算表”命令，如下图所示。

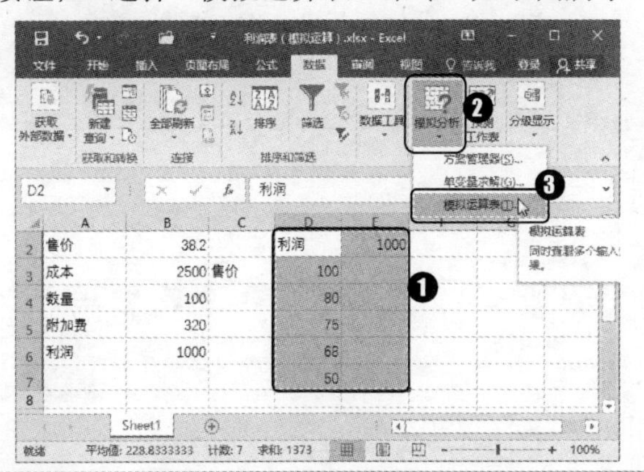

Step02: 打开“模拟运算表”对话框，❶在“输入引用列的单元格”框中引用变量售价单元格；❷单击“确定”按钮，如下图所示。

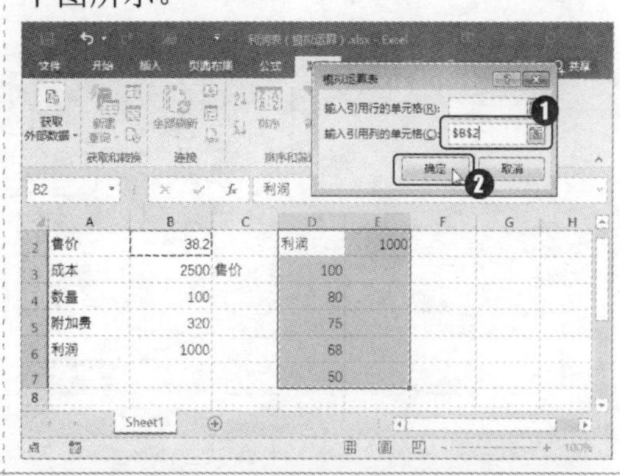

Step03: 经过前面的操作，售价发生改变，利润值也会发生相应的变化，效果如右图所示。

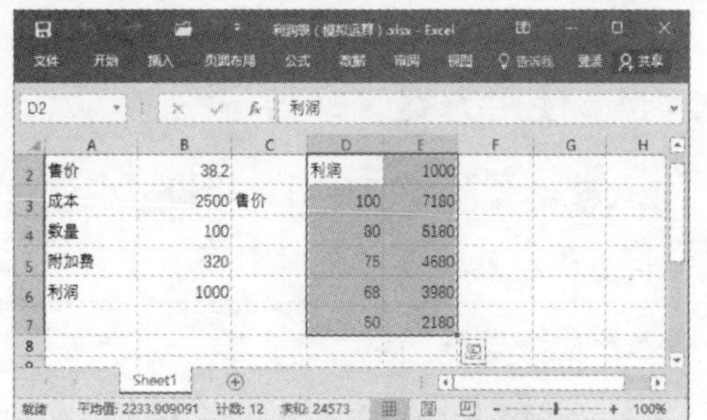

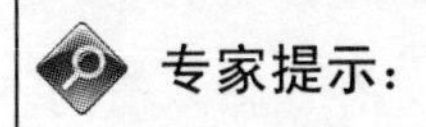
专家提示：

要使用模拟运算表计算出变量，利润值单元格必须是公式，变量必须是公式中引用的一个单元格，否则无法使用模拟运算表计算变量的利润。

2. 双变量模拟运算表

当要对两个公式中变量的变化进行模拟，分析不同变量在不同的取值时公式运算结果的变化情况及关系，此时，可应用双变量模拟运算表。具体操作方法如下。

Step01: ❶在表格标题行下方插入两行，并调整单变量模拟运算的位置，然后在模拟运算的表格区域中输入售价和数量的变化值，并选中B8:H13单元格区域；❷单击“数据”选项卡“预测”组中的“模拟分析”按钮；❸选择“模拟运算表”命令，如右图所示。

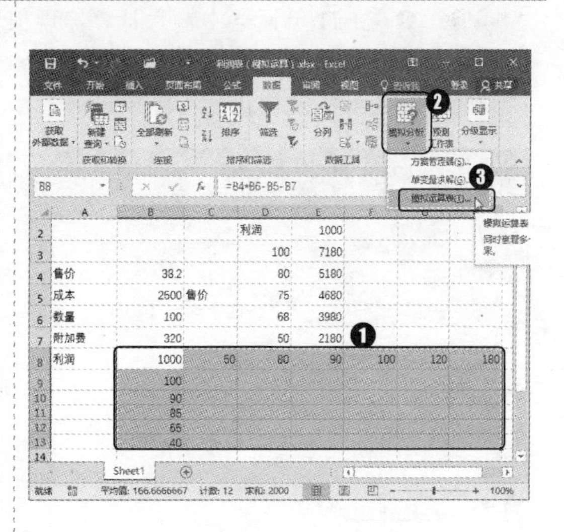

专家提示：

无论是单变量模拟运算表，还是双变量模拟运算表，用户都不能直接删除或更改模拟运算表的部分单元格数据。因此，在调整单变量模拟运算的位置时，需要选中所有参与计算的单元格，否则Excel无法继续操作。

Step02: 打开“模拟运算表”对话框，❶在“输入引用行的单元格”和“输入引用列的单元格”框中分别引用变量单元格；❷单击“确定”按钮，如下图所示。

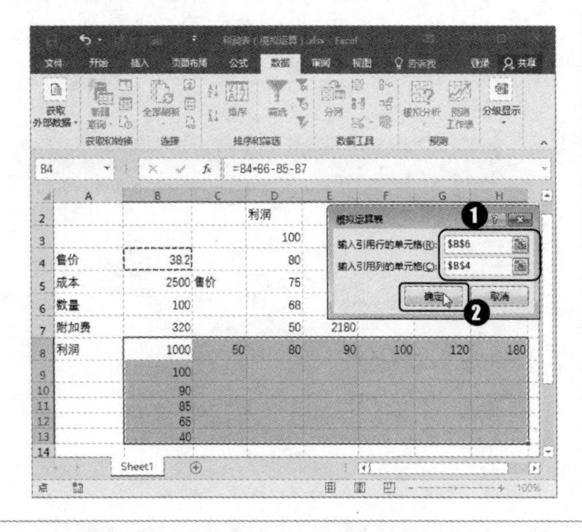

Step03: 经过前面的操作，输入售价和数量的变化值，使用模拟运算计算出利润值，效果如下图所示。

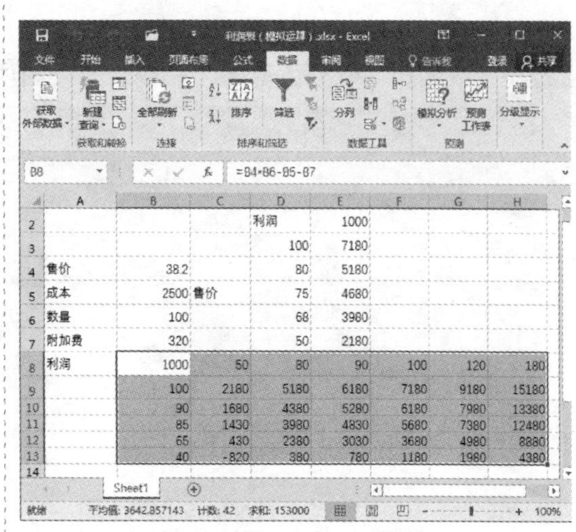

14.4.4 使用方案管理器

Excel 方案管理器使自动假设分析模式变得很方便。可以为任意多的变量存储输入值的不同组合（在方案管理器术语中称为可变单元格），并为每个组合命名。

同步文件

素材文件：素材文件\第 14 章\方案表.xlsx
结果文件：结果文件\第 14 章\方案表.xlsx
视频文件：视频文件\第 14 章\14-4-4.mp4

Step01: ❶在 B11 单元格中输入计算净现值的公式“=NPV(B6,C9:D9)+B9”；❷单击编辑栏中的“输入”按钮✔，如下图所示。

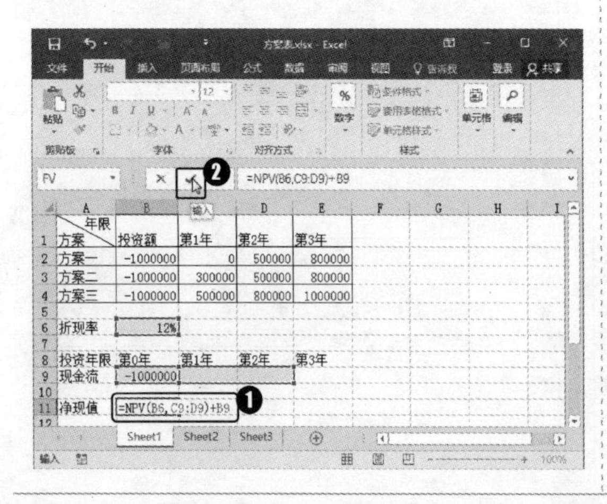

Step02: ❶选择 B11 单元格；❷单击“数字”组中的“常规”下拉按钮；❸在弹出的下拉列表中选择“数字”命令，如下图所示。

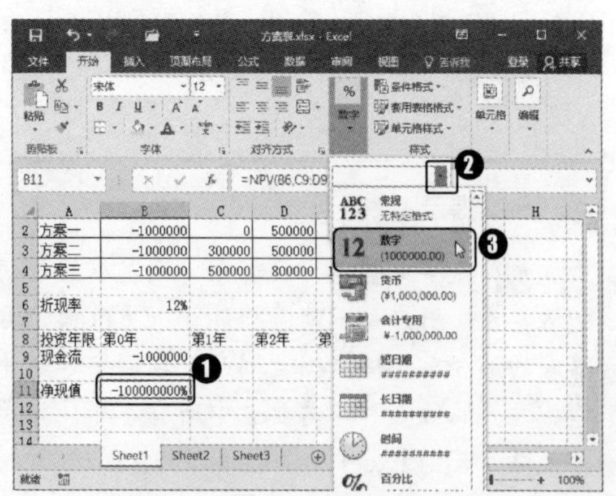

Step03: ❶选择 C8:E9 单元格区域；❷单击“公式”选项卡“定义的名称”组中的“根据所选内容创建”按钮，如下图所示。

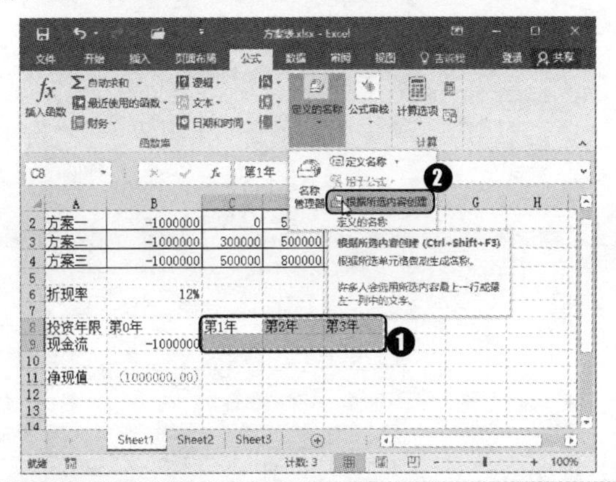

Step04: 打开“以选定区域创建名称”对话框，❶勾选“首行”复选框；❷单击“确定”按钮，如下图所示。

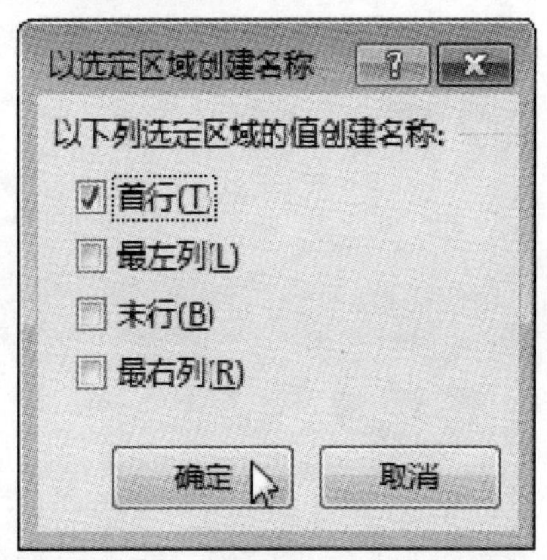

Step05: ❶选择 C9:E9 单元格区域；❷单击“预测”组中的“模拟分析”按钮；❸在弹出的下拉列表中选择“方案管理器”命令，如下图所示。

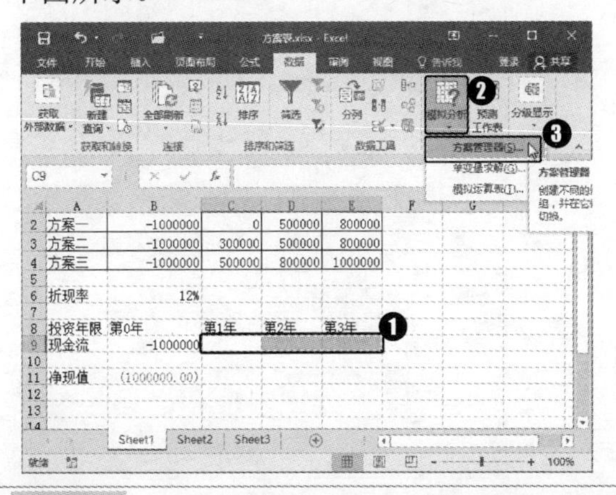

Step06: 打开“方案管理器”对话框，单击“添加”按钮，如下图所示。

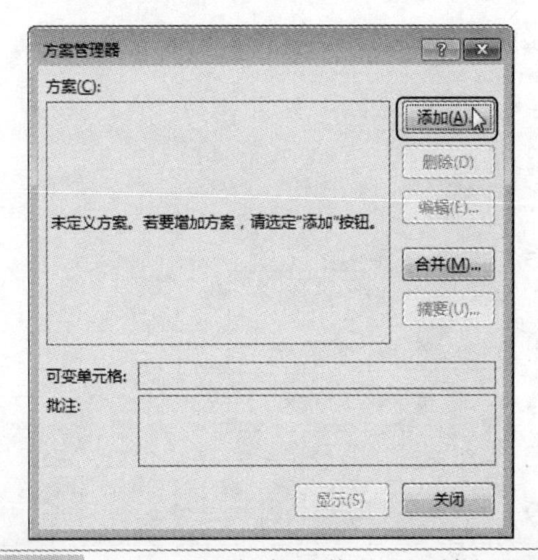

Step07: 打开“添加方案”对话框，❶在“方案名”框中输入方案名；❷单击“确定”按钮，如下图所示。

Step08: 打开“方案变量值”对话框，❶输入所有的变量值；❷单击“确定”按钮，如下图所示。

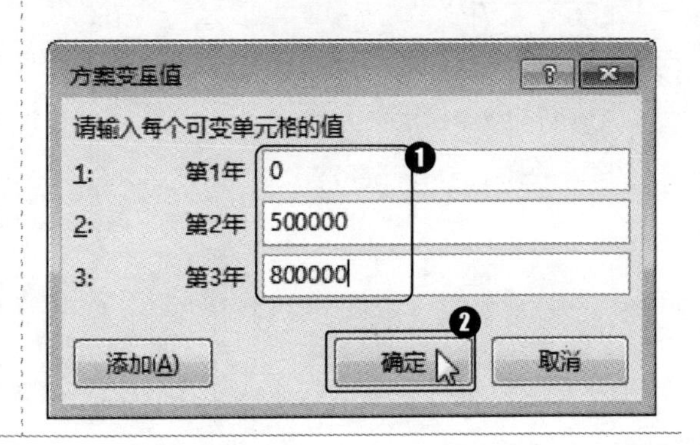

Step09: 返回“方案管理器”对话框，单击“添加”按钮，如下图所示。

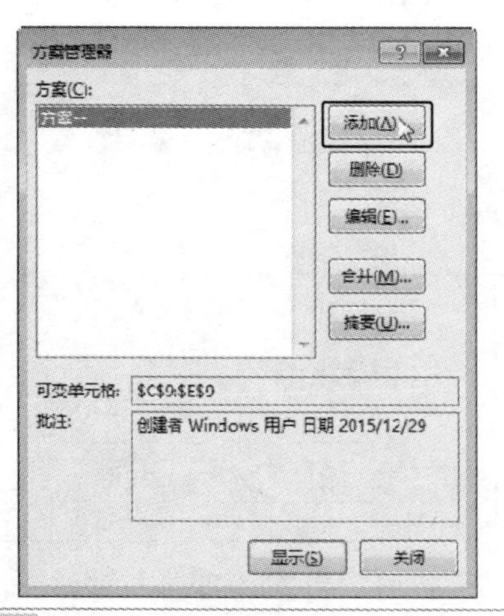

Step10: 打开“添加方案”对话框，❶在“方案名”框中输入方案名；❷单击“确定”按钮，如下图所示。

Step11: 打开“方案变量值”对话框，❶输入所有的变量值；❷单击“确定”按钮，如下图所示。

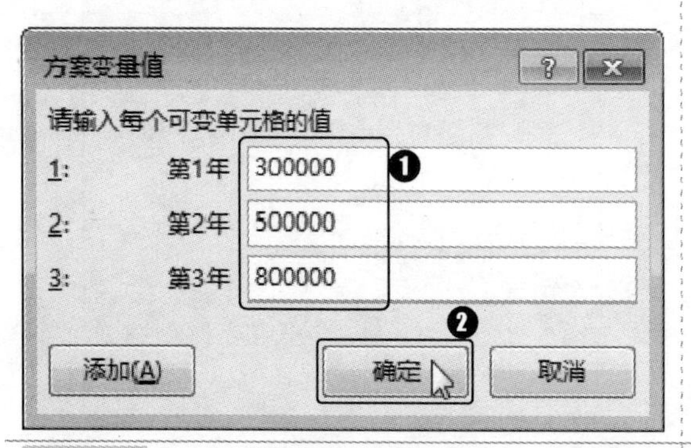

Step12: 返回“方案管理器”对话框，单击“添加”按钮，如下图所示。

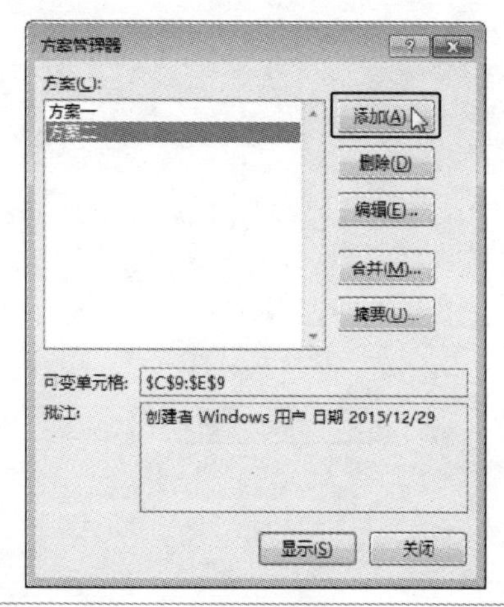

Step13: 打开“添加方案”对话框，❶在“方案名”框中输入方案名；❷单击“确定”按钮，如下图所示。

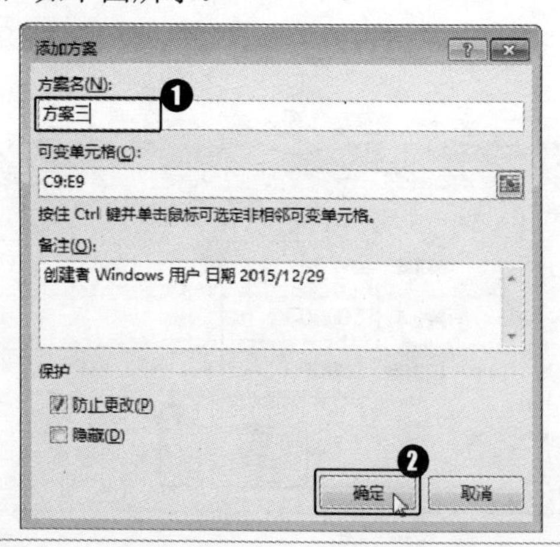

Step14: 打开“方案变量值”对话框，❶输入所有的变量值；❷单击“确定”按钮，如下图所示。

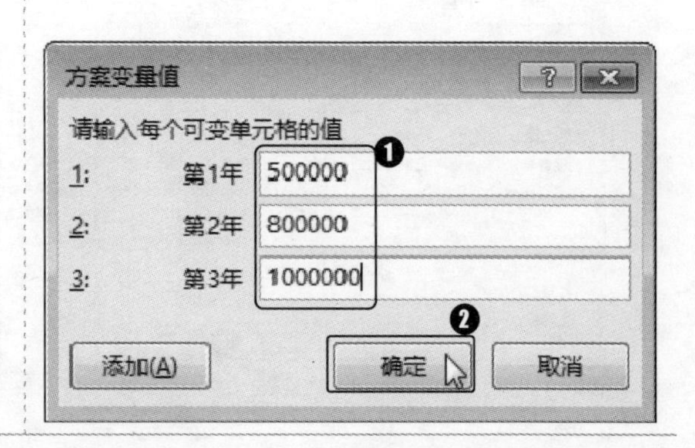

Step15: 返回“方案管理器”对话框，单击“摘要”按钮，如下图所示。

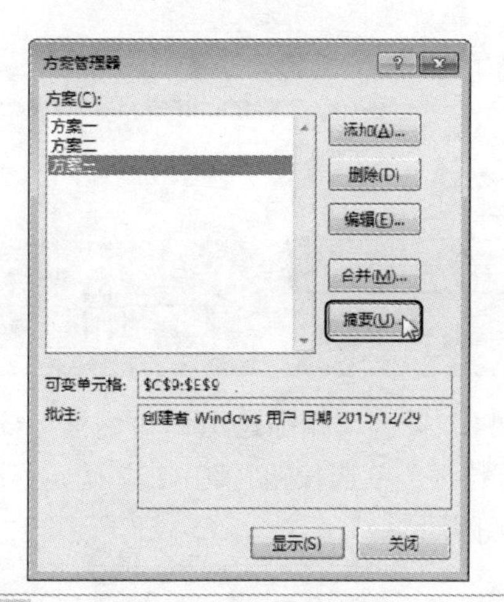

Step16: 打开“方案摘要”对话框，❶在“结果单元格”框中引用“净现值”结果单元格；❷单击“确定”按钮，如下图所示。

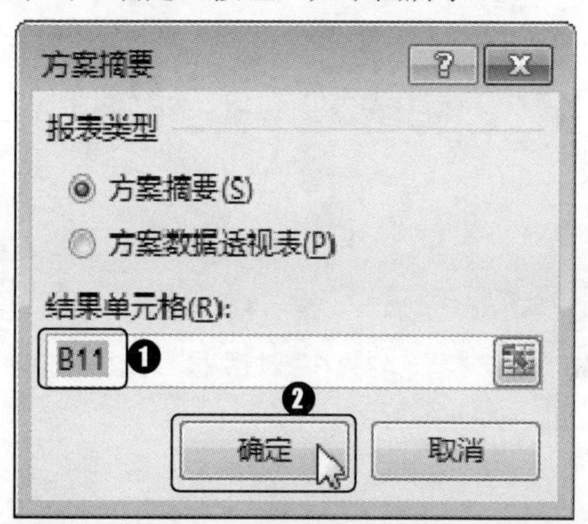

Step17: 经过前面的操作，制作出方案摘要的效果如右图所示。

在方案摘要表中，单击 1 2 按钮，可以显示或隐藏表中相关的内容。

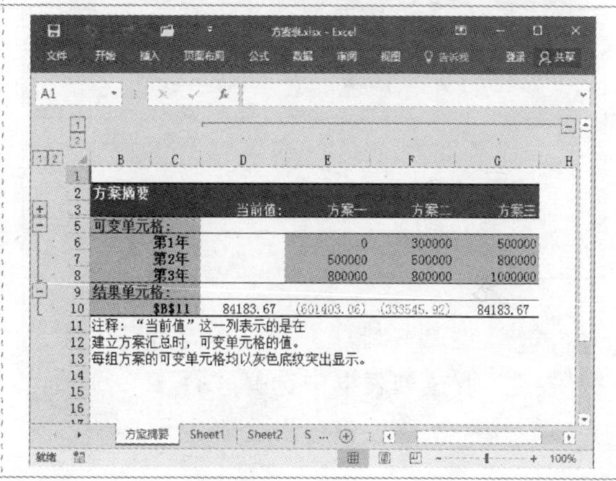

▷▷ 高手秘籍——实用操作技巧

通过对前面知识的学习，相信读者朋友已经掌握了如何管理与分析 Excel 工作表中的数据。下面结合本章内容介绍一些实用的操作技巧。

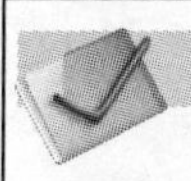

同步文件

视频文件：视频文件\第 14 章\高手秘籍.mp4

技巧 01　对表格中的行进行排序

Excel 2016 默认情况下的排序操作都是针对列进行的。如果要对某一个班上的身高数据按行的方式对数据的大小进行排序，具体的操作方法如下。

Step01: ❶选择 B2:G2 单元格区域；❷单击“排序和筛选”组中的“排序”按钮，如下图所示。

Step02: 打开“排序提醒”对话框，❶选择“以当前选定区域排序”单选按钮；❷单击“排序”按钮，如下图所示。

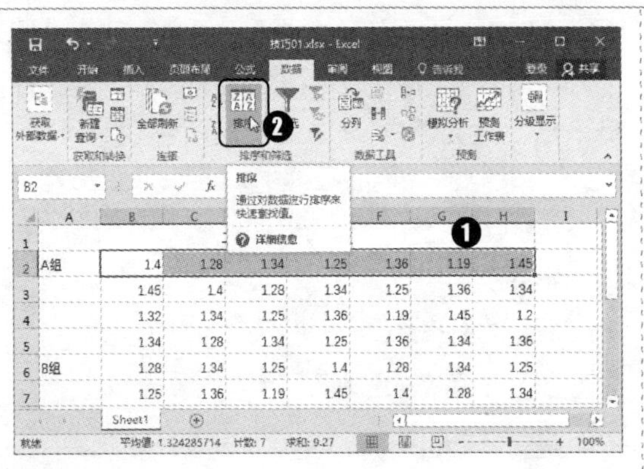

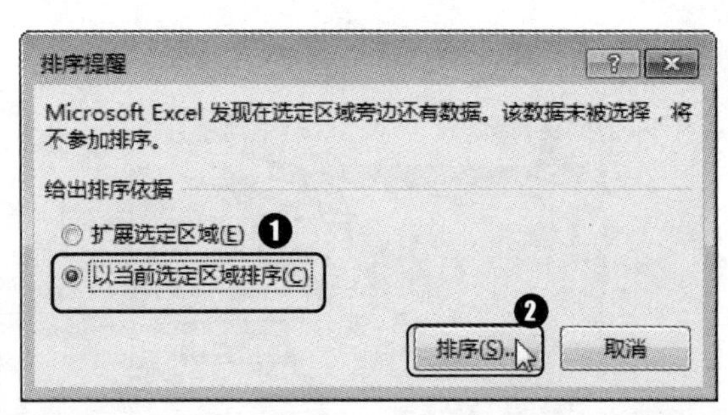

Step03: 打开“排序”对话框，单击“选项”按钮，如下图所示。

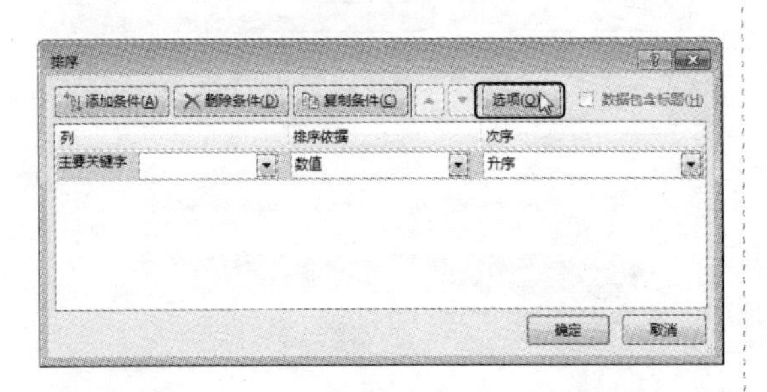

Step04: 排开“排序选项”对话框，❶选择“按行排序”单选按钮；❷单击“确定”按钮，如下图所示。

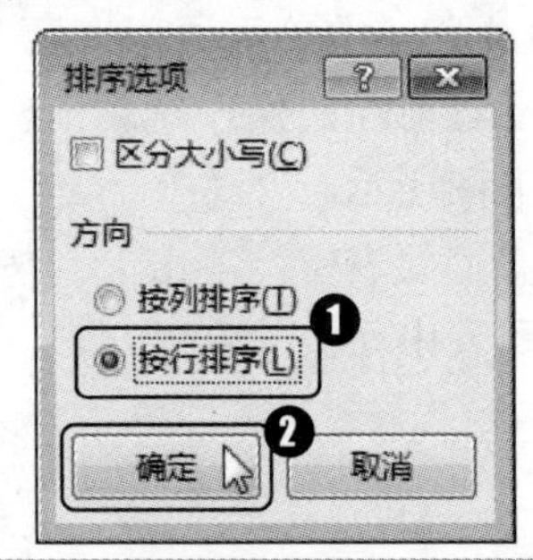

Step05: 返回“排序”对话框，❶在“主要关键字”下拉列表框中选择“行 2”选项，并设置排序次序；❷单击“确定”按钮，如下图所示。

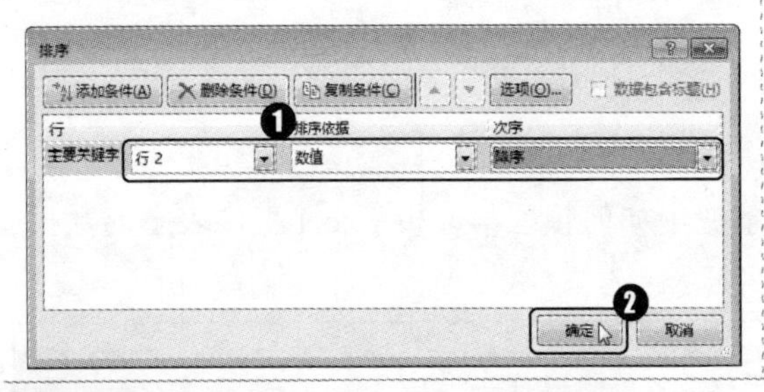

Step06: 经过前面的操作，即可对选择的单元格区域按行进行排序，效果如下图所示。

技巧 02 让排序返回至初始顺序

在经过反复排序操作后，表格的顺序也会变乱。要快速地还原到初始顺序只通过撤销命令显然是不恰当的，这时可以考虑增加辅助列的方法来操作。具体操作方法如下。

Step01: ❶在 A 列上单击鼠标右键；❷在弹出的快捷菜单中选择“插入”命令，如下图所示。

Step02: 输入商品编号信息，❶将光标定位至 F2 单元格；❷单击“数据”选项卡“排序和筛选”组中的“降序”按钮，如下图所示。

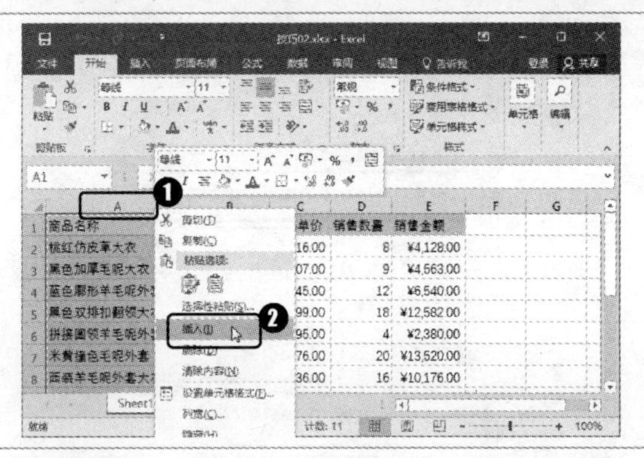

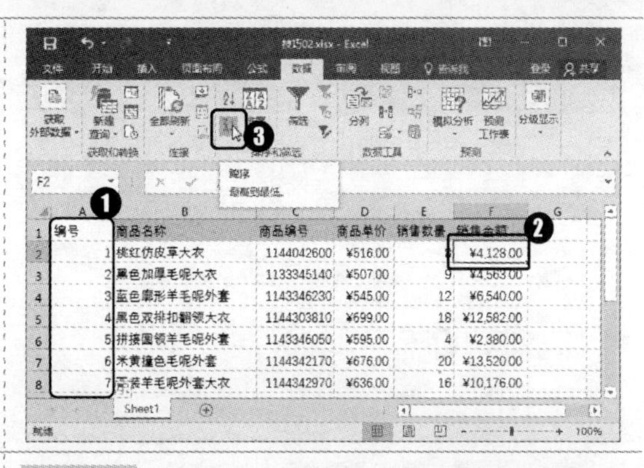

Step03: 经过上一步的操作，对销售金额按降序排序，效果如下图所示。

Step04: 当需要将数据表返回到原始状态时，❶将光标定位至 A2 单元格；❷单击“排序和筛选”组中的“升序”按钮 A↓Z，如下图所示。

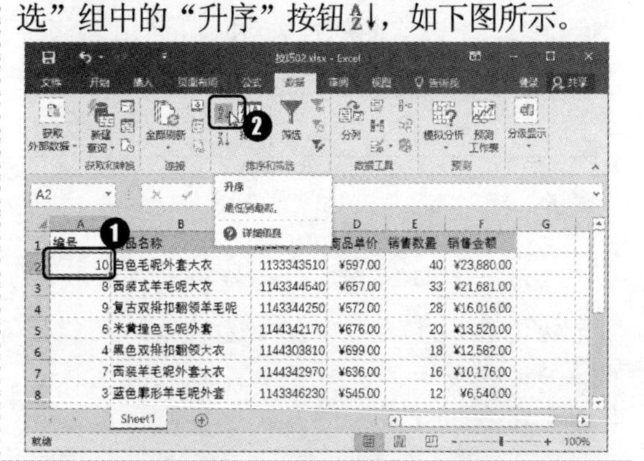

Step05: 经过前面的操作，让经过排序的表格回到初始状态，效果如右图所示。

技巧 03　筛选出表格中的非重复值

在 Excel 中，高级筛选除了用于数据内容的筛选操作外，还可以对重复值进行过滤，以保证字段或记录的唯一性。具体操作方法如下。

Step01: ❶将光标定位至数据表中的任一单元格；❷单击“数据”选项卡“排序和筛选”组中的“高级”按钮，如下图所示。

Step02: 打开“高级筛选”对话框，❶选择列表区域；❷选择“将筛选结果复制到其他位置”单选按钮；❸在“复制到”框中选择存放数据的起始单元格；❹勾选“选择不重复的记录”复选框；❺单击“确定”按钮，如下图所示。

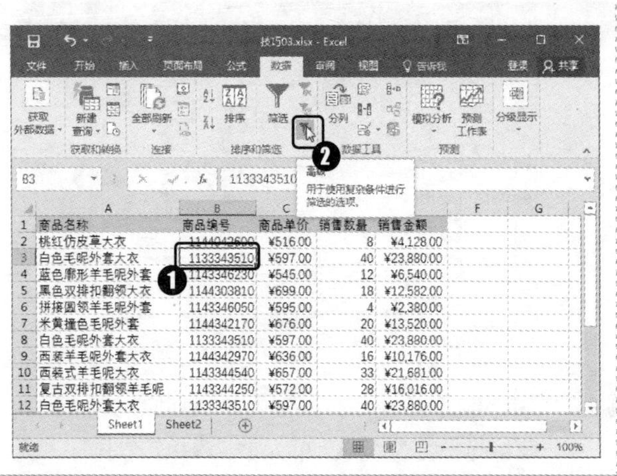

Step03: 经过前面的操作，即可使用高级筛选功能筛选出不重复重要的记录，效果如右图所示。

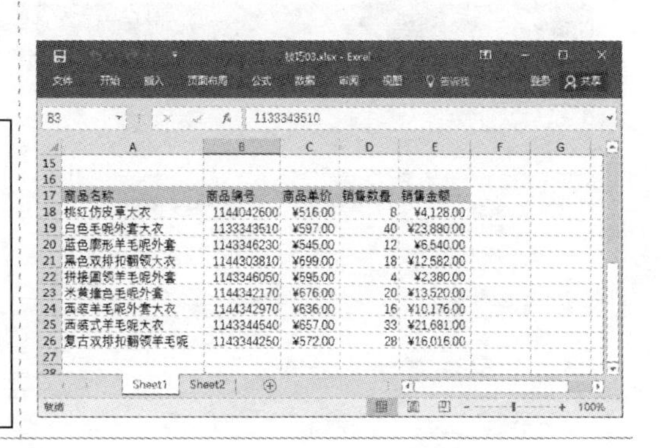

> **新手注意**
>
> 在“高级筛选”对话框中勾选“选择不重复的记录”复选框后，筛选的结果只能显示在活动工作表中，也就是当前操作的工作表，如果选择其他工作表，则无法实现该操作。

上机实战——统计项目经费

上机介绍

在日常办公中，经常会对表格数据进行排序和筛选。本实例主要对项目数据工作表中每月的实际成本进行排序，筛选出预计累计成本大于 30 000 的记录，并且对项目成本的来源工时和材料成本使用分类汇总进行合计。最终效果如下图所示。

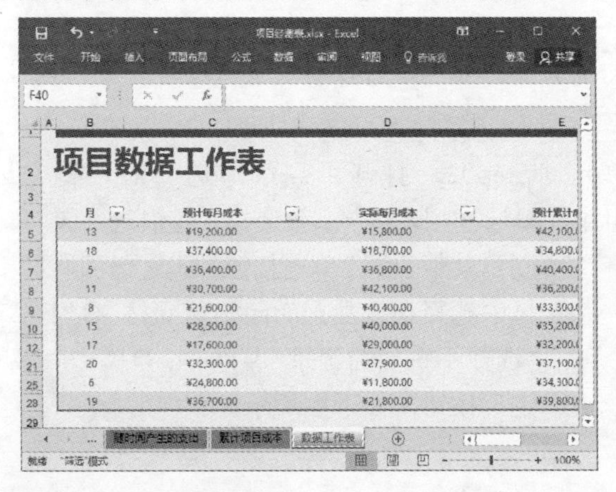

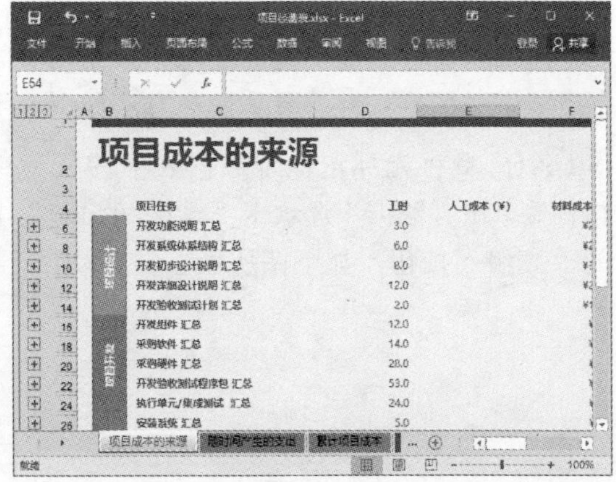

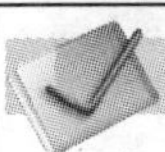

同步文件

素材文件：素材文件\第 14 章\项目经费表 xlsx
结果文件：结果文件\第 14 章\项目经费表 xlsx
视频文件：视频文件\第 14 章\上机实战.mp4

步骤详解

本实例的具体操作步骤如下。

Step01: ❶选择 F5 单元格；❷单击“数据”选项卡“排序和筛选”组中的“降序”按钮 ，如下图所示。

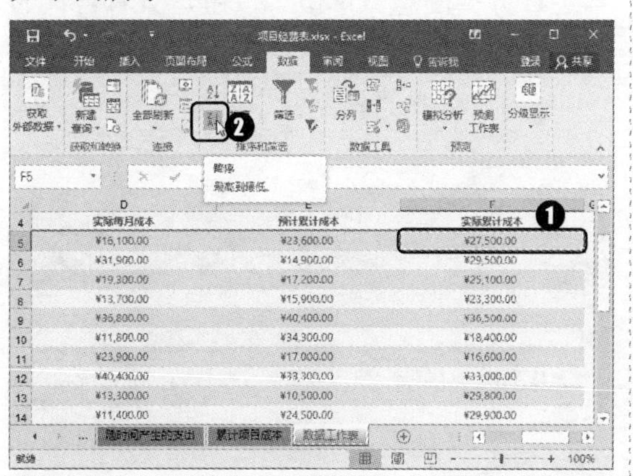

Step02: ❶选择 B4:F4 单元格区域；❷单击“排序和筛选”组中的“筛选”按钮，如下图所示。

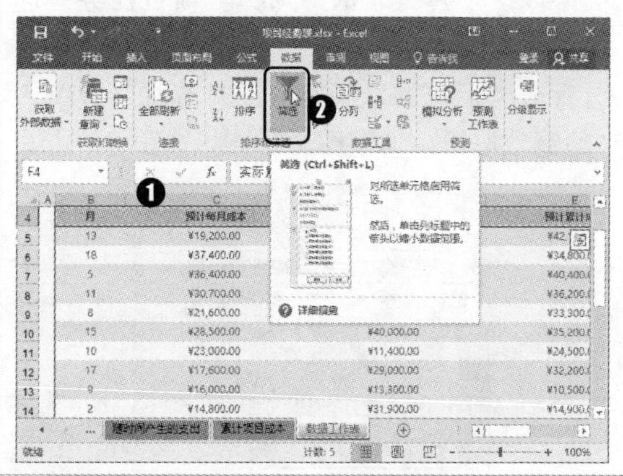

Step03: 表格进入筛选状态，❶单击“预计累计成本”右侧的筛选控制按钮；❷在弹出的下拉列表中选择“数字筛选”命令；❸在子菜单中选择“大于”命令，如下图所示。

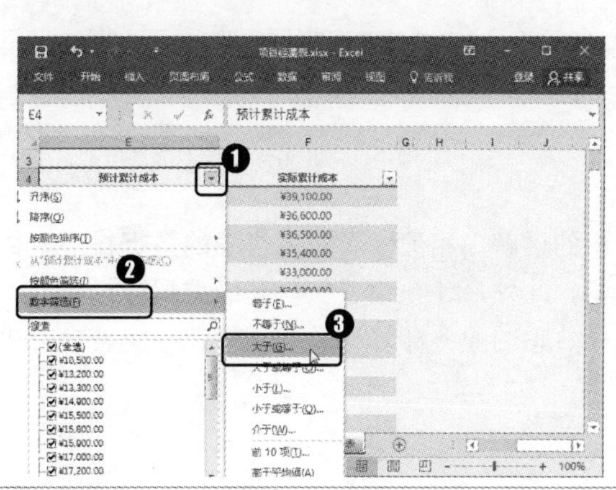

Step04: 打开“自定义自动筛选方式”对话框，❶在“预计累计成本”大于右侧输入数值，如“30000”；❷单击“确定”按钮，如下图所示。

Step05: 经过以上操作，筛选出预计累计成本大于 30 000 的记录，效果如下图所示。

Step06: ❶在“项目成本的来源”工作表中选择需要进行分类汇总的单元格区域；❷单击“分级显示”组中的“分类汇总”按钮，如下图所示。

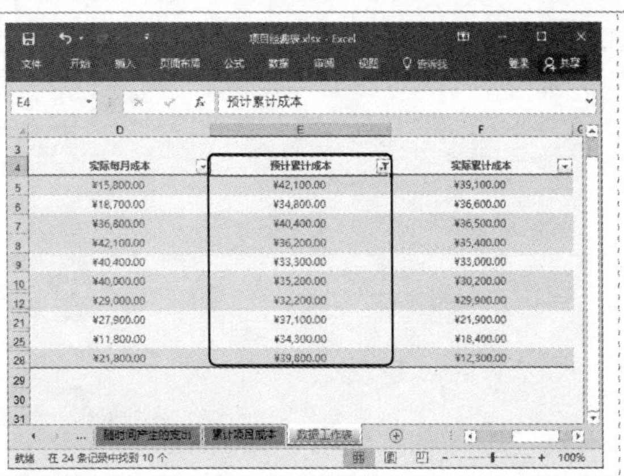

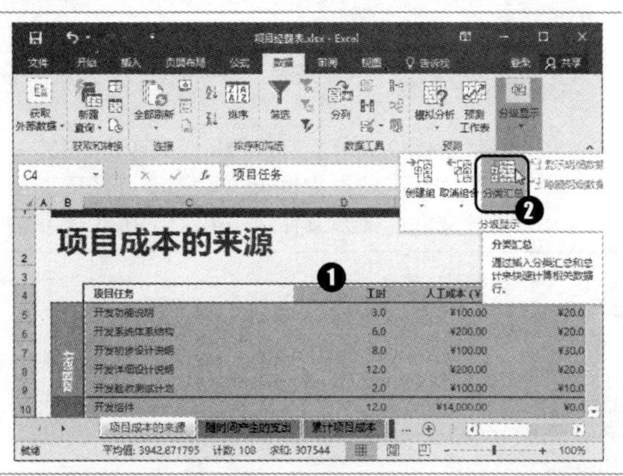

Step07: 打开“分类汇总”对话框，❶在“分类字段”下拉列表框中选择“项目任务”选项；❷在“选定汇总项”列表框中勾选需要进行分类汇总的选项对应的复选框；❸单击“确定”按钮，如下图所示。

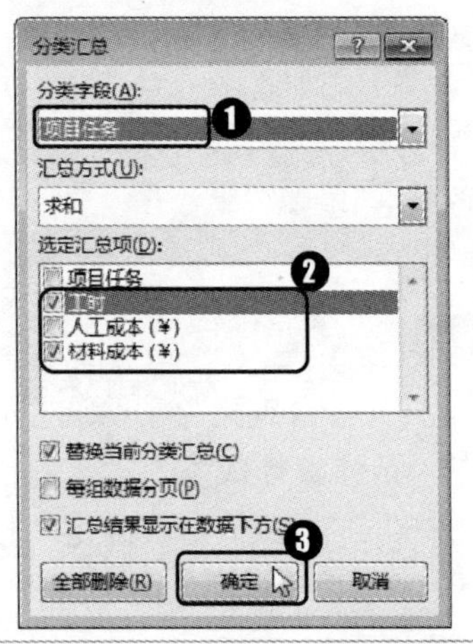

Step08: 经过前面的操作，对工时和材料成本进行分类汇总，单击 2 按钮，查看合计的总量，效果如下图所示。

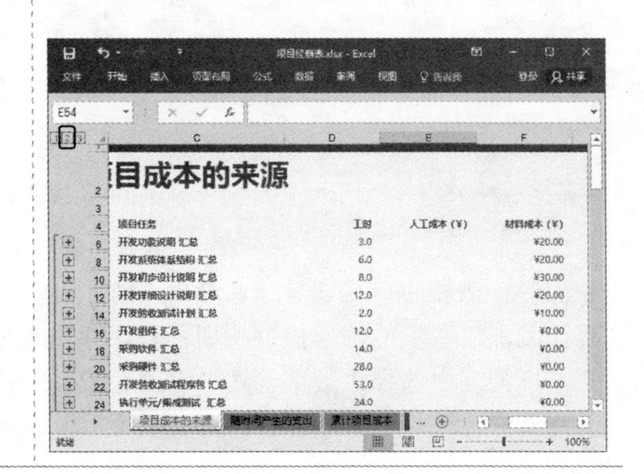

▷▷ 本章小结

本章对 Excel 2016 中数据管理与分析相关知识的讲解，相信读者对表格中的数据排序、数据筛选、数据的合并计算和分类汇总都比较熟悉了。此外，还介绍了一些高级数据分析功能。例如，单变量求解功能，读者朋友可以根据自己最熟悉的业务计算相关利润值；方案较多时也可以使用方案管理器对数据进行分析。

第 15 章　实战应用——Word 2016 在商务办公中的应用

本章导读

本章主要介绍 Word 2016 在商务办公中的应用，目的是对本书中讲解的知识进行系统复习。希望本章中的实例演示能够加深读者对 Word 各知识点的深入理解，并能将其综合运用于实际工作中，提高办公效率。

知识要点

- 制作劳动合同文档
- 制作员工行为规范制度
- 制作员工入职登记表
- 制作会议邀请函

效果展示

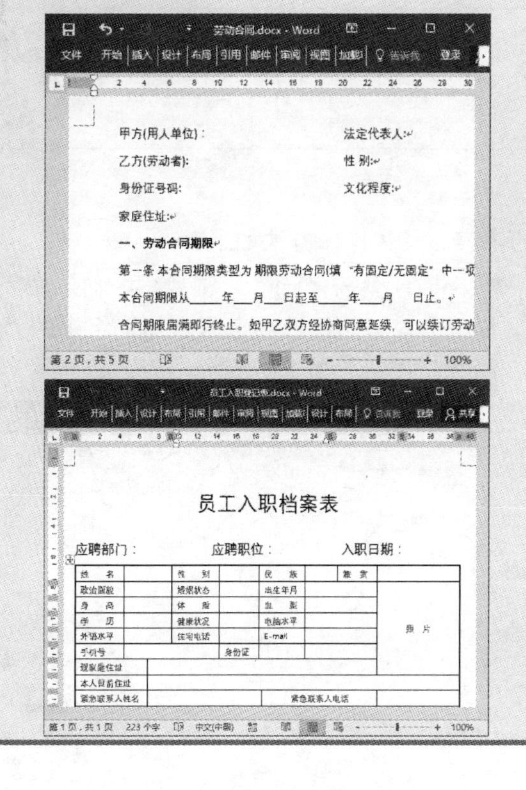

▷▷ 15.1　制作劳动合同文档

劳动合同，是用人单位（包括企业、事业、国家机关、社会团体等组织）同劳动者之间确定劳动关系，明确相互权利义务的协议。企业与被聘用的员工签订劳动合同时，必须遵守国家政策和法规的规定。劳动合同必须以书面形式签订，合同内容必须完备、准确。由于单位不同，劳动合同中的工作内容和时间要求有所不同，因此，各单位会根据自己的行业特点来拟订。最终效果如下图所示。

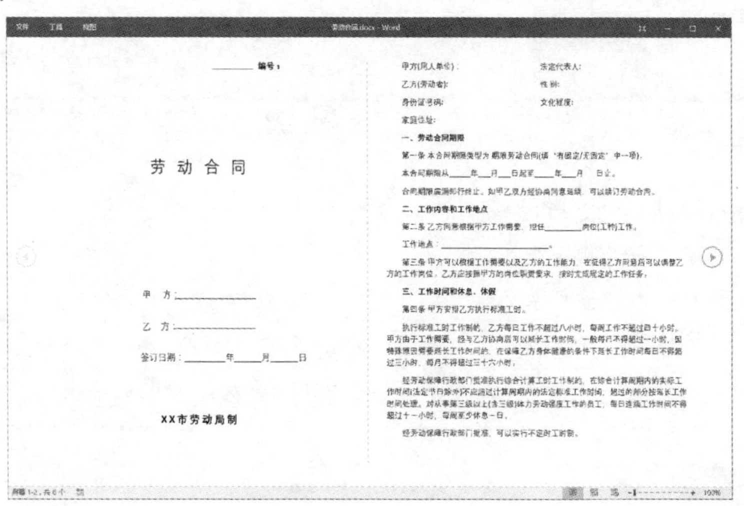

同步文件

结果文件：结果文件\第 15 章\劳动合同.docx
视频文件：视频文件\第 15 章\15-1.mp4

15.1.1　输入文档内容

在编排劳动合同之前，首先需要输入合同的内容。具体操作方法如下。

Step01: ❶设置输入法；❷输入“编号：”，如下图所示。

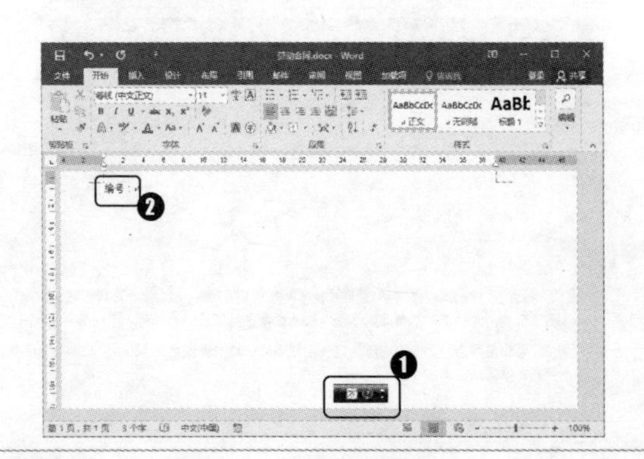

Step02: ❶按〈Enter〉键换行，输入文字；❷单击“开始”选项卡“字体”组中的“下画线”按钮，如下图所示。

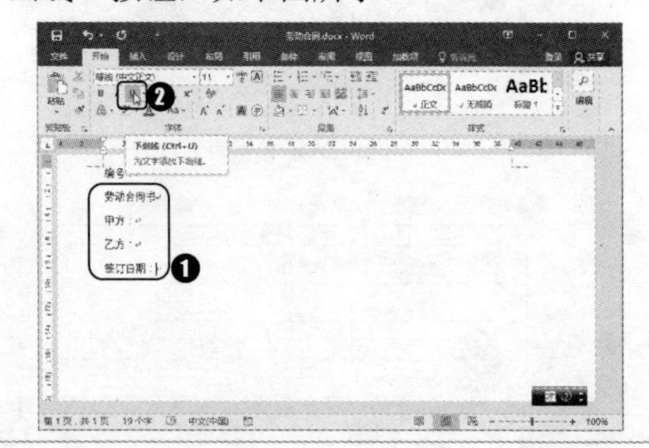

Step03: 按空格键确认下画线的长度，如果下画线后面要继续输入文字，可以先输入文字，再取消文字的下画线，如下图所示。

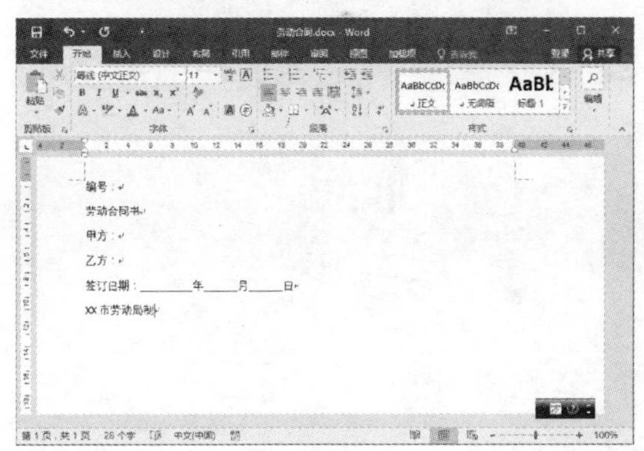

Step04: 按〈Ctrl+Enter〉组合键强制换页，从第 2 页开始输入劳动合同的正文内容，如下图所示。

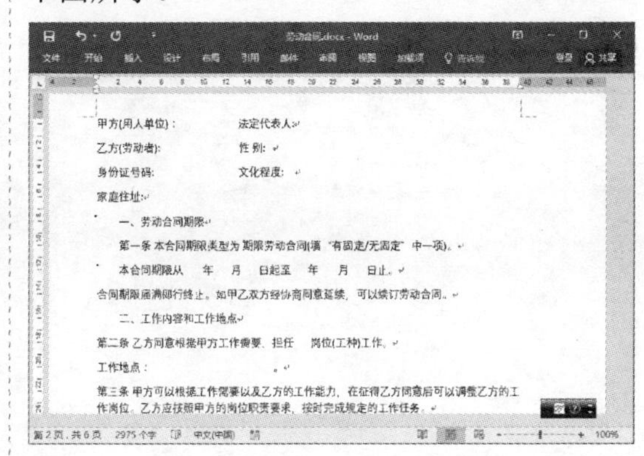

15.1.2　编排文档版式

在输入劳动合同的内容后，还必须对文档的版式进行设置。具体操作方法如下。

Step01: ❶选中“编号:”文本；❷单击“字体”组中的“加粗”按钮 **B**，如下图所示。

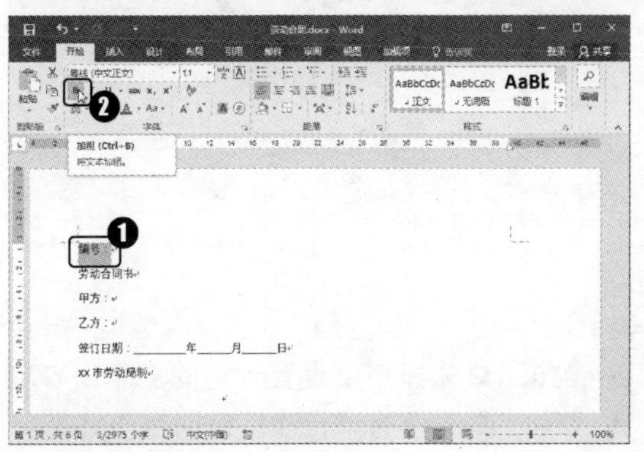

Step02: ❶将光标定位至“编号”前；❷在标尺上单击设置制表位位置，如下图所示。

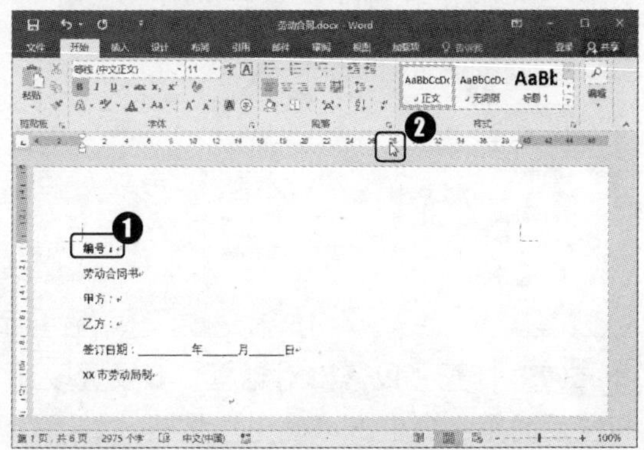

Step03: 设置好制表位后，按〈Tab〉键调整文字位置，如下图所示。

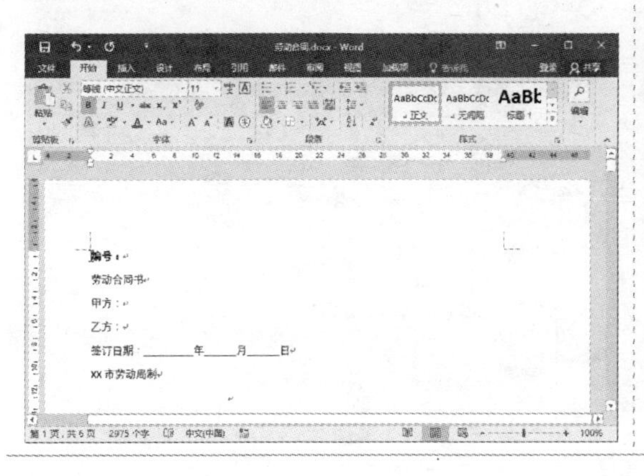

Step04: ❶单击“插入”选项卡；❷单击“插图”组中的“形状”下拉按钮；❸选择“直线”形状，如下图所示。

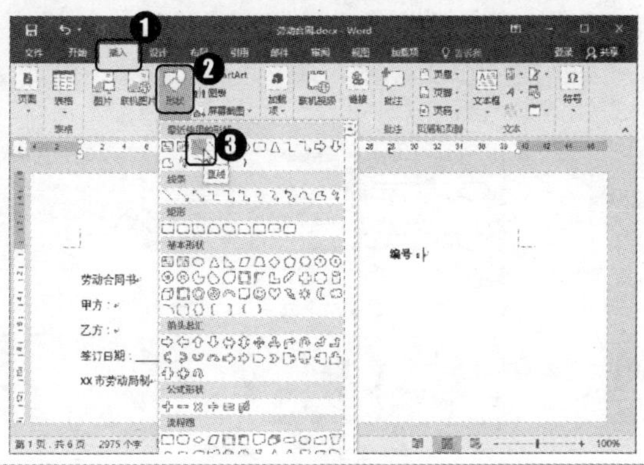

Step05: 按住鼠标左键不放拖动绘制直线，当绘制到合适的长度时释放鼠标左键，如下图所示。

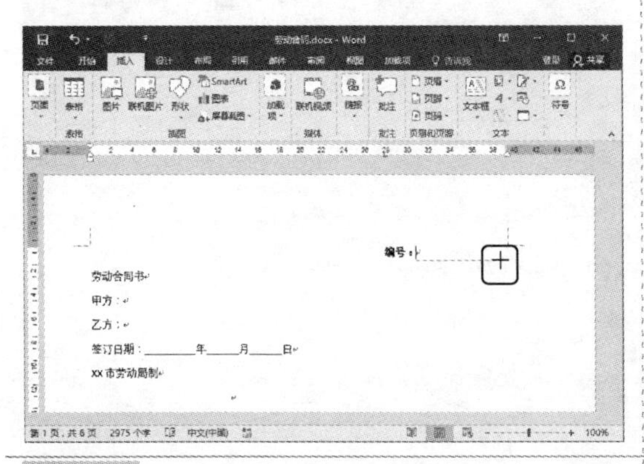

Step06: ❶选中绘制的直线，单击“绘图工具-格式”选项卡；❷在“形状轮廓”下拉列表中设置颜色为“黑色”；❸选择“粗细”命令；❹选择“1 磅”，如下图所示。

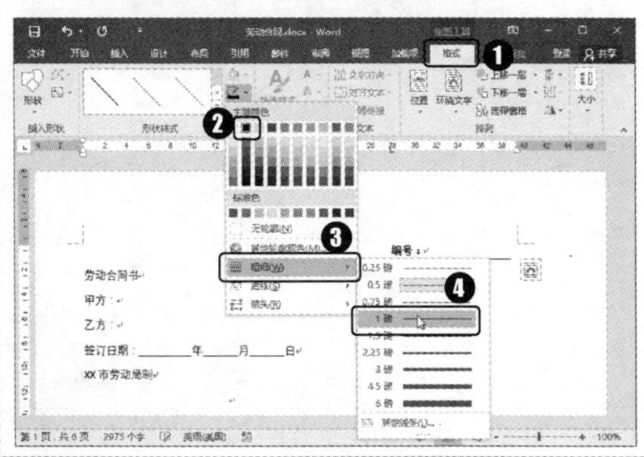

Step07: ❶选择需要设置字号的文本；❷单击“字号”下拉按钮；❸选择“二号”，如下图所示。

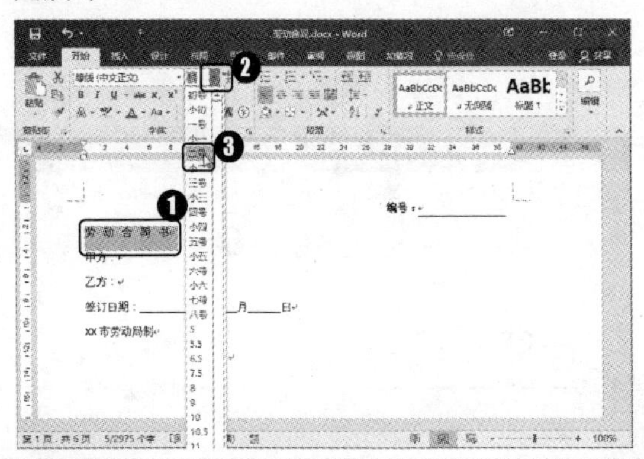

Step08: ❶选择需要设置对齐方式的文本，单击“段落”组中的“居中”按钮；❷单击“段落”组中的对话框启动按钮，如下图所示。

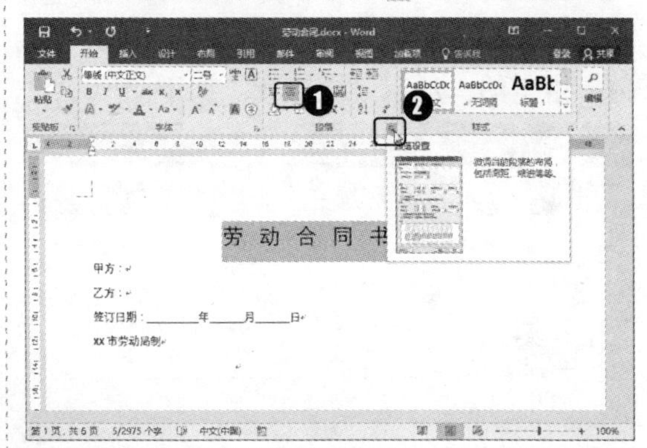

Step09: 打开“段落”对话框，❶设置段前和段后间距；❷单击“确定”按钮，如下图所示。

Step10: ❶选择需要设置行距的文本；❷单击“段落”组中的“行和段落间距”按钮；❸选择“2.0”，如下图所示。

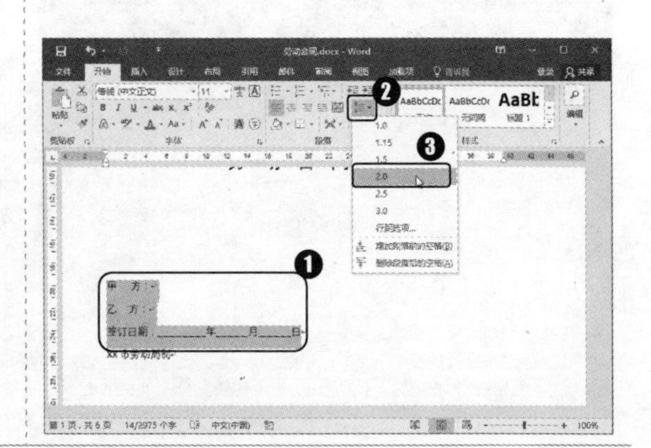

Step11: ❶选中“甲方”至“年月日”的文本；❷拖动标尺调整位置，如下图所示。

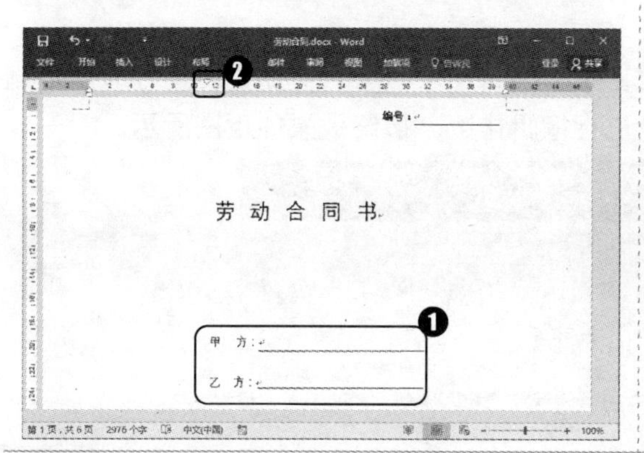

Step12: ❶选中劳动合同中从第 2 页至末尾的内容；❷单击“字号”下拉按钮；❸选择“五号”，如下图所示。

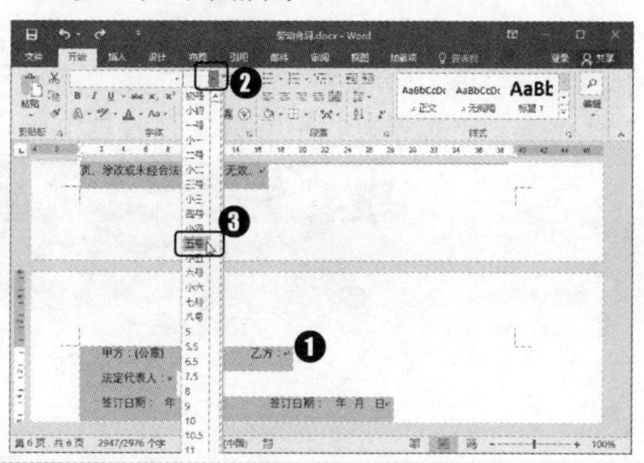

Step13: ❶选中劳动合同中的标题行文本；❷单击“字体”组中的“加粗”按钮 B，如下图所示。

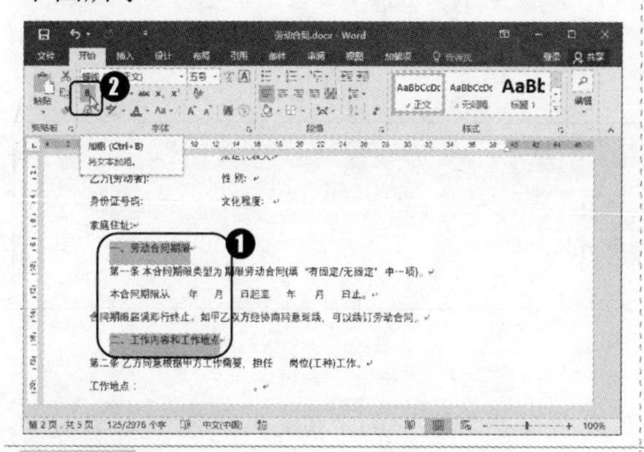

Step14: ❶删除段落前的空格并选中合同正文文本；❷单击“段落”组中的对话框启动按钮，如下图所示。

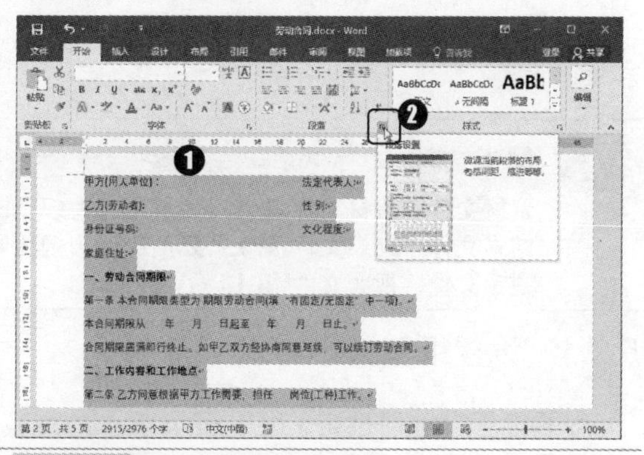

Step15: 打开“段落”对话框，❶设置首行缩进为 2 字符；❷单击“确定”按钮，如下图所示。

Step16: 经过前面的操作，编排完的劳动合同效果如下图所示。

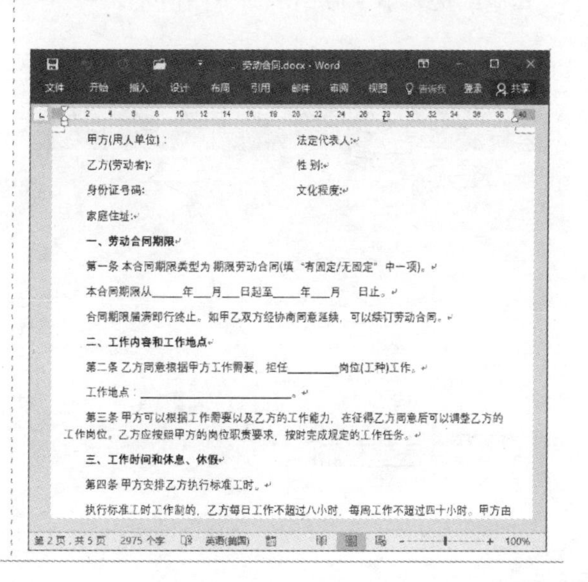

▷▷ 15.2　制作员工行为规范制度

为了规范员工的行为、保障生产安全、树立良好的公司形象，公司会制定员工行为规范制度。在本实例中主要对起草的员工行为规范制度进行编辑排版。最终效果如下图所示。

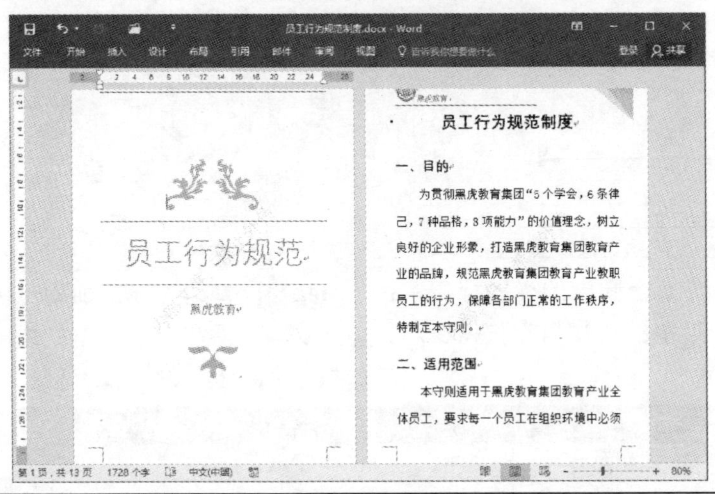

同步文件

素材文件：素材文件\第 15 章\员工行为规范制度.docx
结果文件：结果文件\第 15 章\员工行为规范制度.docx
视频文件：视频文件\第 15 章\15-2.mp4

15.2.1　设置纸张大小

为了让员工方便携带，可以将员工行为规范的页面设置为较小的页面。具体操作方法如下。

Step01: ❶单击“布局”选项卡；❷单击“页面设置”组中的“纸张大小”按钮；❸选择“其他纸张大小”命令，如下图所示。

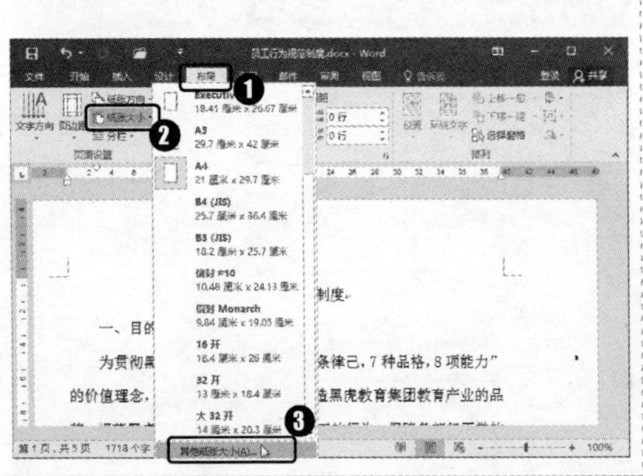

Step02: 打开“页面设置”对话框，❶输入自定义纸张大小的宽度和高度值；❷单击“确定”按钮，如下图所示。

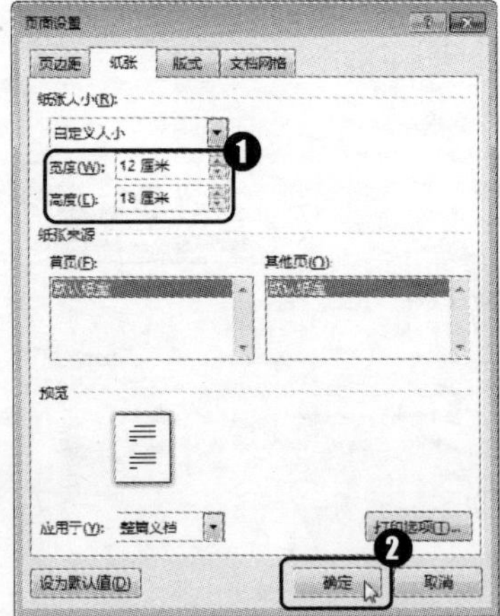

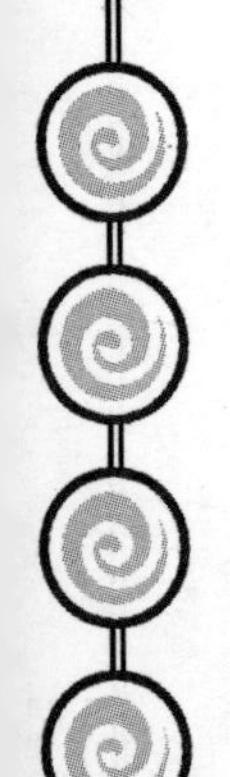

15.2.2　添加页面元素

为了让文档内容不单调，可以在文档中添加一些元素，如页眉、文字水印等。如果要将文档印刷成册，可以添加一个封面。具体操作方法如下。

Step01: ❶单击“插入”选项卡；❷单击“页眉和页脚”组中的“页眉”按钮；❸选择“平面（奇数页）”选项，如下图所示。

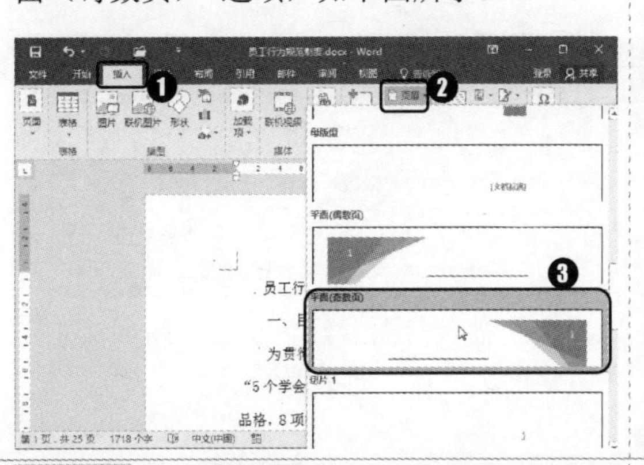

Step02: 进入页眉编辑状态，❶单击“设计”选项卡；❷单击“插入”组中的“联机图片”按钮，如下图所示。

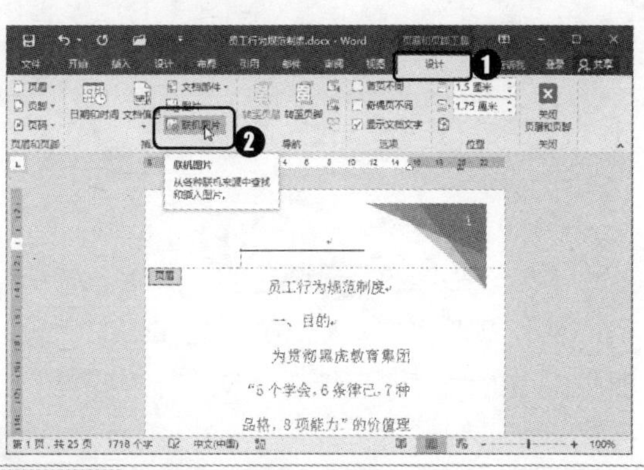

Step03: ❶在搜索框中输入关键字；❷单击“搜索”按钮；❸选择需要插入的图片；❹单击“插入”按钮，如下图所示。

Step04: ❶选中图片，单击“图片工具-格式”选项卡；❷在“大小”组中设置图片大小，如下图所示。

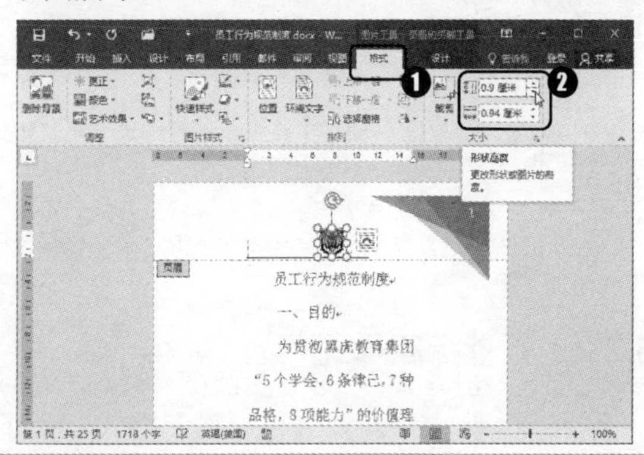

Step05: ❶输入页眉内容，单击“开始”选项卡；❷单击“段落”组中的“居中”按钮，如下图所示。

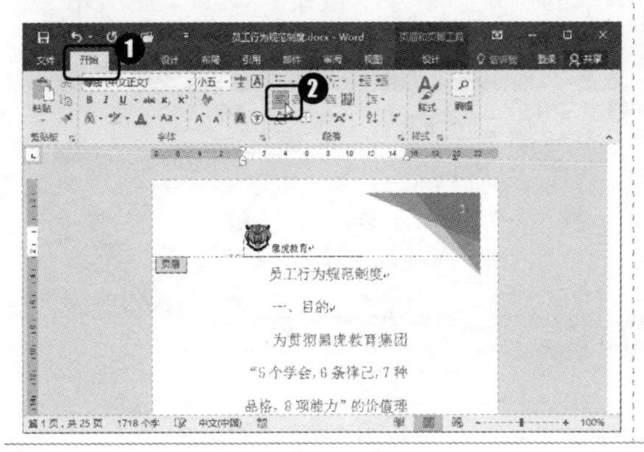

Step06: ❶单击“页眉和页脚工具-设计”选项卡；❷单击“关闭”组中的“关闭页眉和页脚”按钮，如下图所示。

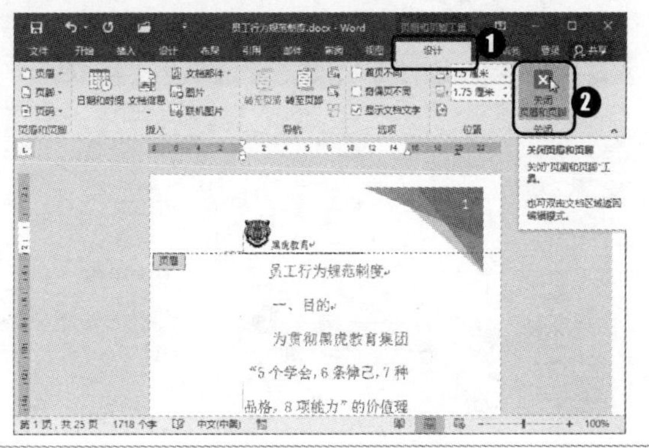

Step07: ❶单击“设计”选项卡；❷单击“页面背景”组中的“水印”按钮；❸选择“自定义水印”命令，如下图所示。

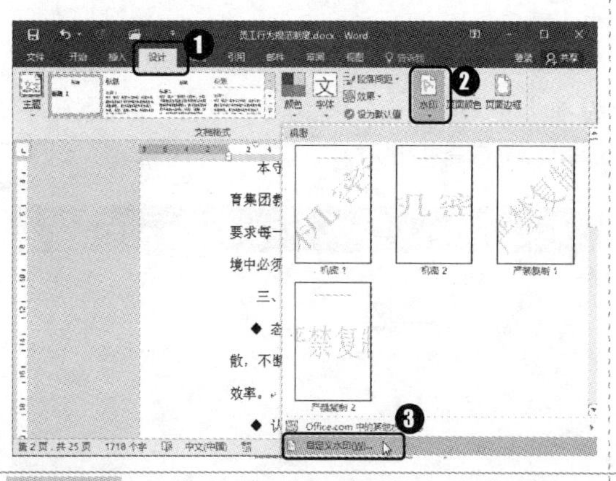

Step08: 打开“水印”对话框，❶选择“文字水印”单选按钮；❷在“文字”框中输入文本；❸单击“确定”按钮，如下图所示。

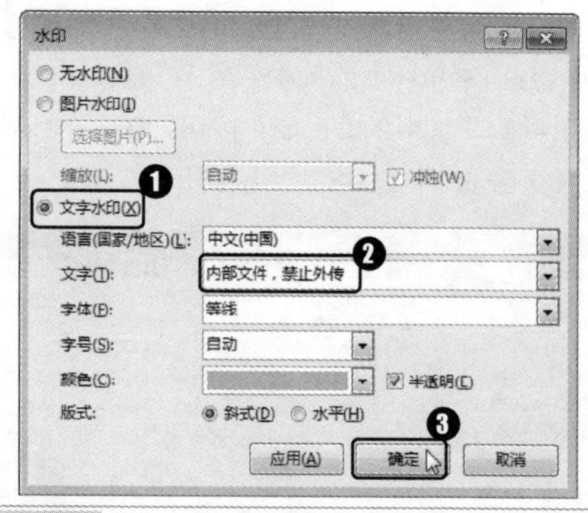

Step09: ❶单击“插入”选项卡；❷单击“页面”组中的“封面”按钮；❸选择“花丝”样式，如下图所示。

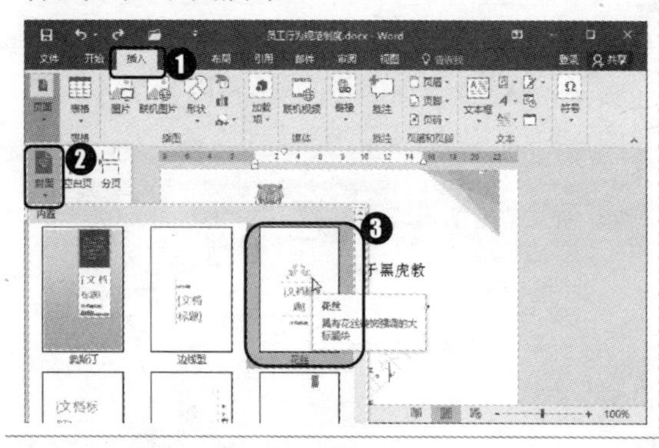

Step10: 插入封面后，手动输入封面文字，并调整正文位置，如下图所示。

15.2.3 设置标题样式

输入文本内容后，要为标题设置格式，为了快速设置各标题的格式，可以直接应用样式进行操作。具体操作方法如下。

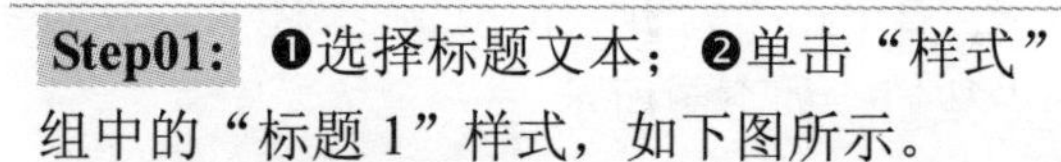

Step01: ❶选择标题文本；❷单击“样式”组中的“标题 1”样式，如下图所示。

Step02: ❶选择标题文本；❷单击“字体”组中的“减小字号”按钮A˅，如下图所示。

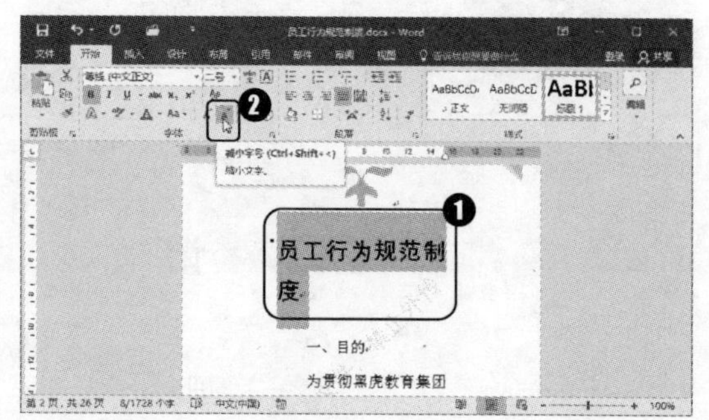

Step03: ❶选择需要设置样式的文本；❷在“样式”组中选择“副标题”样式，如下图所示。

Step04: ❶选择需要设置对齐的文本；❷单击“段落”组中的“左对齐”按钮，如下图所示。

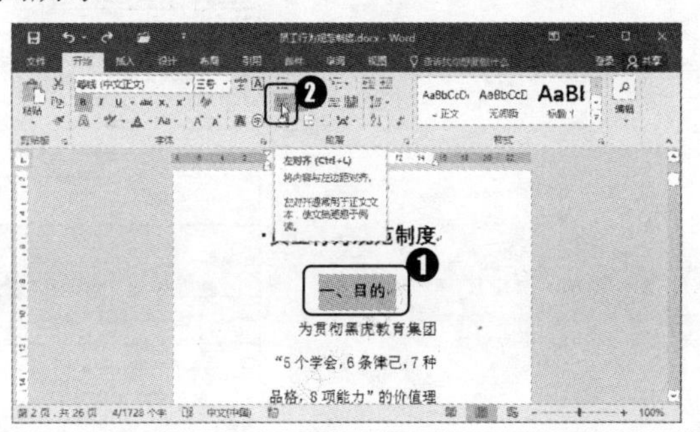

15.2.4 设置页边距

设置完文档格式后，如果觉得页面两侧的边距较大，效果不佳，可以通过设置页边距的方法重新进行调整。具体操作方法如下。

Step01: ❶选择所有文本；❷单击“布局”选项卡；❸单击“页面设置”组中的“页边距”按钮；❹选择“窄”选项，如下图所示。

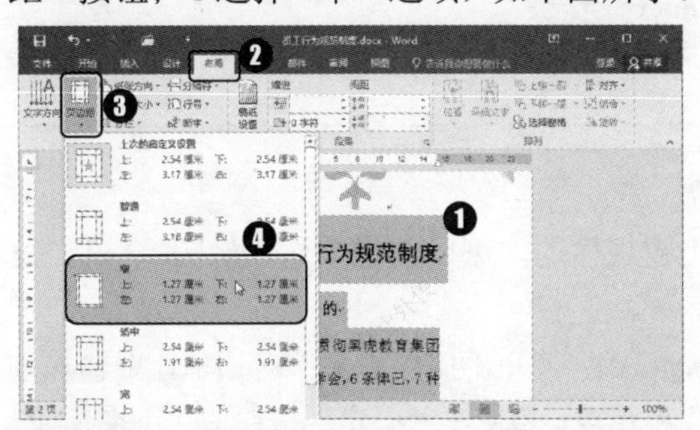

Step02: 经过上一步的操作，设置文档页面边距的效果如下图所示。

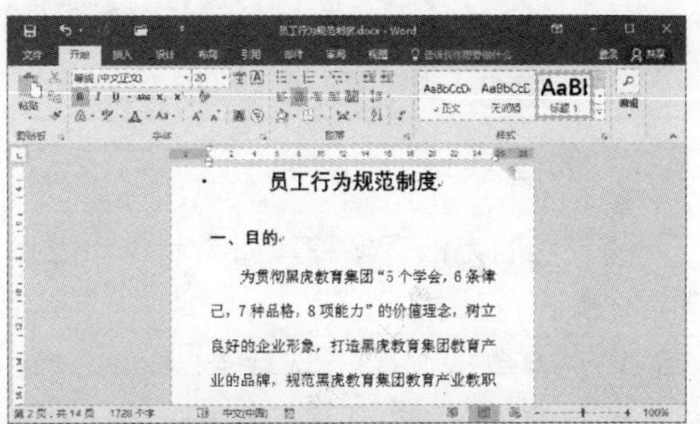

Step03: 制作好的员工行为规范制度文档的效果如右图所示。

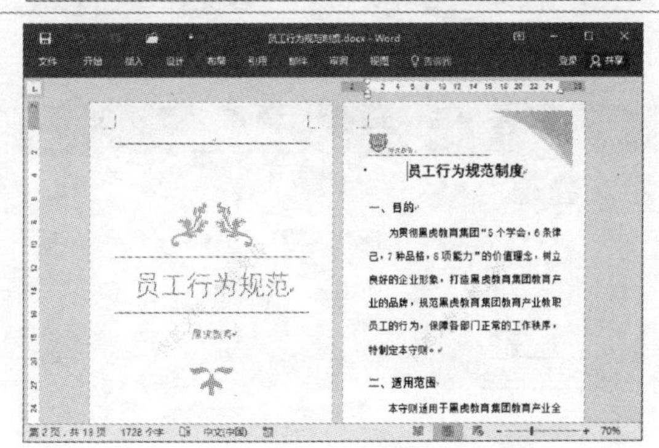

▷▷ 15.3 制作员工入职登记表

员工入职登记表是公司行政管理的一项工作，每位新员工都会填写一张入职登记表。公司须根据自己的需求制作员工入职登记表。

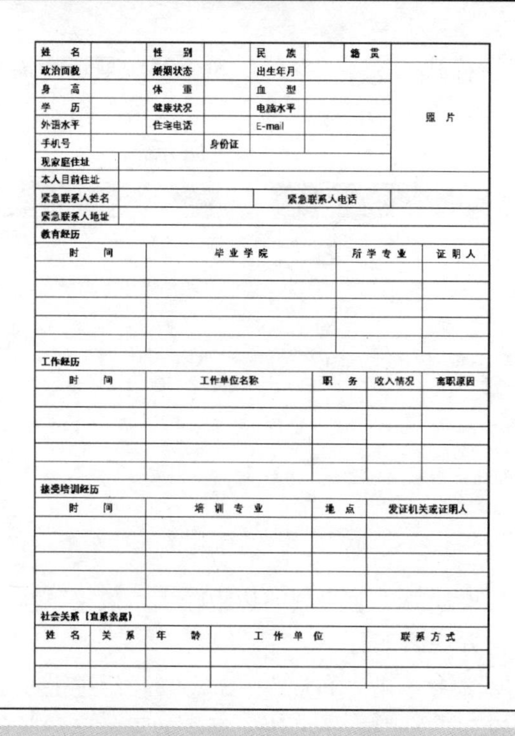

姓　名		性　别		民　族		籍　贯	
政治面貌		婚姻状态		出生年月			照　片
身　高		体　重		血　型			
学　历		健康状况		电脑水平			
外语水平		住宅电话		E-mail			
手机号			身份证				
现家庭住址							
本人目前住址							
紧急联系人姓名				紧急联系人电话			
紧急联系人地址							

教育经历

时　间	毕业学院	所学专业	证明人

工作经历

时　间	工作单位名称	职　务	收入情况	离职原因

接受培训经历

时　间	培训专业	地　点	发证机关或证明人

社会关系（直系亲属）

姓　名	关　系	年　龄	工作单位	联系方式

同步文件

素材文件：素材文件\第 15 章\员工入职登记表.docx
结果文件：结果文件\第 15 章\员工入职登记表.docx
视频文件：视频文件\第 15 章\15-3.mp4

15.3.1　创建表格

创建表格的方法有多种，如果制作的表格是比较规律的，可以使用插入表格的方法进行操作。具体操作方法如下。

Step01: ❶单击“插入”选项卡；❷单击“表格”组中的“表格”按钮；❸选择“插入表格”命令，如下图所示。

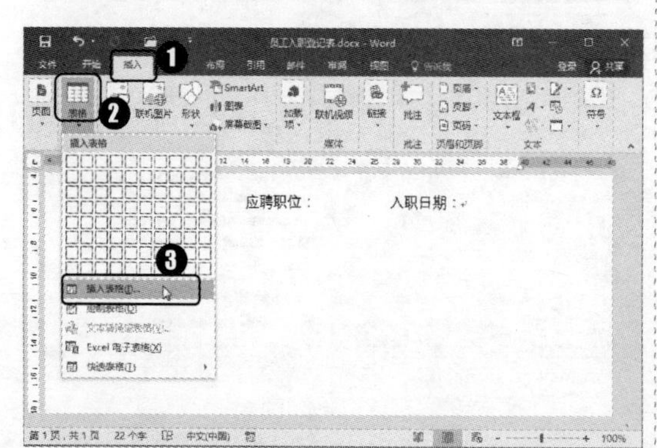

Step02: 打开“插入表格”对话框，❶输入列数和行数；❷单击“确定”按钮，如下图所示。

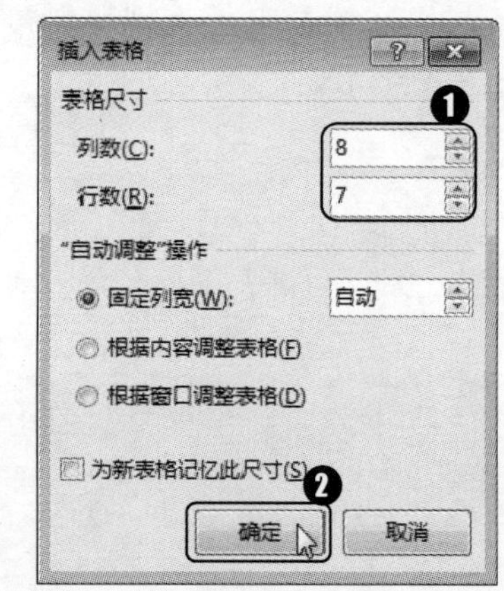

15.3.2　编辑表格

将表格插入文档中后需要输入表格内容，再进行调整表格列宽、合并单元格、插入行和拆分单元格等操作。具体操作方法如下。

Step01: ❶输入表格内容；❷将鼠标指针移动至列分隔线上，当指针变成+||+形状时，拖动调整列宽，如下图所示。

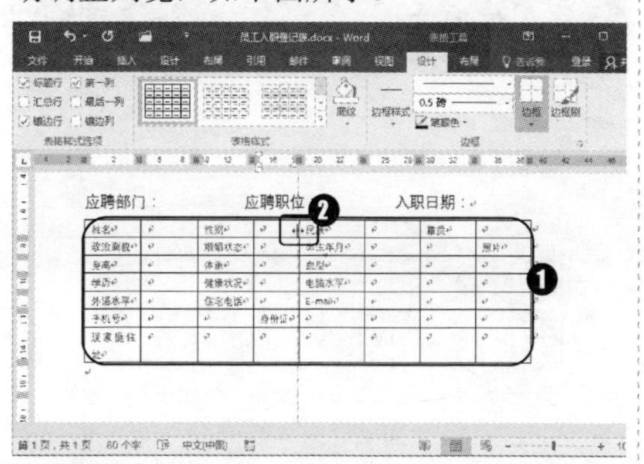

Step02: ❶选择需要合并的单元格；❷单击“表格工具-布局”选项卡；❸单击“合并”组中的“合并单元格”按钮，如下图所示。

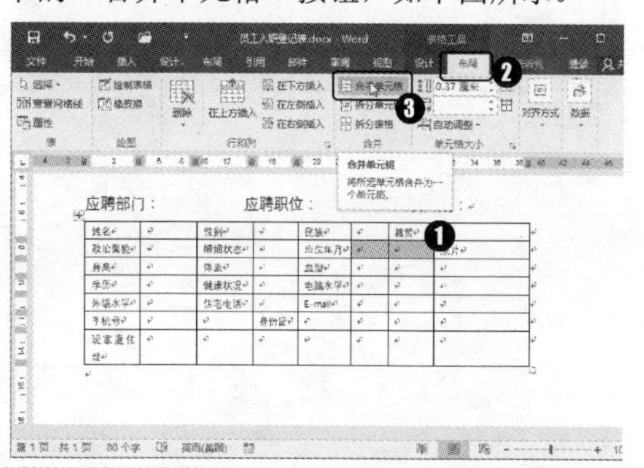

Step03: ❶将光标定位至最后一行的任一单元格中；❷单击“行和列”组中的“在下方插入行”按钮，如下图所示。

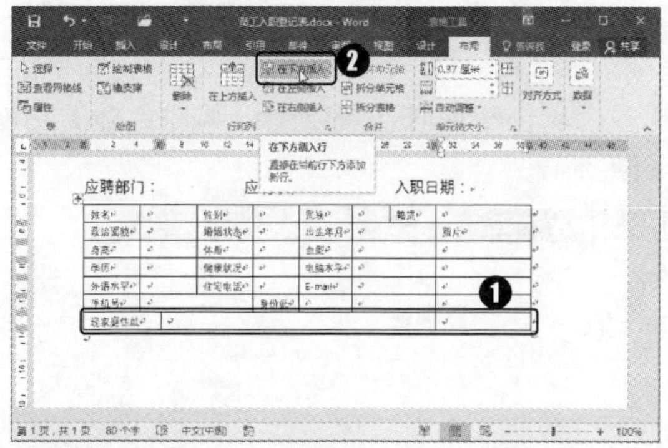

Step04: ❶将光标定位至需要拆分的单元格中；❷单击“合并”组中的“拆分单元格”按钮，如下图所示。

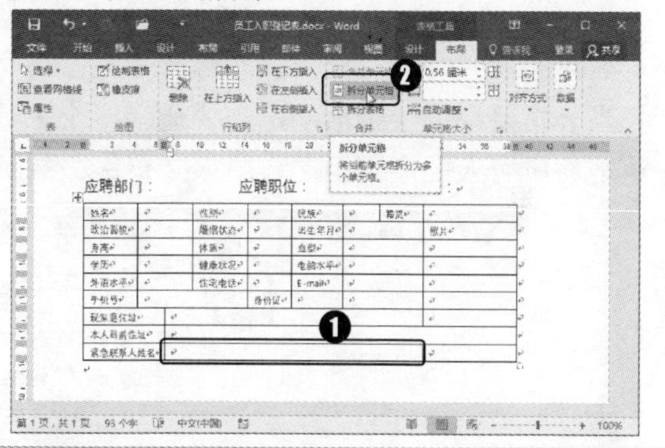

Step05: 打开“拆分单元格”对话框，❶输入拆分的列数；❷单击“确定”按钮，如下图所示。

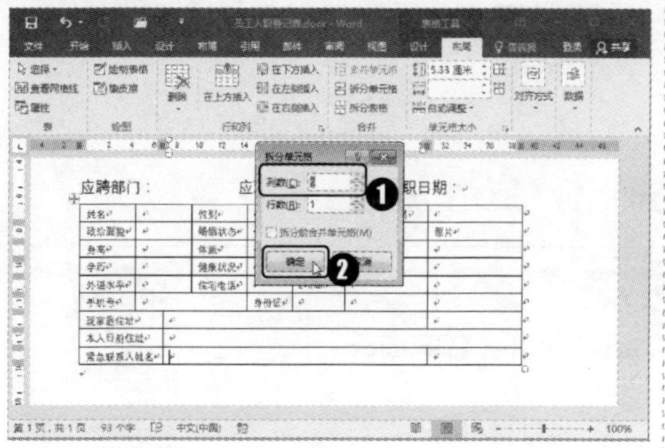

Step06: ❶合并要放置照片的单元格，然后输入相关内容；❷单击“对齐方式”组中的“水平居中”按钮▤，如下图所示。

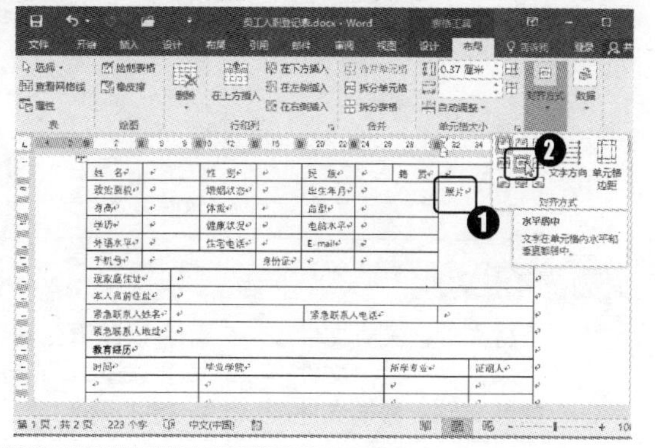

15.3.3 设置表格边框线

刚制作完的表格，默认的边框线都是粗细一样的，为了突出四周的框线，可以将边框线加粗。具体操作方法如下。

Step01: ❶选择表格，单击“表格工具-设计”选项卡；❷单击“边框”组中的“笔画粗细”按钮；❸选择“1.5 磅”选项，如下图所示。

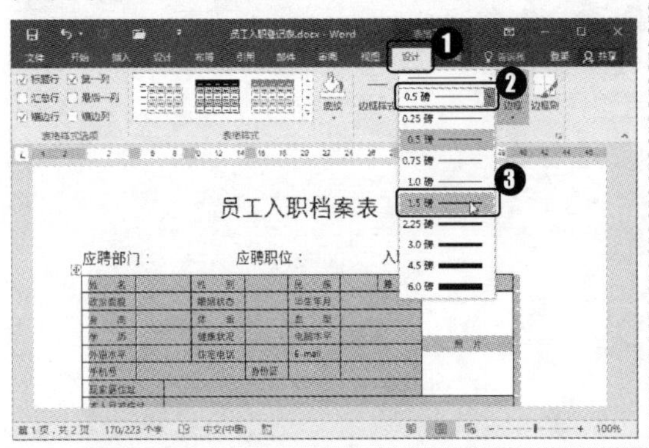

Step02: ❶选择表格，单击“边框”组中的“边框”按钮；❷选择“外侧框线”命令，如下图所示。

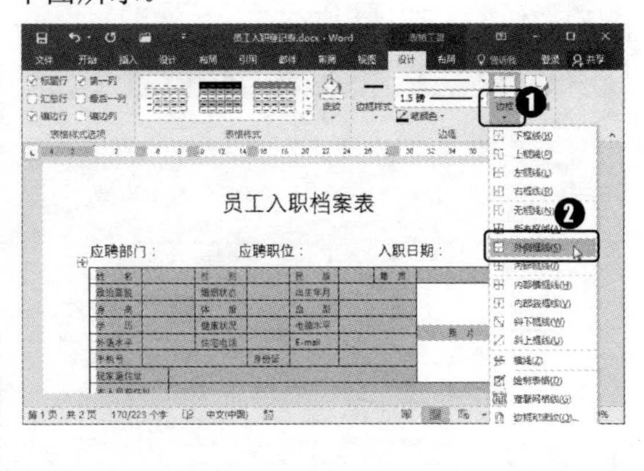

▷▷ 15.4 制作会议邀请函

当公司要举办一个活动，需要邀请多个人或者多个单位参加时，可以使用邮件合并的功能快速地将所有人的邀请函制作出来。最终效果如下图所示。

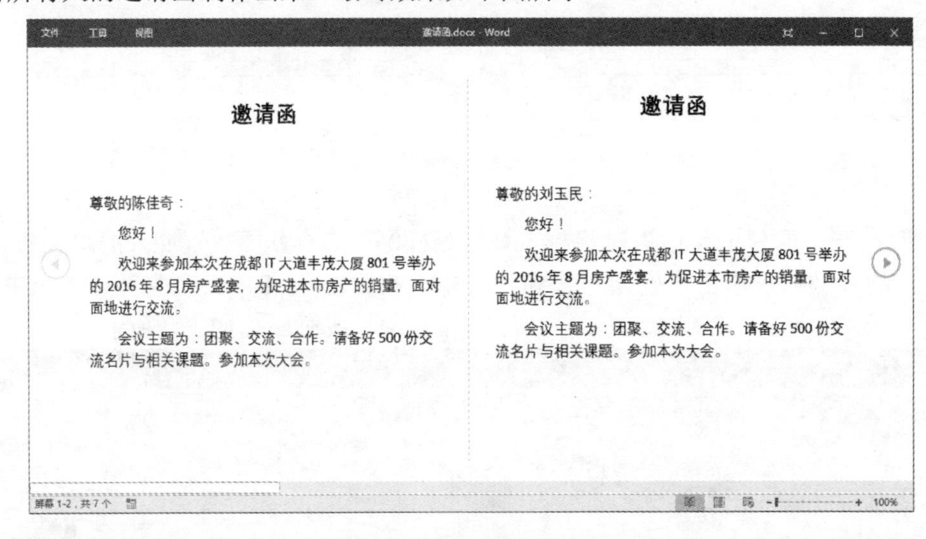

同步文件

素材文件：素材文件\第 15 章\会议邀请函内容.docx、收件人名单.docx
结果文件：结果文件\第 15 章\会议邀请函.docx
视频文件：教学文件\第 15 章\15-4.mp4

15.4.1 创建收件人数据表

收件人数据表根据邀请函的内容设置，可以使用表格的方式创建收件人列表。具体操作方法如下。

Step01: ❶单击“插入”选项卡；❷单击“表格”组中的“表格”按钮；❸拖动创建表格，如下图所示。

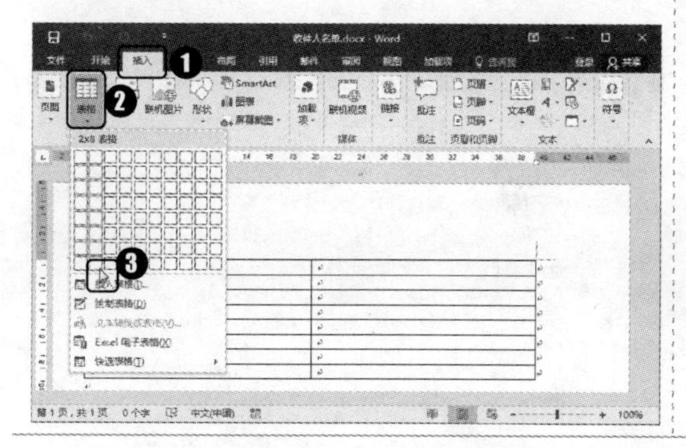

Step02： 插入表格后，在表格中输入相关人员的姓名和地址，如下图所示。

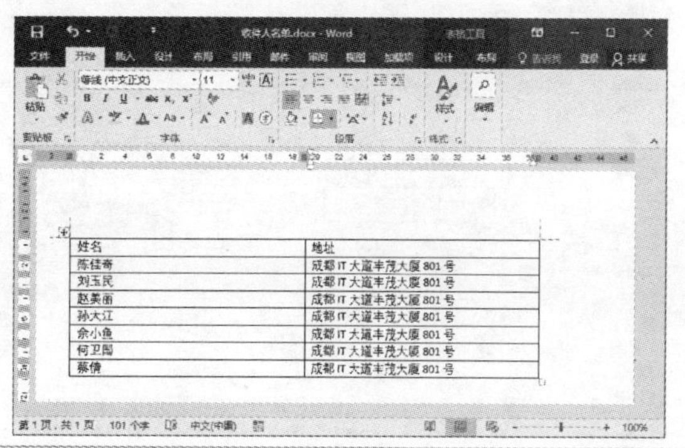

15.4.2 制作邀请函模板

要生成每个人的邀请函，必须先制作邀请函的模板，再进行邮件合并的操作。制作邀请函的具体操作方法如下。

Step01: 输入标题内容，并设置标题样式与对齐方式，如下图所示。

Step02: 输入邀请函的正文内容，并设置相关文字格式，如下图所示。

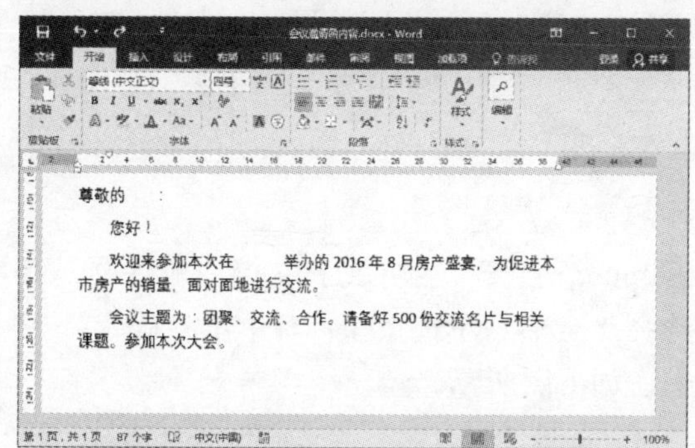

15.4.3 合并邀请函

制作完收件人数据表和邀请函模板后，打开邀请函模板文件，执行邮件合并操作。具体操作方法如下。

Step01: ❶单击“邮件”选项卡；❷单击“开始邮件合并”组中的“选择收件人”下拉按钮；❸选择“使用现有列表”命令，如右图所示。

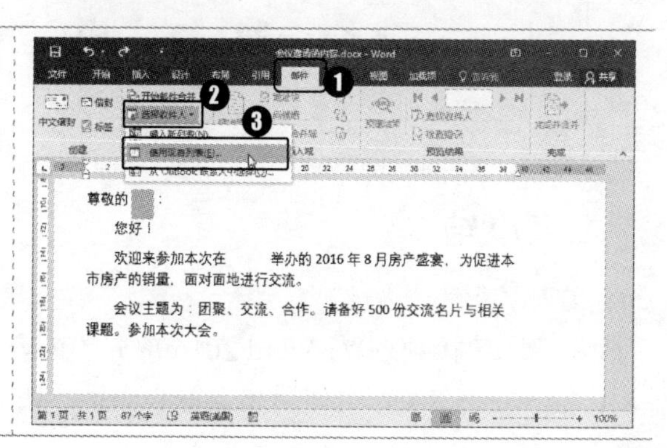

Step02: 打开“选取数据源”对话框，❶选择文件存放的路径；❷单击“收件人名单.docx”文档；❸单击“打开”按钮，如下图所示。

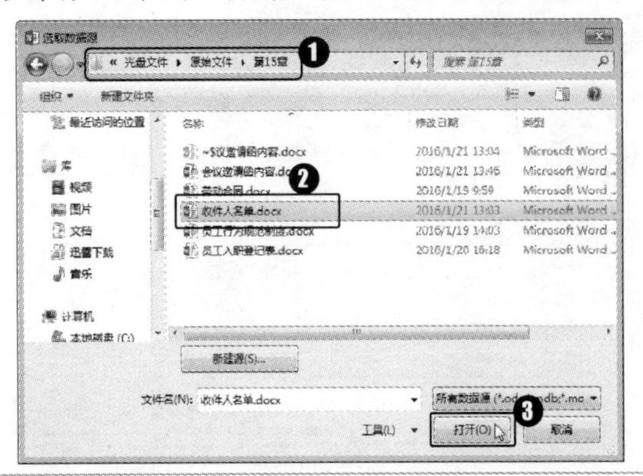

Step03: ❶选择需要插入域的位置；❷单击“编写和插入域”组中的“插入合并域”下拉按钮；❸选择“姓名”命令，如下图所示。

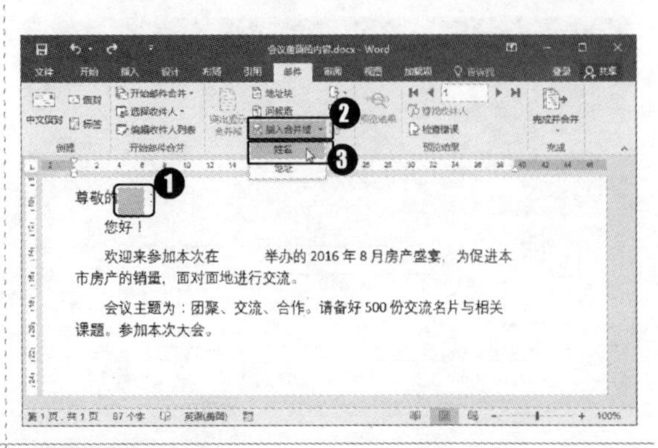

Step04: ❶选择需要插入域的位置；❷单击“编写和插入域”组中的“插入合并域”下拉按钮；❸选择“地址”命令，如下图所示。

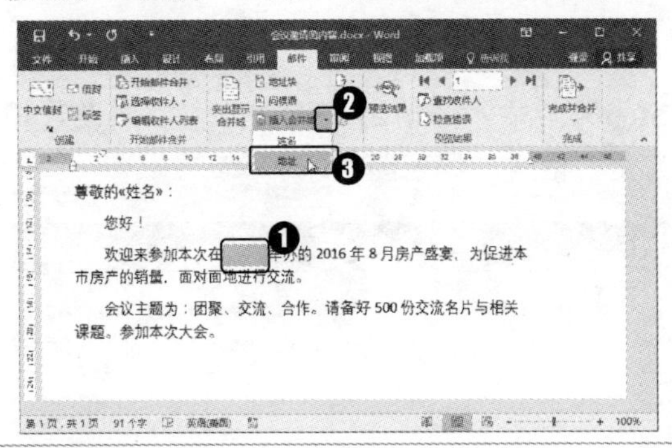

Step05: ❶单击“完成”组中的“完成并合并”按钮；❷选择“编辑单个文档”命令，如下图所示。

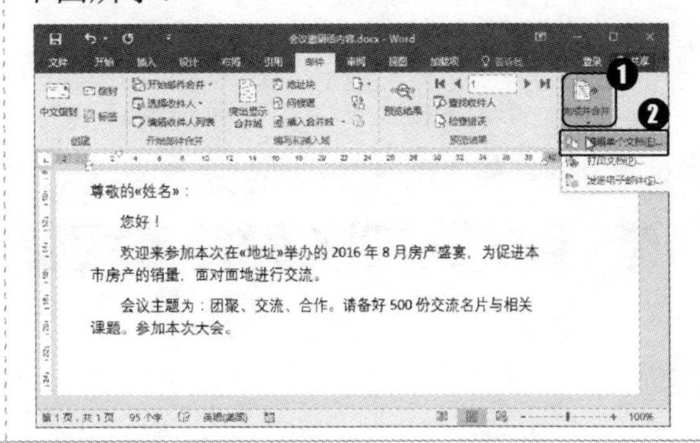

Step06: 打开“合并到新文档”对话框，❶选择“全部”单选按钮；❷单击“确定”按钮，如下图所示。

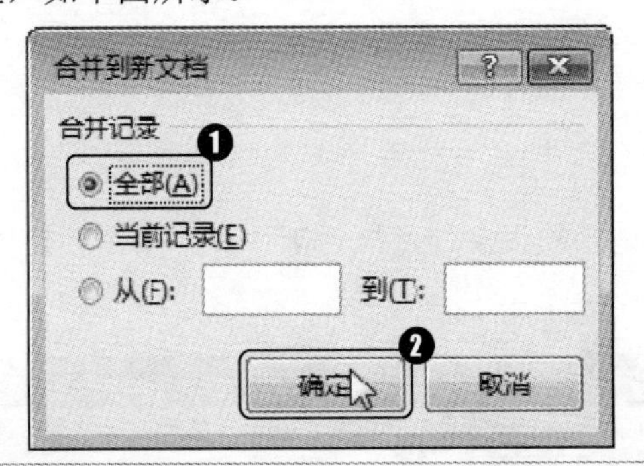

Step07: 经过前面的操作，使用邮件合并功能制作出的邀请函效果如下图所示。

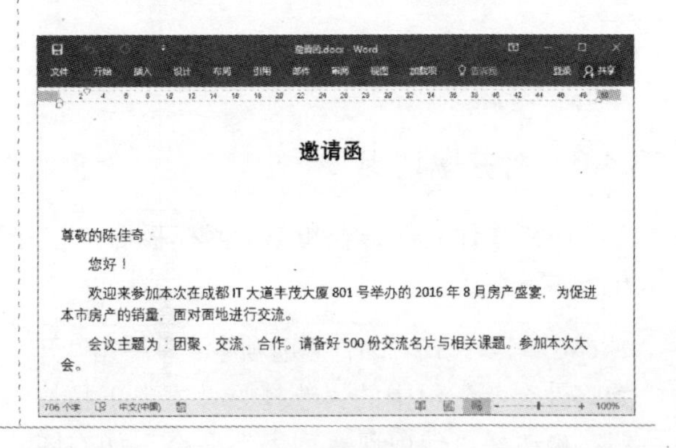

▷▷ 本章小结

本章以实例的形式对 Word 2016 部分的内容进行了综合复习，希望读者朋友可以多加练习使用，让 Word 在工作中使用起来得心应手，快速排版出效果较好的文档。

第 16 章　实战应用——Excel 2016 在商务办公中的应用

本章导读

本章主要介绍 Excel 2016 在企业工资管理、产品销售分析、员工管理系统和企业利润求解中的典型应用实例。希望本章中的实例演示能够加深读者对 Excel 不同知识点的深入理解，并能将其综合运用于实际工作中，提高办公效率。

知识要点

- 制作员工工资表
- 分析产品销量
- 制作员工管理系统
- 规划求解出企业的最大利润

效果展示

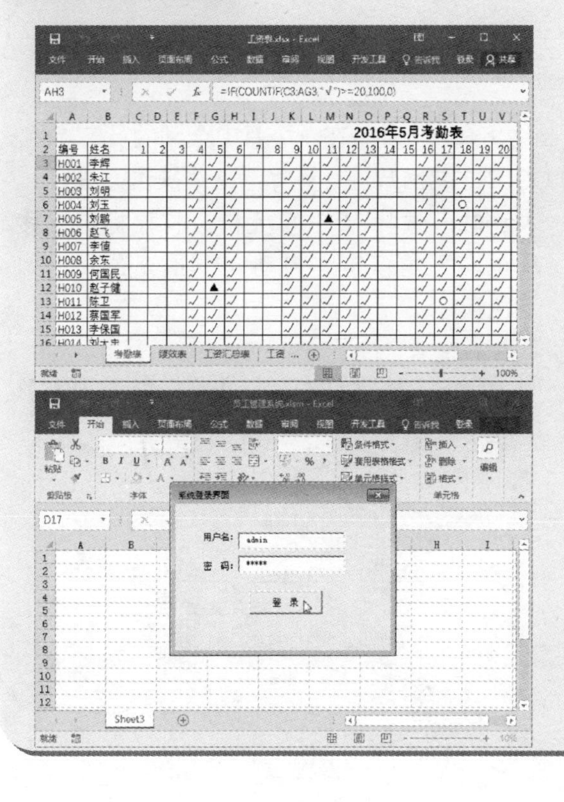

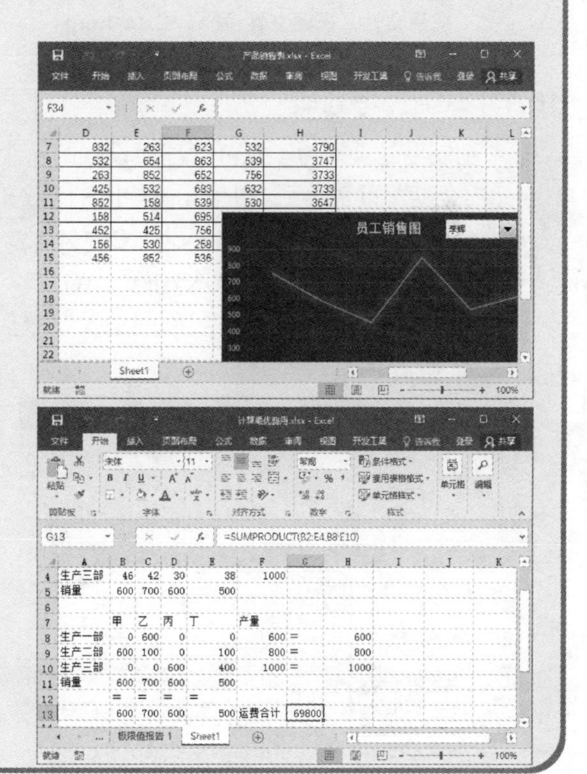

▷▷ 16.1 制作员工工资表

工资管理是企业行政管理中不可缺少的一部分，可以对职工工资进行统一管理，实现工资管理工作的系统化、规范化和自动化。为了便于管理员工的补贴、奖金、个税及工资等情况，财务人员可以根据企业需要创建适合本单位的工资管理系统。最终效果如下图所示。

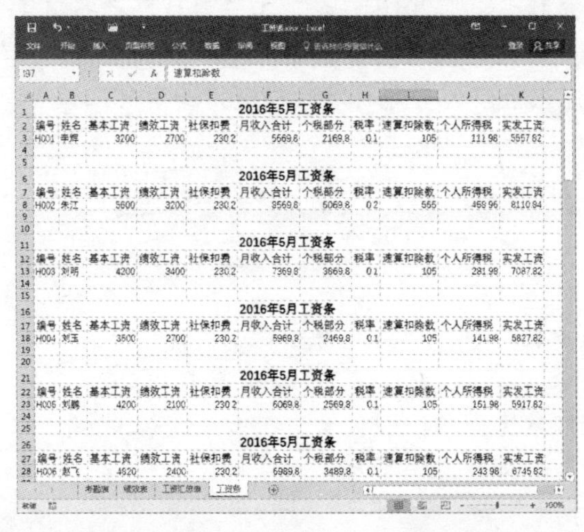

同步文件

素材文件：素材文件\第 16 章\工资表.xlsx
结果文件：结果文件\第 16 章\工资表.xlsx
视频文件：视频文件\第 16 章\16-1.mp4

16.1.1 统计考勤表

考勤制度是公司为了规范管理而设置的一个制度奖金。例如，在一个月中全勤的员工，会发 100 元的全勤奖以资奖励。下面，使用 IF 函数和 COUNTIF 函数进行计算，具体操作方法如下。

Step01: ❶选择“考勤表”工作表；❷在 AH 单元格中输入公式“=IF(COUNTIF(C3:AG3,"√")>=20,100,0)”；❸单击编辑栏中的“输入”按钮 ✓，如下图所示。

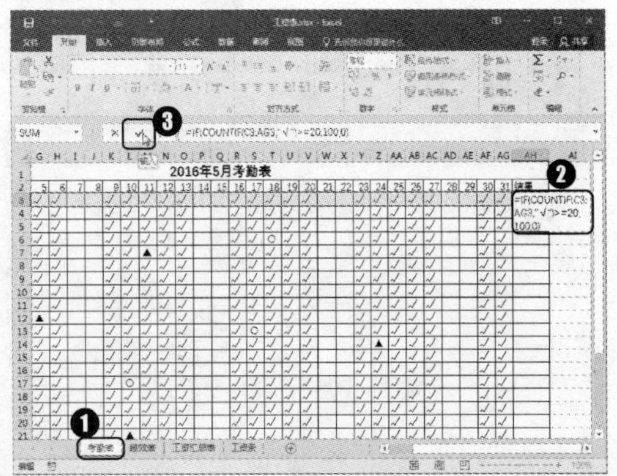

Step02: 选择 AH 单元格，将鼠标指针移动至右下角双击，自动向下填充公式，如下图所示。

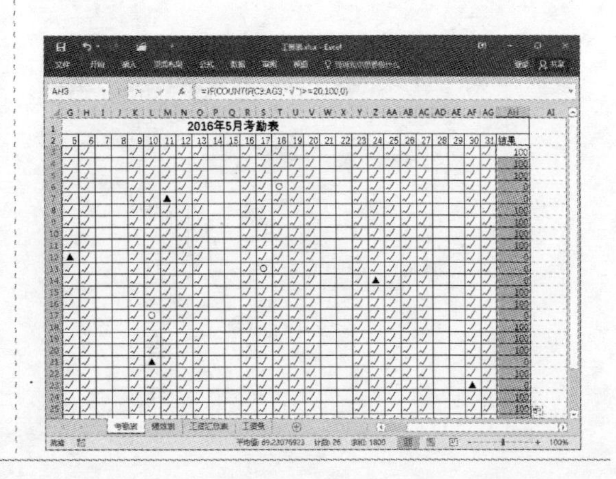

16.1.2　核算绩效和工资表

在考勤表中计算出考勤奖金后，再将绩效表中的绩效合计金额计算出来，最后根据绩效表计算出相应的工资。具体操作方法如下。

Step01: ❶在“绩效表”中选择 D3 单元格，输入“=”；❷选择“考勤表”工作表，如下图所示。

Step02: ❶选择 AH3 单元格；❷单击编辑栏中的“输入”按钮✓，如下图所示。

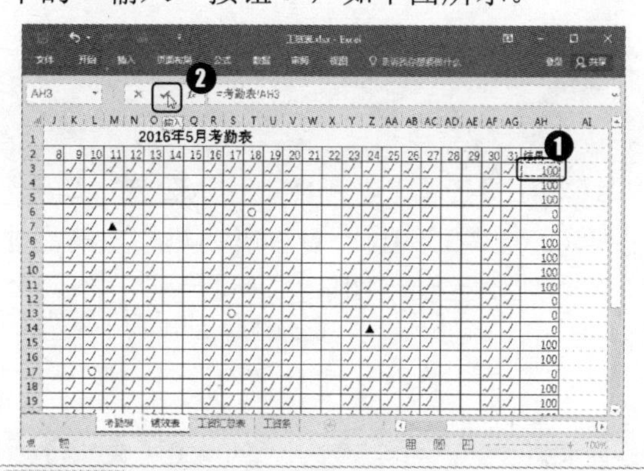

Step03: 返回“绩效表”工作表，❶选择 D3 单元格并向下填充公式；❷选择 F3 单元格，如下图所示。

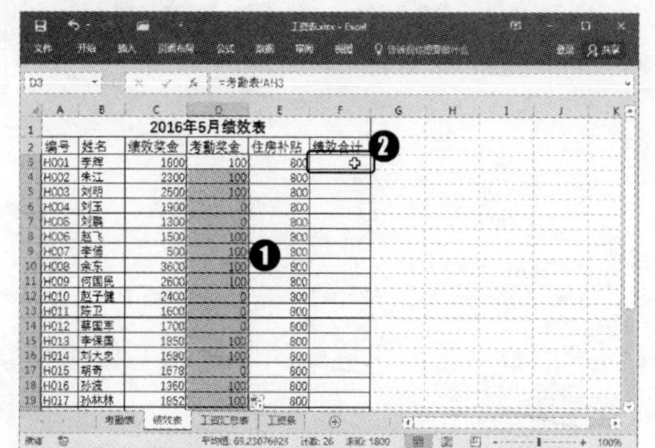

Step04: ❶输入求和公式“=SUM(C3:E3)”；❷单击编辑栏中的“输入”按钮✓，如下图所示。

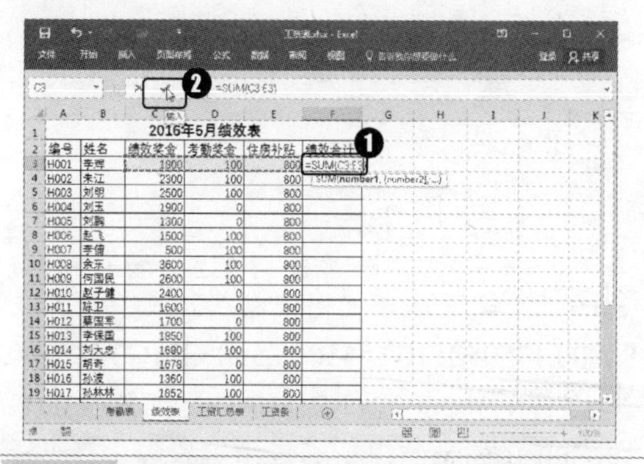

Step05: 选择 F3 单元格，将鼠标指针移动至右下角双击，向下填充公式，如下图所示。

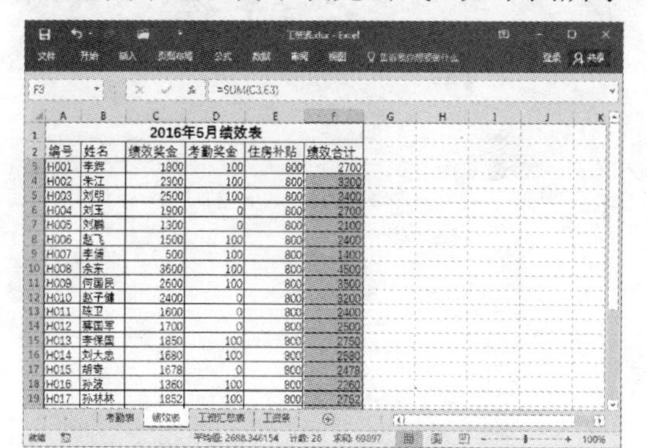

Step06: ❶在“工资汇总表”中选择 D3 单元格，输入“=”；❷选择“绩效表”，如下图所示。

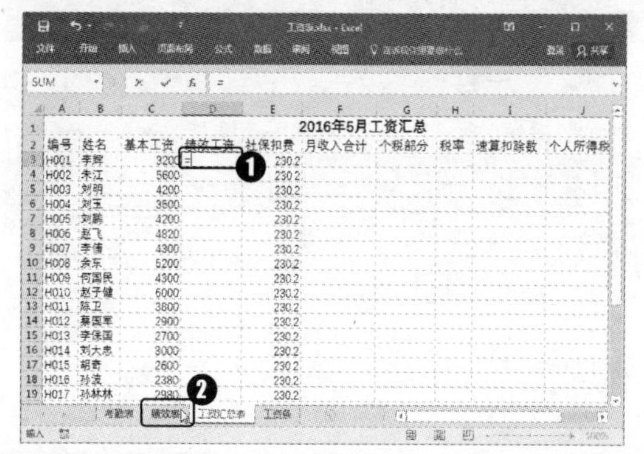

Step07: ❶选择引用 F3 单元格；❷单击编辑栏中的“输入”按钮✓，如下图所示。

Step08: 返回“工资汇总表”工作表，❶在 F3 单元格中输入公式“= (C3+D3-E3) ”；❷单击编辑栏中的“输入”按钮✓，如下图所示。

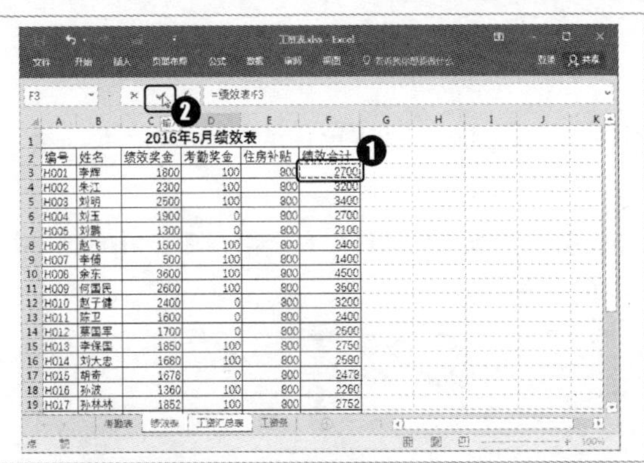

Step09: ❶在 G3 单元格中输入公式“=IF(F3<=3500,0,F3-3500)”；❷单击编辑栏中的“输入”按钮✓，如下图所示。

Step10: ❶在 H3 单元格中输入公式“=IF(G3>80000,0.45,IF(G3>55000,0.35,IF(G3>35000,0.3,IF(G3>9000,0.25,IF(G3>4500,0.2,IF(G3>1500,0.1,IF(G3>0,0.03,0)))))))”；❷单击编辑栏中的“输入”按钮✓，如下图所示。

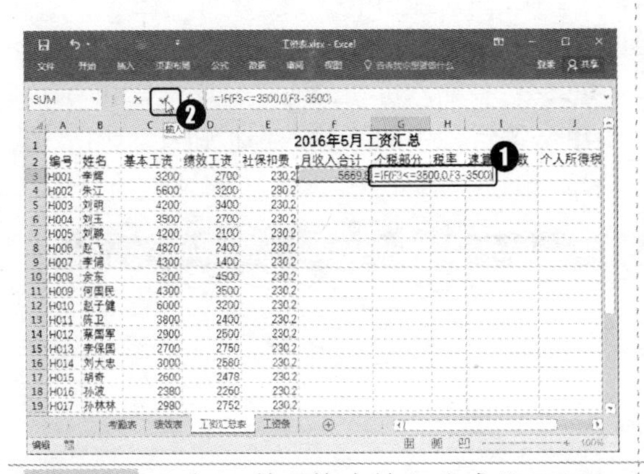

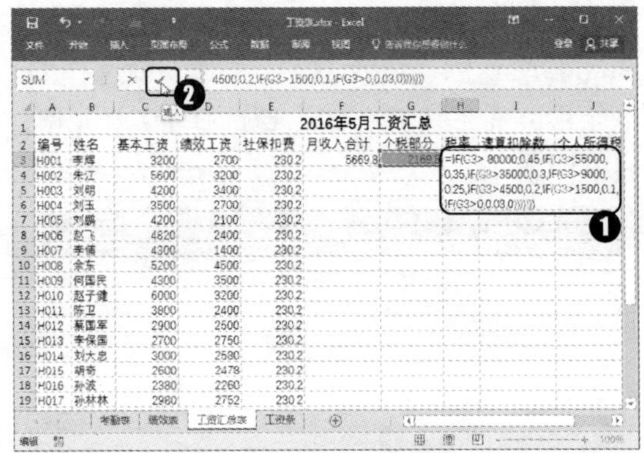

Step11: ❶在 I3 单元格中输入公式“=IF(G3>80000,13505,IF(G3>55000,5505,IF(G3>35000,2755,IF(G3>9000,1005,IF(G3>4500,555,IF(G3>1500,105,0))))))”；❷单击编辑栏中的“输入”按钮✓，如下图所示。

Step12: ❶在 J3 单元格中输入公式“=G3*H3-I3”；❷单击编辑栏中的“输入”按钮✓，如下图所示。

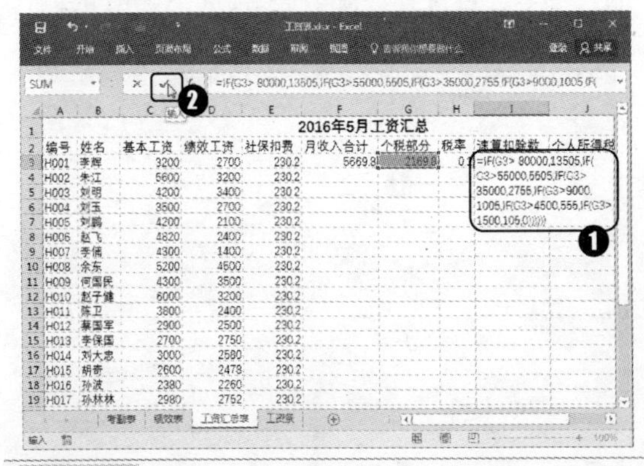

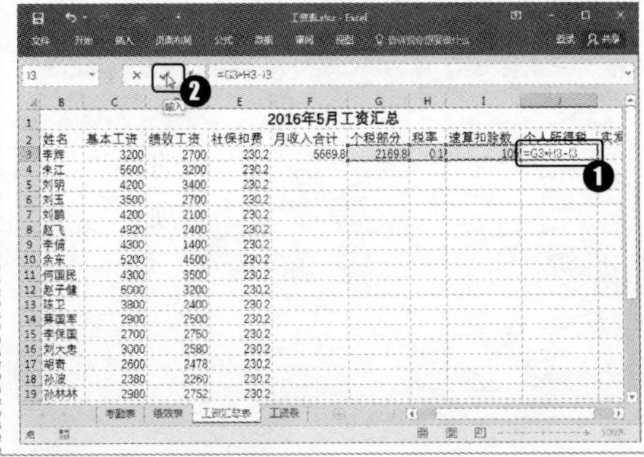

Step13: ❶在 K3 单元格中输入公式“=F3-J3”；❷单击编辑栏中的“输入”按钮✓，如下图所示。

Step14: 选择 F3:K3 单元格区域，向下拖动填充公式，如下图所示。

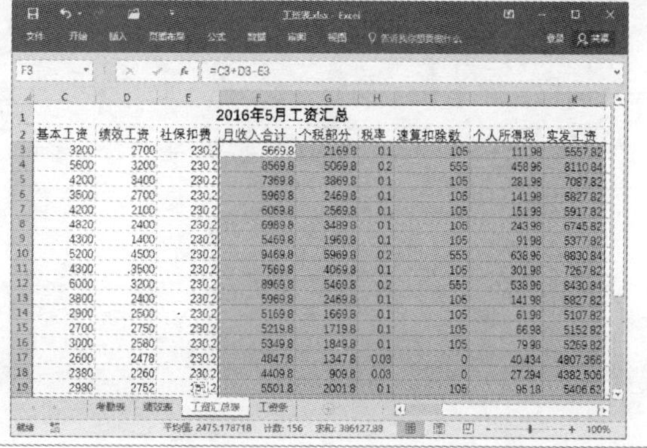

16.1.3 制作工资条

工资汇总表制作完成后，可以使用 VLOOKUP 函数与 COLUMN 函数，返回指定编号所查找的数据，然后制作出工资条。具体操作方法如下。

Step01: 选择“工资条”工作表；❶在 A3 单元格中输入编号，在 B3 单元格中输入查找公式“=VLOOKUP($A3,工资汇总表!$A:$K,COLUMN(B1),0)”；❷单击编辑栏中的“输入”按钮✓，如下图所示。

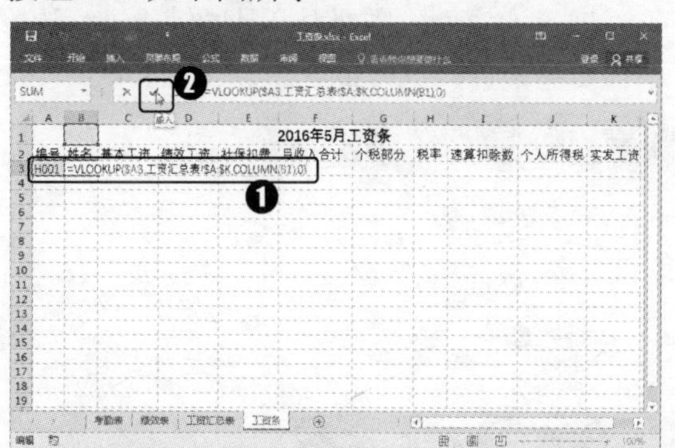

Step02: 选择B3单元格向右拖动填充公式。为了让工资条之间有间距，可以选择 A1:K5 单元格区域，向下拖动填充完所有的工资条，如下图所示。

16.1.4 打印工资条

工资条制作完成以后，接下来就可以进行打印设置、预览打印文件、适当调整页边距，最后进行打印。具体操作方法如下。

Step01: ❶选择“文件”页面中的“打印”命令；❷在右侧选择“横向”选项；❸单击“页面设置”按钮，如下图所示。

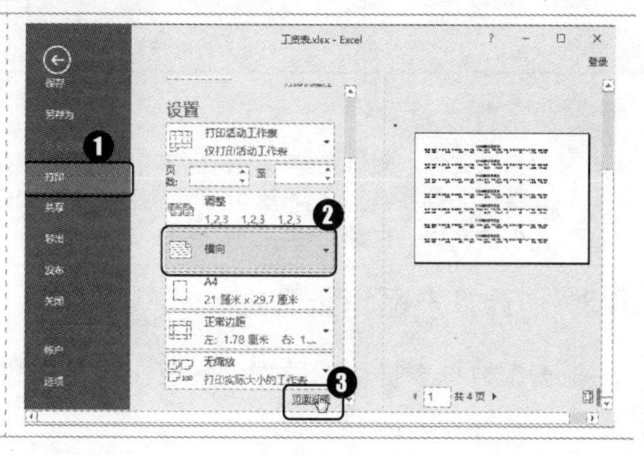

Step02: 打开"页面设置"对话框，❶单击"页边距"选项卡；❷勾选"水平"和"垂直"复选框；❸单击"确定"按钮，如下图所示。

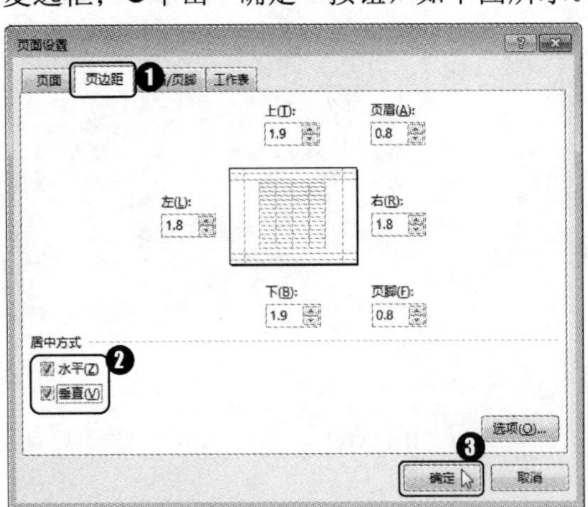

Step03: ❶输入打印份数；❷单击"打印"按钮，即可将工资条打印出来，如下图所示。

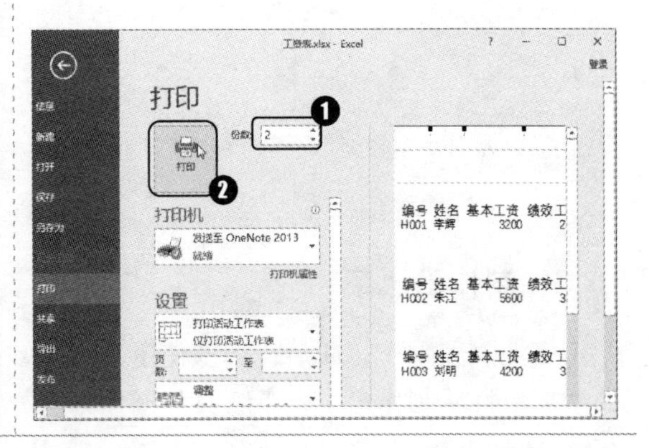

▷▷ 16.2 分析产品销量

在Excel中使用图表对数据进行分析也是常用的方法。在本实例中需要对产品的销量进行计算，还会制作一个动态的图表，用户可以选择性地查看销售员的销售数据。最终效果如下图所示。

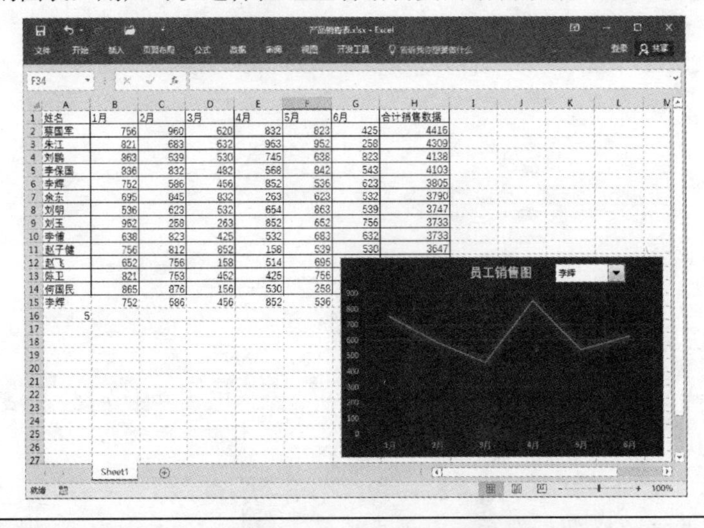

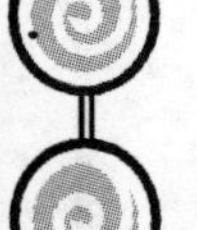

同步文件

素材文件：素材文件\第 16 章\产品销售表.xlsx
结果文件：结果文件\第 16 章\产品销售表.xlsx
视频文件：视频文件\第 16 章\16-2.mp4

16.2.1 计算产品销售数据

根据源数据表提供的数据，计算出合计销售数量，然后对合计销售数量按照从高到低进行排序。具体操作方法如下。

Step01: ❶选择A1:H14单元格区域；❷单击“字体”组中的“下框线”下拉按钮；❸选择“所有框线”命令，如下图所示。

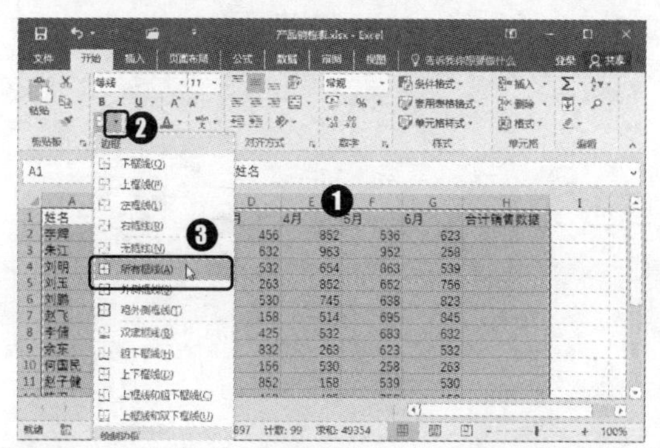

Step02: 在H2单元格中输入公式“=SUM(B2:G2)”；❷单击编辑栏中的“输入”按钮✓，如下图所示。

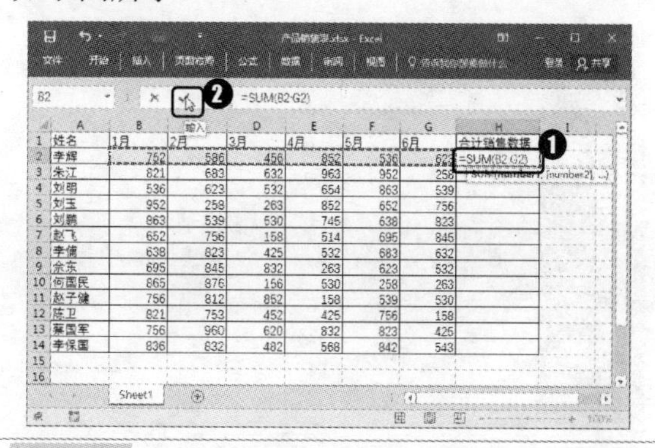

Step03: ❶选择H2单元格；❷向下拖动填充计算公式至H14单元格，如下图所示。

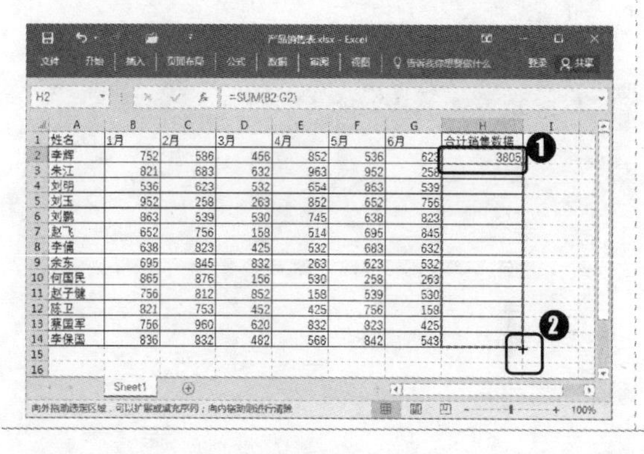

Step04: ❶选择H2单元格；❷单击“数据”选项卡；❸单击“排序和筛选”组中的“降序”按钮，如下图所示。

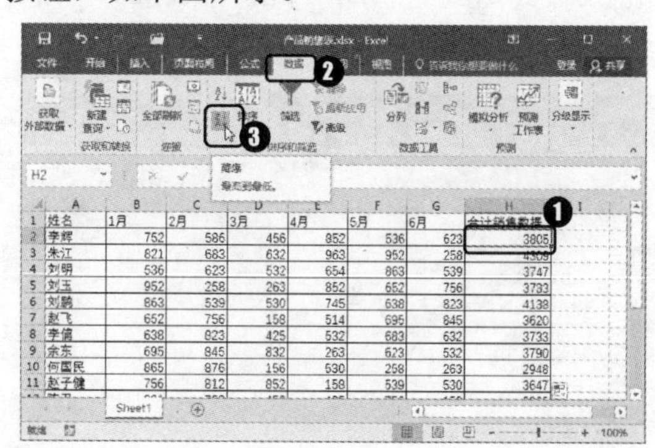

16.2.2 制作动态图表

制作好销售表后，可以根据每个员工的信息查看每月销售额的变化，制作出动态图表。具体操作方法如下。

Step01: ❶在A16单元格中输入“0”，A15单元格中输入公式“=INDEX(A2:A14,$A$16)”；❷单击编辑栏中的“输入”按钮✓，如下图所示。

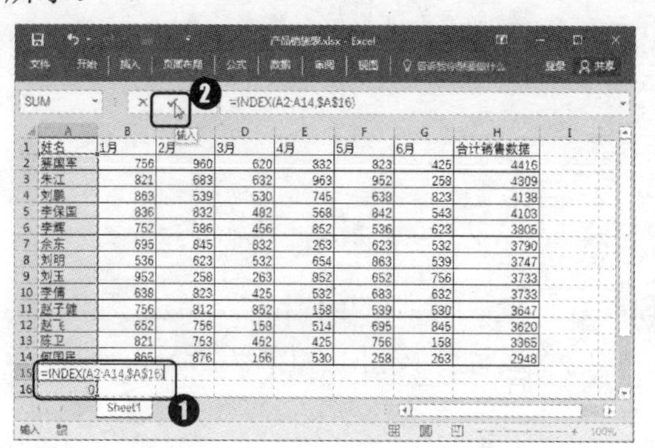

Step02: ❶选择A15单元格；❷向右拖动填充公式，如下图所示。

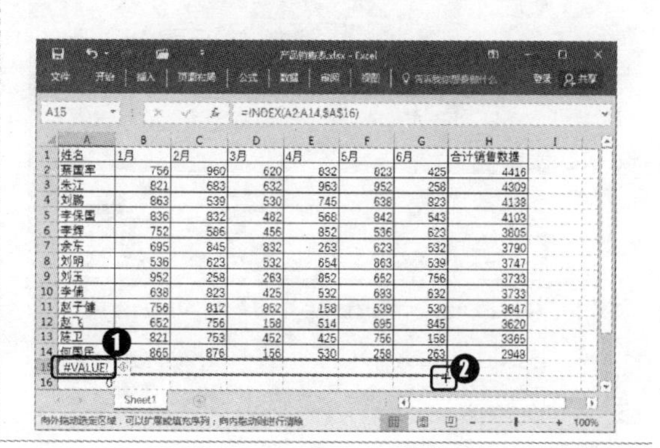

Step03: 选择文件页面中的“选项”命令，如下图所示。

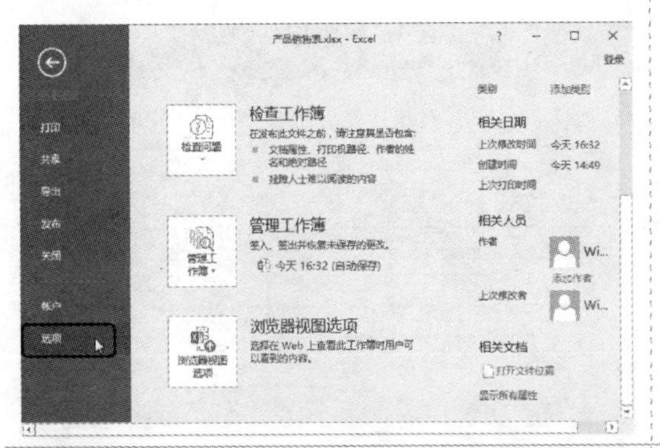

Step04: 打开“Excel 选项”对话框，❶选择“自定义功能区”选项；❷勾选“开发工具”复选框；❸单击“确定”按钮，如下图所示。

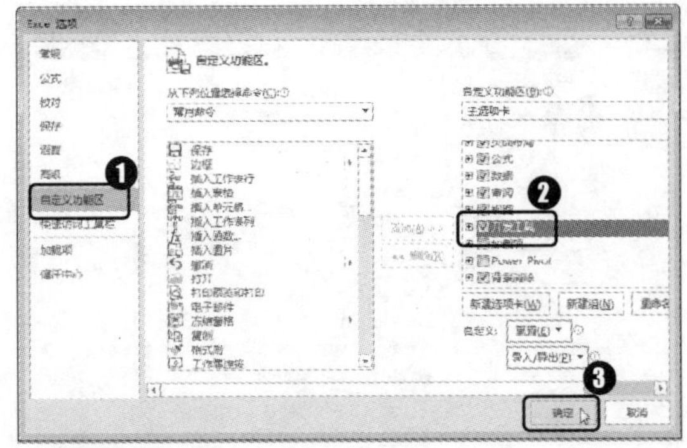

Step05: ❶选择 B15:H15 单元格区域；❷单击“插入”选项卡；❸单击“图表”组中的“插入折线图或面积图”按钮；❹选择“带数据标记的折线图”样式，如下图所示。

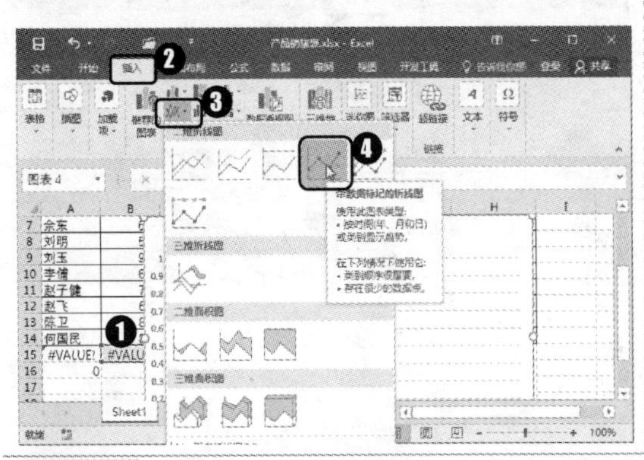

Step06: ❶选中插入的图表；❷单击“设计”选项卡；❸单击“数据”组中的“选择数据”按钮，如下图所示。

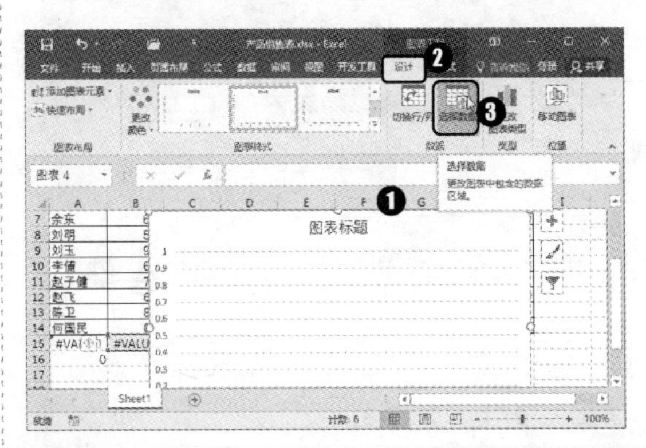

Step07: 打开“选择数据源”对话框，❶在“图表数据区域”框中选择 B1:H1 单元格区域；❷单击 “确定”按钮，如下图所示。

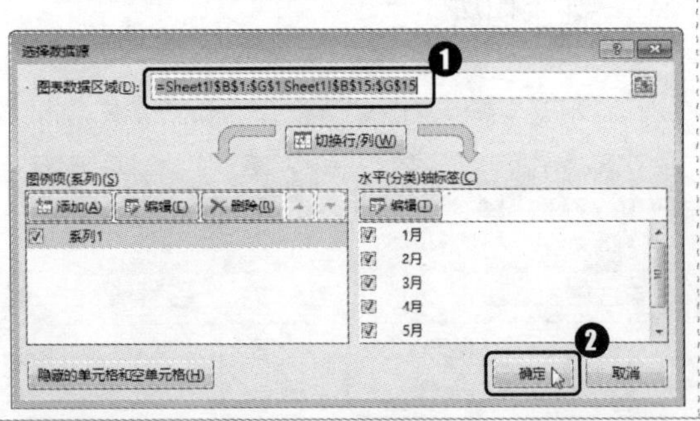

Step08: ❶单击“开发工具”选项卡；❷单击“控件”组中的“插入”下拉按钮；❸选择“组合框”选项，如下图所示。

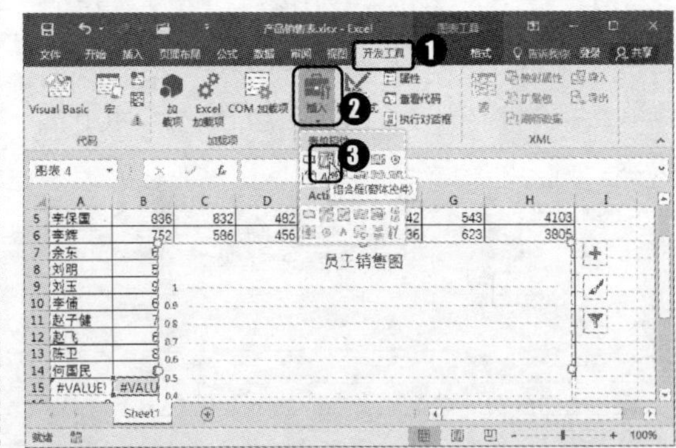

Step09: 按住鼠标左键不放拖动绘制组合框，当绘制到合适的大小后释放鼠标左键，如下图所示。

Step10: 选中绘制的组合框，单击“控件”组中的“属性”按钮，如下图所示。

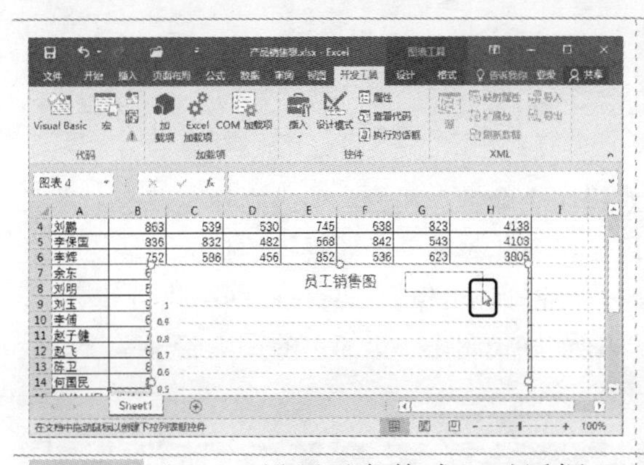

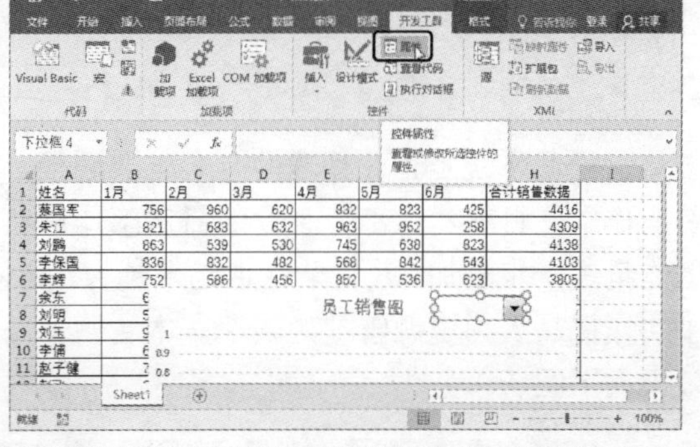

Step11: 打开“设置对象格式”对话框，❶单击“控制”选项卡；❷选择数据源区域和单元格链接；❸单击“确定”按钮，如下图所示。

Step12: ❶单击组合框的下拉按钮；❷在弹出的下拉列表中选择“李辉”选项，如下图所示。

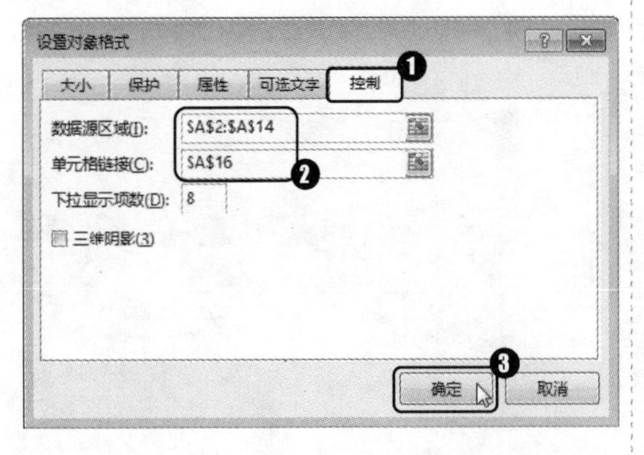

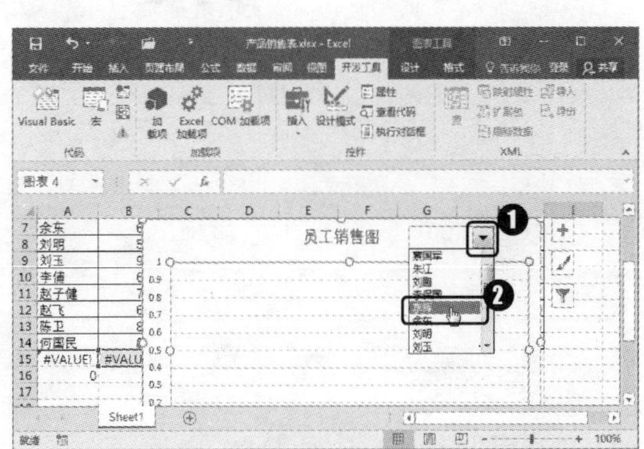

16.2.3　美化图表

制作完图表后，为了让图表的效果更好，可以对图表执行设置样式等美化操作。具体操作方法如下。

Step01: ❶选中图表，单击“图表工具-设计”选项卡；❷选择“图表样式”组中的“样式 10”选项，如下图所示。

Step02: 选中图表，❶单击“更改颜色”按钮；❷选择“颜色 4”选项，如下图所示。

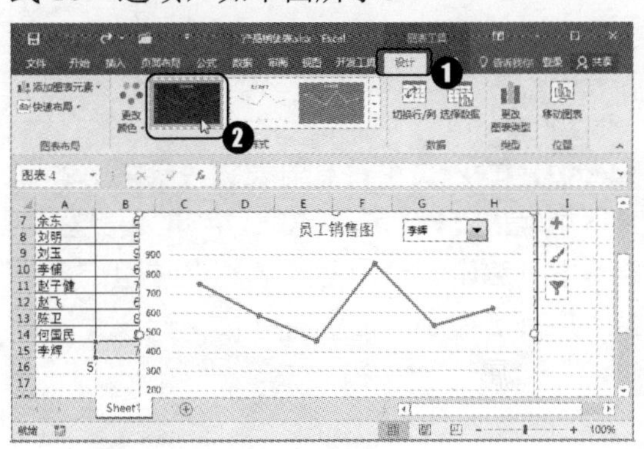

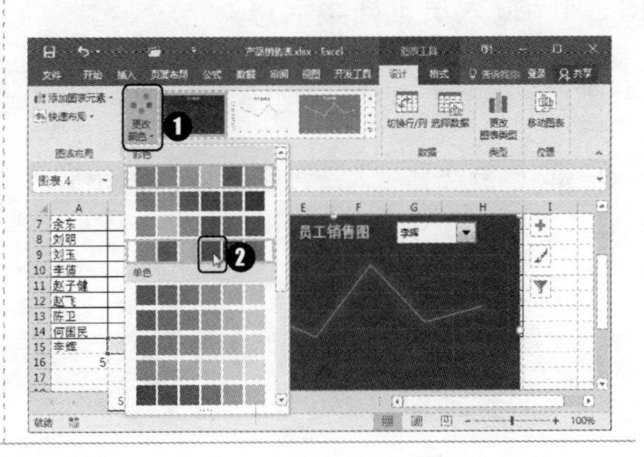

16.3 制作员工管理系统

员工管理系统是企业管理的一个重要途径，对提高企业管理质量、促进企业变革有着非常重要的作用。目前，大部分企业的日常工作都实现了信息化。随着企业规模的扩大，职工管理的工作量进一步增加，其复杂性也越来越大，这使得企业管理工作的信息化和网络化势在必行。为了快速提高人力资源管理的效率，本实例使用 VBA 方式制作一个简单的员工管理系统。最终效果如下图所示。

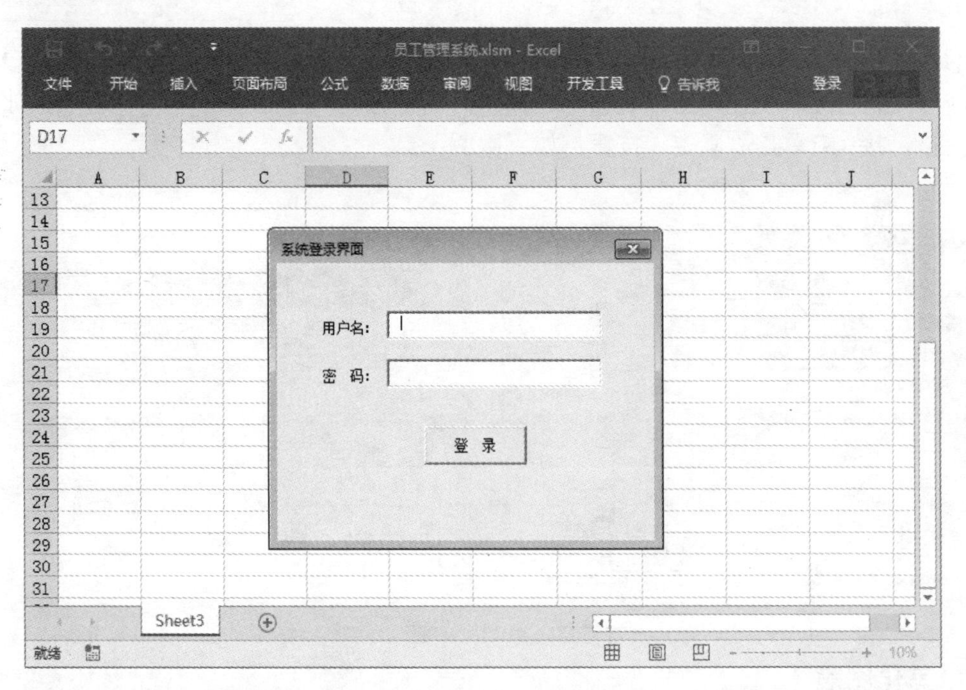

同步文件

结果文件：结果文件\第 16 章\员工管理系统.xlsx
视频文件：视频文件\第 16 章\16-3.mp4

16.3.1 输入员工档案信息

在制作员工管理系统之前，首先需要将员工档案信息输入至表格中。具体操作方法如下。

Step01: ❶选择输入法；❷在 A1 单元格中输入“序号”，如下图所示。

Step02: 输入员工信息的表头，❶在 A2 单元格中输入“1”，选中 A2:A14 单元格区域；❷单击“编辑”组中的“填充”按钮；❸选择“序列”命令，如下图所示。

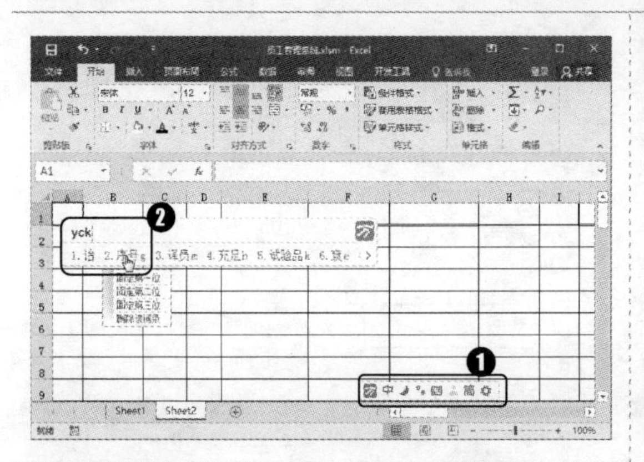

Step03: 打开“序列”对话框，❶输入“步长值”和“终止值”；❷单击“确定”按钮，如下图所示。

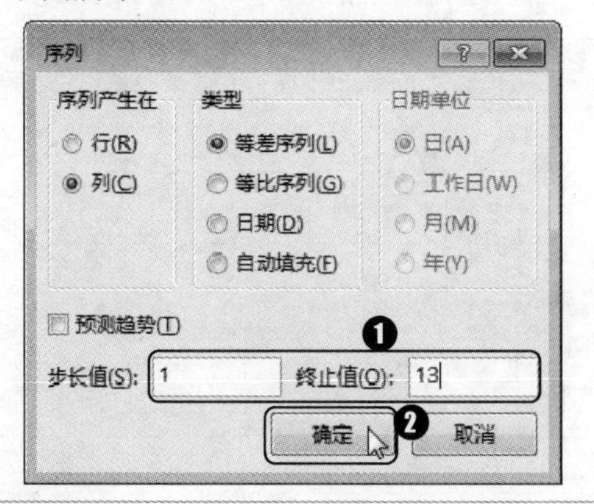

Step04: ❶选择 E2:G14 单元格区域；❷单击“数字”组中的“常规”右侧的下拉按钮；❸选择“长日期”命令，如下图所示。

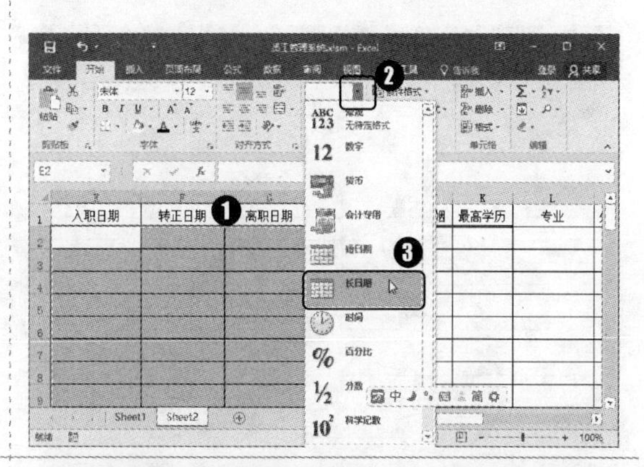

Step05: 设置完日期格式后，输入对应的日期，然后输入其他员工信息，如右图所示。

16.3.2　设置数据有效性

在制作的表格中，为了避免输入出错，可以使用数据有效性对单元格进行设置。具体操作方法如下。

Step01: ❶选择 D2:D14 单元格区域；❷单击“数据”选项卡；❸单击“数据工具”组中的“数据验证”按钮，如下图所示。

Step02: 打开“数据验证”对话框，❶在“设置”选项卡的“允许”下拉列表框中选择“序列”选项；❷在“来源”文本框中输入“男，女”；❸单击“确定”按钮，如下图所示。

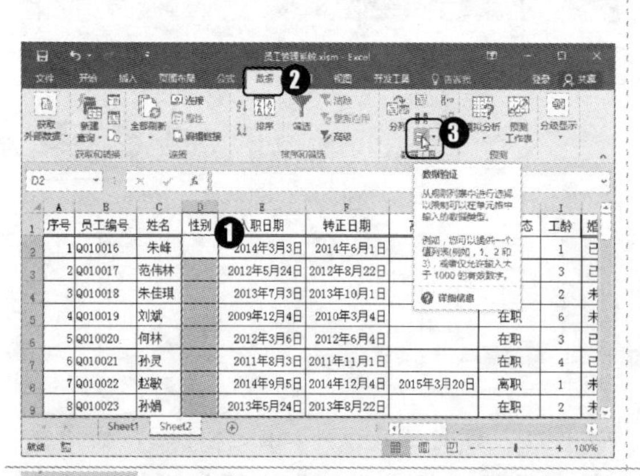

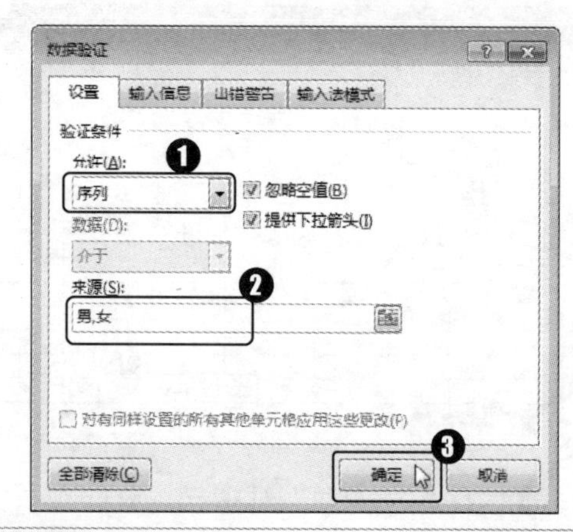

Step03: ❶单击 D2 单元格右侧的下拉按钮；❷在下拉列表中选择“男”，如下图所示。

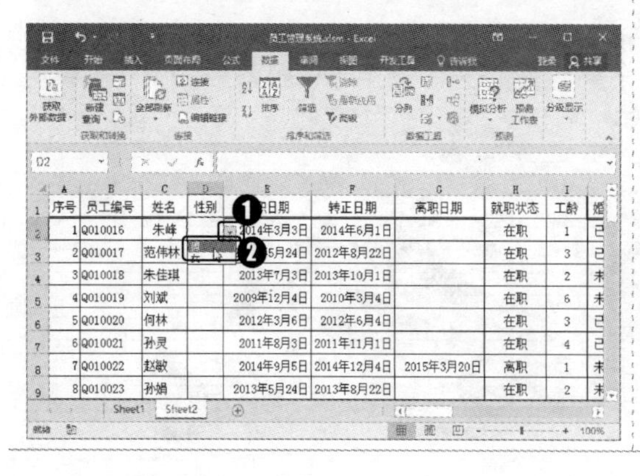

Step04: 使用相同方法，为“性别”列的其他单元格选择对应的性别，如下图所示。

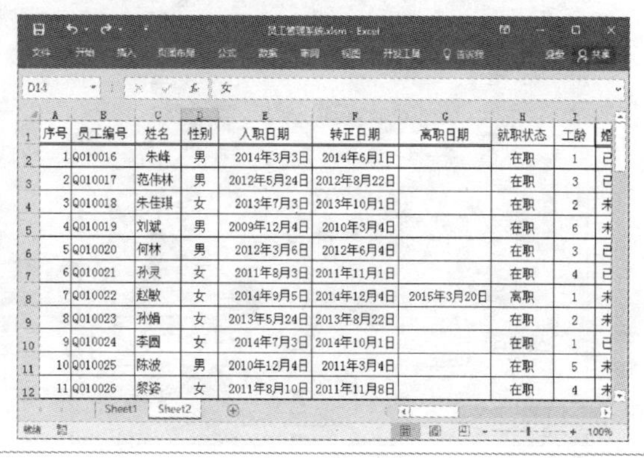

16.3.3 筛选离职表

在表格中输入了员工信息后，如果只想查看在职的员工，可以使用筛选功能来实现。具体操作方法如下。

Step01: ❶选择 H1 单元格；❷单击“排序和筛选”组中的“筛选”按钮，如下图所示。

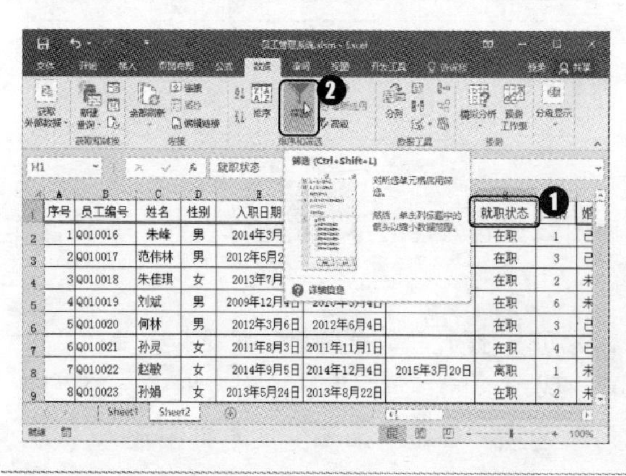

Step02: ❶单击“就职状态”右侧的筛选控制按钮；❷取消勾选“离职”复选框；❸单击“确定”按钮，如下图所示。

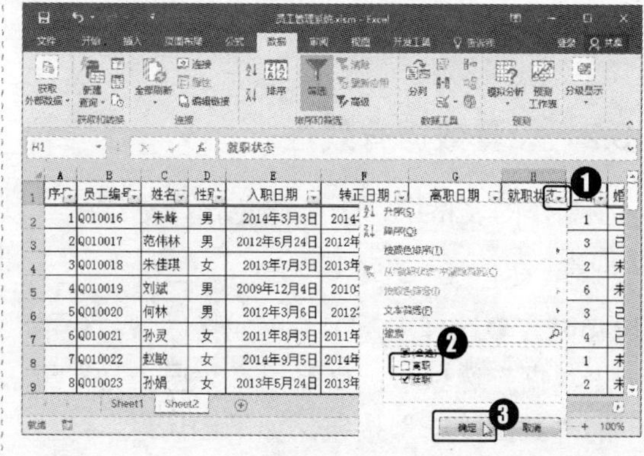

Step03: 经过前面的操作，筛选出在职的员工，效果如右图所示。

序号	员工编号	姓名	性别	入职日期	转正日期	离职日期	就职状态	工龄	婚
1	Q010016	朱峰	男	2014年3月3日	2014年6月1日		在职	1	已
2	Q010017	范伟林	男	2012年5月24日	2012年8月22日		在职	3	已
3	Q010018	朱佳琪	女	2013年7月3日	2013年10月1日		在职	2	未
4	Q010019	刘斌	男	2009年12月4日	2010年3月4日		在职	6	未
5	Q010020	何林	男	2012年3月6日	2012年6月4日		在职	3	已
6	Q010021	孙灵	女	2011年8月3日	2011年11月1日		在职	4	已
8	Q010023	孙娟	女	2013年5月24日	2013年8月22日		在职	2	未
9	Q010024	李圆	女	2014年7月3日	2014年10月1日		在职	1	已
10	Q010025	陈波	男	2010年12月4日	2011年3月4日		在职	5	未
11	Q010026	黎姿	女	2011年8月10日	2011年11月8日		在职	4	未
13	Q010028	朱明明	女	2013年6月24日	2013年9月22日		在职	2	未

16.3.4　制作登录员工管理系统界面

在 Excel 中可以通过 VBA 的窗体功能制作用户登录界面，如果登录者没有登录名称和密码，则不能登录该系统。这样可以提高工作表的安全性，防止信息泄漏。具体操作方法如下。

Step01: ❶选择 Sheet1 工作表；❷在 A1:B2 单元格区域中输入用户名和密码，如下图所示。

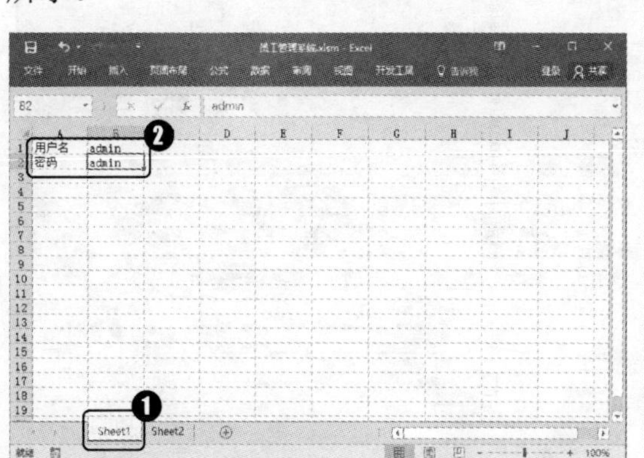

Step02: ❶单击“开发工具”选项卡；❷单击“代码”组中的“Visual Basic”按钮，如下图所示。

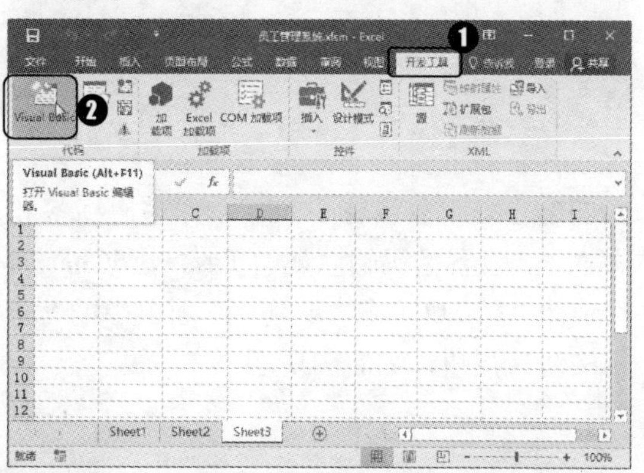

Step03: 进入 VBA 窗口，单击“插入用户窗体”按钮，如下图所示。

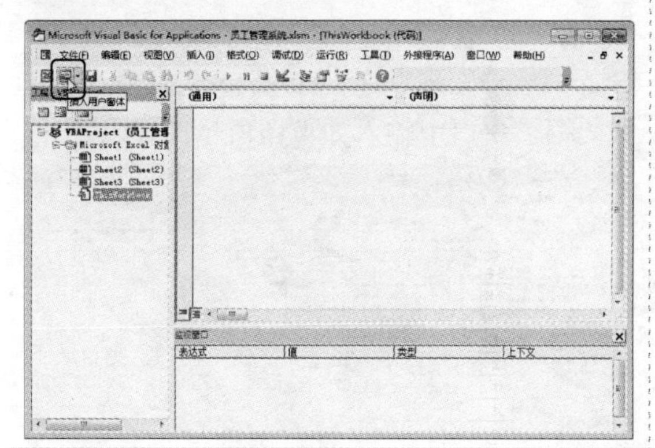

Step04: 在窗体“属性”面板中设置 Caption 属性值为“系统登录界面”，如下图所示。

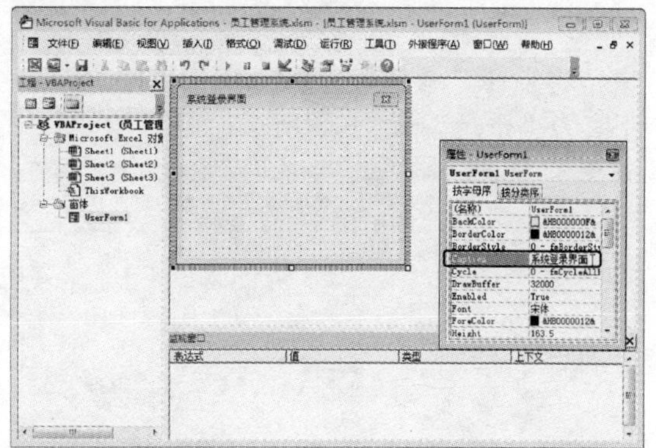

Step05: 将鼠标指针移动至窗体右下角，拖动调整窗口大小，如下图所示。

Step06: 单击“工具箱”面板中的“标签”按钮，如下图所示。

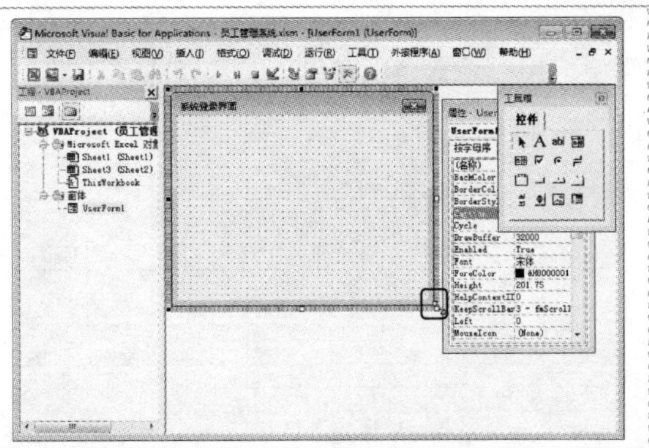

Step07: 在“属性”面板中设置 Caption 属性值为“用户名:”，如下图所示。

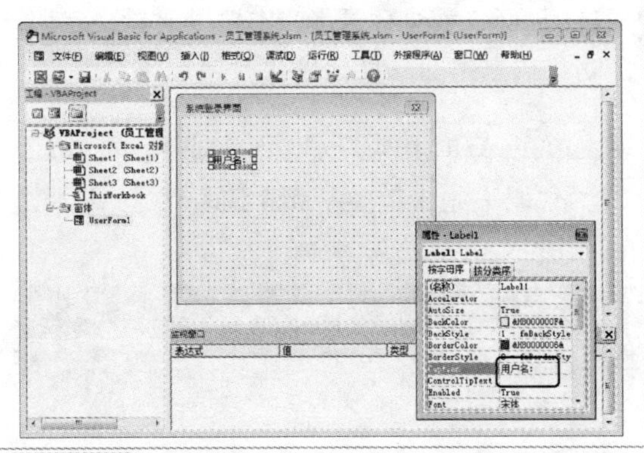

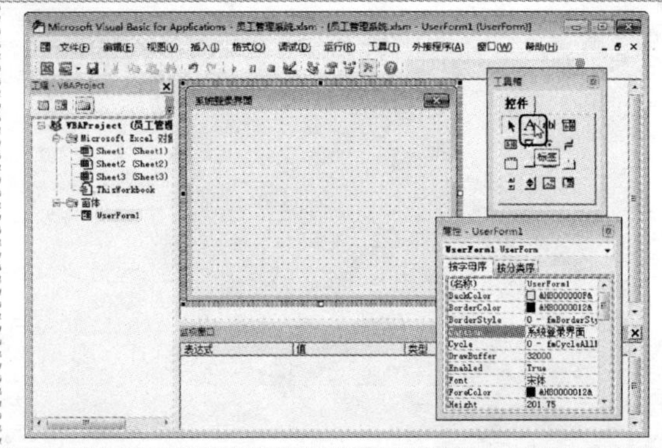

Step08: ❶单击“工具箱”面板中的“文本框”按钮；❷在窗体中拖动绘制文本框，如下图所示。

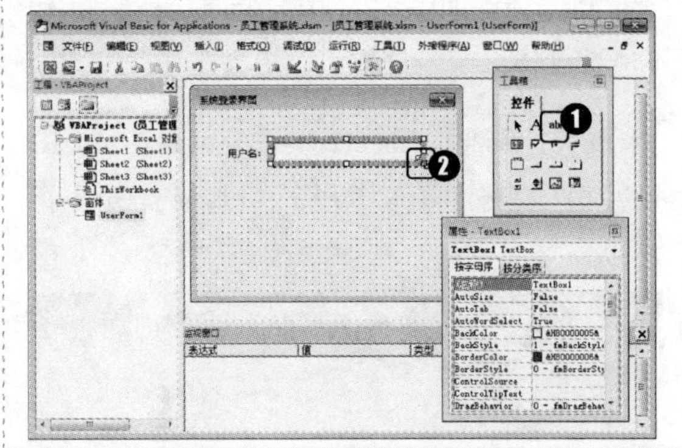

Step09: ❶重复步骤 6～8，制作密码标签和文本框，设置密码输入属性 PasswordChar 属性值为“*”；❷单击“工具箱”面板中的“命令按钮”按钮，如右图所示。

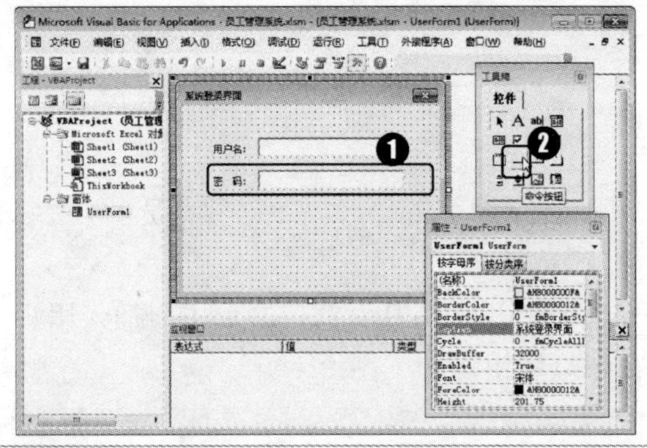

Step10: 在“属性”面板中设置 Caption 属性值为“登录”，如下图所示。

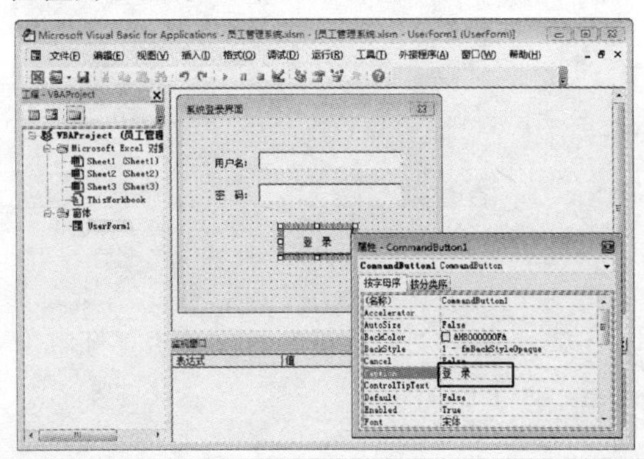

Step11: ❶双击“ThisWorkbook”对象；❷在代码编辑窗口中输入如下图所示的代码。

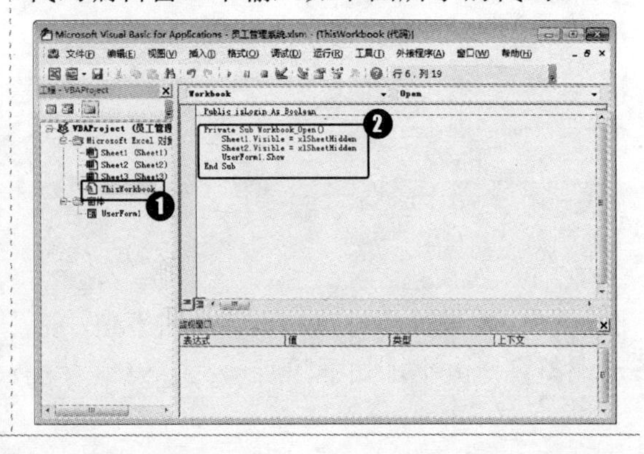

Step12: ❶双击“UserForml”窗体；❷双击“登录”按钮，如下图所示。

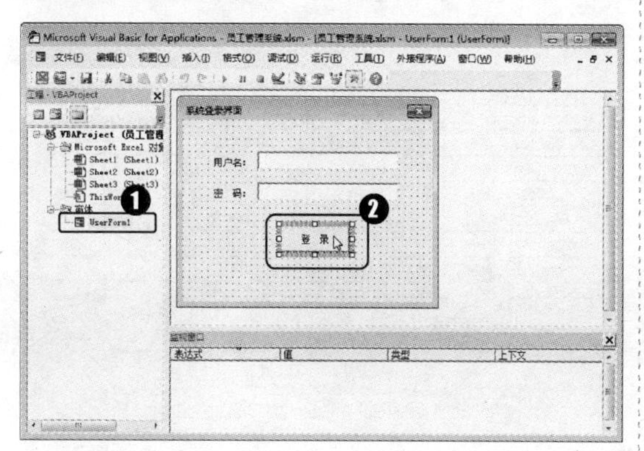

Step13: 在代码编辑窗口中输入如下图所示的代码。

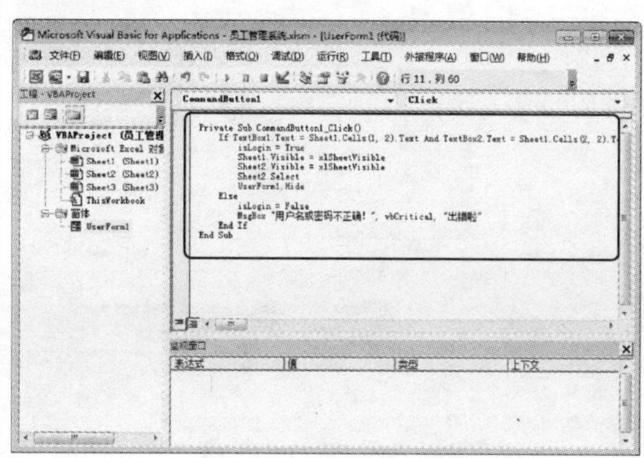

Step14: ❶选择“UserForm”对象；❷单击事件下拉按钮；❸选择“QueryClose”选项，如下图所示。

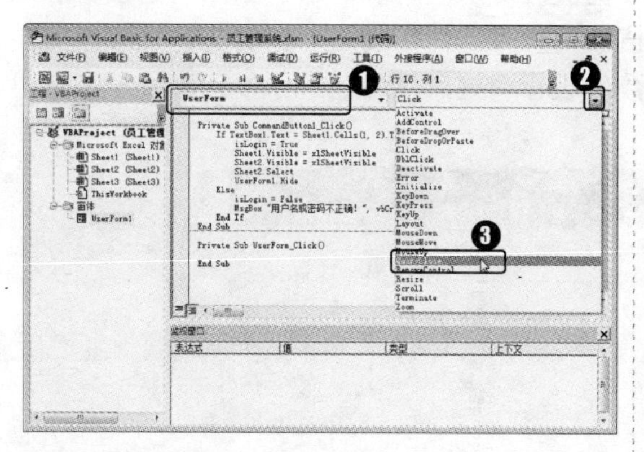

Step15: 在代码编辑窗口中输入如下图所示的代码。保存文件后退出。

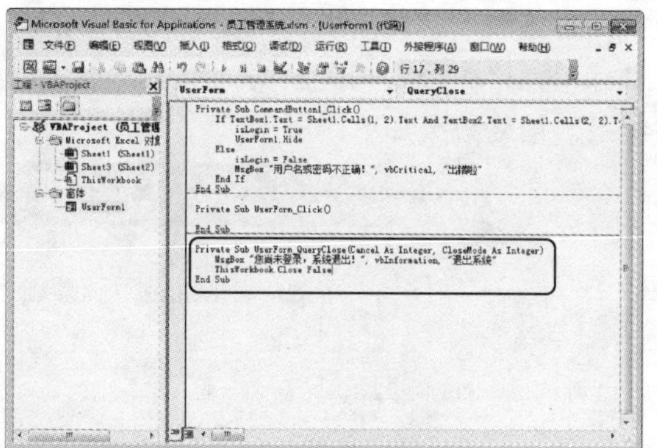

Step16: 在文件保存位置双击“员工管理系统.xlsm”文件，如下图所示。

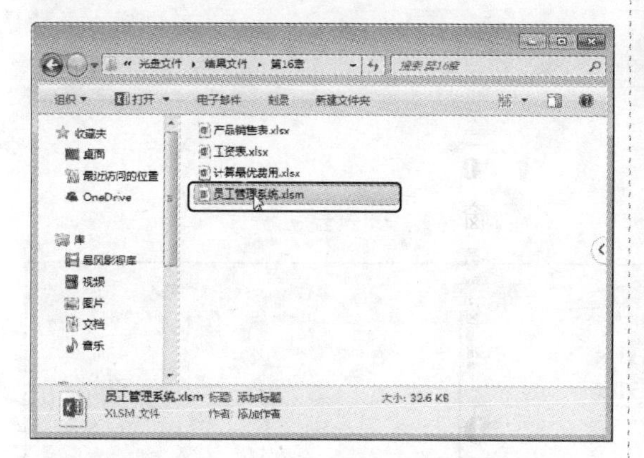

Step17: 打开“Microsoft Excel”提示对话框，单击“不更新”按钮，如下图所示。

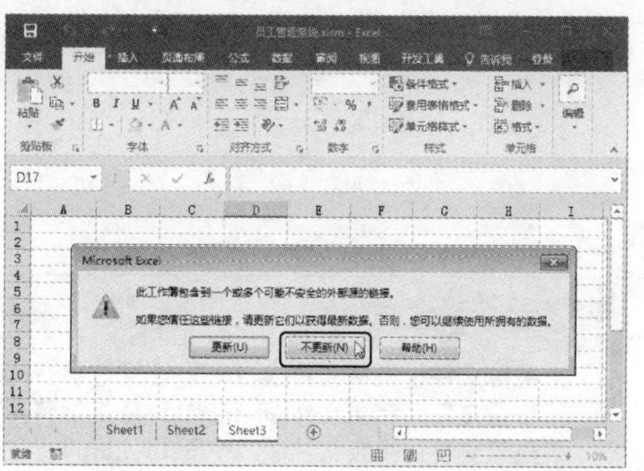

Step18: 进入系统登录界面，❶输入用户名和密码；❷单击“登录”按钮，如下图所示。

Step19: 如果输入的用户名和密码正确，即可进入员工管理系统，查看员工数据，如下图所示。

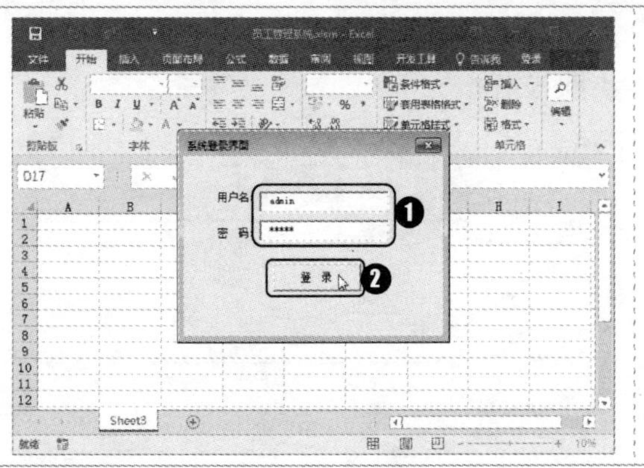

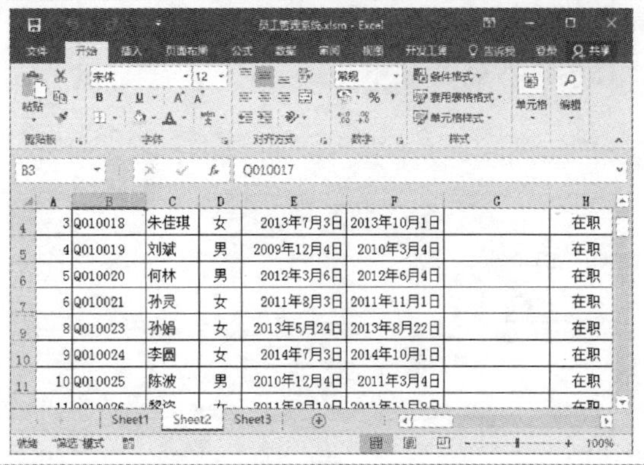

▷▷ 16.4 规划求解出企业的最大利润

如果需要在目标单元格中计算出公式中的最优值，可以使用规划求解。在创建模型的过程中，对规划求解模型中的可变单元格中的数值应用约束条件。规划求解功能将直接或间接与目标单元格中公式相关联的一组单元格中的数值进行调整，最终在目标单元格中求得期望的结果。最终效果如下图所示。

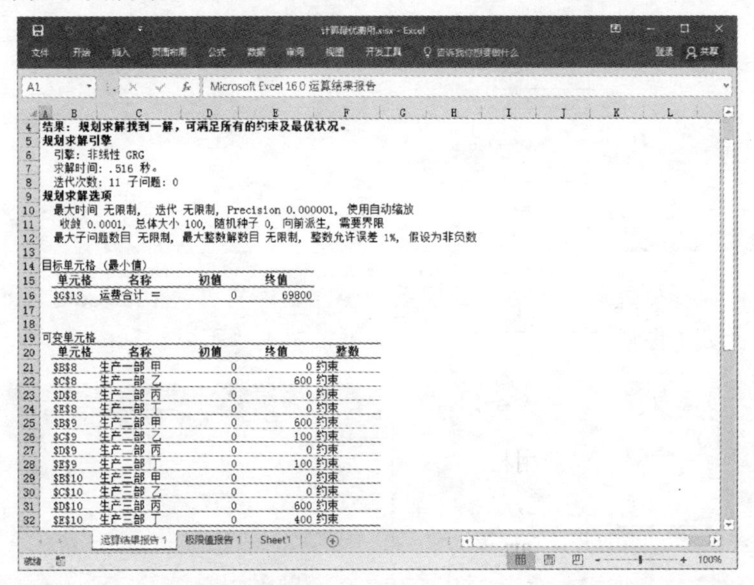

同步文件

素材文件：素材文件\第 16 章\计算最优费用.xlsx
结果文件：结果文件\第 16 章\计算最优费用.xlsx
视频文件：视频文件\第 16 章\16-4.mp4

16.4.1 使用规划求解

启动 Excel 程序，默认情况下没有加载规划求解功能，需要加载才能使用。具体操作方法如下。

Step01: 打开素材文件，单击“文件”按钮，如下图所示。

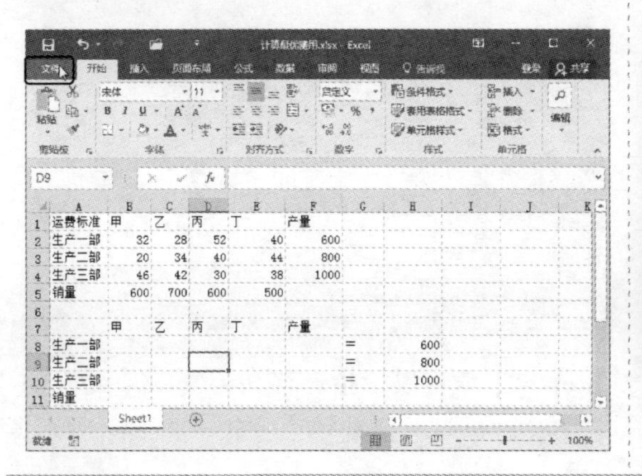

Step02: 选择“文件”页面中的“选项”命令，如下图所示。

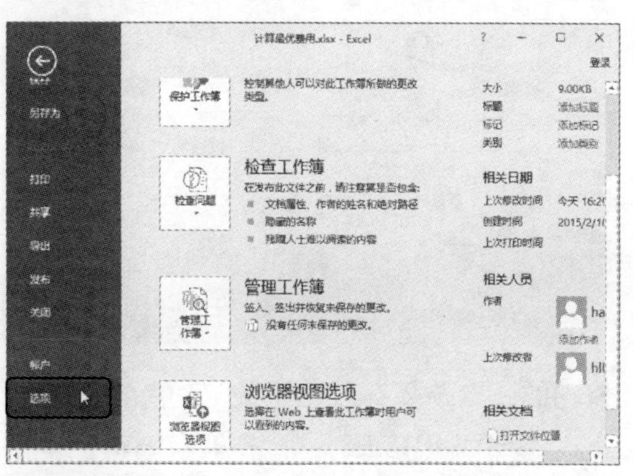

Step03: 打开“Excel 选项”对话框，❶选择“加载项”选项；❷单击“转到”按钮，如下图所示。

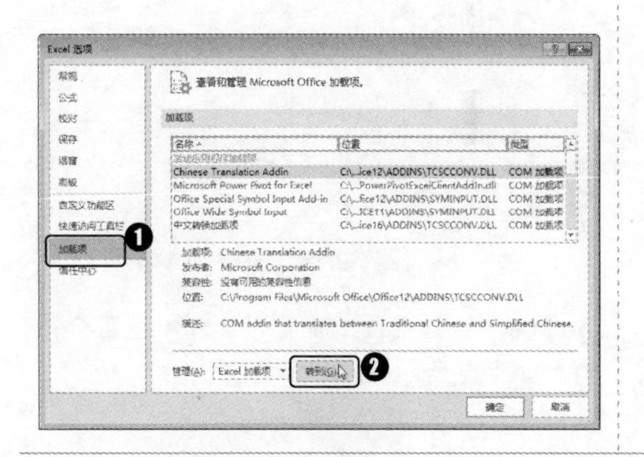

Step04: 打开“加载项”对话框，❶勾选“规划求解加载项”复选框；❷单击“确定”按钮，如下图所示。

16.4.2　计算规划求解数据

在案例中使用规划求解计算费用标准时，会应用到 SUM 函数和 SUMPRODUCT 函数。SUM 函数的语法在第 12 章中已经讲解过，此处就不再赘述。

语法：SUMPRODUCT(array1,[array2],[array3],...)

array1：必需。第一个数组参数，其相应元素需要进行相乘并求和。

array2,array3,...：可选。第 2～255 个数组参数，其相应元素需要进行相乘并求和。

使用规划求解计算费用标准的具体操作方法如下。

Step01: ❶选择存放结果的 B11 单元格，输入公式“=SUM(B8:B10)”；❷单击编辑栏中的“输入”按钮✓，如下图所示。

Step02: ❶将鼠标指针移动至 B11 单元格的右下角；❷向右拖动填充公式，如下图所示。

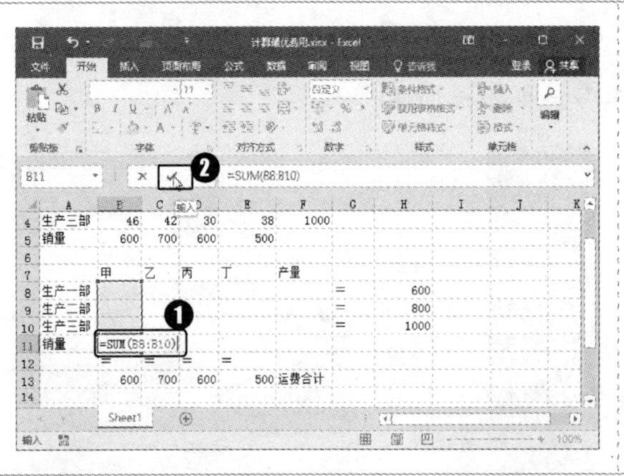

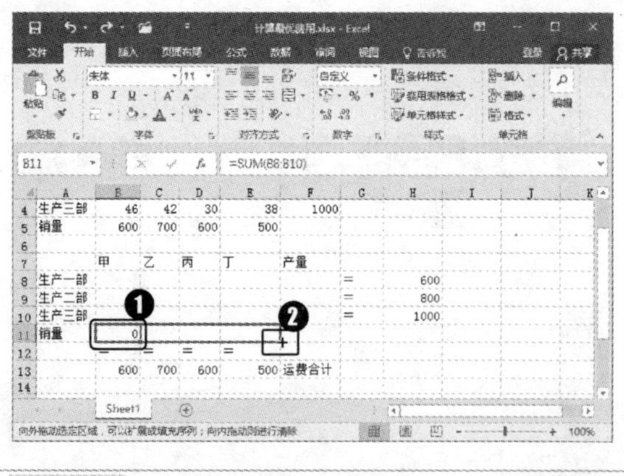

Step03: ❶选择存放结果的 F8 单元格，输入公式“=SUM(B8:E8) ”；❷单击编辑栏中的“输入”按钮✓，如下图所示。

Step04: ❶将鼠标指针移动至 F8 单元格的右下角；❷向下拖动填充公式，如下图所示。

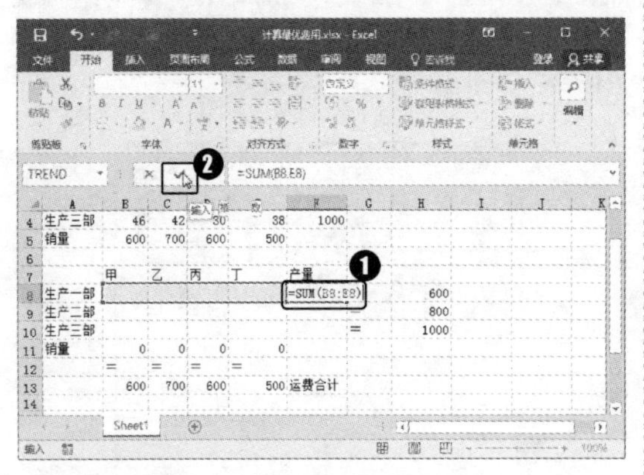

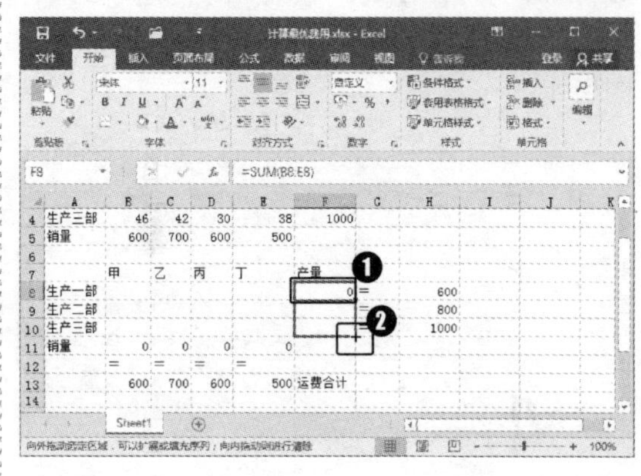

Step05: ❶选择存放结果的 G13 单元格，输入公式“=SUMPRODUCT(B2:E4,B8:E10) ”；❷单击编辑栏中的“输入”按钮✓，如下图所示。

Step06: 经过前面的操作，计算出运费合计值，如下图所示。

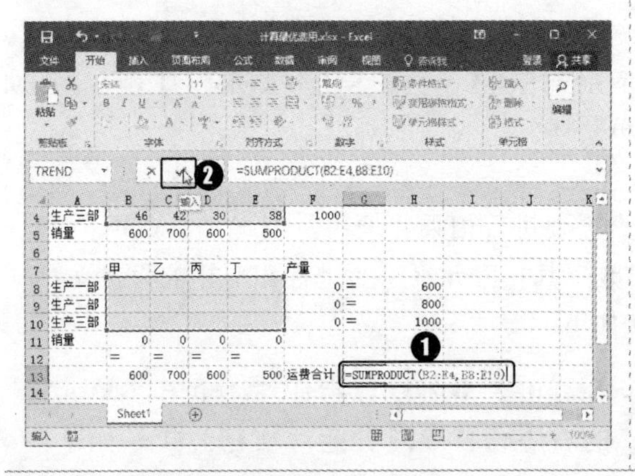

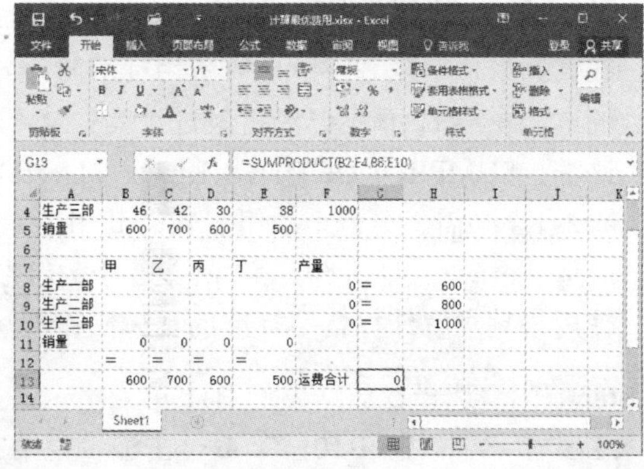

16.4.3 修改约束条件

使用函数计算出规划求解的一些数据后，需要设置约束条件，这样才能计算出一个相对接近标准的数据值。具体操作方法如下。

Step01: ❶选择 G13 单元格；❷单击"数据"选项卡；❸单击"分析"组中的"规划求解"按钮，如下图所示。

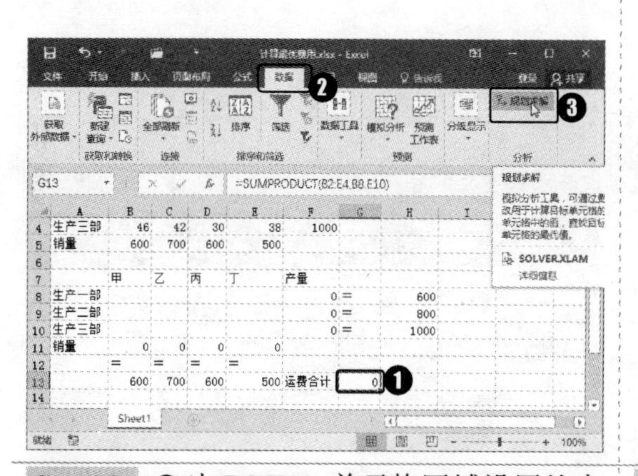

Step02: 打开"规划求解参数"对话框，单击"添加"按钮，如下图所示。

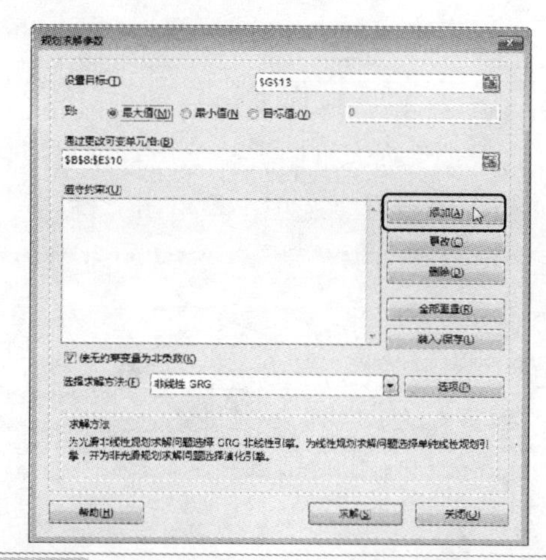

Step03: ❶对 B8:E10 单元格区域设置约束条件；❷单击"添加"按钮，如下图所示。

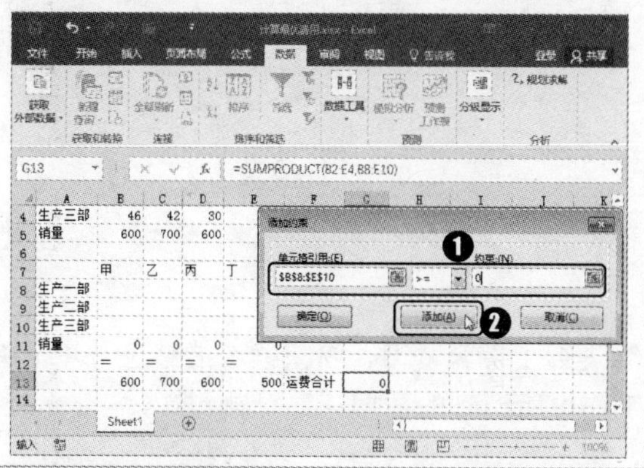

Step04: ❶对 B11:E11 单元格区域设置约束条件；❷单击"添加"按钮，如下图所示。

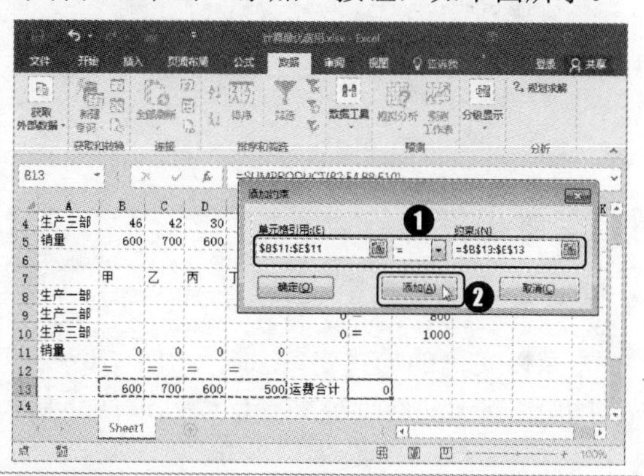

Step05: ❶对 F8:F10 单元格区域设置约束条件；❷单击"确定"按钮，如下图所示。

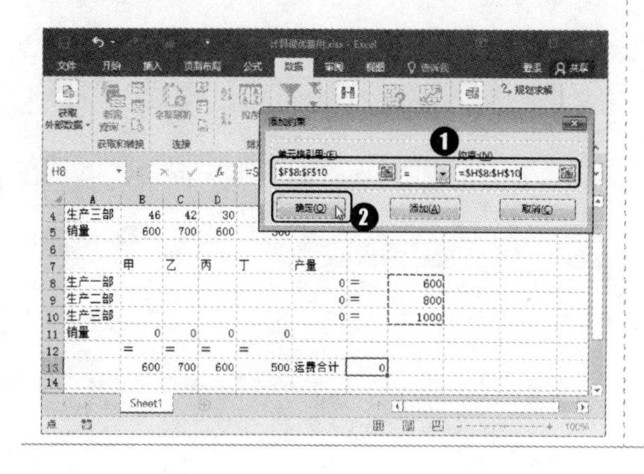

Step06: 返回"规划求解参数"对话框，❶选择"最小值"单选按钮；❷单击"求解"按钮，如下图所示。

16.4.4 建立分析报告

得出规划求解的结果后，如果用户要查看生成规划求解的报告，可以在规划求解结果对话框中选择报告类型。报告类型分为运算结果报告、敏感性报告和极限值报告 3 种。

例如，在本实例中生成运算结果报告和极限值报告，具体操作方法如下。

Step01: 打开“规划求解结果”对话框，❶在“报告”列表框中选择“运算结果报告”和“极限值报告”选项；❷单击“确定”按钮，如下图所示。

Step02: 经过前面的操作，生成运算结果报告和极限值报告，效果如下图所示。

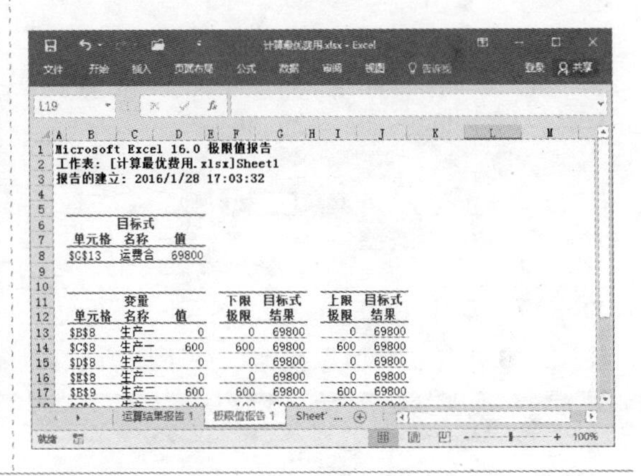

▷▷ 本章小结

本章以实例的形式对 Excel 2016 部分的内容进行了综合复习，希望读者能够进一步掌握 Excel 2016 强大的数据处理功能，能够解决日常工作中所遇到的数据计算问题。

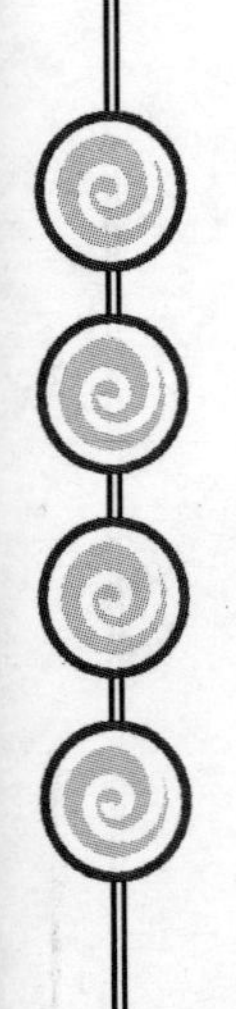